Android
应用开发从入门到精通

卢海东◆编著

人民邮电出版社
北京

图书在版编目（CIP）数据

Android应用开发从入门到精通 / 卢海东编著. --
北京 : 人民邮电出版社, 2016.2
ISBN 978-7-115-41354-3

Ⅰ. ①A… Ⅱ. ①卢… Ⅲ. ①移动终端—应用程序—
程序设计 Ⅳ. ①TN929.53

中国版本图书馆CIP数据核字(2016)第016927号

内 容 提 要

本书共分 17 章，主要内容如下。讲解了 Android 系统架构，让读者对 Android 系统有一个整体认识；介绍了 Android 开发环境搭建和 Android 应用程序的基本结构；通过第一个简单实例，让读者对 Android 应用开发有一个全面的认知；讲解了 Android UI 知识，包括 Android 中常见控件和创建自定义控件；介绍了 Android 中最重要的一个组件 Activity（活动），并对碎片进行了全面讲解；介绍了 Android 中 Service（服务）组件及此组件的生命周期和跨进程通信；介绍了 Android 的 Broadcast（广播接收器）组件，帮助读者掌握接收和发送广播的方式及工作原理；讲解了 Android 中的本地数据存储技术；介绍了 Android 的 ContentProvider（内容提供器）组件；介绍了 Android 提供的二维绘制特性，包括使用 Canvas 和 Paint 在屏幕上进行图形和文本的绘制；介绍了 Android 多媒体开发的知识；讲解了 Android 的特色开发技术，包括 Camera、地图、GPS、传感器、录音、WiFi 设备等；讲解了在 Android 应用程序中使用 OpenGL ES 的几种不同的方法，以及对 2D 物体的绘制、着色和 3D 图形的绘制和纹理贴图；介绍了 Android NDK 和 Android 网络编程，以及 Android 底层架构，如 Android 进程间通信机制 Binder 原理，并通过实例让读者能够真正体会 Native Service 的魅力；本书最后通过讲解一个完整项目的开发，帮助读者把所学的知识串起来，达到学以致用的目的，并教会读者如何打包 App 和上架等。

本书的内容通俗易懂、由浅入深，既适合初学者，又适合 Android 程序员，也可以作为大专院校相关专业师生和培训学校的教学用书。

◆ 编　　著　卢海东
　责任编辑　张　涛
　责任印制　张佳莹　焦志炜
◆ 人民邮电出版社出版发行　　北京市丰台区成寿寺路 11 号
　邮编　100164　　电子邮件　315@ptpress.com.cn
　网址　http://www.ptpress.com.cn
　固安县铭成印刷有限公司印刷
◆ 开本：787×1092　1/16
　印张：26　　　　　　　　2016 年 2 月第 1 版
　字数：701 千字　　　　　2024 年 7 月河北第 5 次印刷

定价：59.00 元

读者服务热线：(010)81055410　印装质量热线：(010)81055316
反盗版热线：(010)81055315
广告经营许可证：京东市监广登字20170147号

前　言

笔者已从事 Android 开发工作多年。笔者认为，写书不仅仅是将知识点进行梳理总结，更重要的是体现一种责任，要能系统地、循序渐进地将知识点讲清楚，让读者看明白。出于这个初衷，特意撰写了本书。本书是一本介绍 Android 应用开发的实用图书，全面介绍了 Android 6 平台上应用开发的知识，覆盖了 Android 开发中的大部分知识点；不仅有理论知识，还包括大量实例。

本书内容

本书共分 17 章，下面简单介绍一下每章的重要知识点。

第 1 章对 Android 系统架构进行解析，使读者对 Android 系统有一个整体的认识。

第 2 章介绍了如何搭建 Android 开发环境、Android 应用程序的基本结构以及 Android 的开发工具。

第 3 章通过一个简单实例，让读者对 Android 应用开发有一个全面的认知，同时讲解了 Intent 和 LogCat 的使用。

第 4 章主要是对 Android UI 方面的知识进行讲解，帮助读者学习 Android 中一些常见控件的用法，并且掌握创建自定义控件技术。

第 5 章介绍 Android 中最重要的一个组件——Activity（活动），不管你以前有没有接触过它，相信学完本章后，会对这个组件有一个全新的认识，并对碎片有一个全面的了解。碎片是自 Android 3.0 之后引入的全新概念，目前已广泛应用于 Android 手机和平板电脑的开发当中。同时读者会对 Android 多线程编程有一个全新的认识。

第 6 章介绍 Android 中另一个重要的组件——Service（服务），了解 Service 的生命周期，以及如何进行跨进程通信，同时学习 AIDL 的编写过程。

第 7 章介绍 Android 中第三个重要的组件——Broadcast（广播接收器），讲解了接收和发送广播的方式，并且掌握 Android 广播的工作原理。

第 8 章对 Android 中的本地数据存储技术进行了讲解，包括 SharedPreferences 存储、数据库存储，以及文件存储。

第 9 章介绍 Android 中的第四个组件——ContentProvider（内容提供器）的应用知识。

第 10 章介绍 Android 提供的二维绘制特性，包括使用 Canvas 和 Paint 在屏幕上进行图形和文本的绘制，还讲解了如何在屏幕上显示动画的各种方法。

第 11 章介绍 Android 多媒体方面的知识，包括如何播放音乐、视频文件，以及 Android 系统提供的多媒体的统一处理机制。

第 12 章针对 Android 手机的特色开发进行讲解，包括 Camera、地图、GPS、传感器、录音、WiFi 设备等开发知识。

第 13 章讲解了在 Android 应用程序中使用 OpenGL ES 的几种不同的方法，以及如何在独立的线程中初始化 OpenGL ES，同时介绍了 OpenGL ES 对 2D 物体的绘制、着色，以及 3D 图形的绘制和纹理贴图。

第 14 章会带领读者进入一个全新的开发领域，Android 应用编程不仅局限于 Java 语言，在这一章中读者可以感受到用 Android NDK 编程带来的乐趣。

第 15 章介绍了 Android 网络编程知识，主要讲解了如何使用 HTTP 协议和服务器进行通信，以及 Android Socket 编程等。

第 16 章帮助读者深入了解 Android 的底层架构，通过对 Android 进程间通信机制 Binder 的原理性分析及实例解析，让读者能够真正体会 Native Service 的魅力。

第 17 章将带领读者一起编写一个完整的项目，并教会读者如何把程序打包、上架到谷歌市场等。通过整本书的学习，读者将有能力开发出一款不错的应用程序，并能对它进行经营和盈利。

本书各章的内容相对比较独立，读者除了可以循序渐进地学习之外，还可以把它当成一本参考手册，随时查阅。

读者对象

本书的内容通俗易懂、由浅入深，既适合初学者阅读，也适合专业人员学习。学习本书内容之前读者并不需要有任何的 Android 基础，但是需要有一定的 Java 和 C 基础。因为 Android 开发会使用到 Java 和 C 语言，但本书并不介绍 Java 和 C 语言方面的知识。

阅读本书时，读者可以根据自身的情况来决定如何阅读。如果是初学者，建议读者从第 1 章开始循序渐进地阅读，这样更容易理解。如果读者已经有了一定的 Android 基础，也可以选择感兴趣的章节跳跃式地阅读。本书读者答疑、视频和源程序下载服务 QQ 群：492323603。编辑联系邮箱 zhangtao@ptpress.com.cn。

致谢

在家人和朋友的帮助和支持下，这本书终于出版了。本书在编写过程中得到了人民邮电出版社编辑的很多帮助和建议，得到了我妻子的鼎力支持，在此表示感谢。

编者

目录

第 1 章　揭开神秘面纱——Android 系统简介 ······ 1
1.1　认识 Android 系统 ······ 2
1.1.1　Android 成长历程 ······ 2
1.1.2　发行版本 ······ 3
1.1.3　得到大家的认可——Android 系统的市场份额 ······ 3
1.2　Android 架构解析 ······ 4
1.2.1　Android 系统架构图 ······ 4
1.2.2　应用程序（Applications） ······ 5
1.2.3　应用程序框架层（Framework） ······ 6
1.2.4　系统运行库（Libraries） ······ 7
1.2.5　Linux 内核 ······ 11
1.3　小结 ······ 11
第 2 章　工欲善其事，必先利其器——Android 开发初识 ······ 12
2.1　开发准备工作 ······ 13
2.2　开发环境搭建 ······ 13
2.3　创建第一个 Android 项目 ······ 16
2.3.1　创建新项目 ······ 16
2.3.2　程序工程架构图 ······ 18
2.3.3　HelloWorld 程序架构解析 ······ 19
2.4　Android 开发工具 ······ 22
2.4.1　Android 开发工具 Adb ······ 22
2.4.2　Android 开发工具 DDMS ······ 23
2.5　小结 ······ 25
第 3 章　亲密接触——Android 入门程序开发 ······ 26
3.1　水果的营养成分分析器 ······ 27
3.2　手把手教你开发项目 ······ 27
3.2.1　手动创建 Activity ······ 28
3.2.2　创建和加载布局 ······ 28
3.2.3　在 Activity 中使用 Toast ······ 32
3.2.4　在 Activity 中加入菜单（Menu） ······ 32
3.2.5　在 Activity 中使用 Dialog ······ 35
3.2.6　Spinner 控件的使用 ······ 35
3.2.7　界面切换 ······ 38

3.3 Intent的使用……40
3.3.1 使用显式Intent……40
3.3.2 使用隐式Intent……41
3.3.3 隐式Intent的多种用法……42
3.3.4 向Activity传递数据……44
3.3.5 返回数据给Activity……46
3.4 Android日志……48
3.4.1 添加LogCat到Eclipse……48
3.4.2 使用Android的日志工具Log……48
3.5 小结……51
第4章 美丽由我掌控——UI的开发……52
4.1 常用控件……53
4.1.1 EditText……53
4.1.2 TextSwitcher……55
4.1.3 ImageView……56
4.1.4 ImageSwitcher……57
4.1.5 ListView的使用……58
4.1.6 提升ListView的运行效率……60
4.1.7 RecyclerView……63
4.1.8 ViewStub……69
4.2 Android七种常见布局……72
4.2.1 LinearLayout……72
4.2.2 elativeLayout……75
4.2.3 FrameLayout……77
4.2.4 TableLayout……78
4.2.5 GridLayout……79
4.2.6 AbsoluteLayout……81
4.2.7 CardView……82
4.3 自定义控件……86
4.3.1 加载布局……87
4.3.2 自定义控件……89
4.4 Android View详解……90
4.5 Android Surface详解……93
4.6 小结……98
第5章 组件之一——活动（Activity）……99
5.1 活动的生命周期……100
5.2 活动的启动模式详解……105
5.2.1 standard模式……106
5.2.2 singleTop模式……107
5.2.3 singleTask模式……109
5.2.4 singleInstance模式……110
5.3 平板手机都兼顾——碎片（Fragments）……112

5.3.1 概述……112
5.3.2 设计思想……112
5.3.3 Activity 添加 Fragment 界面……113
5.3.4 动态替换 Fragment……115
5.3.5 Fragment 生命周期……117
5.3.6 一个简单的阅读器……120
5.4 Android 中的多线程……127
5.4.1 Android Handler……129
5.4.2 使用 AsyncTask……131
5.5 小结……134
第 6 章 默默无闻的后台——服务（Service）……135
6.1 Java 层服务……136
6.2 服务的生命周期……137
6.3 服务的启动……140
6.3.1 startService()启动 Service……140
6.3.2 bindService()启动 Service……144
6.4 Android AIDL……148
6.4.1 创建一个 AIDL 文件……150
6.4.2 实现接口……150
6.4.3 使用 parcelables 进行参数的值传递……152
6.4.4 客户端获取接口……153
6.4.5 IInterface 接口类……156
6.5 提高手机电池续航能力——JobScheduler 技术……157
6.6 小结……162
第 7 章 广播机制——Android 广播接收器……163
7.1 静态注册监听广播……164
7.2 动态注册接收 Broadcast 广播……166
7.3 本地广播……167
7.4 小结……169
第 8 章 数据仓库——Android 数据存储……170
8.1 轻量级存储类——SharedPreferences……171
8.1.1 使用 SharedPreferences 存取数据……171
8.1.2 存取复杂（图像、音频）类型的数据……173
8.2 PreferenceActivity 的使用……174
8.2.1 PreferenceActivity 实现……174
8.2.2 PreferenceFragement 实现……177
8.3 SQLite Databases……178
8.3.1 SQLite 在 Windows 系统中的使用……179
8.3.2 SQLite 基本操作……180
8.3.3 SQLite 事务……180
8.4 Android 中使用 SQLite 数据库……180
8.4.1 SQLite 常用的操作方法……181

8.4.2 SQLiteOpenHelper 类 …… 182
8.4.3 在 SQLite 中执行查询 …… 185
8.4.4 在 Activity 中显示和操作 SQLite 数据库 …… 187
8.5 Android 文件的使用 …… 189
8.5.1 将数据保存到文件 …… 189
8.5.2 存取 SD 卡中的文件 …… 190
8.5.3 读取 XML 文件 …… 192
8.6 小结 …… 194
第 9 章 跨程序共享数据——内容提供器（ContentProvider） …… 195
9.1 获取用于通信录的电话及电话内容 …… 197
9.1.1 从通信录中获取好友数据 …… 197
9.1.2 通信录中添加好友 …… 198
9.2 创建共享数据 …… 199
9.2.1 创建共享数据 …… 200
9.2.2 外部应用访问 …… 204
9.3 小结 …… 206
第 10 章 美图秀秀——开发 2D 绘图 …… 207
10.1 屏幕绘图基础 …… 208
10.1.1 Canvas 类 …… 208
10.1.2 Paint 类 …… 210
10.1.3 Color 类 …… 212
10.1.4 Path 类 …… 213
10.1.5 Drawable 类 …… 216
10.2 使用文字 …… 217
10.3 使用位图 …… 219
10.4 Frame 动画 …… 222
10.5 Tween 动画 …… 224
10.6 小结 …… 227
第 11 章 多媒体开发 …… 228
11.1 音频播放 …… 229
11.1.1 支持的音频格式 …… 229
11.1.2 MediaPlayer 播放 MP3 文件 …… 230
11.1.3 AudioTrack 播放原始音频文件 …… 230
11.1.4 SoundPool 播放音频文件 …… 231
11.2 视频播放 …… 232
11.2.1 SurfaceView 播放视频 …… 232
11.2.2 VideoView 视频播放器 …… 234
11.3 多媒体存储 …… 235
11.4 小结 …… 237
第 12 章 Android 手机特色开发 …… 238
12.1 使用手机 Camera …… 239
12.1.1 调用摄像头拍照 …… 239

12.1.2 使用摄像头拍照 240
12.2 使用百度地图 242
12.2.1 申请 API Key 243
12.2.2 显示百度地图 245
12.2.3 标注覆盖物 247
12.3 定位服务 248
12.3.1 LocationManager 的基本用法 249
12.3.2 确定自己的位置 250
12.4 使用手机中的 Sensor 252
12.5 使用手机录音 255
12.5.1 AudioManager 256
12.5.2 音频处理 259
12.6 手机 Wifi 的使用 261
12.7 小结 267
第 13 章 三维游戏的基础——OpenGL ES 3.0 268
13.1 OpenGL 常识普及 269
13.2 GLSurfaceView 的使用 272
13.3 绘图概念 274
13.4 平面图形 277
13.5 三维图形 279
13.6 平面纹理 286
13.7 三维纹理 289
13.8 小结 294
第 14 章 C++的魅力——Android 本地编程 295
14.1 Android NDK 简介 296
14.2 使用命令行编译 Native 部分 296
14.3 C++（HelloWorld）项目 297
14.4 Eclipse 编译 C++（HelloWorld）项目 299
14.5 HelloJNI 实例解析 301
14.6 Android.mk 文件语法规范 304
14.7 Application.mk 文件语法规范 308
14.8 Android JNI 简介 309
14.9 Android Native Activity 312
14.9.1 NativeActivity 313
14.9.2 Android Native 生命周期 314
14.10 使用 C/C++编写 OpenGL ES 程序入门 315
14.10.1 初始化 OpenGL 316
14.10.2 创建自己的 Renderer 316
14.11 小结 318
第 15 章 Android 网络编程 319
15.1 WebView 控件用法 320
15.2 使用 HTTP 协议访问资源 321

15.2.1 HttpURLConnection 的使用 …… 321
15.2.2 HttpClient 的使用 …… 324
15.3 Android Socket …… 325
15.3.1 Android TCP 通信 …… 326
15.3.2 Android UDP 通信 …… 330
15.3.3 Native TCP/UDP 通信 …… 334
15.4 小结 …… 338
第 16 章 Android 的灵魂——底层服务 …… 339
16.1 Android 进程间通信 …… 340
16.2 Android IPC binders …… 344
16.2.1 Binders 概述 …… 344
16.2.2 面向对象的 Binder IPC …… 345
16.2.3 Binder 通信模型 …… 345
16.3 Binder 的 Native 实现（libbinder） …… 347
16.4 Android Native Service …… 349
16.4.1 Native Service 接口介绍 …… 351
16.4.2 简单的 Native Service 项目 …… 354
16.5 Android Parcel …… 364
16.6 小结 …… 367
第 17 章 综合实例解析——音乐播放器 …… 368
17.1 音乐播放器 …… 369
17.2 设计原则 …… 369
17.3 框架分析 …… 370
17.4 Application …… 371
17.5 程序主界面 …… 372
17.6 音乐播放界面 …… 374
17.7 Music Service 的编写 …… 385
17.8 FavroiteActivity 的编写 …… 394
17.9 MusicOnlineActivity 的编写 …… 394
17.10 发布 App …… 397
17.10.1 生成正是签名的 APK 文件 …… 397
17.10.2 申请 Google Play 账号 …… 399
17.10.3 上传和发布应用程序 …… 401
17.11 小结 …… 404

第1章
揭开神秘面纱——Android 系统简介

从不浪费时间的人，没有工夫
抱怨时间不够。——杰弗逊

Android 系统已经成为全球应用最广泛的手机操作系统，三星、摩托等手机厂商早已经通过 Android 取得巨大成功。目前，国内对 Android 开发人才的需求在迅速增长，智能手机已经给各个行业带了巨大的变革。因此，Android 手机应用软件必将在未来 IT 行业中占有举足轻重的地位。从趋势上看，Android 软件人才的需求会越来越大。

本书所介绍的平台是 Android 6.0，Android 6.0 是基于 Ancroid 5.0 的升级版本，Android 5.0 是 Android 历史上改动最大的一个版本，新增和修改的 API 多达 5000 个。Android 5.0 重新设计了 UI 风格、重新设计了运行时库（ART runtime）架构并且引入了 Volte 项目，在 GPU 的性能方面也做出了巨大改进，所以，Android 5.0 从用户界面到底层代码结构都有很大的改进。Android 6.0 版本相对于 Android 5.0 在系统层面改动不大，只是新增了应用的权限管理和设置，支持 USB 接 MIDI 口，以及 Doze 模式，用来提升手机续航和全局快速搜索功能，Android 6.0 代号 Marshmallow，即棉花糖，本书将全面介绍 Android 6.0 平台的软件开发。

本章首先让读者了解 Android 系统的概念，详细介绍 Android 系统的历史背景，以及 Android 系统的架构组成，让读者对 Android 系统有一个初步的认识。

1.1 认识 Android 系统

Android 一词的本义指"机器人"，同时也是 Google 于 2007 年 11 月 5 日宣布的基于 Linux 平台的开源手机操作系统的名称，它由 Google 主导的开放手持设备联盟（Open Handset Alliance）进行维护，该组织的口号是"助力移动设备的变革，以更低廉的价格，为用户提供更强大的功能和更好的体验"。该平台由操作系统、中间件、用户界面和应用软件组成。

Android 系统最初由安迪·鲁宾（Andy Rubin）开发，开发这个系统的目的是利用其创建一个"智能手机"生态圈。Android 操作系统于 2005 年 8 月被美国科技企业 Google 收购。2007 年 11 月，Google 与 84 家硬件制造商、软件开发商及电信营运商成立开放手持设备联盟来共同研发改良 Android 系统，随后，Google 以 Apache 免费开放源代码许可证的授权方式，发布了 Android 的源代码。让生产商推出搭载 Android 的智能手机，Android 操作系统后来更逐渐拓展到平板电脑及其他领域上。

现在，Android 正主导着移动领域的一场革命。这是第一个真正与硬件无关的开放系统，使得同一个应用能够轻松兼容于大量不同的设备之上，为用户和开发者营造一个更富生机的生态圈。

1.1.1 Android 成长历程

了解 Android 就需要从它的历史开始，如下是过去几年的大事记。

- 2005 年 Google 收购 Android, Inc.，被认为是 Google 进军智能手机市场的开始。
- 2007 年开放手持设备联盟宣布成立，Android 正式踏入开源阵营。
- 2008 年 Android SDK 1.0 发布。G1 手机随之而来，它由 HTC 生产，并由无线运营商 T-Mobile USA 发售。
- 2009 年基于 Android 的设备如雨后春笋般出现。Android 系统发布了几个新版本，有 Cupcake(1.5)、Donut(1.6)、Eclair(2.0 及 2.1)。已有超过 20 款设备运行 Android。
- 2010 年 Android 成为仅次于黑莓的第二大智能手机平台。Froyo(Android 2.2)发布，已有超过 60 款设备运行它。
- 2011 年 8 月 2 日，Android 手机已占据全球智能机市场 48%的份额，并在亚太地区市场占据统治地位，终结了塞班系统的霸主地位，跃居全球第一。
- 2011 年 9 月份，Android 系统的应用数目已经达到了 48 万个，在智能手机市场，Android 系统的占有率已经达到了 43%，继续排在移动操作系统首位。这时 Google 发布了全新的 Android 4.0 操作系统，这款系统被命名为 Ice Cream Sandwich（冰激凌三明治）。
- 2012 年 1 月 6 日，Android Market 已有 10 万名开发者推出超过 40 万个活跃的应用，大多数的应用程序为免费。
- 2014 年 10 月 15 日谷歌发布了全新的 Android 操作系统，即 Android 5.0。界面风格全新。
- 2015 年 9 月 28 谷歌发布了代号为"Marshmallow（棉花糖）"的 Android 6.0 系统，Android 6.0 在对软件体验与运行性能上进行了大幅度的优化。

1.1.2 发行版本

随着 Android 的改善，在不同的时间上推出了不同的版本。随着版本的更新，Android 功能和性能也在不断得到改进，下面我们来看看截止到本书写作的 Android 版本号，如表 1.1 所示。

表 1.1 Android 版本

Android version	API level	Nickname
Android 1.0	1	
Android 1.1	2	
Android 1.5	3	Cupcake
Android 1.6	4	Donut
Android 2.0	5	Eclair
Android 2.0.1	6	Eclair
Android 2.1	7	Eclair
Android 2.2	8	Froyo（frozen yogurt）
Android 2.3	9	Gingerbread
Android 2.3.3	10	Gingerbread
Android 3.0	11	Honeycomb
Android 3.1	12	Honeycomb
Android 3.2	13	Honeycomb
Android 4.0-4.0.2	14	Ice Cream Sandwich
Android 4.0.3-4.0.4	15	Ice Cream Sandwich
Android 4.1	16	Jelly Bean
Android 4.2	17	Jelly Bean
Android 4.3	18	Jelly Bean
Android 4.4.2	19	KitKat
Android 4.4W	20	KitKat
Android 5.0	21	Lollipop
Android 5.1.1	22	Lollipop
Android 6.0	23	Marshmallow

Android 版本号差不多就是标志了它大版本和小版本发布的轨迹，其间以 API Level 最为重要。版本号的更新有时是为 API 的改动，有时是为修补 Bug 或者性能优化。

身为应用程序的开发者，你需要明确知道目标平台的 API Level，这决定了你的应用能否兼容。

一般来说，你会希望自己的应用能够兼容尽可能多的设备，因此应留意 Android 的版本在诸多现存设备上的分歧，选择较低的 API Level。

1.1.3 得到大家的认可——Android 系统的市场份额

著名互联网流量监测机构 Net Applications 发布的最新数据显示，从 2013 年 9 月到 2014 年 7 月，在这将近一年的时间里 Android 市场占有率一直处于稳步攀升状态，从最初的 29.42%攀升至 44.62%。图 1.1 所示为 Android 的市场份额。

Android 平台首先就是其开放性，开发的平台允许任何移动终端厂商加入到 Android 联盟中来。显著的开放性可以使其拥有更多的开发者，随着用户和应用的日益丰富，Android 平台已经走向成熟。

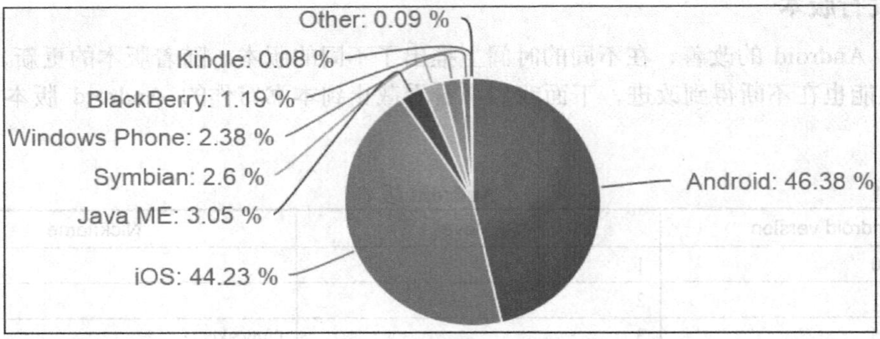

图 1.1 Android 的市场份额

1.2 Android 架构解析

Android 系统的底层建立在 Linux 系统之上，该平台采用一种称为软件叠层（Software Stack）的方式进行构建。这种软件叠层结构使得层与层之间相互分离，明确各层的分工。这种分工是软件工程中常说的低耦合高内聚的设计概念。

1.2.1 Android 系统架构图

Android 作为一个移动设备的平台，其软件层次结构包括了内核层、中间件和应用程序。下面看看 Android 的系统架构图，如图 1.2 所示。

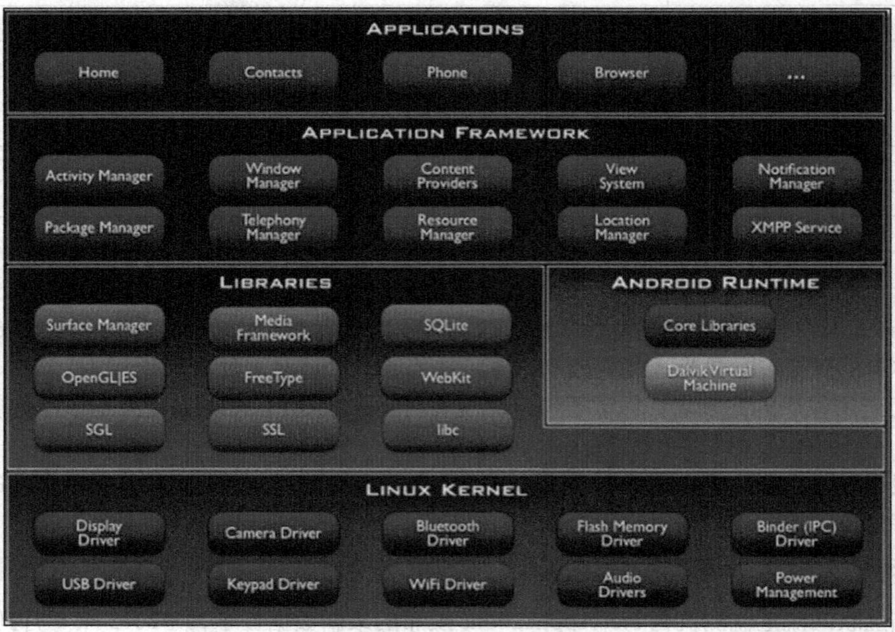

图 1.2 Android 架构图

如图 1.2 所示，Android 系统采用分层的架构。从架构看，Android 分为 4 层，从高层到底层分别是应用程序层、应用程序框架层、系统运行库层和 linux 核心层。

下面对 Android 框架图进行庖丁解牛式的分析，同样从高层到底层，首先是应用程序。

1.2.2 应用程序（Applications）

Android 会同一系列核心应用程序一起发布，包括 E-mail 客户端、SMS 短消息程序、日历、地图、浏览器、联系人管理程序等。所有的应用程序都是使用 Java 语言编写的。通过打包工具将应用程序的字节码文件、资源文件和清单文件打包到一个以“apk”为后缀的文件中，该文件就是应用程序的载体，被复制到 Android 设备上之后，会被解析成机器能识别的机器码。那么开发应用是不是有设计规则呢？回答是肯定的，请看下面 3 点。

（1）每个应用程序都运行在自己的进程空间中。在需要执行该应用程序时，Android 将启动该进程；当不再需要该应用程序，并且系统资源不够分配时，系统将终止该进程。

（2）每个进程都有自己的运行库（ART），所以，任何应用程序的代码与其他的应用程序的代码是相互隔离的。

（3）每个应用程序被分配给一个唯一的 ID。所以，应用程序的文件只能对该应用程序可见。

Android 平台的一个核心要点是，一个应用程序能够利用其他应用程序的组件。例如，一个程序 A 用于显示指定文件夹中的全部数据库名，而另外一个程序 B 用于查看某一指定数据库的信息，如数据表名、数据表模式（Schema）、数据表内容等。在程序 A 中，当用户单击列表中的某一数据库名称项时，可以调用程序 B 中的模块去显示指定数据库的信息，而无需重复开发。

而为了做到这一点，系统必须能够在应用程序需要调用指定模块时找到并启动包含该模块的组件。因此，不像其他系统的应用程序，Android 应用程序没有 main 方法，代码框架也必须遵照 Android 平台所定义的形式。所以，Android 应用程序需要包含系统能够识别并调用的一些基本组件。Android 系统四大组件分别是 Activity（活动）、Service（服务）、Broadcast Receiver（广播接收器）和 Content Provider（内容提供者）。

1. Activity（活动）

Activity 表现为用于与用户进行交互的可视化界面，是所有 Android 应用程序的门面，凡是在应用中看得到的东西，都是放在 Activity 中的。例如，一个 Activity 可以是系统登录界面，另外一个 Activity 可以是显示已登录用户信息的列表。

用户定义的每一个 Activity 都继承于父类 Activity，代码如下所示。

```
public class MainActivity extends Activity{}
```

一个应用程序可能由一个或多个 Activity 组成，Android 平台通过 Activity 栈来对 Activity 进行管理。

2. Service（服务）

服务是一类无需可视用户界面，更适合在后台长期运行的应用程序，如背景音乐播放器或后台数据处理服务等。

同 Activity 一样，用户定义的每一个服务都继承于父类 Service，该父类由 Android 平台框架预定义。代码如下所示。

```
public class TouchService extends Service{}
```

3. Broadcast Receiver（广播接收器）

广播接收器是一类只接收和处理广播消息的组件。广播接收器也没有显示用户界面，但是，可以在响应其接收信息时启动一个 Activity，或者通过通知管理器来显示提示界面从而警示用户。

一个应用程序可能有任意数量的广播接收器来响应任何它认为重要的通告。所有用户定义的广播接收器都继承于父类 BroadcastReceiver。该父类由 Android 平台框架预定义。

4. Content Provider（内容提供者）

内容提供者可以将指定的一组应用程序数据让其他应用程序使用。这些数据可以存储于文件系统或者 SQLite 数据库。

用户定义的内容提供者都继承于父类 ContentProvider，并实现一套标准的方法来允许其他应用程序获取并存储其所控制的数据类型。该父类由 Android 平台框架预定义。

一个内容提供者可以和其他内容提供者进行交互，甚至和其他内容提供者协作来管理任何进程内的通信。

通过前面的介绍，相信读者对 Android 程序的主要组成部分应该有所认识。但是，组件的调用或者组件与组件之间的切换又是如何实现的呢？例如，应用程序启动时如何调用指定的 Activity 或者服务，Activity 之间如何进行切换调用？

对于组件间通信的问题，读者就需要认识 Intent，Intent 负责对应用中一次操作的动作、动作涉及的数据、附加数据进行描述，Android 则根据此 Intent 的描述，负责找到对应的组件，将 Intent 传递给调用的组件，并完成组件的调用。简而言之就是，解决 Android 应用的各项组件之间的通信。Intent 在这里起着一个媒体中介的作用，专门提供组件互相调用的相关信息，实现调用者与被调用者之间的解耦。

1.2.3 应用程序框架层（Framework）

应用程序框架层是我们从事 Android 开发的基础，很多核心应用程序也是通过这一层来实现其核心功能的，该层简化了组件的重用，开发人员可以直接使用其提供的组件来进行快速的应用程序开发，也可以通过继承来实现个性化拓展。

通过 Framework 层，开发者自由地享有硬件设备的优势，拥有访问本地信息、运行后台服务、设置警示、向状态栏添加通知等功能。

Framework 层是由 Java 语言实现的，在这层里定义的 API 都是用 Java 语言编写。但是又因为它包含了 JNI 的方法，JNI 用 C/C++编写接口，根据函数表查询调用核心库层里的底层方法，最终访问到 Linux 内核。Framework 层的具体作用如下。

（1）用 Java 语言编写一些规范化的模块封装成框架，供 App 层开发者调用开发出具有特殊业务的手机应用。

（2）用 Java Native Interface 调用 core lib 层的本地方法，JNI 的库是在 ART 虚拟机启动时加载进去的，ART 会直接去寻址这个 JNI 方法，然后去调用。

隐藏在每个应用后面的是一系列的服务，其中包括以下几项。

- 活动管理器（Activity Manager）：管理各个应用程序生命周期以及通常的导航回退功能。
- 窗口管理器（Window Manager）：管理所有的窗口程序。
- 内容提供器（Content Provider）：使得不同应用程序之间存取或者分享数据。
- 视图系统（View System）：创建应用程序的基本组件，它包括列表（lists）、网格（grids）、文本框（text boxes）、按钮（buttons），甚至可嵌入的 Web 浏览器。
- 通告管理器（Notification Manager）：应用程序可以在状态栏中显示自定义的提示信息。
- 包管理器（Package Manager）：Android 系统内的程序管理。
- 电话管理器（Telephony Manager）：所有的移动设备功能。
- 资源管理器（Resource Manager）：提供应用程序使用的各种非代码资源，如本地化字符串、图片、布局文件、颜色文件等。
- 位置管理器（Location Manager）：供位置服务。
- XMPP 服务（XMPP Service）：供 Google Talk 服务。

1.2.4 系统运行库（Libraries）

Android 包含一些 C/C++库，这些库能被 Android 系统中不同的组件所使用。它们通过 Android 应用程序框架层为开发者提供服务。以下是一些核心库。

- 系统 C 库：一个从 BSD 继承来的标准 C 系统函数库(libc)，它是专门为基于 embedded linux 的设备定制的。
- 媒体库：基于 OpenMAX 库支持多种常用的音频、视频格式回放和录制，同时支持静态图像文件。编码格式包括 MPEG4, H.264, MP3, AAC, AMR, JPG, PNG。
- Surface Manager：对显示子系统的管理，并且为多个应用程序提 供了 2D 和 3D 图层的无缝融合。
- LibWebCore：一个最新的 web 浏览器引擎用，支持 Android 浏览器和一个可嵌入的 web 视图。
- SGL：底层的 2D 图形引擎。
- 3D libraries：基于 OpenGL ES 3.0 APIs 实现，该库可以使用硬件 3D 加速(如果可用)或者使用高度优化的 3D 软加速。
- FreeType：位图（bitmap）和矢量（vector）字体显示。
- SQLite：一个对于所有应用程序可用、功能强劲的轻型关系型数据库引擎。

1．虚拟机——Dalvik

在 Android 4.4 以前的系统上，所有的应用程序都是运行在 Dalvik 中。应用程序每次运行时其中一部分代码都需要机器重新编译。这个过程既消耗时间又要消耗系统资源，所以执行效率难免会降低。但其优点在于这种机制可以让各种各样的应用程序运行在多种硬件架构上。

Dalvik 虚拟机是运行 Java 语言编写应用的必需步骤，正是它将应用编译为字节码（ByteCode），然后再转换成 dex（Dalvik 可执行格式），最终交给 Dalvik 虚拟机来运行。

Android 2.2 的时候引入了即时编译器（JIT），大大提高了部分应用的执行效率。此后虽然不再有明显的性能提升，但是 Google 和厂商们一直都在优化 Dalvik。事实上，如果执行了 Dalvik 缓存清理，就会看到“安卓正在更新”（Android is upgrading）的提示，此时幕后就正在对 dex 文件进行深入优化，同时重建 Dalvik 缓存分区模式。

Android 4.4 以下系统中所运行的传统 Dalvik 模式主要在于占用更小的 ROM 存储空间，兼容性更好，另外应用加载打开的时候速度更快些。

Android 包括了一个核心库，该核心库提供了 JAVA 编程语言核心库的大多数功能。其实绝大部分功能是通过 JNI 调用 Android 平台的 C/C++开发库。

Dalvik 虚拟机用于执行 Android 应用程序，每一个 Android 应用程序都在它自己的进程中运行，都拥有一个独立的 Dalvik 虚拟机实例。Dalvik 被设计成一个设备上同时高效地运行多个实例的虚拟系统，如图 1.3 所示。

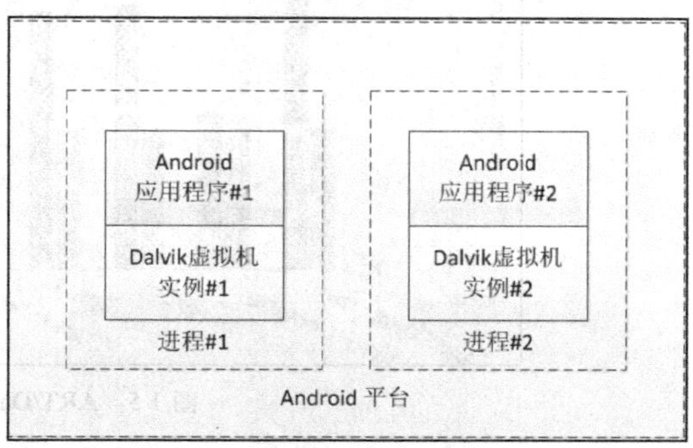

图 1.3 Android 进程空间示意图

Dalvik 虚拟机执行(.dex)的 Dalvik 可执行文件，该格式文件针对小内存使用做了优化。同时虚拟机是基于寄存器的，所有的类都经由 Java 编译器编译，然后通过 SDK 中的“dx”工具转化成.dex 格式由虚拟机执行，如图 1.4 所示。

Dalvik 虚拟机依赖于 linux 内核的一些功能，比如线程机制和底层内存管理机制。

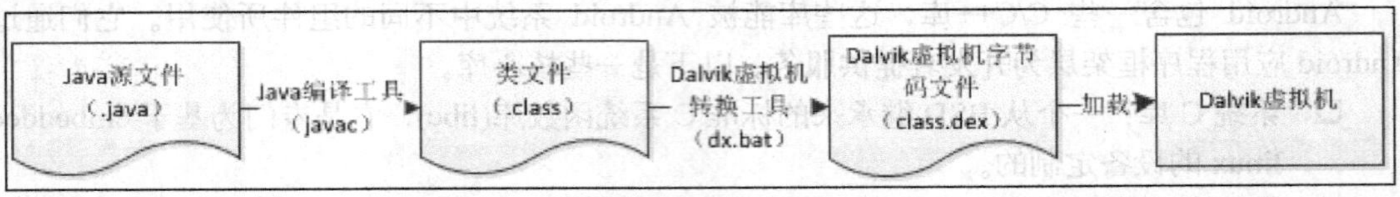

图 1.4　源代码编译运行示意图

2．虚拟机——ART

ART 是 Android Runtime 的缩写，Google 用于替代饱受诟病的 Dalvik 虚拟机的替代品。其实，ART 早在 Android KitKat（版本号为 4.4）时就已经推出，不过当时它还很不完善，所以被放到设置程序中的“开发者选项”里供一些供感兴趣的开发者使用。

相比 Dalvik，ART 的处理机制完全不同，它会在应用程序安装时就把程序代码转换成机器语言，让程序成为真正的本地应用。这样做的好处是程序的启动时间被极大地提高，运行速度也会更快。电量消耗得更少，系统行也跟着更加流畅。

当然 ART 带来一些优点的同时，也会带来以下一些缺点。

（1）由于 ART 需要应用程序在安装时就把程序代码转换成机器语言，所以这会消耗掉更多的存储空间，但消耗掉空间的增幅通常不会超过应用代码包大小的 20%。

（2）由于有了一个转码的过程，所以应用安装时间难免会延长。拿最新的 Google+应用为例，其 apk 格式的安装包大小为 28.3MB，但其代码仅为 6.9MB。

对于手机用户而言，目前 RAM 内存普遍是只有 1GB 或者 2GB，入门机有的仅 512M 内存，而 ART 模式号称只要 512M RAM 内存就足以流畅系统体验，另外对于传统安卓机的 Dalvik 模式运行久了容易出现卡顿的问题，ART 模式也得到了很好的解决。

上面说了这么多，那么 ART 性能到底有多大提升？图 1.5 所示的 ART/Davik 性能测试对比数据相信很有说服力。

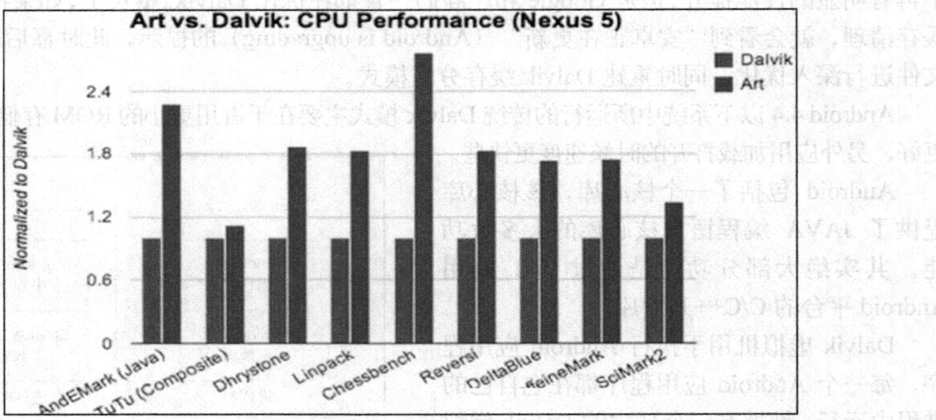

图 1.5　ART/Dalvik 性能对比测试

图 1.5 中在 Nexus 5 上所做的 ART 与 Dalvik CPU 性能测试中，ART 的性能较 Dalvik 几乎有成倍的增长。

从性能上看 ART 有很大的提升，那么 ART 的具体技术有哪些呢？可以总结为以下两点。

1. 采用 AOT（Ahead-Of-Time，预编译）编译技术

AOT 编译技术的目的是将 Java 字节码直接转换成目标机器的机器码。对比 Dalvik 使用的 JIT（Just-In-Time）编译技术：

- 使用 JIT 时，Java 程序在第一次执行某个函数时，需要先将其字节码转成机器码。
- 使用 AOT 后，Java 程序在安装前，其相关代码就会转成机器码。因此，在执行过程中，就不需要花费额外的时间来做字节码转换工作了。
- 函数调用的去虚拟化（devirtualize method calls）。Java 语言中，接口及虚函数可以很容易地解耦调用模块和实际的实现模块。但在具体执行的时候，虚拟机却要花费不少时间来查找真正的实现函数。函数调用的去虚拟化也是一种常见的优化方法。
- 快速接口调用。
- 避免类初始化过程中的检查。
- 消除异常检查。

如前所述，AOT 编译技术将在程序安装时做一些处理，相关流程如图 1.6 所示。

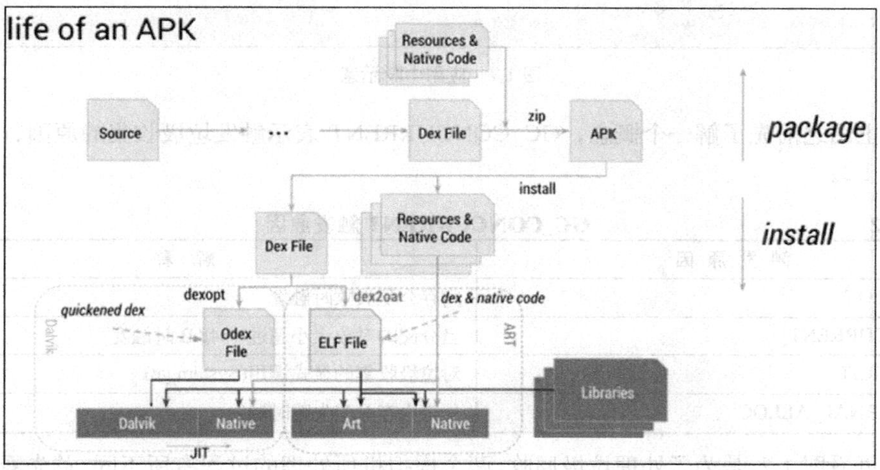

图 1.6　应用程序和 AOT

由图 1.6 可知，APK 应用程序本身的创建不涉及 AOT，只是在它的安装过程中，系统将通过 dex2oat 工具将 Dex 文件转换成 ART 平台上的可执行格式 ELF。

另外，AOT 这套处理框架可以很轻松地拓展到不同的硬件平台，如 Intel 的 X86、MIPS 及相应的 64 位平台等。

当然，AOT 在带来益处的同时也会有一些不好的影响，例如。

- 用于将 Dex 字节码转换成机器码的 dex2oat 过程耗时较长，这将延长第一次开机时间和程序安装时间。
- dex2oat 生成的 ELF 文件尺寸较大，这会占用不少内置存储空间。

2. 更高效的垃圾回收机制（GC）

在了解 ART 优势之前，我们需要了解什么是垃圾回收（即 GC），Java 垃圾回收是一项自动化的过程，用来管理程序所使用的运行时内存。通过这一自动化过程，虚拟机解除了程序员在程序中分配和释放内存资源的开销。GC 的类型有以下三种。

（1）GC_EXPLICIT：应用主动调用 System.gc()产生的 GC 事件。

（2）GC_FOR_ALLOC：内存分配时，发现可用内存不够时触发的 GC 事件。

(3) GC_CONCURRENT：给 Java 层的 class 分配内存后，计算已分配的大小达到阈值（当前 DVM heap size）时会触发的 GC 事件。

了解了垃圾回收，来看看 ART 另一项值得称道的特性，大幅改进 Java 的垃圾回收机制。垃圾回收工作主要包括以下两个步骤。

- ❑ 遍历应用程序的堆栈，枚举该应用所分配的所有对象，然后标记哪些对象还有效（这些有效的对象叫 Reachable Objects）。
- ❑ 释放不可到达对象所占据的空间。

Dalvik 时代，上述两个步骤均会造成应用程序运行过程的中断，其原理示意如图 1.7 所示。

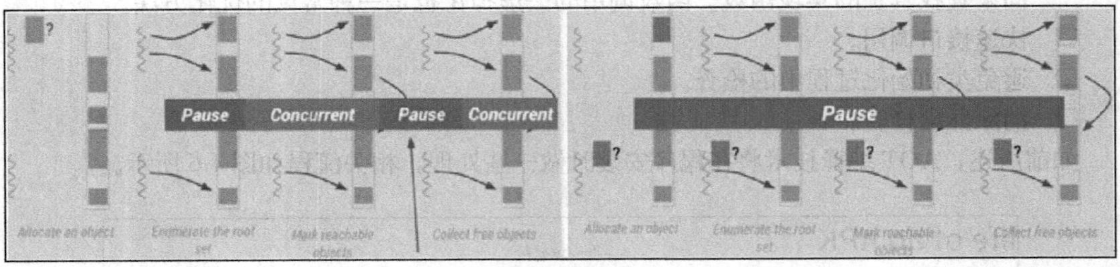

图 1.7　应用中断示意

讲解上图之前先了解一个概念，GC_CONCURRENT 表示触发垃圾收集的原因，有四种情况，见表 1.2。

表 1.2　**GC_CONCURRENT 触发原因**

触 发 原 因	解　释
GC_MALLOC	内存分配失败时触发
GC_CONCURRENT	当分配的对象大小超过 384KB 时触发
GC_EXPLICIT	对垃圾收集的显式调用(System.gc)
GC_EXTERNAL_ALLOC	外部内存分配失败时触发

下面再看图 1.7，是为了处理垃圾回收，两个虚拟机所处理的过程有所不同，首先看看 Dalvik 处理的过程。

- ❑ 应用程序试图分配一个对象（由左边的蓝色方框表示），可能会触发虚拟机做一次垃圾回收来释放一些空间。图 1.7 左图中的两个红色 Pause 阶段表示在垃圾回收过程中，应用程序会在枚举阶段和标记可到达对象阶段暂停工作。
- ❑ GC 影响最坏的情况出现在 GC_FOR_ALLOCS 回收时，由虚拟机没有足够空间来分配对象而造成。这种回收会导致整个程序被 pause，如图 1.7 中的右图所示。
- ❑ 了解了 Dalvik 处理的过程，那么 ART 是如何优化垃圾回收的呢？总体有下面几个方法。
- ❑ 单独创建了一块名为“Large Object Space”（LOS）的空间用来保存较大尺寸的对象。
- ❑ 创建了一种名叫 Runs-of-Slots-Allocator（RosAlloc）的分配器。这种分配器的特点是分配内存时，会采用更细粒度的锁控制。例如由不同的锁来保护不同的对象分配，或者当线程分配一些小尺寸对象时使用线程自己的堆栈，从而可完全不使用锁保护。
- ❑ 另外，为了防止内存的碎片化，ART 还引入了一个名为“Moving garbage collector”的方法，其目的是清理堆栈以减少内存碎片。由于这个工作会导致应用程序长时间中断，所以它必须等程序退到后台时才能开展。

最后，ART 在 64 位平台上也表现良好，图 1.8 所示为 Google 给出的一组 ART 和 Dalvik 在 64 位平台上的对比测试结果。

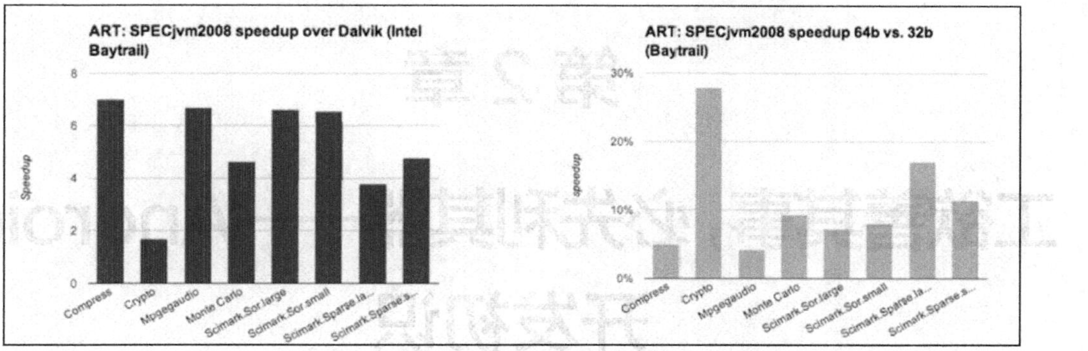

图 1.8　ART/Dalvik 64 位 Intel 平台对比测试结果

1.2.5　Linux 内核

Android 6.0 的核心系统服务依赖于 Linux 3.10 内核、如安全性、内存管理、进程管理、网络协议栈和驱动模型等。Linux 作为 camera、GSM、Wifi、GPS、触摸屏等设备的载体，管理所有这些软硬件资源，屏蔽了底层的硬件实现细节，Linux 内核也同时作为硬件和软件栈之间的抽象层，为上层软件提供了统一的接口，保持上层软件的独立性。

1.3　小　　结

本章从 Android 的发展历程、发行版本以及市场份额逐步讲解了 Android 系统的发展史，从而让读者详细了解了 Android 系统的历史渊源，再从系统架构图讲起，逐步分析了框架图各个层级的架构，简单地介绍了应用程序的四大组件，在 Framework 层介绍了隐藏在应用后面的是一系列的服务程序，在系统运行库中分析了两大虚拟机的优劣。相信在这个过程中读者对 Android 系统有了一个基本的认知，在下章中我们将讲解如何搭建 Android 系统开发环境。

第2章

工欲善其事，必先利其器——Android开发初识

把时间用在思考上是最能节省
时间的事情。——卡曾斯

本章将初步介绍 Android 应用开发过程，从搭建系统环境、安装平台 SDK、安装 IDE 以及调试工具到实例工程的创建、运行和调试、通过详细的过程说明和讲解，让读者能够快速对 Android 系统应用开发形成初步的理解。

2.1 开发准备工作

下面来了解一下开发 Android 程序需要哪些工具。

1. Java JDK

JDK（Java Development Kit）是 Sun Microsystems 针对 Java 开发员的产品。JDK 是整个 Java 的核心，包括了 Java 运行环境（Java Runtime Envirnment）、Java 工具和 Java 基础的类库。

2. Android SDK

Android SDK 是谷歌提供的 Android 开发工具包，在开发 Android 程序时，需要通过引入该工具包，来使用 Android 相关的 API。

3. Eclipse

Eclipse 是 Java 开发神器，最好用的 IDE 工具之一。Eclipse 是开源的，这使得有很多基于 Eclipse 制作的优秀 IDE 得以问世，如 MyEclipse、Aptana 等。Eclipse 支持极多的插件工具，使得它不仅仅可以用来开发 Java，还可以很轻松地支持几乎所有主流语言的开发，当然也非常适合 Android 开发。

除了 Eclipse 外，同样适合开发 Android 程序的 IDE 还有 IntelliJ IDEA、Android Studio 等。其中 Android Studio 是谷歌官方近期推出的新 IDE，由于是专门为开发 Android 程序定制的，在 Android 领域大有要取代 Eclipse 的势头。不过本书中还是决定暂时继续使用 Eclipse，因为 Android Studio 才推出不久，恐怕还不够稳定。另外，你将来的同事大多数应该还是用的 Eclipse，如果跟他们选择不同的 IDE，在工作效率上可能要打点折扣了。

4. ADT

ADT 全称 Android Development Tools，是谷歌提供的一个 Eclipse 插件，用于在 Eclipse 中提供一个强大的、高度集成的 Android 开发环境。安装了 ADT，你不仅可以联机调试，而且还能够模拟各种手机事件、分析你的程序性能等等。由于是 Eclipse 的插件，你不需要进行下载，在 Eclipse 中在线安装就可以了。

2.2 开发环境搭建

Java SDK 安装，本书选择 Java SDK 1.7，下载地址：http://www.oracle.com/technetwork/java/javase/downloads/index.html

环境变量配置如下。

- 需要将 JDK 安装文件夹下的 bin 和 lib 子文件夹路径添加到系统的路径环境变量“PATH”中。
- 创建“JAVA_HOME”环境变量，并将 JDK 的安装文件夹设置给该变量。

这样就剩下 SDK、eclipse 和 ADT 的安装了，可以将这些软件全部都准备好，然后一个个安装完成，不过这已经是老方法了。Google 现在提供了一种简便方式，在 Android 官网可以下载到一个绑定好的 SDK 工具包，所需要用到的 Android SDK、Eclipse、ADT 插件全都包含在里面了，这样可以省去很多费时的安装操作。下载地址是：http://developer.android.com/sdk/。

下载下来的将是一个压缩包，解压该压缩包之后的目录结构如图 2.1 所示。

其中 SDK Manager 就是 Android SDK 的管理器，双击打开它可以看到所有可下载的 Android SDK 版本。由于 Android 版本非常多，全部都下载会很耗时，本书开发的程序主要面向 Android 5.0 以后的系统，当然 Android 程序是向下兼容的。因此，这里只勾选 API 21 以上的 SDK 版本，如图 2.2 所示。当然如果你带宽和硬盘都十分充足，也可以全部勾选。

勾选完后点击右下角的 Install 42 packages，然后会进入到一个确认安装界面，选中右下角的 Accept License，然后点击 Install，就进入了一个漫长的等待安装过程。所有下载好的内容都放在了 SDK 这个目录下，除了开发工具包外，里面还包含文档、源码、示例等。

下面来看一下 eclipse，就是进入 eclipse 目录，双击 eclipse.exe 来启动 Eclipse。这个 Eclipse 是安装好 ADT 插件的，因此可以直接在这个 Eclipse 上开发 Android 程序，安装过 ADT 插件的 Eclipse 会多出一些东西来，比如会在 Eclipse 的工具栏中找到图 2.3 所示的几个　图标。

图 2.1　SDK 工具包

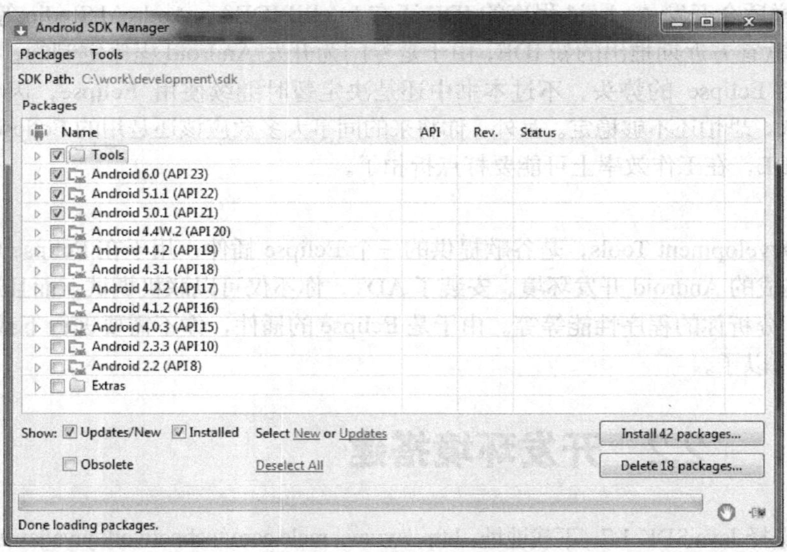

图 2.2　Android SDK 的管理器

图 2.3　Eclipse 的工具栏图标

简单介绍一下。最左边的图标是 Android SDK 管理器。中间的图标是用来开启 Android 模拟器的。最右边的图标是用来进行代码检查的。

Android 模拟器用于模拟 Android 实机环境，是调试 Android 应用程序必不可少的工具。该工具一般由集成开发环境调用，也可以通过命令行启动。

那下面先启动一个模拟器看看效果，点击中间的图标会弹出如图 2.4 所示的窗口。

然后点击右侧的 Create 来创建一个新的模拟器。这里准备创建一个 Android 6.0 系统的模拟器，因此模拟器名就叫 android6.0，设备这里我选择了一个 4.0 英寸屏幕的手机，目标指定为 Android 6.0，然后再稍微分配一下手机内存和 SD 卡大小，就可以点击 OK 了，如图 2.5 所示。

创建完成后，选中刚刚创建的模拟器，然后点击 Start，在弹出窗口中点击 Launch，就可以启动模拟器了。或者在命令行中运行 Android 模拟器的命令 emulator.exe–avd android6.0，如图 2.6 所示。

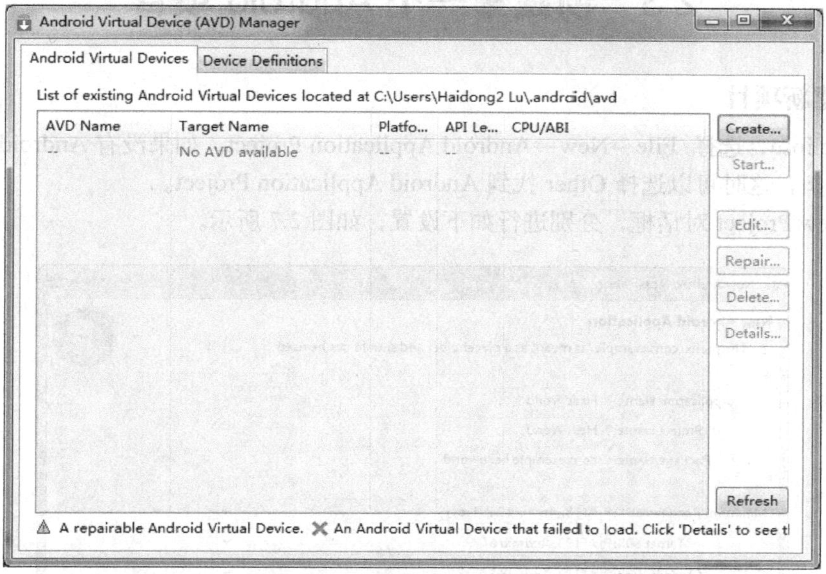

图 2.4　AVD Manager

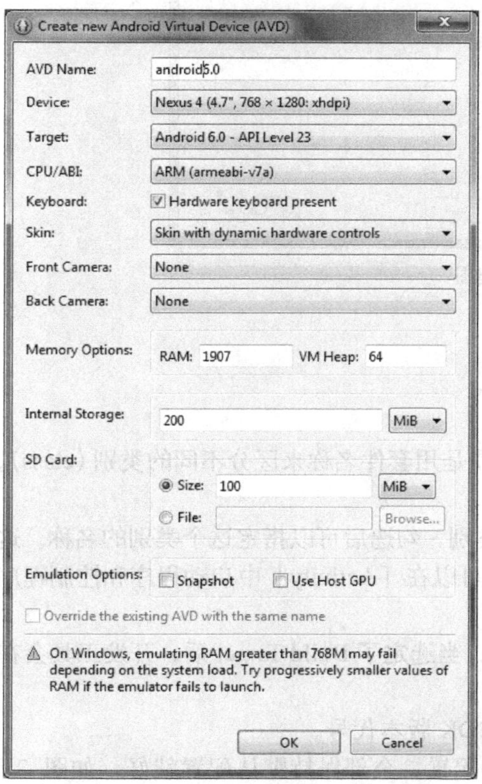

图 2.5　创建模拟器

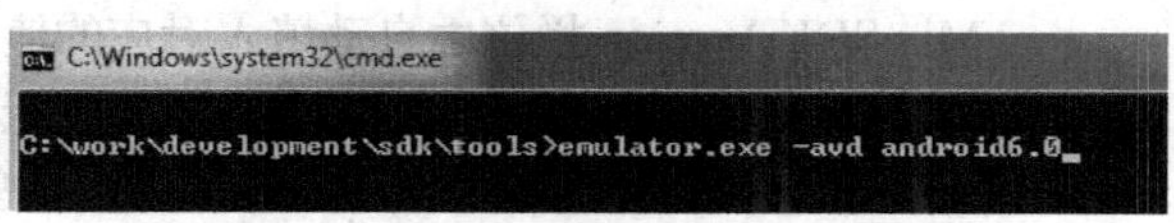

图 2.6　命令行中运行 emulator.exe

模拟器可以像使用手机一样使用，Android 模拟器对手机的模仿度非常高，至此，Android 开发环境就已经全部搭建完成了。下面学习一下 SDK 提供的部分工具。

2.3 创建第一个 Android 项目

2.3.1 创建新项目

打开 Eclipse，选择 File→New→Android Application Project。如果没有 Android Application Project 这一条，这时可以选择 Other 找到 Android Application Project。

进入 New Project 对话框，分别进行如下设置，如图 2.7 所示。

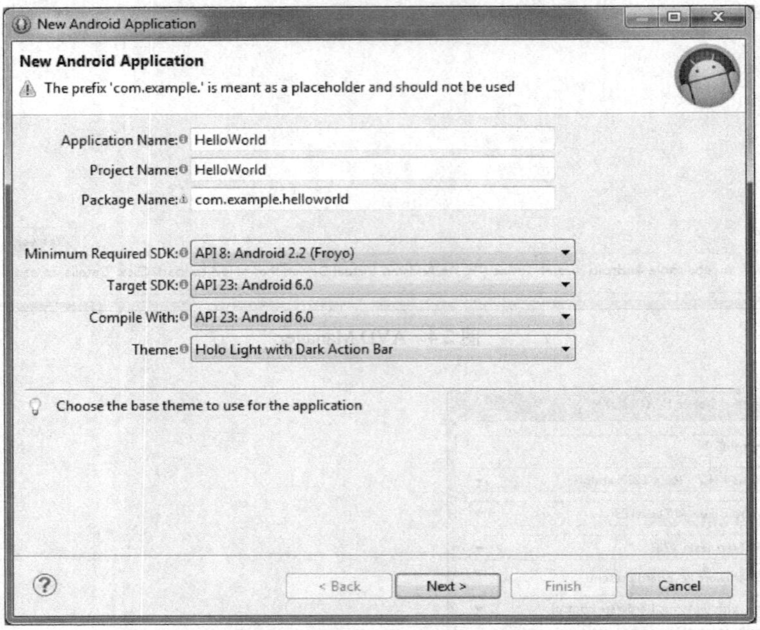

图 2.7 工程创建图

词条解释如下。

- Project Name 包含这个项目的资料夹的名称。
- Application Name 显示在应用程序上的标题。
- Package Name 包（Package）名称，Java 的习惯是用套件名称来区分不同的类别（class）。依照专校的不同，我们会起不同的路径名称。
- Create Activity 是否建立这个是项目的主要类别，勾选后可以指定这个类别的名称。这个类别是一个 Activity 类别的子类别。我们可以在「Activity」中启动程序和控制程序流程，或是根据需要控制荧幕、界面。
- Build Target 选择用来编译专校的 SDK 版本。当选定了 Build Target 后，开发工具会在 Min SDK Version 栏位中自动填入对应的值。
- Min SDK Version 本应用程序所支持的最低 SDK 版本代号。

下面点击 Next，下一个界面是创建项目的一些配置，全部保持默认配置就好，如图 2.8 所示。

接着点击 Next 进入到启动图标的配置界面，在这里配置的图标就会是你的应用程序安装到手机之后显示的图标，如图 2.9 所示。

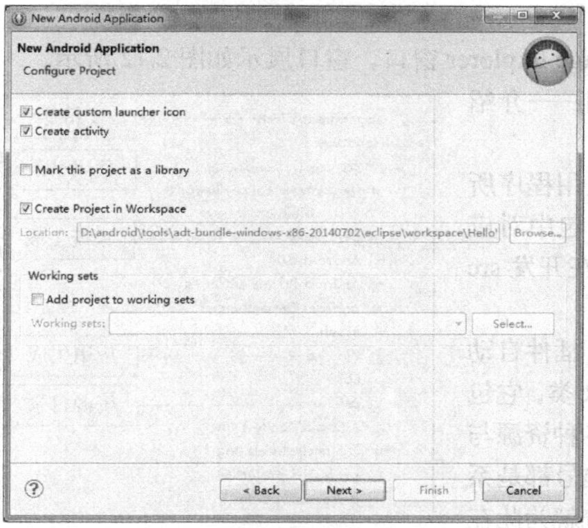

图 2.8　项目配置页面

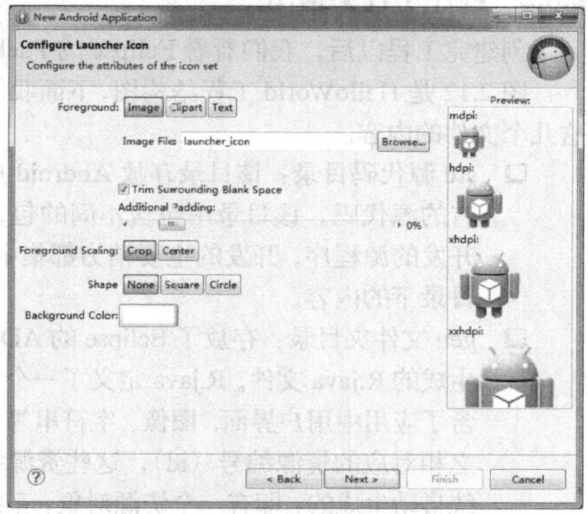

图 2.9　图标配置页面

如果程序的 Logo 还没设计好，这里就先不配置，直接点击 Next，到项目里面再配置启动图标。

然后跳转到的是创建 Activity 界面，在这个界面可以选择一个你想创建的 Activity 类型，这里我们就选择 Blank Activity 了，如图 2.10 所示。

继续点击 Next 后，需要给刚刚选择的 Blank Activity 起一个名字，我们选择默认就好，如图 2.11 所示。

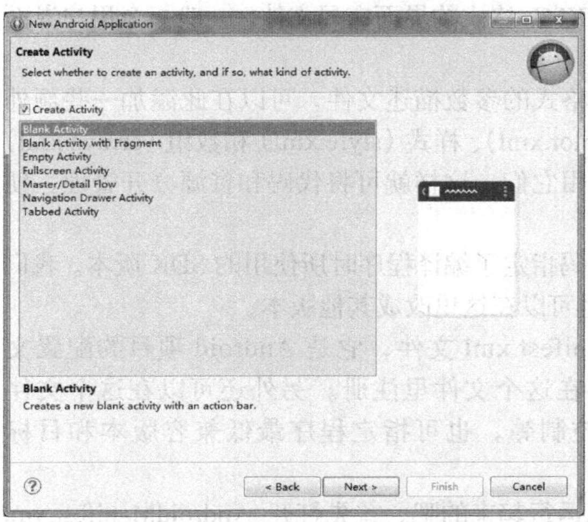

图 2.10　Activity 设置页面

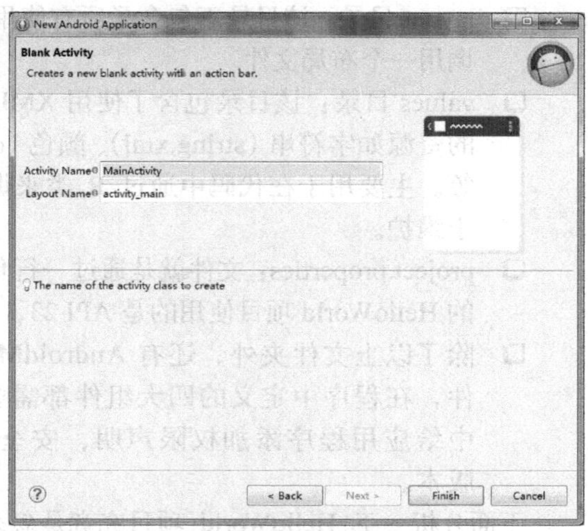

图 2.11　Activity 命名

然后点击 Finish，项目创建完成。你会发现在 Eclipse 中创建出工程 appcompat_v7 和 HelloWorld，appcompat_v7 工程在 Android 5.0（API 21）之前是没有的，它是为了让低版本的系统支持 Android 5.0 的新特征而存在的，因此我们叫它支持库，本节不对它进行详细讲解。

由于 ADT 会自动生成了很多东西，现在不需要写任何代码，HelloWorld 项目就已经可以运行。在以后创建项目时，若没有特别说明都是按照这种方式进行创建。

2.3.2 程序工程架构图

创建完工程以后，我们看看 Eclipse 的 Package Explorer 窗口，窗口展示如图 2.12 所示。

图 2.12 是 HelloWorld 工程结构图，下面我们一一介绍这几个文件的内容。

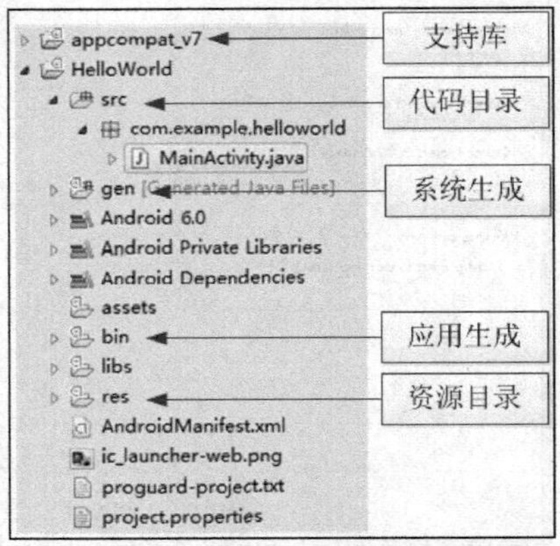

图 2.12　程序工程图

- ❑ src 源代码目录：该目录存放 Android 应用程序所有的源代码。该目录中包含不同的包，包中对应开发的源程序，开发的主要精力都集中在开发 src 目录下的内容。
- ❑ gen 文件夹目录：存放了 Eclipse 的 ADT 插件自动生成的 R.java 文件。R.java 定义了一个 R 类，它包含了应用中用户界面、图像、字符串等各种资源与之相对应的资源编号（id），这些资源编号都是系统自动生成的，即有一个资源对象，系统就为此在 R 类中生成相应的资源编号，好比一本字典。

  注意，Android 应用程序中通过 R 类别来实现对资源的应用。同时，编译器也会查看这个资源列表，没有使用到的资源就不会编译进去，为手机应用程序节省空间。
- ❑ res 资源目录：该目录下定义了 drawable、layout、menu 和 values 目录，下面对这几个目录进行介绍。
- ❑ drawable 目录：该目录下有 drawable-hdpi、drawable-ldpi、drawable-mdpi 3 个文件夹分别用来存放不同分辨率的图片资源，用于不同分辨率的手机的开发。
- ❑ layout 目录：该目录下包含了所有使用 XML 格式的界面布局文件。一般一个用户界面调用一个布局文件。
- ❑ values 目录：该目录包含了使用 XML 格式的参数描述文件，可以在此添加一些额外的资源如字符串（string.xml）、颜色（color.xml）、样式（style.xml）和数组（arrays.xml）等。主要用于在代码中通过 R 类来调用它们，这样就可将代码和资源分开管理，便于维护。
- ❑ project.properties：文件就是通过一行代码指定了编译程序时所使用的 SDK 版本。我们的 HelloWorld 项目使用的是 API 23，也可以在这里改成其他版本。
- ❑ 除了以上文件夹外，还有 AndroidManifest.xml 文件，它是 Android 项目的配置文件，在程序中定义的四大组件都需要在这个文件里注册。另外还可以在这个文件中给应用程序添加权限声明、安全控制等，也可指定程序最低兼容版本和目标版本。

下面分析一下 HelloWorld 项目究竟是怎么运行起来的吧。首先打开 AndroidManifest.xml 文件，查看 AndroidManifest.xml 文件的如下内容：

```
<activity
android:name=".MainActivity"
android:label="@string/app_name" >
<intent-filter>
<action android:name="android.intent.action.MAIN" />
<category android:name="android.intent.category.LAUNCHER" />
</intent-filter>
</activity>
```

这段代码表示对 MainActivity 这个 Activity 进行注册，没有在 AndroidManifest.xml 里注册的 Activity 是不能使用的。其中 intent-filter 里的两行代码，

```
<action android:name= "android.intent.action.MAIN" />
<category android:name="android.intent.category.LAUNCHER" />
```

表示 MainActivity 是这个项目的启动 Activity，首先启动的就是这个 Activity。后续章节我们会详细讲解。

2.3.3 HelloWorld 程序架构解析

首先我们来看看应用程序的启动 Activity，MainActivity.java 文件代码如下。

```
public class MainActivity extends ActionBarActivity {
@Override
protected void onCreate(Bundle savedInstanceState) {
super.onCreate(savedInstanceState);
 setContentView(R.layout.activity_main);
  }
@Override
public boolean onCreateOptionsMenu(Menu menu) {
// Inflate the menu; this adds items to the action bar if it is present.
    getMenuInflater().inflate(R.menu.main, menu);
return true;
  }
@Override
public boolean onOptionsItemSelected(MenuItem item) {
// Handle action bar item clicks here. The action bar will
// automatically handle clicks on the Home/Up button, so long
// as you specify a parent activity in AndroidManifest.xml.
int id = item.getItemId();
if (id == R.id.action_settings) {
return true;
      }
 return super.onOptionsItemSelected(item);
    }
}
```

类 MainActivity 继承自类 ActionBarActivity，AndroidBarActivity 是支持库 appcompat_v7 中提供的，是为了让 Android SDK 3.0 以下版本支持 actionbar，因为系统 Activity 类提供的 actionbar 只有在 Android 3.0（API 11）以上才可以使用，所以为了方便讲解，本书在没有特别说明时我们都将 ActionBarActivity 类替换为 Activity 类。

```
public class MainActivity extends Activity {
  ......
}
```

前面讲解过 Activity 是 Android 提供的四大组件之一，它为用户提供一个可视的界面，方便用户操作。每个 Activity 会提供一个可视的 View（使用 setContentView 设置）。下面我们看 MainActivity 中包含的方法，MainActivity 中有三个方法，onCreateOptionsMenu()这个方法是用于创建菜单的，onOptionsItemSelected()是为了相应菜单消息，可以先无视它们，主要看下 onCreate()方法。onCreate()方法是一个 Activity 创建时必定要执行的方法，其中只有两行代码，第一行是调用了父类的 onCreate()方法，第二行是设置 View 的代码，参数“R.layout.activity_main”，前面说过通过 R 类来调用 res 中的资源文件，函数 setContentView (R.layout.activity_main)：表示当前 Activity 中的 View 加载的是 res/layout/activity_main.xml 中的文件，称 activity_main.xml 为布局文件，代码如下所示。

```
    xmlns:androidd="http://schemas.android.com/apk/res/Android"
xmlns:tools="http://schemas.android.com/tools"
    android:layout_width="match_parent"  <!--定义当前视图在屏幕上可以消费的宽度，match_parent即填充整个屏幕。-->
```

```
        android:layout_height="match_parent"
    android:paddingBottom="@dimen/activity_vertical_margin"
    android:paddingLeft="@dimen/activity_horizontal_margin"
    android:paddingRight="@dimen/activity_horizontal_margin"
    android:paddingTop ="@dimen/activity_vertical_margin"
        tools:context =" com.example.helloworld.MainActivity" <!--这一句不会被打包进APK。说明当前的RelativeLayout所在
的渲染上下文是MainActivity -->
    <TextView <!--TextView 是Android中的一个控件，用于显示-->
            android:layout_width="wrap_content" <!--随着文字栏位的不同而改变这个视图的宽度或者高度。
            -->android:layout_height="wrap_content"
    android:text="@string/hello_world" />
```

词条解释如下。

- 相对布局 RelativeLayout 允许子元素指定它们相对于其父元素或兄弟元素的位置，这是实际布局中最常用的布局方式之一，详细内容请看 4.2.2 节。
- xmlns:android 这是一个 XML 命名空间，告诉 Android 开发工具你准备使用 Android 命名空间里的一些通用属性。在所有 Android XML 设计文件中最外层的标记必须使用这个，它的值也一定是"http://schemas.android.com/apk/res/android"。
- xmlns:tools 不会被打包进 APK，一般是用于设置 ADT 的一些参数，是 xml 的命名空间，可以理解为语法判断器。
- tools:context 用于说明当前的 RelativeLayout 所在的渲染上下文是 MainActivity。
- android:layout_width 设置界面元件的宽度，值一般是“fill_parent”，“wrap_content”，“match_parent”。“fill_parent”和“match_parent”都表示都是填满整个父窗口，在 Android 2.2(API 8)就开始使用“match_parent”替换“fill_parent”，“wrap_content”表示随着控件文字数的不同而改变这个控件的宽度或者高度。
- android:layout_height 设置界面元素的高度。赋值和 layout_width 相同。
- android:widt 是定义控件的宽度，当然这个宽度也是和 android:layout_width 配合起来作用的，如果 android:layout_width="match_parent"的话，那么设置 Android:width 是没有意义的，android:width 的值是"dp"类型的整数值。

由于刚开始实际接触到 Android 应用程序，先从简单的开始：首先我们找出“Hello world! ”字符串定义在什么地方。在上面的代码找到“android:text="@string/hello_world"” android:text 表示控件显示的内容，但是和程序运行后显示“Hello world!”的不一样，其实真正的“Hello world!”字符串也不是在布局文件中定义的。Android 不推荐在程序中对字符串进行硬编码，更好的做法一般是把字符串定义在 res/values/strings.xml 里，然后可以在布局文件或代码中引用。那我们现在打开 strings.xml 看一下，里面的内容如下：

```
<?xml version="1.0" encoding="utf-8"?>
<resources>
<string name="app_name">HelloWorld</string>
<string name="hello_world">Hello world!</string>
    <string name="action_settings">Settings</string>
</resources>
```

这是为了便于项目国际化，能够容易将程序中用到的字符串转换成其他语言。

再来看一下如何去使用 strings.xml 资源。比如刚刚在 strings.xml 中找到的“Hello world!”字符串，我们有两种方式可以引用它：

在代码中通过 R.string.hello_world 可以获得该字符串的引用。

在 XML 中通过@string/hello_world 可以获得该字符串的引用。

基本的语法就是上面两种方式，其中 string 部分是可以替换的，如果是引用的图片资源就可以替换成 drawable，如果是引用的布局文件就可以替换成 layout，HelloWorld 项目

的图标就是在 AndroidManifest.xml 中通过 android:icon="@drawable/ic_launcher"来指定的，ic_launcher 这张图片就在 drawable 文件夹下，如果想要修改项目的图标就可以直接将其替换。

AndroidManifest.xml 是每个 Android 程序中必须的文件。它位于整个项目的根目录，描述了 package 中暴露的组件（activities、services 等），他们各自的实现类，各种能被处理的数据和启动位置。除了能声明程序中的 Activities、ContentProviders、Services 和 Intent Receivers，还能指定 permissions 和 instrumentation，下面我们一起来看看 HelloWorld 的 AndroidManifest.xml 文件。

```
<?xml version="1.0" encoding="utf-8"?>
<manifest xmlns:Android="http://schemas.Android.com/apk/res/Android"
package="com.example.helloworld"
Android:versionCode="1"
Android:versionName="1.0" >
<uses-sdk
Android:minSdkVersion="8"
Android:targetSdkVersion="23" />
<application
Android:allowBackup="true"
Android:icon="@drawable/ic_launcher"
Android:label="@string/app_name"
Android:theme="@style/AppTheme" >
<activity
Android:name="com.example.helloworld.MainActivity"
Android:label="@string/app_name" >
<intent-filter>
<action Android:name="Android.intent.action.MAIN" />
<category Android:name="Android.intent.category.LAUNCHER" />
</intent-filter>
</activity>
</application>
</manifest>
```

解释词条如下。

- xmlns:android：定义 android 命名空间，一般为 http://schemas.Android.com/apk/res/android，这样使得 Android 中各种标准属性能在文件中使用。
- Package：指定本应用内 Java 主程序包的包名，它也是一个应用进程的默认名称。
- android:versionCode：开发者用的内部版本号，一般使用流水号，该属性是可选的。
- android:versionName：是给使用者看的版本号，你可以将你的 APP 版本号设置为 1.0 版，后续更新版本设置为 1.1、2.0 版本等，该属性是可选的。
- application：主要标签定义了所有这个应用程序用到的 Activity、服务等信息。
- “application”标签中的 android:icon = “@drawable/ic_launcher”表示应用程序图示的资源档存在于“res/drawable/icon”中，图示的大小必须超过 64x64 像素（Pixel）。
- “application”标签中的“android:label”属性可用来指定应用程序名称。

程序中用到的 Activity，都定义在“application”标签中分别由 Activity 标签来标识，Activity 是 Android 应用程序与使用者互动的主要元素。

- “activity"标签的“android:name”属性，指出了这个 Activity 所对应的类名(class)。"activity"标签中的“android:label”属性可用来指定应用程序将显示在 Activity 画面上方的名称。也可以在程序码中透“setTitle（名称）”来动态修改。

下面我们将 HelloWorld 工程安装到上节中创建的模拟器中，在 Eclipse 中选择 HelloWorld 项目单击右键，如图 2.13 所示 App 就直接安装在模拟器中了。

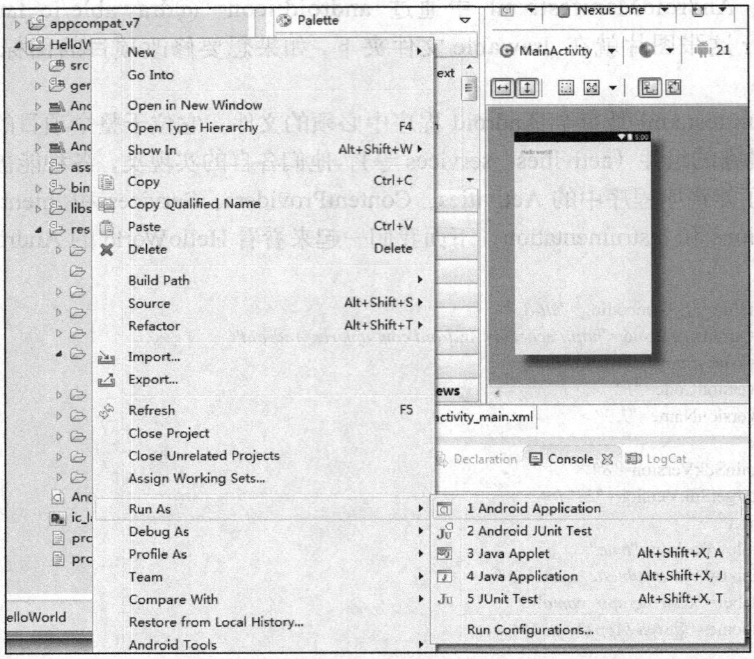

图 2.13　应用程序安装图

接着我们看看 HelloWorld 项目运行图，如图 2.14 所示。

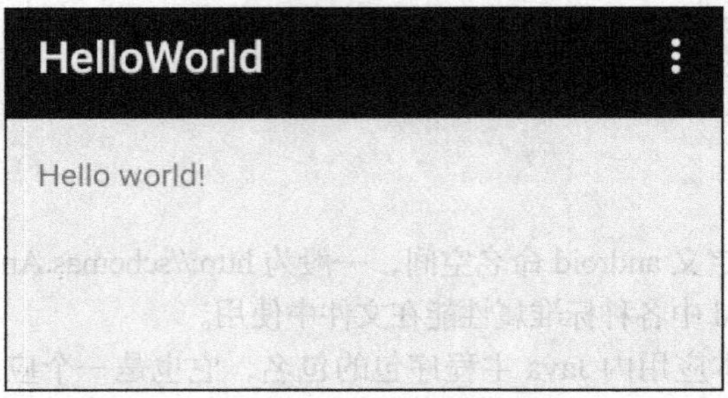

图 2.14　项目运行图

2.4 Android 开发工具

通过上一节的学习，我们成功创建了第一个 Android 程序，并且对 Android 项目的目录结构和运行流程都有了一定的了解。本节讲解一下 Android 中工具的使用方法，这对以后的 Android 开发会有极大的帮助。

2.4.1 Android 开发工具 Adb

Android SDK 提供大量的开发工具，如 adb、emulator、ddms 和 aapt 等，Google 将版本相关度不大的开发工具放在 tools 下，将版本相关度大的工具放置在 platform-tools 目录下，下面只介绍 adb 和 ddms 工具，其他工具在使用过程中再介绍。

ADB（Android Debug Bridge）是 Android 提供的一个通用的调试工具，借助这个工具，可以管理设备或手机模拟器的状态，还可以进行以下的操作。

a．快速更新设备或手机模拟器中的代码，如应用或 Android 系统升级；

b．在设备上运行 shell 命令；

c．管理设备或手机模拟器上的预定端口；

d．在设备或手机模拟器上复制或粘贴文件。

一些常用的操作见表 2.1。

表 2.1　　adb 常用操作

命　　令	解　　释
adb shell	进入模拟器的 shell 模式
adb shell [command]	如 adb shell dmesg 会打印出内核的调试信息。
adb push <本地路径> <远程路径>	用 push 命令可以把本机电脑上的文件或者文件夹复制到设备
adb pull <远程路径> <本地路径>	用 pull 命令可以把设备(手机)上的文件或者文件夹复制到本机电脑
adb install <*.apk>	安装程序
adb shell rm /data/app/<*.apk>	卸载软件，通过 adb 安装的软件(*.apk)都在"/data/app/"目录下，所以安装时不必制定路径，卸载只需要简单的执行"rm"就行
adb kill-server	结束 adb server
adb devices	检测设备
adb get-product	获取设备型号
adb get-serialno	序列号
adb wait-for-device	等待正在运行的设备
adb forward adb forward tcp:5555 tcp:1234	将默认端口 TCP 5555 转发到 1234 端口上
adb shell sqlite3	访问数据库 SQLite3

例如安装刚刚创建的 HelloWorld 到模拟器中，使用 adb 命令方式安装，如图 2.15 所示。

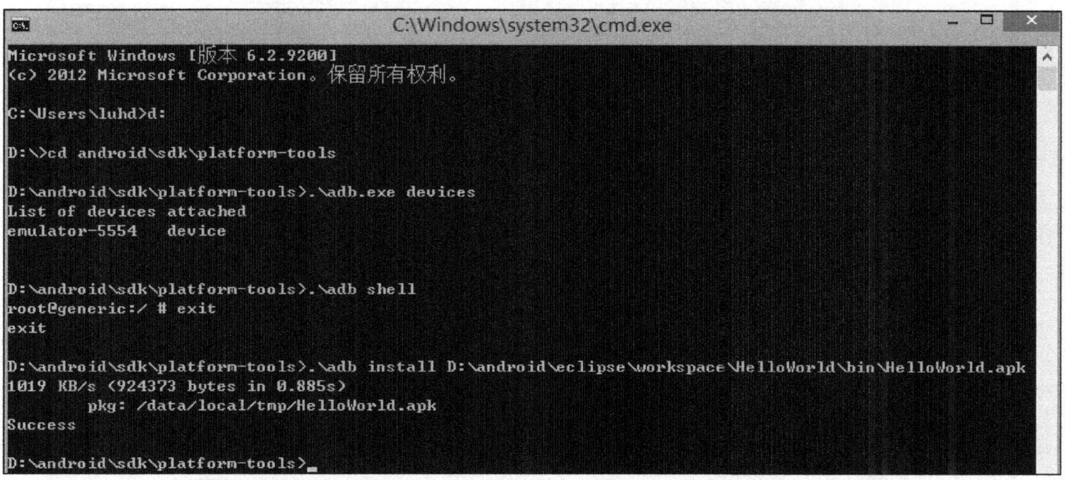

图 2.15　使用 adb 工具

2.4.2　Android 开发工具 DDMS

DDMS（Dalvik Debug Monitor Service），是 Android 开发环境中的 Dalvik 调试监控服务。为用户提供了测试设备截屏，针对特定的进程查看正在运行的线程以及堆信息、Logcat、广播状态信息、模拟电话呼叫、接收 SMS、虚拟地理坐标等等。

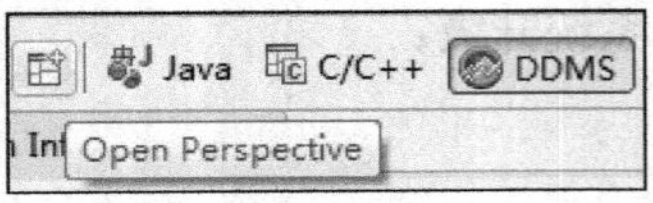

图 2.16　DDMS

在 eclipse 中，点击右上角的 Open Perspective 按键，单机选择 DDMS 选项如图 2.16 所示，点击打开 DDMS 调试窗口如图 2.17 所示，下面看看这几个部分。

1. 设备列表面板-Devices

此面板可以看到所有与 DDMS 连接的终端的信息，以及每个终端正在运行的 App 进程，每个进程的右边相对应的是与调试器链接的端口。

2. 模拟器控制器面板-Emulator Control

此面板的一些功能可以非常容易地的使测试终端模拟真实手机所具备的一些交互功能，比如接听电话，根据选项模拟各种不同网络情况，模拟接受 SMS 消息和发送虚拟地址坐标用于测试 GPS 功能等。

3. 日志显示面板-LogCat

此面板中主要显示打印设备运行时系统或者用户定义的日志信息，用于调试。

4. 线程监控面板-Threads

此面板中主要显示单签选中进程下线程的情况，开发中用于分析线程运行情况。

5. 内存堆监控面板-Heap

此面板主要用于显示程序运行过程中内存整体占用情况，对于分析程序内存问题很有用。

6. 对象分布监控面板-Allocation Tracker

此面板主要用于显示运行时对象的分布情况，辅助开发人员在调试时分析问题。

7. 文件浏览器面板-File Explorer

此面板用于显示选定 Android 设备的文件分布情况，相当于文件浏览器。

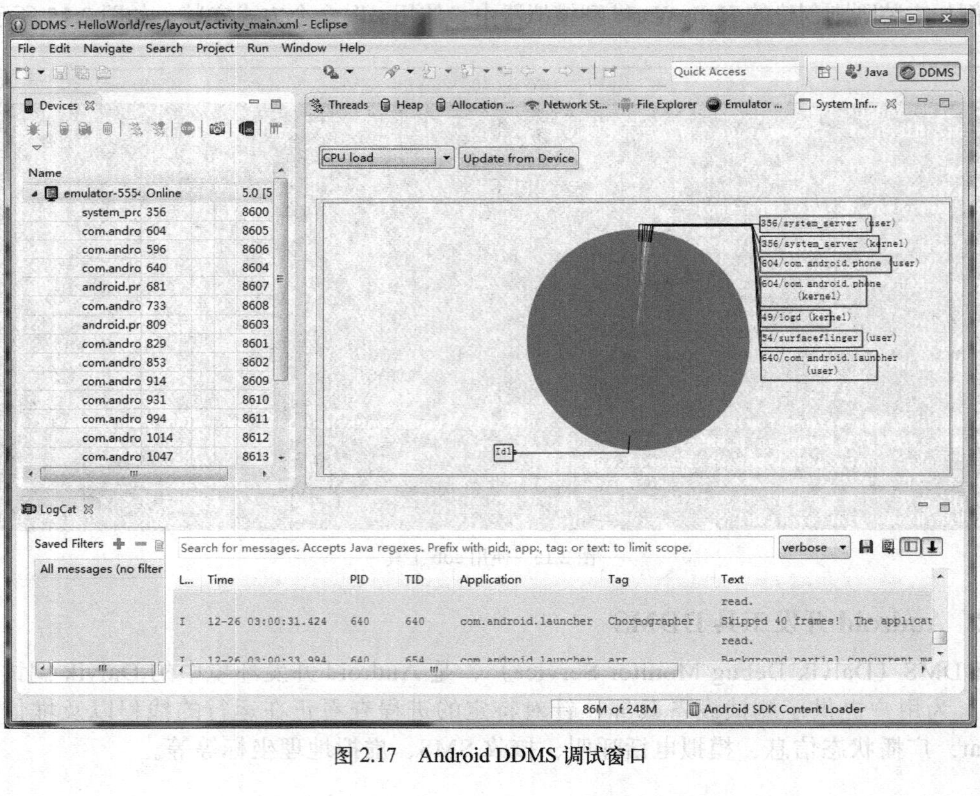

图 2.17　Android DDMS 调试窗口

2.5 小　　结

本章初步了解了 Android 应用开发过程，从搭建系统环境、安装平台 SDK、安装 IDE 和如何使用调试工具，到创建了第一个 Android 项目，并对 Android 项目的目录结构和运行流程有了一定的认识，相信在这个过程中会有所收获，若有疑问咱们一起在下面的章节中寻找答案。

第3章

亲密接触——Android 入门程序开发

越学习，越发现自己的无知。
——（法国）笛卡儿

学习 Android 的最好方法就是动手实践，因此需要一个好的实例。这个实例应该足以涵盖 Android 应用框架中的诸多特性，同时也把相应的特性用在点子上，而不仅仅是为了展示特性而使用特性，并且它应该是简单易懂的。

3.1 水果的营养成分分析器

本节选择了一个简单的应用程序作为实例，我们将项目名称命名为 FNA，即 Fruit Nutrients Analyzer App。使用 FNA 作为项目名称，用来分析各个水果的营养成分。FNA 作为一个实例，它应用了 Android 的部分组件。可以留意一下它是如何将各个独立工作的部分合而为一的。

成品图如图 3.1 所示。

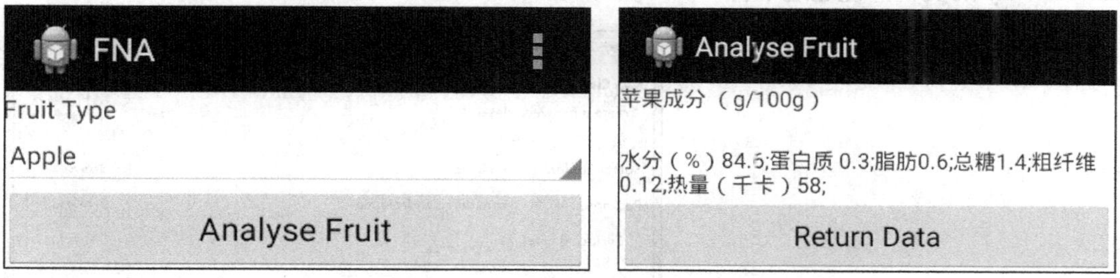

图 3.1 成品图

3.2 手把手教你开发项目

到现在为止，还没有手动创建过 Activity，在上一章中的 MainActivity 是 ADT 自动创建的。为了加深理解现在我们手动创建自己的 Activity。

首先，需要新建一个 Android 项目，项目名可以叫 FNA，包名就使用 com.demo.android.fna。新建项目的步骤已经在上一章学习过了，这里不再勾选 Create Activity 选项，下面准备手动创建 Activity，如图 3.2 所示。

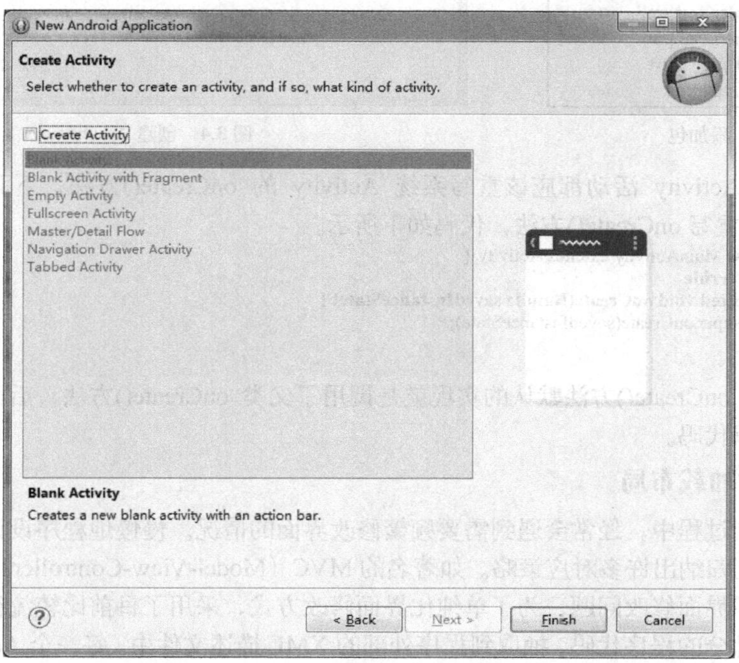

图 3.2 创建 Activity 页

点击 Finish，项目就创建完成了，下面我们手动创建 Activity。

3.2.1 手动创建 Activity

目前 FNA 项目的 src 目录是空的，在 src 目录下先添加一个包。点击 Eclipse 导航栏中的 File→New→Package，在弹出窗口中填入新建项目时使用的默认包名 com.demo.android.fna，点击 Finish。添加包之后的目录结构如图 3.3 所示。

现在右击 com.demo.android.fna 包→New→Class，会弹出新建类的对话框，新建一个名为 MainActivity 的类，并让它继承自 Activity，点击 Finish 完成创建，如图 3.4 所示。

图 3.3 添加包

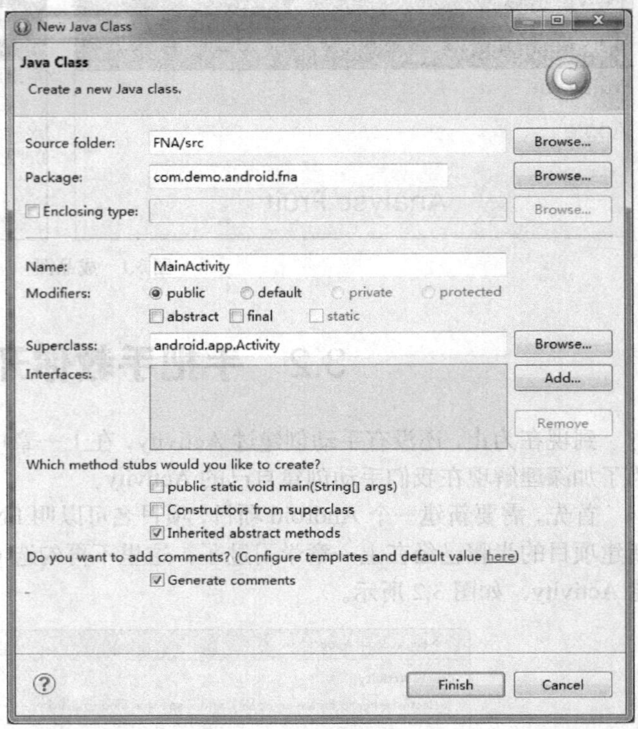

图 3.4 创建 Activity

项目中的 Activity 活动都应该重写系统 Activity 的 onCreate()方法，下面要做的就是在 MainActivity 中重写 onCreate()方法，代码如下所示。

```
public class MainActivity extends Activity {
    @Override
    protected void onCreate(Bundle savedInstanceState) {
        super.onCreate(savedInstanceState);
    }
}
```

可以看到，onCreate()方法默认的实现就是调用了父类 onCreate()方法，后面还需要在里面加入自己的逻辑代码。

3.2.2 创建和加载布局

软件设计的过程中，经常会遇到需要频繁修改界面的情况。慢慢地程序设计师们就累积了一些经验，并且归纳出许多对应策略。如著名的 MVC（Model-View-Controller）模式。Android 在设计时考虑了界面修改问题，为了单纯化界面修改方式，采用了目前比较流行的解决方案，即将界面描述部分的程序代码，抽取到程序外部的 XML 描述文件中。每一个 Activity 都对应一个布局文件，布局就是用来显示界面内容的。

下面创建布局文件，右击 res/layout 目录→New→Android XML File，会弹出创建布局文件的窗口。给这个布局文件命名为 activity_main，根元素就默认选择为 LinearLayout，如图 3.5 所示。

图 3.5　创建布局文件

点击 Finish 完成布局的创建。这时候会看到如图 3.6 所示的窗口。

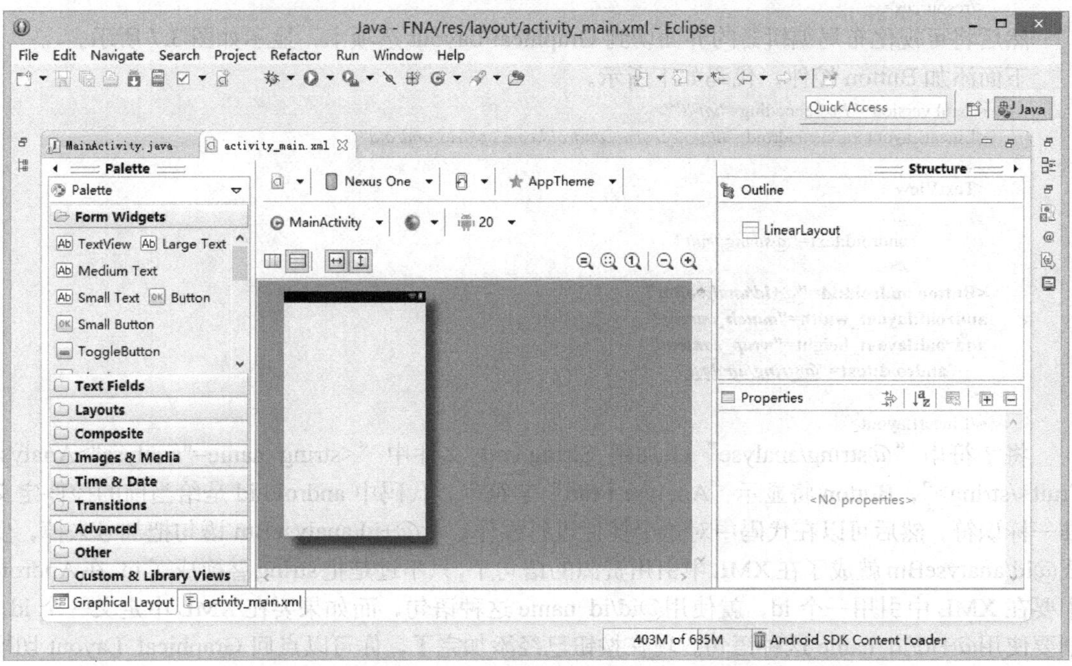

图 3.6　可视化布局编辑器

这是 ADT 提供的可视化布局编辑器，可以在屏幕的中央区域预览当前的布局。在窗口的最下方有两个切换卡，左边是 Graphical Layout，右边是 first_layout.xml。Graphical Layout 是当前的可视化布局编辑器，在这里不仅可以预览当前的布局，还可以通过拖拽的方式编辑布局。而 activity_main.xml 则是通过 XML 文件的方式来编辑布局，现在点击一下 activity_main.xml 切换卡，可以看到如下代码：

```
<?xml version="1.0" encoding="utf-8"?>
<LinearLayout xmlns:android="http://schemas.android.com/apk/res/android"
android:layout_width="match_parent"
android:layout_height="match_parent"
android:orientation="vertical" >

</LinearLayout>
```

由于刚才在创建布局文件时选择了 LinearLayout 作为根元素，因此现在布局文件中已经有一个 LinearLayout 元素了。那现在对这个布局稍做编辑，添加一个 TextView 用于显示“Fruit Type”，代码如下：

```
<?xml version="1.0" encoding="utf-8"?>
<LinearLayout xmlns:android="http://schemas.android.com/apk/res/android"
android:orientation="vertical"
android:layout_width="match_parent"
android:layout_height="match_parent">
<TextView
        android:layout_width="match_parent"
        android:layout_height="wrap_content"
        android:text="@string/fruit"
        />
</LinearLayout>
```

将"@string/fruit"添加到 String.xml 文件中

```
<resources>
<string name="app_name">FNA</string>
    <string name="fruit">Fruit Type</string>
</resources>
```

然后将可视化布局编辑器的界面切到 Graphical Layout 选项卡，显示如图 3.7 所示。

下面添加 Button 控件，代码如下所示。

```
<?xml version="1.0" encoding="utf-8"?>
<LinearLayout xmlns:android="http://schemas.android.com/apk/res/android"
......
<TextView
        ......
        android:text="@string/fruit"
        />
<Button android:id="@+id/analyseBtn"
android:layout_width="match_parent"
android:layout_height="wrap_content"
    android:text="@string/analyse"
/>
</LinearLayout>
```

将字符串“@string/analyse”添加到 String.xml 文件中“<string name="analyse">Analyse Fruit</string>”，Button 将显示“Analyse Fruit”字符串，代码中 android:id 是给当前的控件定义唯一标识符，然后可以在代码中对这个控件进行操作。对@+id/analyseBtn 语句把加号去掉，变成@id/analyseBtn 就成了在 XML 中引用资源的语句了，只不过是把 string 替换成了 id。在 Android 中要在 XML 中引用一个 id，就使用@id/id_name 这种语句，而如果要在 XML 中定义一个 id，则要使用@+id/id_name 这种语句。现在按钮已经添加完了，你可以点回 Graphical Layout 切换卡，预览一下当前布局，如图 3.8 所示。

图 3.7 可视化编辑窗口

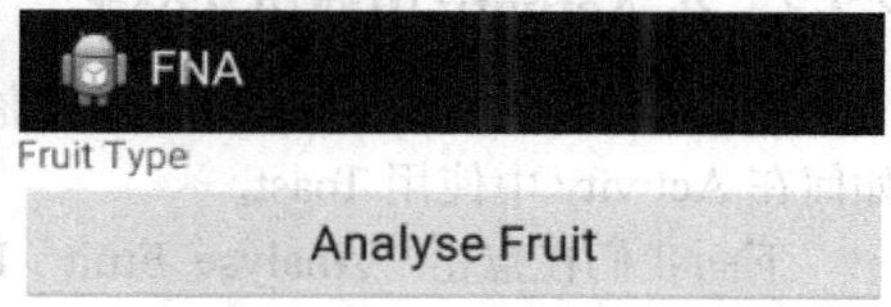

图 3.8 可视化编辑窗口

上面 FNA 布局文件已经编写完成。接下来要做的就是在 Activity 中加载这个布局。在 MainActivity 中的 onCreate()方法中加入如下所示的代码。

```
public class MainActivity extends Activity {
    private Button   m_btn;
    @Override
    protected void onCreate(Bundle savedInstanceState) {
        super.onCreate(savedInstanceState);
        setContentView(R.layout.activity_main);
        m_btn        = (Button) findViewById(R.id.analyseBtn);
    }
}
```

上面的代码中调用了 setContentView()方法来给当前的 Activity 加载布局文件，而在 setContentView()方法中，一般都会传入一个布局文件的 id。在第 2 章中介绍 gen 目录时说项目中添加的任何资源都会在 R 文件中生成一个相应的资源 id，因此刚才创建的 activity_main.xml 布局的 id 由系统添加到 R 文件中了。注意这里使用的 R，是 com.demo.android.fna 包下的 R 文件，Android SDK 还会自动提供一个 android 包下的 R 文件，注意区别。

使用 findViewById()方法来获取布局文件中定义的控件，这里传入 R.id.analyseBtn，来得到按钮的实例，是刚才在 activity_main.xml 中通过 android:id 属性指定的。findViewById()方法返回的是一个 View 对象，需要向下转型将它转成 Button 对象。这样我们的程序还不能运行起来，需要在 AndroidManifest 文件中添加 MainActivity，代码如下所示。

```
<manifest xmlns:android="http://schemas.android.com/apk/res/android"
package="com.demo.android.fna"
android:versionCode="1"
android:versionName="1.0" >
<uses-sdk
android:minSdkVersion="8"
android:targetSdkVersion="21" />
<application
android:allowBackup="true"
android:icon="@drawable/ic_launcher"
android:label="@string/app_name"
android:theme="@style/AppTheme" >

<activity
android:name=".MainActivity"
android:label="@string/app_name" >
<intent-filter>
<action android:name="android.intent.action.MAIN" />
<category android:name="android.intent.category.LAUNCHER" />
</intent-filter>
</activity>

</application>
    </manifest>
```

这样就可以运行了，但是运行以后点击 Button 没有任何响应，那么如何才能响应这个 Button 呢？咱们在下节中学习。

3.2.3 在 Activity 中使用 Toast

Toast 介面控件的作用是弹出一个信息框，快速在荧幕上显示一小段信息，下面就尝试一下如何在 Activity 中使用 Toast。

下面我们在点击“Analyse Fruit”Button 的时候触发 Toast 控件。在 onCreate()方法中添加代码如下：

```
public class MainActivity extends Activity {
    private Button    m_btn;
    @Override
    protected void onCreate(Bundle savedInstanceState) {
        super.onCreate(savedInstanceState);
        setContentView(R.layout.activity_main);
        m_btn        = (Button) findViewById(R.id.analyseBtn);
        m_btn.setOnClickListener(analyseCalc);
    }
    private Button.OnClickListener analyseCalc = new OnClickListener()
    {
        @Override
        public void onClick(View arg0) {
            Toast.makeText(MainActivity.this, "Hello FNA APP",
                    Toast.LENGTH_SHORT).show();
        }
    };
}
```

通过调用 setOnClickListener()方法可以为 Button 注册一个监听器，点击 Button 时就会执行监听器中的 onClick()方法，我们在这个方法中弹出 Toast 控件，Toast 的用法很简单，通过静态方法 makeText()创建出一个 Toast 对象，然后调用 show()将 Toast 显示出来。需要注意的是，makeText()方法需要传入三个参数。第一个参数是 Context，也就是 Toast 要求的上下文，由于 Activity 本身就是一个 Context 对象，因此这里直接传入 MainActivity.this。第二个参数是 Toast 显示的文本内容，第三个参数是 Toast 显示的时长，有两个内置常量可以选择 Toast.LENGTH_SHORT 和 Toast.LENGTH_LONG。

现在重新运行程序，并点击一下按钮，效果如图 3.9 所示。

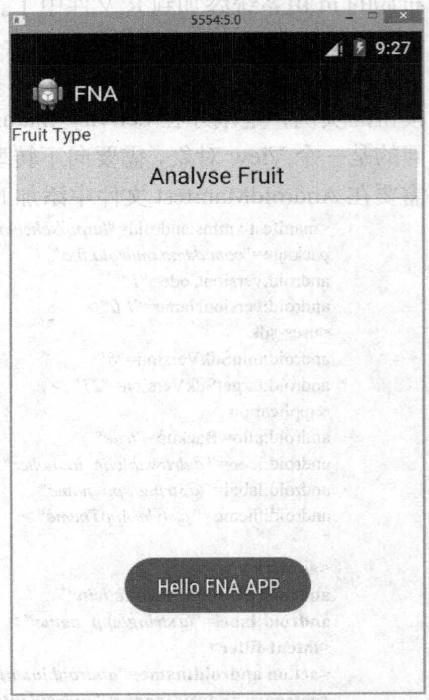

图 3.9 FNA 运行效果图

3.2.4 在 Activity 中加入菜单（Menu）

在上一章中创建 HelloWorld 项目时，ADT 在 MainActivity 中自动创建了 Menu，当时有两个关于 Menu 的方法——onCreateOptionsMenu()和 onOptionsItemSelected()，当时直接忽略了，这一节仔细分析一下。

首先给 FNA 项目的 MainActivity 类创建 Menu，在 res 目录下新建一个 menu 文件夹，右击 res 目录→New→Folder，输入文件夹名 menu，点击 Finish。接着在这个文件夹下再新建一个名叫 main 的菜单文件，右击 menu 文件夹→New→Android XML File，如图 3.10 所示。

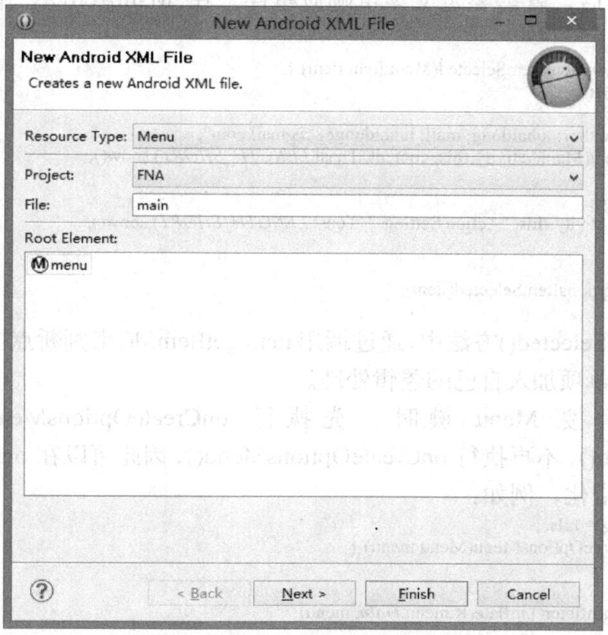

图 3.10　创建 Menu 菜单

文件名输入 main，点击 Finish 完成创建。然后在 main.xml 中添加如下所示的代码。

```
<menu xmlns:android="http://schemas.android.com/apk/res/android" >
<item
android:id="@+id/action_about"
android:orderInCategory="100"
android:showAsAction="never"
android:title="@string/about"/>
<item
android:id="@+id/action_settings"
android:orderInCategory="1"
android:showAsAction="never"
android:title="@string/settings"/>
</menu>
```

词条解释如下。

- android:title：给 Menu 指定一个名称。
- android:showAsAction="never"："never"表示使菜单选项永远都不出现在 ActionBar 上。
- android:orderInCategory 属性：重新定义菜单显示的顺序。

这里创建了两个菜单项，其中<item>标签就是用来创建具体的某一个菜单项。然后打开 MainActivity，重写 onCreateOptionsMenu()方法，代码如下所示：

```
public boolean onCreateOptionsMenu(Menu menu) {
    getMenuInflater().inflate(R.menu.main, menu);
    return true;
}
```

当用户第一次按下 Menu 键的时候，将触发 onCreateOptionsMenu()方法，将在此创建菜单。通过 getMenuInflater()方法能够得到 MenuInflater 对象，再调用它的 inflate()方法就可以给当前 Activity 创建菜单。inflate()方法接收两个参数，第一个参数表示通过哪一个资源文件来创建菜单，第二个参数用于指定菜单项将添加到哪一个 Menu 对象中，这里直接使用 onCreateOptionsMenu()方法中传入的 menu 参数。然后给这个方法返回 true，表示允许创建的菜单显示出来，如果返回了 false，创建的菜单将无法显示。

把菜单创建出来后，就需要定义菜单响应事件。在 MainActivity 中重写 onOptionsItem Selected()方法：

```
        public boolean onOptionsItemSelected(MenuItem item) {
    switch(item.getItemId()){
    case R.id.action_about:
        String content = "author: luhaidong; mail: luhaidong88@gmail.com";
            Toast.makeText(MainActivity.this, content, Toast.LENGTH_SHORT).show();
    break;
    case R.id.action_settings:
    Toast.makeText(MainActivity.this, "Action Settings", Toast.LENGTH_SHORT).show();
    break;
        }
        return super.onOptionsItemSelected(item);
        }
```

在 onOptionsItemSelected()方法中，通过调用 item.getItemId()来判断点击的是哪一个菜单项，这样就可以给每个菜单项加入自己的逻辑处理。

当用户第一次按 Menu 键时，先执行 onCreateOptionsMenu()，然后只执行 onPrepareOptionsMenu()，不再执行 onCreateOptionsMenu()，因此可以在 onPrepareOptionsMenu()中处理每次 Menu 的变化，例如：

```
        static boolean flag = false;
    public boolean onPrepareOptionsMenu(Menu menu) {
            menu.clear();
            if(flag){
                getMenuInflater().inflate(R.menu.main, menu);
            }else{
                menu.add(0, 1, 1, "位置");
            }
            flag = !flag;
    return super.onPrepareOptionsMenu(menu);
        }
```

运行程序，并按 Menu 键，效果如图 3.11 所示。

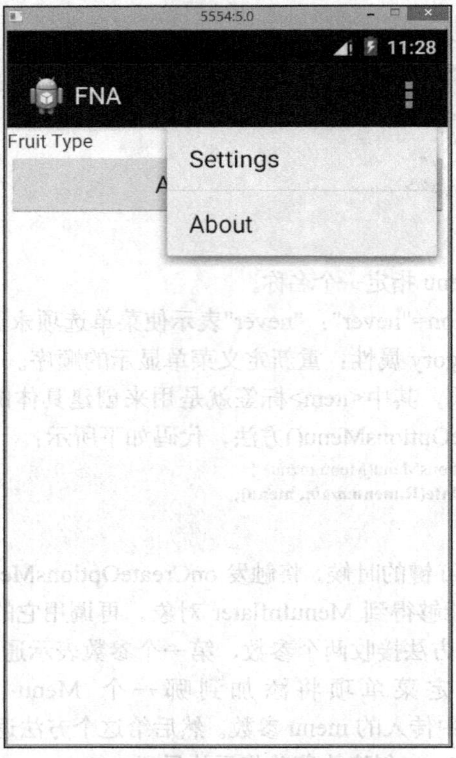

图 3.11 Menu 运行界面

3.2.5 在 Activity 中使用 Dialog

这一节我们学习在 Activity 中显示 Dialog，首先想在项目 FNA 中按下“Analyse Fruit”按键之后显示 Dialog，添加函数 openOptionsDialog()到 analyseCalc()函数中，openOptionsDialog()函数主要用来显示 Dialog，代码如下：

```
private Button.OnClickListener analyseCalc = new OnClickListener()
{
    @Override
        //Toast.makeText(MainActivity.this, "Hello FNA APP",
        /        Toast.LENGTH_SHORT).show();
        openOptionsDialog();
    }
  };
public void openOptionsDialog(){
    new AlertDialog.Builder(this).setTitle("关于 FNA Dialog")
        .setMessage("FNA App")
        .show();
}
```

先创建一个 AlertDialog 对话框实体，然后使用 AlertDialog 调用 Builder 方法确定当前上下文即显示的 Activity。AlertDialog 调用 setTitle 方法是设置 Dialog 的标题，调用 setMessage 方法是设置 Dialog 中具体显示的内容，最后使用 show()方法来显示对话框。运行程序后如图 3.12 所示。

图 3.12 Dialog 运行效果图

3.2.6 Spinner 控件的使用

Android 提供了很多控件，在项目开发中需要根据项目需求使用合适的控件，在前面几节中接触了 TextView 和 Button 两个控件，在本节中学习另一个控件 Spinner，在学习的过程中希望你能找出它们的异同，对 Android 的控件能够触类旁通。

在 FNA 程序中使用 TextView 的作用是提供标题显示，Spinner 控件的作用是显示列表，使用 Spinner 显示四种水果类型，分别是“苹果”“香蕉”“菠萝”与“西瓜”，用来让用户选择，展示这四种不同的水果营养成分。在 res/layout/activity_main.xml 中修改代码，代码如下所示。

```
<LinearLayout xmlns:android="http://schemas.Android.com/apk/res/Android"
......//省略>
<TextView
        ......//省略
        android:text="@string/fruit"
        />
<Spinner android:id="@+id/spinner1"
android:layout_width="match_parent"
android:layout_height="wrap_content"
android:drawSelectorOnTop="true"
android:prompt="@string/spinner_fruits"
    />
    ......//省略
</LinearLayout>
```

将字符串@string/spinner_fruits 添加到 res/values/strings.xml 文件中，然后可以启动模拟器检视运行结果，如图 3.13 所示。

可以看到界面但是 spinner1 中没有任何数据，下面就将数据填入 spinner1 中。修改代码如下：

```
    protected void onCreate(Bundle savedInstanceState) {
        super.onCreate(savedInstanceState);
        setContentView(R.layout.activity_main);
        Spinner s1 = (Spinner) findViewById(R.id.spinner1);
ArrayAdapter<CharSequence> adapter = ArrayAdapter.createFromResource(
this, R.array.fruits, R.layout.fruits_item);
adapter.setDropDownViewResource(Android.R.layout.simple_spinner_dropdown_item);
s1.setAdapter(adapter);
    }
```

“Spinner s1=(Spinner) findViewById(R.id.spinner1);”生成一个 Spinner 实体，透过 findView ById 方法，从资源中取得对应的界面 Spinner 控件。

在书写过程中会出错，缺少数组 fruits（R.array.fruits）和布局文件 fruits_item .xml(R.layout. fruits_item)，那么下面进行添加，在 res/values 下新建 arrays.xml 文件，添加代码如下所示。

```
<?xml version="1.0" encoding="utf-8"?>
<resources>
<string-array name="fruits">
<item>Apple</item>
<item>Banana</item>
<item>Ananas</item>
<item>Watermelon</item>
</string-array>
</resources>
```

string-array 可被应用为程序引用的字符串数组，<string-array>元素的名字 name 将被用作资源 ID。

在 res/layout 下新建 fruits_item.xml 文件，添加代码如下所示。

```
<?xml version="1.0" encoding="utf-8"?>
<TextView xmlns:android="http://schemas.Android.com/apk/res/Android"
android:id="@android:id/text1"
style="? attr/fruitsItemStyle"
android:singleLine="true"
android:layout_width="match_parent"
android:layout_height="wrap_content"
    android:ellipsize="marquee" />
```

词条解释如下。

- android:singleLine="true"设置单行显示。如果和 layout_width 一起使用，当文本不能全部显示时，后面用“...”来表示。如

◆ android:text="test_ singleLine "
◆ android:singleLine="true"
◆ android:layout_width="20dp"

将只显示“t…”。如果不设置 singleLine 则默认设置为 false，文本将自动换行。

❑ android:ellipsize="marquee"
TextView 及其子类，当字符内容太长显示不下时可以省略号代替未显示的字符；省略号可以在显示区域的起始、中间、结束位置，或者以跑马灯的方式显示文字（textview 的状态为被选中）。其实现只需在 xml 中对 textview 的 ellipsize 属性做相应的设置即可，或者在程序中可通过 setEillpsize 显式设置，EditText 不支持 marquee 这种模式。
◆ android:ellipsize="start"　　省略号在开头
◆ android:ellipsize="middle"　　省略号在中间
◆ android:ellipsize="end"　　省略号在结尾
◆ android:ellipsize="marquee"　　跑马灯显示

注意，style="? attr/fruitsItemStyle"会是一个错误，提示没有 fruitsItemStyle，那么在 res/values/styles.xml 文件中添加如下所示的代码。

```
<attr name="fruitsItemStyle" format="reference" />
```

这时再次运行就会看到 spinner 空间中创见出了相应的选项。那么点击之后的消息处理就需要添加到 Java 代码中，如下所示。

```
    protected void onCreate(Bundle savedInstanceState) {
        super.onCreate(savedInstanceState);
        setContentView(R.layout.Activity_main);
        Spinner s1 = (Spinner) findViewById(R.id.spinner1);
ArrayAdapter< v> adapter = ArrayAdapter.createFromResource(
this, R.array.fruits, R.layout.fruits_item);
adapter.setDropDownViewResource(Android.R.layout.simple_spinner_dropdown_item);
s1.setAdapter(adapter);
s1.setOnItemSelectedListener(
    new OnItemSelectedListener() {
    public void onItemSelected(
                    AdapterView<?> parent, View view, int position, long id) {
            }
    public void onNothingSelected(AdapterView<?> parent) {
            }
        });
}
```

词条解释如下。

❑ Adapter 对象作为一个 AdapterView 和 View 底层数据之间的桥，提供对 data Items 的存取，同时负责针对每个 Data 如何渲染到对应的 View 中，可以理解为 MVC 中的核心控制 Controller。
❑ CharSequence 是 char 值的一个可读序列。此接口对许多不同种类的 char 序列提供统一的只读访问。
❑ setOnItemSelectedListener 处理鼠标滚动及点击事件。程序运行之后，滚动鼠标中键，触发 setOnItemSelectedListener 事件的处理。

setOnItemSelectedListener 函数用来处理点击事件，如选取 item 后需要做的逻辑代码，下面只是在选取不同的 item 后弹出 Toast 消息，表明选择的是什么水果，在 setOnItemSelectedListener() 函数中加入以下代码：

```
    s1.setOnItemSelectedListener(
    new OnItemSelectedListener() {
    public void onItemSelected(
                    AdapterView<?> parent, View view, int position, long id) {
        CharSequence msg ="Spinner1: position=" + position + " id=" + id;
```

```
            Toast.makeText(MainActivity.this, msg, Toast.LENGTH_SHORT).show();
        }
        public void onNothingSelected(AdapterView<?> parent) {
            Toast.makeText(MainActivity.this, "Spinner1: unselected", Toast.LENGTH_SHORT).show();
        }
    });
```

词条解释如下。

- onItemSelected 当 item 被选择时调用的响应函数。

程序运行如图 3.14 所示。

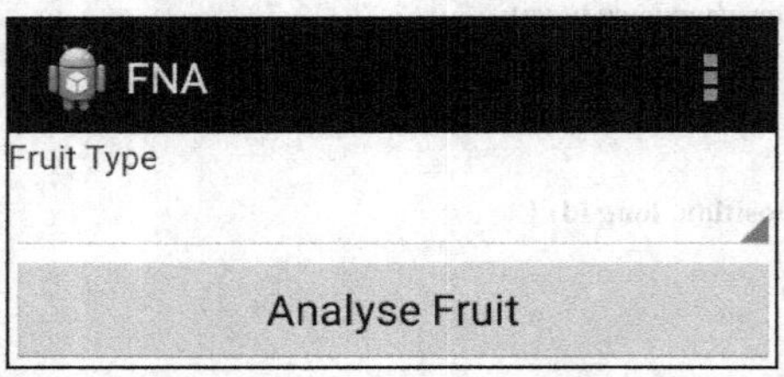

图 3.13 FNA 运行界面

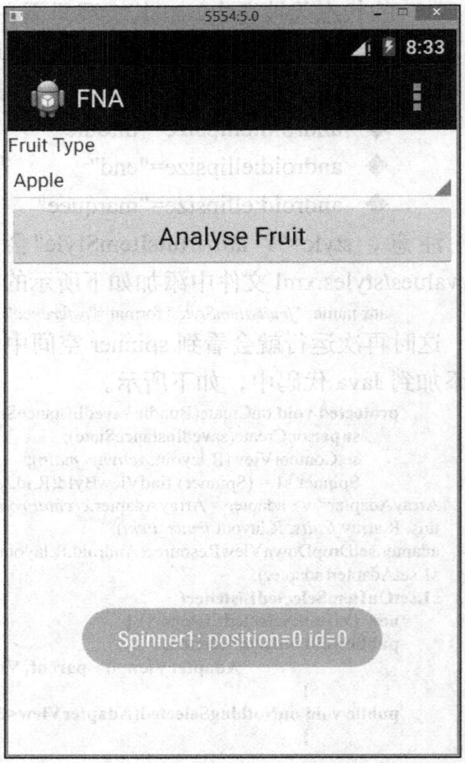

图 3.14 Spinner 控件运行图

3.2.7 界面切换

上几节中所有的操作都是在一个界面下做的，那么如何添加一个界面呢？在 Android 系统中添加一个界面就是添加一个 Activity，下面新建一个 Activity 用于显示水果成分。在项目中新增了类 AnalyseActivity, (File->New->class-> Analyse)，AnalyseActivity 类继承 Activity，用于显示水果的成分，将 AnalyseActivity 类加载的布局文件命名为“analyse_main.xml”。

书写代码前，梳理一下程序逻辑，当选择 Spinner 中不同的水果（“苹果”“香蕉”“菠萝”“西瓜”）后，点击“Analyse Fruit”——Button 按键后跳转到 AnalyseActivity（新建类 Analyse）页面显示 Spinner 所选的水果成分，因为 AnalyseActivity 类只是用于显示文字，所以在 analyse_main.xml 文件中使用两个 TextView 控件，一个用于显示水果名称，一个用于显示水果营养成分。

下面看看 AnalyseActivity 类创建后的实现代码。

```
public class AnalyseActivity extends Activity {

    @Override
    public void onCreate(Bundle savedInstanceState) {
```

```
        super.onCreate(savedInstanceState);
        setContentView(R.layout.analyse_main);
            }
    }
```

analyse_main.xml 文件中，有两个 TextView 控件，tvTitle 用于显示水果名称，analyseCol 用于显示水果营养成分，代码如下：

```
<?xml version="1.0" encoding="utf-8"?>
<LinearLayout xmlns:android="http://schemas.android.com/apk/res/android"
android:layout_width="match_parent"
android:layout_height="match_parent"
android:orientation="vertical" >

    <TextView
    android:id="@+id/tvTitle"
        android:layout_width="fill_parent"
        android:layout_height="40dip"
        />
    <TextView
    android:id="@+id/analyseCol"
        android:layout_width="fill_parent"
        android:layout_height="wrap_content"
        />
</LinearLayout>
```

因为点击“Analyse Fruit”按键后跳转到 AnalyseActivity 界面，所以修改 MainActivity 类 Java 代码，在 Button 回调函数 analyseCalc()中修改如下代码：

```
import android.view.View.OnClickListener;
…………..
private Button    m_btn;
m_btn.setOnClickListener(analyseCalc);
private Button.OnClickListener analyseCalc = new OnClickListener()
{
    @Override
    public void onClick(View arg0) {
        Intent intent = new Intent();
        intent.setClass(MainActivity.this, AnalyseActivity.class);
        startActivity(intent);
    }
};
```

词条解释：

- Intent 是 Android 系统用于组建系统之间传递消息的一种工具。
- Intent()是 Intent 构造函数之一，用于创建 Intent。
- intent.setClass(Context packageContext, Class<?> cls); 第一个参数是 Context 要求提供一个启动 Activity 的上下文，第二个参数 Class 则是指定想要启动的目标 Activity。
- startActivity(intent); Android 系统根据 startActivity 参数收到的 intent 动作和内容开启 intent.setClass 设置的相应的 Activity。

上面的代码中“Intent”大家肯定感到很陌生，在 Android 系统中 Intent 至关重要，本节囫囵吞枣般地先使用它，下一节我们将详细讲解。

程序中添加一个新的 AnalyseActivity，就需要在 AndroidManifest.xml 文件中进行注册。下面在 AndroidManifest.xml 中添加该 AnalyseActivity 类，在<application>标签页中添加 AnalyseActivity，代码如下所示。

```
<?xml version="1.0" encoding="utf-8"?>
<manifest xmlns:android="http://schemas.android.com/apk/res/android"
package="com.demo.android.fna"
android:versionCode="1"
android:versionName="1.0" >

<uses-sdk
android:minSdkVersion="8"
android:targetSdkVersion="17" />
<application
android:allowBackup="true"
android:icon="@drawable/ic_launcher"
```

```
android:label="@string/app_name"
android:theme="@style/AppTheme" >
<activity
android:name="com.demo.android.fna.MainActivity"
android:label="@string/app_name" >
<intent-filter>
<action android:name="android.intent.action.MAIN" />
<category android:name="android.intent.category.LAUNCHER" />
</intent-filter>
</activity>

<activity android:name=".AnalyseActivity"
android:label="@string/analyse_title"></activity>
</application>
    </manifest>
```

由于 AnalyseActivity 不是主活动，因此不需要配置<intent-filter>标签里的内容。点击运行程序如图 3.15 所示。

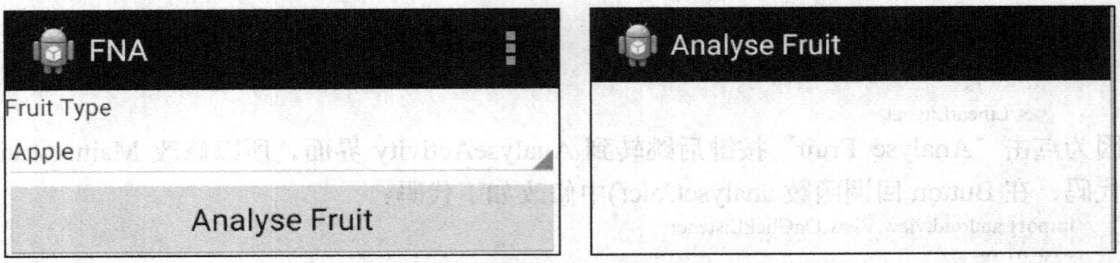

图 3.15　FNA 程序运行图

3.3　Intent 的使用

上一节中在界面切换中使用了 Intent 组件，说 Intent 非常重要，那么 Intent 到底是什么，本节来详细讲解。

Android 系统中的四大组件（Activity、Service、BroadcastReceiver、ContentProvider）是独立的，它们之间可以互相调用、协调工作，最终组成一个真正的 Android 应用。在这些组件之间的通信中，主要是由 Intent 协助完成的。Intent 负责对应用中一次操作的动作、动作涉及数据、附加数据进行描述，Android 则根据此 Intent 的描述，负责找到对应的组件，将 Intent 传递给调用的组件，并完成组件的调用。因此，Intent 在这里起着一个媒体中介的作用，专门提供组件互相调用的相关信息，实现调用者与被调用者之间的解耦。

3.3.1　使用显式 Intent

Intent 是组件之间传递消息的一种工具。通过 Intent 可以显示一个 Activity、启动或停止一个 Service，也可以当作简单的广播。Intent 是异步的，也就是说在发送时不需要阻塞等待它们响应完成。在 Android 中 Intent 分为显式和隐式两种，先来看一下显式 Intent 如何使用。

Intent 有多个构造函数的重载，上一节中已经学习过一种了，现在学习另一个构造函数：

```
public Intent(Context packageContext, Class<?> cls) {
......
    }
```

这个构造函数有两个参数，第一个参数 Context 要求提供一个启动 Activity 的上下文，第二个参数 Class 则是指定想要启动的目标 Activity，通过这个构造函数就可以构建出 Intent 的"意图"。和上节中使用 intent.setClass()是一个意思。修改 MainActivity 中按钮的点击事件，代码如下所示：

```
private Button.OnClickListener analyseCalc = new OnClickListener()
{
```

```
        @Override
        public void onClick(View arg0) {
                Intent intent = new Intent(MainActivity.this, AnalyseActivity.class);
                startActivity(intent);
        }
    };
```

首先构建出了一个 Intent，传入 MainActivity.this 作为上下文，传入 AnalyseActivity.class 作为目标 Activity，即在 MainActivity 这个活动的基础上打开 AnalyseActivity 这个 Activity。然后通过 startActivity()方法来执行这个 Intent。

重新运行程序，在 MainActivity 的界面点击一下“Analyse Fruit”按钮，结果如图 3.15 所示。

可以看到，已经成功启动 AnalyseActivity 这个 Activity 了。如果你想要回到上一个 Activity，按下 Back 键就可以销毁当前 Activity，从而回到上一个 Activity。

使用这种方式来启动活动，Intent 的“意图”非常明显，因此我们称之为显式 Intent。

3.3.2 使用隐式 Intent

相比于显式 Intent，隐式 Intent 则有许多不同，它并不明确指出想要启动哪一个 Activity，而是指定了一系列更为抽象的 action 和 category 等信息，然后交由系统去分析这个 Intent，并由系统找出合适的 Activity 去启动。

下面使用隐式 Intent 去启动 AnalyseActivity，首先在 AndroidManifest.xml 文件中，通过在<activity>标签下配置<intent-filter>的内容，可以指定当前 Activity 能够响应的 action 和 category，添加如下代码：

```
<activity android:name=".AnalyseActivity" android:label="@string/analyse_title">
            <intent-filter>
        <action android:name="com.demo.android.fna.ACTION_START" />
        <category android:name="android.intent.category.DEFAULT" />
            </intent-filter>
</activity>
```

在<action>标签中指明了当前 Activity 可以响应“com.demo.android.fna.ACTION_START”这个 action，而<category>标签则包含了一些附加信息，更精确地指明了当前的 Activity 能够响应的 Intent 中还可能带有的 category。只有<action>和<category>中的内容同时能够匹配上 Intent 中指定的 action 和 category 时，这个 Activity 才能响应该 Intent。

修改 MainActivity 中按钮的点击事件，代码如下所示：

```
    private Button.OnClickListener analyseCalc = new OnClickListener()
    {
        @Override
        public void onClick(View arg0) {
            Intent intent = new Intent("com.demo.android.fna.ACTION_START");
            startActivity(intent);
        }
    };
```

这里使用了 Intent 的另一个构造函数，直接将 action 的字符串传了进去，表明想要启动能够响应“com.demo.android.fna.ACTION_START”这个 action 的 Activity。这是因为“android.intent.category.DEFAULT”是一种默认的 category，在调用 startActivity()方法的时候会自动将这个 category 添加到 Intent 中，所以这里没有指定 category。

重新运行程序，在 MainActivity 的界面点击一下 Button 按钮，同样成功启动 AnalyseActivity，这次我们是使用了隐式 Intent 的方式来启动的。

每个 Intent 中只能指定一个 action，却能指定多个 category。目前我们的 Intent 中只有一个默认的 category，那么下面再增加一个。

修改 MainActivity 中按钮的点击事件，代码如下所示。

```
private Button.OnClickListener analyseCalc = new OnClickListener()
{
    @Override
    public void onClick(View arg0) {
        // TODO Auto-generated method stub
        Intent intent = new Intent("com.demo.android.fna.ACTION_START");
        intent.addCategory("com.demo.android.fna.TEST_CATEGORY");
        startActivity(intent);
    }
};
```

我们调用 Intent 中的 addCategory()方法来添加一个 category，这里指定了一个自定义的 category，值为“com.demo.android.fna.TEST_CATEGORY”。因为刚刚在 Intent 中新增了一个 category，所以需要在 AndroidManifest.xml 文件中，AnalyseActivity 的<intent-filter>标签中声明这个 category，代码如下所示。

```
<activity android:name=".AnalyseActivity" android:label="@string/analyse_title">
    <intent-filter>
    <action android:name="com.demo.android.fna.ACTION_START" />
    <category android:name="android.intent.category.DEFAULT" />
    <category android:name="com.demo.android.fna.TEST_CATEGORY" />
    </intent-filter>
</activity>
```

重新运行程序，结果如图 3.15 所示。

3.3.3 隐式 Intent 的多种用法

上一节中，使用隐式 Intent 来启动 Activity，但实际上隐式 Intent 还有更多的内容，本节我们就来详细介绍一下。

使用隐式 Intent 不仅可以启动程序内的 Activity，还可以启动其他程序的 Activity，这样很方便 Android 多个应用程序之间的功能共享。例如你的应用程序中需要展示一个网页，这时就可以调用系统的浏览器来打开这个网页。

修改 MainActivity 中按钮点击事件的代码，如下所示。

```
private Button.OnClickListener analyseCalc = new OnClickListener()
{
    @Override
    public void onClick(View arg0) {
        Intent intent = new Intent(Intent.ACTION_VIEW);
        intent.setData(Uri.parse("http://www.163.com"));
        startActivity(intent);
    }
};
```

词条解释如下。

- intent.setData()：接收一个 Uri 对象，主要用于指定当前 Intent 正在操作的数据，而这些数据通常都是以字符串的形式传入到 Uri.parse()方法中解析产生的。

这里首先指定了 Intent 的 action 是 Intent.ACTION_VIEW，这是一个 Android 系统内置的动作，其常量值为 android.intent.action.VIEW。然后通过 Uri.parse()方法，将一个网址字符串解析成一个 Uri 对象，再调用 Intent 的 setData()方法将这个 Uri 对象传递进去。

运行程序，在 FNA 程序中点击“Analyse Fruit”按钮打开系统浏览器，如图 3.16 所示。

其实还可以在<intent-filter>标签中再配置一个<data>标签，用于更精确地指定当前活动能够响应什么类型的数据。<data>标签中主要可以配置以下内容。

1. android:scheme

用于指定数据的协议部分，如上例中的 http 部分。

2. android:host

用于指定数据的主机名部分，如上例中的 www.baidu.com 部分。

3. android:port

用于指定数据的端口部分，一般紧随在主机名之后。

4. android:path

用于指定主机名和端口之后的部分，如一段网址中跟在域名之后的内容。

5. android:mimeType

用于指定可以处理的数据类型，允许使用通配符的方式进行指定。

只有<data>标签中指定的内容和 Intent 中携带的 Data 完全一致时，当前 Activity 才能够响应该 Intent。不过一般在<data>标签中都不会指定过多的内容，如上面浏览器示例中，其实只需要指定 android:scheme 为 http，就可以响应所有的 http 协议的 Intent 了。

下面在 AnalyseActivity 的<intent-filter>中配置了当前 Activity 能够响应的 action 是 Intent.ACTION_VIEW 的常量值，而 category 则毫无疑问指定了默认的 category 值，另外在<data>标签中通过 android:scheme 指定了数据的协议必须是 http 协议，这样 AnalyseActivity 应该就和浏览器一样，能够响应一个打开网页的 Intent 了。

```
<activity
android:name=".AnalyseActivity"
android:label="@string/analyse_title" >
<intent-filter>
<action android:name="android.intent.action.VIEW" />
<category android:name="android.intent.category.DEFAULT" />
<data android:scheme="http" />
</intent-filter>
    </activity>
```

运行一下 FNA 工程，在 MainActivity 中点击“Analyse Fruit”按钮，结果如图 3.17 所示。

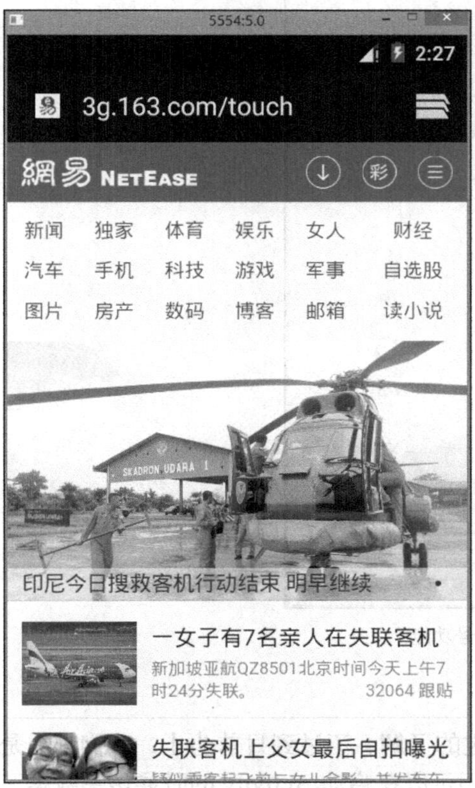

图 3.16　Intent 启动浏览器

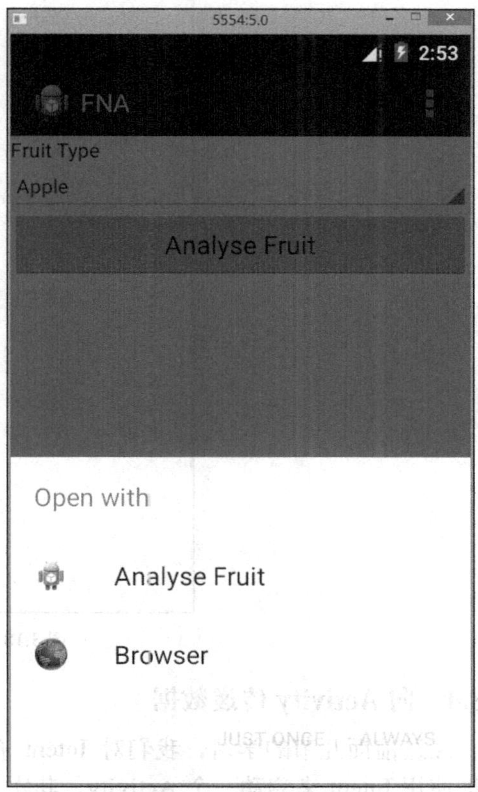

图 3.17　Intent 配置 data

如图 3.17 所示，系统自动弹出了一个列表，显示了目前能够响应这个 Intent 的所有程序。点击 Browser 还会像之前一样打开浏览器，并显示 163 主页面，而如果点击了 Analyse Fruit，则会启动 AnalyseActivity。需要注意的是，虽然我们声明了 AnalyseActivity 是可以响应打开网页的 Intent 的，但实际上这个 Activy 并没有加载并显示网页的功能，所以在真正的项目中不要去做这种有可能误导用户的行为。

除了 Http 协议外，我们还可以指定很多其他协议，比如 geo 表示显示地理位置、tel 表示拨打电话。下面的代码展示了如何在程序中调用系统拨号界面。

```
private Button.OnClickListener analyseCalc = new OnClickListener()
{
        @Override
        public void onClick(View arg0) {
            Intent intent = new Intent(Intent.ACTION_VIEW);
            intent.setData(Uri.parse("tel:911"));
            startActivity(intent);
        }
};
```

首先指定了 Intent 的 action 是 Intent.ACTION_DIAL，这又是一个 Android 系统的内置动作。然后在 data 部分指定的协议是 tel，号码是 911。运行一下程序，在 MainActivity 中点击“Analyse Fruit”按钮，结果如图 3.18 所示。

图 3.18　启动拨号功能

3.3.4　向 Activity 传递数据

经过前面几节的学习，我们对 Intent 有了一定的了解。不过到目前为止，我们都只是简单地使用 Intent 来启动一个 Activity，其实 Intent 还可以在启动 Activity 的时候传递数据，在启动 Activity 时传递数据的思路很简单，Intent 中提供了一系列 putExtra()方法的重载，可以把想要传递的数据暂存在 Intent 中，启动了另一个 Activity 后，只需要把这些数据再从 Intent 中取出就可以了。

FNA 项目运行后在 Analyse Fruit 界面没有任何显示，那么需要做的不是仅仅启动一下 AnalyseActivity，需要在切换界面过程中传递数据，告诉显示 AnalyseActivity 显示哪款水果的成分，这就需要在 Intent 中绑定传输数据，代码如下所述。

```
private Button.OnClickListener analyseCalc = new OnClickListener()
{
    @Override
    public void onClick(View arg0) {
        Intent intent = new Intent();
        Bundle bundle = new Bundle();
        bundle.putLong("FNA_FRUITS", m_itemId);
        intent.setClass(MainActivity.this, AnalyseActivity.class);
        intent.putExtras(bundle);
        startActivity(intent);
    }
};
```

词条解释如下。

- Bundle bundle = new Bundle();通过 bundle 类来封装数据，Bundle 类可以存放任意数据类型：整数、字符串、对象等。
- intent.putExtras(bundle); 把 bundle 对象加入到 Intent 对象中。
- bundle.putLong("FNA_FRUITS", m_itemId); bundle 类中加入数据（key -value 的形式，另一个 Activity 里面取数据的时候，就要用到 key，找出对应的 value）。

这里我们还是使用显式 Intent 的方式来启动 AnalyseActivity，并通过 putExtra()方法传递了 Bundle 对象。然后在 AnalyseActivity 中将传递的数据取出，代码如下所示。

```
public class AnalyseActivity extends Activity {

    private TextView    m_tvTitle;
    private TextView    m_analyseCol;

    @Override
public void onCreate(Bundle savedInstanceState) {
super.onCreate(savedInstanceState);
        setContentView(R.layout.analyse_main);

        findViews();
getIntentData();
    }
    private void findViews(){
        m_tvTitle        = (TextView) findViewById(R.id.tvTitle);
        m_analyseCol    = (TextView) findViewById(R.id.analyseCol);
    }
    private void    getIntentData(){
            Bundle bunde = this.getIntent().getExtras();
     long itemId = bunde.getLong("FNA_FRUITS");
            disposeAnalysis((int)itemId);
    }
protected void disposeAnalysis(int position){
        String content = null;
        String title = null;
        switch(position){
        case 0:
            title = "苹果成分  （g/100g）";
            content = "水分（%）" + "84.6;"
                    +"蛋白质  " +"0.3;"
                    +"脂肪" + "0.6;"
                    +"总糖" + "1.4;"
                    +"粗纤维" + "0.12;"
                    +"热量（千卡）"+"58;";
                break;
        case 1:
          ......//省略
        }
        showAnalyse(content, title);
    }
    private void showAnalyse(String content, String title){
        m_tvTitle.setText(title);
        m_analyseCol.setText(content);
    }
}
```

其中 getIntentData()函数用于接收并解析 MainActivity 类使用 Intent 传过来的数，我们着重对这个函数进行词条解释：

- Bundle bunde = this.getIntent().getExtras(); 从接收到的 Intent 对象中获取 Bundle 对象。
- long itemId = bunde.getLong("FNA_FRUITS"); bunde 类获取数据（key -value 的形式，用 key，找出对应的 value）。

程序运行如图 3.19 所示。

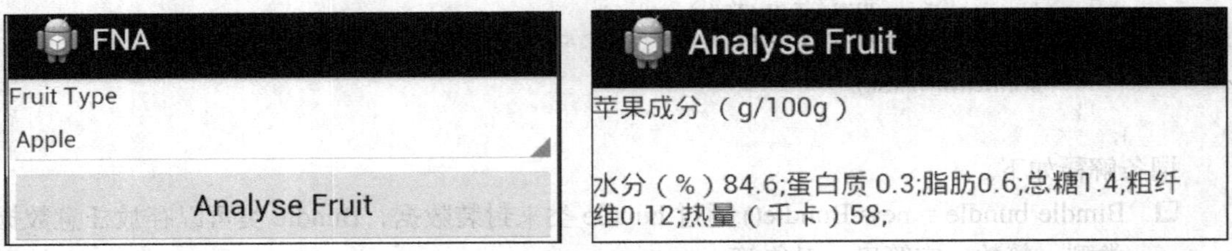

图 3.19　程序界面切换

3.3.5　返回数据给 Activity

既然在启动Activity时可以传递数据，那么能不能在Activity返回时将数据给上一个Activity呢？答案是肯定的。在 Activity 中调用 startActivityForResult()方法用于启动 Activity 后，在 Activity 销毁的时候能够返回一个结果给上一个 Activity。

```
public void startActivityForResult(Intent intent, int requestCode) {
......
}
```

这个方法接收两个参数，第一个参数还是 Intent，第二个参数是请求码，用于在之后的回调中判断数据的来源，修改 MainActivity 中按钮的点击事件，代码如下所示。

```
private Button.OnClickListener analyseCalc = new OnClickListener()
{
    @Override
    public void onClick(View arg0) {
        Intent intent = new Intent(MainActivity.this, AnalyseActivity.class);
        startActivityForResult(intent, 1);
    }
};
```

这里我们使用了 startActivityForResult()方法来启动 AnalyseActivity，请求码只要是一个唯一值就可以了，这里传入了 1。接下来在 AnalyseActivity 类中添加一个 Button 按键，并在响应点击事件时返回数据给 MainActivity，AnalyseActivity 类代码如下所示。

```
public void onCreate(Bundle savedInstanceState) {
super.onCreate(savedInstanceState);
    setContentView(R.layout.analyse_main);

m_Btnback   = (Button) findViewById(R.id.analyseCol);
m_Btnback.setOnClickListener(returnDataCalc);
}
private Button.OnClickListener returnDataCalc = new OnClickListener()
{
    @Override
    public void onClick(View arg0) {
        Intent intent = new Intent();
        Bundle bundle = new Bundle();
        bundle.putString("RETURN_DATA", "Return Data To MainActivity");
        intent.putExtras(bundle);
        setResult(RESULT_OK, intent);
        finish();
    }
};
```

上面的代码中在 AnalyseActivity 类构建了一个 Intent，这个 Intent 只是用于传递数据。紧接着把要传递的数据存放在 Intent 中，然后调用了 setResult()方法，这个方法是专门用于向上一个 Activity 返回数据的。setResult()方法接收两个参数，第一个参数用于向上一个 Activity 返回处理结果，一般只使用 RESULT_OK 或 RESULT_CANCELED 这两个值，第二个参数则是把带有数据的 Intent 传递回去，最后调用了 finish()方法来销毁当前 Activity。

整个过程是在 MainActivity 中使用 startActivityForResult()方法来启动 AnalyseActivity，在 AnalyseActivity 销毁之后会回调上一个 Activity 的 onActivityResult()方法，因此需要在 MainActivity 中重写这个方法来得到返回的数据，代码如下。

```
@Override
protected void onActivityResult(int requestCode, int resultCode, Intent data) {
    switch (requestCode) {
    case 2:
        if (resultCode == RESULT_OK) {
            Bundle bunde = data.getExtras();
    String returnData = bunde.getString("RETURN_DATA");
            Toast.makeText(MainActivity.this, returnData, Toast.LENGTH_LONG).show();
        }
        break;
    default:
    }
}
```

onActivityResult()方法带有三个参数，第一个参数 requestCode 是在启动 Activity 时传入的请求码。第二个参数 resultCode 是在返回数据时传入的处理结果。第三个参数 data 携带着返回数据的 Intent。由于在一个 Activity 中有可能调用 startActivityForResult()方法去启动很多不同的 Activity，每一个 Activity 返回的数据都会回调到 onActivityResult()这个方法中，因此我们首先要做的就是通过检查 requestCode 的值来判断数据来源。确定数据是从 AnalyseActivity 返回的之后，再通过 resultCode 的值来判断处理结果是否成功。最后从 data 中取值，这样就做到了给 Activity 返回数据。

运行程序，在 MainActivity 的界面点击“Analyse Fruit”按钮会启动 AnalyseActivity，然后在 AnalyseActivity 界面点击“Return Data”按钮会回到 MainActivity，运行如图 3.20 所示。

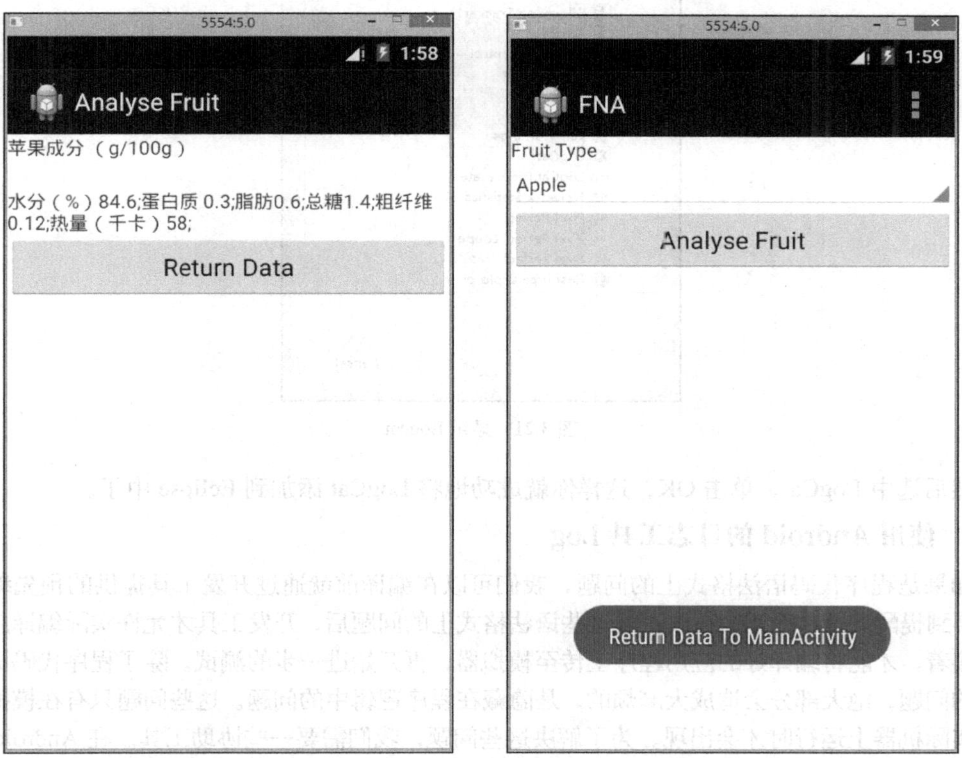

图 3.20　FNA 运行图

上面是在用户点击 Button 按键后返回数据的，如果用户在 AnalyseActivity 中并不是通过点击按钮，而是通过按下 Back 键回到 MainActivity，那数据怎么返回呢？遇到这种情况我们需要通过重写 onBackPressed()的方法来解决，代码如下。

```
    @Override
public void onBackPressed() {
        Intent intent = new Intent();
            Bundle bundle = new Bundle();
            bundle.putString("RETURN_DATA", "Return Data To MainActivity");
            intent.putExtras(bundle);
            setResult(RESULT_OK, intent);
    }
```

如上代码所示，当用户按下 Back 键，就会去执行 onBackPressed()方法中的代码，这样就可以传回数据给上一个 Activity。

3.4 Android 日志

3.4.1 添加 LogCat 到 Eclipse

日志在项目的开发过程中起到举足轻重的作用，在 Android 项目中如果想要查看日志则必须要使用 LogCat 工具。下面介绍一下如何手动添加 LogCat 到你的 Eclipse 中。

点击 Eclipse 导航栏中的 Window→Show View→Other，会弹出一个 Show View 对话框。你在 Show View 对话框中展开 Android 目录，会看到有一个 LogCat 的子项，如图 3.21 所示。

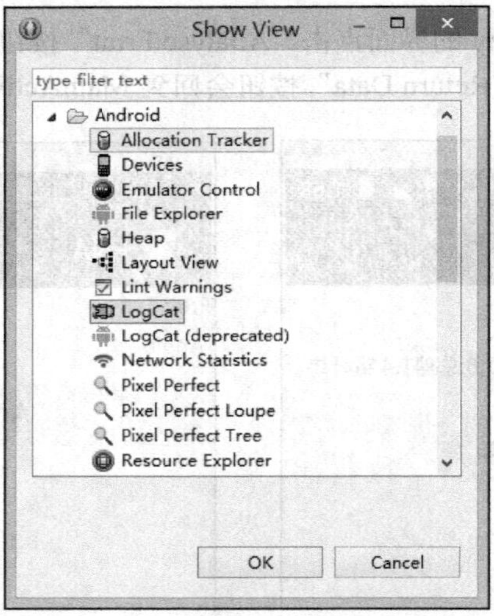

图 3.21　显示 Logcat

然后选中 LogCat，单击 OK，这样你就成功地将 LogCat 添加到 Eclipse 中了。

3.4.2 使用 Android 的日志工具 Log

如果是程序代码语法格式上的问题，我们可以在编译前就通过开发工具提供的预先编译警告，得到提醒并及早改正。在改正好这些语法格式上的问题后，开发工具才允许实际编译应用程序。接着，才能将编译好的应用程序上传至模拟器，再开始进一步的测试。除了程序代码语法格式上的问题，绝大部分会造成大麻烦的，是隐藏在程序逻辑中的问题。这些问题只有在模拟器甚至在实际机器上运行时才会出现。为了解决这些问题，我们需要一些协助工具。在 Android 平台上，可以通过“Log”类来达到自行在程序代码中加入一个个自己定义的“检查点”的目的。

查看日志可以使程序员完全了解程序的运行状况，从而进一步优化和修改代码，LogCat 为开发人员提供了强大的日志管理功能，通过 LogCat 可以查看模拟器运行的所有状态，还可以通过过滤器筛选出自己需要的日志。

打开 DDMS 单机 LogCat 选项卡，打开 LogCat 面板，默认看到的是模拟器包含所有日志，其中包括 verbose、debug、info、warn、error 五种类型。

开发者使用 Andriod 工具包（android.util）中的 Log 类的日志输出方法，该方法可以设置输出日志的级次。

Log 的使用格式：Log.方法(标签，信息);

android.util.Log 常用的方法有以下 5 种：Log.v(), Log.d(), Log.i(), Log.w()以及 Log.e()。首字母分别对应 VERBOSE，DEBUG, INFO, WARN，ERROR，内容见表 3.1。

表 3.1　　Log 工具提供的 5 种方法

Category	简 单 说 明
Log.v ()	这个方法用于打印那些最为琐碎的、意义最小的日志信息。对应级别 verbose，是 Android 日志里面级别最低的一种
Log.d()	这个方法用于打印一些调试信息，这些信息对你调试程序和分析问题应该是有帮助的。对应级别 debug，比 verbose 高一级
Log.i ()	这个方法用于打印一些比较重要的数据，这些数据应该是你非常想看到的，可以帮你分析用户行为的那种。对应级别 info，比 debug 高一级
Log.w ()	这个方法用于打印一些警告信息，提示程序在这个地方可能会有潜在的风险，最好去修复一下这些出现警告的地方。对应级别 warn，比 info 高一级
Log.e ()	这个方法用于打印程序中的错误信息，比如程序进入到了 catch 语句当中。当有错误信息打印出来的时候，一般都代表你的程序出现严重问题了，必须尽快修复。对应级别 error，比 warn 高一级

打开 MainActivity.java 和 AnalyseActivity.java 文件，在程序中加入一些除错信息。含有记录点（Log）的程序代码片段如下。

```
import android.util.Log;
......
public class MainActivity extends Activity {
    private static final String TAG = "FNA:MainActivity";
......
    public void onCreate(Bundle savedInstanceState) {
    super.onCreate(savedInstanceState);
        Log.d(TAG, "onCreate fun begin");
        ......
    }
        protected void disposeAnalysis(int position){
            Log.d(TAG, "disposeAnalysis    fun ...");
......
    }
public class Analyse extends Activity {
    private static final String TAG = "FNA:MainActivity";
    ......
    public void onCreate(Bundle savedInstanceState) {
super.onCreate(savedInstanceState);
Log.d(TAG, "Analyse Activity onCreate    begin");
        ......
    }
    ......
}
```

程序运行如图 3.22 所示。

在 DDMS 的 LogCat 面板中可以对 Log 日志信息进行分类，通过日志过滤器编辑按键（+ —）可以建立和管理日志过滤器。通过日志过滤器可以只关注符合条件的日志，图 3.23 是创建日志过滤器的实例图。

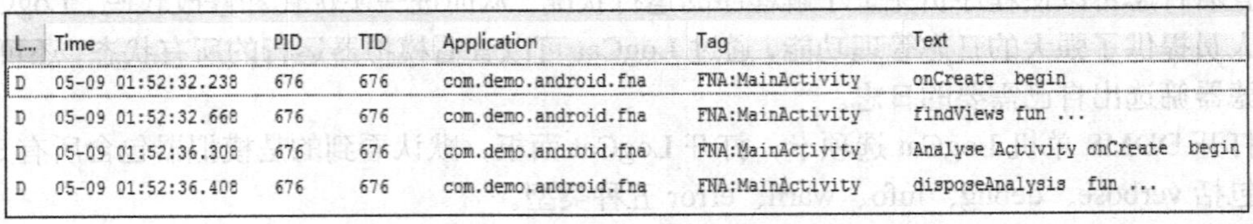

图 3.22 log 运行图

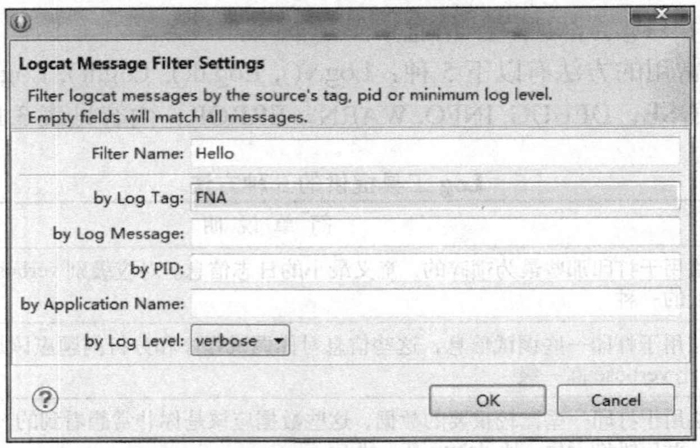

图 3.23 创建日志过滤器

图 3.23 中创建的过滤器是按照日志标签作为过滤条件的。也可以在终端中使用 Android 调试桥工具（adb）来查看 LogCat，如图 3.24 所示。

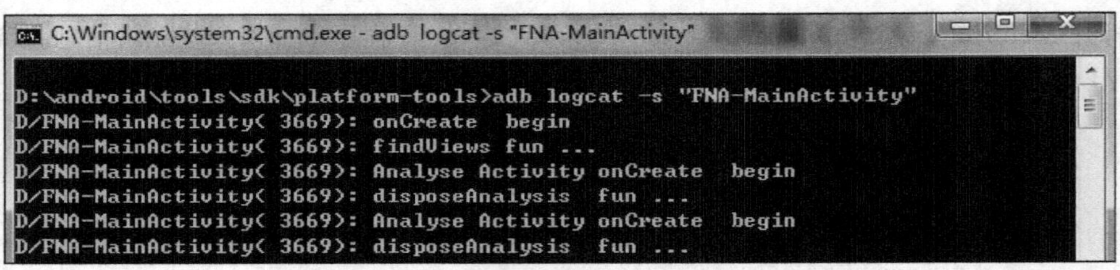

图 3.24 adb logcat 查看

下面总结一下如何使用 adb logcat。

（1）显示全部日志信息：adb logcat。

（2）显示某一 TAG 的日志信息：adb logcat-s TAG。

（3）显示某一 TAG 的某一级别的日志信息：adb logcat -s TAG:级别。

例如：adb logcat -s TAG:W。

（4）显示某一级别以上的全部日志信息：adb logcat *:级别。

（5）以某种格式显示日志信息：adb logcat-v 格式。

注：格式取值有 brief、process、tag、thread、raw、time、long，在不指定-v 参数的情况下默认是 brief。

（6）显示缓冲区中的日志信息：adb logcat -b 缓冲区类型。

注：缓冲区类型（radio-无线缓冲区，events-事件缓冲区，main-主缓冲区，默认）。

（7）清理已经存在的日志：adb logcat-c。

（8）将日志显示在控制台后退出：adb logcat-d。

（9）将日志输出到文件：adb logcat-f 文件名。

3.5 小　　结

本章从 FNA 应用出发，初步讲解了应用程序如何添加界面，如何添加 Dialog，如何添写 Menu，以及界面切换，详细讲解了 Intent 的用法，以及如何调试程序。在下面的章节中我们将详细讲解 UI 显示和各个组件。

第 4 章

美丽由我掌控——UI 的开发

有人问鹰："你为什么到高空去教育你的孩子？"
鹰回答说："如果我贴着地面去教育他们，
那它们长大了，哪有勇气去接近太阳呢？"
——莱辛

本章首先对 Android 平台界面组件结构和应用模式进行系统阐述，再结合实际开发案例对布局、视图等常用界面组件的使用进行详细引导，进而对界面框架进行全面介绍。

这一章我们讲解 Android UI，首先简介 Android UI 系统框架，在此基础上深入了解 Surface 和 Layout 的各种布局，如何使用 view、Layout 等界面空间。

4.1 常用控件

Android 中有好几种编写程序界面的方式，如 DroidDraw 是一种可视化的编辑工具，它允许使用拖拽控件的方法来布局，Eclipse 和 Android Studio 中也提供了相应的可视化编辑工具，方便开发者去使用，但是我并不推荐你去使用这些工具，这种方式下编写出来的界面都不具有很好的界面适配性，而且在编写复杂的界面程序时，可视化的编辑工具很难完成任务，本书所有的界面程序都使用手动编写的方法，即编写 XML 文件。而把 Eclipse 的可视化编辑窗口作为界面预览工具来处理。

Android 提供了大量的 UI 控件，上一章中已经学习了三个 UI 控件——TextView、Button 和 Spinner，这一节将介绍 Android 比较常用的几个 UI 控件。UI 控件很多，不可能一一进行解释，但它们的基本用法是一样的，希望读者能够触类旁通，下面我们创建项目 UIStudyProject，当然 Activity 不用再自己创建了，直接使用 ADT 就可以了，布局名称和 Activity 名称都是有默认值。

4.1.1 EditText

EditText 是程序用于和用户进行交互的另一个重要控件，它允许用户在控件里输入和编辑内容，并可以在程序中对这些内容进行处理。EditText 的应用场景如发短信、聊微信、发微博，等等，那么在界面上加入 EditText 控件吧，修改 UIStudyProject 项目中的 activity_main.xml 中的代码，如下所示。

```
<?xml version="1.0" encoding="utf-8"?>
<LinearLayout xmlns:android="http://schemas.android.com/apk/res/android"
android:orientation="vertical"
android:layout_width="fill_parent"
android:layout_height="fill_parent">
<EditText
android:id="@+id/edit_text"
        android:layout_width="fill_parent"
        android:layout_height="wrap_content"
        />
</LinearLayout>
```

如果想在 EditText 控件中显示一些提示文字，一旦用户输入了任何内容，这些提示文字就会消失。这种提示功能如何完成呢？在 EditText 中添加如下代码。

```
<EditText
android:id="@+id/edit_text"
        android:layout_width="fill_parent"
        android:layout_height="wrap_content"
        android:hint = "Write here"
        />
```

这里使用 android:hint 属性来设置提示性文字，运行程序，效果如图 4.1 所示。

图 4.1　EditText 运行效果图

当 EditText 输入内容不断地增加时，EditText 会被不断地拉长，这是由于 EditText 的高度指定的是“wrap_content”。但是当输入的内容过多时，界面就会变得很难看。可以使用 android:maxLines 属性来设置，在 EditText 中添加代码如下所示。

```
<EditText
android:id="@+id/edit_text"
        android:layout_width="fill_parent"
        android:layout_height="wrap_content"
        android:hint = "Write here"
        android:maxLines="3"
            />
```

这里设置 android:maxLines 指定了 EditText 的最大行数为三行，这样当输入的内容超过三行时，文本会自动向上滚动，EditText 的高度就不会发生变化，如图 4.2 所示。

那么如何通过 Java 代码获取 EditText 控件内容呢？我们在 UIStudyProject 项目中添加一个 Button，在点击响应函数中显示 EditText 控件内容，修改 MainActivity 中的代码如下所示。

```
public class MainActivity extends Activity {

    private EditText m_edittext;
    private Button     m_btn;
    @Override
    protected void onCreate(Bundle savedInstanceState) {
        super.onCreate(savedInstanceState);
        setContentView(R.layout.activity_main);

        m_edittext         = (EditText) findViewById(R.id.edit_text);

        m_btn          = (Button) findViewById(R.id.show_text);
        m_btn.setOnClickListener(showTextCalc);
    }
    private Button.OnClickListener showTextCalc = new OnClickListener()
    {
        @Override
        public void onClick(View arg0) {
            String inText = m_edittext.getText().toString();
            Toast.makeText(MainActivity.this, inText, Toast.LENGTH_SHORT).show();
        }
    };
}
```

通过 findViewById()方法得到 EditText 实例，然后在 Button 点击事件中调用 EditText 的 getText()方法获取输入的内容，再通过 toString()方法转换成字符串，然后使用 Toast 将输入的内容显示出来，运行程序如图 4.3 所示。

图 4.2　EditText 运行效果图

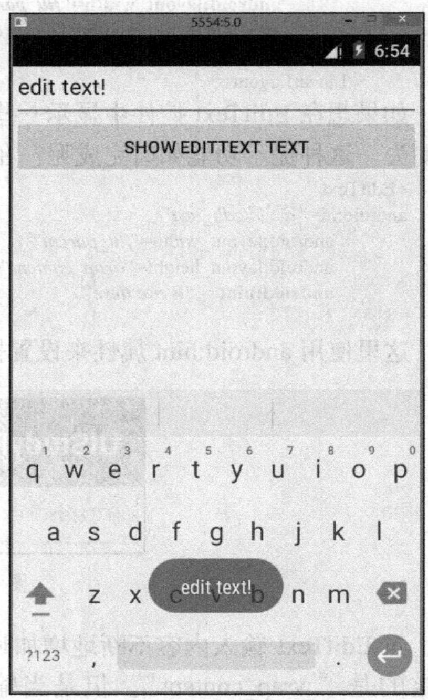

图 4.3　EditText 运行效果图

4.1.2 TextSwitcher

TextSwitcher 用来使屏幕上的 TextView 产生动画效果，当 setText()方法被调用时，TextSwitcher 以动画的形式将当前的文字内容消失并显示新的文字内容。创建项目 TextSwitcherDemo，修改 activity_main.xml 代码如下。

```
<LinearLayout xmlns:android="http://schemas.android.com/apk/res/android"
xmlns:tools="http://schemas.android.com/tools"
android:layout_width="match_parent"
android:layout_height="match_parent" >
<Button
android:id="@+id/button"
android:layout_width="wrap_content"
android:layout_height="wrap_content"
android:text="@string/next" />

<TextSwitcher
android:id="@+id/switcher"
android:layout_width="match_parent"
android:layout_height="wrap_content"/>
    </LinearLayout>
```

在布局文件中加入了 TextSwitcher 控件，然后修改 MainActivity 的代码，如下所示。

```
public class MainActivity extends ActionBarActivity {

private TextSwitcher mSwitcher;
private int mCounter = 0;

@Override
protected void onCreate(Bundle savedInstanceState) {
    super.onCreate(savedInstanceState);
    setContentView(R.layout.activity_main);

    // Get the TextSwitcher view from the layout
      mSwitcher = (TextSwitcher) findViewById(R.id.switcher);
    // 设置factory 用于在切换时创建TextViews.
    mSwitcher.setFactory(mFactory);
    /*
     * 设置加载时的动画效果，这里使用系统提供的动画效果
     */
    Animation in = AnimationUtils.loadAnimation(this,
            android.R.anim.fade_in);
    Animation out = AnimationUtils.loadAnimation(this,
            android.R.anim.fade_out);
    mSwitcher.setInAnimation(in);
    mSwitcher.setOutAnimation(out);

    Button nextButton = (Button) findViewById(R.id.button);
    nextButton.setOnClickListener(new View.OnClickListener() {

        @Override
        public void onClick(View v) {
            mCounter++;
            mSwitcher.setText(String.valueOf(mCounter));
        }
    });
    // 设置初始化Text的值，没有动画效果
    mSwitcher.setCurrentText(String.valueOf(mCounter));
}
  private ViewFactory mFactory = new ViewFactory() {
    @Override
    public View makeView() {
        // Create a new TextView
        TextView t = new TextView(MainActivity.this);
        t.setGravity(Gravity.TOP | Gravity.CENTER_HORIZONTAL);
        t.setTextAppearance(MainActivity.this,
                android.R.style.TextAppearance_Large);
         return t;
    }
  };
}
```

注意：如果仅为 TextSwitcher 设置 ViewFactory，不设置动画时，TextSwitcher 只是简单地对文字进行更换。

4.1.3 ImageView

ImageView 是用于在界面上展示图片的一个控件，学习这个控件需要准备一些图片，下面就使用 ImageView 加载 drawable 文件夹下的 ic_launcher.png 图片，ImageView 控件加载的图片都应该放到 drawable 文件夹下，修改 activity_main.xml，代码如下。

```
<?xml version="1.0" encoding="utf-8"?>
<LinearLayout xmlns:android="http://schemas.android.com/apk/res/android"
android:orientation="vertical"
android:layout_width="fill_parent"
android:layout_height="fill_parent">
......
    <ImageView
android:id="@+id/image_view"
    android:layout_width="fill_parent"
    android:layout_height="wrap_content"
    android:src="@drawable/ic_launcher"
    />
    </LinearLayout>
```

这里使用 android:src 属性给 ImageView 指定了一张图片，并且由于图片的宽和高都是未知的，所以将 ImageView 的宽设置为 fill_parent，高设定为 wrap_content，这样保证了不管图片的尺寸是多少都可以完整地展现出来。运行程序，效果如图 4.4 所示。

还可以在程序中通过代码动态地更改 ImageView 中的图片。这里我准备了另外一张图片，text.png 将它复制到 res/drawable-hdpi 目录下，然后修改 MainActivity 的代码，如下所示。

```
public class MainActivity extends Activity {

private EditText     m_edittext;
private Button       m_btn;
private ImageView    m_imageview;

@Override
protected void onCreate(Bundle savedInstanceState) {
    super.onCreate(savedInstanceState);
    setContentView(R.layout.activity_main);

    m_edittext      = (EditText) findViewById(R.id.edit_text);

    m_btn           = (Button) findViewById(R.id.show_text);
    m_imageview     = (ImageView) findViewById(R.id.show_text);

    m_btn.setOnClickListener(showTextCalc);
  }
  private Button.OnClickListener showTextCalc = new OnClickListener()
  {
    @Override
    public void onClick(View arg0) {
        m_imageview.setImageResource(R.drawable.text);
    }
  };
}
```

在 Button 点击事件中，通过调用 ImageView 的 setImageResource()方法将显示的图片改成 text.png，运行程序后点击 Button 就可以看到 ImageView 中显示的图片发生了变化，如图 4.5 所示。

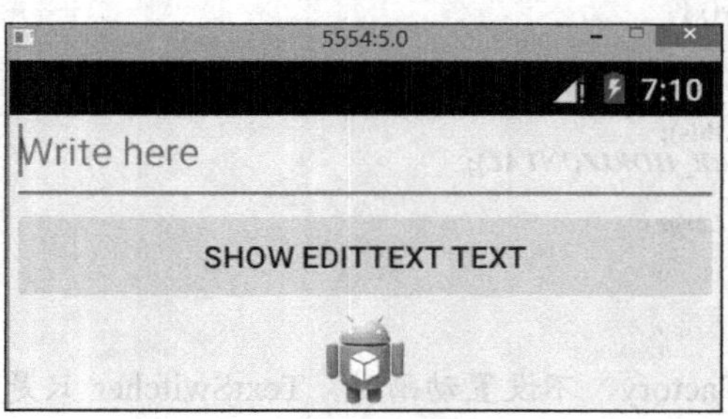

图 4.4　ImageView 控件

图 4.5　ImageView 控件

4.1.4 ImageSwitcher

ImageSwitcher 类似于 TextSwitcher，只不过对应的 View 是 ImageView。通过 ImageSwitcher 可以切换显示的图片，做出简单的幻灯片效果。我们经常将 ImageSwitcher 与 HorizontalScrollView 结合使用，做出相册的效果。

HorizontalScrollView 是一个 FrameLayout（4.2.3 小节），可以放置让用户使用滚动条查看的视图层次结构，这意味着可以将包含要滚动的子视图放入该容器；该子视图本身可以是具有复杂层次结构的布局管理器，这个控件本身也有可能就是一个布局控件。这个子布局控件一般使用的是一个水平布局的 LinearLayout。一般可滚动的视图控件，如 TextView 控件是不需要 HorizontalScrollView 的。

不要将 HorizontalScrollView 和列表视图组合使用，因为列表视图有自己的滚动处理。更重要的是，组合使用会使列表视图针对大的列表所做的重要优化失效，因为 HorizontalScrollView 会强制列表视图显示其所有条目，以使用由 HorizontalScrollView 提供滚动处理的容器。HorizontalScrollView 只支持水平方向的滚动。

下面还是通过实例说明创建项目 Image Switcher Pemo，修改 activity_main.xml，代码如下。

```
<?xml version="1.0" encoding="UTF-8"?>
<LinearLayout xmlns:android="http://schemas.android.com/apk/res/android"
android:layout_width="fill_parent"
android:layout_height="fill_parent"
android:orientation="vertical" >


<ImageSwitcher
android:id="@+id/imgSw2"
android:layout_width="wrap_content"
android:layout_height="wrap_content" >
</ImageSwitcher>
<HorizontalScrollView
android:id="@+id/honScview"
android:layout_width="match_parent"
android:layout_height="fill_parent" >
<LinearLayout
android:id="@+id/anogallery"
android:layout_width="wrap_content"
android:layout_height="wrap_content"
android:orientation="horizontal" >
</LinearLayout>
</HorizontalScrollView>
</LinearLayout>
```

在布局文件中加入了 ImageSwitcher 控件和 HorizontalScrollView 控件，在 HorizontalScrollView 中放置了 LinearLayout 布局，这样图像就可以水平滚动了，下面修改 MainActivity 的代码，如下所示。

```
public class MainActivity extends Activity implements ViewFactory {
   //原图
private Integer[] imgArr = {
         R.drawable.img1, R.drawable.img2, R.drawable.img3, R.drawable.img4,
         R.drawable.img5
};
  //缩图
private Integer[] thumbImgArr = {
        R.drawable.img1, R.drawable.img2, R.drawable.img3, R.drawable.img4,
         R.drawable.img5
   };

private LinearLayout linelay;
private ImageSwitcher imgSwi2;

@Override
public void onCreate(Bundle savedInstanceState){
```

```
super.onCreate(savedInstanceState);
        setContentView(R.layout.activity_main);

linelay = (LinearLayout)findViewById(R.id.anogallery);
imgSwi2 = (ImageSwitcher)findViewById(R.id.imgSw2);
imgSwi2.setFactory(this);
//设置动画效果
        imgSwi2.setInAnimation(AnimationUtils.loadAnimation(this, android.R.anim.fade_in));
        imgSwi2.setOutAnimation(AnimationUtils.loadAnimation(this, android.R.anim.fade_out));
        //将图像添加到LinearLayout布局控件中
for(int i=0; i < thumbImgArr.length; i++)
    {
linelay.addView(getImageView(i));
    }

   }
//设置factory 的getImageView方法，用于在切换时创建ImageView
private ImageView getImageView(int i){
        ImageView img = new ImageView(this);
        img.setImageResource(thumbImgArr[i]);
        img.setId(i);
        img.setOnClickListener(new View.OnClickListener(){
public void onClick(View v)
        {
imgSwi2.setImageResource(imgArr[v.getId()]);
                Toast.makeText(v.getContext(), "选择了"+(v.getId()+1), Toast.LENGTH_SHORT).show();
        }
    });

return img;
    }


//
public View makeView(){
        ImageView v1 = new ImageView(this);
        v1.setBackgroundColor(0xFF000000);
        v1.setScaleType(ImageView.ScaleType.FIT_CENTER);
        v1.setLayoutParams(new ImageSwitcher.LayoutParams(LayoutParams.MATCH_PARENT, LayoutParams.MATCH_PARENT));
return v1;
    }
}
```

这样就能够水平滚动地切换浏览图片了，同样需要设置 ImageSwitcher 的动画效果，如果没有只是简单地对图片进行更换。

4.1.5 ListView 的使用

ListView 是 Android 中比较常用的控件，用于列表的数据显示。ListView 控件采用 MVC 模式将前端显示与后端数据进行分离。也就是说 ListView 控件在装载数据时并不直接使用 ListView 类的 Add 方法来加载数据，而是需要指定一个 Adapter 对象，该对象相当于 MVC 模式中的 Controller，ListView 相当于 MVC 模式中的 View，用于显示数据，为 listView 提供数据的 List 或者数组相当于 MVC 模式中的 M，看到这里你是不是有似曾相识的感觉呢？没错，ListView 和前面讲解 FNA 项目中用到过的 Spinner 控件很相似。

在 ListView 控件中通过控制器（Adapter 对象）获取需要显示的数据。在创建 Adapter 对象时需要指定要显示的数据（文字、图片或数据对象），因此要显示的数据与 ListView 之间通过 Adapter 对象进行连接，同时又互相独立。也就是说，ListView 只知道显示数据来自 Adapter，并不知道这些数据是来自 List 还是来自数组。对于数据来说，只知道将这些数据添加到 Adapter 对象中了，并不知道这些数据会被用来干什么。

这一节在 **ListView** 中只显示文字信息，对于图像或者其他的数据对象的显示和文字信息的显示过程是一样的，下面我编写程序，在 UIStudyProject 项目中显示多种水果名称，分别是“苹果”“香蕉”“菠萝”与“西瓜”，并在布局文件中定义 ListView 的控件，修改 activity_main.xml 代码如下。

```
<?xml version="1.0" encoding="utf-8"?>
<LinearLayout xmlns:android="http://schemas.android.com/apk/res/android"
android:orientation="vertical"
android:layout_width="fill_parent"
android:layout_height="fill_parent">
 ......
    <ListView
    android:id="@+id/list_view"
        android:layout_width="fill_parent"
        android:layout_height="wrap_content"
        />
</LinearLayout>
```

查看可视化布局编辑器，打开 Graphical Layout 标签页，效果如图 4.6 所示。

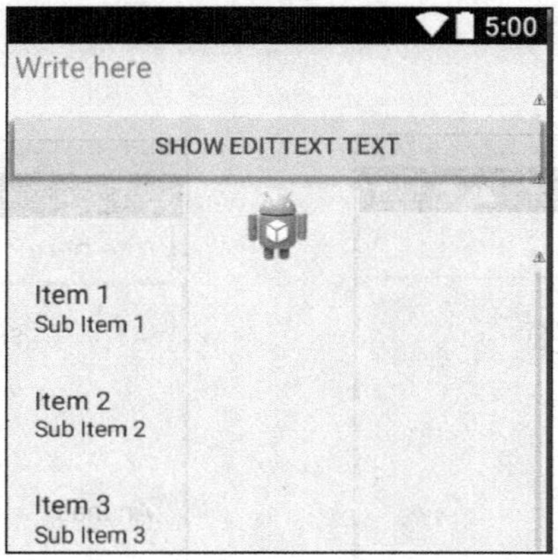

图 4.6　ListView 控件

上图是在布局文件中添加了控件 ListView，并没有给 ListView 装载数据，下面创建一个 Adapter 对象，并在 Adapter 对象中保存 List 需要显示的数据，然后在 ListView 控件中设置 Adapter 对象，这样 ListView 中就有显示数据了，修改 MainActivity 的代码，如下所示。

```
public class MainActivity extends Activity {
    ......
    private ListView      m_listview;
    private static String[] data = new String[]{"Apple","Banana","Ananas",
"Watermelon","apricot","blackberry","cherry","coconut","cumquat","fig","fresh"};
    private ArrayAdapter<String> m_adapter;
    @Override
    protected void onCreate(Bundle savedInstanceState) {
        super.onCreate(savedInstanceState);
        setContentView(R.layout.activity_main);
        ......
        m_listview      = (ListView) findViewById(R.id.list_view);
        m_adapter = new ArrayAdapter<String>(this,android.R.layout.simple_list_item_1,data);
        m_listview.setAdapter(m_adapter);
    }
}
```

上面的代码中创建了一个 ArrayAdapter 对象，ArrayAdapter 类的构造方法需要一个 android.content.Context 对象，因此在本例中使用当前 Activity 对象实例（this）作为 ArrayAdapter 对象的第一个参数，第二个参数是 XML 布局文件资源 ID，本例中使用 SDK 提供的 XML 布局文件（simple_list_item_1），第三个参数是列表中显示的数据 data，是一个 String[]对象。运行程序，效果如图 4.7 所示。

运行以后点击 ListView 并没有任何响应，如何添加响应消息呢？我们需要实现 setOnItemClickListener 接口，setOnItemClickListener 接口单击列表时被调用。首先添加代码到 MainActivity 中，代码如下。

```
public class MainActivity extends Activity {
    private static String TAG = "MainActivity";
    ......
    @Override
    protected void onCreate(Bundle savedInstanceState) {
        super.onCreate(savedInstanceState);
        setContentView(R.layout.activity_main);
        ......
        m_listview.setAdapter(m_adapter);
        m_listview.setOnItemClickListener(
            new OnItemClickListener(){
    public void onItemClick(AdapterView<?> parent, View view,int position, long id){
        Log.d(TAG, "onItemClick");
        }
    });
}
```

运行程序，如图4.8所示。

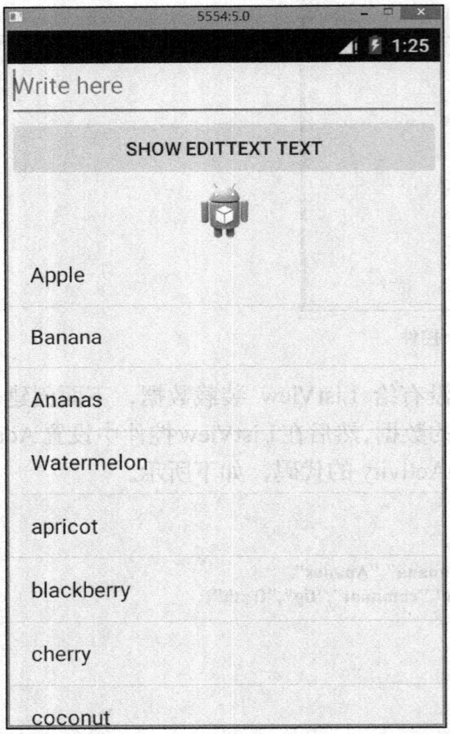

图4.7　ListView控件运行图

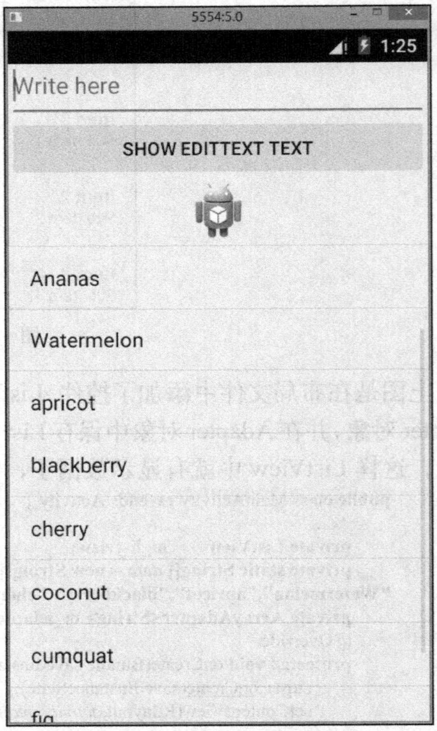

图4.8　ListView控件运行图

4.1.6　提升ListView的运行效率

上一节学习了如何使用ListView去显示文字列表信息，但是目前ListView的运行效率是很低的，当ListView快速滚动时就会出现卡顿的现象，这节我们一起来优化ListView，但是ListView的显示过程还不是很清楚，这一节来讨论一下。首先当ListView加载的Adapter中的数据量大于ListView的显示高度的时候，ListView就会成为一个滚动控件，可以滚动显示ListView中的数据了。如果数据量比较大，比如1亿的列表都加载到ListView中，ListView界面上显示的高度是有限的，这样ListView中所有的item是不能够同时展现的。前面说过Listview控件对数据的控制是通过Adapter对象去控制的，那么Adapter对象如何管理ListView中的数据呢？下面先看看ListView的Adapter之间的协调原理图，如图4.9所示。

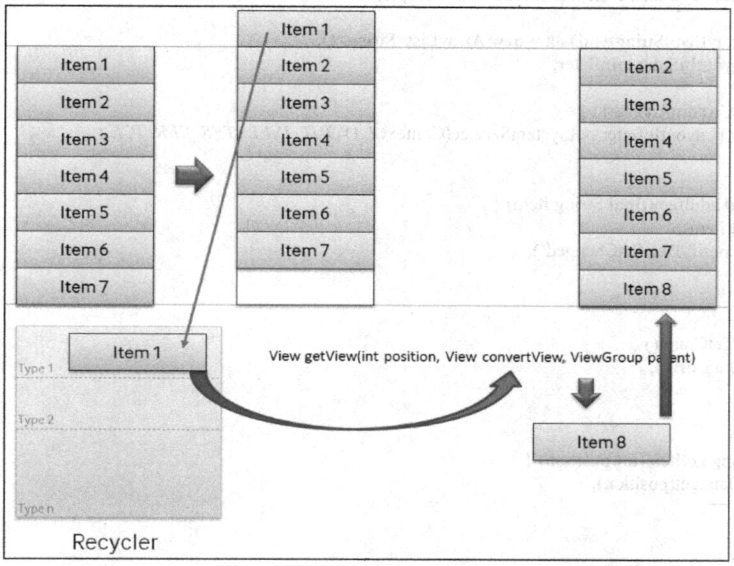

图 4.9 listView 的原理图

如图 4.9 所示，ListView 中的每一个 Item 显示都需要 Adapter 对象调用一次 getView 的方法，这个方法会传入一个 convertView 的参数，返回的 View 就是这个 Item 显示的 View。如果当 Item 的数量足够大，再为每一个 Item 都创建一个 View 对象，必将占用很多内存，创建 View 对象（mInflater.inflate(R.layout. item1, null)；从 xml 中生成 View，属于 IO 操作）是比较耗时的，所以必将影响性能。Android 提供了一个叫作 Recycler（反复循环器）的构件，就是当 ListView 的 Item 从上方滚出屏幕视角之外，对应 Item 的 View 会被缓存到 Recycler 中，相应地会从下方生成一个 Item，而此时调用的 getView 中的 convertView 参数就是滚出屏幕的 Item 的 View，如果说我们能重用 Recycler 控件中的 convertView，就会避免创建 View 操作，这样就能大大改善性能。

通过对上面原理图的分析，下面创建一个项目 StudyItemsList，Activity 由 ADT 自动创建，布局名称和 Activity 名称都有默认值，只是自己编写 Adapter 对象，然后重写 getView 方法，希望在这个过程中能够对 ListView 的原理图有深入的了解。这里的 MainActivity 继承自 ListActivity 类，ListActivity 类继承 Activity 类，只是其默认布局由一个位于屏幕中心的全屏列表构成。下面看看 MainActivity 类，代码如下。

```
public class MainActivity extends ListActivity {

private MyCustomAdapter mAdapter;

@Override
public void onCreate(Bundle savedInstanceState) {
super.onCreate(savedInstanceState);
mAdapter = new MyCustomAdapter();
for (int i = 1; i < 50; i++) {
mAdapter.addItem("item " + i);
        }
 setListAdapter(mAdapter);
    }
```

这里的控制器 Adapter 类手动来写，首先声明一个继承自 BaseAdapter 类的 MyCustomAdapter 类，用 MyCustomAdapter 来控制数据的显示和加载，使用 mAdapter 来实例化 MyCustomAdapter 类，mAdapter 中放置的是 50 个 ""item"+数字" 的数据，然后使用 setListAdapter()方法直接加载到默认布局文件中。下面我们看看 MyCustomAdapter 的代码。

```
private class MyCustomAdapter extends BaseAdapter {

private ArrayList<String> mData = new ArrayList<String>();
private LayoutInflater mInflater;

public MyCustomAdapter() {
mInflater = (LayoutInflater)getSystemService(Context.LAYOUT_INFLATER_SERVICE);
        }

public void addItem(final String item) {
mData.add(item);
            notifyDataSetChanged();
        }

@Override
public int getCount() {
return mData.size();
        }

@Override
public String getItem(int position) {
return mData.get(position);
        }

@Override
public long getItemId(int position) {
return position;
          }
@Override
public View getView(int position, View convertView, ViewGroup parent) {
        ViewHolder holder = null;

        Log.d(TAG,"getView " + position + " " + convertView );
if (convertView == null) {
            holder = new ViewHolder();

            convertView = mInflater.inflate(R.layout.item1, null);
            holder.textView = (TextView)convertView.findViewById(R.id.text);

            convertView.setTag(holder);
        } else {
            holder = (ViewHolder)convertView.getTag();
        }
        holder.textView.setText(mData.get(position));
return convertView;
    }
}

public static class ViewHolder {
public TextView textView;
    }
```

看看 getView 方法，它的操作是这样的，从 xml 中创建 view 对象：

convertView = mInflater.inflate(R.layout.item1, null);其中布局文件 item1 的代码如下所示。

```
<?xml version="1.0" encoding="utf-8"?>
<LinearLayout
    xmlns:android="http://schemas.android.com/apk/res/android"
    android:layout_height="wrap_content"
    android:layout_width="fill_parent">
    <TextView
        android:id="@+id/text"
        android:layout_height="50dp"
        android:gravity="center_vertical"
        android:text="text"
        android:visibility="visible"
        android:layout_width="fill_parent"
        android:textColor="#FF000000"
        android:background="#FFFFFFFF" />
    </LinearLayout>
```

然后在这个 view 对象中使用 findViewById()方法找到每一个 TextView。其中 findViewById()方法是一个树查找过程，也是一个耗时的操作，需要优化它，这里我们使用 viewHolder，一个临时的储存器，把 getView 方法中每次返回的 View 存起来，可以下次再用。这样当第一次创建 convertView 对象时把每一个 TextView 都放在 viewHolder 中，然后用 convertView 的 setTag 将 viewHolder 设置到 Tag 中，以便系统第二次绘制 ListView 时从 Tag 中取出。当第二次重用 convertView 时，只需从 convertView 中用 getTag 取出来就可以。这样就避免了多余的耗时操作。运行程序，如图 4.10 所示。

图 4.10　StudyItemsList 运行图

4.1.7　RecyclerView

RecyclerView 是 android-support-v7-21 包中的新组件，是一个强大的滑动组件，与经典的 ListView 相比，同样拥有 item 回收复用的功能，但是它直接把 viewholder 的实现封装起来，用户只要实现自己的 viewholder 就可以了，该组件会自动帮你回收复用每一个 item。它不但变得更精简，更加容易使用，而且更容易组合设计出自己需要的滑动布局。

要使用 RecyclerView，首先在 Android SDK Manager 上下载 Android Support Repository，如图 4.11 所示。

下载的包会在 sdk/extras/android 目录下生成 m2repository 目录，进入 recyclerview-v7（版本不定）目录。用解压文件打开 recyclerview-v7-21.0.3.aar 文件，如图 4.12 所示。

点击进入 **recyclerview-v7-21.0.3** 文件夹，将 classes.jar 文件改名为 **recyclerview**-v7.jar。

下面我们创建一个新的 Lib Project，应用名称为 **RecyclerView**Lib，包名为 android.support.v7.**recyclerview**，如图 4.13 所示。

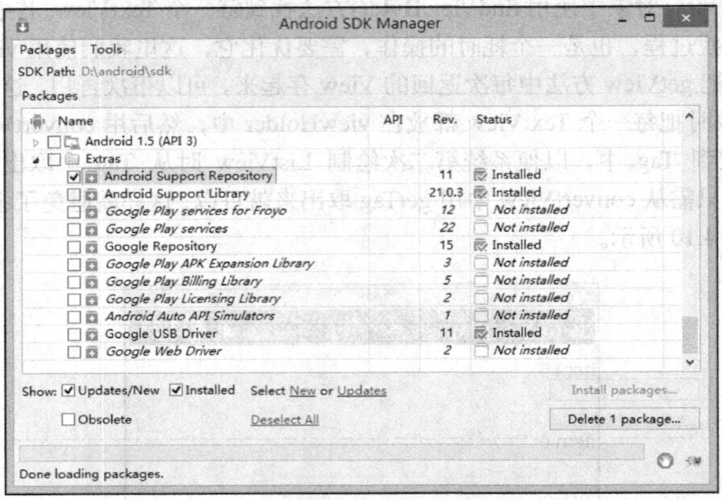

图 4.11　下载 Support Repository

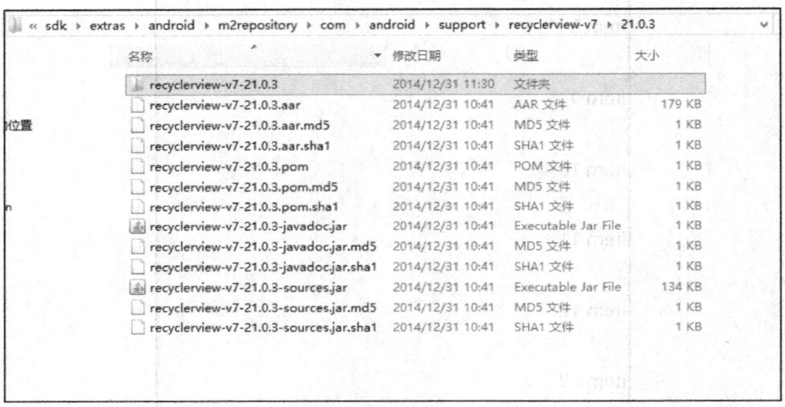

图 4.12　m2repository 目录

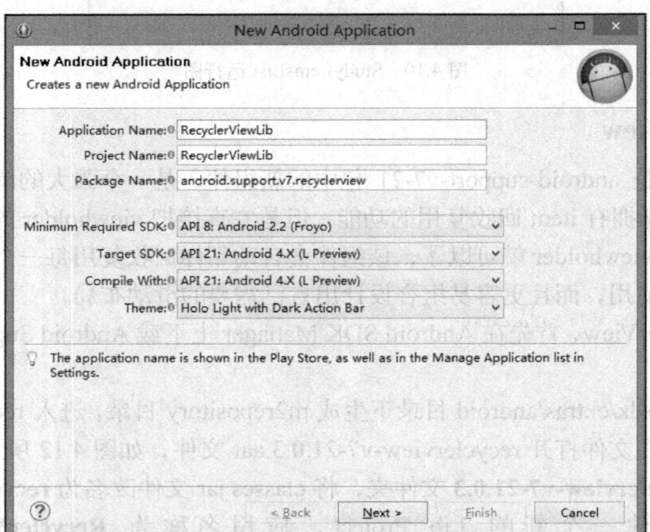

图 4.13　创建 RecyclerViewLib

选择 Mark this project as a library，不创建 Activity，点击 Finish 将 RecyclerViewLib 创建成功，如图 4.14 所示。

从上面解压的 recyclerview-v7-21.0.3.aar 文件中的复制 AndroidManifest.xml 文件替换 RecyclerViewLib 项目中的 AndroidManifest.xml 文件。

同样复制 recyclerview-v7-21.0.3/recyclerview-v7.jar 文件到 RecyclerViewLib 项目中的 libs 文件夹下，如图 4.15 所示。

右键单击 recyclerview-v7.jar 然后选择 Build Path->Add to Build Path，如图 4.16 所示。

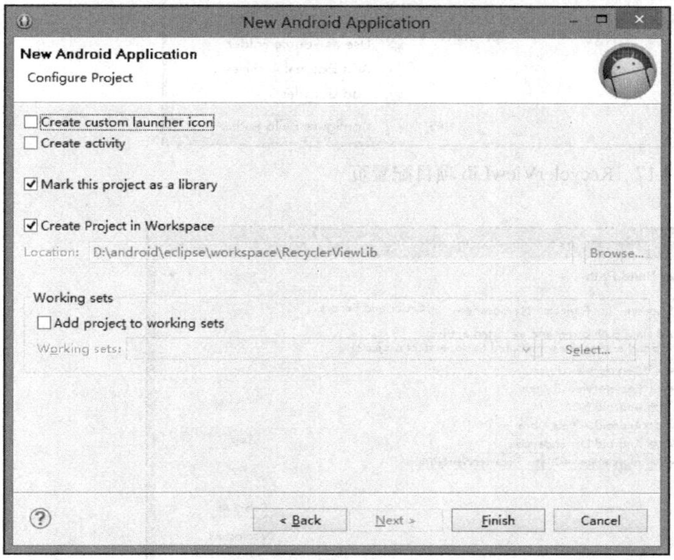

图 4.14　创建 RecyclerViewLib

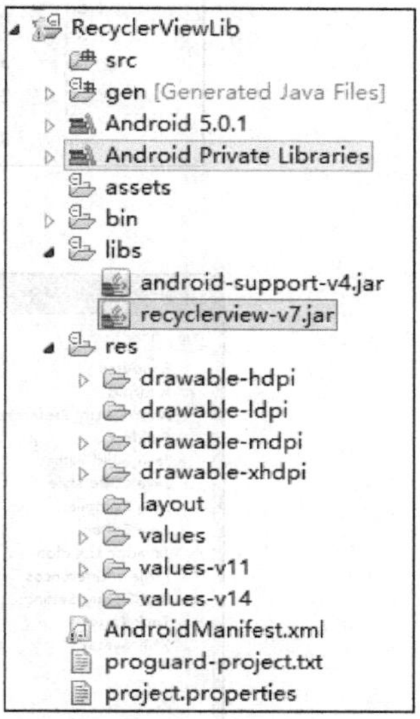

图 4.15　RecyclerViewLib 项目图

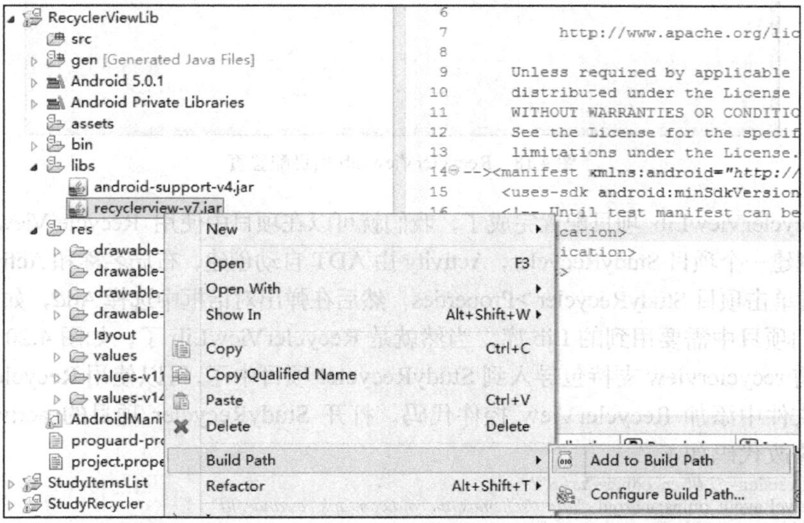

图 4.16　RecyclerViewLib 项目配置页

然后单击右键项目，选择 Build Path->Configure Build Options，如图 4.17 所示。

如图 4.18 所示，在弹出框中单击选择“recyclerview-v7.jar”的复选框，然后单击 OK 关闭对话框。

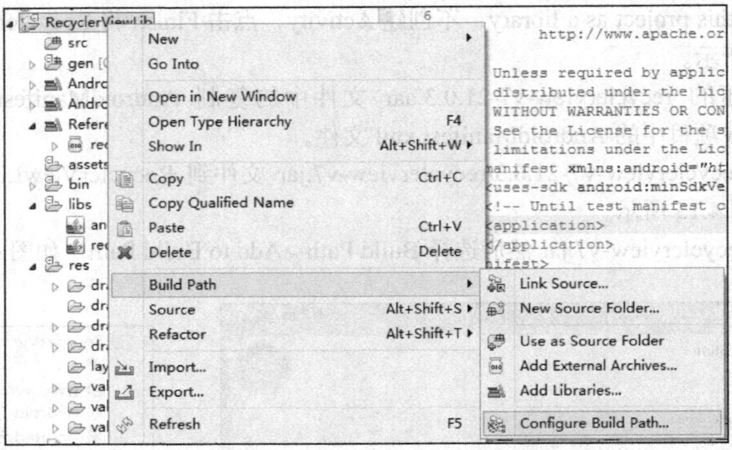

图 4.17　RecyclerViewLib 项目配置页

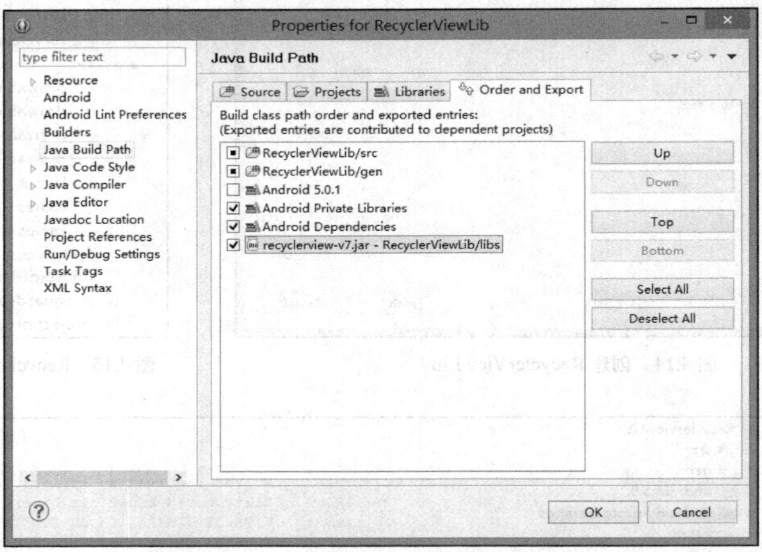

图 4.18　RecyclerViewLib 项目配置页

这样 RecyclerViewLib 项目配置完成了，我们就可以在项目中使用 RecyclerView 了。下面在 Eclipse 中，创建一个项目 StudyRecycler，Activity 由 ADT 自动创建，布局名称和 Activity 名称都有默认值，右键单击项目 StudyRecycler->Properties，然后在弹出对话框中选择 Add，如图 4.19 所示。

选择咱们项目中需要用到的 Lib 库，当然就是 RecyclerViewLib 了，如图 4.20 所示。

这样就将 recyclerview 支持包导入到 StudyRecycler 项目中了，可以使用 RecyclerView 控件。首先在布局文件中添加 RecyclerView 控件代码，打开 StudyRecycler 项目的 activity_main.xml 布局文件，修改代码如下。

```
<?xml version="1.0" encoding="utf-8"?>
<RelativeLayout xmlns:android="http://schemas.android.com/apk/res/android"
android:layout_width="match_parent"
android:layout_height="match_parent">

<android.support.v7.widget.RecyclerView
android:id="@+id/recyclerView"
android:layout_width="match_parent"
android:layout_height="match_parent" />
</RelativeLayout>
```

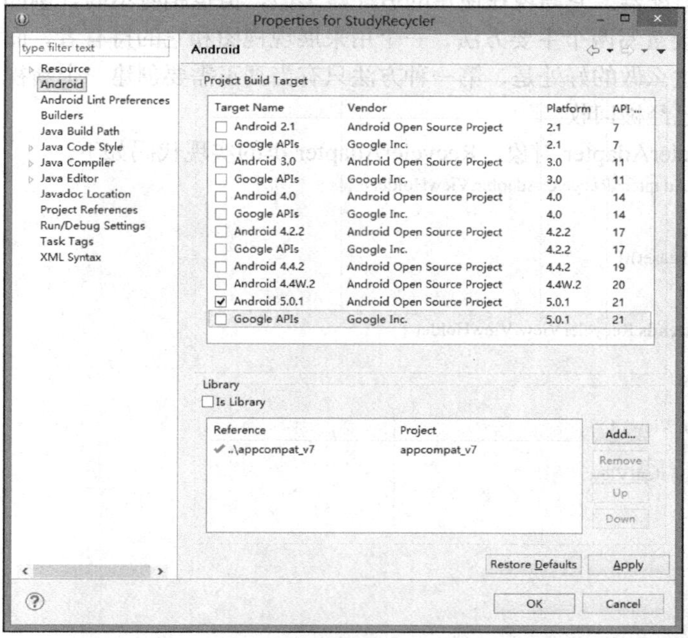

图 4.19　StudyRecycler 项目配置页

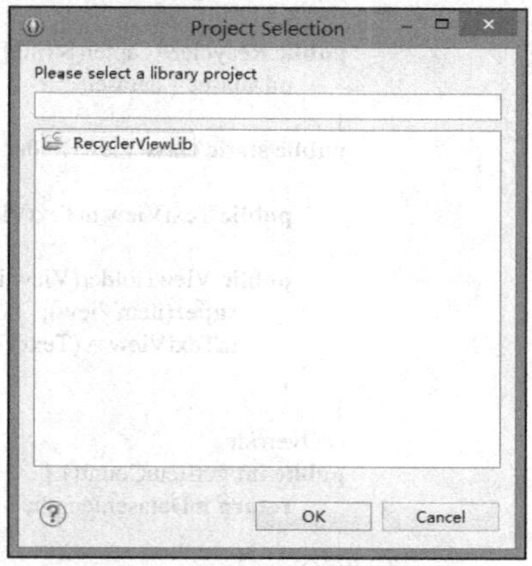

图 4.20　StudyRecycler 项目配置页

布局文件中添加了控件 RecyclerView 后，RecyclerView 控件与 ListView 控件在原理上是相同的，但是在装置数据时使用 RecyclerAdapter 来装载数据，RecyclerAdapter 也是 android-support-v7-21 包提供的。下面创建一个 RecyclerAdapter 对象，并在 RecyclerAdapter 中保存 List 需要显示的数据，然后在 RecyclerView 控件对象中设置 RecyclerAdapter 对象，这样 RecyclerView 中就有数据显示了，修改并添加 MainActivity 的代码，如下所示。

```
public class MainActivity extends Activity {

    private static final String TAG = "MainActivity";
    private RecyclerView m_RecyclerView;

    @Override
    protected void onCreate(Bundle savedInstanceState) {
        super.onCreate(savedInstanceState);
        setContentView(R.layout.activity_main);

        m_RecyclerView = (RecyclerView) findViewById(R.id.recyclerView);
        LinearLayoutManager layoutManager = new LinearLayoutManager(this);
        m_RecyclerView.setLayoutManager(layoutManager);

        String[] dataset = new String[100];
        for (int i = 0; i < dataset.length; i++) {
            dataset[i] = "item" + i;
        }
        RecyclerAdapter mAdapter = new RecyclerAdapter(dataset);
        m_RecyclerView.setAdapter(mAdapter);
    }
}
```

RecyclerView 控件的一个特点就是，将 layout 抽象成了 LayoutManager，RecylerView 不负责子 View 的布局，可以自定义 LayoutManager 来实现不同的布局效果，目前只提供了 LinearLayoutManager。LinearLayoutManager 可以指定方向，默认是垂直，可以指定水平，这样就轻松实现了水平的 ListView。

RecyclerView 包含了一种新型适配器。它与现在使用的适配器类似，但也稍有不同，例如它需要使用 ViewHolder。使用时需要重写两个主要方法，一个用来展现视图和它的持有者，而另一个用来把数据绑定到视图上。这么做的好处是，第一种方法只有当真正需要创建一个新视图时才被调用，不需要检查它是否已经被回收。

上面的代码中创建了一个 RecyclerAdapter 对象，RecyclerAdapter 类的实现代码如下。

```
public class RecyclerAdapter extends Adapter<RecyclerAdapter.ViewHolder> {
    private String[] mDataset;

    public RecyclerAdapter(String[] dataset) {
        mDataset = dataset;
    }
    public static class ViewHolder extends RecyclerView.ViewHolder {

        public TextView mTextView;

        public ViewHolder(View itemView) {
            super(itemView);
            mTextView = (TextView) itemView;
        }
    }
    @Override
    public int getItemCount() {
        return mDataset.length;
    }
    @Override
    public void onBindViewHolder(ViewHolder holder, int position) {
        holder.mTextView.setText(mDataset[position]);
    }
    @Override
    public ViewHolder onCreateViewHolder(ViewGroup parent, int viewType) {
        View view = View.inflate(parent.getContext(),
                android.R.layout.simple_list_item_1, null);
        ViewHolder holder = new ViewHolder(view);
        return holder;
    }
}
```

RecyclerView 的另一个特点是标准化 ViewHolder，编写 Adapter 面向的是 ViewHoder 而不再是 View 了，复用的逻辑被封装了，写起来更加简单。

上面就是 RecyclerView 的基本用法了，但是 RecyclerView 没有提供 setOnItemClickListener 回调函数，这就需要添加一个 OnItemClickListener 回调函数，在 Adapter 中添加这个回调接口，代码如下。

```
public class RecyclerAdapter extends Adapter<RecyclerAdapter.ViewHolder> {
    ......
    public interface OnItemClickLitener
    {
    void onItemClick(View view, int position);
}

private OnItemClickLitener mOnItemClickLitener;

public void setOnItemClickLitener(OnItemClickLitener mOnItemClickLitener)
    {
this.mOnItemClickLitener = mOnItemClickLitener;
    }
    @Override
    public void onBindViewHolder(final ViewHolder holder, final int position) {
        holder.mTextView.setText(mDataset[position]);

    //设置回调，则设置单击事件
if (mOnItemClickLitener != null)
    {
    holder.itemView.setOnClickListener(new OnClickListener()
        {
```

```
            @Override
            public void onClick(View v)
                    {
            mOnItemClickLitener.onItemClick(holder.itemView, position);
                    }
                });
            }
        }
    }
```

在上面的代码中创建一个接口，提供一个接口对象 mOnItemClickLitener，然后在 onBindViewHolder 中进行消息的逻辑处理，这样 RecyclerView 控件只需要 Adapter 去监听这个消息就可以了，下面只需要在 MainActivity 中设置监听代码，如下所示。

```
public class MainActivity extends Activity {
    ......
    RecyclerAdapter mAdapter = new RecyclerAdapter(dataset);
    mAdapter.setOnItemClickLitener(new OnItemClickLitener()
    {
    @Override
    public void onItemClick(View view, int position)
        {
            Toast.makeText(MainActivity.this, position+"", Toast.LENGTH_SHORT).show();
        }
    });
    m_RecyclerView.setAdapter(mAdapter);
  }
}
```

运行程序如图 4.21 所示。

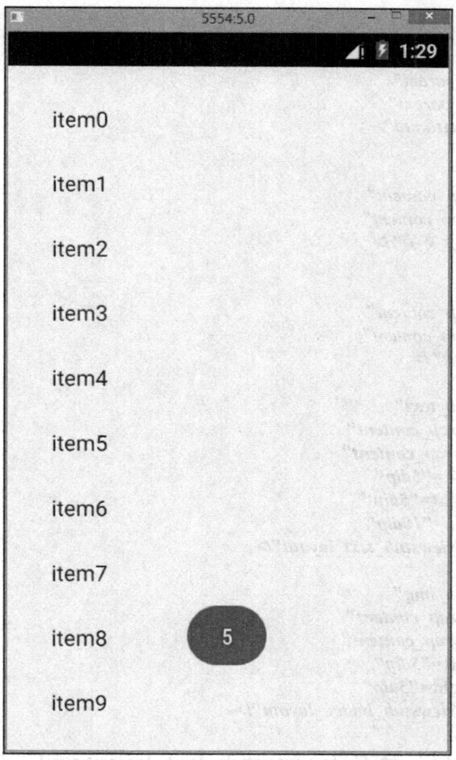

图 4.21　StudyRecycler 项目运行图

4.1.8　ViewStub

在开发应用程序的时候，经常会遇到这样的情况，会在运行时动态根据条件来决定显示哪个 View 或某个布局。遇到上述情况就可以使用 ViewStub 控件。

ViewStub 是一个轻量级的 View，它是看不见的，不占布局位置，且占用资源非常小。可以为 ViewStub 指定一个布局，在 Inflate 布局的时候，只有 ViewStub 会被初始化，然后当 ViewStub 被设置为可见的时候，或是调用了 ViewStub.inflate()的时候，ViewStub 所指向的布局就会被 Inflate 和实例化，然后 ViewStub 的布局属性都会传给它所指向的布局。这样，就可以在运行时使用 ViewStub 来方便地显示某个布局。

ViewStub 只能 Inflate 一次，然后 ViewStub 对象会被置为空。换句话说，某个被 ViewStub 指定的布局被 Inflate 后，就不能够再通过 ViewStub 来控制了。ViewStub 只能用来 Inflate 一个布局文件，而不是某个具体的 View，当然也可以把 View 写在某个布局文件中。

在程序的运行期间，某个布局在 Inflate 后就不会有变化，除非重新启动。因为 ViewStub 只能 Inflate 一次，然后会被置空，所以无法指望后面接着使用 ViewStub 来控制布局。如果需要在运行时不止一次地显示和隐藏某个布局，ViewStub 是做不到的。这时就只能使用 View 的可见性来进行控制。

下面学习一个实例，创建项目 ViewStubDemo，并让 ADT 自动创建 Activity，布局名称和 Activity 名称都有默认值，在项目中显示两种不同的布局，一个是用 TextView 显示一段文字，另一个则是用 ImageView 显示一张图片。分别使用两个 button 来控制显示。

先来看看布局，首先是 activity_main 主布局。它有控制 ViewStub 的两个 Button，还有两个 ViewStub，一个用来控制 TextView，一个用来控制 ImageView，代码如下。

```
<?xml version="1.0" encoding="utf-8"?>
<LinearLayout
xmlns:android="http://schemas.android.com/apk/res/android"
android:orientation="vertical"
android:layout_width="fill_parent"
android:layout_height="fill_parent"
android:gravity="center_horizontal">
<Button
android:id="@+id/btn_text"
android:layout_width="wrap_content"
android:layout_height="wrap_content"
        android:text="显示文字" />
  <Button
android:id="@+id/btn_img"
android:layout_width="wrap_content"
android:layout_height="wrap_content"
     android:text="显示图像" />
<ViewStub
android:id="@+id/viewstub_text"
android:layout_width="wrap_content"
android:layout_height="wrap_content"
android:layout_marginLeft="5dip"
android:layout_marginRight="5dip"
android:layout_marginTop="10dip"
android:layout="@layout/viewstub_text_layout"/>
<ViewStub
android:id="@+id/viewstub_img"
android:layout_width="wrap_content"
android:layout_height="wrap_content"
android:layout_marginLeft="5dip"
android:layout_marginRight="5dip"
android:layout="@layout/viewstub_image_layout"/>
</LinearLayout>
```

接着创建显示文字的布局，命名为 viewstub_text_layout.xml，具体代码如下。

```
<?xml version="1.0" encoding="utf-8"?>
<LinearLayout
xmlns:android="http://schemas.android.com/apk/res/android"
android:orientation="vertical"
android:layout_width="wrap_content"
android:layout_height="wrap_content">
<TextView
```

```
android:id="@+id/viewstub_textview"
android:layout_width="fill_parent"
android:layout_height="wrap_content"
android:background="#aa664411"
android:textSize="16sp"/>
    </LinearLayout>
```

最后创建显示文字的布局，命名为 viewstub_image_layout.xml，代码如下。

```
<?xml version="1.0" encoding="utf-8"?>
<LinearLayout
xmlns:android="http://schemas.android.com/apk/res/android"
android:orientation="vertical"
android:layout_width="wrap_content"
android:layout_height="wrap_content">
<ImageView
android:id="@+id/viewstub_imageview"
android:layout_width="wrap_content"
android:layout_height="wrap_content"/>
</LinearLayout>
```

有了上面三个布局文件，就需要使用 Java 代码对 ViewStub 控件进行控制，使用 button 单击显示相应的 ViewStub，然后调用其 infalte()就可以获得相应想要的布局，MainActivity 代码如下。

```
public class MainActivity extends Activity {

    private Button button_text;
private Button button_img;
private ViewStub viewStub_text;
private ViewStub viewStub_img;

   @Override
    protected void onCreate(Bundle savedInstanceState) {
        super.onCreate(savedInstanceState);
        setContentView(R.layout.Activity_main);

        findViews();
        setListensers();
    }

    private void findViews() {
        button_text = (Button)findViewById(R.id.btn_text);
        button_img = (Button)findViewById(R.id.btn_img);
        viewStub_text = (ViewStub)findViewById(R.id.viewstub_text);
        viewStub_img = (ViewStub)findViewById(R.id.viewstub_img);
    }

//Listen for button clicks
private void setListensers() {
    button_text.setOnClickListener(showText);
    button_img.setOnClickListener(showImg);
    }
private OnClickListener showText = new OnClickListener() {
public void onClick(View v) {
    viewStub_text.inflate();
        TextView text = (TextView) findViewById(R.id.viewstub_textview);
        text.setText("Test viewStub ");
    }
};
private OnClickListener showImg = new OnClickListener() {
public void onClick(View v) {
    viewStub_img.inflate();
        ImageView image = (ImageView) findViewById(R.id.viewstub_imageview);
        image.setImageResource(R.drawable.xunmao);
    }
};
}
```

下面运行程序，如图 4.22 所示。

图 4.22　viewStub 运行图

这一节中，只讲了 Android 控件的一小部分，本节所讲的内容对于你来说只是起到了一个引导作用，你还需要在以后的学习和工作中不断摸索。当然，后文中若涉及没讲过的控件，也会在相应的章节进行阐述。

在前面的 **activity_main.xml** 布局中有这样一行代码 android:layout_marginLeft="5dip"，这个 dip 到底是什么？我们来解释一下。dip 就是 Android 中用于计量宽度和高度的计量单位，是密度无关像素的意思，也可称作 dp，一般用于指定控件的宽高，同样计量单位还有 sp、px、pt。sp 是可伸缩像素的意思，一般用于指定文字的大小；px 是像素的意思，屏幕像素的不同，控件显示效果不同；pt 是磅数的意思，一般用来表示字体的大小，也是屏幕像素不同而效果有差异，所以我们建议使用和像素无关的 dp 和 sp 这两个单位。

4.2　Android 七种常见布局

一个丰富的界面总是由很多个控件组成的，那么如何让各个控件都有条不紊地摆放在界面上，就需要借助布局。布局是一种可用于放置很多控件的容器，当然布局中也可以放置布局。通过多层嵌套就可以完成一些比较复杂的界面实现，图 4.23 很好地展示了它们之间的关系。

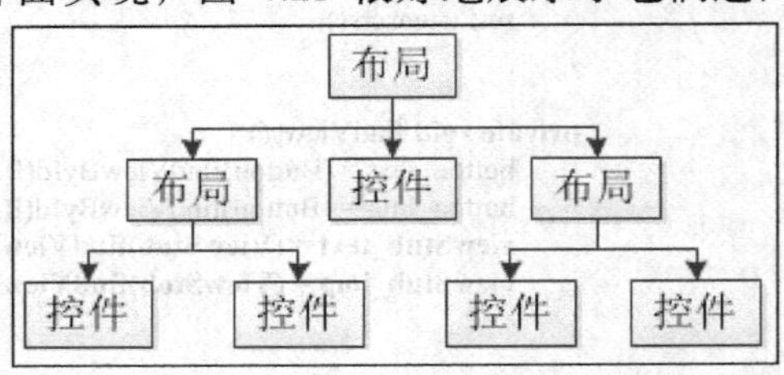

图 4.23　布局和控件的关系图

Android 常见布局有以下几种：FrameLayout、Lin earLayout、RelativeLayout、AbsoluteLayout、TableLayout、GridLayou、CardView。下面几节将一一进行讲解，在讲解之前先新建一个 StudyUILayout 项目，并让 ADT 自动创建 Activity，布局名称和 Activity 名称都有默认值。

4.2.1　LinearLayout

LinearLayout 称作线性布局，是一种常用的布局。这个布局会将它所包含的控件在线性方向上依次排列它提供了水平或垂直线性方向上的排列布局。这个布局我们在前面已经多次使用，相信大家并不陌生，下面再系统了解一下。

前面编写的工程中 LinearLayout 布局都是使用垂直方向的，那么如何设置控件水平排列方向呢？可以通过设置 android:orientation 属性指定排列方向为“vertical”，如果指定的是“horizontal”，控件就会按平方向排列了。下面通过实战来体会一下修改 activity_main.xml 中的代码，如下所示。

```
<?xml version="1.0" encoding="utf-8"?>
<LinearLayout
xmlns:android="http://schemas.android.com/apk/res/android"
android:orientation="vertical"
android:layout_width="match_parent"
android:layout_height="match_parent" >
```

```
<Button
android:layout_width="wrap_content"
android:layout_height="wrap_content"
android:text="Button 1" />
<Button
android:layout_width="wrap_content"
android:layout_height="wrap_content"
android:text="Button 2" />
    <Button
android:layout_width="wrap_content"
android:layout_height="wrap_content"
android:text="Button 3"/>
    </LinearLayout>
```

在 LinearLayout 中添加了三个 Button，每个 Button 的长和宽都是 wrap_content，并指定了排列方向，打开可视化编辑窗口，效果如图 4.24 所示。

下面修改一下 LinearLayout 的排列方向，代码如下所示。

```
    <LinearLayout
xmlns:android="http://schemas.android.com/apk/res/android"
android:orientation="horizontal"
android:layout_width="match_parent"
    android:layout_height="match_parent" >
    ......
    </LinearLayout>
```

将 android:orientation 属性的值改成了 horizontal，这样 LinearLayout 中的控件在水平方向上依次排列，当然如果不指定 android:orientation 属性的值，默认的排列方向就是 horizontal。查看可视化编辑窗口，效果如图 4.25 所示。

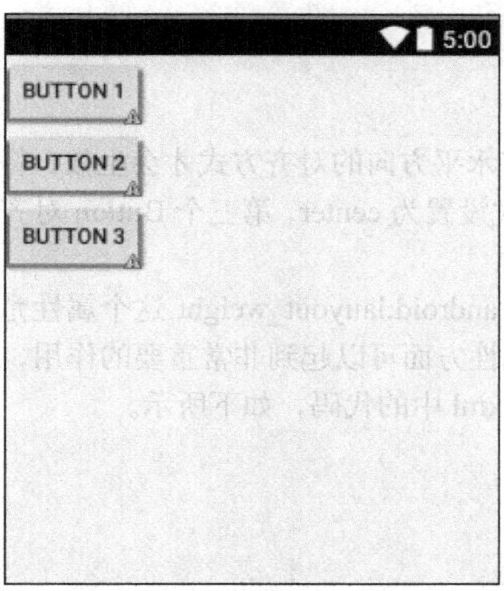

图 4.24 L inearLayout 布局

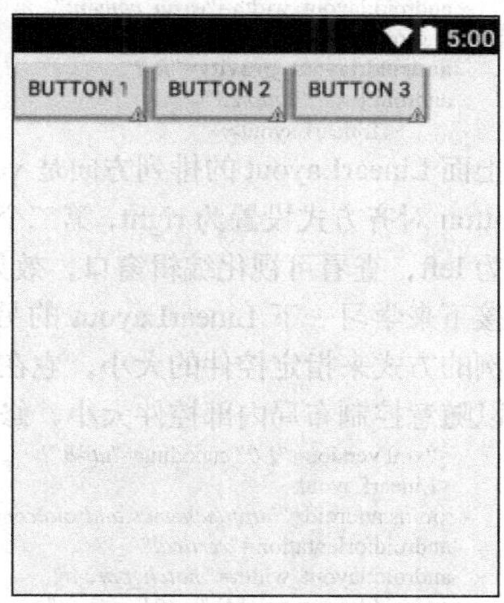

图 4.25 LinearLayout 布局

如果 LinearLayout 的排列方向是 horizontal，内部的控件宽度就不能设置为 match_parent，若一个控件占满整个水平方向，其他控件就没办法放置了，同理若排列方向是 vertical，内部控件高度就不能设置为 match_parent。

下面看看 LinearLayout 的其他属性，线性布局中使用 gravity 属性来设置其内部子控件的对齐方式，即表示组件的子组件在组件中的位置，当要为 gravity 设置多个值时，用“|”来分隔。修改 activity_main 布局，代码如下。

```
    <LinearLayout
xmlns:android="http://schemas.android.com/apk/res/android"
android:orientation="vertical"
android:gravity="bottom"
```

```
android:layout_width="match_parent"
android:layout_height="match_parent" >
```

查看可视化编辑窗口，效果如图 4.26 所示。

上面讲解了 gravity 属性的设置方式，下面讲解 layout_gravity 属性的设置。layout_gravity 属性表示组件自身在父组件中的位置，在这里需要注意，当 LinearLayout 的排列方向是 horizontal 时，只有垂直方向上的对齐方式才会生效，此时水平方向上的长度是不固定的，每添加一个控件，水平方向上的长度都会改变，因此无法指定该方向的对齐方式。同理，当 LinearLayout 的排列方向是 vertical 时，只有水平方向的对齐方式才会生效。下面修改 activity_main.xml 布局文件，代码如下。

```
<?xml version="1.0" encoding="utf-8"?>
<LinearLayout
xmlns:android="http://schemas.android.com/apk/res/android"
android:orientation="vertical"
android:layout_width="match_parent"
android:layout_height="match_parent" >
<Button
android:layout_width="wrap_content"
android:layout_height="wrap_content"
android:layout_gravity="right"
android:text="Button 1" />
<Button
android:layout_width="wrap_content"
android:layout_height="wrap_content"
android:layout_gravity="center"
android:text="Button 2" />
    <Button
android:layout_width="wrap_content"
android:layout_height="wrap_content"
android:layout_gravity="left"
android:text="Button 3"/>
    </LinearLayout>
```

上面 LinearLayout 的排列方向是 vertical，因此只有水平方向的对齐方式才会生效，将第一个 Button 对齐方式设置为 right，第二个 Button 对齐方式设置为 center，第三个 Button 对齐方式设置为 left，查看可视化编辑窗口，效果如图 4.27 所示。

接下来学习一下 LinearLayout 的另一个重要属性，android:lauyout_weight 这个属性允许使用比例的方式来指定控件的大小，它在手机屏幕的适配性方面可以起到非常重要的作用，这样就可以随意控制布局内部控件大小，修改 activity_main.xml 中的代码，如下所示。

```
<?xml version="1.0" encoding="utf-8"?>
<LinearLayout
xmlns:android="http://schemas.android.com/apk/res/android"
android:orientation="vertical"
android:layout_width="match_parent"
android:layout_height="match_parent" >
<Button
android:layout_width="wrap_content"
android:layout_height="0dp"
android:layout_weight="1"
android:text="Button 1" />
<Button
android:layout_width="wrap_content"
android:layout_height="0dp"
android:layout_weight="2"
android:text="Button 2" />
    <Button
android:layout_width="wrap_content"
android:layout_height="0dp"
android:layout_weight="3"
android:text="Button 3"/>
</LinearLayout>
```

这里将三个 Button 的高度都设置为 0dp，dp 为宽度的计量单位。下面我们详细讲解，设置为 0dp 就表示宽度为 0，但是这样三个 Button 还是能显示出来，由于我们使用了 layout_weight 属性，此时控件的高度就不再由 layout_height 来决定了，这里指定为 0dp 是一种比较规范的写法。

这里在 Button 1、Button 2 和 Button 3 中分别将 layout_weight 的值设置为 1、2、3，则表示它们三个的高度比重分别是 1：2：3，查看可视化编辑窗口，效果如图 4.28 所示。

图 4.26　LinearLayout 布局

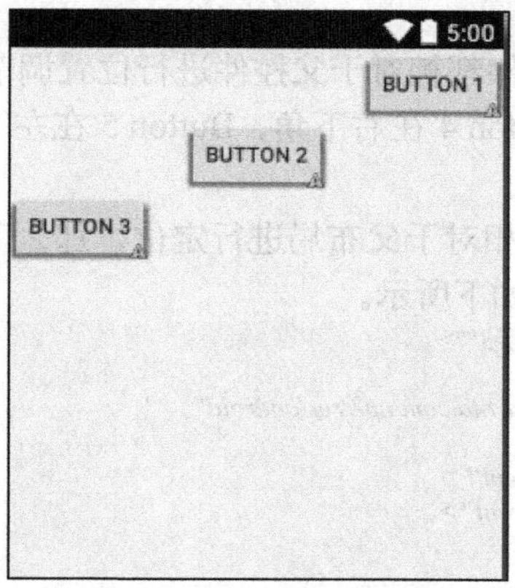

图 4.27　LinearLayout 布局

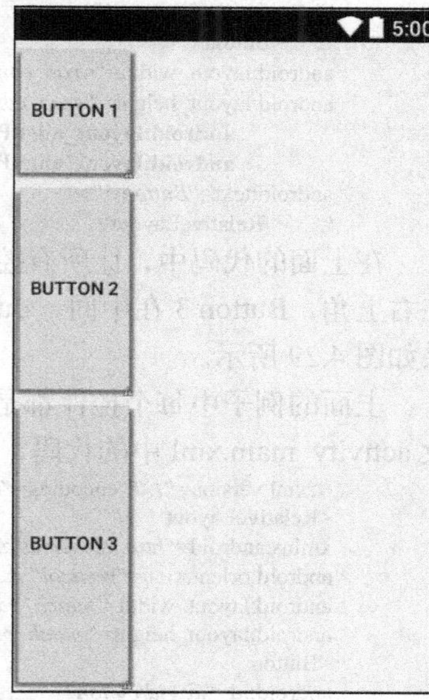

图 4.28　LinearLayout 布局

4.2.2　elativeLayout

RelativeLayout 是相对布局控件，它和 LinearLayout 布局的排列规则不同，它允许子元素指定它们相对于其他控件或父控件的位置。在指定控件的位置时，需要指定这个控件与其他控件之间的相对位置关系，比如说与另一个控件的左对齐、右对齐、位于另一个控件的上方下方等。一个控件可以指定与多个其他控件的相对位置。元素按顺序排列，如果第一个元素在屏幕的中央，那么相对于这个元素的其他元素将以屏幕中央的相对位置来排列。

下面还是通过实例来解析，改变 activity_main.xml 中的代码，如下所示。

```
<?xml version="1.0" encoding="utf-8"?>
<RelativeLayout
xmlns:android="http://schemas.android.com/apk/res/android"
android:orientation="vertical"
android:layout_width="match_parent"
android:layout_height="match_parent" >
<Button
android:layout_width="wrap_content"
android:layout_height="wrap_content"
        android:layout_alignParentLeft="true"
        android:layout_alignParentTop="true"
android:text="Button 1" />
<Button
android:layout_width="wrap_content"
android:layout_height="wrap_content"
        android:layout_alignParentRight="true"
        android:layout_alignParentTop="true"
android:text="Button 2" />
```

```
        <Button
    android:layout_width="wrap_content"
    android:layout_height="wrap_content"
        android:layout_centerInParent="true"
    android:text="Button 3"/>
        <Button
    android:layout_width="wrap_content"
    android:layout_height="wrap_content"
        android:layout_alignParentRight="true"
        android:layout_alignParentBottom="true"
    android:text="Button 4"/>
        <Button
    android:layout_width="wrap_content"
    android:layout_height="wrap_content"
            android:layout_alignParentBottom="true"
            android:layout_alignParentLeft="true"
    android:text="Button 5"/>
        </RelativeLayout>
```

在上面的代码中，让所有控件都相对于父控件进行位置调节，Button 1 在左上角，Button 2 在右上角，Button 3 在中间，Button 4 在右下角，Button 5 在左下角，查看可视化编辑窗口，效果如图 4.29 所示。

上面的例子中每个控件都是相对于父布局进行定位，那么下面让控件相对于控件定位，修改 activity_main.xml 中的代码，如下所示。

```
    <?xml version="1.0" encoding="utf-8"?>
    <RelativeLayout
    xmlns:android="http://schemas.android.com/apk/res/android"
    android:orientation="vertical"
    android:layout_width="match_parent"
    android:layout_height="match_parent" >
    <Button
    android:id="@+id/button1"
    android:layout_width="wrap_content"
    android:layout_height="wrap_content"
            android:layout_toLeftOf="@id/button3"
            android:layout_above="@id/button3"
    android:text="Button 1" />
    <Button
    android:id="@+id/button2"
    android:layout_width="wrap_content"
    android:layout_height="wrap_content"
            android:layout_toRightOf="@id/button3"
            android:layout_above="@id/button3"
    android:text="Button 2" />
        <Button
        android:id="@+id/button3"
    android:layout_width="wrap_content"
    android:layout_height="wrap_content"
            android:layout_centerInParent="true"
    android:text="Button 3"/>
        <Button
        android:id="@+id/button4"
    android:layout_width="wrap_content"
    android:layout_height="wrap_content"
            android:layout_below="@id/button3"
            android:layout_toRightOf="@id/button3"
    android:text="Button 4"/>
        <Button
        android:id="@+id/button5"
    android:layout_width="wrap_content"
    android:layout_height="wrap_content"
            android:layout_below="@id/button3"
            android:layout_toLeftOf="@id/button3"
    android:text="Button 5"/>
    </RelativeLayout>
```

上面的代码中让 Button3 相对于父布局进行定位，将 Button3 放置在布局的中心，然后将其他 Button 相对于 Button3 的位置进行定位，给 Button3 指定 id 属性，这个 id 属性“@id/button3”就可以标识 Button3，android:layout_toRightOf 标识控件位于另一个控件的右侧，android:layout_toLeftOf 标识控件位于另一个控件的左侧，android:layout_below 标识控件位于另一个控件的下方，android:layout_above 标识控件位于另一个控件的上方，查看可视化编辑窗口，效果如图 4.30 所示。

图 4.29　RelativeLayout 布局

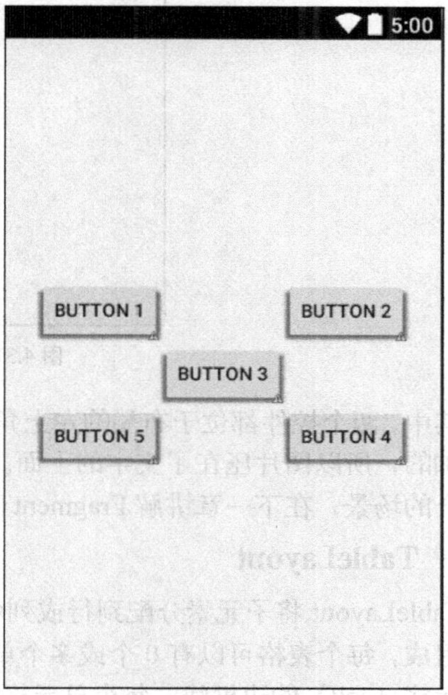

图 4.30　RelativeLayout 布局

RelativeLayout 布局还有其他一些相对于控件进行定位的属性，道理和前面讲的都一样，这里就不再阐述了。

4.2.3　FrameLayout

FrameLayout 称为层布局，将组件显示在屏幕的左上角，后面的组件覆盖前面的组件，该布局可以通过占有屏幕的某块区域来显示单一的对象，可以包含有多个 widgets 或者布局，但是所有被包含的 widgets 或者布局必须被固定到屏幕的左上角，并且一层覆盖一层，不能为一个 widgets 或者布局指定一个位置。布局所包含的 widgets 或队列采用堆栈结构，最后加进来的 widgets 或者布局显示在最上面。后一个 widgets 或者布局将会直接覆盖在前一个 widgets 或者布局之上，把它们部分或全部挡住。修改 activity_main.xml 文件，代码如下。

```
<?xml version="1.0" encoding="utf-8"?>
<FrameLayout xmlns:android="http://schemas.android.com/apk/res/android"
android:layout_width="match_parent"
android:layout_height="wrap_content"
android:orientation="vertical" >
    <TextView
android:layout_width="wrap_content"
android:layout_height="wrap_content"
android:text="FrameLayout"
/>
<ImageView
android:layout_width="wrap_content"
```

```
        android:layout_height="wrap_content"
        android:src="@drawable/ic_launcher"
        />
</FrameLayout>
```

查看可视化编辑窗口，效果如图 4.31 所示。

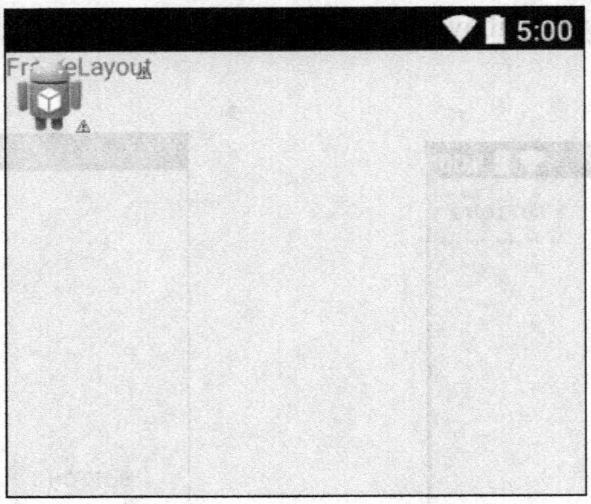

图 4.31　FrameLayout 效果图

其中，两个控件都位于布局的左上角，由于图片 ImageView 控件是在文字 TextView 控件之后添加的，所以图片压在了文字的上面。你可能感觉这个布局用处不大，其实每个布局都有自己适合的场景，在下一章讲解 Fragment 时将用到这个布局。

4.2.4　TableLayout

TableLayout 将子元素分配到行或列中，TableLayout 没有边框，它由多个表格（TableRow）对象组成，每个表格可以有 0 个或多个单元格（cell），TableLayout 容器不会显示 row、cloumns 或单元格（cell）的边框线。每个单元格就是一个 View。表格由列和行组成许多单元格。这些表格、单元格不能设置 layout_width，宽度默认是 fill_parent，只有高度 layout_height 可以自定义，默认是 wrap_content。

单元格可以为 empty，并且通过 android:layout_column 可以设置 index 值实现跳开某些单元格。在表格之间，添加 View，设置 layout_height 以及背景色，就可以实现一条间隔线。android:layout_span 可以设置合并几个单元格。

TableLayout 布局的属性既可以在布局文件（XML）中设置，也可以通过成员方法进行设置。下面给出 TableLayout 常用的属性及其对应属性设置的方法。修改 activity_main.xml 文件，代码如下。

```
<TableLayout xmlns:android="http://schemas.android.com/apk/res/android"
android:layout_width="match_parent"
android:layout_height="match_parent"
    >
<TableRow>
<TextView
android:layout_column="1"
android:text="TextView1" />
<TextView
android:text="TextView2" />
</TableRow>
<TableRow>
<TextView
android:text="TextView3" />
<TextView
android:text="TextView4" />
</TableRow>
```

```
        <TableRow>
            <Button
            android:id ="@+id/btn"
            android:layout_span = "3"
            android:text="Button" />
        </TableRow>
        </TableLayout>
```

在 TableLayout 中每加入一个 TableRow 就表示在表格中添加了一行，然后在 TableRow 中每加入一个控件就表示在该行中加入了一列，TableRow 中的控件不能指定宽度，但可以使用 android:layout_span 标识在本行中设置控件占几列，这里将表格分成三行两列，在第一列中使用 android:layout_column 设置 index 值来跳开几个单元格，这里表示跳开一个单元格。运行 StudyUILayout，效果如图 4.32 所示。

从图 4.32 可以看出，当前界面没有充分利用屏幕的宽度，右侧还有一块区域，若要填充右侧屏幕就需要使用 android:stretchColumns 属性，它允许将 TableLayout 的某一列进行拉伸，以达到自适应屏幕宽度的目的。修改 activity_main.xml 文件，代码如下。

```
<TableLayout xmlns:android="http://schemas.android.com/apk/res/android"
android:layout_width="match_parent"
android:layout_height="match_parent"
android:stretchColumns="0"
        >
    ......
</TableLayout>
```

这里将 android:stretchColumns 的值指定为 0，表示如果表格不能完全占满屏幕宽度，就将第一列拉伸。重新运行程序，效果如图 4.33 所示。

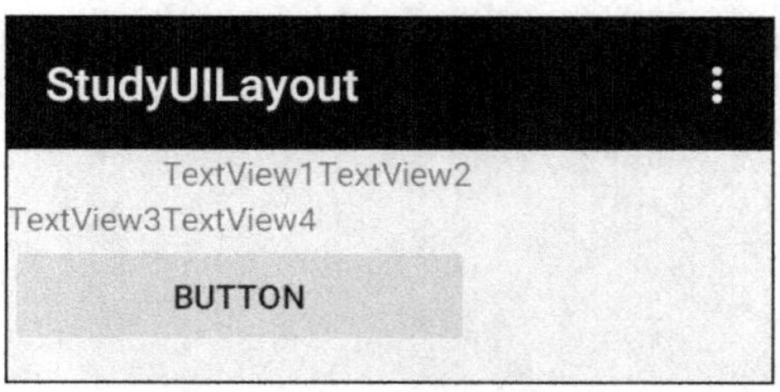

图 4.32　TableLayout 程序运行图

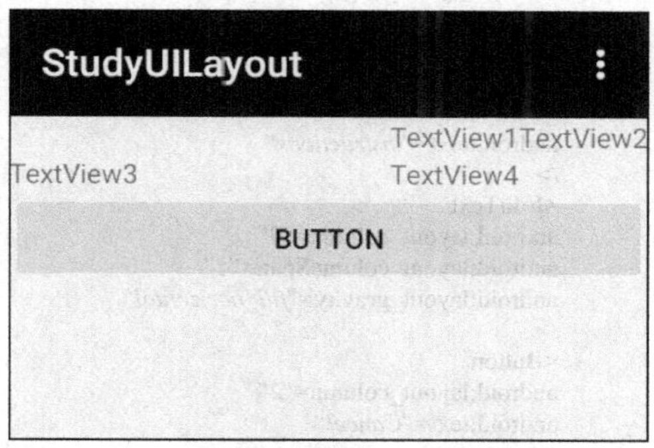

图 4.33　TableLayout 程序运行图

4.2.5 GridLayout

Android4.0 以后的版本新增了 GridLayout 网格布局，并在此基础上实现了一个简单的计算器布局框架。

在 Android4.0 版本之前，如果想要达到网格布局的效果，首先可以考虑使用最常见的 LinearLayout 布局，但是这样的布局会产生如下几点问题。

- 不能同时在 x、y 轴方向上进行控件的对齐。
- 当多层布局嵌套时会有性能问题。
- 不能稳定地支持一些自由编辑布局的工具。

其次考虑使用表格布局 TabelLayout，这种方式会把包含的元素以行和列的形式进行排列，每行为一个 TableRow 对象，也可以是一个 View 对象，而在 TableRow 中还可以继续添加其他的控件，每添加一个子控件就成为一列。但是使用这种布局可能会出现不能将控件占据多个行或列的问题，而且渲染速度也不能得到很好的保证。

Android4.0 以上版本出现的 GridLayout 布局解决了以上问题。GridLayout 布局使用虚细线将布局划分为行、列和单元格，也支持一个控件在行、列上都有交错排列。而 GridLayout 使用的其实是跟 LinearLayout 类似的 API，只不过修改了一下相关的标签而已，所以对于开发者来说，掌握 GridLayout 还是很容易的。GridLayout 的布局策略简单分为以下三个部分。

首先它与 LinearLayout 布局一样，也分为水平和垂直两种方式，默认是水平布局，一个控件挨着一个控件从左到右依次排列，但是通过指定 android:columnCount 设置列数的属性后，控件会自动换行进行排列。另一方面，对于 GridLayout 布局中的子控件，默认按照 wrap_content 的方式设置其显示，这只需要在 GridLayout 布局中显式声明即可。

其次，若要指定某控件显示在固定的行或列，只需设置该子控件的 android:layout_row 和 android:layout_column 属性即可，但是需要注意，android:layout_row="0"表示从第一行开始，android:layout_column="0"表示从第一列开始，这与编程语言中一维数组的赋值情况类似。

最后，如果需要设置某控件跨越多行或多列，只需将该子控件的 android:layout_rowSpan 或者 layout_columnSpan 属性设置为数值，再设置其 layout_gravity 属性为 fill 即可，前一个设置表明该控件跨越的行数或列数，后一个设置表明该控件填满所跨越的整行或整列。

利用 GridLayout 布局编写的简易计算器代码如下（仅限于 Android4.0 及以上的版本）。

```
<?xml version="1.0" encoding="utf-8"?>
<GridLayout
xmlns:android="http://schemas.android.com/apk/res/android"
android:layout_width="match_parent"
android:layout_height="wrap_content"
android:columnCount="4"
android:padding="10dip"
>
<TextView
android:text="instructions"
/>
<EditText
android:layout_column="0"
android:layout_columnSpan="4"
android:layout_gravity="fill_horizontal"
/>
<Button
android:layout_column="2"
android:text="Cancel"
/>
<Button
android:layout_marginLeft="10dip"
android:text="OK"
/>
</GridLayout>
```

重新运行程序，效果如图 4.34 所示。

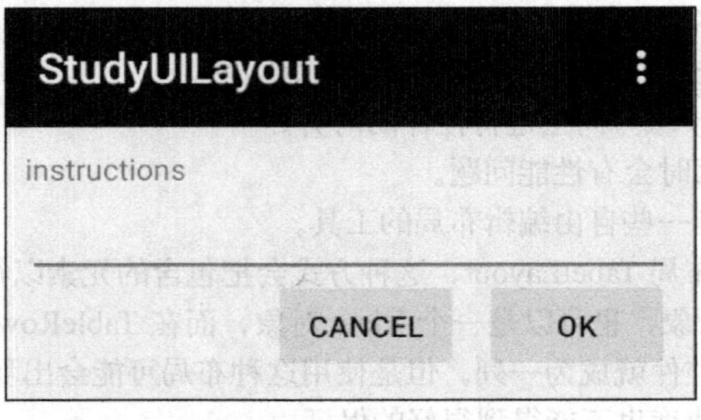

图 4.34　GridLayout 运行图

4.2.6 AbsoluteLayout

AbsoluteLayout 是绝对布局控件，又称坐标布局控件，AbsoluteLayout 可以让子元素指定准确的 *x*/*y* 坐标值，并显示在屏幕上。原点(0,0)为屏幕左上角，当向下或向右移动时，坐标值将变大。AbsoluteLayout 没有页边框，允许元素之间互相重叠。官方通常不推荐使用 AbsoluteLayout，除非你有正当理由要使用它，因为它使界面代码太过刚性，以至于在不同的设备上可能不能很好地工作。修改 activity_main.xml 文件，代码如下。

```
<?xml version="1.0" encoding="utf-8"?>
<AbsoluteLayout
xmlns:android="http://schemas.android.com/apk/res/android"
android:layout_width="wrap_content"
android:layout_height="wrap_content">
<ImageView
android:layout_width="wrap_content"
android:layout_height="wrap_content"
android:src="@drawable/google"
android:layout_x="22px"
android:layout_y="60px"/>
<TextView
android:layout_width="wrap_content"
android:layout_height="wrap_content"
android:text="I love Android"
android:layout_x="100px"
android:layout_y="175px"/>
<TextView
android:layout_width="wrap_content"
android:layout_height="wrap_content"
android:text="I love Goolge"
android:layout_x="120px"
android:layout_y="195px"/>
<TextView
android:layout_width="wrap_content"
android:layout_height="wrap_content"
android:text="I love the world"
android:layout_x="140px"
android:layout_y="215px"/>
</AbsoluteLayout>
```

上面的代码中，在布局 AbsoluteLayout 中使用 android:layout_x 来定位控件 *x* 轴坐标，使用 android:layout_y 来定位控件 *y* 轴坐标，查看可视化编辑窗口，px 为距离的计量单位，下面我们会详细讲解，效果如图 4.35 所示。

图 4.35 AbsoluteLayout 效果图

4.2.7 CardView

CardView 继承自 FrameLayout 类，可以在一个卡片布局中统一地显示内容，卡片可以包含圆角和阴影。

CardView 布局和 RecyclerView 控件都是 android-support-v7-21 包中提供的，所以使用 CardView 布局前需要下载 Android Support Repository，和 RecyclerView 控件一样下载的包会在 sdk/extras/android 目录下生成 m2repository 目录，进入 cardview-v7（版本不定，本书用的版本是 v21.0.3）目录。用解压文件解压 cardview-v7-21.0.3.aar 文件，如图 4.36 所示。

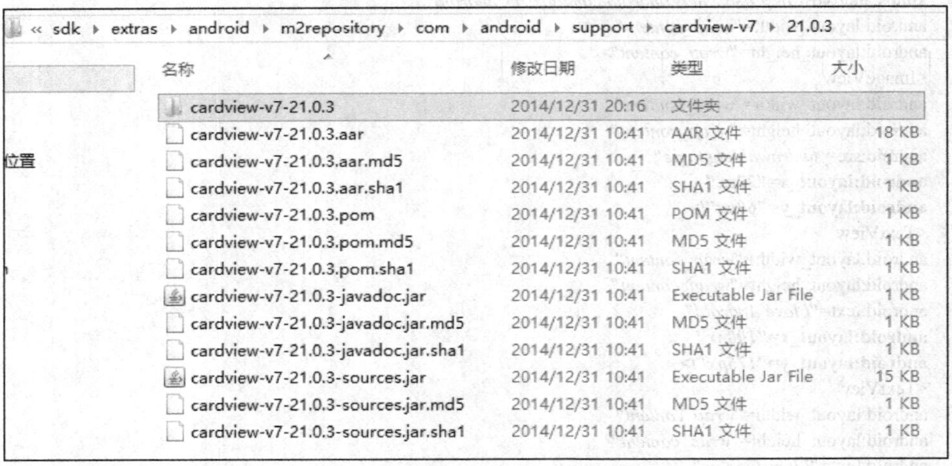

图 4.36　m2repository 目录

点击进入 cardview-v7-21.0.3 文件夹，将 classes.jar 文件改名为 cardview-v7.jar。

下面创建一个新的 Lib Project，应用名称为 CardViewLib，包名为 android.support.v7.cardview，如图 4.37 所示。

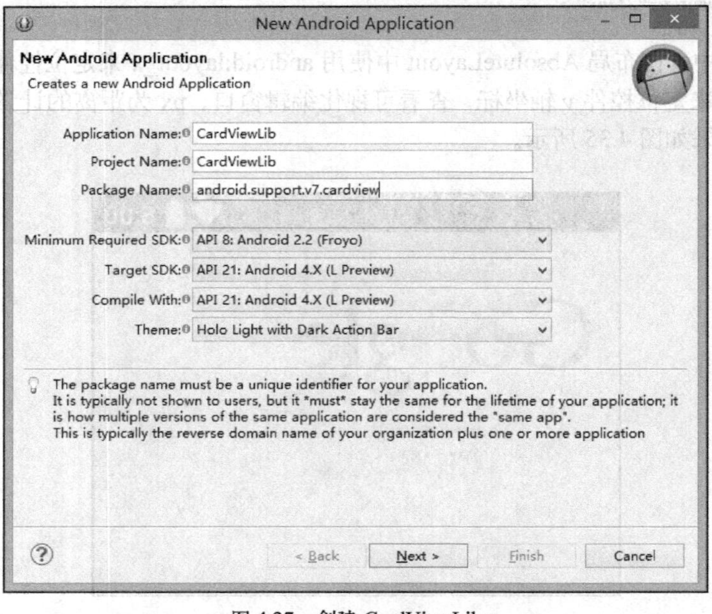

图 4.37　创建 CardViewLib

选择 Mark this project as a library，不创建 Activity，点击 Finish 将 CardViewLib 创建成功，如图 4.38 所示。

从上面解压的 cardview-v7-21.0.3.aar 文件中的复制 AndroidManifest.xml 文件替换 CardViewLib 项目中的 AndroidManifest.xml 文件。

同样复制 cardview-v7-21.0.0-rc1/res/values/ 下的所有文件到 CardViewLib 项目中的 /res/values 文件夹下。

同样复制 cardview-v7-21.0.0-rc1/cardview-v7.jar 文件到 CardViewLib 项目中的 libs 文件夹下，如图 4.39 所示。

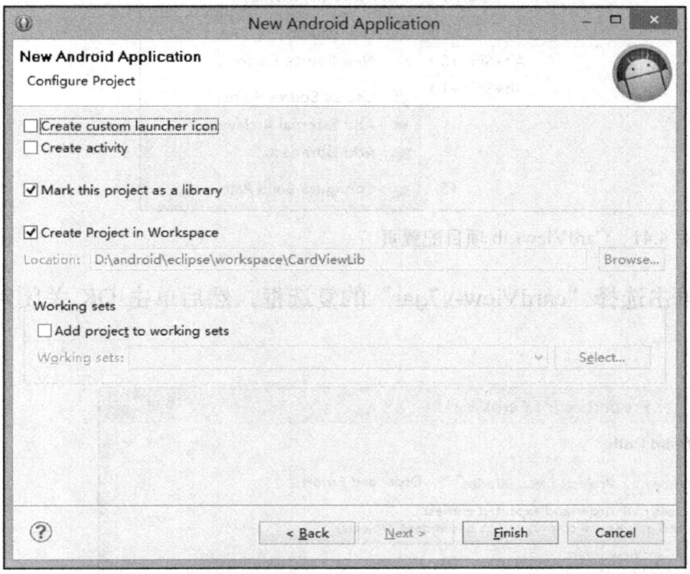

图 4.38 创建 CardViewLib

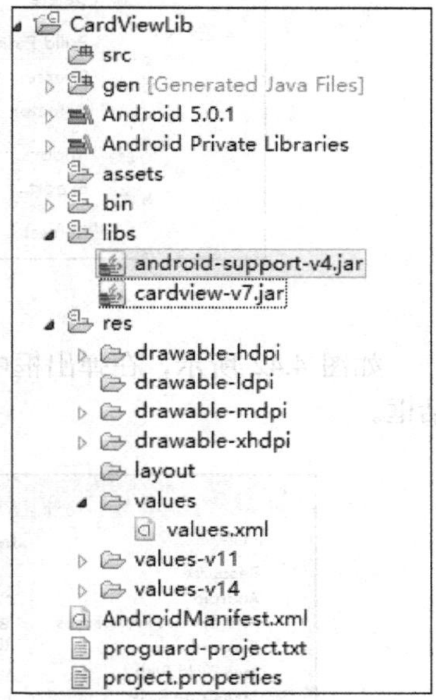

图 4.39 CardViewLib 项目图

右键单击 cardview-v7.jar，然后选择 Build Path->Add to Build Path，如图 4.40 所示。

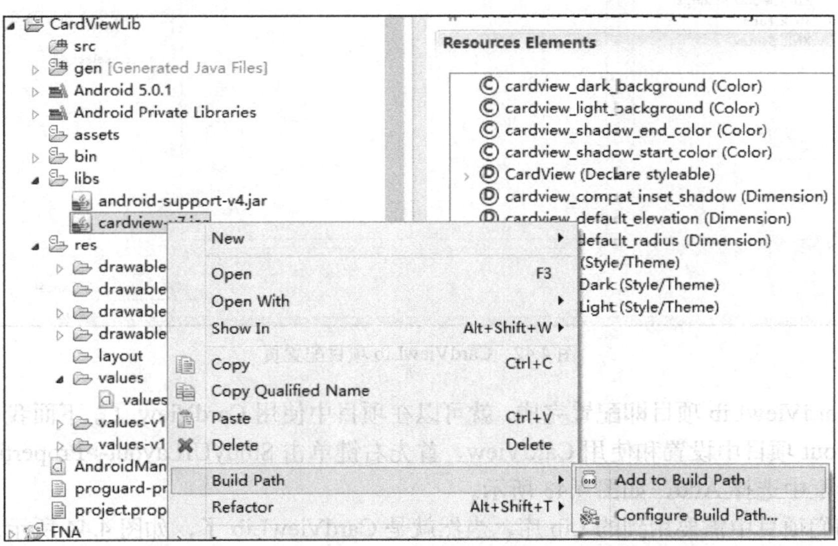

图 4.40 CardViewLib 项目配置页

然后单击右键，选择 Build Path->Configure Build Options，如图 4.41 所示。

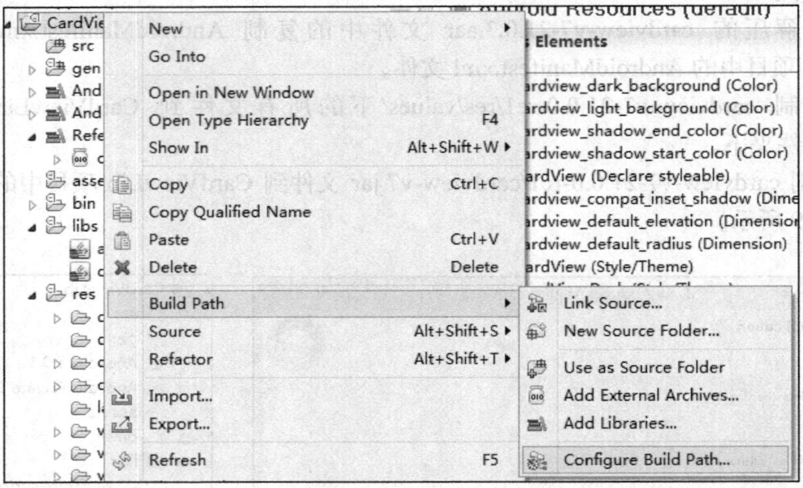

图 4.41　CardViewLib 项目配置页

如图 4.42 所示，在弹出框中单击选择“cardView-v7.jar”的复选框，然后单击 OK 关闭对话框。

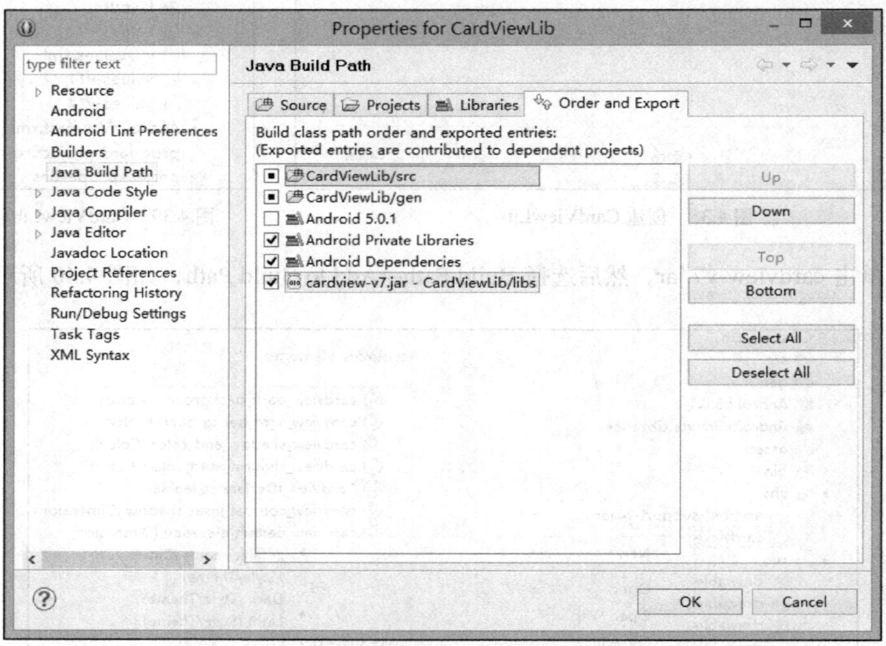

图 4.42　CardViewLib 项目配置页

这样 CardViewLib 项目即配置完成，就可以在项目中使用 CardView 了。下面我们就开始在 StudyUILayout 项目中设置和使用 CardView，首先右键单击 StudyUILayout->Properties，然后在弹出的对话框中选择 Add，如图 4.43 所示。

选择咱们项目中需要用到的 Lib 库，当然就是 CardViewLib 了，如图 4.44 所示。

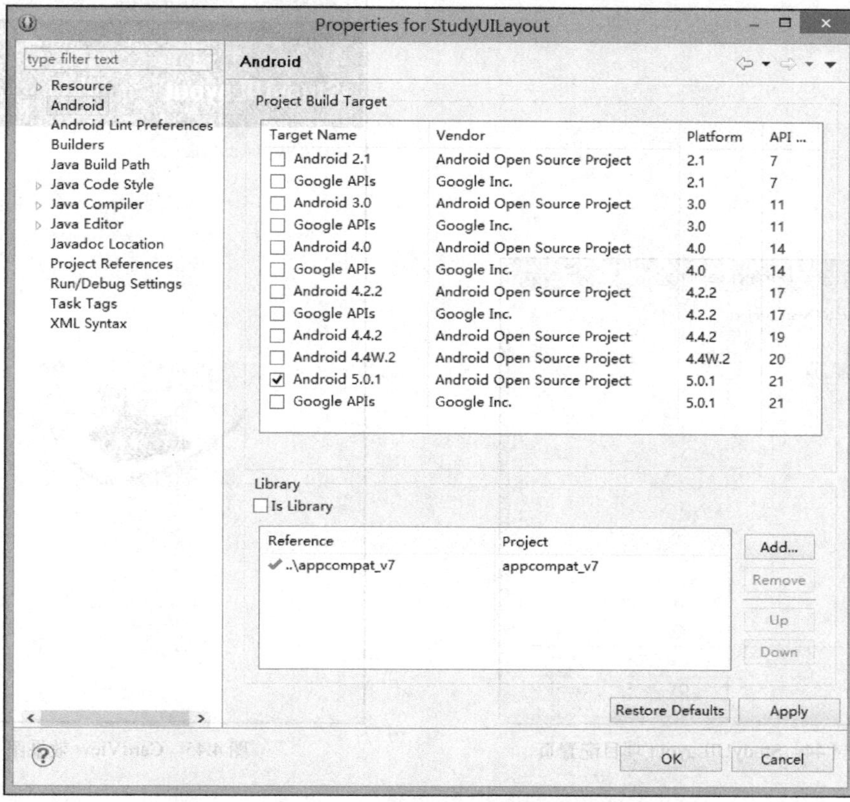

图 4.43 StudyUILayout 项目配置页

这样就可以使用 cardview 布局了，首先在布局文件中添加 cardview 布局代码，打开 CardViewStudy 项目的 activity_main.xml 布局文件，修改代码如下。

```
<?xml version="1.0" encoding="utf-8"?>
<android.support.v7.widget.CardView
xmlns:android="http://schemas.android.com/apk/res/android"
xmlns:app="http://schemas.android.com/apk/res-auto"
android:id="@+id/cardview"
android:layout_margin="8dp"
android:layout_height="match_parent"
android:layout_width="match_parent">

<TextView
android:text="TextView in CardView"
android:layout_width="wrap_content"
android:layout_height="wrap_content" />
<ImageView
android:src="@drawable/text"
android:layout_gravity="center"
android:layout_width="wrap_content"
android:layout_height="wrap_content" />
</android.support.v7.widget.CardView>
```

我们在 CardView 布局中放置了两个控件——TextView 和 ImageView，图像放置在 CardView 中，android:layout_margin 属性表示和其他（上下左右）的 view 之间的距离。运行程序，效果如图 4.45 所示。

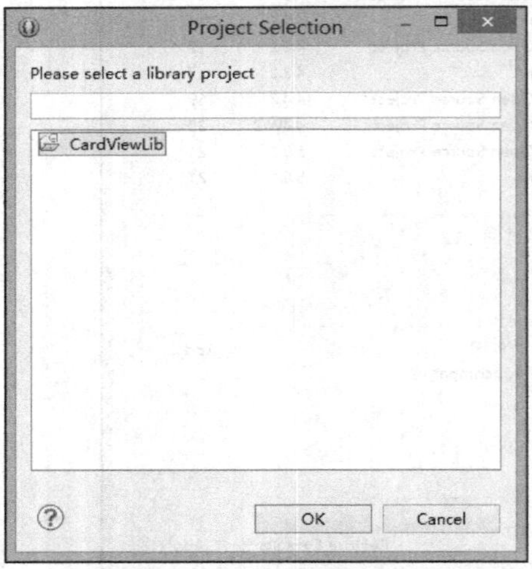

图 4.44　StudyUILayout 项目配置页

图 4.45　CardView 效果图

4.3　自定义控件

前面两节中讲解了一些常用控件和常见布局的用法，当时我们没有关注这些控件和布局的继承结构，下面我们来看看图 4.46。

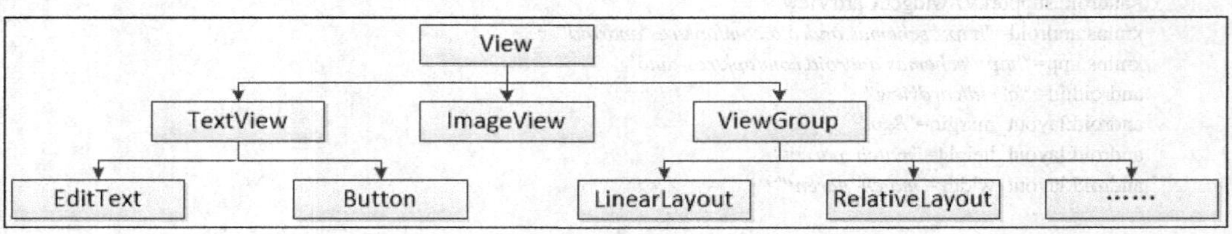

图 4.46　控件和布局的继承关系图

如图 4.46 所示，所有的控件都是间接或直接继承自 View，所有的布局都是间接或直接继承自 ViewGroup，View 是 Android 中最基本的 UI 组件之一，它可以在屏幕上绘制一块矩型区域，并能响应这块区域的各种消息事件。因此，Android 中的各种控件就是在 View 基础上添加了各自特定的功能。ViewGroup 可以包含很多的子 View 和 ViewGroup，是一个用于放置控件和布局的容器。

从继承关系上看，View 类是 widgets 的基类，widgets 用于创建交互式 UI 控件（buttons、TextView 等控件）。ViewGroup 类是 layouts 的基类，layouts 用来控制子控件在屏幕上的位置。Layouts 通过管理器的结合能相互嵌套。

了解了这些，如果我们项目中用到的控件系统自带的控件不能满足，能不能利用上面的继承关系来创建自定义控件呢？答案是肯定的，下面来学习如何自定义控件。

学习这节之前先来创建 StudyMyViews 项目，所有设置都使用默认选项。

4.3.1 加载布局

开发 Android 布局时，很多布局是相同的，可以通过<include/>来实现布局的复用，减少重复代码的编写。对于复杂的布局可以通过<merge/>标签对其进行优化。

下面创建一个可以重复使用的布局，假设在我们的应用程序中需要一个统一的标题栏，标题栏中有两个控件，TextView 用于显示标题，ImageView 用于显示项目图标，新建布局文件 titlebar.xml，代码如下所示。

```
<?xml version="1.0" encoding="utf-8"?>
<LinearLayout xmlns:android="http://schemas.android.com/apk/res/android"
android:orientation="horizontal"
android:layout_width="wrap_parent"
android:layout_height="wrap_parent">

    <TextView android:id="@+id/titleText"
android:layout_width="wrap_content"
android:layout_height="wrap_content"
android:text="Title Text"/>
<ImageView
android:id="@+id/titleImage"
android:layout_width="wrap_content"
android:layout_height="20dp"
android:src="@drawable/text" />
</LinearLayout>
```

上面这个布局用于标题显示，用于被其他布局文件的引用，下面将上面的标题布局加载到 activity_main.xml 文件中，代码如下。

```
<?xml version="1.0" encoding="utf-8"?>
<LinearLayout xmlns:android="http://schemas.android.com/apk/res/android"
android:orientation="vertical"
android:layout_width="match_parent"
android:layout_height="match_parent">

    <include    android:id="@+id/new_title"
layout="@layout/titlebar"/>
<TextView
android:layout_width="wrap_content"
android:layout_height="wrap_content"
android:text="@string/hello_world" />
</LinearLayout>
```

上面的代码中使用 include 标签将 titlebar.xml 文件加载到了 activity_main.xml 文件中，下面看看 MainActivity 中的代码，如下所示。

```
public class MainActivity extends Activity {

@Override
protected void onCreate(Bundle savedInstanceState) {
    super.onCreate(savedInstanceState);
    setContentView(R.layout.activity_main);
}
}
```

没错，我们没有做任何修改，现在运行一下程序，效果如图 4.47 所示。

图 4.47 StudyMyViews 运行图

通过取得元素的id,可以修改include标签中元素的属性,下面在MainActiivty中修改titlebar中的图片，代码如下。

```
public class MainActivity extends Activity {
    private View mTitleBar = null;
    private ImageView mTitleImageView;
    @Override
    protected void onCreate(Bundle savedInstanceState) {
        super.onCreate(savedInstanceState);
        setContentView(R.layout.activity_main);

        mTitleBar = findViewById(R.id.new_title);
        mTitleImageView = (ImageView)mTitleBar.findViewById(R.id.titleImage);
        mTitleImageView.setImageResource(R.drawable.ic_launcher);
    }
}
```

通过 setImageResource()方法重新设置图片，运行程序，效果如图 4.48 所示。

图 4.48　StudyMyViews 运行图

下面我们学习一下 merge 标签，merge 标签用来消除在 include 一个布局到另一个布局时所产生的冗余 view group。如上面的例子中 include 的对象是 LiearLayout 布局，这样会造成有两层连续的 LiearLayout，因而降低 UI 性能。可以使用<merge/>标签作为可复用布局的 root view 来避免这个问题。创建 newtitlebar.xml，编写如下代码。

```
<?xml version="1.0" encoding="utf-8"?>
<merge xmlns:android="http://schemas.android.com/apk/res/android">

    <TextView android:id="@+id/titleText"
android:layout_width="wrap_content"
android:layout_height="wrap_content"
android:text="Title Text"/>

<ImageView
android:id="@+id/titleImage"
android:layout_width="wrap_content"
android:layout_height="20dp"
android:src="@drawable/text" />
</merge>
```

这样形成的 newtitlebar 文件就少了一层 root 节点，merge 标记可以直接成为 root 节点，当 newtitlebar 被 include 到文件中时,merge 标记就会被忽略掉,而直接由里面的 TextView 和 ImageView 控件取代原来 include 的位置，避免了冗余的 layout。重新写 MainActivity 代码，如下所示。

```
public class MainActivity extends Activity {
    private ImageView mTitleImageView;
    @Override
    protected void onCreate(Bundle savedInstanceState) {
        super.onCreate(savedInstanceState);
        setContentView(R.layout.activity_main);

        mTitleImageView = (ImageView)findViewById(R.id.titleImage);
        mTitleImageView.setImageResource(R.drawable.ic_launcher);
    }
}
```

我们可以通过 findViewById()方法直接获得 newtitlebar 中的控件，运行程序，效果如图 4.49 所示。

图 4.49 StudyMyViews 运行图

4.3.2 自定义控件

上一节讲解了如何加载布局，如果布局中有一些控件需要响应事件，并且加载的控件在每一个 Activity 中功能都是一样的，还需要在各自的 Activity 中为这些控件添加响应事件处理过程，这样就增加了很多重复的代码，这种情况就需要我们自定义控件来解决。

创建项目 MyWidget，创建过程选择默认，同样使用上节中用到的 titlebar.xml 布局文件，只是激活 ImageView 控件监听事件，当点击 ImageView 时能够自动切换图标，代码如下。

```
<?xml version="1.0" encoding="utf-8"?>
<LinearLayout xmlns:android="http://schemas.android.com/apk/res/android"
android:orientation="horizontal"
android:layout_width="wrap_content"
android:layout_height="wrap_content">"

    <TextView android:id="@+id/titleText"
android:layout_width="wrap_content"
android:layout_height="wrap_content"
android:text="Title Text"/>
<ImageView
android:id="@+id/titleImage"
android:layout_width="wrap_content"
android:layout_height="20dp"
android:src="@drawable/text"
android:clickable="true"/>
    </LinearLayout>
```

然后在项目中创建 MyLayout 类，它继承自 LinearLayout，代码如下。

```
public class MyLayout extends LinearLayout {
    private ImageView mImage;
    private TextView mText;
    public MyLayout(Context context, AttributeSet attrs) {
        super(context, attrs);

        LayoutInflater.from(context).inflate(R.layout.titlebar, this);
        mImage = (ImageView)findViewById(R.id.titleImage);
        mText = (TextView)findViewById(R.id.titleText);

        mImage.setOnClickListener(imageCalc);

    }
    private Button.OnClickListener imageCalc = new OnClickListener()
    {
        @Override
        public void onClick(View arg0) {
            mImage.setImageResource(R.drawable.ic_launcher);
        }
    };
}
```

这样自定义控件就编写完成了，然后在需要的布局文件中加载这个控件，修改 activity_

main.xml 代码，如下所示。

```
<?xml version="1.0" encoding="utf-8"?>
<LinearLayout xmlns:android="http://schemas.android.com/apk/res/android"
android:orientation="horizontal"
android:layout_width="wrap_content"
android:layout_height="wrap_content">

<com.example.mywidget.MyLayout
android:layout_width="wrap_content"
android:layout_height="wrap_content"
/>

</LinearLayout>
```

添加自定义控件和添加系统控件的方法是一样的，只是在添加自定义控件时需要指明控件的完整类名，在 MainActivity 中直接加载 activity_main.xml 布局就可以了，代码如下。

```
public class MainActivity extends Activity {

    @Override
    protected void onCreate(Bundle savedInstanceState) {
        super.onCreate(savedInstanceState);
        setContentView(R.layout.activity_main);
    }
}
```

运行程序，如图 4.50 所示。

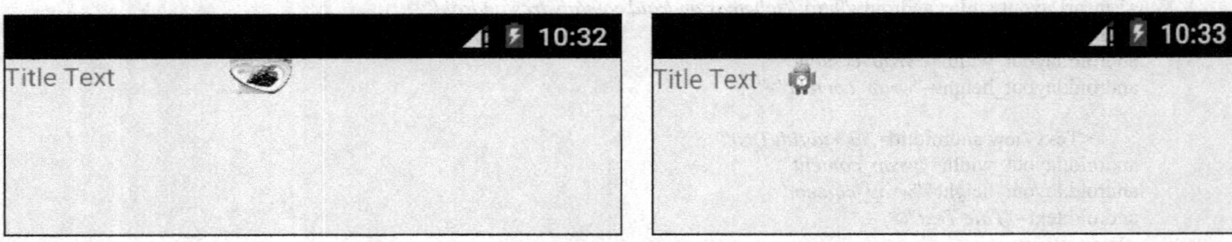

图 4.50　程序运行图

4.4　Android View 详解

Android 中所有的可视化组件都继承自 View 类，View 对象是一个数据结构，它用来存储屏幕上一块特定矩形区域的布局参数以及布局内容。并且 View 对象能够处理布局、绘图、焦点改变、滚动、键、手势等与屏幕上这块矩形区域的交互。

每一个 View 都有一个 Canvas（画布），可以对它进行扩展，使用画布绘制想要的图像。对 View 进行扩展十分简单，只需要继承 View 类，重载它的 onDraw 方法，在 onDraw 方法中利用画布画出各种图案，包括三角形、点、矩形、线、图片等。这节来学习如何创建和使用自己的 View。

上面几节中讲解了使用 XML 布局的方式对项目进行布局，但是我们接触的项目是多种多样的，作为一个开发人员需要根据项目需求来选择合适的开发方式。在实际开发中需要根据项目灵活使用自定义 View 或者 XML 布局，或者使用两种方式结合开发，学会因地制宜。下面我们来创建自己的 View。

学习这节之前先来创建 viewDemo 项目，所有设置都使用默认选项。

首先添加新类 newView，继承自 View，然后让 newView 显示到我们的 Actiity 中，并将屏幕的颜色设置为蓝色。代码如下。

```
public class newView extends View{
    public newView(Context context){
        super(context);
```

```
        }
        protected void onDraw(Canvas canvas){
            canvas.drawColor(Color.BLUE);
        }
}
```

继承自 View，在 onDraw()方法中将 canvas 设置为蓝色，这样我们就拥有了一个蓝色画布，下面加载这个 View，修改 MainActivity 代码，如下所示。

```
public class MainActivity extends Activity {

    @Override
    protected void onCreate(Bundle savedInstanceState) {
        super.onCreate(savedInstanceState);
        setContentView(new newView(this));
    }
}
```

使用 setContentView()方法直接加载 newView，运行程序，如图 4.51 所示。

图 4.51　ViewDemo 运行图

下面我们使用 View 去实现 4.3.2 小节中自定义控件的功能，在 newView 中添加一段文字和一张图片，我们可以体会其中的异同。修改 View 类的代码，如下所示。

```
public class newView extends View {

    public Paint mPaint;
    public static final String myString = "Title Text";
    private ImageView mImage;

public newView(Context context) {
super(context);
    }
public newView(Context context, AttributeSet attrs){
super(context, attrs);
mPaint = new Paint();
    }
public void onDraw(Canvas canvas){
super.onDraw(canvas);
//canvas.drawColor(Color.BLACK);
mPaint.setColor(Color.BLUE);
```

```
            canvas.drawText(myString, 10, 10, mPaint);

            Bitmap bmp = BitmapFactory.decodeResource(getResources(), R.drawable.text);
            canvas.drawBitmap(bmp, 10, 10, null);
        }
    }
```

使用 canvas.drawText()方法在画布上绘制文字信息，使用 canvas.drawText()方法在画布上绘制图片信息。函数的具体用法可参看 8.1.1 节，下面在布局中加载 newView 类，修改 ativity_main.xml 文件，代码如下。

```
<?xml version="1.0" encoding="utf-8"?>
<LinearLayout xmlns:android="http://schemas.android.com/apk/res/android"
xmlns:myText="http://schemas.android.com/apk/res/com.example.viewdemo"
android:orientation="vertical"
android:layout_width="fill_parent"
android:layout_height="fill_parent"
>
<com.example.viewdemo.newView
android:layout_width="fill_parent"
android:layout_height="wrap_content"
myText:textColor="#FFF"
myText:textSize="100px"
/>
</LinearLayout>
```

我们发现在布局文件中加载 newView 类的方法和加载控件的方法是一样的，指明 newView 类的完整类名，只是 myText 这个属性我们以前没有见过，的确没有见过，因为 myText 是自定义属性，看看它是如何实现的，首先在 res/values 文件夹下创建 attrs.xml 文件，用于定义需要设置的属性，代码如下。

```
<?xml version="1.0" encoding="utf-8"?>
<resources>
<declare-styleable name="myView">
<attr name="textColor" format="color" />
<attr name="textSize" format="dimension" />
</declare-styleable>
</resources>
```

我们声明了一个 declare-styleable，它的名称为 myView，有两个属性，一个是 textColor，一个是 textSize，分别用来控制文本的颜色和大小。在需要使用的布局文件中设置 root 节点属性的存放位置信息，例如在 ativity_main.xml 文件的 root 节点加入代码。"xmlns:myText="http://schemas.android.com/apk/res/com.example.viewdemo""。它的格式为"xmlns:名称="http://schemas.android.com/apk/res/自定义 View 所在的包路径"，下面就可以使用名称来使用 declare-styleable 中的属性了。

下面看看 MainActivity 文件代码，如下所示。

```
public class MainActivity extends Activity {
    @Override
    protected void onCreate(Bundle savedInstanceState) {
        super.onCreate(savedInstanceState);
        setContentView(R.layout.activity_main);
    }
}
```

运行程序，如图 4.52 所示。

图 4.52　ViewDemo 运行图

4.5 Android Surface 详解

SurfaceView 是 View 的子类，内嵌了一个专门用于绘制的 Surface，可以控制内嵌绘制的格式、尺寸和位置。SurfaceView 提供了一个可见区域，只有在这个可见区域内的 surface 内容才可见。surface 的排版显示受到视图层级关系的影响，它的兄弟视图结点会在顶端显示。这意味着 surface 的内容会被它的兄弟视图遮挡，这一特性可以用来放置遮盖物（overlays）（例如文本和按钮等控件）。注意，如果 Surface 上面有透明控件，那么每次 Surface 变化都会引起框架重新计算它和顶层控件的透明效果，这会影响 Surface 的性能。

SurfaceView 默认使用双缓冲技术，支持在子线程中绘制图像，不会阻塞主线程，所以 SurfaceView 更适合游戏的开发。

首先继承 SurfaceView，并实现 SurfaceHolder.Callback 接口，实现它的三个方法是 surfaceCreated、surfaceChanged、surfaceDestroyed。

- surfaceCreated(SurfaceHolder holder)：surface 创建的时候调用，一般在该方法中启动绘图的线程。
- surfaceChanged(SurfaceHolder holder, int format, int width,int height)：surface 尺寸发生改变的时候调用，如横竖屏切换。
- surfaceDestroyed(SurfaceHolder holder) ：surface 被销毁的时候调用，如退出游戏画面，一般在该方法中停止绘图线程。

程序中还需要获得 SurfaceHolder，并添加回调函数，这样才能执行上面三个方法。

下面通过一个实例来学习 SurfaceView 在实际项目中的使用，在该项目绘制一个精灵，控制精灵沿着屏幕四周行走。实现的效果如图 4.53 所示。

图 4.53 SurfaceView demo 效果图

首先创建游戏项目 GameSurfaceView，所有设置都使用默认选项，然后创建核心类 GameSurfaceView 继承自 SurfaceView，用于整个游戏画面的绘制，代码如下。

```
public class GameSurfaceView extends SurfaceView implements
    SurfaceHolder.Callback {
    //屏幕宽高
    public static int SCREEN_WIDTH;
    public static int SCREEN_HEIGHT;
    private Context mContext;
    private SurfaceHolder mHolder;

    //最大帧数 (1000 / 30)
    private static final int DRAW_INTERVAL = 30;
```

```
    private DrawThread mDrawThread;
    private FrameAnimation []spriteAnimations;
    //描述精灵的对象
    private Sprite mSprite;
    private int spriteWidth = 0;
    private int spriteHeight = 0;
    //精灵的移动速度
    private float spriteSpeed = (float)((500   * SCREEN_WIDTH / 480) * 0.001);
    private int row = 4;
    private int col = 4;
    //GameSurfaceView的构造函数
    public GameSurfaceView(Context context) {
        super(context);
        this.mContext = context;
        mHolder = this.getHolder();
        mHolder.addCallback(this);
        initResources();

        mSprite = new Sprite(spriteAnimations,0,0,spriteWidth,spriteHeight,spriteSpeed);
    }
    //初始化资源类，加载图片的类
    private void initResources() {
        Bitmap[][] spriteImgs = generateBitmapArray(mContext, R.drawable.sprite, row, col);
        spriteAnimations = new FrameAnimation[row];
        for(int i = 0; i < row; i ++) {
            Bitmap []spriteImg = spriteImgs[i];
            FrameAnimation spriteAnimation = new
FrameAnimation(spriteImg,new int[]{150,150,150,150},true);
              spriteAnimations[i] = spriteAnimation;
            }
        }
    //从res中加载图片
    public Bitmap decodeBitmapFromRes(Context context, int resourseId) {
        BitmapFactory.Options opt = new BitmapFactory.Options();
        opt.inPreferredConfig = Bitmap.Config.RGB_565;
        opt.inPurgeable = true;
        opt.inInputShareable = true;

        InputStream is = context.getResources().openRawResource(resourseId);
        return BitmapFactory.decodeStream(is, null, opt);
    }

    public Bitmap createBitmap(Context context, Bitmap source, int row,
    int col, int rowTotal, int colTotal) {
        Bitmap bitmap = Bitmap.createBitmap(source,
              (col - 1) * source.getWidth() / colTotal,
              (row - 1) * source.getHeight() / rowTotal, source.getWidth()
                    / colTotal, source.getHeight() / rowTotal);
        return bitmap;
    }
        //将一张图裁剪成多张图片，保存于二维数组中
    public Bitmap[][] generateBitmapArray(Context context, int resourseId,
    int row, int col) {
        Bitmap bitmaps[][] = new Bitmap[row][col];
        Bitmap source = decodeBitmapFromRes(context, resourseId);
        this.spriteWidth = source.getWidth() / col;
        this.spriteHeight = source.getHeight() / row;
        for (int i = 1; i <= row; i++) {
        for (int j = 1; j <= col; j++) {
            bitmaps[i - 1][j - 1] = createBitmap(context, source, i, j,
                  row, col);
        }
    }
    if (source != null && !source.isRecycled()) {
       source.recycle();
       source = null;
    }
    return bitmaps;
}
    //GameSurfaceView尺寸发生改变的时候调用
    public void surfaceChanged(SurfaceHolder holder, int format, int width,
    int height) {
    }
```

```
//GameSurfaceView创建的时候调用，在该方法中启动绘图的线程。
public void surfaceCreated(SurfaceHolder holder) {
    if(null == mDrawThread) {
    mDrawThread = new DrawThread();
    mDrawThread.start();
    }
}
//GameSurfaceView销毁时调用
public void surfaceDestroyed(SurfaceHolder holder) {
    if(null != mDrawThread) {
    mDrawThread.stopThread();
    }
}
//绘图的线程
private class DrawThread extends Thread {
public boolean isRunning = false;

public DrawThread() {
isRunning = true;
}
public void stopThread() {
isRunning = false;
boolean workIsNotFinish = true;
while (workIsNotFinish) {
try {
this.join();//保证run方法执行完毕
} catch (InterruptedException e) {
//TODO Auto-generated catch block
        e.printStackTrace();
    }
    workIsNotFinish = false;
    }
}
//启动绘图的线程
public void run() {
long deltaTime = 0;
long tickTime = 0;
tickTime = System.currentTimeMillis();
while (isRunning) {
        Canvas canvas = null;
    try {
    synchronized (mHolder) {
                canvas = mHolder.lockCanvas(); //设置方向
    mSprite.setDirection();//更新精灵位置
    mSprite.updatePosition(deltaTime);
                drawSprite(canvas);
        }
        } catch (Exception e) {
            e.printStackTrace();
        } finally {
    if (null != mHolder) {
    mHolder.unlockCanvasAndPost(canvas);
                }
            }

            deltaTime = System.currentTimeMillis() - tickTime;
        if(deltaTime < DRAW_INTERVAL) {
        try {
                Thread.sleep(DRAW_INTERVAL - deltaTime);
            } catch (InterruptedException e) {
                e.printStackTrace();
            }
        }
            tickTime = System.currentTimeMillis();
        }
    }
}
private void drawSprite(Canvas canvas) {
    //清屏操作
    canvas.drawColor(Color.BLACK);
    mSprite.draw(canvas);
}
}
```

GameSurfaceView.java 中包含了一个绘图线程 DrawThread，在线程的 run 方法中锁定 Canvas、绘制精灵、更新精灵位置、释放 Canvas 等操作。因为精灵素材是一张大图，所以这里进行了裁剪生成一个二维数组。使用这个二维数组初始化了精灵四个方向的动画。下面看精灵 Sprite 类，该类主要描述精灵的移动速度、当前移动方向，以及精灵当前的位置信息、行走方向和绘制信息，代码如下。

```
public class Sprite {

public static final int DOWN = 0;
public static final int LEFT = 1;
public static final int RIGHT = 2;
public static final int UP = 3;
public float x;
public float y;
public int width;
public int height;
//精灵行走速度
public double speed;
//精灵当前行走方向
public int direction;
//精灵四个方向的动画
public FrameAnimation[] frameAnimations;
    //精灵的构造函数
public Sprite(FrameAnimation[] frameAnimations, int positionX,
int positionY, int width, int height, float speed) {
this.frameAnimations = frameAnimations;
this.x = positionX;
this.y = positionY;
this.width = width;
this.height = height;
this.speed = speed;
    }
//更新精灵的位置信息
public void updatePosition(long deltaTime) {
switch (direction) {
case LEFT:
    //让物体的移动速度不受机器性能的影响,每帧精灵需要移动的距离为：移动速度*时间间隔
this.x = this.x - (float) (this.speed * deltaTime);
break;
case DOWN:
this.y = this.y + (float) (this.speed * deltaTime);
break;
case RIGHT:
this.x = this.x + (float) (this.speed * deltaTime);
break;
case UP:
this.y = this.y - (float) (this.speed * deltaTime);
break;
    }
  }
//根据精灵的当前位置来判断是否改变行走方向
public void setDirection() {
if (this.x <= 0
&& (this.y + this.height) < GameSurfaceView.SCREEN_HEIGHT) {
if (this.x < 0)
this.x = 0;
this.direction = Sprite.DOWN;
    } else if ((this.y + this.height) >= GameSurfaceView.SCREEN_HEIGHT
&& (this.x + this.width) < GameSurfaceView.SCREEN_WIDTH) {
if ((this.y + this.height) > GameSurfaceView.SCREEN_HEIGHT)
this.y = GameSurfaceView.SCREEN_HEIGHT - this.height;
this.direction = Sprite.RIGHT;
    } else if ((this.x + this.width) >= GameSurfaceView.SCREEN_WIDTH
&& this.y > 0) {
if ((this.x + this.width) > GameSurfaceView.SCREEN_WIDTH)
this.x = GameSurfaceView.SCREEN_WIDTH - this.width;
this.direction = Sprite.UP;
    } else {
if (this.y < 0)
this.y = 0;
this.direction = Sprite.LEFT;
```

```
            }
        }
        //供Surface调用，用于显示精灵
        public void draw(Canvas canvas) {
            FrameAnimation frameAnimation = frameAnimations[this.direction];
            Bitmap bitmap = frameAnimation.nextFrame();
        if (null != bitmap) {
                canvas.drawBitmap(bitmap, x, y, null);
            }
        }
    }
```

精灵类主要是根据当前位置来判断行走的方向，然后根据行走的方向更新精灵的位置，再绘制自身的动画。由于精灵的动画是一帧一帧地播放图片，所以这里封装了 FrameAnimation.java，代码如下。

```
public class FrameAnimation{
/**动画显示需要的资源 */
private Bitmap[] bitmaps;
/**动画每帧显示的时间 */
private int[] duration;
/**动画上一帧显示的时间 */
protected Long lastBitmapTime;
/**动画显示的索引值，防止数组越界 */
protected int step;
/**动画是否重复播放 */
protected boolean repeat;
/**动画重复播放的次数*/
protected int repeatCount;

/**
   * @param bitmap:显示的图片<br/>
   * @param duration:图片显示的时间<br/>
   * @param repeat:是否重复动画过程<br/>
   */
public FrameAnimation(Bitmap[] bitmaps, int duration[], boolean repeat) {
this.bitmaps = bitmaps;
this.duration = duration;
this.repeat = repeat;
lastBitmapTime = null;
step = 0;
   }

public Bitmap nextFrame() {
     // 判断step是否越界
if (step >= bitmaps.length) {
     //如果不无限循环
if( !repeat ) {
return null;
            } else {
lastBitmapTime = null;
         }
    }
if (null == lastBitmapTime) {
       // 第一次执行
lastBitmapTime = System.currentTimeMillis();
return bitmaps[step = 0];
      }
// 第X次执行
long nowTime = System.currentTimeMillis();
if (nowTime - lastBitmapTime <= duration[step]) {
     // 如果还在duration的时间段内,则继续返回当前Bitmap
     // 如果duration的值小于0,则表明永远不失效,一般用于背景
return bitmaps[step];
      }
lastBitmapTime = nowTime;
return bitmaps[step++];
// 返回下一Bitmap
      }
}
```

FrameAnimation 根据每一帧的显示时间返回当前的图片帧，若没有超过指定的时间则继续返回当前帧，否则返回下一帧。接下来需要做的是让 MainActivity 显示 GameSurfaceView，并设置为全屏显示。修改 MainActivity 代码，如下所示。

```
protected void onCreate(Bundle savedInstanceState) {
        super.onCreate(savedInstanceState);
        getWindow().setFlags(WindowManager.LayoutParams.FLAG_FULLSCREEN,
                WindowManager.LayoutParams.FLAG_FULLSCREEN);
        requestWindowFeature(Window.FEATURE_NO_TITLE);
        getWindow().setFlags(WindowManager.LayoutParams.FLAG_KEEP_SCREEN_ON,
                WindowManager.LayoutParams.FLAG_KEEP_SCREEN_ON);

        DisplayMetrics outMetrics = new DisplayMetrics();
        this.getWindowManager().getDefaultDisplay().getMetrics(outMetrics);
        GameSurfaceView.SCREEN_WIDTH = outMetrics.widthPixels;
        GameSurfaceView.SCREEN_HEIGHT = outMetrics.heightPixels;
        GameSurfaceView gameView = new GameSurfaceView(this);
        setContentView(gameView);
    }
```

这样我们就完成了一个小游戏 demo，希望在这个过程中你对 SurfaceView 有了一个比较深入的了解。

4.6 小　结

本章从 Android 中的一些常见控件入手，依次介绍了基本布局的用法、自定义控件的方法、View 和 Surface 的详细用法，基本上将重要的 UI 知识点覆盖了，现在来看是不是使用 XML 的方式进行布局已经非常简单了？希望在以后的工作中，不管遇到多么复杂的界面，你都能够轻松应对。

本章通过布局描述文件对常用的布局类和控件类的属性和方法进行举例讲解。最后通过完整的实例程序来巩固学习的成果，如果要融会贯通还需要在实际项目中不断地实践。

第 5 章

组件之一——活动（Activity）

时间像奔腾澎湃的急湍，它一去无还，
毫不留恋。——塞万提斯

前面章节中我们对 Activity 已经有了广泛的接触，这一章需要对它进行深入讨论，Activity 是 Android 组件中最基本也是最为常用的四大组件之一，它的所有操作都与用户密切相关，是一个负责与用户交互的组件。在一个 Android 应用中，一个 Activity 通常是一个单独的屏幕，它上面可以显示一些控件也可以监听并处理用户的事件，好了这些你都知道，这节我们来说说你不知道的。先从 Activity 生命周期说起。

5.1　活动的生命周期

当启动或者结束一个 Activity 后，我们就无法直接控制这个 Activity 的生命状态了，只能通过 Activity 生命状态来管理和处理应用程序的相关逻辑。了解 Activity 的生命周期和各回调方法的触发时机，就可以在合适的地方处理相应的逻辑，并能保证数据的完整性和程序的良好运行。

下面来看看官网提供的 Activity 生命周期图，如图 5.1 所示。

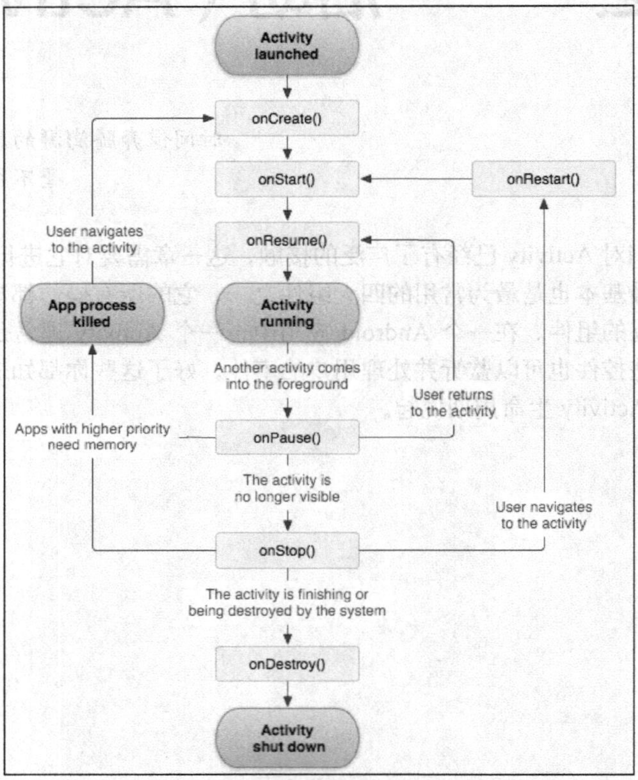

图 5.1　Activity 生命周期图

如图 5.1 所示，展示了 Activity 生命周期的几个过程，下面介绍一下各过程。

（1）启动 Activity：系统会先调用 onCreate 方法，然后调用 onStart 方法，最后调用 onResume，Activity 进入运行状态。

（2）当前 Activity 被其他 Activity 覆盖其上或被锁屏：系统会调用 onPause 方法，暂停当前 Activity 的执行。

（3）当前 Activity 由被覆盖状态回到前台或解锁屏：系统会调用 onResume 方法，再次进入运行状态。

（4）当前 Activity 转到新的 Activity 界面或按 Home 键回到主屏，自身退居后台：系统会先调用 onPause 方法，然后调用 onStop 方法，进入停滞状态。

（5）用户后退回到此 Activity：系统会先调用 onRestart 方法，然后调用 onStart 方法，最后调用 onResume 方法，再次进入运行状态。

（6）当前 Activity 处于被覆盖状态或者后台不可见状态，即第 2 步和第 4 步，系统内存不足，杀死当前 Activity，而后用户退回当前 Activity：再次调用 onCreate 方法、onStart 方法、onResume 方法，进入运行状态。

（7）用户退出当前 Activity：系统先调用 onPause 方法，然后调用 onStop 方法，最后调用 onDestory 方法，结束当前 Activity。

但是知道上面这几个过程还不够，必须亲自试验一下才能深刻体会，融会贯通。下面就结合实例来演示一下生命周期的几个过程的详细情况。首先新建一个名为 ActivityLifeCycle 的项目，创建两个 Activity，分别是 Activity1 和 Activity2，加载相应的布局文件 layout_1.xml 和 layout_2.xml，在 layout_1.xml 布局中使用 Button 点击事件用来启动 Activity2，首先看 Activity1，代码如下。

```
public class Activity1 extends Activity {

    private static final String TAG = "Activity1";
    private Context context = this;
    private int param = 1;
    private Button mbtn;
    //Activity创建时被调用
@Override
public void onCreate(Bundle savedInstanceState) {
super.onCreate(savedInstanceState);
        Log.i(TAG, "onCreate called.");

        setContentView(R.layout.layout_1);
        findViews();
    setListensers();
}
private void findViews(){
    mbtn = (Button) findViewById(R.id.btn);
}
private void setListensers(){

    mbtn.setOnClickListener(new View.OnClickListener() {
            @Override
            public void onClick(View v) {

            Intent intent = new Intent();
intent.setClass(Activity1.this, Activity2.class);

startActivity(intent);
            }
        });
    }
//Activity创建或者从后台重新回到前台时被调用
@Override
protected void onStart() {
    super.onStart();
    Log.i(TAG, "onStart called.");
    }

//Activity从后台重新回到前台时被调用
@Override
protected void onRestart() {
    super.onRestart();
    Log.i(TAG, "onRestart called.");
    }

//Activity创建或者被覆盖、从后台重新回到前台时被调用
@Override
protected void onResume() {
    super.onResume();
    Log.i(TAG, "onResume called.");
    }
```

```
    //Activity被覆盖到下面或者锁屏时被调用
    @Override
    protected void onPause() {
        super.onPause();
        Log.i(TAG, "onPause called.");
        //有可能在执行完onPause或onStop后,系统资源紧张将Activity杀死,所以有必要在此保存持久数据
        }

    //退出当前Activity或者跳转到新Activity时被调用
    @Override
    protected void onStop() {
        super.onStop();
        Log.i(TAG, "onStop called.");
        }

    //退出当前Activity时被调用,调用之后Activity就结束了
    @Override
    protected void onDestroy() {
        super.onDestroy();
        Log.i(TAG, "onDestory called.");
        }
    }
```

除了上面几个常见的方法外，下面添加了 onWindowFocusChanged、onSaveInstanceState、onRestoreInstanceState 方法，代码如下。

```
    public class Activity1 extends Activity {
        ......
        //Activity窗口获得或失去焦点时被调用，在onResume之后或onPause之后
    @Override
    public void onWindowFocusChanged(boolean hasFocus) {
        super.onWindowFocusChanged(hasFocus);
        Log.i(TAG, "onWindowFocusChanged called.");
        }
    /**
      * Activity被系统杀死时被调用。
      * 例如，屏幕方向改变时，Activity被销毁再重建；当前Activity处于后台，系统资源紧张将其杀死。
      * 另外，当跳转到其他Activity或者按Home键回到主屏时该方法也会被调用，系统是为了保存当前View组件的状态。
      * 在onPause之前被调用。
      */
        @Override
        protected void onSaveInstanceState(Bundle outState) {
            outState.putInt("param", param);
            Log.i(TAG, "onSaveInstanceState called. put param: " + param);
            super.onSaveInstanceState(outState);
        }

        /**
        * Activity被系统杀死后再重建时被调用。
        * 例如，屏幕方向改变时，Activity被销毁再重建；当前Activity处于后台，系统资源紧张将其杀死，用户又启动该Activity。
        * 这两种情况下onRestoreInstanceState都会被调用,在onStart之后。
        */
        @Override
        protected void onRestoreInstanceState(Bundle savedInstanceState) {
            param = savedInstanceState.getInt("param");
            Log.i(TAG, "onRestoreInstanceState called. get param: " + param);
            super.onRestoreInstanceState(savedInstanceState);
        }
    }
```

onWindowFocusChanged 方法：在 Activity 窗口获得或失去焦点时被调用，并且当 Activity 被创建时是在 onResume 之后被调用，LogCat 中的信息如图 5.2 所示。

Tag	Text
Activity1	onCreate called.
Activity1	onStart called.
Activity1	onResume called.
Activity1	onWindowFocusChanged called.

图 5.2　LogCat 信息

当 Activity 被覆盖或者退居后台或者当前 Activity 退出时，它是在 onPause 之前被调用，LogCat 信息如图 5.3 所示。

Tag	Text
Activity1	onWindowFocusChanged called.
Activity1	onPause called.
Activity1	onStop called.
Activity1	onDestory called.

图 5.3　LogCat 信息

程序启动时需要获取特定视图组件的尺寸大小，在 onCreate 中可能无法取到，因为窗口 Window 对象还没创建完成，这个时候就需要在 onWindowFocusChanged 里获取。在以下的调试过程中会在代码里将它注释掉，因为对当前 Activity 的每一个操作都有它的执行 log，这样影响到整个流程的清晰度。

onSaveInstanceState 方法的调用顺序是在 onPause 之后。调用情况有如下 3 种。

（1）在 Activity 被覆盖或退居后台之后，系统资源不足将其杀死，此方法会被调用；

（2）在用户改变屏幕方向时，此方法会被调用；

（3）在当前 Activity 跳转到其他 Activity 或者按 Home 键回到主屏，自身退居后台时，此方法会被调用。当屏幕翻转方向时，系统先销毁当前的 Activity，然后再重建一个新的 Activity。调用此方法时，可以保存一些临时数据。系统调用此方法是为了保存当前窗口中各个 View 组件的状态。

onRestoreInstanceState 方法的调用顺序是在 onStart 之后。调用情况如下所述。

（1）在 Activity 被覆盖或退居后台之后，系统资源不足将其杀死，然后用户又回到了此 Activity，此方法会被调用；

（2）在用户改变屏幕方向时，重建的过程中，此方法会被调用。我们可以重写此方法，以便可恢复一些临时数据。

在学习 Activity1 生命周期之前，先看看 Activity2 的代码，如下所示。

```
public class Activity2   extends Activity {
    private static final String TAG = "Activity2";
    @Override
    public void onCreate(Bundle savedInstanceState) {
super.onCreate(savedInstanceState);
        setContentView(R.layout.layout_2);
    }
}
```

下面就来运行一下 Activity1，看看它的生命周期过程。

（1）启动 Activity，应用程序运行顺序是 onCreate()->onStart()->onResume，自此 Activity 进入了运行状态，看一下 LogCat 视窗，如图 5.4 所示。

（2）跳转到 Activity2，或按下 Home 键回到主屏，Activity 先后执行了 onPause()->onStop() 这两个方法，这时候应用程序并没有销毁。如图 5.5 所示。

Tag	Text
Activity1	onCreate called.
Activity1	onStart called.
Activity1	onResume called.

图 5.4　LogCat 信息

Tag	Text
Activity1	onPause called.
Activity1	onSaveInstanceState called. put param: 1
Activity1	onStop called.

图 5.5　LogCat 信息

如图 5.5 所示，此时 onSaveInstanceState 方法在 onPause 之后被调用了。

（3）从后台回到前台，则分别执行了 onRestart()->onStart()->onResume()三个方法，最后调用 onResume 方法，Activity 又进入了运行状态。如图 5.6 所示。

Tag	Text
Activity1	onRestart called.
Activity1	onStart called.
Activity1	onResume called.

图 5.6 LogCat 信息

（4）修改 Activity2 在 AndroidManifest.xml 中的配置，将 android:theme 属性设置为@android:style/Theme.Dialog，然后再单击 LifeCycleActivity 中的按钮，跳转行为就变为了 Activity2 覆盖到 Activity1 之上或者只是按下锁屏键，此时的 Activity1 没有退居后台，只是被覆盖或被锁屏，如图 5.7 所示。

Tag	Text
Activity1	onPause called.
Activity1	onSaveInstanceState called. put param: 1

图 5.7 LogCat 信息

（5）按回退键使 Activity1 从被覆盖回到前面，或者按解锁键解锁屏幕，如图 5.8 所示。

（6）当应用程序结束时，会先后调用 onPause()->onStop()->onDestory()三个方法，如图 5.9 所示。

Tag	Text
Activity1	onResume called.

图 5.8 LogCat 信息

Tag	Text
Activity1	onPause called.
Activity1	onStop called.
Activity1	onDestory called.

图 5.9 LogCat 信息

上述过程中，onRestoreInstanceState 没有出现的原因是，onRestoreInstanceState 只有在杀死不在前台的 Activity 之后用户回到此 Activity 或者用户改变屏幕方向时才会被调用。下面介绍关于 Activity 屏幕转换的生命周期。

可以指定 Activity 特定方向，指定之后即使转动屏幕方向，显示方向也不会随之改变，设置方式是在 AndroidManifest.xml 中指定 Activity 的属性 android:screenOrientation="portrait"//表示竖屏（或者“landscape”//表示横屏），也可以在 onCreate 方法中指定，代码如下。

```
setRequestedOrientation(ActivityInfo.SCREEN_ORIENTATION_PORTRAIT); //竖屏
setRequestedOrientation(ActivityInfo.SCREEN_ORIENTATION_LANDSCAPE);//横屏
```

应用中的 Activity 设置特定的方向是经常用到的办法，不过，今天讲的是屏幕方向改变时的生命周期，所以下面并不采用固定屏幕方向的办法。

下面就结合实例讲解一下屏幕转换的生命周期，首先需要进入“Settings->Display”中，将“Auto-rotate Screen”一项选中，表明可以自动根据方向旋转屏幕，然后就可以测试流程了。当旋转屏幕时，发现系统会先将当前 Activity 销毁，然后重建一个新的 Activity，我们先是在 onSaveInstanceState 方法中保存一个临时参数到 Bundle 对象里面，当 Activity 重建之后成功地取出了这个参数。如图 5.10 所示。

Tag	Text
Activity1	onPause called.
Activity1	onSaveInstanceState called. put param: 1
Activity1	onStop called.
Activity1	onDestory called.
Activity1	onCreate called.
Activity1	onStart called.
Activity1	onRestoreInstanceState called. get param: 1
Activity1	onResume called.

图 5.10　LogCat 信息

为了避免这样销毁重建的过程，需要在 AndroidMainfest.xml 中对 Activity1 对应的<Activity>进行配置。

```
<activity
android:name="com.example.activitylifecycle.Activity1"
android:label="@string/app_name"
android:configChanges="orientation|screenSize">
......
</activity>
```

然后再测试一下，试着做了两次旋转，如图 5.11 所示。

Tag	Text
Activity1	onConfigurationChanged called.
Activity1	onConfigurationChanged called.

图 5.11　LogCat 信息

如图 5.11 所示，每次旋转时，只有 onConfigurationChanged 方法被调用，没有了销毁重建的过程。

注意，如果<Activity>配置了 android:screenOrientation 属性，则会使 android:configChanges ="orientation"失效。

5.2　活动的启动模式详解

对特定的 Activity 是如何启动的，需要设置 AndroidManifest 中 Activity_launchMode 的值，在此之前先来学习一下任务和堆栈（Tasks and Back Stack）。

Android 针对 Activity 的管理使用的是栈，就是说某一个时刻只有一个 Activity 处在栈顶，当这个 Activity 被销毁后，下面的 Activity 才有可能浮到栈顶，或者有一个新的 Activity 被创建出来，则旧的 Activity 就被压栈沉下去了。从这里我们可以看出 Android 似乎是依照一种层次管理所有的 Activity，因为 Activity 是直接涉及与用户交互的界面，而任意时刻与用户处于交互状态的界面只能有一个，所以 Android 针对 Activity 的管理采用了具有层次感的栈数据结构。

通常情况下，一个应用有一个任务（Task），这个任务就是为了完成某个工作的一系列 Activity 的集合。而这些 Activity 又被组织成了堆栈的形式。当一个 Activity 启动时，就会把它压入该任务的堆栈，而当用户在该 Activity 中按返回键，或者在代码中 finish 掉时，就会将它从该任务的堆栈中弹出。如果没有特别的需求，应用就会呈现出如图 5.12 所示的情形。

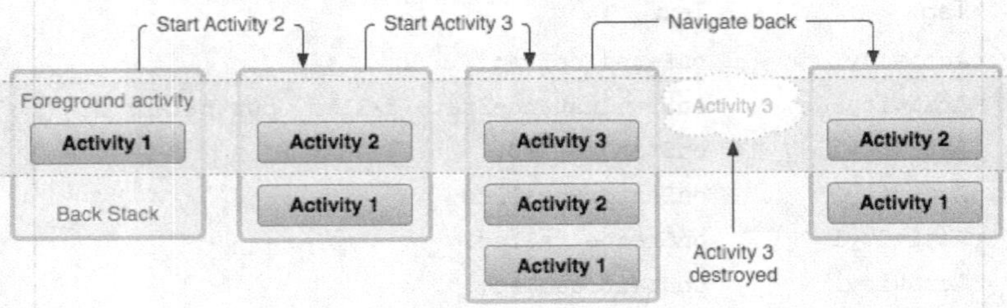

图 5.12 Activity 出栈入栈情况

图 5.12 所示每个任务中是怎样增加一个新 Activity 并对项目中其他 Activity 压栈。

在开启一个 Activity 时可能需要重新开启一个任务，也可能需要将栈中已经存在的一个 Activity 放到栈顶而不是重新创建一个任务等，Android 为用户提供了能够改变堆栈的先进后出模式的两种方式。

（1）在 AndroidManifest.xml 中定义 Activity 时指定它的启动模式；

（2）在用 Intent 启动 Activity 时，在 Intent 中加入标志。

如果两种方式都用，则后者的优先级更高。两种方式的差别在于，前者描述自己向别的 Activity 声明如何来启动；而后者则是动态的，指出要启动的 Activity 如何来加载。下面就来看看 Activity 的四种启动模式，分别是 standard、singleTop、singleTask 和 singleInstance。下面我们来逐个地进行学习。

5.2.1 standard 模式

standard 是 Activity 默认的启动模式，在不进行特别指定时所有 Activity 都会默认使用这种启动模式。现在已经知道 Android 是使用堆栈来管理 Activity，在 standard 模式下，每当启动一个新的 Activity，它就会入栈，并处于栈顶的位置。对于使用 standard 模式的 Activity，系统不会在乎这个 Activity 是否已经在堆栈中存在，每次启动都会创建该 Activity 的一个新的实例。

下面通过实践来体会一下 standard 模式，仍然使用上节的 ActivityLifeCycle 项目。

修改 Activity1 中的代码，如下所示。

```
    @Override
public void onCreate(Bundle savedInstanceState) {
super.onCreate(savedInstanceState);
Log.i(TAG, this.toString());//打印Activity地址信息
        setContentView(R.layout.layout_1);
        findViews();
    setListensers();
    }
private void findViews(){
    mbtn = (Button) findViewById(R.id.btn);
    }
private void setListensers(){
        mbtn.setOnClickListener(new View.OnClickListener() {
            @Override
            public void onClick(View v) {
            Intent intent = new Intent();
        intent.setClass(Activity1.this, Activity1.class);
    startActivity(intent);
            }
        });
    }
```

上面的代码中在 Activity1 的基础上启动 Activity1。从逻辑上来讲这确实没什么意义，不过我们的重点在于研究 standard 模式，因此不必在意这段代码有什么实际用途。另外我们还在修改 onCreate()方法中的 Log 信息，用于打印当前 Activity 的地址信息。

现在重新运行程序，然后在 Activity1 界面连续单击两次按钮，可以看到 LogCat 中的打印信息，如图 5.13 所示。

Tag	Text
Activity1	com.example.activitylifecycle.Activity1@ac2edf0
Activity1	com.example.activitylifecycle.Activity1@2427357c
Activity1	com.example.activitylifecycle.Activity1@1092a8bd

图 5.13　LogCat 信息

从 LogCat 信息中就可以看出，每点击一次按钮就会创建出一个新的 Activity1 实例。此时堆栈中也会存在三个 Activity1 的实例，因此你需要连按三次 Back 键才能退出程序。

standard 模式的原理示意图，如图 5.14 所示。

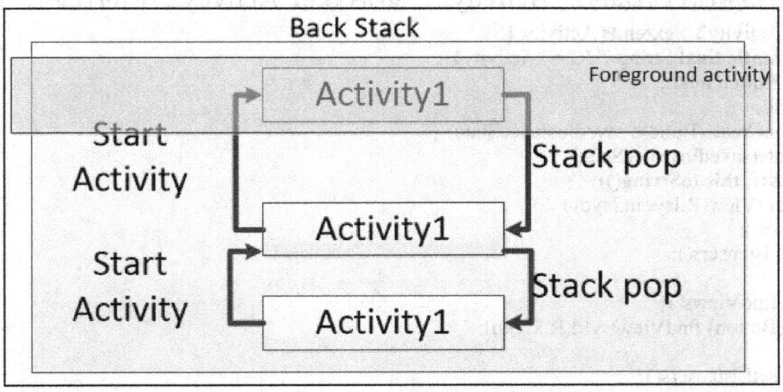

图 5.14　standard 模式原理示意图

5.2.2　singleTop 模式

如果手机性能一般，点击按钮之后新的 Activity 并不会立即启动，这时候如果再点击了一次按钮，过了一会儿系统会创建两个新 Activity 的实例。

从 standard 模式去思考，这种情况的出现是完全有可能的。那一般应用中是如何防止这种情况发生的呢？这就要借助 singleTop 模式来实现了。当 Activity 的启动模式指定为 singleTop，在启动 Activity 时，如果发现堆栈的栈顶已经是这个 Activity，则认为可以直接使用它，不会再创建新的 Activity 实例。

我们还是通过实践来体会一下，修改 AndroidManifest.xml 中 Activity1 的启动模式，如下所示。

```
    <activity
android:name="com.example.activitylifecycle.Activity1"
android:label="@string/app_name"
android:launchMode="singleTop"
android:configChanges="orientation|screenSize">
<intent-filter>
<action android:name="android.intent.action.MAIN" />

<category android:name="android.intent.category.LAUNCHER" />
</intent-filter>
</activity>
```

然后重新运行程序，查看 LogCat 会看到已经创建了一个 Activity1 的实例，如图 5.15 所示。

Tag	Text
Activity1	com.example.activitylifecycle.Activity1@148d8175

图 5.15　LogCat 信息

但是之后不管你单击多少次按钮都不会再有新的打印信息出现，因为目前 Activity1 已经处于堆栈的栈顶，每当想要再启动一个 Activity1 时都会直接使用栈顶的 Activity，因此 Activity1 也只会有一个实例，仅按一次 Back 键就可以退出程序。

当 Activity1 并未处于栈顶位置时，再启动 Activity1，还是会创建新的实例。下面我们来实践一下，修改 Activity1 中 Button 的相应事件，让 Activity1 启动 Activity2，如下所示。

```
private void setListensers(){
mbtn.setOnClickListener(new View.OnClickListener() {
    @Override
    public void onClick(View v) {
    Intent intent = new Intent();
intent.setClass(Activity1.this, Activity2.class);
        startActivity(intent);
    }
});
}
```

这次我们单击按钮后启动的是 Activity2。然后修改 Activity2 中的代码，如下所示。

```
public class Activity2    extends Activity {
    private static final String TAG = "Activity1";
    private Button mbtn;
    @Override
public void onCreate(Bundle savedInstanceState) {
super.onCreate(savedInstanceState);
    Log.i(TAG, this.toString());
    setContentView(R.layout.layout_2);
    findViews();
        setListensers();
    }
private void findViews(){
    mbtn = (Button) findViewById(R.id.btn);
    }
private void setListensers(){
    mbtn.setOnClickListener(new View.OnClickListener() {
        @Override
        public void onClick(View v) {
                Intent intent = new Intent();
intent.setClass(Activity2.this, Activity1.class);
        startActivity(intent);
        }
    });
    }
}
```

还需要在 AndroidMainfest.xml 中对 Activity2 对应的<Activity>进行配置。

```
<activity android:name="com.example.activitylifecycle.Activity2" android:label="Second Activity"  >
```

在 Activity2 中的 Button 单击事件里启动 Activity1 的代码。运行程序，在 Activity1 界面单击 Button 进入到 Activity2，然后在 Activity2 界面单击 Button 重新进入到 Activity1。

查看 LogCat 中的打印信息，如图 5.16 所示。

Tag	Text
Activity1	com.example.activitylifecycle.Activity1@3e91ffab
Activity1	com.example.activitylifecycle.Activity2@24e8314
Activity1	com.example.activitylifecycle.Activity1@148d8175

图 5.16　LogCat 信息

可以看到系统创建了两个不同的 Activity1 实例，这是由于在 Activity2 中再次启动 Activity1 时，栈顶活动已经变成了 Activity2，因此会创建一个新的 Activity1 实例。现在按下 Back 键会返回到 Activity2，再次按下 Back 键又会回到 Activity1，再按一次 Back 键才会退出程序。

singleTop 模式的原理示意图，如图 5.17 所示。

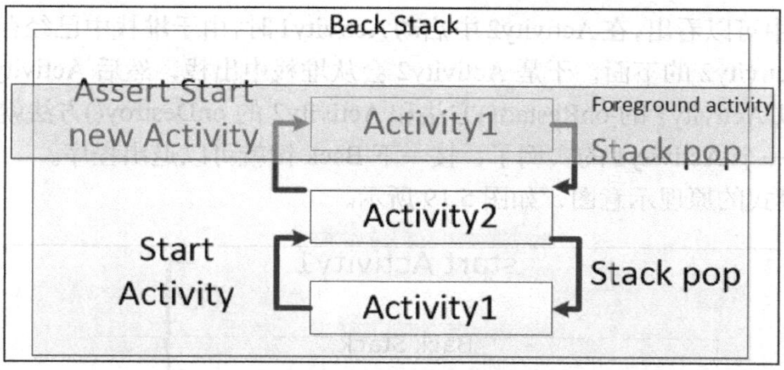

图 5.17　singeTop 模式原理示意图

5.2.3　singleTask 模式

singleTop 模式可以很好地解决重复创建栈顶 Activity 的问题，但是如果该 Activity 并没有处于栈顶的位置，还是会创建多个 Activity 实例。那么如何才能让某个 Activity 在整个应用程序的上下文中只存在一个实例呢？这就要借助 singleTask 模式来实现。当 Activity 的启动模式指定为 singleTask，每次启动该 Activity 时系统首先会在堆栈中检查是否存在该 Activity 的实例，如果发现已经存在则直接使用该实例，并把在这个 Activity 之上的所有 Activity 统统出栈，如果没有发现就会创建一个新 Activity 实例。

我们还是通过代码来更加直观地理解一下。修改 AndroidManifest.xml 中 Activity1 的启动模式，代码如下。

```
<activity
android:name="com.example.activitylifecycle.Activity1"
android:label="@string/app_name"
android:launchMode="singleTask"
android:configChanges="orientation|screenSize">
<intent-filter>
<action android:name="android.intent.action.MAIN" />
<category android:name="android.intent.category.LAUNCHER" />
</intent-filter>
</activity>
```

然后在 Activity1 中添加 onRestart()方法，代码如下。

```
@Override
protected void onRestart() {
        super.onRestart();
        Log.d(TAG, "Activity1 onRestart called.");
    }
```

在 Activity2 中添加 onDestroy()方法，代码如下。

```
@Override
protected void onDestroy() {
    super.onDestroy();
    Log.i(TAG, "Activity2 onDestory called.");
}
```

运行程序，在 Activity1 界面单击 Button 进入到 Activity2，然后在 Activity2 界面单击 Button，又会重新进入到 Activity1。

查看 LogCat 中的打印信息，如图 5.18 所示。

Tag	Text
Activity1	com.example.activitylifecycle.Activity1@61faeab
Activity1	com.example.activitylifecycle.Activity2@9a5bad9
Activity1	Activity1 onRestart called.
Activity1	Activity2 onDestory called.

图 5.18　LogCat 信息

从Log信息中可以看出，在Activity2中启动Activity1时，由于堆栈中已经存在一个Activity1实例，且是在Activity2的下面，于是Activity2会从堆栈中出栈，然后Activity1重新成为了栈顶Activity，所以Activity1的onRestart()方法和Activity2的onDestroy()方法就会得到执行。现在堆栈中只剩下一个Activity1的实例了，按一下Back键就可以退出程序。

singleTask模式的原理示意图，如图5.19所示。

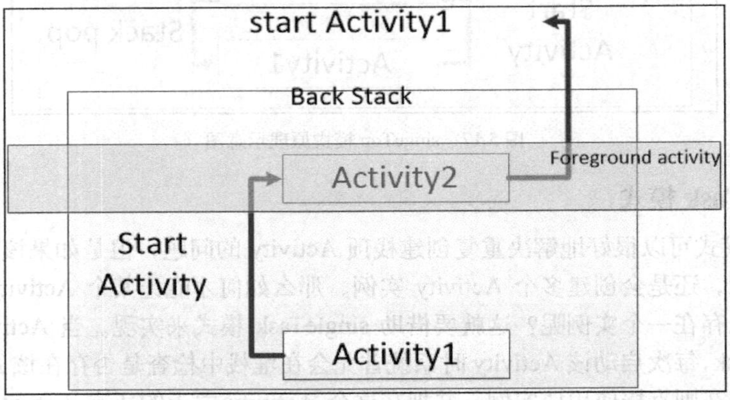

图 5.19 singeTask 模式原理示意图

5.2.4 singleInstance 模式

singleInstance模式应该算是四种启动模式中最特殊复杂的一个。不同于以上三种启动模式，singleInstance模式的Activity会启用一个新的堆栈来管理这个Activity（如果singleTask模式指定了不同的任务，也会启动一个新的堆栈）。那么这样做有什么意义呢？想象以下场景，假设我们的程序中有一个Activity是允许其他程序调用的，如果我们想实现其他程序和我们的程序可以共享这个Activity的实例，应该如何实现呢？使用前面三种启动模式肯定是做不到的，因为每个应用程序都会有自己的堆栈，同一个Activity在不同的堆栈中入栈时必然是创建了新的实例。而使用singleInstance模式就可以解决这个问题，在这种模式下会有一个单独的堆栈来管理这个Activity，不管是哪个应用程序来访问这个Activity，都共用同一个堆栈，也就解决了共享Activity实例的问题。

为了帮助你可以更好地理解这种启动模式，我们还是来实践一下。修改AndroidManifest.xml中Activity2的启动模式，代码如下。

```
        <activity android:name="com.example.activitylifecycle.Activity2"
android:launchMode="singleInstance"
android:label="Second Activity"   >
</activity>
```

先将Activity2的启动模式指定为singleInstance，然后修改Activity1中Button监听事件的代码。

```
        @Override
        public void onCreate(Bundle savedInstanceState) {
super.onCreate(savedInstanceState);
Log.i(TAG, " Activity1 Task id is " + getTaskId()); //打印当前堆栈的id
            setContentView(R.layout.layout_1);
            findViews();
        setListensers();
        }
private void findViews(){
        mbtn = (Button) findViewById(R.id.btn);
        }
        private void setListensers(){
            mbtn.setOnClickListener(new View.OnClickListener() {
                @Override
```

```
            public void onClick(View v) {
                Intent intent = new Intent();
        intent.setClass(Activity1.this, Activity2.class);
        startActivity(intent);
            }
        });
    }
```

我们和上节一样还是让 Activity1 启动 Activity2，同样在 onCreate()方法中打印当前堆栈的 id。然后修改 Activity2 中的代码，如下所示。

```
public class Activity2    extends Activity {
    private static final String TAG = "Activity1";
    private Button mbtn;
    @Override
    public void onCreate(Bundle savedInstanceState) {
    super.onCreate(savedInstanceState);
    Log.i(TAG, " Activity2 Task id is " + getTaskId());
    setContentView(R.layout.layout_2);
    findViews();
        setListensers();
    }
    private void findViews(){
        mbtn = (Button) findViewById(R.id.btn);
    }
    private void setListensers(){
            mbtn.setOnClickListener(new View.OnClickListener() {
            @Override
            public void onClick(View v) {
                Intent intent = new Intent();
        intent.setClass(Activity2.this, Activity3.class);
                startActivity(intent);
            }
        });
        }
    }
```

同样在 onCreate()方法中打印了当前堆栈的 id，然后又修改了 Button 单击事件的代码，用于启动 Activity3。最后创建 Activity3，并修改 Activity3 中的代码，如下所示。

```
public class Activity2    extends Activity {
private static final String TAG = "Activity1";
@Override
protected void onCreate(Bundle savedInstanceState) {
    super.onCreate(savedInstanceState);
    Log.d(TAG, "Activity3 Task id is " + getTaskId());
    setContentView(R.layout.layout_3);
    }
}
```

在 onCreate()方法中打印了当前堆栈的 id。现在运行程序，在 Activity1 界面单击按钮进入到 Activity2，然后在 Activity2 界面单击按钮进入到 Activity3。

查看 LogCat 中的打印信息，如图 5.20 所示。

Tag	Text
Activity1	Activity1 Task id is 55
Activity1	Activity2 Task id is 56
Activity1	Activity3 Task id is 55

图 5.20　LogCat 信息

可以看到，Activity2 的任务 id 不同于 Activity1 和 Activity3，这说明 Activity2 确实是存放在一个单独的堆栈里的，而且这个栈中只有 Activity2 这一个 Activity。

然后我们按下 Back 键进行返回，就发现 Activity3 直接返回到了 Activity1，再按下 Back 键又会返回到 Activity2，再按下 Back 键才会退出程序，这是为什么呢？其实很简单，由于 Activity1 和 Activity3 是存放在同一个堆栈里的，当在 Activity3 的界面按下 Back 键，Activity3 会从堆栈中出栈，那么 Activity1 就成为了栈顶活动显示在界面上，因此也就出现了从 Activity3 直接返回到 Activity1 的情况。然后在 Activity1 界面再次按下 Back 键，这时当前的堆栈已经空了，于是就显示了另一个堆栈的栈顶活动，即 Activity2。最后再次按下 Back 键，这时所有堆栈都已经空了，也就自然退出了程序。

singleInstance 模式的原理示意图，如图 5.21 所示。

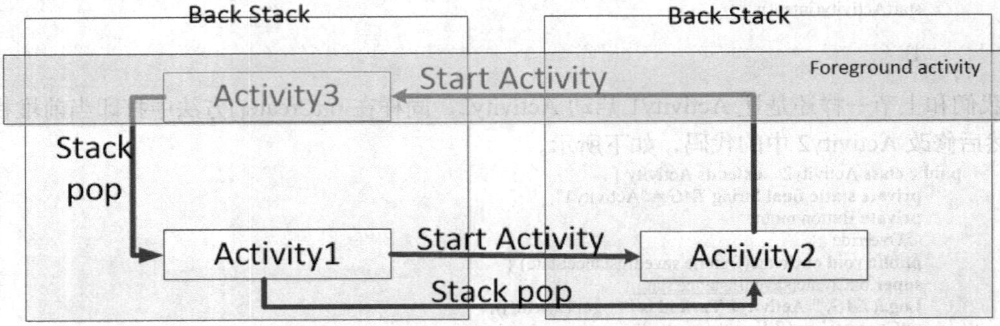

图 5.21　singleInstance 模式原理示意图

5.3　平板手机都兼顾——碎片（Fragments）

在移动设备飞速发展的今天，手机和平板已经成为人们生活的一部分，屏幕大小的差异过大会导致让同样的界面在视觉效果上有较大差异，一些在手机上看起来非常美观的应用，在平板上有些控件被拉长，或者控件间的间距过大而显得不那么美观，为了解决这个问题，Fragments 应运而生。

5.3.1　概述

Fragment 表现为 Activity 的一个 UI 行为或部分。可以将多个 Fragment 组合在一起，放在一个单独的 Activity 中来创建一个多界面区域的 UI，并可以在多个 Activity 里重用某一个 Fragment。把 Fragment 想象成一个 Activity 的模块化区域，有它自己的生命周期，接收属于它自己的输入事件，并且可以在 Activity 运行期间添加和删除。

Fragment 必须嵌入到一个 Activity 中。它们的生命周期直接受其宿主 Activity 的生命周期影响。当 Activity 被暂停，其中所有的 Fragment 也被暂停；当 Activity 被销毁，所有隶属于它的 Fragment 也被销毁。然而当一个 Activity 正在运行时（处于 resumed 状态），可以独立地操作每一个 Fragment，比如添加或删除它们。当处理这样一种 Fragment 事务时，可以将它添加到 Activity 所管理的 back stack——每一个 Activity 中的 back stack 实体都是一个发生过的 Fragment 事务的记录。back stack 允许用户通过按下 BACK 按键从一个 Fragment 事务后退。

将 Fragment 作为 Activity 布局的一部分添加进来，当然可以通过在 Activity 的布局文件中声明 Fragment 来插入一个 Fragment 到 Activity 布局中，或者以写代码的方式将它添加到一个已存在的 ViewGroup 中。然而 Fragment 并不一定是 Activity 布局的一部分，如果愿意，也可以将一个 Fragment 隐藏在 Activity 的后台工作。

5.3.2　设计思想

Android 在 3.0 中引入了 Fragments 的概念，主要目的是用在大屏幕设备上——例如平板电脑上，支持更加动态和灵活的 UI 设计。平板电脑的屏幕要比手机的屏幕大得多，有更多的空间来放更多的 UI 组件，并且这些组件之间会产生更多的交互。Fragment 允许这样的一种设计，而不需要你亲自来管理 view 的复杂变化。通过将 Activity 的布局分散到 Fragment 中，可以在运行时修改 Activity 的外观，并在由 Activity 管理的 back stack 中保存那些变化。

例如，一个新闻应用可以在屏幕左侧使用一个 Fragment 来展示一个文章的列表，然后在屏幕右侧使用另一个 Fragment 来展示一篇文章——2 个 Fragment 并排显示在相同的一个 Activity 中，并且每一个 Fragment 拥有它自己的一套生命周期回调方法，并且处理它们自己的用户输入事件。因此，用这种方式来取代使用一个 Activity 来选择一篇文章，而另一个 Activity 来阅读文章的模式，用户可以在相同的 Activity 中选择一篇文章并且阅读，如图 5.22 所示。

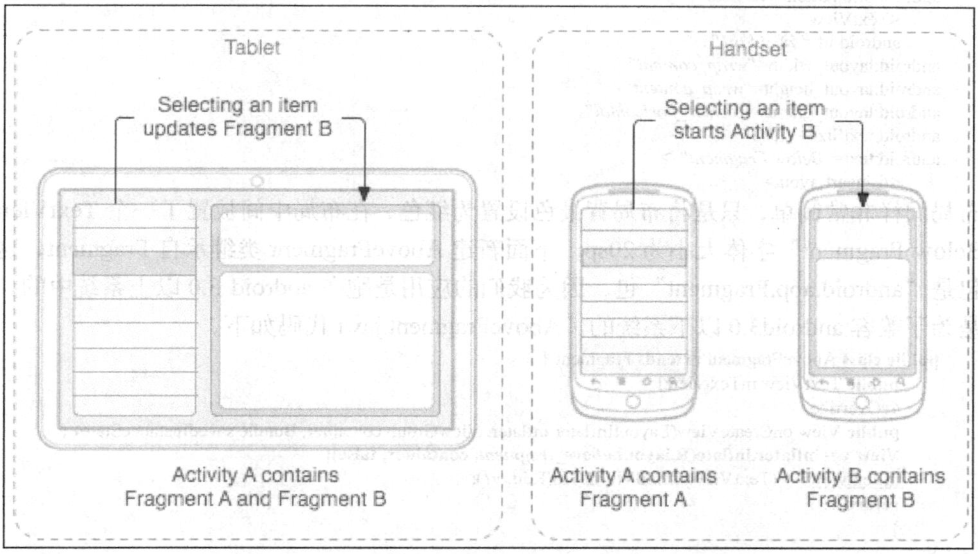

图 5.22　新闻应用

Fragment 在应用中是一个模块化和可重用的组件。由于 Fragment 定义了它自己的布局，以及通过使用它自己的生命周期回调方法定义了它自己的行为，因此可以将 Fragment 包含到多个 Activity 中。这点特别重要，因为这允许你将你的用户体验适配到不同的屏幕尺寸。举个例子，你可能会仅当在屏幕尺寸足够大时，在一个 Activity 中包含多个 Fragment，当不属于这种情况时，会启动另一个单独的、使用不同 Fragment 的 Activity。

继续之前那个新闻的例子——当运行在平板的大屏幕中时，App 可以在 Activity A 中嵌入 2 个 Fragment。然而，在一个正常尺寸的手机屏幕上，没有足够的空间同时供 2 个 Fragment 用，因此，Activity A 会仅包含文章列表的 Fragment，而当用户选择一篇文章时，它会启动 Activity B，它包含阅读文章的 Fragment。因此，应用可以同时支持图 1 中的 2 种设计模式。

5.3.3　Activity 添加 Fragment 界面

上面介绍了那么多，下面我们来实践一下，在一个 Activity 中放置上下两个 Fragment，首先创建项目 FragmentTest，配置选择默认。

新建一个上边的布局 above_fragment.xml，代码如下。

```
<?xml version="1.0" encoding="utf-8"?>
<LinearLayout xmlns:android="http://schemas.android.com/apk/res/android"
    android:layout_width="match_parent"
    android:layout_height="match_parent"
    android:orientation="vertical" >
<TextView
    android:id="@+id/tv1"
    android:layout_width="wrap_content"
    android:layout_height="wrap_content"
    android:layout_gravity="center_horizontal"
    android:text="Above Fragment"
        android:textSize="30sp"/>
    </LinearLayout>
```

布局非常简单，在布局中间放置了一个 TextView，显示“Above Fragment”，体大小为 30sp，下面看看布局 below_fragment.xml，代码如下。

```
<?xml version="1.0" encoding="utf-8"?>
<LinearLayout xmlns:android="http://schemas.android.com/apk/res/android"
android:layout_width="match_parent"
android:layout_height="match_parent"
android:background="#ff0000"
android:orientation="vertical" >
    <TextView
    android:id="@+id/tv1"
android:layout_width="wrap_content"
android:layout_height="wrap_content"
android:layout_gravity="center_horizontal"
android:textSize="20sp"
android:text="Below Fragment" />
    </LinearLayout>
```

布局同样非常简单，只是将布局背景色设置为红色，在布局中间放置了一个 TextView，显示“Below Fragment”字体大小为 20sp，下面新建 AboveFragment 类继承自 Fragment，这里引入的包是“android.app.Fragment”包，因为我们的应用是跑在 android 3.0 以上系统中的，另一个包是为了兼容 android3.0 以下系统的。AboveFragment.java 代码如下。

```
public class AboveFragment extends Fragment {
    public TextView mTextview1;
    @Override
    public View onCreateView(LayoutInflater inflater, ViewGroup container, Bundle savedInstanceState) {
    View v = inflater.inflate(R.layout.above_fragment, container, false);
    mTextview1 = (TextView)v.findViewById(R.id.tv1);
    return v;
    }
}
```

这里只是重写了 Fragment 的 onCreateView()方法，然后在这个方法中使用 LayoutInflater 的 inflate()方法将上面定义的 above_ fragment 布局动态加载进来，接着用同样的方法再新建一个 BelowFragment 类，代码如下。

```
public class BelowFragment extends Fragment {
public TextView mTextview1;
@Override
public View onCreateView(LayoutInflater inflater, ViewGroup container, Bundle savedInstanceState) {
    View v = inflater.inflate(R.layout.below_fragment, container, false);
    mTextview1 = (TextView)v.findViewById(R.id.tv1);
    return v;
    }
}
```

下面修改主布局文件 activity_main.xml，代码如下。

```
<?xml version="1.0" encoding="utf-8"?>
<LinearLayout xmlns:android="http://schemas.android.com/apk/res/android"
android:layout_width="match_parent"
android:layout_height="match_parent"
android:orientation="vertical" >
<fragment
android:id="@+id/above_fragment"
android:name="com.example.fragmenttest.AboveFragment"
android:layout_width="match_parent"
android:layout_height="0dp"
android:layout_weight="1"
    />
    <fragment
    android:id="@+id/below_fragment"
android:name="com.example.fragmenttest.BelowFragment"
android:layout_width="match_parent"
android:layout_height="0dp"
android:layout_weight="1"
    />
    </LinearLayout>
```

在 activity_main.xml 布局文件中，使用<fragment>标签在布局文件中添加 fragment，我们使用 android:name 属性来指明要添加的 fragment 类名。运行程序，如图 5.23 所示。

图 5.23　FragmentTest 运行图

这样在一个 Activity 中放置了两个 Fragment，下面我们在 Activity 运行时动态加载 Fragment。

5.3.4　动态替换 Fragment

还是上节 FragmentTest 项目，在 activity_main.xml 文件中添加一个 Button，单击 button 后直接将 AboveFragment 替换为 SecondAboveFragment。下面新建 second_above_fragment.xml 布局文件，代码如下。

```
<?xml version="1.0" encoding="utf-8"?>
<LinearLayout xmlns:android="http://schemas.android.com/apk/res/android"
android:layout_width="match_parent"
android:layout_height="match_parent"
android:orientation="vertical" >

<TextView
android:id="@+id/tv1"
android:layout_width="wrap_content"
android:layout_height="wrap_content"
android:layout_gravity="center_horizontal"
android:text="Second Above Fragment"
android:textSize="30sp"/>
    </LinearLayout>
```

布局文件和上面讲的 AboveFragment 的布局文件相同，只是文字显示有所改动。新建 SecondAboveFragment 类，代码如下。

```
public class SecondAboveFragment extends Fragment {
    public TextView mTextview1;
    public Button      mBtn;
    @Override
    public View onCreateView(LayoutInflater inflater, ViewGroup container, Bundle savedInstanceState) {
    View v = inflater.inflate(R.layout.second_above_fragment, container, false);
```

```
        mTextview1 = (TextView)v.findViewById(R.id.tv1);
        return v;
        }
        }
```

代码同样和上面的 AboveFragment 代码相同，只是在 onCreateView()方法中加载刚刚创建的 econd_above_fragment.xml 布局文件。接下来看看 activity_main.xml 布局文件，代码如下所示。

```
    <?xml version="1.0" encoding="utf-8"?>
    <LinearLayout xmlns:android="http://schemas.android.com/apk/res/android"
    android:layout_width="match_parent"
    android:layout_height="match_parent"
    android:orientation="vertical" >
        <Button
    android:id = "@+id/btn"
android:layout_width = "wrap_content"
android:layout_height = "wrap_content"
android:text = "Exchange above fragment"
    />
    <fragment
        android:id="@+id/above_fragment"
        android:name="com.example.fragmenttest.AboveFragment"
        android:layout_width="match_parent"
        android:layout_height="0dp"
        android:layout_weight="1"
        />
        <fragment
        android:id="@+id/below_fragment"
    android:name="com.example.fragmenttest.BelowFragment"
    android:layout_width="match_parent"
    android:layout_height="0dp"
    android:layout_weight="1"
        />
        </LinearLayout>
```

从上面的代码中可以看出只添加了 Button 控件，下面在 MainActivity 中添加 Button 的相应事件，在事件中替换 Fragment，代码如下。

```
    public class MainActivity extends Activity {
        private Button mbtn;
        @Override
        protected void onCreate(Bundle savedInstanceState) {
            super.onCreate(savedInstanceState);
            setContentView(R.layout.activity_main);
            mbtn = (Button) findViewById(R.id.btn);
            setListensers();
        }

        private void setListensers(){
        mbtn.setOnClickListener(new View.OnClickListener() {
                @Override
                public void onClick(View v) {
                    SecondAboveFragment fragment = new SecondAboveFragment();
                    FragmentManager fm = getFragmentManager();
                    FragmentTransaction ft = getFragmentManager().beginTransaction();
                    ft.replace(R.id.above_fragment, fragment);
                    ft.addToBackStack(null);
                    ft.commit();
                }
            });
        }
    }
```

要在 Activity 中管理 Fragment，需要使用 FragmentManager，通过调用 Activity 的 getFragment Manager()取得它的实例。可以通过 Fragment Manager 管理以下一些事情。

- 使用 findFragmentById()来获取拥有布局文件的 Fragment 或使用 findFragmentByTag()来获取没有布局文件的 fragment。
- 要想将 fragment 从后台堆栈中弹出，可以使用 popBackStack()（模拟用户按下 BACK 命令）。

- ❑ 使用 addOnBackStackChangeListener()来注册一个监听后台堆栈变化的 listener。

上面代码中是如何将一个 Fragment 替换为另一个，并在后台堆栈中保留之前的状态。在 Button 相应事件中，SecondAboveFragment 替换了 activity_layout 布局中的由 above_fragment 标识的 Fragment。通过调用 addToBackStack()，replace 事务被保存到 back stack（堆栈），因此用户可以回退事务，并通过按下 BACK 按键带回前一个 Fragment。如果没有调用 addToBackStack()，那么当事务提交后，AboveFragment 会被销毁，并且用户不能导航回到它，按下 BACK 按键会直接退出程序，运行上面的程序，如图 5.24 所示。

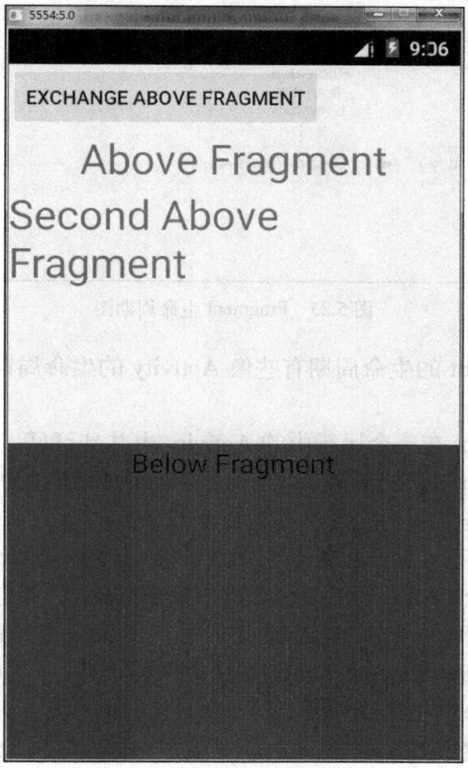

图 5.24 FragmentTest 运行图

5.3.5 Fragment 生命周期

Fragment 和 Activity 一样，它也有自己的生命周期，并且它和 Activity 的生命周期非常相似。上两节中虽然我们实现了 Fragment，但是 Fragment 类具体包含哪些函数我们还是不清楚，其实它的代码看起来也很像 Activity。它包含了与 Activity 类似的回调方法，例如 onCreate()、onStart()、onPause()以及 onStop()。如果准备将一个现成的 Android 应用转换到使用 Fragment 技术，可能只需简单地将代码从 Activity 的回调函数分别移动到 Fragment 的回调方法。通常需要实现下面三个生命周期函数：

- ❑ onCreate()：当创建 Fragment 时系统调用此方法。应当初始化想要放在 Fragment 中的基础组件，当 Fragment 被暂停或者停止后可以恢复。
- ❑ onCreateView()：Fragment 第一次绘制它的用户界面的时候，系统会调用此方法。返回一个 View 用于绘制 Fragment 的 UI，这个 View 是 Fragment 布局的根 View。如果 Fragment 不提供 UI 则返回 NULL。
- ❑ onPause()：离开 Fragment 时系统调用这个方法。

上面这三个方法是必需实现的。当然还有其他几个回调方法可以按情况实现。下面详细看看 Fragment 的生命周期，如图 5.25 所示。

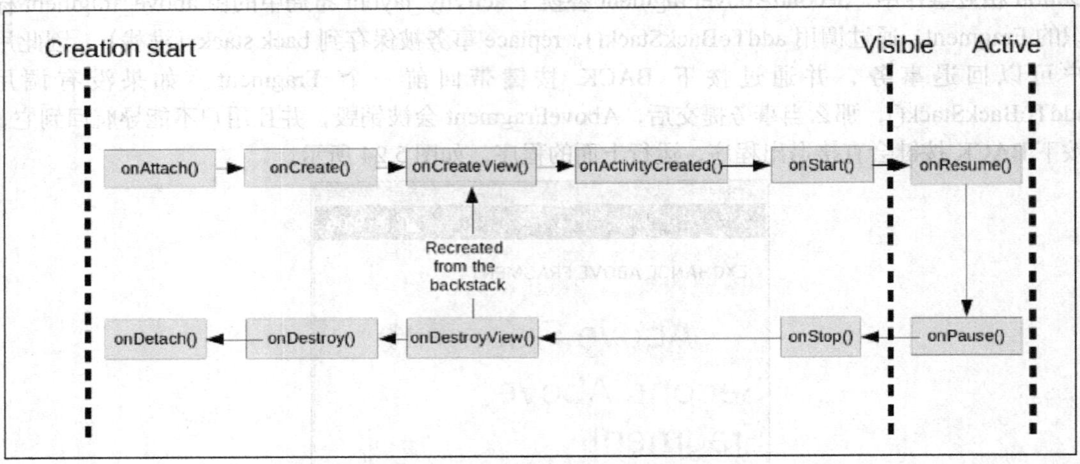

图 5.25　Fragment 生命周期图

如图 5.25 所示 Fragment 的生命周期有些像 Activity 的生命周期。对于 Fragment 存在如下三种状态。

- Resumed：Fragment 在一个运行中的 Activity 中并且可见。
- Paused：当一个 Activity 处于最顶层，但是 Fragment 所在的 Activity 并没有被完全覆盖（顶层的 Activity 是半透明的或不占据整个屏幕）。
- Stoped：Fragment 不可见。可能是它所在的 Activity 处于 stoped 状态或是 Fragment 被删除并添加到 back stack 中。此状态的 Fragment 仍然存在于内存中。同样类似于 Activity，可以把 Fragment 的状态保存在一个 Bundle 中，在 Activity 被 recreated 时就要用到。可以在 onSaveInstanceState()方法中保存状态，并在 onCreate()或 onCreateView()或 onActivityCreated()中得到恢复。

Fragment 与 Activity 的生命周期中最大的不同就是存储到 back stack 中的过程。Activity 是在停止时自动被系统压入 back stack，并且这个栈是被系统管理的；而 Fragment 是被压入 Activity 所管理的一个 back stack，并且只有在删除 Fragment 并明确调用 addToBackStack()方法时被压入。

然而，管理 Fragment 的生命周期与管理 Activity 的生命周期极其相似。需要思考的是 Activity 的生命周期如何影响 Fragment 的生命周期。下面我们看看如何协调与 Activity 生命周期的关系。

- Activity 直接影响它所包含的 Fragment 的生命周期，所以对 Activity 的某个生命周期方法的调用也会产生对 Fragment 相同方法的调用。例如，当 Activity 的 onPause()方法被调用时，它所包含的所有的 Fragment 的 onPause()方法都会被调用。
- Fragment 比 Activity 还要多出几个生命周期回调方法，这些额外的方法是为了与 Activity 的交互而设立，各方法说明如下。

（1）onAttach()：当 Fragment 被加入到 Activity 时调用（在这个方法中可以获得所在的 Activity）。

（2）onCreateView()：当 Activity 要得到 Fragment 的 layout 时，调用此方法，Fragment 在其中创建自己的 layout。

（3）onActivityCreated()：当 Activity 的 onCreated()方法返回后调用此方法。

（4）onDestroyView()：当 Fragment 的 layout 被销毁时被调用。

（5）onDetach()：当 Fragment 从 Activity 中被删掉时被调用。

Activity 进入 resumed 状态（即 Active 状态），就可以自由地添加和删除 Fragment 了。只有当 Activity 在 resumed 状态时，Fragment 的生命周期才能独立地运转，其他时候是依赖于 Activity 的生命周期变化的。

为了更加直观地体验 Fragment 的生命周期，我们还是通过 Log 信息的方式来展现，使用的例子仍然是 FragmentTest 项目，修改 AboveFragment 代码，如下所示。

```
public class AboveFragment extends Fragment {
    private static final String TAG = "AboveFragment";
    public TextView mTextview1;
    public Button    mBtn;
    @Override
    public View onCreateView(LayoutInflater inflater, ViewGroup container, Bundle savedInstanceState) {
        Log.d(TAG, "onCreateView called.");
        View v = inflater.inflate(R.layout.above_fragment, container, false);
    mTextview1 = (TextView)v.findViewById(R.id.tv1);

    return v;
    }
    @Override
    public void onAttach(Activity activity) {
    super.onAttach(activity);
    Log.d(TAG, "onAttach called.");
}
    @Override
    public void onCreate(Bundle savedInstanceState) {
        super.onCreate(savedInstanceState);
        Log.d(TAG, "onCreate called.");
    }
    @Override
    public void onActivityCreated(Bundle savedInstanceState) {
        super.onActivityCreated(savedInstanceState);
        Log.d(TAG, "onActivityCreated called.");
    }
    @Override
    public void onStart() {
    super.onStart();
    Log.d(TAG, "onStart called.");
    }


@Override
public void onResume() {
    super.onResume();
    Log.d(TAG, "onResume called.");
    }

@Override
public void onPause() {
    super.onPause();
    Log.d(TAG, "onPause called.");
    }

@Override
public void onStop() {
    super.onStop();
    Log.d(TAG, "onStop called.");
    }
@Override
public void onDestroy() {
    super.onDestroy();
    Log.d(TAG, "onDestory called.");
    }
@Override
public void onDestroyView() {
    super.onDestroyView();
```

```
            Log.d(TAG, "onDestroyView called.");
        }
    @Override
    public void onDetach() {
            super.onDetach();
            Log.d(TAG, "onDetach called.");
        }
}
```

在 AboveFragment 类中每一个回调函数都进行了 Log 信息的打印。运行程序，观察 LogCat 中的信息，如图 5.26 所示。

如图 5.26 所示，可以看到第一次加载 AboveFragment 到屏幕上时，会依次调用 onAttach()、onCreate()、onCreateView()、onActivityCreated()、onStart()和 onResume()方法，然后单击 Button 按键使用 SecondAboveFragment 替换 AboveFragment，此时 Log 信息如图 5.27 所示。

Tag	Text
AboveFragment	onAttach called.
AboveFragment	onCreate called.
AboveFragment	onCreateView called.
AboveFragment	onActivityCreated called.
AboveFragment	onStart called.
AboveFragment	onResume called.

图 5.26 LogCat 信息

Tag	Text
AboveFragment	onPause called.
AboveFragment	onStop called.
AboveFragment	onDestroyView called.

图 5.27 LogCat 信息

此时 AboveFragment 进入了停止状态，onPause()、onStop()和 onDestroyView()方法会被执行，如果没有使用 addToBackStack()方法，此时 AboveFragment 会直接销毁，onDestroy()和 onDetach()方法会被执行。下面按 Back 键，AboveFragment 会重新回到屏幕，此时 Log 信息如图 5.28 所示。

由于 AboveFragment 进入了运行状态，因此 onActivityCreated()、onStart()和 onResume ()方法会被执行，由于调用了 addToBackStack()方法，AboveFragment 没有销毁，所以 onCreate()和 onCreateView()方法不会被执行。再次按 Back 键退出程序，此时 Log 信息如图 5.29 所示。

Tag	Text
AboveFragment	onActivityCreated called.
AboveFragment	onStart called.
AboveFragment	onResume called.

图 5.28 LogCat 信息

Tag	Text
AboveFragment	onPause called.
AboveFragment	onStop called.
AboveFragment	onDestroyView called.
AboveFragment	onDestory called.
AboveFragment	onDetach called.

图 5.29 LogCat 信息

在程序退出时，Fragment 会依次调用 onPause()、onStop()、onDestroyView()、onDestroy()和 onDetach()方法和 Activity 一起销毁。这样我们将 Fragment 演示了一遍，相信你也有了深刻的了解。

另外你也可以在 Fragment 中使用 onSaveInstanceState()方法来保存数据，因为当 Fragment 进入停止状态时可能因为手机内存不足而被收回，在数据恢复时可以调用 onCreate()、onCreateView()和 onActivityCreated()方法来处理，具体做法可以参考 Activity 的处理过程。

5.3.6 一个简单的阅读器

现在你已经将 Fragment 的重要知识掌握得差不多了，前面我们说过，Fragment 很多时候是用于手机和平板共同开发时采用的方案，它很大程度地节省了开发成本。下面我们就开发一款简单的阅读器，要求它是可以同时兼容手机和平板的。新建一个 BookReader 项目，配置默认，然后新建 Books 类，用于图书的实体类，代码如下。

```
public class Books {
    private String title;
    private String content;
    public String getTitle() {
        return title;
    }
    public void setTitle(String title) {
        this.title = title;
    }
    public String getContent() {
        return content;
    }
    public void setContent(String content) {
        this.content = content;
    }
}
```

Books 类的代码比较简明，title 表示图书名称，content 表示图书内容，下面我们新建 book_item.xml 布局，用于图书列表中的布局，代码如下。

```
<?xml version="1.0" encoding="utf-8"?>
<LinearLayout xmlns:android="http://schemas.android.com/apk/res/android"
android:layout_width="match_parent"
android:layout_height="match_parent"
android:orientation="vertical" >

<TextView
android:id="@+id/books_title"
android:layout_width="match_parent"
android:layout_height="wrap_content"
android:singleLine="true"
android:ellipsize="end"
android:textSize="20sp"
android:paddingLeft="8dp"
android:paddingRight="8dp"
android:paddingTop="13dp"
android:paddingBottom="13dp"
/>
    </LinearLayout>
```

上面的代码是在 LinearLayout 中放置了一个 TextView 用于显示图书标题，我们看看这个 TextView 中的几个属性，android:singleLine 设置为 true 表示只能单行显示，android:paddingLeft 赋值为 8dp，表示 TextView 控件相对于左边缘要 8dp 的距离，android:ellipsize 表示当文本内容超过控件宽度时以缩略方式显示，赋值 end 表示在尾部进行缩略。

接下来我们需要创建 Book 列表的 Adapter，我们让这个 Adapter 继承自 ArrayAdapter，并将泛型指定为 Books 类，新建 BooksAdapter，代码如下。

```
public class BooksAdapter extends RecyclerView.Adapter<BooksAdapter.ViewHolder>{

private ArrayList<Books> mDataset;
private int itemCounter = 1;

    public    BooksAdapter(ArrayList<Books> dataset) {
        mDataset    = new ArrayList<Books>(dataset);
    }
    public static class ViewHolder extends RecyclerView.ViewHolder {
        public TextView mTextView;
        public ViewHolder(View itemView) {
            super(itemView);
            mTextView = (TextView) itemView;
        }
    }
    @Override
```

```
        public int getItemCount() {
            return mDataset.size();
        }
        public interface OnItemClickLitener
        {
            void onItemClick(View view, int position);
        }

    private OnItemClickLitener mOnItemClickLitener;
    public void setOnItemClickLitener(OnItemClickLitener mOnItemClickLitener)
        {
    this.mOnItemClickLitener = mOnItemClickLitener;
        }
        @Override
        public void onBindViewHolder(final ViewHolder holder, final int position) {
            holder.mTextView.setText(mDataset.get(position).getTitle());
            //如果设置了回调，则设置单击事件
        if (mOnItemClickLitener != null)
            {
            holder.itemView.setOnClickListener(new OnClickListener()
                {
        @Override
        public void onClick(View v)
                {
    mOnItemClickLitener.onItemClick(holder.itemView, position);
                }
            });
            }
        }
        @Override
        public ViewHolder onCreateViewHolder(ViewGroup parent, int viewType) {
            View view = View.inflate(parent.getContext(),
                    android.R.layout.simple_list_item_1, null);
            ViewHolder holder = new ViewHolder(view);
            return holder;
        }
    }
```

可以看到，我们在 BooksAdapter 类中创建了一个接口，提供了一个接口对象 mOnItemClickLitener，并在 onBindViewHolder()方法中获取到了单击 List 后 Books 类的位置，这样我们就将 RecyclerView 控件的 Adapter 类书写完成，在使用 RecyclerView 控件加载后即可将图书的标题显示到列表中。

下面创建一个用于图书列表的布局，新建 books_title_frag.xml，代码如下。

```
    <?xml version="1.0" encoding="utf-8"?>
    <LinearLayout xmlns:android="http://schemas.android.com/apk/res/android"
    android:layout_width="match_parent"
    android:layout_height="match_parent"
    android:orientation="vertical" >

        <android.support.v7.widget.RecyclerView
    android:id="@+id/recyclerView"
    android:layout_width="match_parent"
    android:layout_height="match_parent" />
    </LinearLayout>
```

这个布局中只有一个 RecyclerView 控件，是给显示图书标题的 Fragment 使用的，下面我们创建 BooksTitleFragment 类，继承自 Fragment，代码如下。

```
    public class BooksTitleFragment extends Fragment{

        private RecyclerView m_booksRecyclerView;
        private List<Books> bookList;
        private BooksAdapter adapter;
        private boolean flagTwoPane;

        @Override
        public void onAttach(Activity activity) {
            super.onAttach(activity);
```

```
        bookList = getBooks();
        adapter = new BooksAdapter((ArrayList<Books>) bookList);
    }

    @Override
    public View onCreateView(LayoutInflater inflater, ViewGroup container,
            Bundle savedInstanceState) {
        View view = inflater
                .inflate(R.layout.books_title_frag, container, false);

        m_booksRecyclerView = (RecyclerView)view.findViewById(R.id.recyclerView);
        LinearLayoutManager layoutManager = new LinearLayoutManager(getActivity());

        m_booksRecyclerView.setLayoutManager(layoutManager);

        adapter.setOnItemClickLitener(new OnItemClickLitener()
        {
        @Override
        public void onItemClick(View view, int position)
        {
        Books books = bookList.get(position);
            if (flagTwoPane) {
                BooksContentFragment booksContentFragment = (BooksContentFragment) getFragmentManager()
                        .findFragmentById(R.id.books_content_fragment);
                booksContentFragment.showBookContent(books.getTitle(), books.getContent());
            } else {
                StartActivity(getActivity(), books.getTitle(),
                        books.getContent());
            }
        }
    });

        m_booksRecyclerView.setAdapter(adapter);
        return view;
    }

    @Override
    public void onActivityCreated(Bundle savedInstanceState) {
        super.onActivityCreated(savedInstanceState);
        if (getActivity().findViewById(R.id.books_content_layout) != null) {
            flagTwoPane = true;
        } else {
            flagTwoPane = false;
        }
    }
    private List<Books> getBooks() {
        List<Books> bookList = new ArrayList<Books>();
        Books book1   = new Books();
        book1.setTitle("<<Android Development>>");
        book1.setContent("Are you interested in trying SmartEyeglass, Sony's binocular, see-through eyewear with
camera, GPS and sensors? Or maybe learn about how to test your apps on Sony devices for free through the newly-launched Remote
Device Lab (beta)? Find out about all that Sony has to offer developers at this year's Droidcon London");
        bookList.add(book1);
        Books book2   = new Books();
        book2.setTitle("<<Java Development>>");
        book2.setContent("Logs are targeting administrators when they encounter some problem. Therefore logs should
describe the problem in an easily understandable form. Avoid using internal terms and abbreviations in log messages. Checking
component versions");
        bookList.add(book2);
        return bookList;
    }
    public void StartActivity(Context context, String booksTitle,
            String booksContent) {
        Intent intent = new Intent(context, BooksContentActivity.class);
        intent.putExtra("book_title", booksTitle);
        intent.putExtra("book_content", booksContent);
        context.startActivity(intent);
    }
}
```

上面的代码中，onAttach()方法做一些数据初始化的事情，例如通过 getBooks()方法获取到图书的标题和内容，以及 BooksAdapter 对象的创建，然后在 onCreateView()方法中对 books_title_frag 布局进行加载，并给图书列表 ListView 注册了单击事件，我们通过寻找一个 id 为 books_content_layout 的 view 来确定当前是双页模式还是单页模式，这时相信你有点不清楚了，到底是如何区分双页模式还是单页模式的呢？这里留个悬念，我们将在后面详细讲解。在 RecyclerView 单击消息中，如果是双页模式我们直接使用 Fragment 显示图书标题和内容，如果是单页模式直接启动 BooksContentActivity 去显示图示标题和内容。这样图书列表部分的代码基本上编写完成。

下面编写图书内容部分的代码，新建布局文件 books_content_frag.xml，代码如下。

```
<?xml version="1.0" encoding="utf-8"?>
<RelativeLayout xmlns:android="http://schemas.android.com/apk/res/android"
android:layout_width="match_parent"
android:layout_height="match_parent" >
<LinearLayout
android:id="@+id/visibility_layout"
android:layout_width="match_parent"
android:layout_height="match_parent"
android:orientation="vertical"
android:visibility="invisible" >
<TextView
android:id="@+id/books_title"
android:layout_width="match_parent"
android:layout_height="wrap_content"
android:gravity="center"
android:padding="10dp"
android:textSize="20sp" />
<TextView
android:id="@+id/books_content"
android:layout_width="match_parent"
android:layout_height="0dp"
android:layout_weight="1"
android:padding="15dp"
android:textSize="18sp" />
</LinearLayout>
</RelativeLayout>
```

图书内容布局主要分为两个部分，头部显示完整的图示标题，正文部分显示图书内容，下面我们新建一个 BookContentFragment 类，继承自 Fragment，顾名思义用于显示图书内容，代码如下。

```
public class BooksContentFragment extends Fragment {
    private View view;
    @Override
    public View onCreateView(LayoutInflater inflater, ViewGroup container,
            Bundle savedInstanceState) {
        view = inflater.inflate(R.layout.books_content_frag, container, false);
        return view;
    }
    public void showBookContent(String newsTitle, String newsContent) {
        View visibilityLayout = view.findViewById(R.id.visibility_layout);
        visibilityLayout.setVisibility(View.VISIBLE);
        TextView booksTitleText = (TextView) view.findViewById(R.id.books_title);
        TextView booksContentText = (TextView) view
                .findViewById(R.id.books_content);
        booksTitleText.setText(newsTitle);
        booksContentText.setText(newsContent);
    }
}
```

上面的代码中在onCreateView()方法中加载了刚才创建的books_content_frag.xml布局文件，另外 showBookContent()方法用于显示图书标题和内容，下面创建在 Activity 中显示图书内容的布局，新建 books_content.xml，代码如下。

```
<?xml version="1.0" encoding="utf-8"?>
<LinearLayout xmlns:android="http://schemas.android.com/apk/res/android"
android:layout_width="match_parent"
android:layout_height="match_parent"
android:orientation="vertical" >
<fragment
android:id="@+id/books_content_fragment"
android:name="com.example.bookreader.BooksContentFragment"
android:layout_width="match_parent"
android:layout_height="match_parent"
/>
</LinearLayout>
```

上面的代码中加载了 BooksContentFragment，下面创建 Activity 用于管理 BooksContent Fragment，将这个 Activity 命名为 BookContentActivity，代码如下。

```
public class BooksContentActivity extends Activity {

    @Override
    protected void onCreate(Bundle savedInstanceState) {
        super.onCreate(savedInstanceState);
        setContentView(R.layout.books_content);
        String booksTitle = getIntent().getStringExtra("book_title");
        String booksContent = getIntent().getStringExtra("book_content");
        BooksContentFragment booksContentFragment = (BooksContentFragment) getFragmentManager()
                .findFragmentById(R.id.books_content_fragment);
        booksContentFragment.showBookContent(booksTitle, booksContent);
    }
}
```

上面的代码在 onCreate()方法中通过 Intent 获取传输过来的图示标题和图书内容，然后将图书标题和内容传给 BooksContentFragment 类，通过 showBookContent 方法来显示它们。

下面修改主布局文件 activity_main.xml，代码如下。

```
<LinearLayout xmlns:android="http://schemas.android.com/apk/res/android"
android:layout_width="match_parent"
android:layout_height="match_parent" >

<fragment
android:id="@+id/Books_title_fragment"
android:name="com.example.bookreader.BooksTitleFragment"
android:layout_width="match_parent"
android:layout_height="match_parent"
/>
    </LinearLayout>
```

我们看到在这个布局中并没有上面提到的区分单页模式和双页模式的 books_content_layout 控件，这个布局肯定是单页模式布局，那么双页模式布局在哪里呢？怎样在运行时判断程序应该是使用双页模式还是单页模式呢？在解决你的这些问题之前，在 res 目录下建立 layout-large 文件夹，在这个文件夹下新建一个布局，也叫 activity_main.xml，代码如下。

```
<LinearLayout xmlns:android="http://schemas.android.com/apk/res/android"
android:layout_width="match_parent"
android:layout_height="match_parent" >

<fragment
android:id="@+id/books_title_fragment"
android:name="com.example.bookreader.BooksTitleFragment"
android:layout_width="0dp"
android:layout_height="match_parent"
android:layout_weight="1" />

<FrameLayout
android:id="@+id/books_content_layout"
android:layout_width="0dp"
android:layout_height="match_parent"
android:layout_weight="3" >

<fragment
android:id="@+id/books_content_fragment"
android:name="com.example.bookreader.BooksContentFragment"
android:layout_width="match_parent"
android:layout_height="match_parent" />
</FrameLayout>

</LinearLayout>
```

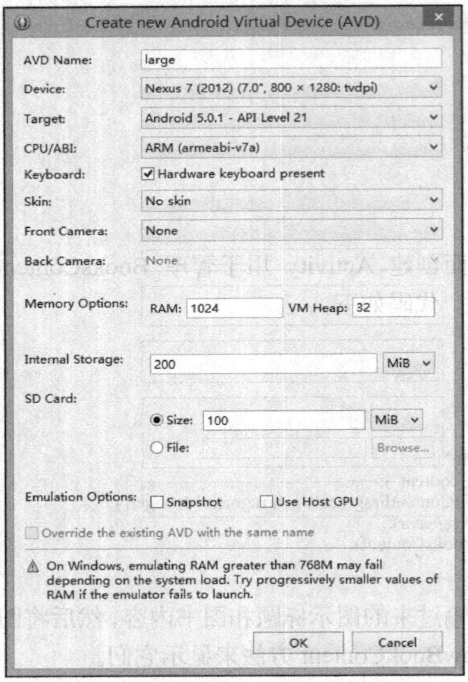

图 5.30 创建 large 虚拟机

可以看到在 layout/activity_main.xml 布局文件中只有一个 Fragment，这就是单页模式，在 layout-large/activity_main.xml 布局文件中含有两个 Fragment，这就是双页模式，其中“large”就是一个限定符，那些屏幕是 large 的设备会自动加载 layout-large 文件夹中的布局，有人问 large 设备描述的范围究竟有多大？有时我们希望灵活地为不同设备加载布局，不管它是不是被设备认为的 large，这时可以使用最小宽度限制符，最小宽度限制符允许我们对屏幕的宽度指定一个最小值（以 dp 为单位），然后以这个最小值为一个临界点，布局宽度大于这个值的设备就加载一个布局，小于某个值时就加载另一个布局。例如我们想让程序运行在屏幕宽度大于 500dp 的设备上时，则需要将布局放置在 layout-sw500dp 文件夹下面。

创建一个 large 的虚拟机，如图 5.30 所示。

在小于 large 的设备上运行程序，如图 5.31 所示。

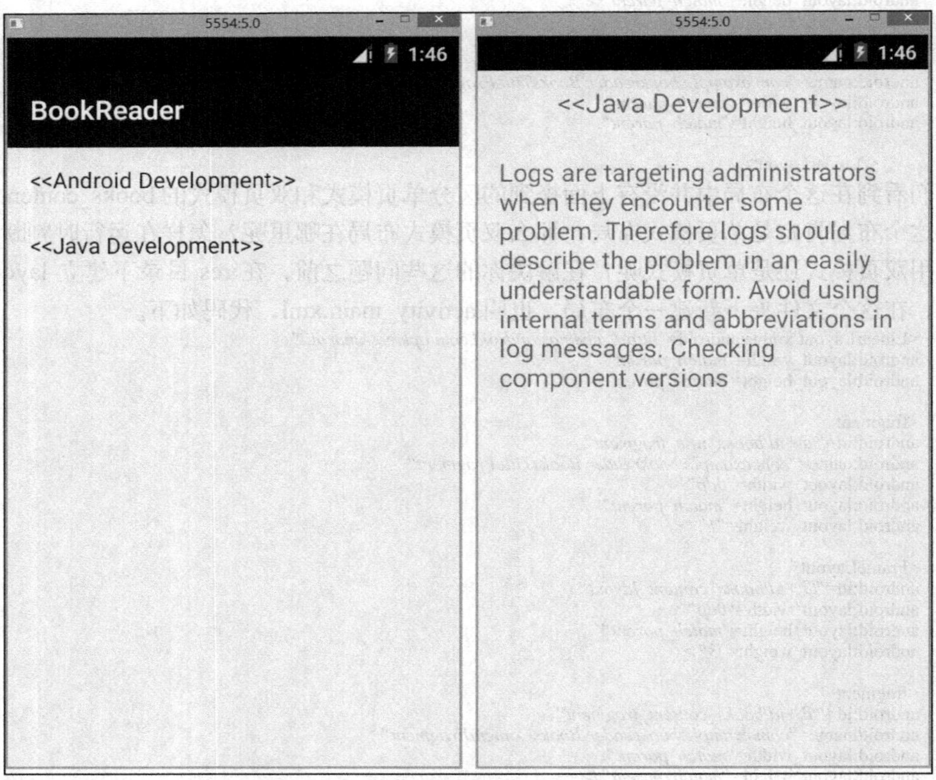

图 5.31 BookReader 运行图

在 large 的设备上运行程序，如图 5.32 所示。

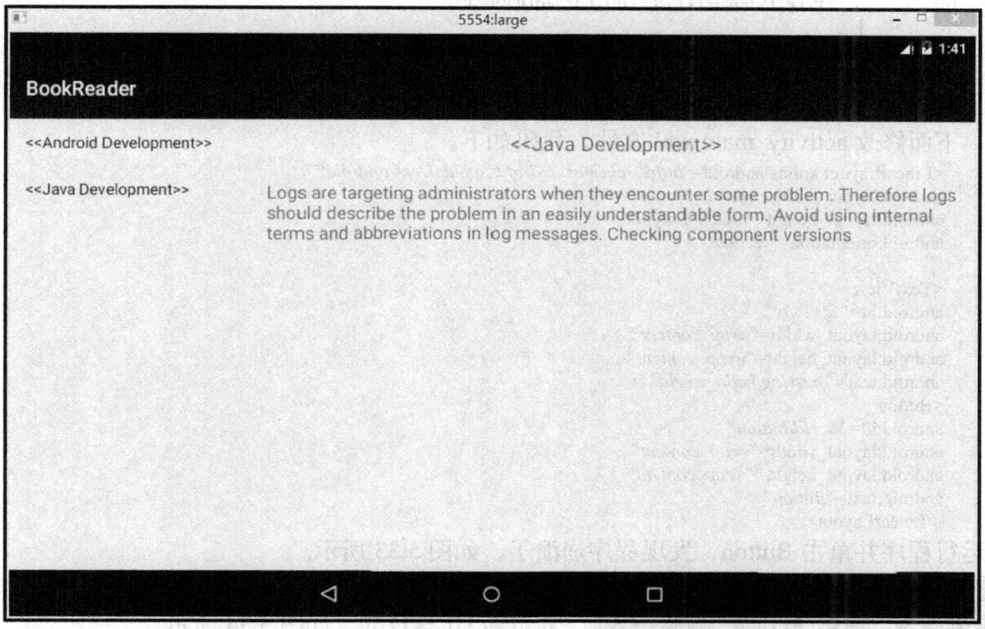

图 5.32　BookReader 运行图

5.4　Android 中的多线程

说起多线程，相信你不会陌生，那么我们用常规的方法在 Activity 中实现一下多线程吧，首先创建 ThreadDemo 项目，使用 Thread 在 Activity 中启动一个线程，MainActivity.java 代码如下。

```
public class MainActivity extends ActionBarActivity {
    private TextView mTextView;
    private Button mButton;
    private Thread mThread;

    @Override
    protected void onCreate(Bundle savedInstanceState) {
        super.onCreate(savedInstanceState);
        setContentView(R.layout.activity_main);
        mTextView = (TextView) findViewById(R.id.tv);
        mButton = (Button) findViewById(R.id.button);
        mButton.setOnClickListener(new OnClickListener() {
            @Override
            public void onClick(View v) {
                // 如果线程还没启动，则启动新的线程
                if (mThread == null) {
                    mThread = new Thread(runnable);
                    mThread.start();
                    // 否则提示："线程已经启动"
                } else {
                    Toast.makeText(getApplication(),
getApplication().getString(R.string.thread_started),    Toast.LENGTH_LONG).show();
                }
            }
        });
    }
    Runnable runnable = new Runnable() {
```

```
            @Override
            public void run() {
                mTextView.setText("Test ThreadDemo");
            }
        };
    }
```

上面的代码中在 Button 响应时间中启动了一个线程，然后在线程中去更新 TextView 中的内容，下面修改 activity_main.xml 文件，代码如下。

```
<LinearLayout xmlns:android="http://schemas.android.com/apk/res/android"
android:layout_width="match_parent"
android:layout_height="match_parent"
android:orientation="vertical" >

<TextView
android:id="@+id/tv"
android:layout_width="wrap_content"
android:layout_height="wrap_content"
android:text="@string/hello_world" />
<Button
android:id="@+id/button"
android:layout_width="wrap_content"
android:layout_height="wrap_content"
android:text="Button" />
</LinearLayout>
```

运行程序并单击 Button，发现程序崩溃了，如图 5.33 所示。

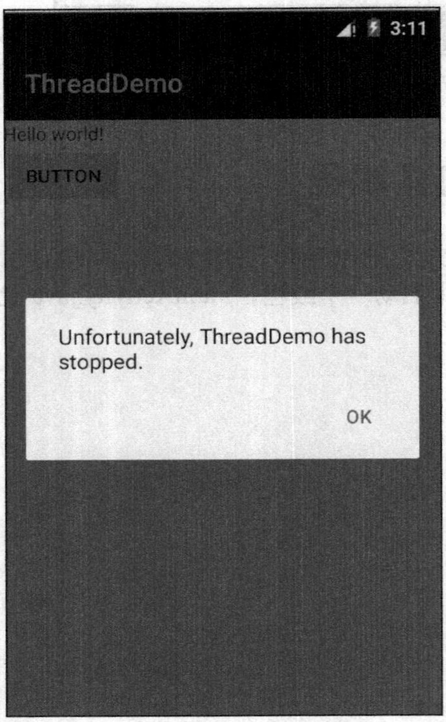

图 5.33　ThreadDemo 运行图

查看 LogCat 中的错误信息，我们会发现是由子线程更新 UI 导致的，如图 5.34 所示。

从上面的 Log 信息中我们看出 Android 是不允许子线程进行 UI 操作的，但有时我们必须在子线程中做一些耗时操作，然后根据任务结果来更新 UI 显示，那如何实现呢？对于这种情况，Android 给出了一套异步操作处理机制，解决了在子线程中更新 UI 操作的问题。在讲解子线程中更新 UI 的操作之前，我们需要了解一下 Android 多线程与 Java 的不同之处。

当我们启动某个应用时，Android 就会诞生新进程，并且将该应用程序加载到这个进程中。每个进程在其诞生的时刻，都会诞生一个主线程，又称为 UI 线程。处理 UI 事件是 UI 线程的职责，而且是它的专属职责，其他子线程不可以插手操作 UI 界面上的对象，所以有时为了让界面更加流畅，我们在其他线程中做耗时操作。在进程诞生时，除了诞生主线程之外，还会替主线程诞生它专用的 Message Queue 和 Main Looper。

在 Android 中多线程处理过程由四个部分组成，Message、Handler、Message Queue 和 Looper。简单地解释一下，Message 用于线程之间传递消息，可以携带数据；Handler 用来发送和处理消息，发送消息使用 sendMessage()方法，有消息后最终会调用 handlerMessage()方法处理消息；Message Queue 是消息队列的意思，每个线程只有一个 Message Queue 对象；Looper 管理相应线程的 Message Queue，调用 Looper 的 Loop()方法后，就会进入一个死循环，每当发现 Message Queue 中有 Message 时，就会调用 Handler 的 handleMessage()方法。每个线程只有一个 Looper 对象。

```
AndroidRuntime    android.view.ViewRootImpl$CalledFromWrongThreadException: Only the original t
                  hread that created a view hierarchy can touch its views.
```

图 5.34　LogCat 信息

5.4.1　Android Handler

Handler 在 Android 里负责发送和处理消息。它的主要用途如下。

（1）执行计划任务，可以预定执行某些任务，可以模拟定时器。

（2）将从其他线程发送来的消息放入消息队列中，避免线程冲突（常见于更新 UI 线程）。

下面修改上节中出错的 ThreadDemo 项目，使用 Handler 实现多线程，修改 MainActivity 代码，如下所示。

```
public class MainActivity extends ActionBarActivity {
    private TextView mTextView;
    private Button mButton;

    public static final int UPDATA_UI = 1;

    @Override
    protected void onCreate(Bundle savedInstanceState) {
        super.onCreate(savedInstanceState);
        setContentView(R.layout.activity_main);
        mTextView = (TextView) findViewById(R.id.tv);
        mButton = (Button) findViewById(R.id.button);
        mButton.setOnClickListener(new OnClickListener() {
            @Override
            public void onClick(View v) {
                Message msg = new Message();
                msg.what = UPDATA_UI;
                handler.sendMessage(msg); //发送Message
            }
        });
    }
    private Handler handler =new Handler(){
        public void handleMessage(Message msg){
            switch (msg.what){
            case UPDATA_UI:
                mTextView.setText("Test ThreadDemo");
                break;
            }
        }
    };
}
```

上面的代码中定义了一个整形常量 UPDATA_UI，用于更新 TextView 这个动作，然后新增加了一个 Handler 对象，并重写了父类 handlerMessage 方法，在这个函数中进行消息的具体操作，判断 msg.what 是否是 UPDATA_UI 值，若是就更新 TextView，对于 msg.what 值的设置是在 Button 的监听事件中做的，这里创建了一个 Message 对象实例，并设置 msg.what 值，然后使用 sendMessage(msg)将 msg 添加到主线程的 Message Queue（消息队列）中，这样主线程就会去 handleMessage()方法中处理相关操作了。

一般情况下 Handler 会和 Thread 绑定，下面用实例来看看，Handler 和 Thread 的关系。创建 Handler 项目，Activity 命名为 onlyHandler，在 Activity 主线程中直接添加 Handler，代码如下。

```
public class onlyHandler    extends Activity {
    private static String TAG = "onlyHandler";
    private Handler mHandler = new Handler(){
        @Override
    public void handleMessage(Message msg) {
```

```
// TODO Auto-generated method stub
        Log.d(TAG, "handle id = " + Thread.currentThread().getId());
switch(msg.what){
case 1:
    break;
case 2:
    break;
        }
    }
};
@Override
protected void onCreate(Bundle savedInstanceState) {
// TODO Auto-generated method stub
super.onCreate(savedInstanceState);
this.setContentView(R.layout.Activity_handler);
    Log.d(TAG, "Activity id = " + Thread.currentThread().getId());
mHandler.sendEmptyMessage(1);
}
}
```

词条解释如下。

- mHandler = new Handler()等价于 new Handler(Looper.myLooper())类似的，Looper.getMainLooper()用于获取主线程 onlyHandler 的 Looper 对象。

由于 Handler 运行在主线程中（UI 线程中），它与子线程可以通过 Message 对象来传递数据，这个时候 Handler 就承担着接受子线程传过来的（子线程用 sedMessage()方法传递）Message 对象，把这些消息放入主线程队列中，配合主线程进行更新 UI，程序运行后查看 Logcat，如图 5.34 所示。

L...	Time	PID	TID	Application	Tag	Text
D	06-07 16:39:09.695	2029	2029	com.example.handler	onlyHandler	Activity id = 1
D	06-07 16:39:09.715	2029	2029	com.example.handler	onlyHandler	handle id = 1

图 5.34　nlyHandler 程序运行 Logcat 图

上面 onlyHandler 中，将 Handler 添加到了主线程中，那么能不能添加到子线程中呢？答案是肯定的，在项目中添加 ThreadActivity，将 Handler 添加到子线程中，代码如下。

```
public class ThreadActivity   extends Activity{
    private static String TAG = "ThreadActivity";
    private final int MSG_HELLO = 0;
  private Handler mHandler;
  @Override
public void onCreate(Bundle savedInstanceState) {
super.onCreate(savedInstanceState);
    setContentView(R.layout.thread_Activity);
new MyThread().start();
    findViewById(R.id.send_btn).setOnClickListener(new OnClickListener() {
            @Override
            public void onClick(View v) {
                String str = "Handler";
            Log.d(TAG, "ThreadActivity id = " + Thread.currentThread().getId());
                mHandler.obtainMessage(MSG_HELLO, str).sendToTarget();
            }
        });
    }
class MyThread extends Thread {
    @Override
    public void run() {
        Looper.prepare();
        mHandler = new Handler(){
            public void handleMessage (Message msg) {
                switch(msg.what) {
                case MSG_HELLO:
```

```
                Log.d(TAG, "CustomThread id = " + Thread.currentThread().getId());
            }
        }
    };
    Looper.loop();
  }
 }
}
```

上面的代码中 Handler 运行在子线程中，它与主线程可以通过 Message 对象来传递数据，这个时候 Handler 就不能配合主线程进行更新 UI，可以处理一些费时的逻辑操作，程序运行后查看 Logcat，如图 5.35 所示。

L...	Time	PID	TID	Application	Tag	Text
D	06-07 09:10:43.837	522	522	com.example.handler	ThreadActivity	ThreadActivity id = 1
D	06-07 09:10:43.837	522	573	com.example.handler	ThreadActivity	CustomThread id = 69

图 5.35　ThreadActivity 程序运行 Logcat 图

5.4.2　使用 AsyncTask

AsyncTask 是 Android 提供的轻量级的异步类，可以直接继承 AsyncTask，在类中实现异步操作，并提供接口反馈当前异步执行的程度（可以通过接口实现 UI 进度更新），最后反馈执行的结果给 UI 主线程。

首先明确 Android 之所以有 Handler 和 AsyncTask，都是为了不阻塞主线程（UI 线程），且 UI 的更新只能在主线程中完成，因此异步处理是不可避免的。Android 为了降低这个开发难度，提供了 AsyncTask。AsyncTask 就是一个封装过的后台任务类，顾名思义就是异步任务。

AsyncTask 直接继承于 Object 类，位置为 android.os.AsyncTask。要使用 AsyncTask 需要提供三个泛型参数：Params、Progress 和 Result。

- Params 启动任务执行的输入参数，比如 HTTP 请求的 URL。
- Progress 后台任务执行的百分比。
- Result 后台执行任务最终返回的结果。

一个简单的自定义 AsyncTask 可以定义如下。

```
class MyTask extends AsyncTask<Void, Integer,Boolean>{ }
```

这里我们把第一个泛型参数指定为 Void，表示不需要传入参数给后台任务，第二个泛型参数指定为 Integer，表示整数作为后台任务进度显示单位，第三个参数指定为 Boolean，来返回结果。

使用 AsyncTask 异步加载数据时必须重写以下两个方法。

（1）doInBackground( )后台执行，比较耗时的操作都可以放在这里。注意，这里不能直接操作 UI。此方法在后台线程执行，完成任务的主要工作，通常需要较长的时间。在执行过程中可以调用 publishProgress( )来更新任务的进度。

（2）onPostExecute() 相当于 Handler 处理 UI 的方式，在这里可以使用在 doInBackground 得到的结果来处理操作 UI。此方法在主线程执行，任务执行的结果作为此方法的参数返回

不同于 Handler，在使用 AsyncTask 类时我们必须遵守以下几个准则。

① Task 的实例必须在 UI thread 中创建；

② execute 方法必须在 UI thread 中调用；

③ 不要手动地调用 onPreExecute()、onPostExecute(Result)、doInBackground(Params...)、onProgressUpdate(Progress...)这几个方法；

④ 该 task 只能被执行一次，否则多次调用时将会出现异常。

通过简单的实例理解 AsyncTask，创建项目 ProgressBarDemo，在这个项目中显示进度条的过程，在 AsyncTask 中去处理一些数据，在界面中显示处理进度，下面看看布局文件 activity_main.xml，代码如下。

```
<?xml version="1.0" encoding="utf-8"?>
<LinearLayout xmlns:android="http://schemas.android.com/apk/res/android"
android:orientation="vertical"
android:layout_width="fill_parent"
android:layout_height="fill_parent"
>
<TextView
android:id="@+id/tv"
android:layout_width="fill_parent"
android:layout_height="wrap_content"
/>
<ProgressBar
android:id="@+id/progressBar"
android:layout_width="fill_parent"
android:layout_height="wrap_content"
style="?android:attr/progressBarStyleHorizontal"
/>
<Button
android:id="@+id/btn"
android:layout_width="fill_parent"
android:layout_height="wrap_content"
android:text="update progressbar"
/>
</LinearLayout>
```

在布局文件中使用了三个控件，TextView 控件用于显示过程和结果，ProgressBar 控件用于显示 AsyncTask 中处理数据的进度，Button 控件用于开始更新进度条。接着看看 MainActivity 的代码，如下所示。

```
public class MainActivity extends ActionBarActivity {

    private Button          mButton;
    private ProgressBar   mProgressBar;
    private TextView        mTextView;

    @Override
    public void onCreate(Bundle savedInstanceState) {
    super.onCreate(savedInstanceState);
        setContentView(R.layout.activity_main);

    mButton = (Button)findViewById(R.id.btn);
     mProgressBar = (ProgressBar)findViewById(R.id.progressBar);
     mTextView = (TextView)findViewById(R.id.tv);

     mButton.setOnClickListener(new OnClickListener() {
     @Override
     public void onClick(View v) {
            MyAsyncTask asyncTask = new MyAsyncTask(mTextView, mProgressBar);
                    asyncTask.execute(1000);
            }
        });
    }
}
```

单击 Button 后，首先生成 MyAsyncTask 类的对象，在这个类中我们处理数据更新并调用 execute 方法之后，首先执行的是 onProExecute 方法，然后执行 doInBackgroup 方法，MyAsyncTask 代码如下。

```
public class MyAsyncTask extends AsyncTask<Integer, Integer, String> {

private TextView textView;
private ProgressBar progressBar;
```

```
public MyAsyncTask(TextView textView, ProgressBar progressBar) {
super();
this.textView = textView;
this.progressBar = progressBar;
}

@Override
protected String doInBackground(Integer... params) {
        DataOperator dataOperator = new DataOperator();
int i = 0;
for (i = 10; i <= 100; i+=10) {
dataOperator.operator();
                publishProgress(i);
            }
return i + params[0].intValue() + "";
     }

@Override
protected void onPostExecute(String result) {
textView.setText("异步操作执行结束,返回结果: " + result);
     }

//该方法运行在UI线程当中,并且可以对UI空间进行设置
@Override
protected void onPreExecute() {
textView.setText("开始执行异步线程");
     }

@Override
protected void onProgressUpdate(Integer... values) {
int vlaue = values[0];
progressBar.setProgress(vlaue);
     }
}
```

doInBackground(Integer... params)方法中，参数 Integer 对应 AsyncTask 中的第一个参数，该方法并不运行在 UI 线程当中，主要用于异步操作，所以在该方法中不能对 UI 中的控件进行设置和修改。

onPostExecute(String result)方法中，参数 String 对应 AsyncTask 的第三个参数，也就是接收 doInBackground()方法的返回值，这个函数是在 doInBackground()方法执行结束之后才运行的，并且运行在 UI 线程当中，可以对 UI 控件进行设置。

onPreExecute()方法是在 doInBackground()方法之前执行，运行在 UI 线程当中，可以对 UI 控件进行设置。

onProgressUpdate(Integer... values)方法中，参数 Intege 对应 AsyncTask 中的第二个参数，在 doInBackground 方法当中，每次调用 publishProgress()方法都会触发 onProgressUpdate 执行，onProgressUpdate()是在 UI 线程中执行，所以可以对 UI 控件进行操作。

doInBackground()方法中，调用了数据处理类，在这个类中可以处理一些延时操作，比如网络下载、数据解析、读取数据库等等，这里我们只是让这个线程休眠 1 秒，代码如下。

```
public class DataOperator {
public void operator(){
try {
//休眠1秒
          Thread.sleep(1000);
     } catch (InterruptedException e) {
// TODO Auto-generated catch block
        e.printStackTrace();
     }
  }
}
```

运行程序，如图 5.36 所示。

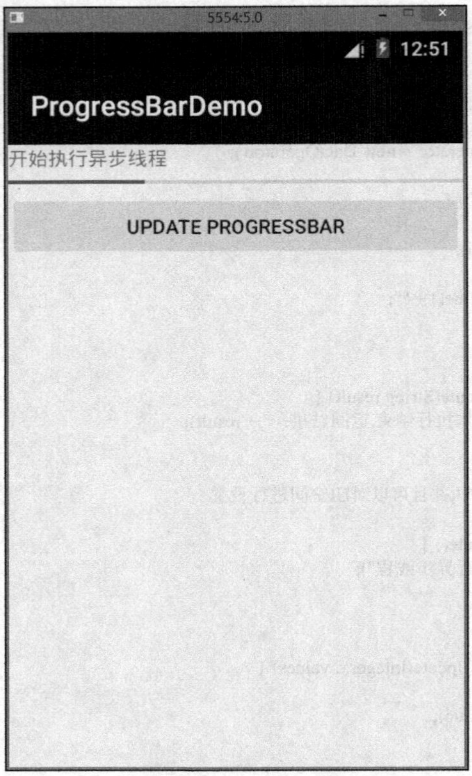

图 5.36 ProgressBarDemo 运行效果图

5.5 小　　结

本章主要讲解了 Android 应用程序运行时的控制和通信。由于应用程序运行时直接与用户交互的是 Activity 组件，所以本章以 Activity 组件为重点，逐一介绍了 Android 系统中如何使用任务、进程和线程来协调多个 Activity，Activity 生命周期中的各个状态，以及每个 Activity 在其生命周期中从一个状态到另一个状态时，系统是如何调用生命周期方法的，最后我们了解了 Android 多线程编程的知识点。下一章让我们一起来看看 Android 服务的编写过程。

第6章

默默无闻的后台——服务(Service)

作为一个未来的总裁，应该具有激发和识别
创新思想的才能。——（美）斯威尼

Service 是 Android 系统中的四大组件之一，服务主要用于两个目的，后台运行和跨进程访问。通过启动一个服务，可以在不显示界面的前提下在后台运行指定的任务，这样可以不影响用户做其他事情。Service 的应用场景是，通过 AIDL 服务可以实现不同进程之间的通信，后台播放音乐，检测 SD 卡上文件的变化，在 Internet 下载文件或在后台记录你地理信息位置的改变等。

Service 拥有 Activity 所没有的功能。(1) 后台运行，有时不希望有对话框来影响用户体验，开机自动启动，可默默地在后台运行。(2) 不被 Activity 生命周期管理，Activity 处于完全活跃的周期是在 onResume()与 onPause()之间，如果这周期之外发生了事件，实际上 Activity 构成的执行部分也不会被执行到，从而无法响应处理，但 Service 由于本身过于简单，则会通过一定的辅助手段来达到这个目标。

从 Android 应用程序的设计原理来看，Service 同样也是在主线程里执行的（这点尤为重要，Service 由于在主线程里执行，于是也会因为执行耗时操作而触发 ANR（Application Not Responding））。一个应用程序既然可以通过拓展 Activity 得到可交互的代码逻辑，同样也可以通过拓展 Service 来得到不交互在后台执行的逻辑。

Activity 对应用程序来说是最重要的组件，但从 Android 系统设计的角度来看，Service 对系统层实现才是最重要的。Service 是构建系统的根本，支持整个系统运营的环境 framework 本身就是由大量 Service 来构成的。

Android 设计的精髓在于，系统本身不会处理交互只是提供交互的手段。Android 的 Framework 提供一部分功能供应用程序调用，而除了这些应用程序直接使用的 API 实现外，其他代码逻辑全是由 Service 构成。当然作为系统实现角度的 Service，与应用程序编程里实现的 Service 是有差别的，更强调共享，但基本构架是一样的。

6.1 Java 层服务

什么是 Java Service，怎样写 Java Service？在 Android 系统中 frameworks 层以及 APP 层使用 Java 编写的 Service 统称为 Java Service。书写 Java Service 比较简单，下面在应用程序里写一个简单的 Service。新建 MyServiceLife 工程，所有设置选择默认，然后创建 MyService 类继承自 Service 基类。添加代码如下。

```
public class MyService extends Service {
    private static final String TAG = "MyService";
    @Override
    public IBinder onBind(Intent arg0) {
        return null;
    }
    @Override
    public void onCreate() {
        super.onCreate();
    }
    @Override
    public void onDestroy() {
        super.onDestroy();

    @Override
    public void onStart(Intent intent, int startId) {
        super.onStart(intent, startId);
    }
}
```

上面的代码是不是有似曾相识的感觉？是的，和 Activity 很相似，只是 Service 中多了一个 onBind()方法，这个方法是 Service 中唯一一个抽象方法，咱们先不管它。

有了 MyService 的具体实现之后，系统并不会自动地识别 MyService，还需要修改 AndroidManifest.xml 文件，对 MyService 进行注册，代码如下。

```
<?xml version="1.0" encoding="utf-8"?>
<manifest xmlns:android="http://schemas.android.com/apk/res/android"
package="com.example.myservicelife"
android:versionCode="1"
android:versionName="1.0" >

<uses-sdk
android:minSdkVersion="8"
android:targetSdkVersion="21" />
<application
android:allowBackup="true"
android:icon="@drawable/ic_launcher"
android:label="@string/app_name"
android:theme="@style/AppTheme" >
<activity
android:name=".MainActivity"
android:label="@string/app_name" >
<intent-filter>
<action android:name="android.intent.action.MAIN" />
 <category android:name="android.intent.category.LAUNCHER" />
</intent-filter>
</activity>
<service android:enabled="true" android:name=".MyService" />
</application>
</manifest>
```

词条解释如下。

- android:enabled 属性的值为 true，表示 MyService 服务处于激活状态。系统不会启动 MyService，要想启动这个服务。必须显式地调用 startService 方法。如果想停止服务，需要显式地调用 stopService 方法。

这样就有了一个简单的 Service，在这个 Service 中可以添加想要的任何功能，如使用 GPS 来记录行动轨迹时可以通过它来执行定时检查 GPS 的定位信息；或者作为杀毒软件、监控软件驻留在后台，并可被 Intent 来驱动；还有可能成为社交应用执行与服务器通信的任务，用来标识自己的在线状态等。下面逐一讲解 Service 的启动和生命周期。

6.2 服务的生命周期

前面了解了 Activity 的生命周期，那么这节来学习一下 Service 的生命周期，看看它们有什么异同之处。首先来看 Service 的生命周期图，如图 6.1 所示。

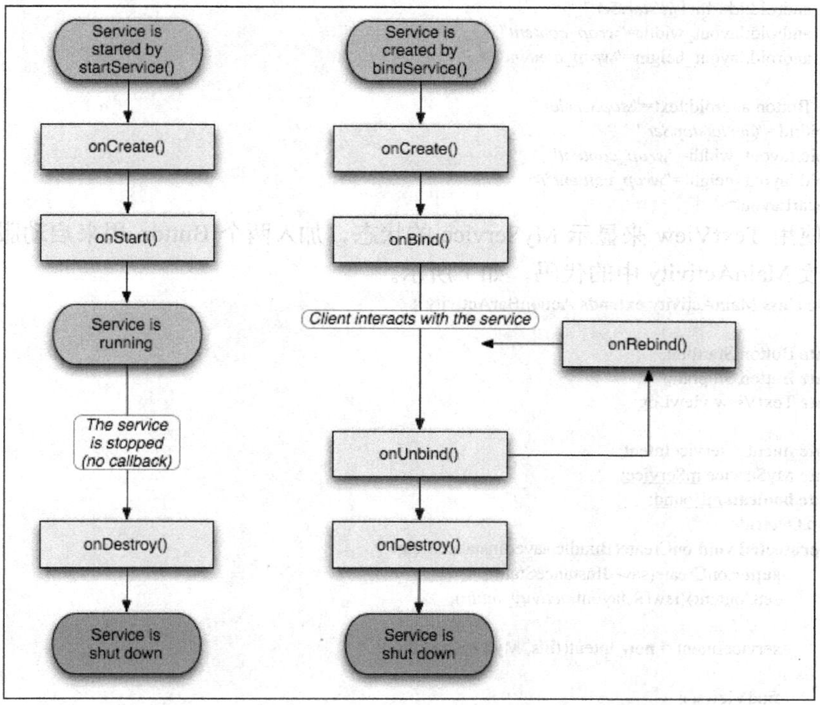

图 6.1 Service 的生命周期

Service 的生命周期并不像 Activity 那么复杂，Service 从启动到销毁的过程只经历 3 个阶段，创建服务、开始服务、销毁服务。

一个服务实际上是一个继承 android.app.Service 的类，当服务经历上面 3 个阶段后，会分别调用 Service 类中的 3 个事件方法进行交互，这 3 个事件方法如下。

```
public void onCreate();                                   //  创建服务
public void onStart(Intent intent, int startId);          //  开始服务
public void onDestroy();                                  //  销毁服务
```

如果 Service 已经启动了，当再次启动 Service 时，不会在执行 onCreate()方法，而是直接执行 onStart()方法。Service 自己可以通过 Service.stopSelf()方法或者 Service.stopSelfResult()方法来停止。一个服务只会创建 onCreate()一次，销毁 onDestroy()一次，但可以开始 onStart()多次，因此，onCreate 和 onDestroy 方法只会被调用一次，而 onStart 方法会被调用多次。

如何启动上节中写的那个 MyService 服务？启动和停止自然是使用 Intent 去实现，下面看看 MyServiceLife 中如何启动这个服务。

首先修改 activity_main.xml 布局文件，代码如下。

```
<?xml version="1.0" encoding="utf-8"?>
<LinearLayout xmlns:android="http://schemas.android.com/apk/res/android"
android:orientation="vertical"
android:layout_width="fill_parent"
android:layout_height="fill_parent"
>
    <TextView
    android:id="@+id/tvView"
    android:layout_width="fill_parent"
    android:layout_height="wrap_content"
    android:text=""/>

    <Button android:text="startService"
     android:id="@+id/startSer"
     android:layout_width="wrap_content"
     android:layout_height="wrap_content"/>

    <Button android:text="stopService"
android:id="@+id/stopSer"
android:layout_width="wrap_content"
android:layout_height="wrap_content"/>
</LinearLayout>
```

在这里使用 TextView 来显示 MyService 的状态，加入两个 Button 用来启动服务和停止服务。下面修改 MainActivity 中的代码，如下所示。

```
public class MainActivity extends ActionBarActivity {

private Button Startbtn;
private Button Stopbtn;
private TextView viewLog;

private Intent    serviceIntent;
private MyService mService;
private boolean mBound;
    @Override
    protected void onCreate(Bundle savedInstanceState) {
        super.onCreate(savedInstanceState);
        setContentView(R.layout.activity_main);

        serviceIntent = new Intent(this, MyService.class);

        findViews();

        setListensers();
    }

    protected void findViews(){
        Startbtn = (Button)findViewById(R.id.startSer);
        Stopbtn   = (Button)findViewById(R.id.stopSer);
        viewLog    = (TextView) findViewById(R.id.tvView);
    }

    protected void setListensers(){
        Startbtn.setOnClickListener(startServerClick);
        Stopbtn.setOnClickListener(stopServerClick);
    }
     private OnClickListener startServerClick = new OnClickListener() {
public void onClick(View v) {
    viewLog.setText(R.string.start_Service);
    startService(serviceIntent);
    }
    };
    private OnClickListener stopServerClick = new OnClickListener() {
public void onClick(View v) {
```

```
            viewLog.setText(R.string.stop_Service);
            stopService(serviceIntent);
              }
            };
          }
```

这里看到在 onCreate()方法中获取三个控件的实例，并给两个 Button 注册响应事件，我们构建了一个 Intent 对象，并调用 startService()方法来启动 MyService 这个服务，调用 stopService()方法来停止这个服务，startService()和 stopService()这两个方法都是定义在 Context 类中，所以在 Activity 中可以调用。在这里完全由 Activity 来决定 Service 何时启动何时停止，如果单击了 startService 后，不单击 stopService 按键，服务将一直处于运行状态，那么服务能不能自己停止呢？当然可以，只需要在 MyService 中调用 stopSelf()方法就可以停止服务。

下面在 MyService 服务类中加入 Log 信息，看一下服务的生命周期由开始到销毁的过程。代码如下。

```
public class MyService extends Service {
    private static final String TAG = "MyService";
    @Override
    public IBinder onBind(Intent arg0) {
        return null;
    }
    @Override
    public void onCreate() {
        Log.d(TAG, "onCreate");
        super.onCreate();
    }
    @Override
    public void onDestroy() {
        Log.d(TAG, "onDestroy");
        super.onDestroy();
    }
    @Override
    public void onStart(Intent intent, int startId) {
        Log.d(TAG, "onStart");
        super.onStart(intent, startId);
    }
}
```

运行本节的例子后，会显示如图 6.2 所示的界面。

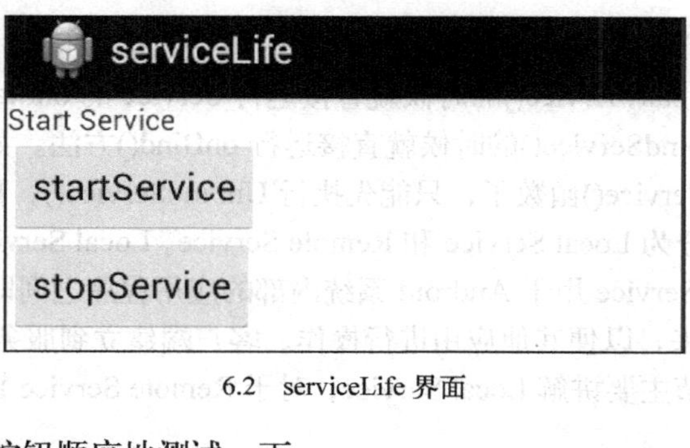

6.2　serviceLife 界面

下面按如下的单击按钮顺序地测试一下：

【startService】→【stopService】→【startService】→【startService】→【startService】→【stopService】

测试完程序，就会看到如图 6.3 所示的输出信息。可以看出，只在第 1 次单击【Start Service】按钮后会调用 onCreate 方法，如果在未单击【Stop Service】按钮时多次单击【Start Service】按钮，系统只在第 1 次单击【Start Service】按钮时调用 onCreate 和 onStart 方法，再单击该按钮时，系统只会调用 onStart 方法，而不会再次调用 onCreate 方法。

PID	TID	Application	Tag	Text
1376	1376	com.example.servi...	MyService	onCreate
1376	1376	com.example.servi...	MyService	onStart
1376	1376	com.example.servi...	MyService	onDestroy
1376	1376	com.example.servi...	MyService	onCreate
1376	1376	com.example.servi...	MyService	onStart
1376	1376	com.example.servi...	MyService	onStart
1376	1376	com.example.servi...	MyService	onStart
1376	1376	com.example.servi...	MyService	onDestroy

图 6.3　服务的生命周期方法的调用情况

6.3　服务的启动

Service 的启动有两种方式，context.startService()和 context.bindService()，能启动 service 的组件有 Activity、service、content provide，根据启动方式的不同将其分为以下两类。

（1）采用 Context.startService()方法启动服务，在服务未被创建时，系统会先调用服务的 onCreate()方法，接着调用 onStart()方法。如果调用 startService()方法前服务已经被创建，多次调用 startService()方法并不会导致多次创建服务，但会导致多次调用 onStart()方法。采用 startService()方法启动的服务，只能调用 Context.stopService()方法结束服务，服务结束时会调用 onDestroy()方法。

（2）采用 Context.bindService()方法启动服务，在服务未被创建时，系统会先调用服务的 onCreate()方法，接着调用 onBind()方法。这个时候调用者和服务绑定在一起，调用者退出了，系统就会先调用服务的 onUnbind()方法，接着调用 onDestroy()方法。如果调用 bindService()方法前服务已经被绑定，多次调用 bindService()方法并不会导致多次创建服务及绑定（也就是说 onCreate()和 onBind()方法并不会多次被调用）。如果调用者希望与正在绑定的服务解除绑定，可以调用 unbindService()方法，调用该方法也会导致系统调用服务的 onUnbind()-->onDestroy()方法。

不同的启动方式，对于 Service 的 onCreate 的方法只会被调用一次，如果先调用的是 bindService()方法，那么 startService()的时候就直接运行 Service 的 onStart()方法，如果先调用的是 startService()，那么 bindService()的时候就直接运行 onBind()方法。如果先调用 bindService()方法，就不能执行 stopService()函数了，只能先执行 UnbindService()，再执行 StopService()。

Android Service 又分为 Local Service 和 Remote Service。Local Service 用于应用程序内部即同一个进程内。Remote Service 用于 Android 系统内部的应用程序之间即多个进程之间。可以定义接口并把接口暴露出来，以便其他应用进行操作。客户端建立到服务对象的连接，并通过该连接来调用服务。这一节主要讲解 Local Service，对于 Remote Service 请参看 6.4 节，用于跨进程调用 Service。

6.3.1　startService()启动 Service

首先我们用实例来讲解 startService()的启动方式，这种启动方式是通过 Intent 来驱动执行的 Service 中的部分方法，首先创建 MusicService 工程，设置为默认，新建 MusicService 类继承 Service 用于播放媒体音乐，然后创建 StartServiceActivity，这个 Activity 使用 startService()启动 MusicService，并在这种启动方式下与 MusicService 进行交互。下面看看实现过程。

新建 MusicService 继承 Service，代码如下。

```
public class MusicService extends Service {
    private static final String TAG = "MusicService";

    private MediaPlayer mediaPlayer;

    @Override
    public IBinder onBind(Intent arg0) {
        return null;
    }

    @Override
    public void onCreate() {
        Log.v(TAG, "onCreate");
        if (mediaPlayer == null) {
            mediaPlayer = MediaPlayer.create(this, R.raw.music);
            mediaPlayer.setLooping(false);
        }
    }

    @Override
    public void onDestroy() {
        Log.v(TAG, "onDestroy");
        if (mediaPlayer != null) {
            mediaPlayer.stop();
            mediaPlayer.release();
        }
    }

    @Override
    public void onStart(Intent intent, int startId) {
        Log.v(TAG, "onStart");
        if (intent != null) {
            Bundle bundle = intent.getExtras();
            if (bundle != null) {
                int op = bundle.getInt("op");
                switch (op) {
                case 1:
                    play();
                    break;
                case 2:
                    stop();
                    break;
                case 3:
                    pause();
                    break;
                }
            }
        }
    }

    public void play() {
        if (!mediaPlayer.isPlaying()) {
            mediaPlayer.start();
        }
    }

    public void pause() {
        if (mediaPlayer != null && mediaPlayer.isPlaying()) {
            mediaPlayer.pause();
        }
    }

    public void stop() {
        if (mediaPlayer != null) {
            mediaPlayer.stop();
            try {
                mediaPlayer.prepare();
            } catch (IOException ex) {
                ex.printStackTrace();
            }
        }
    }

}
```

上面的 MusicService 类中除了生命周期函数外实现三个功能函数，分别是播放音乐、暂停音乐和停止播放音乐。

在工程中加入 StartServiceActivity 用于和 MusicService 进行通信，在 StartServiceActivity 类中使用了 5 个 Button，分别用于控制播放音乐、停止播放音乐、暂停音乐、退出应用、停止服务，通过这些 Button 的监听事件去控制 MusicService，代码如下。

```
public class StartServiceActivity extends Activity   implements OnClickListener{

    private Button playBtn;
    private Button stopBtn;
    private Button pauseBtn;
    private Button exitBtn;
    private Button closeBtn;

    private Intent intent;

    @Override
    public void onCreate(Bundle savedInstanceState) {
        super.onCreate(savedInstanceState);
        setContentView(R.layout.local_service_Activity);

        playBtn = (Button) findViewById(R.id.play);
        stopBtn = (Button) findViewById(R.id.stop);
        pauseBtn = (Button) findViewById(R.id.pause);
        exitBtn = (Button) findViewById(R.id.exit);
        closeBtn = (Button) findViewById(R.id.close);

        playBtn.setOnClickListener(this);
        stopBtn.setOnClickListener(this);
        pauseBtn.setOnClickListener(this);
        exitBtn.setOnClickListener(this);
        closeBtn.setOnClickListener(this);

    }

    @Override
    public void onClick(View v) {
        int op = -1;
        intent = new Intent("com.example.musicservice.service.musicService");

        switch (v.getId()) {
        case R.id.play:                                   // play music
            op = 1;
            break;
        case R.id.stop:                                   // stop music
            op = 2;
            break;
        case R.id.pause:                                  // pause music
            op = 3;
            break;
        case R.id.close:                                  // close Activity
            this.finish();
            break;
        case R.id.exit:                                   // stopService
            op = 4;
            stopService(intent);
            this.finish();
            break;
        }

        Bundle bundle = new Bundle();
        bundle.putInt("op", op);
        intent.putExtras(bundle);

        startService(intent);                             // startService
    }

    @Override
    public void onDestroy(){
        super.onDestroy();
```

```
                if(intent != null){
                    stopService(intent);
                }
            }

        }
```

在上面的代码中使用 Intent 中绑定数据的方法去控制 MusicSevice，使用 startService()方法将 Intent 传给 MusicService，StartServiceActivity 类加载的布局文件为 local_service_activity.xml，代码如下。

```
<?xml version="1.0" encoding="utf-8"?>
<LinearLayout xmlns:android="http://schemas.android.com/apk/res/android"
android:layout_width="fill_parent"
android:layout_height="fill_parent"
android:orientation="vertical" >
<Button
android:id="@+id/play"
android:layout_width="fill_parent"
android:layout_height="wrap_content"
android:text="@string/play" />
<Button
android:id="@+id/stop"
android:layout_width="fill_parent"
android:layout_height="wrap_content"
android:text="@string/stop" />
<Button
android:id="@+id/pause"
android:layout_width="fill_parent"
android:layout_height="wrap_content"
android:text="@string/pause" />
<Button
android:id="@+id/close"
android:layout_width="fill_parent"
android:layout_height="wrap_content"
android:text="@string/close" />
<Button
android:id="@+id/exit"
android:layout_width="fill_parent"
android:layout_height="wrap_content"
android:text="@string/exit" />
</LinearLayout>
```

编写 Android 的应用组件时需要在 AndroidManifest.xml 文件中进行配置。在 AndroidManifest.xml 文件的<application>标签中添加如下代码。

```
    <activity
android:name="com.example.musicservice.StartServiceActivity"
android:label="@string/app_name" >
    </activity>
    <service
android:name=".service.MusicService"
android:enabled="true" >
<intent-filter>
<action android:name="com.example.musicservice.service.musicService" />
</intent-filter>
    </service>
```

修改 MainActivity.java 代码，添加 Button 启动 StartServiceActivity 类，代码如下。

```
public class MainActivity extends Activity    implements OnClickListener {

    private Button musicServiceBtn;
    @Override
    public void onCreate(Bundle savedInstanceState) {
        super.onCreate(savedInstanceState);
        setContentView(R.layout.main);
        musicServiceBtn = (Button) findViewById(R.id.localServiceActivity);
        musicServiceBtn.setOnClickListener(this);
    }

    @Override
    public void onClick(View v) {
        switch (v.getId()) {
```

```
                case R.id.localServiceActivity:
                    startActivity(new Intent(this, StartServiceActivity.class));
                    break;
            }
        }

    }
```

运行程序，如图 6.4 所示。

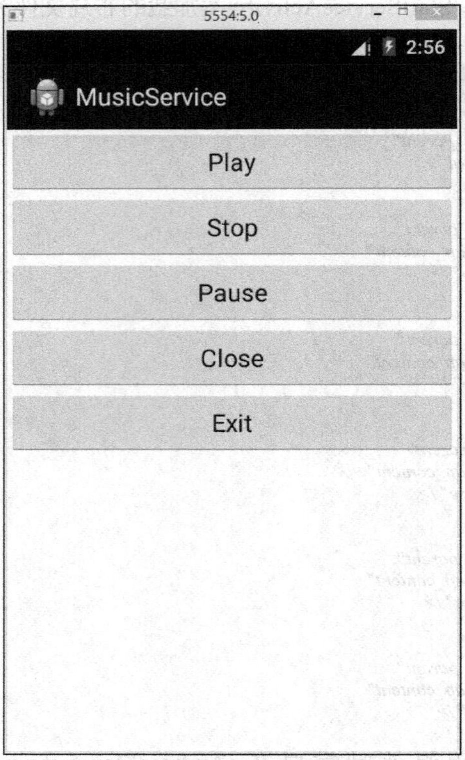

图 6.4　MusicService 运行图

6.3.2　bindService()启动 Service

上节实例中讲解了 startService()和 stopServic()的用法，这是使用 Intent 来驱动执行的 Service，可用性有限，并不能完全满足我们对于后台服务的需求。对于后台执行的代码，我们的应用情景不光是希望进行后台操作，可能还希望进行交互，可以随时检查后台操作的结果，并能暂停或是重启后台执行的服务，可以在使用某一 Service 时保证它并不会退出执行，甚至提交一些参数到后台来进行复杂的处理。这时可以使用 Service 的另一个访问方式，使用 Binder 接口来访问。Service 基类还提供这类应用的回调方式，onBind()、onUnbind()和 onRebind()。使用 Binder 来访问 Service 的方式比 Intent 驱动的应用情景更底层，onBind()回调主要用于返回一个 IBinder 对象，而这一 IBinder 对象是 Service 的引用，可以在调用端（一般是与用户交互的 Activity）直接调用 Service 里实现的某些方法。这一节我们使用 Binder 接口来访问 Service，这时的启动方式是 bindService()。

下面用实例讲解使用 Binder 接口来访问 Service，在 MusicService 工程中创建 bindMusic Service 类继承 Service 用于播放媒体音乐，然后创建 bindServiceActivity 这个 Activity 使用 bindService ()启动 bindMusicService，并在这种启动方式下与 bindMusicService 进行交互。下面看看实现过程。

首先新建 bindServiceActivity 类继承 Activity，代码如下。

```
public class bindServiceActivity extends Activity implements OnClickListener {

    private Button playBtn;
    private Button stopBtn;
    private Button pauseBtn;
    private Button exitBtn;

    boolean mBound = false;
    bindLocalMusicReceiver mService;
    @Override
    public void onCreate(Bundle savedInstanceState) {
        super.onCreate(savedInstanceState);
        setContentView(R.layout.bind_music_service);

        playBtn = (Button) findViewById(R.id.play);
        stopBtn = (Button) findViewById(R.id.stop);
        pauseBtn = (Button) findViewById(R.id.pause);
        exitBtn = (Button) findViewById(R.id.exit);

        playBtn.setOnClickListener(this);
        stopBtn.setOnClickListener(this);
        pauseBtn.setOnClickListener(this);
        exitBtn.setOnClickListener(this);

        connection();
    }

    private void connection() {
        Intent intent = new Intent("com.example.musicservice.service.bindMusicReceiver");
        bindService(intent, sc, Context.BIND_AUTO_CREATE); //启动Service
    }

    @Override
    public void onClick(View v) {
        if(mBound) {
            switch (v.getId()) {
            case R.id.play:
                mService.play();
                break;
            case R.id.stop:
                if (mService != null) {
                    mService.stop();
                }
                break;
            case R.id.pause:
                if (mService != null) {
                    mService.pause();
                }
                break;
            case R.id.exit:
                this.finish();
                break;
            }
        }
    }

    private ServiceConnection sc = new ServiceConnection() {
        @Override
        public void onServiceConnected(ComponentName name, IBinder service) {
            //connect Service
            mBound = true;
            LocalBinder binder = (LocalBinder) service;
    mService = binder.getService();
    mBound = true;
        }

        @Override
        public void onServiceDisconnected(ComponentName name) {
```

```
            //disconnect Service
            mService = null;
            mBound = false;
        }
    };

    @Override
    public void onDestroy(){
        super.onDestroy();

        if(sc != null){
            unbindService(sc);                          / unBindService
            mBound = false;
        }
    }
}
```

词条解释如下。

- binder.getService();获得 Service 对象

在 Activity 里面的操作。通过 Intent，调用 bindService 将 Activity 和 Service 绑定。bindService 的函数原型如下所示。

```
boolean   bindService（Intent service，ServiceConnection con，int flags）
```

当调用了 bindService()方法的时候，这个方法是非阻塞的，会立刻返回，此时 Service 和 Activity 并没有真正绑定，那么什么时候确定 Activity 和 service 真正地绑定上了呢？就是在第二个参数 ServiceConnection 对象里面，需要在 Activity 里定义一个 ServiceConnection 对象，并且重载其中的两个方法，onServiceConnected() 方法和 onServiceDisconnected() 方法，onServiceConnected()方法就是当系统通过 Intent 查找到合适的 Service，并将 Activity 和 service 绑定后执行的方法，onServiceConnected()方法的参数 IBinder（这个对象我们后面详细讲解）就是 Activity 需要连接的 IBinder 对象，通过这个 IBinder 对象获得通信的 service 对象，那么就可以调用 service 里面的方法，于是就有了下面的步骤。

（1）声明一个 ServiceConnection 对象，并且重载其两个方法。

（2）要想通过 IBander 对象来获得 service 实例，那么最起码要在 service 里面构建一个来 IBander 对象，通过这个对象能获得 service 的实例。方法就是在 Service 类中构建一个内部类，继承于 Binder，在这个类里面实现一个方法，就是返回当前的 service 实例。通过以上两步，就实现了 Activity 和 service 的通信了。

bindMusicService 类代码实现如下。

```
public class bindMusicService extends Service {

    private MediaPlayer mediaPlayer;
    // Binder given to clients
private final IBinder mBinder = new LocalBinder();

public class LocalBinder extends Binder {
    public bindMusicService getService() {
return bindMusicService.this;
    }
}

@Override
// 如果是通过startService()函数启动的时候，这个函数是不起作用的。
// public void onServiceConnected(ComponentName name, IBinder service) 返回的Activity
// IBinder service 对象
public IBinder onBind(Intent intent) {
    return mBinder;
    }

    public void play() {
        if (mediaPlayer == null) {
            mediaPlayer = MediaPlayer.create(bindMusicService.this, R.raw.music);
```

```
                mediaPlayer.setLooping(false);
            }
            if (!mediaPlayer.isPlaying()) {
                mediaPlayer.start();
            }
        }

        public void pause() {
            if (mediaPlayer != null && mediaPlayer.isPlaying()) {
                mediaPlayer.pause();
            }
        }


        public void stop(){
            if (mediaPlayer != null) {
                mediaPlayer.stop();
                try {
                    mediaPlayer.prepare();
                } catch (IOException ex) {
                    ex.printStackTrace();
                }
            }
        }
    }
}
```

在 AndroidManifest.xml 文件的 <application> 标签中添加 bindMusicService 类和 bindServiceActivity 类的组件，代码如下。

```
<activity
android:name="com.example.musicservice.bindServiceActivity"
android:label="@string/app_name" >
    </activity>_
    <service
android:name=".service.bindMusicService"
android:enabled="true" >
<intent-filter>
<action android:name="com.example.musicservice.service.bindMusicReceiver" />
</intent-filter>
    </service>
```

修改 MainActivity.java 代码，添加 Button 启动 bindServiceActivity 类，代码如下。

```
public class MainActivity extends Activity    implements OnClickListener {

    private Button musicServiceBtn;
    private Button localServiceBtn;
    @Override
    public void onCreate(Bundle savedInstanceState) {
        super.onCreate(savedInstanceState);
        setContentView(R.layout.main);
        musicServiceBtn = (Button) findViewById(R.id.localServiceActivity);
        localServiceBtn = (Button) findViewById(R.id.bindServiceActivity);
        musicServiceBtn.setOnClickListener(this);
        localServiceBtn.setOnClickListener(this);
    }

     @Override
     public void onClick(View v) {
         switch (v.getId()) {
         case R.id.localServiceActivity:
             startActivity(new Intent(this, StartServiceActivity.class));
             break;
         case R.id.bindServiceActivity:
             startActivity(new Intent(this, bindServiceActivity.class));
         break;
      }
  }
}
```

运行程序，如图 6.5 所示。

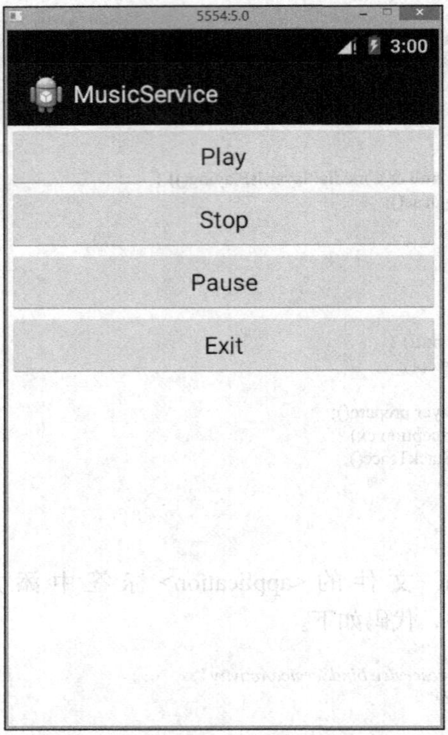

图 6.5　MusicService 运行图

6.4　Android AIDL

Android 在设计初期引入了一个概念 Remote Service。Remote Service 定义了如何从一个进程直接访问到另一个进程里实现的方法，这样的机制在通用编程领域被称为 RPC，Remote Procedure Call，在Android环境中因为这样的RPC与Service的概念揉合到了一起，所以被称为Remote Service。

在 Android 中不同 app 属不同进程，进程是安全策略的边界，一个进程不能访问其他进程的存储（例如采用 ContentProvider）。在 Remote Service 中将涉及进程间通信，也就是通常讲的 IPC（interprocess commnication），需要在进程 A 和进程 B 之间建立连接，以便进行相互的通信或数据传递。

对于 Service 和 Client 不在同一进程内，Client 调用 Service 的方法，并且相互传递数据对象就需要引入 AIDL，AIDL 是 Android Interface definition language 的缩写，它是一种 Android 内部进程通信接口的描述语言，通过它我们可以定义进程间的通信接口 IPC：interprocess communication 以实现内部进程通信。

AIDL 跟传统的 IDL 有类似之处，但区别也很大。它更加简单，只用于 Java 环境，不能用于网络环境里。AIDL 提供的功能，就是将这些重复性的通信代码（Proxy 与 Stub 的基本实现参看 16 章），固化到 AIDL 工具自动生成的代码里，这部分代码用户看不到，也不用去改写它。

官方文档特别提醒，必须使用 AIDL 的场景是，对于不同的应用程序为了进程间的通信去访问 Service，或者在 Service 中处理多线程。AIDL IPC 的机制是基于接口的，它使用代理类在 Client 和 Service 间传递数据。

使用 AIDL 实现一个 IPC 有下列步骤。

（1）创建你的 AIDL 接口：该接口定义了可供客户端访问的方法和属性。

（2）实现接口方法：从刚才创建的 AIDL 接口中使用 Java 编程语言来创建一个接口。这个接口有一个名为 Stub 的内部抽象类，它继承接口(并实现供 IPC 调用所必需的几个附加方法)。而且必须创建一个类来实现该接口。

（3）Client 获取接口：如果已经有 Service，应该扩展该 Service 并重载 getBinder()方法来返回一个实现上述接口的类的实例。

AIDL 接口文件，它的扩展名为.AIDL。保存在 src 目录下。如果其他应用程序需要 IPC，则那些应用程序的 src 也要带有这个文件。Android SDK tools 就会在 gen 目录下自动生成一个 IBinder 接口文件。Service 必须适当地实现这个 IBinder 接口。那么客户端程序就能绑定这个 service 并在 IPC 时从 IBinder 调用方法。

每个 AIDL 文件只能定义一个接口，而且只能是接口的声明和方法的声明。通过 AIDL 文件定义 Service 向 client 提供的接口。

如图 6.6 所示，Remote Service 基本上算是通过 Binder 接口来访问 Service，这是在实现上的一种拓展。调用端（一般是与用户交互的 Activity）会通过 bindService()发一个 Intent 到 Service 进程，而 Service 进程会在 onBind()回调方法里返回自己的 Service 处理接口。当调用端得到相应的处理接口，也就是 6.6 图中的 Stub.Proxy 对象之后，就可以调用远端 Stub 对象里实现的方法。

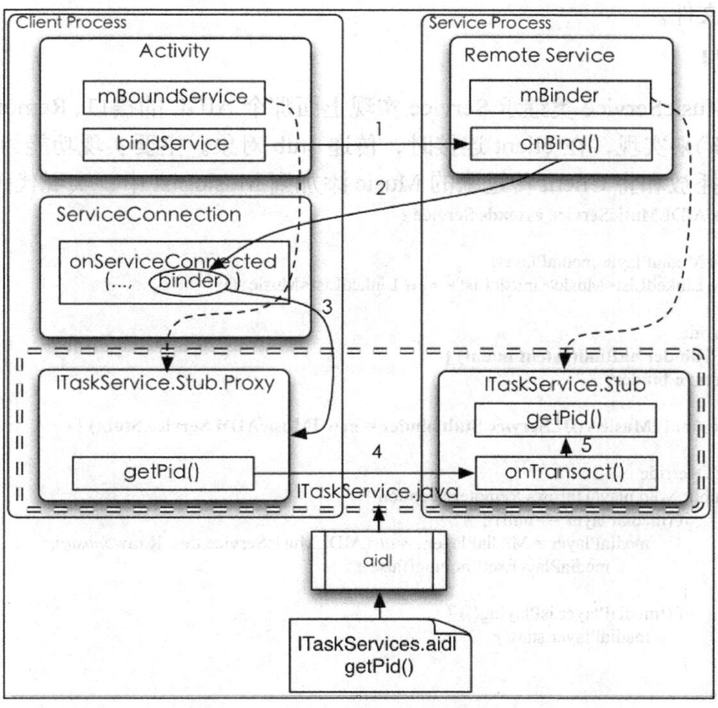

图 6.6　Remote Service 交互过程

由于这种方式需要在每次调用时都进行一次远程调用，实现起来比较复杂。在上图逻辑里要实现一个 Remote Service，并在 Remote Service 里实现一个方法，就需要加入多个对象。于是在 Android 里引入了 AIDL，可以通过 AIDL 来简化通用代码的处理，在上图中 Stub 对象、Stub.Proxy 对象都将由 AIDL 自动管理。

6.4.1 创建一个 AIDL 文件

AIDL 使用简单的语法来声明接口，描述其方法以及方法的参数和返回值。这些参数和返回值可以是任何类型，甚至是其他 AIDL 生成的接口。对于 Java 编程语言的基本数据类型（int, long, char, boolean 等），String 和 CharSequence，集合接口类型 List 和 Map，不需要 import 语句。而对于在 AIDL 中使用其他 AIDL 接口类型，需要 import，即使是在相同包结构下。对于 AIDL 传递实现 Parcelable 接口的类，也需要 import。需要注意的是，对于非基本数据类型，需要有方向指示，包括 in、out 和 inout，其中 in 表示由客户端设置，out 表示由服务端设置，inout 是两者均可设置。

AIDL 只支持接口方法，不能公开 static 变量。

实例讲解，还是继续上两节中对于音乐播放的代码添加 AIDL 接口文件，代码如下。

```
package com.example.musicservice.AIDL.service;
import com.example.musicservice.AIDL.service.Music;

interface IMusicAIDLService{
    void play();
    void stop();
    void pause();
    void saveMusicInfo(in Music music);
    List<Music> getAllMusic();
}
```

AIDL 文件很简单，提供 5 个接口，播放音乐、停止播放音乐、暂停播放音乐以及保存音乐信息和一个获取音乐的列表接口，参数 in 表示客户端设置。Eclipse 会根据文件自动生成相关的 java interface 文件。

6.4.2 实现接口

创建 AIDLMusicService 类继承 Service 实现上面那个 AIDL 的接口，Remote Service 的编写可以通过 onBind()来实现，在 client 连接时，传递 stub 对象。主要实现功能为应用播放音乐、暂停播放、停止播放和将 Client 传过来的 Music 添加到 MusicList 中，实现代码如下。

```
public class AIDLMusicService extends Service {

    private MediaPlayer mediaPlayer;
    private LinkedList<Music> musicList = new LinkedList<Music>();

    @Override
    public IBinder onBind(Intent intent) {
        return binder;
    }
    private final IMusicAIDLService.Stub binder = new IMusicAIDLService.Stub() {

        @Override
        public void play() throws RemoteException {
            if (mediaPlayer == null) {
                mediaPlayer = MediaPlayer.create(AIDLMusicService.this, R.raw.music);
                    mediaPlayer.setLooping(false);
            }
            if (!mediaPlayer.isPlaying()) {
                mediaPlayer.start();
            }
        }

        @Override
        public void pause() throws RemoteException {
            if (mediaPlayer != null && mediaPlayer.isPlaying()) {
                mediaPlayer.pause();
            }
        }

        @Override
```

```
            public void stop() throws RemoteException {
                if (mediaPlayer != null) {
                    mediaPlayer.stop();
                    try {
                        mediaPlayer.prepare();
                    } catch (IOException ex) {
                        ex.printStackTrace();
                    }
                }
            }
        @Override
        public void saveMusicInfo(Music music) throws RemoteException {
        if (music != null){
        musicList.add(music);
            }
        }

        @Override
        public List<Music> getAllMusic() throws RemoteException {
        return musicList;
            }
        };

        @Override
        public void onDestroy() {
            super.onDestroy();

            if(mediaPlayer != null){
                mediaPlayer.stop();
                mediaPlayer.release();
            }
        }
    }
```

词条解释如下。

- onBind(Intent intent)：当 Client 连接时，触发 onBind()方法，Service 向 Client 返回一个 stub 对象，由此 Client 可以通过 stub 对象来访问 Service，本例中通过 new IMusicAIDLService.Stub()获得 IBinder 对象。

上面代码中看到有一个名为 IMusicAIDLService.Stub 类，查看 gen 文件夹下 AIDL 文件生成的 Java 文件源代码就能发现有这样一段代码。

```
/** Local-side IPC implementation stub class. */
public static abstract class Stub extends android.os.Binder implements
com.example.musicservice.AIDL.service.IMusicAIDLService
{
......
}
```

看来 Stub 类就是继承于 Binder 类，那么对于 RemoteService 类和普通的 Service 类没什么不同，只是实现了 AIDL 接口的 Binder。

实现接口时有几个原则如下所述。

- 抛出的异常不要返回给调用者。
- IPC 调用是同步的。如果知道一个 IPC 服务需要超过几毫秒的时间才能完成，试着在一个独立的线程中调用它。
- 不能在 AIDL 接口中声明静态属性。

AndroidManifest.xml 文件中注册 Service 代码如下。

```
        <service    android:name="com.example.musicservice.AIDL.service.AIDLMusicService"
android:process=":remote"
android:enabled="true" >
<intent-filter>
<action android:name="com.example.musicservice.AIDLMusic" />
</intent-filter>
</service>
```

词条解释如下。

- android:process=":remote"代表在应用程序里，当需要该 Service 时，会自动创建新的进程。而如果是 android:process="remote"，没有“:”冒号的，则创建全局进程，不同的应用程序共享该进程。

对于实现 AIDL 接口，需注意如下 3 点。

（1）调用者是不能保证在主线程执行的，所以从调用的开始就需要考虑多线程处理，以确保线程安全。

（2）IPC 调用是同步的。如果你知道一个 IPC 服务需要超过几毫秒的时间才能完成，你应该避免在 Activity 的主线程中调用它。也就是 IPC 调用会挂起应用程序导致界面失去响应，这种情况应该考虑单独开启一个线程来处理。

（3）抛出的异常不能返回给调用者（跨进程抛异常处理是不可取的）。

6.4.3 使用 parcelables 进行参数的值传递

接下来就是关于所传递的数据 Bean——Person 类，是一个序列化的类，这里使用 Parcelable 接口来序列化，是 Android 提供的一个比 Serializable 效率更高的序列化类。

Parcel 类用作封装数据，封装后的数据可以通过 Intent 或 IPC 传递。除了基本类型以外，只有实现了 Parcelable 接口的类才能被放入 Parcel 中。需要实现 Parcelable 的常用方法如下。

（1）void writeToParcel(Parcel dest, int flags) 将对象的数据写入外部提供的 Parcel 对象中，参数-dest：数据保存的目标 Parcel 对象。

（2）describeContents()：返回 int 类型的值，该值用来表示包含在 Parcelable 中的当前对象，返回默认的值 0 即可。

（3）静态的 Parcelable.Creator 接口，本接口有如下两个方法。

- createFromParcel(Parcel in); 创建并返回自定义类的对象，该对象的数据从 in 对象中获取。
- newArray(int size); 创建并返回类型为 T，长度为 size 的对象数组，即（return new T[size]）。

AIDL 将使用代码中生成的这些方法和成员来解读对象。下面将上节实例中提到的 Music 类实现 Parcelable 接口，用来在 Service 和 Client 交互中提供 Parcelable 对象，实现代码如下。

```
public class Music implements Parcelable {

private String music_name;
private String music_author;
private int      play_time;
public Music() {}

public Music(Parcel pl){
     music_name = pl.readString();
     music_author = pl.readString();
     play_time = pl.readInt();
}
public String getMusicName() {
     return music_name;
}
public void settMusicName(String name) {
     this.music_name = name;
}
public String getMusicAuthor() {
     return music_author;
}
public void setMusicAuthor(String music_author) {
          this.music_author = music_author;
}
```

```
        public int getPlayTime() {
                return play_time;
        }
        public void setPlayTime(int play_time) {
                this.play_time = play_time;
        }
        @Override
        public int describeContents() {
        return 0;
        }
        @Override
        public void writeToParcel(Parcel dest, int flags) {
                dest.writeString(music_name);
                dest.writeString(music_author);
                dest.writeInt(play_time);
        }
        //创建一个常量对象，该对象以内部匿名类的形式实现Parcelable.creator接口
        public static final Parcelable.Creator<Music> CREATOR = new Parcelable.Creator<Music>() {
        //重写createFromParcel方法，创建并返回一个获得了数据的Music对象
                @Override
        public Music createFromParcel(Parcel source) {
        return new Music(source);
                }
                //重写newArray方法，返回对象数组
        @Override
        public Music[] newArray(int size) {
        return new Music[size];
                }
        };
        }
```

然后创建 Music.AIDL 文件，注意这里的 parcelable 开头的字母 p 是小写。

```
package com.example.musicservice.AIDL.service;
parcelable Music;
```

如果有类需要通过 AIDL 接口从一个进程发送到另一个进程，必须确保类代码可以被 IPC 接收端所使用。通常这意味着一开始就要和 Service 进行通信。

Music 类中的伪装是相当简单的。仔细看看 Parcel 中的其他方法，会看到其他各种值都可以写进 Parcel。

注意，不要忽视从其他进程接收数据时的安全性考虑。在本例中，Music 将从 parcel 中读两个字符串和一个数字，而我们则需要确保这些值都在可接受范围内。

6.4.4 客户端获取接口

上几节中已经将 Service 和 Parcel 书写完毕，下面了解一下 Client 端如何通过 AIDL 接口调用 Service。

首先 Client 调用 bindService()绑定到 Service，绑定是异步的，bindService()会立即返回，它不会返回 IBinder 给 Client 端。要接收 IBinder，Client 端需要创建一个 ServiceConnection 的实例并传给 bindService()。ServiceConnection 包含一个回调方法，系统调用这个方法来传递要返回的 Ibinder。

注，只有 activities、services 和 contentproviders 可以绑定到一个 Service。

Client 绑定到一个 Service，必须实现以下方法。

（1）实现 ServiceConnection，重写两个回调方法。

a．onServiceConnected()：系统调用这个方法来传送在 Service 的 onBind()中返回的 IBinder。

b．OnServiceDisconnected()：在与 Service 的连接意外丢失时调用。

（2）调用 bindService()，传给它 ServiceConnection 的实现。

（3）当系统调用 onServiceConnected()方法时，就可以使用接口定义的方法开始调用 service。

（4）要与 service 断开连接，调用 unbindService()。如下两种情况下解除绑定。

a．当 Client 端被销毁，它将从 Service 解除绑定，但是须在完成与 service 的交互之后。

b．当 Client 端 Activity 暂停不再使用 Service 时，会主动断开连接。

首先创建 Client 端的 Activity，即 AIDLMusicActivity 类，并在其中实现 Service 的绑定，通过 IMusicAIDLService.Stub.asInterface（service）来得到 Service 对象，代码如下。

```
public class AIDLMusicActivity extends Activity implements OnClickListener {
    private Music music;
  private IMusicAIDLService musicService;
  int index;
  @Override
    public void onCreate(Bundle savedInstanceState) {
      ......
      connection();
    }
    private void connection() {
            Intent intent = new Intent("com.example.musicservice.AIDLMusic");
            bindService(intent, sc, Context.BIND_AUTO_CREATE);
  }
  private ServiceConnection sc = new ServiceConnection() {
    @Override
    public void onServiceConnected(ComponentName name, IBinder service) {
        //connect Service
                musicService = IMusicAIDLService.Stub.asInterface(service);
            }
            @Override
      public void onServiceDisconnected(ComponentName name) {
                //disconnect Service
                musicService = null;
            }
        };
  }
```

词条解释如下。

- bindService()：触发另一个进程空间的 Stub 对象被创建。bindService()的第一个参数明确指定了要绑定的 Service 的 Intent，bindService()的第二个参数的类型是 ServiceConnection 对象，bindService()将使用这样一个 ServiceConnection 对象来管理 onServiceConnected()与 onServiceDisconnected()两个回调方法，于是一般会定义一个私有的 ServiceConnection 对象来作为这一参数，第三个参数是一个整形的标志，说明如何处理 bindService()请求，这里使用 Context.BIND_AUTO_CREATE 来表示发生 bindService()操作时，如果目标 Service 不存在，会触发 Service 的 onCreate()方法创建 Service。
- onServiceConnected()回调方法中，将返回引用到远程对象的 IBinder 引用。在 Android 官方的介绍中 IBinder 对象需要通过 asInterface()来进行类型转换，将 IBinder 再转换成 IMusicAIDLService。但在实现中是 Proxy 在内部被拆分成 Proxy 实现与 Stub 实现的，这两个实现都使用同一 IBinder 接口，在 onServiceConnected()里取回的就是这一对象 IBinder 引用，asInterface()操作实际上是通过 IBinder 对象，得到其对应的 Proxy 实现。
- bindService()方法来访问 Service，则 Service 的生存周期位于 bindService()与 unbindService()之间的 Bounded 区域，所以在 bindService()之后，如果不调用 unbindService()则会造成内存泄露，Binder 相关的资源无法得到回收。所以在合适的时间点调用 unbindService()是一种好习惯。

下面看看 Client 和 Service 通过 IBinder 进行交互的程序，在 Client 端添加音乐名称、作者和播放时间然后传递给 Service 端将数据添加到 MusicList 中，用户单击显示可以将数据读出并显示到 Client 界面中，代码如下。

```
@Override
public void onClick(View v) {
    try {
        switch (v.getId()) {
        case R.id.play:
            musicService.play();
            break;
        case R.id.stop:
            if (musicService != null) {
                musicService.stop();
            }
            break;
        case R.id.pause:
            if (musicService != null) {
                musicService.pause();
            }
            break;
        case R.id.addMusic:
            {
            Music music = new Music();
index = index + 1;
music.settMusicName("test.mp3");
music.setPlayTime(60*3);
music.setMusicAuthor("luhd");
try {
    musicService.saveMusicInfo(music);
} catch (RemoteException e) {
    e.printStackTrace();
}
            break;
        }
        case R.id.listMusic:
        {
            List<Music> list = null;

try {
        list = musicService.getAllMusic();
            } catch (RemoteException e) {
    e.printStackTrace();
        }

if (list != null){
            StringBuilder text = new StringBuilder();

for(Music music : list){
                text.append("\nMusic name:");
                text.append(music.getMusicName());
                text.append("\n Music play time :");
                text.append(music.getPlayTime());
                text.append("\n Music Author:");
                text.append(music.getMusicAuthor());
            }

inputMusicEdit.setText(text);
        }else {
            Toast.makeText(AIDLMusicActivity.this, "get data error",
                    Toast.LENGTH_SHORT).show();

        }
            break;
        }
        case R.id.exit:
            this.finish();
            break;
        }
    } catch (RemoteException e) {
        e.printStackTrace();
    }
}
```

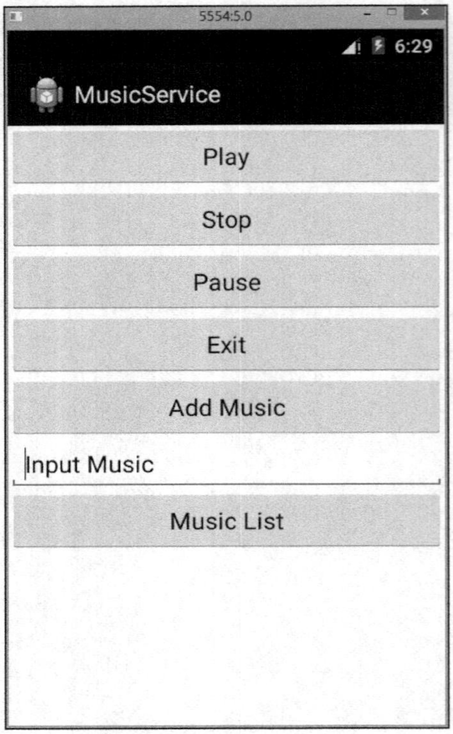

图 6.7　MusicService 运行图

上面的代码可以看到如何在 Client 端直接通过函数调用的方法调用 Service 中的函数，并能通过函数调用的方法传输数据。

将 AIDLMusicActivity 的启动代码添加到 MainActivity 中，然后运行程序，如图 6.7 所示。

权限设置方面我们需要注意以下事项。

（1）如果 Service 在 AndroidManifest.xml 中声明了全局的强制的访问权限，其他引用必须声明权限才能来 start、stop 或 bind 这个 service。

（2）Service 可以通过权限来保护它的 IPC 方法调用，通过调用 checkCallingPermission(String) 方法来确保可以执行这个操作。

截至现在已将如何在 Client 端通过 AIDL 和 Service 之间的交互代码讲解完了，那么到底 Android 底层是如何处理 Binder 交互的呢？下面讲解一下 IInterface 接口类，让读者能够在 Binder 原理上有个初步的了解，详细的讲解请查看 16 章。

6.4.5　IInterface 接口类

IInterface 接口类在 Binder 框架里是 Service 和 Client 访问的基础。继承 IInterface 类的 IMusicAIDLService 类来完成 Proxy 和 Stub 功能，通过接口 Client 会得到 Proxy 对象，而 Service 会得到 Stub 对象。在 Android 环境里，Proxy 只是 Stub 类的一部分，Proxy 在实现上的一种变体，从而强调 Stub 作为实现上的重要性，Proxy 需要依赖于其对应的 Stub 接口的存在。下面详细分析一下，gen 文件夹下 AIDL 文件生成的 Java 文件源代码 IMusicAIDLService.java。

```
    public interface IMusicAIDLService extends android.os.IInterface {……}
```

上面的代码中定义了 IMusicAIDLService 接口类，继承自同样是接口类的 IInterface。IInterface 接口类的作用很简单，就是能够通过 asBinder()方法返回一个 IBinder 接口对象。IBinder 本质上也是接口类，用来细分出一些 Binder 通信上的接口，在 Client 端实现发送代码 transact()，在 Service 端实现接收代码 onTransact()。在这里可以看到 IBinder 与 Binder 的接口与实现抽离，使用统一的 IBinder 接口访问到不同进程空间里的 Binder 对象。IMusicAIDLService 接口类就是定义一个抽象类 Stub 以及 AIDL 里定义的接口方法。

```
    public static abstract class Stub extends android.os.Binder implements
com.example.musicservice.aidl.service.IMusicAIDLService{
    ......
    }
```

上面的代码中定义了一个抽象类 Stub 同时继承 Binder 类，并实现 IMusicAIDLService 接口。继承 Binder 使 Stub 对象成为跨进程的远程对象，而实现 IMusicAIDLService 接口则使 Binder IPC 通信里发生的 IMusicAIDLService 相关的操作都转发到 Stub 对象的 onTransact()方法里进行处理。作为抽象类的 Stub 不可能单独被实例化，必须通过实现抽象类里缺失的方法来得到一个实质的类，这就需要 IMusicAIDLService 接口类来实现。

```
    public static abstract class Stub extends android.os.Binder implements
com.example.musicservice.aidl.service.IMusicAIDLService{
    public Stub()
```

```
{
this.attachInterface(this, DESCRIPTOR);
}
......
}
```

上面的代码中，Stub 里包含一个静态、final 类型的字符串 DESCRIPTOR，这一字符串用于 Binder 通信时的标识。DESCRIPTOR 在 AIDL 翻译时会使用 AIDL 接口类的名字，所以这一字符串是不会重复的。在 Stub 对象的初始化方法里，会调用 attachInterface()将 DESCRIPTOR 注册到 Binder 对象里，于是当一个完整实现的 Stub 对象被创建时，以它的接口类名为标识的信息就会注册到 Binder 通信里，从而 Binder IPC 里以 DESCRIPTOR 为目标的消息就会传到该 Stub 实现里。

```
public static com.example.musicservice.aidl.service.IMusicAIDLService asInterface(android.os.IBinder obj)
{
......
    return new com.example.musicservice.aidl.service.IMusicAIDLService.Stub.Proxy(obj);
}
```

asInterface()是提供给客户端来调用的方法。在基于 AIDL 的编程里，客户端通过 onServiceConnected()会取回一个 IBinder 引用，而通过 Stub 对象的 asInterface()方法，就可以取回一个客户端可用的 Proxy 实例。于是客户端有了 Proxy 对象，向 Service 端的 Stub 对象发送命令，这样 RPC 交互便建立起来了。在建立起与 Stub 对象通信的过程前，本地 IInterface 为空引用，于是创建一个 Stub.Proxy 对象。在后面的 Stub.Proxy 实现部分，可以看到在 Stub.Proxy 对象被创建后，调用 IMusicAIDLService 的方法，实际上会通过不同的接口方法来实现，发送 Binder 命令到远端。

```
public boolean onTransact(int code, android.os.Parcel data, android.os.Parcel reply, int flags)
throws android.os.RemoteException
{
......
}
```

对于 Stub 端代码的实现，前面也分析过，就是通过把 IPC 消息取出来进行解析，找到需要执行哪个方法来响应具体的调用请求。在 Android 环境里，这些操作统一由 onTransact()方法来完成。在 Java 里对于异常的捕捉与处理很重要，而所有的远程方法调用，实际都是在 onTransact()作用域里来完成，于是在这里抛出 RemoteException，远程调用中任何的异常信息都将在这时集中到一起，通过 Binder 抛到客户端处理。

```
private static class Proxy implements com.example.musicservice.aidl.service.IMusicAIDLService
{
......
}
```

定义客户端调用所需要的 Proxy 类。Proxy 与 Stub 一样，都继承自 IMusicAIDLService，于是也会跟 Stub 通过 IMusicAIDLService 接口类的定义来共享接口方法。

通过上面代码的分析，可以看出通过 IBinder 接口来访问某一对象，在 Service 实现里得到的是 Stub，而在客户端得到的是 Stub.Proxy 对象。这样的特点在继承于 Binder 的远程对象里也是如此，Binder 对象同时存在客户端的请求代码与 Service 端的响应代码，而在客户端与 Service 端都使用 IBinder 接口来访问 Binder 时，就可以得到不同的实现。

6.5 提高手机电池续航能力——JobScheduler 技术

提高电池续航能力，也就意味着减少系统和程序的电量消耗。Google 经过测试发现，每次唤醒设备，1-2 秒时都会消耗 2 分钟的待机电量，可见每次唤醒设备的时候，不仅仅是点亮了屏幕，系统也在后台处理很多事情。而 Android 5.0 为了解决这个问题，使用了一个新的 API JobScheduler，这个 API 可以让系统延时批处理一些不重要的 APP 请求，例如在某个时间或在指定的条件下（例如，当设备在充电时）异步运行数据库清理和日志上传等等。研发人员也可以使用这个 API 减少自己 APP 的不必要操作。

可能你会感觉很疑惑，为什么要推迟 APP 请求，这就需要了解 Android 的待机处理，安装 BBS（BetterBatteryStats）查看国内的常见应用如新闻、天气、社交、视频、购物、网盘软件等，启动这些软件，登录账号，让这些软件处于挂机状态，继续用 BBS 监控，发现后台有大幅频率的唤醒工作。

应用程序后台唤醒的原因是什么？一般涉及到网络通信的应用程序会启动 Alarm Service，如果选用的是可唤醒 CPU 的类型，即使是系统处于待机状态，也会定时地唤醒 CPU，甚至 Wifi。这样做的目的是保持 TCP 的长连接慢心跳，也就是保证客户端永远在线，也是为了让运营商和 WLAN 路由器不释放网络连接。另外，国内的运营商，不会提供免费的 Push 服务，缓存在服务器端的消息，必须由手机客户端自行 Pull 下来。这样对于经常主动发起通信，但是又没有太多离线消息的人来说，这种长期保持心跳的设计是非常消耗电量的。

从 BBS 的数据来看，1 个应用大概 5 分钟就会唤醒 1 次。2 个应用最坏的情况下就是 2.5 分钟醒一次。虽然从 Android 4.4(KitKat)开始，Alarm 可以设置成不精确模式（会被系统对齐），但它只是为了兼容性，缺省还是精确模式。装的应用越多，唤醒就越频繁，CPU 和 Modem 启动一次的功耗是很大的，对保持唤醒的时间做积分，得出平均电流会很大，所以待机时间会明显缩短。

也许有人问，对于同样的应用软件 iOS 的版本在 iPhone 上的表现又是怎样呢？iOS 系统有严格的消息推送机制 APNS（Apple Push Notification Service）。Apple 自己建立了服务器群，所有客户端和应用商服务器之间的通信，都由服务器群代为转发。因此，iOS 上的应用程序，不可能自行地唤醒系统，主动地发起通信。只有 APNS 自己醒过来，替已经注册过消息推送的应用与中转服务器通信，保持心跳或者抓取消息。所以 iPhone 只需要小容量的电池就可以做到跟安卓一样的用户体验。

业界除了 Apple 的 APNS，Nokia 有 NNA（Nokia Notifications API），Google 有 GCM（Google Cloud Messaging）。Nokia 的 NNA 主要用于 ASHA 系列手机，内置了常见的 IMs 软件，即便如此，这类手机（1200mAH）的实网待机时间也只能达到 7~10 天。GCM 在国内，目前只被及少量的应用使用（Google Play, Google+），因为它的心跳时间 28 分钟太长，在国内的实时性得不到保障。这类厂家出钱维护服务器，免费提供服务，极大地降低了手机的功耗。降低了手机的生产成本，延长了待机时间，极高了电能的使用效率，极大地保护了环境。

Android 上的很多应用，完全抛弃了 GCM，自己建立网络连接，与自己的服务器直接通信。相对于 Android，iOS 牢牢地抓住了唤醒源，抑制了杂乱无章的散兵游勇似的异常唤醒，避免了 CPU 唤醒和再次进入睡眠的功耗，Wifi 批量处理通信事件也节省了大量功耗。为了延长待机时间，市场上出现了大量的省电软件，比较有代表性的有“Deep Sleep Battery Saver”。国内也有这种类似的软件，例如“省电宝”等等。这类程序的省电思路如下。

（1）定义使用 Profile。如超长待机模式：杀掉后台应用，关闭 Wifi/BT/GPS；关闭 PS 业务，仅保留 CS 和 SMS；限制背光亮度；限制 CPU 最高频率等等。

（2）黑白名单模式。进入 Suspend 时查杀黑名单中的应用，禁止唤醒；允许白名单中的应用唤醒系统。唤醒后再次启动他们。

（3）一键查杀和释放内存。

（4）彻底切断网络通信。

（5）定时切换各种配置。

这类程序设计得比较周到，适合一般用户使用。但是并没有从根本上解决或者优化待机的问题，有些功能反而适得其反。举例说明如下。

（1）查杀模式，有些服务是杀不掉的，杀掉后会自动起来。如果释放内存，那就更严重了，因为还需要启动 eMMC（Embedded Multi Media Card）重新加载程序到内存，这些都会延长 CPU 工作的时间，更加耗电。另外，目前市面上所有的Android平台，本身不支持DDR的分区自刷新PASR(Partial Array Self-Refresh)功能。换言之，系统睡眠之后，DDR 控制器断电，DDR Memory 处于整块自刷新状态。所有的数据，不管上面的数据是否有人使用，都不会丢失。所以即便是释放了内存，照样会消耗同样的电能。除非有 PASR，能把不用的内存集中到一个分区，不去刷新，这样才能省电。

（2）黑名单和查杀模式有同样的问题，运行它本身就很费功耗。而且这样更限制了用户体验，该收的消息有可能没有收到。白名单，形同虚设，本来默认就是白名单模式。

（3）切断网络通信，除非是在确定不需要网络功能的时候，这个才有用处，否则也限制了用户体验。

由于出现了上面这么多问题，所以谷歌在 Android 5.0 推出了 JobScheduler，JobScheduler API 可以把要做的事情全部封装到 JobService 里面，JobService 继承自 Service，它为你使用 JobScheduler 功能提供了各种 API，而以前所有的应用都是通过 AlarmManager（到时间发一个 Intent，至于具体运行的逻辑就在应用程序中完成）来完成。JobScheduler 是一个 API 调度框架，将在你的应用程序进程中执行工作，可以在你的应用程序中设置 Jobinfo 调度对象，当应用符合系统调度条件时，系统将在你的应用程序中执行调度。

学习一下 Android Sdk 提供的示例代码吧，JobScheduler 项目，该项目的目的是通过 JobService 和MainActivity之间的通信来更改UI界面，首先看看如何写自己的JobService，创建TestJobService类继承自 JobService，JobScheduler 的调度通过 JobScheduler 提供的 callbacks 函数对 TestJobService 进行调度，最初会调用 TestJobService 的 onStartJob 方法。

```
public class TestJobService extends JobService {
private static final String TAG = "SyncService";

@Override
public void onCreate() {
super.onCreate();
        Log.i(TAG, "Service created");
    }

@Override
public void onDestroy() {
super.onDestroy();
        Log.i(TAG, "Service destroyed");
    }

/**
 * 当应用程序MainActivity创建时，启动service，通过这个函数可以进行activity和Service之间的通信
 */
@Override
public int onStartCommand(Intent intent, int flags, int startId) {
    Messenger callback = intent.getParcelableExtra("messenger");
    Message m = Message.obtain();
    m.what = MainActivity.MSG_SERVICE_OBJ;
    m.obj = this;
try {
        callback.send(m);
    } catch (RemoteException e) {
        Log.e(TAG, "Error passing service object back to activity.");
    }
return START_NOT_STICKY;
  }

@Override
public boolean onStartJob(JobParameters params) {
// 这里我们没有做任何真正的工作，只有处理Service启动时的逻辑，以及相应的UI更新
jobParamsMap.add(params);
if (mActivity != null) {
mActivity.onReceivedStartJob(params);
     }
     Log.i(TAG, "on start job: " + params.getJobId());
return true;
  }

@Override
public boolean onStopJob(JobParameters params) {
```

```
// 结束job时的逻辑处理
jobParamsMap.remove(params);
if (mActivity != null) {
mActivity.onReceivedStopJob();
    }
        Log.i(TAG, "on stop job: " + params.getJobId());
return true;
    }

MainActivity mActivity;
private final LinkedList<JobParameters> jobParamsMap = new LinkedList<JobParameters>();

public void setUiCallback(MainActivity activity) {
mActivity = activity;
    }

/** 将job加入到 JobScheduler中 */
public void scheduleJob(JobInfo t) {
        Log.d(TAG, "Scheduling job");
        JobScheduler tm =
                (JobScheduler) getSystemService(Context.JOB_SCHEDULER_SERVICE);
        tm.schedule(t);
    }

/**
    * 结束job时调用
    */
public boolean callJobFinished() {
        JobParameters params = jobParamsMap.poll();
if (params == null) {
return false;
        } else {
            jobFinished(params, false);
return true;
        }
    }

}
```

上面就是整个 JobService 的逻辑处理，代码我进行了注释，那么下面看看 MainActivity 是如何对它进行调用以及与其进行通信的，MainActivity 的代码如下所示。

```
public class MainActivity extends Activity {

public static final int MSG_UNCOLOUR_START = 0;
public static final int MSG_UNCOLOUR_STOP = 1;
public static final int MSG_SERVICE_OBJ = 2;

@Override
public void onCreate(Bundle savedInstanceState) {
super.onCreate(savedInstanceState);
......//省略UI处理
mServiceComponent = new ComponentName(this, TestJobService.class);
// 启动Service并通过这种方式和Service进行通信
        Intent startServiceIntent = new Intent(this, TestJobService.class);
        startServiceIntent.putExtra("messenger", new Messenger(mHandler));
        startService(startServiceIntent);
    }
// UI fields.
int defaultColor;
int startJobColor;
int stopJobColor;
    ComponentName mServiceComponent;
/** Service 对象，用于调度 scheduled jobs. */
    TestJobService mTestService;
private static int kJobId = 0;

    Handler mHandler = new Handler(/* default looper */) {
@Override
public void handleMessage(Message msg) {
switch (msg.what) {
case MSG_UNCOLOUR_START:
mShowStartView.setBackgroundColor(defaultColor);
break;
case MSG_UNCOLOUR_STOP:
mShowStopView.setBackgroundColor(defaultColor);
break;
case MSG_SERVICE_OBJ:
```

```
mTestService = (TestJobService) msg.obj;
mTestService.setUiCallback(MainActivity.this);
            }
        }
    };

private boolean ensureTestService() {
if (mTestService == null) {
            Toast.makeText(MainActivity.this, "Service null, never got callback?",
                    Toast.LENGTH_SHORT).show();
return false;
        }
return true;
    }

/**
    * 单击schedule Job Button时的逻辑处理，调研TestJobService 的scheduleJob方法
    */
public void scheduleJob(View v) {
if (!ensureTestService()) {
return;
        }

    JobInfo.Builder builder = new JobInfo.Builder(kJobId++, mServiceComponent);

        String delay = mDelayEditText.getText().toString();
if (delay != null && !TextUtils.isEmpty(delay)) {
            builder.setMinimumLatency(Long.valueOf(delay) * 1000);
    }
        String deadline = mDeadlineEditText.getText().toString();
if (deadline != null && !TextUtils.isEmpty(deadline)) {
            builder.setOverrideDeadline(Long.valueOf(deadline) * 1000);
        }
boolean requiresUnmetered = mWiFiConnectivityRadioButton.isChecked();
boolean requiresAnyConnectivity = mAnyConnectivityRadioButton.isChecked();
if (requiresUnmetered) {
            builder.setRequiredNetworkType(JobInfo.NETWORK_TYPE_UNMETERED);
        } else if (requiresAnyConnectivity) {
            builder.setRequiredNetworkType(JobInfo.NETWORK_TYPE_ANY);
        }
        builder.setRequiresDeviceIdle(mRequiresIdleCheckbox.isChecked());
        builder.setRequiresCharging(mRequiresChargingCheckBox.isChecked());

mTestService.scheduleJob(builder.build());

    }
    //单击Cancel all button的响应函数
public void cancelAllJobs(View v) {
        JobScheduler tm =
                (JobScheduler) getSystemService(Context.JOB_SCHEDULER_SERVICE);
        tm.cancelAll();
    }

/**
    * 单击taskFinish Button时的响应函数，其中调用TestJobService 的 jobFinished()方法
    */
public void finishJob(View v) {
if (!ensureTestService()) {
return;
        }
mTestService.callJobFinished();
mParamsTextView.setText("");
    }

/**
    * 接收TestJobService启动时发送的消息，更新UI显示
    */
public void onReceivedStartJob(JobParameters params) {
mShowStartView.setBackgroundColor(startJobColor);
        Message m = Message.obtain(mHandler, MSG_UNCOLOUR_START);
mHandler.sendMessageDelayed(m, 1000L); // uncolour in 1 second.
mParamsTextView.setText("Executing: " + params.getJobId() + " " + params.getExtras());
    }

/**
    *接收TestJobService停止时发送的消息，更新UI显示
    */
public void onReceivedStopJob() {
```

```
mShowStopView.setBackgroundColor(stopJobColor);
        Message m = Message.obtain(mHandler, MSG_UNCOLOUR_STOP);
mHandler.sendMessageDelayed(m, 2000L); // uncolour in 1 second.
mParamsTextView.setText("");
        }
}
```

上面我将 MainActivity 的代码进行了注释，相信大家对 MainActivity 和 TestJobService 之间的调用以及通信有了深入的了解，下面运行 JobScheduler 项目，如图 6.8 所示。

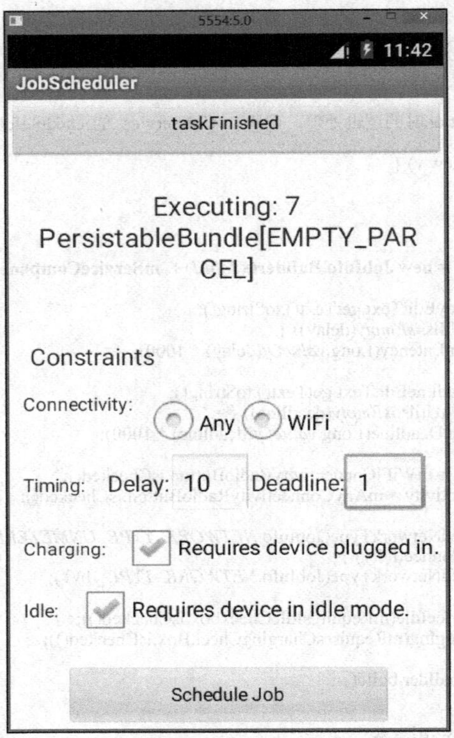

图 6.8　JobScheduler 项目

6.6　小　　结

本章中，我们学习了很多与服务器相关的重要知识点，包括服务的基本用法、服务的生命周期、前台服务和 IntentService 等。这些内容已经覆盖了大部分在你日常开发中可能用到的服务技术，再加上对 AIDL 概念和使用场景的分析，并用实例给大家进行讲解，相信以后不管遇到什么样的服务难题，你都能从容解决吧。

第 7 章
广播机制——Android 广播接收器

作为一个未来的总裁，应该具有激发和识别创新思想的才能。——（美）斯威尼

在 Android 系统中，广播（Broadcast）是在组件之间传播数据的一种机制，这些组件可以位于不同的进程中，它就像 Binder（第 16 章）机制一样，起到进程间通信的作用，它和 Activity、Service 在架构上是平等的。

广播机制，是一种组件间的通信方式。它和 Binder 机制不一样的地方在于，广播的发送者和接收者事先是不需要知道对方的存在的，这样带来的好处是，系统的各个组件可以松耦合地组织在一起，这样系统就具有高度的可扩展性，容易与其他系统进行集成。

在软件工程中，是非常强调模块之间的高内聚低耦合性的，随着系统越来越庞大，会面临着越来越难维护的风险。Android 应用程序的组织方式，可以说是把这种高内聚低耦合性的思想贯彻得非常透彻，在任何一个 Activity 中，都可以使用一个简单的 Intent，通过 startActivity 或者 startService，就可以把另外一个 Activity 或者 Service 启动起来为它服务，而且它根本上不依赖这个 Activity 或者 Service 的实现，只需要知道它的字符串形式的名字即可，而广播机制根本不关心谁是接收者。

BroadcastReceiver 是对发送出来的 Broadcast 进行过滤接受并响应的组件。首先将发送的信息和用于过滤的信息(如 Action、Category)装入一个 Intent 对象，然后通过调用 Context.sendBroadcast()、sendOrderBroadcast()或 sendStickyBroadcast()方法，把 Intent 对象以广播方式发送出去。Intent 发送后，所有已经注册的 BroadcastReceiver 会检查注册时的 IntentFilter 是否与发送的 Intent 相匹配，若匹配就会调用 BroadcastReceiver 的 onReceive()方法。所以当我们定义一个 BroadcastReceiver 的时候，都需要实现 onReceive()方法。Receiver 没有界面，其生命周期非常短，在执行 onReceive()方法时才有效，一旦 onReceive()方法执行完毕，该 Receiver 的生命期就结束。

Android 中的广播主要分为两种类型，标准广播和有序广播。标准广播是一种完全异步执行的广播，在广播发出后，所有的广播接收器几乎在同一时刻接收到这条广播，它们之间没有先后顺序，这种广播效率比较高，也无法被截断。有序广播是一种同步执行的广播，在广播发出后同一时刻只有一个广播接收器能够接收到，当这个广播接收器执行完毕后，广播才会被继续传递，此时广播接收器是有先后顺序的，并且前面的广播接收器可以截断广播，这样后面的广播接收器就无法接收这条广播。

7.1 静态注册监听广播

静态注册监听广播在 AndroidManifest.xml 中用<receiver>标签注册，并在标签内用<intent-filter>标签设置过滤器，这种形式的 BroadcastReceiver 的生命周期伴随着整个应用，如果这种方式处理的是系统广播，那么不管应用程序是否开启，该广播处理者都能进行对广播的处理，不像代码那样只会伴随着 Context（Activity、Service）的生命周期。

同样还是用实例来讲解。创建工程名为 BroadcastTest 的应用负责发生广播，另外在 MusicService 工程中添加一个 BroadcastRec 类继承自 BroadcastReceiver，负责接收 Broadcasttes 发送的广播，在 MusicService 项目中静态注册接收 BroadcastTest 发送的广播。

下面在 BroadcastTest 工程中添加发送广播的代码，将广播的名字命名为 "com.expamle.music.Broadcast.static"，代码如下。

```
public class MainActivity extends Activity {
    ......
    private static final String INTENAL_ACTION_BROADCAST_STATIC =
"com.expamle.music.Broadcast.static";
    public void onCreate(Bundle savedInstanceState) {
    super.onCreate(savedInstanceState);
    setContentView(R.layout.activity_main);

    staticbtn = (Button) findViewById(R.id.staticbtn);
    staticbtn.setOnClickListener(stbtnListener);
    }
    private OnClickListener stbtnListener = new OnClickListener() {
        @Override
    public void onClick(View v) {
    // TODO Auto-generated method stub
    if (v.getId() == (R.id.staticbtn)) {
        Intent intent = new Intent(INTENAL_ACTION_BROADCAST_STATIC);
                sendBroadcast(intent);
            }
        }
    };
    ......
}
```

可以看到，在 Button 单击事件中加入了自定义发送广播的逻辑，首先构建了一个 Intent 对象，并把要发送的广播的值传进去，然后调用 Context 的 sendBroadcast()方法将广播发送出去，这样所有监听"com.expamle.music.Broadcast.static"这条广播的广播接收器就会收到消息，此时发送的广播是一条标准广播。

下面在 MusicService 中编写广播接收器 BroadcastRec 类，用于接收 BroadcastTest 项目发送过来的广播，代码如下。

```
public class BroadcastRec extends BroadcastReceiver {
    private static final String INTENAL_ACTION_BROADCAST_STATIC =
"com.expamle.music.Broadcast.static";
    @Override
    public void onReceive(Context context, Intent intent) {
        // TODO Auto-generated method stub
        if(intent != null){
            if(INTENAL_ACTION_BROADCAST_STATIC.equals(intent.getAction())){
                //接收到广播后的处理逻辑
                Toast.makeText(context, "Received Broadcast" ,
Toast.LENGTH_SHORT).show();
            }
        }
    }
}
```

在 MusicService 项目的 AndroidManifest.xml 文件静态注册 Receiver，代码如下。

```
<?xml version="1.0" encoding="utf-8"?>
<manifest xmlns:android="http://schemas.android.com/apk/res/android"
package="com.example.musicservice"
android:versionCode="1"
```

```
        android:versionName="1.0" >
        <application
        android:allowBackup="true"
        android:icon="@drawable/ic_launcher"
        android:label="@string/app_name"
        android:theme="@style/AppTheme" >
            ......
            <receiver android:name=".broadcastrec.BroadcastRec">
        <intent-filter>
        <action android:name="com.expamle.music.Broadcast.static" />
        </intent-filter>
    </receiver>
    </application>
    </manifest>
```

词条解释如下。

- ❑ receiver 标签：注册需要监听广播的 BroadcastReceiver。
- ❑ intent-filter 标签：注册监听 Broadcast 的名称。Broadcast 名称（即"com.expamle.music.Broadcast.static"）可以任意命名。

这样就能在 MusicService 项目中接收到 BroadcastTest 项目发送的广播，上面发送的是一个标准广播，下面看看如何发送有序广播，将 BroadcastTest 工程中 MainActivity.java 的 Button 监听事件进行修改，将 sendBroadcast()方法改为 sendOrderedBroadcast()方法，代码如下。

```
private OnClickListener stbtnListener = new OnClickListener() {
        @Override
    public void onClick(View v) {
    if (v.getId() == (R.id.staticbtn)) {
        Intent intent = new Intent(INTENAL_ACTION_BROADCAST_STATIC);
    sendOrderedBroadcast(intent, null);
            }
        }
    };
```

sendOrderedBroadcast()方法接收两个参数，第一个参数仍然是 Intent，第二个参数是一个与权限相关的字符串，这里传入 null，重新运行程序，你会发现程序仍然可以发送这条广播，这和标准广播有什么区别？前面我们说过有序广播是有先后顺序的，并且前面的广播接收器可以截断广播，那么如何设置广播接收的先后顺序呢？当然是在注册的时候进行设置，修改 MusicService 项目的 AndroidMainfast.xml 文件，代码如下。

```
    <receiver android:name=".broadcastrec.BroadcastRec">
    <intent-filter android:priority="100">
    <action android:name="com.expamle.music.Broadcast.static" />
    </intent-filter>
</receiver>
```

可以看出我们通过设置 android:priority 属性给广播接收器设置了优先级，优先级比较高的广播接收器就可以先收到广播。这里将 BroadcastRec 的优先级设置为 100，就可以保证比优先级低于它的广播接收器先收到广播，这样就可以截断广播了。修改 BroadcastRec 类中的 onReceive 方法，代码如下。

```
public class BroadcastRec extends BroadcastReceiver {
    private static final String INTENAL_ACTION_BROADCAST_STATIC =
"com.expamle.music.Broadcast.static";
    @Override
    public void onReceive(Context context, Intent intent) {
        // TODO Auto-generated method stub
        if(intent != null){
            if(INTENAL_ACTION_BROADCAST_STATIC.equals(intent.getAction())){
                Toast.makeText(context, "Received Broadcast" ,
Toast.LENGTH_SHORT).show();
                abortBroadcast();
            }
        }
    }
}
```

如果在 onReceive ()方法中调用 abortBroadcast()方法，表示将这条广播截断，后面的广播接收器将无法接收到这条广播。

这节学习如何使用静态注册的方式接收广播，如何发送标准广播以及有序广播，下节看看使用动态注册接收广播的方法。

7.2 动态注册接收 Broadcast 广播

动态注册 BroadcastReceiver 是在 Java 代码中定义并设置好一个 IntentFilter 对象，然后在需要注册的地方调用 Context.registerReceiver()方法，若调用 Context.unregisterReceiver()方法表示取消注册。动态方式注册的 BroadcastReceiver 的 Context 对象被销毁时，BroadcastReceiver 也就自动取消注册了。

在项目 BroadcastTest 中给 Music Service 发送一个广播（"com.expamle.music.Broadcast.dynamic"），MusicService 项目中动态注册接收 BroadcastTest 发送的广播。BroadcastTest 工程中发送广播的代码如下。

```
public class MainActivity extends Activity {
    private static final String TAG = "BroadcastTest";
    private Button dynamicbtn;
    private EditText recMsg;

    private static final String INTENAL_ACTION_BROADCAST_DYNAMIC =
"com.expamle.music.Broadcast.dynamic";
    public void onCreate(Bundle savedInstanceState) {
    super.onCreate(savedInstanceState);
    setContentView(R.layout.activity_main);
    ......
    dynamicbtn = (Button) findViewById(R.id.dynamicbtn);
    dynamicbtn.setOnClickListener(dybtnListener);
    }
    private OnClickListener dybtnListener = new OnClickListener() {
        @Override
    public void onClick(View v) {
    // TODO Auto-generated method stub
    if (v.getId() == (R.id.dynamicbtn)) {
        Intent intent = new Intent(INTENAL_ACTION_BROADCAST_DYNAMIC);
            sendBroadcast(intent);
        }
    }
};

}
```

在这里发送的也是一个标准广播，现在需要在 MusicService 项目中动态注册监听"com.expamle.music.Broadcast.dynamic"这个广播。首先在 MusicService 项目中新建一个 BroadcastService 类继承自 Service 类，BroadcastService 类用于接收 BroadcastTest 工程发送过来的广播，对于动态注册接收广播，就不需要在 AndroidManifest 文件中进行注册，只需如下代码即可实现。

```
public class BroadcastService extends Service {

    private IntentFilter mFilter;
    private BroadcastReceiver mReceiver;

    private static final String INTENAL_ACTION_BROADCAST_DYNAMIC =
"com.expamle.music.Broadcast.dynamic";
    @Override
    public void onCreate() {
mFilter = new IntentFilter();
    mFilter.addAction(INTENAL_ACTION_BROADCAST_DYNAMIC);

    mReceiver = new BroadcastReceiver() {
@Override
public void onReceive(Context context, Intent intent) {
            handleEvent(context, intent);
        }
```

```
            };
            registerReceiver(mReceiver,mFilter);
        }

        @Override
        public void onDestroy() {
            Log.v(TAG, "onDestroy");
            unregisterReceiver(mReceiver);
        }

        @Override
        public void onStart(Intent intent, int startId) {
            Log.v(TAG, "onStart");
          }
          private void handleEvent(Context context, Intent intent) {
            String action = intent.getAction();
        if (INTENAL_ACTION_BROADCAST_DYNAMIC.equals(action)) {
        Log.v(TAG, "Broadcast Receive");
        //处理接收到广播后的逻辑
            }
        }
    }
```

词条解释如下。

- registerReceiver(receiver,filter);

  这个函数的作用就是将一个 BroadcastReceiver 注册到应用程序当中，这个函数接收两个参数，第一个参数是需要注册的 BroadcastReceiver 对象，第二个参数是一个 IntentFilter。第二个参数的作用是过滤能触发这个 BroadcastReceiver 对象的 Intent。类似于前面所讲解的<intent-filter>标签的作用；

- unregisterReceiver(receiver);

  这个函数用于解除 BroadcastReceiver 的绑定状态。一旦解除完成，相应的 BroadcastReceiver 就不会再接收系统所广播的 Intent 了。

记得在 MusicService 项目的 AndroidManifest 文件中对 BroadcastService 进行注册，这样就完成了动态注册监听广播的工作，需要注意，运行 BroadcastTest 工程前要先启动 BroadcastService。

7.3 本地广播

前面我们发送和接收的广播全部都是属于系统全局广播，即发出的广播可以被其他应用接收到，而且也可以接收别的应用的广播，这样可能有不安全因素，为了能够解决这个问题，Android 引入了一套本地广播机制，使用这个机制发出的广播只能在本应用程序内部进行传递，并且广播接收器也只能接收本应用自身发出的广播。

本地广播的用法并不复杂，主要是使用了一个 LocalBroadcastManager 来对广播进行管理，并提供了发送广播和注册广播接收器的方法，下面通过具体的事例进行讲解，创建 LocalBroadcast 项目，修改 MainActivity 中的代码，如下所示。

```
public class MainActivity extends ActionBarActivity {
    private IntentFilter m_intentFilter;
    private LocalReceiver m_localReceiver;
    private LocalBroadcastManager m_localBroadcastManager;

    private Button    m_btn;
    @Override
    protected void onCreate(Bundle savedInstanceState) {
        super.onCreate(savedInstanceState);
        setContentView(R.layout.activity_main);

        m_localBroadcastManager = LocalBroadcastManager.getInstance(this);

        m_btn          = (Button) findViewById(R.id.sendBtn);
        m_btn.setOnClickListener(SendCalc);
        m_intentFilter = new IntentFilter();
        m_intentFilter.addAction("com.example.localbroadcast.LOCAL_BROADCAST");
```

```
            m_localReceiver = new LocalReceiver();
        m_localBroadcastManager.registerReceiver(m_localReceiver,m_intentFilter);//注册本地监听器

        }
        private Button.OnClickListener SendCalc = new OnClickListener()
        {
            @Override
            public void onClick(View arg0) {
                Intent intent = new
        Intent("com.example.localbroadcast.LOCAL_BROADCAST");
                m_localBroadcastManager.sendBroadcast(intent);
            }
        };
        @Override
    protected void onDestroy(){
            super.onDestroy();
            m_localBroadcastManager.unregisterReceiver(m_localReceiver);
        }
    }
```

新建 LocalReceiver 类继承自 BroadcastReceiver，用来处理监听事件，代码如下。

```
    public class LocalReceiver extends BroadcastReceiver {
        @Override
        public void onReceive(Context context, Intent intent) {
            // TODO Auto-generated method stub
            Toast.makeText(context, "Received Local Broadcast" , Toast.LENGTH_SHORT).show();
        }
    }
```

是不是感觉代码很熟悉？是的，这基本和上节中讲解的动态注册接收消息是一样的，只是引入了 LocalBroadcastManager 对象，然后在注册广播的时候调用 LocalBroadcastManager 的 registerReceiver()方法，发送广播的时候调用 LocalBroadcastManager 的 sendBroadcast()，注销广播的时候使用 LocalBroadcastManager 的 unregisterReceiver()方法，这里在 Button 单击事件中发送广播"com.example.localbroadcast.LOCAL_BROADCAST"，然后在 LocalReceiver 中接收这条广播，运行程序，如图 7.1 所示。

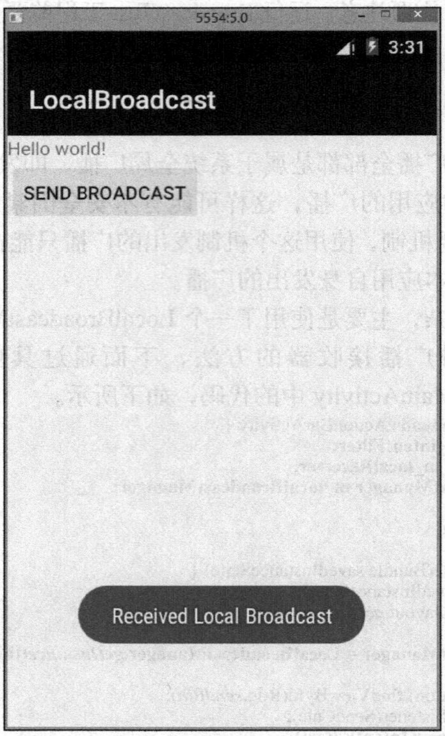

图 7.1　LocalBroadcast 运行图

需要注意，本地广播是无法通过静态注册的方式来接收的，因为静态广播主要是为了在程序未启动的情况下能接收广播，而本地广播的程序肯定是已启动的。

7.4 小 结

本章深入讲解了 Android 的广播机制，不仅讲解了广播的理论知识，还了解了接收、发送自定义广播以及本地广播的使用方法。广播属于 Android 四大组件之一，截至目前已经掌握了四大组件中的三个了。

接下来本应该学习 Android 的四大组件中的内容提供器，但是在学习它之前我们先来学习一下 Android 的存储技术。

第 8 章

数据仓库——Android 数据存储

知识就是力量。

——培根

Android 提供了以下 4 种方式存储数据。

（1）使用 SharedPreferences 存储数据；

（2）SQLite 数据库存储数据；

（3）使用 ContentProvider 存储数据；

（4）文件存储数据。

本章主要讲解 SharedPreferences、SQLite 数据库以及文件存储在 Android 应用中的使用，下一章着重来介绍 ContentProvider。

8.1 轻量级存储类——SharedPreferences

SharedPreferences 是 Android 平台上一个轻量级的存储类，主要是应用程序保存一些常用的配置信息。例如 Activity 暂停时，将此 Activity 的状态保存到 SharedPereferences 中；当 Activity 重新启动时，系统回调 onSaveInstanceState 方法，再从 SharedPreferences 中将值取出。

SharedPreferences 将数据保存在应用软件的私有存储区(data/data/包名/shared_prefs/)，这些数据只能被应用自己读取。

存储方式使用键值对，提供了 Java 常规的 Long、Int、String 等类型数据的保存接口。最终是以 XML 方式来保存，整体效率来看不是特别高，对于常规的轻量级而言比 SQLite 要好一些，如果存储量不大可以考虑自己定义文件格式。

8.1.1 使用 SharedPreferences 存取数据

下面看看使用 SharedPreferences 的步骤和方法。

1. 获取 SharedPreferences 对象的两种方法

（1）通过函数 Context.getSharedPreferences(String name,int mode)获取，其中 name 配置文件名，mode 为操作模式，默认的模式为 0 或 MODE_PRIVATE，返回值为 SharedPreferences。

（2）通过函数 Activity.getPreferences(int mode)获取，其中配置文件仅可以被 Activity 使用。mode 为操作模式，默认的模式为 0 或 MODE_PRIVATE，返回值为 SharedPreferences。

2. 使用 SharedPreferences 存取数据，SharedPreferences 使用键值对的存储方式

（1）getSharedPreferences 方法获得 SharedPreferences 对象。其中存储 key-value 的文件名的名称由 getSharedPreferences 方法的第一个参数指定。

（2）使用 SharedPreferences 接口的 edit 获得 SharedPreferences.Editor 对象。

（3）通过 SharedPreferences.Editor 接口的 putXXX 方法保存 key-value 对。其中 XXX 表示 value 的不同数据类型。Boolean 类型的 value 是用 putBoolean 方法，字符串类型的 value 则为 putString 方法。

（4）通过 SharedPreferences.Editor 接口的 commit 方法保存 key-value 对。Commit 方法相当于数据库事务中的提交（commit）操作。只有在事件结束后进行提交，才会将数据真正保存在数据库中。保存 key-value 也是一样。

我们还是通过实例来学习，创建 SharedPreferencesDemo 项目，该项目是一个登录页面，使用 SharedPreferences 存储用户名和密码，当用户下次打开应用程序后能够自动保存上次用户登录的信息，项目运行后如图 8.1 所示。

下面来编写代码，在 MainActivity 中的 onCreate 方法中调用 initView()方法，用于加载 SharedPreferences 对象，并获取其中的数据显示到界面组件中，initView()方法代码如下。

```
private void initView() {
        //获取SharedPreferences对象（第1步）
        SharedPreferences userInfo = getSharedPreferences("user_info", 0);
        //获取SharedPreferences中保存的数据
        String username = userInfo.getString("name", "");
        String pass = userInfo.getString("pass", "");
        //更新显示界面
        user.setText(username);
        password.setText(pass);
}
```

当单击 Login button 之后会保存组件中的值到文件中，因此将 key-value 对应的代码写在 Login button 的消息中，代码如下。

```
loginBtn.setOnTouchListener(new OnTouchListener(){
            @Override
            public boolean onTouch(View v, MotionEvent event) {
```

```
                if(event.getAction()==MotionEvent.ACTION_DOWN){
                    //获取SharedPreferences对象（第1步）
                    SharedPreferences userInfo = getSharedPreferences("user_info", 0);
                    //保存key-value到数据库中
userInfo.edit().putString("name",
                    user.getText().toString()).commit();
userInfo.edit().putString("pass", password.getText().toString()).commit();
                }
                else if(event.getAction()==MotionEvent.ACTION_UP){

                }
                return false;
            }
        });
```

运行本例后，在相应的组件中输入值，然后退出应用程序，再次进入应用程序，系统会将上次输入的数据显示在相应的组件中，如图 8.2 所示。

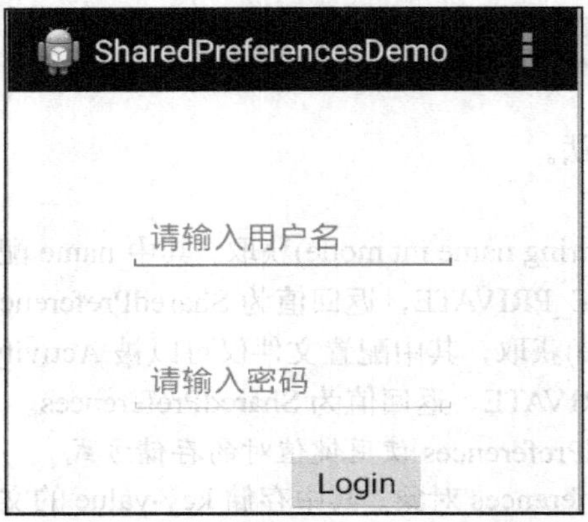

图 8.1 使用 SharePreferences 存储数据

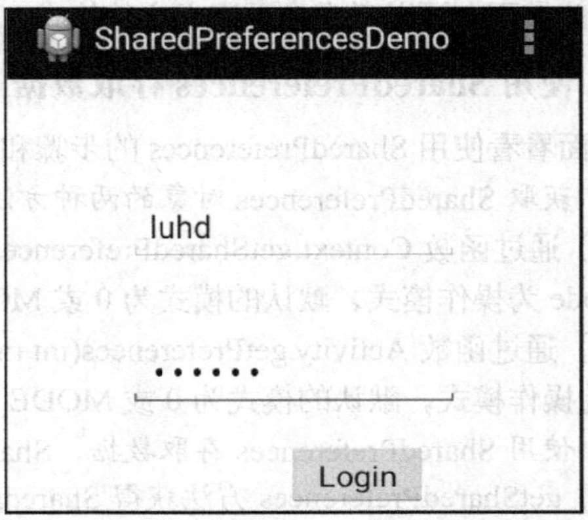

图 8.2 使用 SharePreferences 存储数据

上面讲解了 SharePreferences 保存和读取数据的方法，但是这些数据保存在什么地方？是以什么格式保存的呢？下面看看细节。

其实，SharePreferences 将数据保存到手机的私有目录中了。即只保存在创建它的应用 /data/data/<package name>/shares_prefs 文件夹下，且只能由这个应用使用。在模拟器中测试程序，可以通过 ADT 的 DDMS 透视图来查看数据文件的位置，打开 DDMS 透视图，进入[File Explorer]页面，找到/data/data/com.example.sharedpreferencesdemo/shares_prefs 目录，在该文件下可以看到我们保存的 user_info.xml 文件，单击右上方的导出按键，如图 8.3 所示。

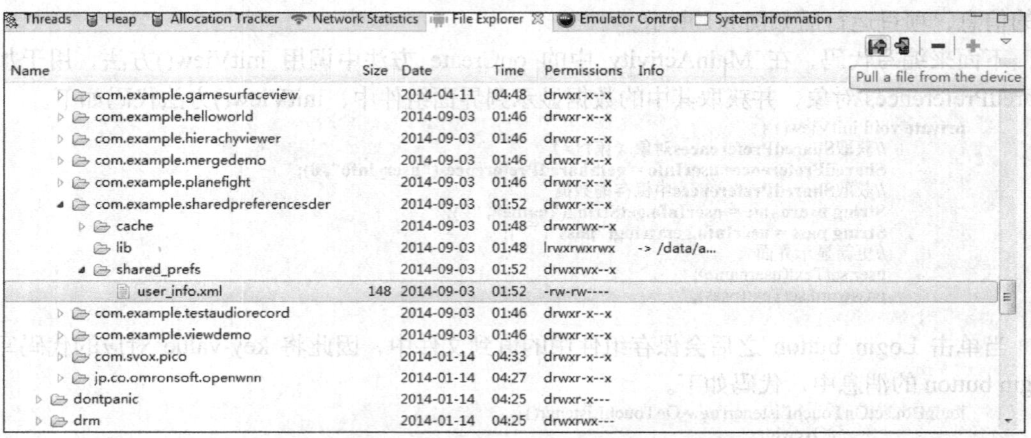

图 8.3 DDMS 透视图来查看数据文件

如图 8.3 所示，将 user_info.xml 文件导出到本地后，查看该文件可知 SharePreferences 使用 XML 格式来保存文件。

```
<?xml version='1.0' encoding='utf-8' standalone='yes' ?>
<map>
<string name="pass">123456</string>
<string name="name">luhd</string>
</map>
```

8.1.2 存取复杂（图像、音频）类型的数据

前面讲解了在 SharedPreferences 中保存 String、int 等常规类型的数据，那么在 SharedPreferences 中如何保存复杂的数据类型（图像、音频）呢？这就需要对这些数据进行编码。通常将复杂类型的数据转换成 Base64 编码，然后将转换后的数据以字符串的形式保存在 XML 文件中，Base64 转码使用了 Apache Commons 组件集中的 Codec 组件进行 Base64 编码和解码。下载地址如下：

http://commons.apache.org/codec/download_codec.cgi

在本例工程目录的 lib 下已经包含了 Codec 组件的 jar 包（commons-codec-1.9,jar），因此读者可以直接使用。

创建 SharePreferencesComplexData 项目，在项目中将一副图片经过编码保存到 SharedPreferences 中，然后从 SharedPreferences 中读出图片。下面看看将 Bitmap 转换成字符串保存至 SharedPreferences，代码如下。

```
private void saveBitmapToSharedPreferences(){
    Bitmap bitmap=BitmapFactory.decodeResource(getResources(), R.drawable img);
    //第一步:将Bitmap压缩至字节数组输出流ByteArrayOutputStream
    ByteArrayOutputStream byteArrayOutputStream=new ByteArrayOutputStream();
    bitmap.compress(CompressFormat.PNG, 80, byteArrayOutputStream);
    //第二步:利用Base64将字节数组输出流中的数据转换成字符串String
    byte[] byteArray=byteArrayOutputStream.toByteArray();
    String imageString=new String(Base64.encodeToString(byteArray, Base64.DEFAULT));
    //第三步:将String保持至SharedPreferences
    SharedPreferences sharedPreferences=getSharedPreferences("testSP", Context.MODE_PRIVATE);
    Editor editor=sharedPreferences.edit();
    editor.putString("image", imageString);
    editor.commit();
}
```

在压缩图片至输出流时，不要选择图像格式为 JPEG 而是 PNG，否则会造成图片有黑色背景。

下面从 SharedPreferences 中取出 Bitmap，并显示到控件中，代码如下。

```
private void getBitmapFromSharedPreferences(){
    SharedPreferences sharedPreferences=getSharedPreferences("testSP", Context.MODE_PRIVATE);
    //第一步:取出字符串形式的Bitmap
    String imageString=sharedPreferences.getString("image", "");
    //第二步:利用Base64将字符串转换为ByteArrayInputStream
    byte[] byteArray=Base64.decode(imageString, Base64.DEFAULT);
    ByteArrayInputStream byteArrayInputStream=new ByteArrayInputStream(byteArray);
    //第三步:利用ByteArrayInputStream生成Bitmap
    Bitmap bitmap=BitmapFactory.decodeStream(byteArrayInputStream);
    mImageView.setImageBitmap(bitmap);
    }
```

运行结果如图 8.4 所示。

上面使用 SharedPreferences 保存的图像，但是作者并不建议您使用 SharedPreferences 保存尺寸大的数据，可以使用后面介绍的 SQlite 或者文件等方式来保存。

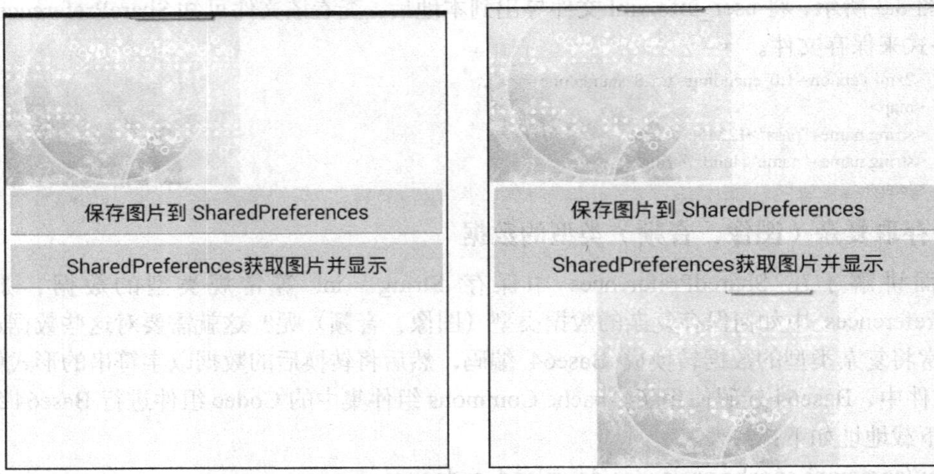

图 8.4　SharePreferencesComplexData 项目运行效果图

8.2　PreferenceActivity 的使用

SharedPreferences 可以很容易保存 key-value 对，因此常使用 sharePerferences 保存配置信息，但配置界面中 Android SDk 提供了更容易的处理方法，那就是 PreferenceActivity。

在手机中常常见到很多设置界面，如图 8.5 所示。

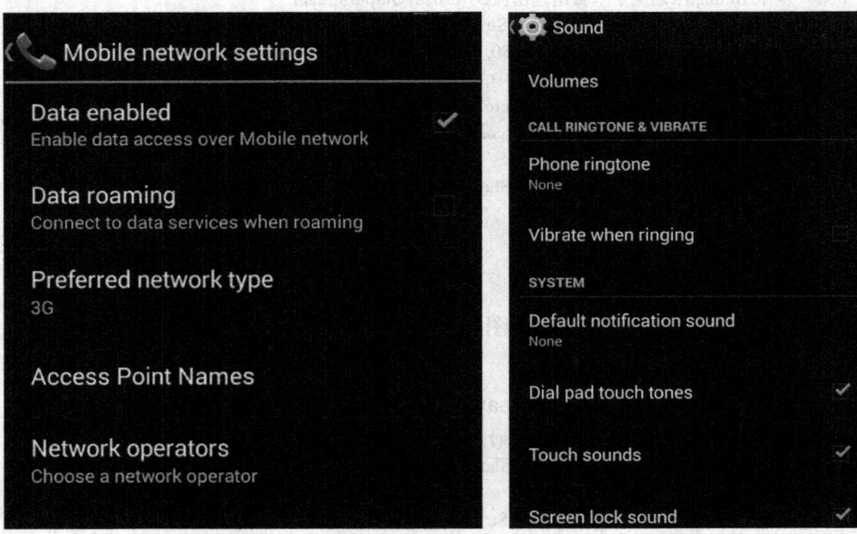

图 8.5 常见到 PreferenceActivity

对于某些应用程序就需要给用户提供一个设置界面，方便用户对程序参数进行设置。因此，就需要使用 PreferenceActivity 来方便地处理这些事情，下面我们一起来学习一下。

8.2.1　PreferenceActivity 实现

在 Android 3.0 之前一般继承 PreferenceActivity 基类去给用户呈现一个可以设置的界面，但是在 android 3.0 之后推荐使用 PreferenceFragment 来处理。下面首先看看如何使用 PreferenceActivity，下节来探讨 PreferenceFragment 的使用。

PreferenceActivity 是 Activity 的子类，该类封装了 SharePerferences，因此 PreferenceActivity 的所有子类都会拥有保存 key-value 的能力。

PreferenceActivity 提供了一些常用的设置项，这些项可以满足大多数界面的要求，这些项和组件一样，可以通过 XML 和代码创建，常用的设置项有以下几种。

- CheckBoxPreference 组件：选中为 true，取消选中为 false，值会以 boolean 的形式储存。
- EditTextPreference 组件：单击后会弹出一个输入框，输入的内容会以字符串的形式储存。
- ListPreference 组件：单击后会弹出一个列表框，选中后会将选中的内容（上面数组中的值）以字符串的形式储存。
- RingtonePreference 组件：单击后会弹出一个系统铃声的列表框，选中后会将选中的内容（uri 字符集）以字符串的形式储存。

本节的例子中使用 XML 文件的方式创建设置界面，创建 PreferenceActivityDemo 项目，在 res 目录下创建一个 xml 目录，并在该目录下创建一个 pre_setting.xml 文件，添入以下代码。

```
<?xml version="1.0" encoding="utf-8"?>
<PreferenceScreen xmlns:android="http://schemas.android.com/apk/res/android">
    <PreferenceCategory android:title="网络权限">
        <CheckBoxPreference android:key="gps_setting"
            android:title="启用GPS卫星设置" android:summary="应用程序有使用GPS的权限" />
        <CheckBoxPreference android:key="wireless_setting"
            android:title="使用无线网络" android:summary="应用程序有使用wireless的权限" />

    </PreferenceCategory>
    <PreferenceCategory android:title="个人信息">
        <CheckBoxPreference android:key="save_info"
            android:title="是否保存个人信息" />
        <EditTextPreference android:key="name"
            android:title="姓名" android:summary="请输入姓名" />
        <PreferenceScreen android:key="other_msg"
            android:title="其他个人信息" android:summary="是否工作、手机">
        <CheckBoxPreference android:key="is_an_employee"
            android:title="工作" />
        <EditTextPreference android:key="mobile"
            android:title="手机" android:summary="请输入手机号" />
    </PreferenceScreen>
</PreferenceCategory>
</PreferenceScreen>
```

词条解释如下。

- 一个设置界面对应一个<PreferenceScreen>标签
- < PreferenceCategory >标签表示一个设置分类。Title 属性表示分类名称，该名称会显示在设置界面上
- 设置项标签可以放在<PreferenceCategory〉标签中，也可以不使用<PreferenceCategory>，直接放置在<PreferenceScreen>标签中，表示该项不属于任何设置分类
- 每个设置项标签（如<EditTextPreference>、<CheckBoxPreference>）都有一个 Android:key 属性，该属性的值就是保存在 XML 文件中的 key-value 中的 key 值
- 如果使用嵌套<PreferenceScreen>标签，说明该项设置页有一个子设置项，单击该设置页就会进入这个字设置页面
- android:title 和 android:summary 分别表示设置项的标题和摘要，标题用大字体显示在摘要上方，摘要用小字体显示

现在运行程序，单击[姓名]设置项时，会弹出一个带 EditText 组件的对话框，显示结果如图 8.6 所示。

单击最后一个设置项，会进入字设置界面，如图 8.7 所示。

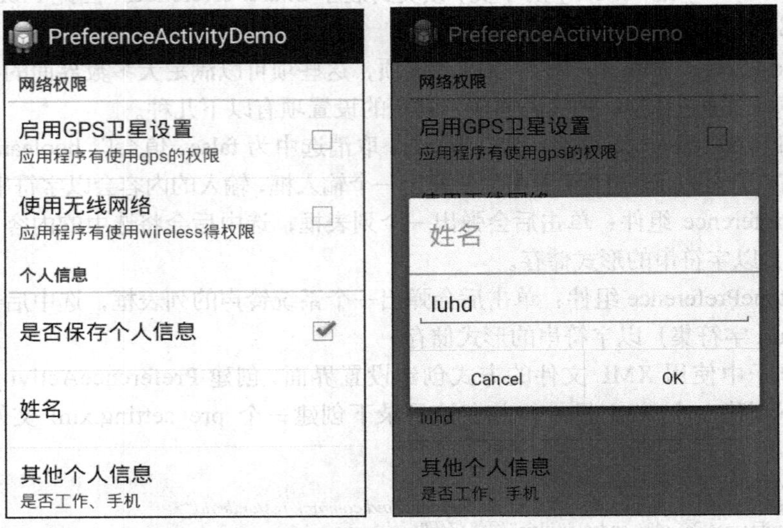

图 8.6 PreferenceActivityDemo 运行图

图 8.7 PreferenceActivityDemo 运行图

单击某一个设置项时会调用 onPreferenceTreeClick 事件方法，在本例中，如果取消[是否保存个人信息]设置项的复选框的选中状态，[姓名]设置项会变为不可选状态。实现这个功能要用到 onPreferenceTreeClick 事件方法，代码如下。

```
public boolean onPreferenceTreeClick(PreferenceScreen preferenceScreen,
        Preference preference)
{
    if ("save_info".equals(preference.getKey()))
    {
        findPreference("name").setEnabled(
                !findPreference("name").isEnabled());
    }
    return super.onPreferenceTreeClick(preferenceScreen, preference);
}
```

在单击[姓名]设置项弹出的对话框的 EditText 组件中输入姓名后，单击[正常]按键，会用输入的值作为[姓名]设置项的 Summary，如图 8.6 所示。为了捕获设置项的值改变的事件，需要使用 onPreferenceChange 事件方法，代码如下。

```
public boolean onPreferenceChange(Preference preference, Object newValue)
{
    preference.setSummary(String.valueOf(newValue));
    return true;
}
```

最后在 onCreate 方法中还需要做以下工作。

- 改变 PreferenceActivity 保存数据使用的 xml 文件的名称。在默认情况下，保存 key-value 对的 xml 文件是<package_name>_preferences.xml。在本例中就是 com.example.preferencedemo_preferences.xml。

- 设置[姓名]设置项的 Summary。该值需要从保存 key-value 对的 xml 文件读取。
- 设置[姓名]设置项是否可用。该值根据[是否保存个人信息]设置项的复选框是否被选中来设置。
- 每一个设置项是一个 preference 对象。由于[姓名]设置项使用了 onPreferenceChange 事件方法，因此需要使用 PreferenceActivity 的 setOnPreferenceChangeListener 方法设置事件方法的对象实例。在本例中是 this，因此 MainActivity 需要实现 OnPreferenceChangeListener 接口。

MainActivity 类的 onCreate 方法的完整代码如下。

```
public class MainActivity extends PreferenceActivity implements
    OnPreferenceChangeListener {
    public void onCreate(Bundle savedInstanceState) {
        super.onCreate(savedInstanceState);
        getPreferenceManager().setSharedPreferencesName("setting");
        addPreferencesFromResource(R.xml.pre_setting);
        Preference NamePreference = findPreference("name");
        SharedPreferences sharedPreferences = NamePreference
            .getSharedPreferences();
        NamePreference.setSummary(sharedPreferences.getString(
            "name", ""));
        if (sharedPreferences.getBoolean("save_info", false))
            NamePreference.setEnabled(true);
        else
            NamePreference.setEnabled(false);
        NamePreference.setOnPreferenceChangeListener(this);
    }
    ......
}
```

8.2.2 PreferenceFragement 实现

上节中我们了解了 PreferenceActivity 的实现过程，这节来探讨 PreferenceFragment 的使用。本节显示和上节一样的操作界面，创建 PreferenceFragmentDemo 项目，Resource 文件同样使用上节中用到的 pre_setting 文件。修改 MainActivity 中的 onCreate 代码，如下所示。

```
    protected void onCreate(Bundle savedInstanceState) {
super.onCreate(savedInstanceState);
// Display the Fragment as the main content.
    getFragmentManager().beginTransaction().replace(android.R.id.content,
new PrefsFragment()).commit();
    }
```

在 onCreate 中加载 PrefsFragment 类，新建 PrefsFragment 类，且 PrefsFragment 继承自 PreferenceFragment 类，用于处理 Preference 的实现过程，同样在[姓名]设置项使用了 onPreferenceChange 事件方法，因此 PrefsFragment 需要实现 OnPreferenceChangeListener 接口。PrefsFragment 完整代码如下。

```
    public static class PrefsFragment extends PreferenceFragment implements
            OnPreferenceChangeListener{

@Override
public void onCreate(Bundle savedInstanceState) {
super.onCreate(savedInstanceState);
//Load the preferences from an XML resource
    addPreferencesFromResource(R.xml.pre_setting);
    Preference NamePreference = findPreference("name");
  SharedPreferences sharedPreferences = NamePreference
            .getSharedPreferences();
  NamePreference.setSummary(sharedPreferences.getString(
            "name", ""));
  if (sharedPreferences.getBoolean("save_info", false))
    NamePreference.setEnabled(true);
  else
        NamePreference.setEnabled(false);
```

```
            NamePreference.setOnPreferenceChangeListener(this);
        }
    @Override
        public boolean onPreferenceChange(Preference preference, Object newValue) {
            preference.setSummary(String.valueOf(newValue));
            return true;
        }

        @Override
        public boolean onPreferenceTreeClick(PreferenceScreen preferenceScreen,
                Preference preference) {
            if ("save_info".equals(preference.getKey())) {
                findPreference("name").setEnabled(
                        !findPreference("name").isEnabled());
            }
            return super.onPreferenceTreeClick(preferenceScreen, preference);
        }
    }
```

运行后如图 8.8 所示。

图 8.8　PreferenceFragmentDemo 运行图

8.3　SQLite Databases

Android 平台内嵌一个轻量级的、功能强大的关系数据库 SQLite，用于完成各种复杂的数据处理，实现结构化的数据存储。

SQLit 设计目标是嵌入式的，它占用资源非常低，在嵌入式设备中，可能只需要几百 K 的内存就够了。支持多数的 SQL92 标准，最大支持数据库到 2TB。他没有服务进程，是一种嵌入到应用程序内部的数据库，所包含的数据库、表等所有数据都存放在一个单一的文件中。目前已经在 iPhone、Android 等手机系统中使用，并支持 Windows/Linux/Unix 等主流的操作系统，同时能够跟很多程序语言相结合。

很多读者是初次接触 SQLite 数据库，所以在解释 Android 中使用 SQLite 之前我们先在 Windows 上建立 SQLite 数据库，以及简单的使用，能够对 SQLite 数据库有一个初步的了解。对于数据库操作的具体细节本书不进行详细讲解，请读者参看数据库类书籍。

8.3.1 SQLite 在 Windows 系统中的使用

在学习 SQLite 之前，首先在 Windows 上安装可以操作这种技术的工具。当然，这也符合我们常说的“工欲善其事、必先利其器 “。这样在学习的过程中有事半功倍的效果。

首先在 SQLite 官方网站上下载 SQLite 数据库，网址如下：

http://www.sqlite.org/download.html

在下载页面找到 Windows 版的二进制下载包。本书下载的版本是 SQLite 3.8.6，下载后文件解压目录中只有一个文件 sqlite3.exe，单击运行如图 8.9 所示。

图 8.9　SQLite 的命令行控制台

在控制台中可以输入 SQL 语句或者控制台命令。所有的 SQL 语句后面必须以分号（;）结尾。控制台命令必须以实心点（.）开头，例如.quit;（退出控制台）、.tables;（显示当前数据库中的所有表名）、.help;（显示帮助信息）。

虽然 SQLite 控制台中可以输入命令来操作数据库，但是输入大量的命令会使工作量大大增加，所以我们借助一些工具来操作控制台程序。

SQLite 提供了多种类型的程序接口，因此可以管理 SQLite 的数据库工具非常多，下面列出一些比较常用的 SQLite 管理工具。

- SQLiteExpert：功能非常强大，官方网站：http://www.sqliteexpert.com/
- SQLiteStudio：支持导出各种数据格式，官方网站：http://sqlitestudio.one.pl/
- SQLite Database Browser：具有基本数据库管理查询功能，官方网站：http://sqlitebrowser.sourceforge.net/

作者本人推荐使用 SQLiteExpert 工具用以管理 SQLite 数据库，该工具拥有大量可视化功能，如建立数据库、建立表、SQL Builder 等，图 8.10 是 SQLiteExpert 的主界面。

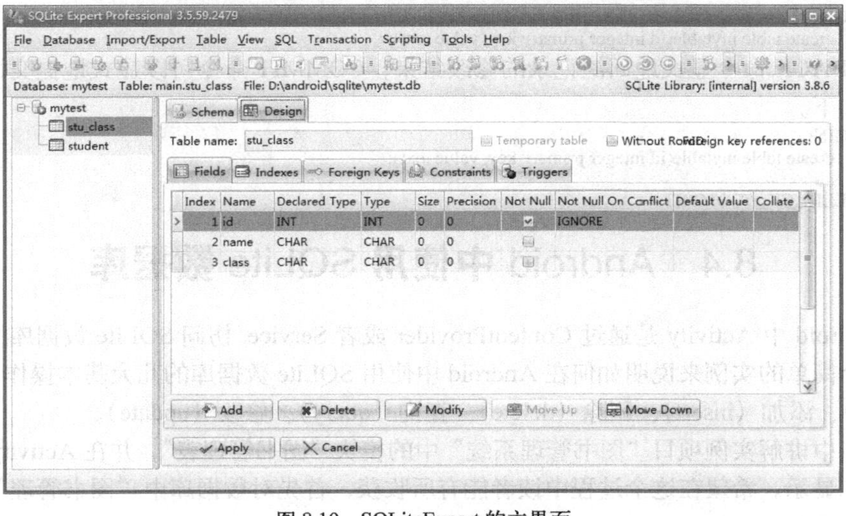

图 8.10　SQLiteExpert 的主界面

8.3.2 SQLite 基本操作

使用 SQLite 控制台工具（sqlite3.exe）创建数据库非常简单，只需要输入以下命令就可以创建或打开一个数据库。

```
sqlite3.exe mytest.db
```

上面这则命令，如果数据库 mytest.db 存在，则打开该数据库，如果数据库不存在则预创建 mytest.db 数据库文件（至少为新建的数据库创建一个表或者视图，才能将数据库保存到磁盘中，否则数据库不会被创建）。

创建表的代码如下。

```
create table mytable(id integer primary key, value text);
```

该表包含一个名为 id 的主键字段和一个名为 value 的文本字段。

表中写入一些数据，代码如下。

```
insert into mytable(id, value) values(1, 'cheal');
insert into mytable(value)values('Frcis');
```

查询数据，代码如下。

```
select * from mytable ;
```

修改表结构，增加列，代码如下。

```
alter table mytable add column email text not null '' collate nocase;
```

如果项目使用 sqlite3.exe 命令，一般我们是创建一个脚本文件，如 sqlite.script 文件，并输入要执行的 SQL 语句，代码如下。

```
create table mytable(id integer primary key, value text);
create table mytext(id integer primary key, value text);
```

8.3.3 SQLite 事务

事务（Transaction）是一个数据库执行工作单元。事务（Transaction）是以逻辑顺序完成的工作单位或序列，可以是由用户手动操作完成，也可以是由某种数据库程序自动完成。

事务（Transaction）是指一个或多个更改数据库的扩展。例如，如果正在创建一个记录或者更新一个记录或者从表中删除一个记录，当某一条 SQL 语句执行失败时，就需要取消其他 SQL 语句对记录的修改，来控制事务以确保数据的完整性和处理数据不一致的情况。

实际上，可以把许多的 SQLite 查询联合成一组，把所有这些放在一起作为事务的一部分来执行。

在 SQLite 中可以使用 BEGIN TRANSACTION 命令或简单的 BEGIN 命令来启动事务。此类事务通常会持续执行下去，直到遇到下一个 COMMIT 或 ROLLBACK 命令。不过在数据库关闭或发生错误时，事务处理也会回滚。以下是启动一个事务的简单语法。

```
BEGIN;
    create table mytable(id integer primary key, value text);
```

ROLLBACK 命令显式地回滚记录的修改结果，COMMIT 命令可以显式地提交记录结果，示例代码如下。

```
BEGIN;
    create table mytable(id integer primary key, value text);
    ......
ROLLBACK; //COMMIT;
```

8.4 Android 中使用 SQLite 数据库

在 Android 中 Activity 是通过 ContentProvider 或者 Service 访问 SQLite 数据库的。下面我们使用一个简单的实例来说明如何在 Android 中使用 SQLite 数据库的几大基本操作：创建数据库（create）、添加（insert）、删除（delete）、查询（query）、修改（update）。

在本节中讲解实例项目“图书管理系统”中的模块“图书管理表”，并在 Activity 中能够使读者编辑和显示。希望在这个过程中读者能有所收获，首先对数据库中“图书管理”模块进行设计，见表 8.1。

表 8.1　　图书管理表

字段名称	数据类型	长　度	约　束	属　性
图书编号	char	20	NOT NULL	主码
图书名称	char	10	NOT NULL	非主属性
图书作者	char	10	NOT NULL	非主属性
库存图书	int		NOT NULL	非主属性

如表 8.1 所示，创建 Books 类，用于管理上表，代码如下。

```
public class Books {
    public int _id;
    public String name;
    public String author;
    public int reserve;
    public static final String TABLENAME = "book";
    public Books() {
    }
    public Books(String name, String author, int reserve) {
        this.name = name;
        this.author = author;
        this.reserve = reserve;
    }
}
```

在下面的讲解过程中所用到的数据库是 BOOKS.db，用到的表就是“图书管理表”，使用 Books 类的实例对这个表进行管理。

8.4.1　SQLite 常用的操作方法

为了方便读者对 Android 中处理 SQLite 有一个初步的认识，创建项目 SqliteDemo，将在项目中对数据库做创建数据库、添加表、删除表、查询、修改等操作，为了便于你的理解，暂时将全部数据库操作代码都写在了 MainActivity 的 onCreate 中，代码如下。

```
protected void onCreate(Bundle savedInstanceState) {
    super.onCreate(savedInstanceState);
    //打开或创建BOOKS.db数据库
    SQLiteDatabase db = openOrCreateDatabase("BOOKS.db", Context.MODE_PRIVATE, null);
    db.execSQL("DROP TABLE IF EXISTS book");
    //创建book表
    db.execSQL("CREATE TABLE book (id INTEGER PRIMARY KEY AUTOINCREMENT, name VARCHAR,
    author VARCHAR, reserve SMALLINT)");
    Books book = new Books();
    book.name = "android development";
    book.author = "liqiu";
    book.reserve = 10;
    //插入数据
    db.execSQL("INSERT INTO book VALUES (NULL, ?,?, ?)", new Object[]{book.name, book.author,book.reserve});
    book.name = "mysql explain";
    book.author = "lisi";
    book.reserve = 15;
    //ContentValues以键值对的形式存放数据
    ContentValues cv = new ContentValues();
    cv.put("name", book.name);
    cv.put("author", book.author);
    cv.put("reserve", book.reserve);
    //插入ContentValues中的数据
    db.insert("book", null, cv);
    cv = new ContentValues();
    cv.put("reserve", 15);
    //更新数据
    db.update("book", cv, "name = ?", new String[]{"mysql explain"});
    //查询数据
    Cursor c = db.rawQuery("SELECT * FROM book WHERE reserve >= ?", new String[]{"11"});
    while (c.moveToNext()) {
        int _id = c.getInt(c.getColumnIndex("_id"));
        String name = c.getString(c.getColumnIndex("name"));
        String author = c.getString(c.getColumnIndex("author"));
        int reserve = c.getInt(c.getColumnIndex("reserve"));
        Log.i("db","_id=>"+_id+",name=>"+name+",author=>"+author+",reserve=>"+reserve);
    }
```

```
            c.close();
            //删除数据
            db.delete("book", "reserve < ?", new String[]{"15"});
            //关闭当前数据库
            db.close();
            //删除BOOKS.db数据库
            //deleteDatabase("BOOKS.db");
        }
```

执行完上面的代码后，系统就会在/data/data/[PACKAGE_NAME]/databases（PACKAGE_NAME为你的包名）目录下生成一个“XXXX.db”（XXX 为你的数据库名）的数据库文件，打开 DDMS 工具 File Explorer 标签视图页查看，我们查看 BOOKS.db 数据库，如图 8.11 所示。

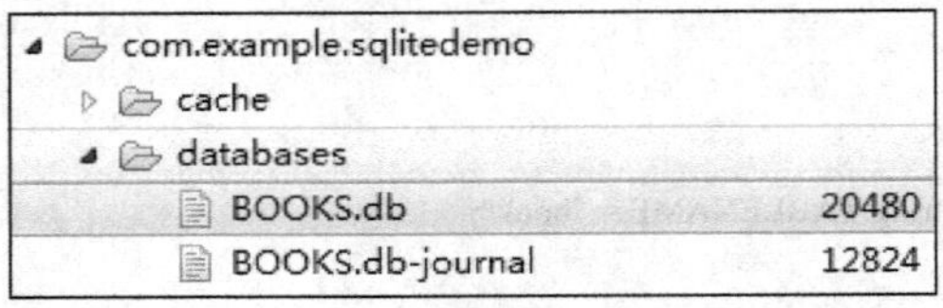

图 8.11　DDMS 工具 File Explorer 标签视图

上面的代码中基本囊括了大部分的数据库操作，添加、更新和删除都可以使用。

```
    db.executeSQL(String sql);
    db.executeSQL(String sql, Object[] bindArgs);//参数一是sql语句，然后第二个参数是sql语句占位符
中用到的实际参数。
```

除了统一的形式之外，他们还有各自的操作方法，示例代码如下。

```
    db.insert(String table, String nullColumnHack, ContentValues values);
    db.update(String table, Contentvalues values, String whereClause, String whereArgs);
    db.delete(String table, String whereClause, String whereArgs);
```

上面三个方法的第一个参数都是表示要操作的表名。

- insert 中的第二个参数表示如果插入的数据每一列都为空，需要指定此行中某一列的名称，系统将此列设置为 NULL，不至于出现错误；insert 中的第三个参数是 ContentValues 类型的变量，是键值对组成的 Map，key 代表列名，value 代表该列要插入的值；
- update 的第二个参数与 insert 类似，只是更新该字段 key 为最新的 value 值，第三个参数 whereClause 表示 WHERE 表达式，比如“reserve > ? and reserve < ?”等，最后的 whereArgs 参数是占位符的实际参数值；
- delete 方法的参数同上。

最后当完成了对数据库的操作后，记得调用 SQLiteDatabase 的 close()方法释放数据库连接，否则容易出现 SQLiteException。

上面 Demo 中讲解了 SQLite 的基本用法，但在实际开发中会处理大量的数据，维护大量的表，为了能够更好地管理和维护数据库，需要在 SqliteDemo 项目中封装一个继承自 SQLiteOpenHelper 类的数据库操作类，然后以这个类为基础，再封装我们的业务逻辑方法，下面就将上面的实例进行封装，同样使用“图书管理系统”中的模块“图书管理表”，将业务逻辑和数据库操作进行分离，并展现给用户。

首先解释一下项目中的各个类，创建 AndroidSQLiteOpenHelper 类继承自 SQLiteOpenHelper，作为维护和管理数据库的基类，创建 DatabaseManager 类是封装了常用的业务方法，Books 类是我们的 book 表对应的 JavaBean，MainActivity 就是我们要显示的界面，下面从各个类出发一一讲解。

8.4.2　SQLiteOpenHelper 类

Android 不会自动提供数据库。在 Android 应用程序中使用 SQLite，必须自己创建数据库，然后创建表、索引，填充数据。Android 提供 SQLiteOpenHelper 帮助用户创建一个数据库，只

要继承 SQLiteOpenHelper 类，就可以创建数据库。SQLiteOpenHelper 类封装了创建和更新数据库使用的逻辑。使用时需要创建 SQLiteOpenHelper 的子类，代码如下。

```
class AndroidSQLiteOpenHelper extends SQLiteOpenHelper{
}
```

在类 MySQLiteOpenHelper 必须实现以下三个方法。

（1）构造函数，调用父类 SQLiteOpenHelper 的构造函数

（2）onCreate()方法；// TODO 创建数据库后，对数据库的操作

（3）onUpgrage()方法。// TODO 更改数据库版本的操作

下面添加“图书管理”模块中的代码，创建表、添加数据、删除数据、更新数据。SQLiteDatabase 对象的 insert(), update(), delete()方法。这些方法把 SQL 语句的一部分作为参数。示例代码如下。

```
public class AndroidSQLiteOpenHelper extends SQLiteOpenHelper {
    // 数据库名称
    public static final String DBNAME = "Books.db";
    // 数据库版本
    public static final int VERSION = 1;
    // 建表语句，大小写不敏感
    private static final String CREATETABLE = "create table "
        + Books.TABLENAME
        + "(_id INTEGER PRIMARY KEY AUTOINCREMENT, name string, author string, reserve int)";

    /*** 构造函数，必须实现
     * @param context 上下文路径
     * @param name 数据库名称
     * @param factory 可选游标工厂，通常为NULL
     * @param version 当前数据库版本号
     */
    public AndroidSQLiteOpenHelper(Context context) {
        super(context, DBNAME, null, VERSION);
    }

    //数据库第一次创建时会调用，一般在其中创建数据库表
    @Override
    public void onCreate(SQLiteDatabase db) {
        //使用execSQL()方法执行DDL语句，如果没有异常，这个方法没有返回值
        db.execSQL(CREATETABLE);
    }

    //当数据库需要修改的时候，Android系统会主动地调用这个方法
    @Override
    public void onUpgrade(SQLiteDatabase db, int oldVersion, int newVersion) {
        this.deleteDB(db);
        this.onCreate(db);
    }

    // 删除表
    private void deleteDB(SQLiteDatabase db) {
        db.execSQL("drop table if exists " + Books.TABLENAME);
    }
    //打开数据库时的回调函数
    @Override
    public void onOpen(SQLiteDatabase db) {
        super.onOpen(db);
    }

    @Override
    public synchronized void close() {
        super.close();
    }
}
```

词条解释如下。

- private static final String CREATETABLE = "create table "
  + Books.TABLENAME
  + "(_id INTEGER PRIMARY KEY AUTOINCREMENT, name

```
                string, author string, reserve int)";
        db.execSQL(CREATETABLE);
```

创建了一个名为 book 的表，有一个列名 id 为主键，并且这列的值是自动增长的整数（当你插入一行时，SQLite 会自动给这列赋值）。SQLite 会自动为主键列添加索引。

正如上面所述，数据库第一次创建时 onCreate 方法会被调用，可以执行创建表的语句，当系统发现版本变化之后，会调用 onUpgrade 方法，可以执行修改表结构等语句。当完成了对数据库的操作（如销毁 Activity）时，需要调用 SQLiteDatabase 的 Close() 方法来释放掉数据库连接。

SQLiteOpenHelper 抽象类：通过从此类继承实现用户类来提供数据库打开、关闭等操作函数。常用方法见表 8.2。

表 8.2　**SQLiteOpenHelper** 常用方法

方　法	描　述
onCreate(SQLiteDatabase db)	创建数据库时调用
onUpgrade(SQLiteDatabase db, int oldVersion,int newVersion)	版本更新是调用
getReadableDatabase()	创建或打开一个只读数据库
getWritableDatabase()	创建或打开一个读写数据库

然后，我们创建 DatabaseManager 类，来封装所有的业务方法，代码如下。

```
public class DatabaseManager {
    private static String TAG = "SqliteDemo";
    private AndroidSQLiteOpenHelper dbHelper;
    private SQLiteDatabase db;
    public final static String BOOK_ID = "book_id";
    public DatabaseManager(Context context) {
        dbHelper = new AndroidSQLiteOpenHelper(context);
        db = dbHelper.getWritableDatabase();
    }
    public Cursor select() {
        Cursor cursor = db
                .query(Books.TABLENAME, null, null, null, null, null, null);
        return cursor;
    }
    // 插入记录
    public int insert(Books book) {
        Log.d(TAG, "----insert----");
        db.beginTransaction();
        try {
            db.execSQL("insert into " + Books.TABLENAME
                + " values(null, ?, ?, ?)", new Object[] {
                book.name, book.author, book.reserve });

            db.setTransactionSuccessful();
        } catch (Exception e) {
            return 0;
        } finally {
            db.endTransaction();
        }
        return 1;
    }
    public void delete(int id) {
        db.beginTransaction();

        String where = "_id" + "= ?";
        String[] whereValue = { Integer.toString(id) };

        Log.d(TAG, ""+Books.TABLENAME);
        Log.d(TAG, ""+ whereValue);
        db.delete(Books.TABLENAME, where, whereValue);

        db.endTransaction();
    }
```

```
        // 删除记录
        public int delete(Books book) {
            Log.e("SQLite", "----delete----");

            db.beginTransaction();
            try {
                db.execSQL("delete from " + Books.TABLENAME + " where name = ?",
                    new Object[] { book.name });
                db.setTransactionSuccessful();
            } catch (Exception e) {
                return 0;
            } finally {
                db.endTransaction();
            }
            return 1;
        }
        // 更新记录
        public int update(Books book) {
            Log.d("SQLite", "----update----");

            db.beginTransaction();
            try {
                db.execSQL("update " + Books.TABLENAME
                        + " author=?, reserve=? where name=?", new Object[] {
                        book.author, book.reserve, book.name });
                db.setTransactionSuccessful();
            } catch (Exception e) {
                return 0;
            } finally {
            db.endTransaction();
            }
            return 1;
        }
        // 查询记录
        //下一节讲解Cursor
        public void closeDB() {
            db.close();
        }
    }
```

在 DatabaseManager 构造方法中实例化 AndroidSQLiteOpenHelper 并获取一个 SQLiteDatabase 对象，作为整个应用的数据库实例；在添加多个 Book 信息时，采用了事务处理，确保数据完整性；最后提供了一个 closeDB 方法，释放数据库资源，这个步骤在整个应用关闭时执行。

8.4.3 在 SQLite 中执行查询

游标（Cursor）就是把数据按照指定要求提取出相应的数据集，然后逐条进行数据处理，Cursor 使用户可逐行访问由 SQL Server 返回的结果集。使用游标（cursor）的一个主要原因就是把集合操作转换成单个记录处理方式。用 SQL 语言从数据库中检索数据后，结果放在内存的一块区域中，且结果往往是一个含有多个记录的集合。游标机制允许用户在 SQL server 内逐行地访问这些记录，按照用户自己的意愿来显示和处理这些记录。

从游标定义可以得到游标的如下优点，这些优点使游标在实际应用中发挥了重要作用。

（1）允许程序对由查询语句 select 返回的行集合中的每一行执行相同或不同的操作，而不是对整个行集合执行同一个操作。

（2）提供对基于游标位置的表中的行进行删除和更新的能力。

Cursor 对象必须在应用程序周期内进行管理。当应用程序暂停或者关闭时，Cursor 必须通过调用 deactivate()方法被激活(deactivated)；而当应用程序重新开始时，Cursor 应该使用 requery()方法刷新其数据。当不再需要 Cursor 时，必须调用 close()方法来释放其资源。

作为开发人员，可以借助应用程序生存周期内的各种回调方法，如 onPause()、onResume()和 onDestroy()等，实现管理 Cursor 的调用。

下面来说说查询操作。查询操作相对于上面的几种操作要复杂些，因为我们经常要面对各种各样的查询条件，所以系统也考虑到了这种复杂性，为提供较为丰富的查询形式，就需要引入游标，所以只要执行查询操作，系统都会返回一个 Cursor，下面我们看看 Curosr 的主要方法。

getCount()：获得结果集中有多少记录。

moveToFirst()：移动到第一行。

moveToNext()：移动到下一行，可遍历所有记录。

isAfterLast()：判断是否最后一行。

getColumnNames()：返回字段名。

getColumnCount()：返回字段号。

getString(),getInt()：得到给定字段当前记录的值。

requery()：重新执行查询得到游标。

close()：释放游标资源。

如何使用上面这些方法呢？举个例子，我们需要遍历 book 表中的 id 和 name，代码如下。

```
public void getValue() {
    //遍历book表
    SQLiteDatabase db = dbHelper.getReadableDatabase();
    Cursor c = db.rawQuery("select id, name from book", null);
    c.moveToFirst();
    while(!c.isAfterLast()) {
        int id = c.getInt(0);
        String name = c.getString(1);
        //do something
        c.moveToNext();
    }
    c.close();
}
```

下面接着上节中的实例进行讲解，如果需要查询整个 book 表，并将 Cursor 的管理事务交给 Activity，需要在 DatabaseManager 类中添加如下代码。

```
public Cursor queryTheCursor() {
    Cursor c = db.query(Books.TABLENAME, null, null, null, null, null, null);//或者下面的代码
//Cursor c = db.rawQuery("SELECT * FROM book", null);
return c;
}
```

在 Android 平台上数据库都会以内容提供器的方式提供服务。使用内容提供器，用户就可以使用上面的查询方式，但是 Android 平台中提供了一种更为抽象的 URI 方式访问数据库。URI 方式使用 ContentResolve 类的 query()方法，而非直接作用于数据库，更有实现这一目的的方法使用 CursorLoader 类(android.content.CursorLoader)，我们会在第 9 章详细讲解这一方法。

上节中 DatabaseManager 类缺省的查询代码补充完成，看看如何从数据库中查询数据，代码如下。

```
public class AndroidSQLiteOpenHelper extends SQLiteOpenHelper {
    ......
    // 查询记录
    public ArrayList<Books> query(String name) {
        Log.e("SQLite", "----query----");
        SQLiteDatabase db = dbHelper.getReadableDatabase();
        Cursor cursor;
        Books book;
        ArrayList<Books> list = new ArrayList<Books>();
        // 若fileId为null或""则查询所有记录
        if (name == null || name.equals("")) {
            cursor = db.rawQuery("select * from " + Books.TABLENAME, null);
        } else {
            cursor = db.rawQuery("select * from " + Books.TABLENAME
```

```
                + " where name=?", new String[] { name });
        }
        while (cursor.moveToNext()) {
            book = new Books();
            //book._id = cursor.getInt(cursor.getColumnIndex("_id"));
            book.name = cursor.getString(cursor.getColumnIndex("name"));
            book.author = cursor.getString(cursor.getColumnIndex("author"));
            book.reserve = cursor.getInt(cursor.getColumnIndex("reserve"));

            Log.d(TAG, "id= "+ book._id + "BookName ="+ book.name + "author =" + book.author);

            list.add(book);
        }
        cursor.close();
        if (list.size() == 0) {
            Log.e("SQLite", "****表中无数据****");
        }
        return list;
    }
    public Cursor queryTheCursor() {
        Cursor c = db.rawQuery("SELECT * FROM book", null);
    return c;
    }
}
```

数据库管理类梳理清楚之后，看看如何将上面讲解的内容通过 Activity 融合贯穿起来，并能使用户对数据库进行操作。

8.4.4 在 Activity 中显示和操作 SQLite 数据库

如何使用上面讲到的这些方法来显示和操作上面创建的 Books 数据库，首先使用 ListView 来显示数据 SQlite 的数据，代码如下。

```
    public class MainActivity extends Activity implements
        AdapterView.OnItemClickListener {
    private DatabaseManager dbManager;
    private Cursor mCursor;
    private Books book;
    private int BOOK_ID = 0;
    private ListView listView;
    public void onCreate(Bundle savedInstanceState) {
    listView = (ListView) findViewById(R.id.listView);
        listView.setAdapter(new BooksListAdapter(this, mCursor));
        listView.setOnItemClickListener(this);
}
@Override
    public void onItemClick(AdapterView<?> parent, View view, int position, long id) {

        mCursor.moveToPosition(position);
        BOOK_ID = mCursor.getInt(0);
        BookName.setText(mCursor.getString(1));
        BookAuthor.setText(mCursor.getString(2));

    }
     public class BooksListAdapter extends BaseAdapter {
        private Context mContext;
        private Cursor mCursor;
        public BooksListAdapter(Context context, Cursor cursor) {

            mContext = context;
            mCursor = cursor;
        }

        @Override
        public int getCount() {
            return mCursor.getCount();
        }

        @Override
        public Object getItem(int position) {
            return null;
```

```
        }

        @Override
        public long getItemId(int position) {
            return 0;
        }

        @Override
        public View getView(int position, View convertView, ViewGroup parent) {
            TextView mTextView = new TextView(mContext);
            mCursor.moveToPosition(position);
            mTextView.setText(mCursor.getString(0)+"," + mCursor.getString(1) + "," + mCursor.getString(2));

            return mTextView;
        }
    }
}
```

下面让用户通过 Button 来对数据库进行添加、更新、删除和查询的功能，看看是如何组织上面所讲到的代码，代码如下。

```
        public void add(View view) {
            book.name = BookName.getText().toString();
            book.author = BookAuthor.getText().toString();
            String reserve_data = BookReserve.getText().toString();
            if (book.name.equals("") || book.author.equals("")||reserve_data.equals("")) {
                return;
            }
            book.reserve = Integer.parseInt(reserve_data);
            dbManager.insert(book);
            //dbManager.query("");
            mCursor.requery();
            listView.invalidateViews();
            BookName.setText("");
            BookAuthor.setText("");
            BookReserve.setText("");
    }

    public void delete(View view) {
            if (BOOK_ID == 0) {
                return;
            }
            Log.d(TAG, "BOOK_ID = "+BOOK_ID);
            dbManager.delete(BOOK_ID);
            //dbManager.query("");
            mCursor.requery();
            listView.invalidateViews();
            BookName.setText("");
            BookAuthor.setText("");
            BookReserve.setText("");
    }

    public void update(View view) {
            book.name = BookName.getText().toString();
            book.author = BookAuthor.getText().toString();
            String reserve_data = BookReserve.getText().toString();

            if (book.name.equals("") || book.author.equals("")||reserve_data.equals("")) {
                return;
            }
            book.reserve = Integer.parseInt(reserve_data);
            dbManager.update(book);
            // 查询记录
            //dbManager.query("");
            mCursor.requery();
            listView.invalidateViews();
            BookName.setText("");
            BookAuthor.setText("");
            BookReserve.setText("");
    }
```

将实例运行后，运行结果如图 8.12 所示。

图 8.12　SqliteDemo 运行图

使用 adb shell 查看数据库的方法如图 8.13 所示。

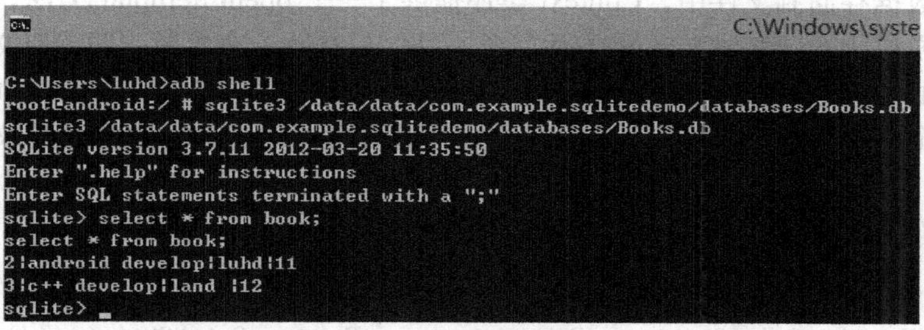

图 8.13　adb sqlit 查询图

8.5　Android 文件的使用

文件存储是 Android 中很基本的一种数据存储方式，它不对存储的内容进行任何格式化处理，所有数据都原封不动地存储到文件当中，因而它比较适合用于存储一些简单的文本数据和二进制数据，如果需要存储一些复杂的文本数据，需要加载相应的数据压缩和解析器，本节将讲解如何使用文件流、File 等底层的文件存取技术，以及如何读取 XML 文件等操作。

8.5.1　将数据保存到文件

Context 类提供了一个 openFileOutput()方法，可以用于将数据保存到指定文件中。这个方法返回一个 FileOutputStream 对象，得到这个对象后就可以使用 Java 流的方式把数据输出到文件中了。openFileOutput 方法和 SharedPreferences 在某些方面非常相似，首先来看看 openFileOutput 是如何返回一个 FileOutputStream 对象的。

```
FileOutputStream outputStream = Activity.this.openFileOutput("file.txt",MODE_PRIVATE);
```

openFileOutput()方法的两个参数和 SharedPreferences 的参数非常相似，第一个参数用于指定文件名称，不能包含路径分隔符“/”，如果文件不存在，Android 会自动创建它。创建的文件保存在/data/data/<package name>/files 目录下，openFileOutput()第二个参数用于指定操作模式，有两种模式，介绍如下。

- Context.MODE_PRIVATE：为默认操作模式，在该模式下写入的内容会覆盖原文件的内容。

- ❑ Context.MODE_APPEND：该模式会检查文件是否存在，存在就往文件追加内容，否则就创建新文件。

Android 4.2 以后 openFileOutput 所创建的文件只能是私有数据不能被其他应用访问。下面看看如何使用 openFileOutput 来写数据，代码示例如下。

```
.private void saveFile() {
    String content = editText.getText().toString();
    try {
        FileOutputStream outputStream = openFileOutput(fileName,
                ctivity.MODE_APPEND);
        outputStream.write(content.getBytes());
        outputStream.flush();
        outputStream.close();
        Toast.makeText(MainActivity.this, "保存成功", Toast.LENGTH_LONG).show();
    } catch (FileNotFoundException e) {
        e.printStackTrace();
    } catch (IOException e) {
        e.printStackTrace();
    }
}
```

上面的代码通过 openFileOutput()方法获得一个 FileOutputStream 对象，然后通过它提供的 write()方法将数据保存到文件中。

类似于将数据存储到文件中，Context 类还提供了一个 openFileInput()方法，用于从文本读取数据。这个方法比 openFileOutput()方法简单一些，只接收一个参数，即读取文件名，然后系统会自动到/data/data/<package name>/files 目录下去加载这个文件 ，并返回一个 FileInputStream 对象，得到这个对象就可以将数据读取出来了。下面使用 openFileInput 来读取文件数据，代码示例如下。

```
private void readFile() {
    try {
        FileInputStream inputStream = this.openFileInput(fileName);
        byte[] bytes = new byte[1024];
        ByteArrayOutputStream arrayOutputStream = new ByteArrayOutputStream();
        while (inputStream.read(bytes) != -1) {
            arrayOutputStream.write(bytes, 0, bytes.length);
        }
        inputStream.close();
        arrayOutputStream.close();
        String content = new String(arrayOutputStream.toByteArray());
        showTextView.setText(content);
    } catch (FileNotFoundException e) {
        e.printStackTrace();
    } catch (IOException e) {
        e.printStackTrace();
    }
}
```

上段代码中，首先通过 openFileInput()方法获取到一个 FileInputStream 对象，接着创建一个 ByteArrayOutputStream 对象，ByteArrayOutputStream 对象可以将 FileInputStream 中的数据转换成字节数组，然后通过 FileInputStream 提供 read()方法将数据从文件中读出后赋值给 ByteArrayOutputStream 对象。上面的代码整体比较简单。

虽然 openFileInput 和 openFileOutput 方法可以获取操作文件的文件流对象，但是这两个方法和 SharedPreferences 一样，只能在手机内存卡的指定目录下建立文件，下面看看如何读取 SD 卡上的文件内容。

8.5.2 存取 SD 卡中的文件

Android 手机除了本机内存外，还可以使用 SD 卡来扩展存储空间。SD 卡（Secure Digital Memory Card，安全数码卡）是一种基于半导体快闪记忆器的便携设备，拥有高的容量、快速传输率、极大的移动灵活性和很好的安全性。

Android 系统对每个 app 都开放 sdcard 读写功能。默认路径为/mnt/sdcard/或者/sdcard/，写外部存储需要开启 sdcard 的权限，在 AndroidManifest.xml 中添加代码如下。

```
<uses-permission android:name="android.permission.WRITE_EXTERNAL_STORAGE">
</uses-permission>
<uses-permission android:name="android.permission.MOUNT_UNMOUNT_FILESYSTEMS">
</uses-permission>
```

使用时只需先判断 SDCard 当前的状态，然后取得 SdCard 的目录即可，下面看看如何在 SD 中读取数据和写入数据，代码示例如下。

```
public void SDCardReadAndWriteFile() {
    // 获取扩展SD卡设备状态
    String sDStateString = android.os.Environment.getExternalStorageState();
    // 拥有可读可写权限
    if (sDStateString.equals(android.os.Environment.MEDIA_MOUNTED)) {
    try {
    // 获取扩展存储设备的SD文件目录
            File SDFile = android.os.Environment
                    .getExternalStorageDirectory();
    // 打开文件
            File myFile = new File(SDFile.getAbsolutePath() + File.separator + "MyFile.txt");
    // 判断是否存在,不存在则创建
    if (!myFile.exists()) {
            myFile.createNewFile();
        }
   // 写数据
        String szOutText = "Hello, World!";
        FileOutputStream outputStream = new FileOutputStream(myFile);
        outputStream.write(szOutText.getBytes());
        outputStream.close();
        } catch (Exception e) {
    // TODO: handle exception
      }
    }
    // 拥有只读权限
     else if (sDStateString.endsWith(android.os.Environment.MEDIA_MOUNTED_READ_ONLY)) {
     // 获取扩展存储设备的文件目录
        File SDFile = android.os.Environment.getExternalStorageDirectory();
     // 创建一个文件
     File myFile = new File(SDFile.getAbsolutePath() + File.separator + "MyFile.txt");
     // 判断文件是否存在
     if (myFile.exists()) {
     try {
     // 读数据
            FileInputStream inputStream = new FileInputStream(myFile);
     byte[] buffer = new byte[1024];
            inputStream.read(buffer);
            inputStream.close();
          } catch (Exception e) {
     // TODO: handle exception
            }
        }
    }
}
```

上面讲解了如何在SD卡中读写数据，那么如何获取SDCard的当前容量呢？代码示例如下。

```
public void SDCardSizeTest() {
     // 取得SDCard当前的状态
     String sDcString = android.os.Environment.getExternalStorageState();
     if (sDcString.equals(android.os.Environment.MEDIA_MOUNTED)) {
     // 取得sdcard文件路径
        File pathFile = android.os.Environment
              .getExternalStorageDirectory();
      android.os.StatFs statfs = new android.os.StatFs(pathFile.getPath());
    // 获取SDCard上BLOCK总数
    long nTotalBlocks = statfs.getBlockCountLong();
```

```
            // 获取SDCard上每个block的SIZE
            long nBlocSize = statfs.getBlockSizeLong();
            // 获取可供程序使用的Block的数量
            long nAvailaBlock = statfs.getAvailableBlocksLong();
            // 获取剩下的所有Block的数量(包括预留的一般程序无法使用的块)
            long nFreeBlock = statfs.getFreeBlocksLong();
            // 计算SDCard 总容量大小MB
            long nSDTotalSize = nTotalBlocks * nBlocSize / 1024 / 1024;
            // 计算 SDCard 剩余大小MB
            long nSDFreeSize = nAvailaBlock * nBlocSize / 1024 / 1024;
            }
        }
```

这节讲解了 SD 中的文件操作，下面看看如何在 Android 中解析 XML 文件。

8.5.3 读取 XML 文件

在 Android 中，常见的 XML 解析器分别为 SAX 解析器、DOM 解析器和 PULL 解析器，下面，SAX(Simple API for XML)解析器是一种基于事件的解析器，它的核心是事件处理模式，主要是围绕着事件源以及事件处理器来工作的。当事件源产生事件后，调用事件处理器相应的处理方法，一个事件就可以得到处理。当事件源调用事件处理器中特定方法的时候，还要传递给事件处理器相应事件的状态信息，这样事件处理器才能够根据提供的事件信息来决定自己的行为。SAX 解析器的优点是解析速度快，占用内存少。非常适合在 Android 移动设备中使用。

下面使用 SAX 解析技术完成一项任务。创建 XMLParser 项目，在项目的 assets 目录中放置一个 XML 文档 products.xml，内容如下。

```
<?xml version="1.0" encoding="utf-8"?>
<products>
    <product>
        <id>0001</id>
        <name>Computer</name>
        <price>2080.00</price>
    </product>
    <product>
        <id>0002</id>
        <name>Freezer</name>
        <price>1090.00</price>
    </product>
    ......//省略部分内容
</products>
```

使用 SAX 解析文档，得到一个 List<Product>的对象，先来看一下 Product.java 的代码。

```
public class Product {
    private int id;
    private String name;
    private float price;
    ......//此处省略了getter和setter方法
}
```

接下来，就该介绍操作过程了，先为解析器定义一个 XMLParser 接口，每种类型的解析器需要实现此接口。XMLParser.java 代码如下。

```
public interface XMLParser {
    public List<Product> parse(InputStream is) throws Exception;
    public String serialize(List<Product> products) throws Exception;
}
```

下面就实现该接口，完成我们的解析过程。使用 SAX 解析器，它的 SaxXMLParser 类中核心类是 MyHandler，该类是 DefaultHandler 的子类，负责 XML 的解析工作，代码如下。

```
//SAX类：DefaultHandler，它实现了ContentHandler接口。在实现的时候，只需要继承该类，重载相应的方法即可
private class MyHandler extends DefaultHandler {

    private List<Product> products;
    private Product product;
    private StringBuilder builder;
```

```
    //返回解析后得到的Product对象集合
    public List<Product> getProducts() {
        return products;
    }
    @Override
    public void startDocument() throws SAXException {
        super.startDocument();
        products = new ArrayList<Product>();
        builder = new StringBuilder();
    }
    @Override
    public void startElement(String uri, String localName, String qName, Attributes attributes) throws SAXException {
        super.startElement(uri, localName, qName, (org.xml.sax.Attributes) attributes);
        if (localName.equals("product")) {
            product = new Product();
        }
    }
    @Override
    public void characters(char[] ch, int start, int length) throws SAXException {
        super.characters(ch, start, length);
        builder.append(ch, start, length);//将读取的字符数组追加到builder中
    }
    @Override
    public void endElement(String uri, String localName, String qName) throws SAXException {
        super.endElement(uri, localName, qName);
        if (localName.equals("id")) {
            product.setId(Integer.parseInt(builder.toString().trim()));
        } else if (localName.equals("name")) {
            product.setName(builder.toString().trim());
        } else if (localName.equals("price")) {
            product.setPrice(Float.parseFloat(builder.toString().trim()));
        } else if (localName.equals("product")) {
            products.add(product);
        }
    }
}
```

词条解析如下。

- startDocument()：在该方法中创建用于保存转换结果的 List<product>
- startElement()：SAX 引擎在分析每一个<product>元素时，在该方法中都会创建一个 Product 对象
- endElement()：当 SAX 引擎分析完一个 XML 元素后，会将该元素的文本保存在 Product 对象的相应属性中
- characters()：将 SAX 引擎扫描到的内容保存到 buffer 变量中。在 endElement()方法中使用该变量来给 Product 对象的属性赋值

本例中使用 Read Button 按键来显示 XML 文件中的内容，代码如下。

```
public void onFileItemClick(String filename){
    try {
        InputStream is = getAssets().open(filename);
        parser = new SaxXMLParser();    //创建SaxBookParser实例
        products = parser.parse(is);    //解析输入流
        String msg = "共" +"3"+ "个产品\n";
            for (Product product : products) {
                    msg += "id:"+product.getId() +"产品名："+product.getName()+"价格：
"+product.getPrice()+"\n";
            }

            Dialog alertDialog = new AlertDialog.Builder(this).setTitle("产品信息")
                    .setMessage(msg).setPositiveButton("关闭", null).create();
            alertDialog.show();
    } catch (Exception e) {
            Log.e(TAG, e.getMessage());
    }
}
```

运行本例后，单击 Read Button，弹出对话框，如图 8.14 所示。

图 8.14　显示 XML 文件内容

8.6　小　结

本章重点讲解了应用程序中数据的 SharedPreferences 存取和 SQLite 数据库在 Android 应用中的使用方法。掌握了这些数据存储技术和数据共享技术，在开发 Android 本地应用时就会得心应手。在介绍 SQLite 数据库操作时涉及数据库的数据描述语言 DDL 和数据操纵语言 DML 的相关内容，这也是开发应用程序所必备的数据库技术。

本章还介绍了 Android 文件系统和文件系统结构，使读者对 Android 文件系统有所了解，这只是 Android 文件系统的冰山一角，希望读者在以后的学习和工作中不断地钻研学习。最后你了解了 App 文件资源的加载过程和 SD 卡的读取。

第 9 章

跨程序共享数据——内容提供器（ContentProvider）

知识就是力量。

——培根

ContentProvider 是 Android 的四大组件之一，是为存储和获取数据提供的统一接口。可以在不同的应用程序之间共享数据。Android 已经为常见的一些数据提供了默认的 ContentProvider（如视频、音频、图片、通信录等），保存系统数据的 ContentProvider 都存放在 android.provider 包当中。执行这些操作必须拥有适当的权限，需要你在 AndroidManifest.xml 中添加相关权限。

ContentProvider 会将数据组织成表格进行存储。ContentProvider 类位于 android.content 包下，当应用继承 ContentProvider 类，重写该类用于提供数据和存储数据的方法，就可以向其他应用共享其数据。外部程序可以通过一组标准的接口来和本程序的数据打交道，如果使用其他方法共享数据，其数据访问方式会因数据存储的方式而发生改变。定义一个 ContentProvider 需要实现几个抽象方法接口，这些方法如下。

- Cursor query(Uri uri, String[] projection, String selection, String[] selectionArgs, String sortOrder)：将查询的数据以 Cursor 对象的形式返回。
- Uri insert(Uri uri, ContentValues values)：向 ContentProvide 中插入新数据记录，ContentValues 为数据记录的列名和列值映射。
- int update(Uri uri, ContentValues values, String selection, String[] selectionArgs)：更新 ContentProvider 中已存在的数据记录。
- int delete(Uri uri, String selection, String[] selectionArgs)：从 ContentProvider 中删除数据记录。
- boolean onCreate()：当 ContentProvider 启动时被调用。
- String getType(Uri uri)：返回 ContentProvider 中的数据（MIME）类型。

MIME：全称 Multipurpose Internet Mail Extensions，多功能 Internet 邮件扩充服务。在 ContentProvider 的 getType(Uri)方法返回一个 MIME 类型，该方法返回一个字符串，相当于通过该方法的验证，ContentProvider 可以识别自身其他方法返回的 Cursor 的内容，不需要再进行更多的验证；如果返回其他字符串，则 ContentProvider 在执行其他方法后，返回 Cursor 类型的时候，需要再次进行验证。

MIME 类型如下。

- 资源标识（URI）模式是针对单行数据使用：vnd.android.crusor.item/

❑ 资源标识（URI）模式是针对多行数据使用：vnd.android.cursor.dir/

若外部应用需要对 ContentProvider 中的数据进行添加、删除、修改和查询操作，可以使用 ContentResolver 类来完成，ContentResolver 类位于 android.content 包下，提供了诸如 insert()、delete()、query()和 update()之类的方法，要获取 ContentResolver 对象，可以在 Activity 中通过 getContentResolver()方法来获取 ContentResolver 对象。ContentResolver 提供的抽象方法和 ContentProvider 需要实现的方法相对应，方法和参数与 ContentProvider 一样，一般情况下 ContentProvider 是单实例的，但可以有多个 ContentResolver 在不同的应用程序和不同的进程之间与 ContentProvider 进行交互。

ContentProvider 可以通过 Uri（通用资源标识符（Universal Resource Identifier，简称“URI”））来指向特定的数据资源，通过 Uri 使得 ContentResolver 找到相应的 ContentProvider 来获取数据，从而实现对 ContentProvider 数据的操作。其步骤如下。

（1）在当前应用程序中定义一个 ContentProvider。

（2）在当前应用程序的 AndroidManifest.xml 中注册此 ContentProvider。

（3）其他应用程序通过 ContentResolver 和 Uri 来获取此 ContentProvider 的数据。

Uri 通常有两种形式，一种是指定全部数据，另一种是指定特定数据，首先看个例子，手机系统中所有联系人的 Uri，代码如下。

```
content://contacts/people
```

指定联系人 ID 为 5 的数据，代码如下。

```
content://contacts/people/5
```

Uri 代表了要操作的数据，主要包含两部分信息。

❑ 需要操作的 ContentProvider；

❑ 对 ContentProvider 中的数据进行操作。

Android 系统提供了两个用于操作 Uri 的工具类，UriMatcher 和 ContentUris。

（1）UriMatcher：用于匹配 Uri。代码如下。

```
static final int CODE=1;
static final int CODES=2;
static final String AUTHOR="com.study.android ";                //授权
static final UriMatcher uriMatcher;                              //Uri匹配
static {                                                         //注册匹配的Uri以及返回码
    uriMatcher=new UriMatcher(UriMatcher.NO_MATCH);             //不匹配任何路径返回-1
    uriMatcher.addURI(AUTHOR, "persion", CODES);                //匹配
content://com.study.android/persion 返回2
    uriMatcher.addURI(AUTHOR, "persion/#", CODE);               //匹配
content://com.study.android/persion/123返回1
}
```

（2）ContentUris：用于获取 Uri 路径后面的 ID 部分，它有两个比较实用的方法。

❑ withAppendedId(uri, id)用于为路径加上 ID 部分

❑ parseId(uri)方法用于从路径中获取 ID 部分

示例代码如下。

```
//为Uri添加ID
Uri uri=Uri.parse("content://"+AUTHOR+"/persion");
//生成后的Uri为：content:// com.study.android /person/123
  ContentUris.withAppendedId(uri, 123);

  //获取Uri后面的ID
  long id=ContentUris.parseId(Uri.parse("content://com.study.android/person/"));
```

监听 ContentProvider 中数据的变化，如果需要得到数据变化通知，可以使用 ContentObserver 对数据（数据采用 uri 描述）进行通知、更改以及监听。

```
//通知内容以及发生改变，同时注册了内容监听，监听到内容变化，就调用onChange方法
this.getContext().getContentResolver().notifyChange(uri, new ContentObserver(new Handler())
{
      public void onChange(boolean selfChange) {
      //此处可以进行相应的业务处理

  }
  });
```

需要注意，要操作的数据不一定来自数据库，也可能是文件等其他存储方式。

9.1 获取用于通信录的电话及电话内容

Android 系统中提供了通信录管理程序，在 Android2.3 以前的版本中这个程序定义在 android.provider.Contacts.Phones 类中，系统定义 Phone.CONTENT_URI 常量来表示通信录的数据 URI。在 Android2.3 以后的版本中，该应用程序定义在 android.provider.ContactsContract 类中，系统定义 ContactsContract.CommonDataKinds.Phone. CONTENT_URI 常量来表示通信录数据的 URI。

9.1.1 从通信录中获取好友数据

下面通过实例进行讲解，编写 ContentProviderDemo 项目，用于获取设备中的通信录数据并插入数据到通信录。下面看看如何获取通信录数据，代码如下。

```
private void displayRecords() {
    // 获取联系人信息的Uri
    Uri uri = ContactsContract.Contacts.CONTENT_URI;
    // 获取ContentResolver
    ContentResolver contentResolver = this.getBaseContext().getContentResolver();
    // 查询数据，返回Cursor
    Cursor cursor = contentResolver.query(uri, null, null, null, null);
    while (cursor.moveToNext()) {

        // 获取联系人的ID
        String contactId = cursor.getString(cursor
                .getColumnIndex(ContactsContract.Contacts._ID));
        // 获取联系人的姓名
        String name = cursor.getString(cursor
                .getColumnIndex(ContactsContract.Contacts.DISPLAY_NAME));
        // 构造联系人信息
        sb.append("contactId=").append(contactId).append(",Name= ")
                .append(name +"\n");
        // 查询电话类型的数据操作
        Cursor phones = contentResolver.query(
                ContactsContract.CommonDataKinds.Phone.CONTENT_URI, null,
                ContactsContract.CommonDataKinds.Phone.CONTACT_ID + " = "
                        + contactId, null, null);
        while (phones.moveToNext()) {
            String phoneNumber = phones
                    .getString(phones
                            .getColumnIndex(ContactsContract.CommonDataKinds.Phone.NUMBER));
            // 添加Phone的信息
            sb.append(",Phone=").append(phoneNumber+"\n");
        }

        phones.close();
        // 查询Email类型的数据操作
        Cursor emails = contentResolver.query(
            ContactsContract.CommonDataKinds.Email.CONTENT_URI, null,
                ContactsContract.CommonDataKinds.Email.CONTACT_ID + " = "
                        + contactId, null, null);
        while (emails.moveToNext()) {
            String emailAddress = emails
                .getString(emails
                        .getColumnIndex(ContactsContract.CommonDataKinds.Email.DATA));
            // 添加Email的信息
            sb.append(",Email=").append(emailAddress+"\n");
        }
        emails.close();
        contactsList.add(sb.toString());
    }
    cursor.close();
}
```

词条解释如下。

- ContactsContract 的子类 ContactsContract.Contacts 是一张表，代表了所有联系人的统计信息，可以通过以下的方法取得所有联系人的表的 Cursor 对象。

```
ContentResolver contentResolver=getContentResolver();
Cursor cursor=contentResolver.query(ContactsContract.Contacts.CONTENT_URI, null, null, null, null);
```

- 根据 URI 对象 ContactsContract.Contacts.CONTENT_URI 查询所有联系人，从 Cursor 对象里取得联系人的_id。再使用 ContactsContract.CommonDataKinds 的各个子类查询该_id 联系人的电话（ContactsContract.CommonDataKinds.Phone），email（ContactsContract.CommonDataKinds.Email）等。以取得该联系人所有电话为例，代码如下。

```
int idFieldIndex=cursor.getColumnIndex(ContactsContract.Contacts._ID);
int id=cursor.getInt(idFieldIndex);//根据列名取得该联系人的id;
Cursor phonecursor=contentResolver.query(ContactsContract.CommonDataKinds.Phone.CONTENT_URI, null,
ContactsContract.CommonDataKinds.Phone.CONTACT_ID+"=?", new String[]{Integer.toString(id)}, null);
```

9.1.2 通信录中添加好友

在通信录中插入数据，来看看下面的代码。

```
private void insertRecords(String name, String phoneNo) {
    ContentValues values = new ContentValues();
    // 首先向RawContacts.CONTENT_URI执行一个空值插入，目的是获取系统返回的rawContactId
    Uri rawContactUri = this.getBaseContext().getContentResolver()
            .insert(RawContacts.CONTENT_URI, values);
    // 获取id
    long rawContactId = ContentUris.parseId(rawContactUri);
    // 往data表插入姓名数据
    values.clear();
    values.put(Data.RAW_CONTACT_ID, rawContactId); // 添加id
    values.put(Data.MIMETYPE, StructuredName.CONTENT_ITEM_TYPE);// 添加内容类型（MIMETYPE）
    values.put(StructuredName.GIVEN_NAME, name);// 添加名字，添加到first name位置
    this.getBaseContext()
            .getContentResolver()
            .insert(android.provider.ContactsContract.Data.CONTENT_URI,
                    values);
    // 往data表插入电话数据
    values.clear();
    values.put(Data.RAW_CONTACT_ID, rawContactId);
    values.put(Data.MIMETYPE, Phone.CONTENT_ITEM_TYPE);
    values.put(Phone.NUMBER, phoneNo);
    values.put(Phone.TYPE, Phone.TYPE_MOBILE);
    this.getBaseContext()
            .getContentResolver()
            .insert(android.provider.ContactsContract.Data.CONTENT_URI,
                    values);
    // 往data表入Email数据
    values.clear();
    values.put(Data.RAW_CONTACT_ID, rawContactId);
    values.put(Data.MIMETYPE, Email.CONTENT_ITEM_TYPE);
    values.put(Email.DATA, "luhaidong88@gmail.com");
    values.put(Email.TYPE, Email.TYPE_WORK);
    this.getBaseContext()
            .getContentResolver()
            .insert(android.provider.ContactsContract.Data.CONTENT_URI,
                    values);
}
```

上面的代码是向通信录中插入数据，下面将 MainActivity 中的代码补充完毕，通过 Edit 调用这两个方法，代码如下。

```
public class MainActivity extends Activity {
    private static final String TAG = "MainActivity";
    private StringBuilder sb = new StringBuilder();
    private Button    btn;
    private EditText etv;
    private EditText edittv;
    private ListView listview;
    private ArrayAdapter<String> adapter;
    private List<String> contactsList = new ArrayList<String>();
    @Override
    public void onCreate(Bundle savedInstanceState) {
        super.onCreate(savedInstanceState);
        setContentView(R.layout.activity_main);
        displayRecords();
        etv = (EditText)findViewById(R.id.etv1);
        edittv = (EditText)findViewById(R.id.etv2);
```

```
            btn = (Button)findViewById(R.id.btn);
            btn.setOnClickListener(new BtnClick());
            listview = (ListView)findViewById(R.id.list);
    adapter = new ArrayAdapter<String>(this, android.R.layout.simple_list_item_1,contactsList);

            listview.setAdapter(adapter);
            displayRecords();
    }
    private class BtnClick implements View.OnClickListener{

            @Override
            public void onClick(View v) {
                //增加数据
                if(v.getId() == R.id.btn)
                {
                    String name = etv.getText().toString();
                    String phoneNo =edittv.getText().toString();
                    insertRecords(name, phoneNo);
                    displayRecords();
                }
            }
        }
        ......
    }
```

下面就需要设置权限，无论对哪一个 ContentProvide 中的数据进行操作，都需要在 AndroidManifest.xml 文件中添加相应权限，下面添加对通讯录进行查询和修改的权限，代码如下。

```
<uses-permission android:name = "android.permission.READ_CONTACTS"/>
<uses-permission android:name = "android.permission.WRITE_CONTACTS"/>
```

运行程序，如图 9.1 所示。

图 9.1 ContentProviderDemo 运行图

9.2 创建共享数据

用文件方式对外共享数据，需要进行文件操作读写数据，而使用 ContentProvider 共享数据的好处是统一了数据访问方式。

创建项目 MyContentProviderOffered，用于在 url="com.example.mycontentprovideroffered"中写入一个图书表格，内容是 int id (KEY)、char book_name、char book_author。

9.2.1 创建共享数据

首先写一个类继承 SQLiteOpenHelper，并在 OnCreate 方法中创建表，然后创建一个数据库。代码如下。

```
public class MySQLiteOpenHelper extends SQLiteOpenHelper{
    public MySQLiteOpenHelper(Context context, String name, CursorFactory factory,
            int version) {
        super(context, name, factory, version);
        // TODO Auto-generated constructor stub
    }
    @Override
    public void onCreate(SQLiteDatabase db) {
        // TODO Auto-generated method stub
        String sql = "CREATE TABLE books_table (_id INTEGER PRIMARY KEY AUTOINCREMENT,
        book_name VARCHAR, book_author VARCHAR)";
        db.execSQL(sql);
    }
    @Override
    public void onUpgrade(SQLiteDatabase db, int oldVersion, int newVersion) {
        // TODO Auto-generated method stub

    }
    public Cursor select() {
        SQLiteDatabase db = this.getReadableDatabase();
        Cursor cursor = db
                .query("books_table", null, null, null, null, null, null);
        return cursor;
    }
}
```

接着就写本节最关键的类 MyContentProvider，此类继承 ContentProvider，它对数据库的接口进行包装，代码如下。

```
public class MyContentProvider extends ContentProvider{
    private MySQLiteOpenHelper dbHelper;

    // 定义一个UriMatcher类
    private static final UriMatcher MATCHER = new UriMatcher(
            UriMatcher.NO_MATCH);
    private static final int BOOK_TABLE = 1;
    private static final int BOOKS_TABLE = 2;
    static {
        MATCHER.addURI("com.example.mycontentprovideroffered", "books_table", BOOK_TABLE);
        MATCHER.addURI("com.example.mycontentprovideroffered", "books_table/#", BOOKS_TABLE);
    }

    // 删除数据
    @Override
    public int delete(Uri uri, String selection, String[] selectionArgs) {
        SQLiteDatabase db = dbHelper.getWritableDatabase();
        int count = 0;
        switch (MATCHER.match(uri)) {
        case BOOK_TABLE:
            count = db.delete("books_table", selection, selectionArgs);
            return count;

        case BOOKS_TABLE:
            long id = ContentUris.parseId(uri);
            String where = "_id=" + id;
            if (selection != null && !"".equals(selection)) {
                where = selection + " and " + where;
            }
            count = db.delete("books_table", where, selectionArgs);
            return count;
```

```java
        default:
            throw new IllegalArgumentException("Unkwon Uri:" + uri.toString());
        }
    }
    // 返回当前操作的数据的mimeType
    @Override
    public String getType(Uri uri) {
        switch (MATCHER.match(uri)) {
        case BOOK_TABLE:
            return "vnd.android.cursor.dir/books_table";
        case BOOKS_TABLE:
            return "vnd.android.cursor.item/books_table";
        default:
            throw new IllegalArgumentException("Unkwon Uri:" + uri.toString());
        }
    }

    // 插入数据
    @Override
    public Uri insert(Uri uri, ContentValues values) {
        SQLiteDatabase db = dbHelper.getWritableDatabase();
        Uri insertUri = null;
        switch (MATCHER.match(uri)) {
        case BOOK_TABLE:
            long rowid = db.insert("books_table", "", values);
            insertUri = ContentUris.withAppendedId(uri, rowid);

        default:
            throw new IllegalArgumentException("Unkwon Uri:" + uri.toString());
        }
        return insertUri;
    }

    //在ContentProvider创建的时候执行
    @Override
    public boolean onCreate() {
        Log.d("huahua", "ContentProvider - onCreate()");
        dbHelper = new MySQLiteOpenHelper(this.getContext(),"BOOKS.db",null,1);
        return false;
    }
    // 查询数据
    @Override
    public Cursor query(Uri uri, String[] projection, String selection,
            String[] selectionArgs, String sortOrder) {
        SQLiteDatabase db = dbHelper.getWritableDatabase();
        switch (MATCHER.match(uri)) {
        case BOOK_TABLE:
            // 查询所有的数据
            return db.query("books_table", projection, selection, selectionArgs,
                    null, null, sortOrder);

        case BOOKS_TABLE:
            // 查询某个ID的数据
            // 通过ContentUris这个工具类解释出ID
            long id = ContentUris.parseId(uri);
            String where = " _id=" + id;
            if (!"".equals(selection) && selection != null) {
                where = selection + " and " + where;

            }
            return db.query("books_table", projection, where, selectionArgs, null,
                    null, sortOrder);

        default:
            throw new IllegalArgumentException("unknow uri" + uri.toString());
        }
    }

    // 更新数据
```

```
@Override
public int update(Uri uri, ContentValues values, String selection,
        String[] selectionArgs) {
    SQLiteDatabase db = dbHelper.getWritableDatabase();
    int count = 0;
    switch (MATCHER.match(uri)) {
    case BOOK_TABLE:
        count = db.update("books_table", values, selection, selectionArgs);
        break;
    case BOOKS_TABLE:
        // 通过ContentUri工具类得到ID
        long id = ContentUris.parseId(uri);
        String where = "_id=" + id;
        if (selection != null && !"".equals(selection)) {
            where = selection + " and " + where;
        }
        count = db.update("books_table", values, where, selectionArgs);
        break;
    default:
        throw new IllegalArgumentException("Unkwon Uri:" + uri.toString());
    }
    return count;
}
}
```

MyContentProvider 类中定义一个 UriMatcher 类，便于对 Uri 进行操作，并通过 MySQLiteOpenHelper 类实现对数据库中表的创建和数据的添加、删除、查询等功能，而且提供了 getType()方法便于 ContentProvider 对 Cursor 类型的验证，这样就完成了 MyContentProvider 类的所有功能，下面需要设置 MyContentProvider 数据共享，需要在 AndroidManifest.xml 文件中添加对外暴露的数据共享接口，代码如下。

```
<?xml version="1.0" encoding="utf-8"?>
<manifest xmlns:android="http://schemas.android.com/apk/res/android"
package="com.example.mycontentprovideroffered"
android:versionCode="1"
android:versionName="1.0" >
<uses-sdk
android:minSdkVersion="8"
android:targetSdkVersion="21" />
<application
android:allowBackup="true"
android:icon="@drawable/ic_launcher"
android:label="@string/app_name"
android:theme="@style/AppTheme" >
<activity
android:name="com.example.mycontentprovideroffered.MainActivity"
android:label="@string/app_name" >
<intent-filter>
<action android:name="android.intent.action.MAIN" />
<category android:name="android.intent.category.LAUNCHER" />
</intent-filter>
</activity>
<provider
android:authorities="com.example.mycontentprovideroffered"
android:name="com.example.mycontentprovideroffered.MyContentProvider"
android:exported="true">
</provider>
</application>
```

修改 MainActivity 代码，通过调用 MyContentProvider 类来创建 books_table 表，并对数据库进行添加、查询、删除等操作，代码如下。

```
public class MainActivity extends Activity {
    private Button btn1;
    private Button btn2;
    private Button btn3;
    @Override
    protected void onCreate(Bundle savedInstanceState) {
```

```
        super.onCreate(savedInstanceState);
        setContentView(R.layout.activity_main);

        btn1 = (Button)findViewById(R.id.btn1);
        btn1.setOnClickListener(new BtnClick());
        btn2 = (Button)findViewById(R.id.btn2);
        btn2.setOnClickListener(new BtnClick());
        btn3 = (Button)findViewById(R.id.btn3);
        btn3.setOnClickListener(new BtnClick());
    }

    private class BtnClick implements View.OnClickListener{

        @Override
        public void onClick(View v) {
            //增加数据
            if(v.getId() == R.id.btn1)
            {
                ContentResolver cr = MainActivity.this.getContentResolver();

                Uri uri = Uri.parse("content://com.example.mycontentprovideroffered/books_table");
                ContentValues values = new ContentValues();
                values.put("book_name",   "android程序");
                values.put("book_author", "luhd");
                Uri result = cr.insert(uri, values);

                if (ContentUris.parseId(result)>0) {
                    Toast.makeText(MainActivity.this, "增加成功", Toast.LENGTH_SHORT).show();
                }
            }
            //查询数据
            else if(v.getId() == R.id.btn2)
            {
                ContentResolver cr = MainActivity.this.getContentResolver();
                Uri uri = Uri.parse("content://com.example.mycontentprovideroffered/books_table");

                Cursor c = cr.query(uri,null, null, null, null);

                //循环显示
                for(c.moveToFirst();!c.isAfterLast();c.moveToNext()){
                    Toast.makeText(MainActivity.this,
                            "第"+c.getInt(0)+"条记录,图书名称是"+c.getString(1)+",作者是"+c.getString(2),
                            Toast.LENGTH_SHORT).show();
                }
                c.close();
            }
            //清空数据
            else if(v.getId() == R.id.btn3)
            {
                ContentResolver cr = MainActivity.this.getContentResolver();
                Uri uri = Uri.parse("content://com.example.mycontentprovideroffered/books_table");

                cr.delete(uri, null, null);
                Toast.makeText(MainActivity.this,
                        "数据删除成功",
                        Toast.LENGTH_SHORT).show();
            }
        }
    }
}
```

在 MainActivity 中添加了 3 个 Button，第一个 button 的相应事件是向 books_table 表中添加数据，第二个 button 的相应事件是对 books_table 表中的数据进行查询，第三个 Button 的相应事件是对 books_table 表中的数据进行删除，这样 MyContentProviderOffered 项目就书写完毕。运行程序，如图 9.2 所示。

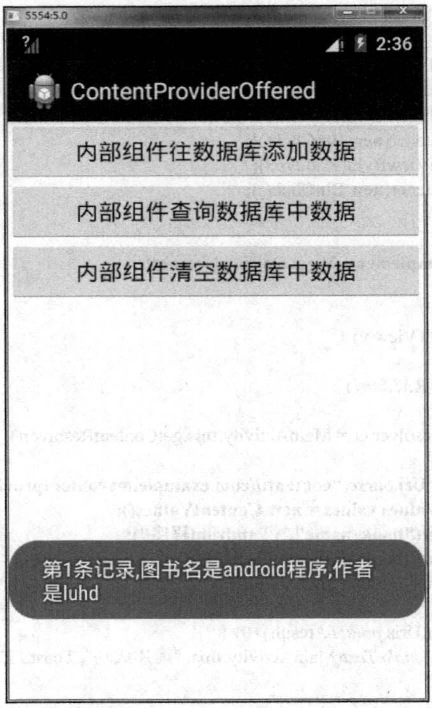

图 9.2　MyContentProviderOffered 运行图

9.2.2　外部应用访问

外部应用如何访问"content://com.example.mycontentprovideroffered/books_table"中的数据呢？下面创建项目 MyContentProviderUse 用于读取、查询和插入上面的数据。修改 MainActivity 中的代码，如下所示。

```
public class MainActivity extends Activity {
    private Button btn1;
    private Button btn2;
    private Button btn3;
    private Button btn4;
    @Override
    protected void onCreate(Bundle savedInstanceState) {
        super.onCreate(savedInstanceState);
        setContentView(R.layout.Activity_main);

        btn1 = (Button)findViewById(R.id.btn1);
        btn1.setOnClickListener(new BtnClick());
        btn2 = (Button)findViewById(R.id.btn2);
        btn2.setOnClickListener(new BtnClick());
        btn3 = (Button)findViewById(R.id.btn3);
        btn3.setOnClickListener(new BtnClick());
        btn4 = (Button)findViewById(R.id.btn4);
        btn4.setOnClickListener(new BtnClick());
    }

    private class BtnClick implements View.OnClickListener{

        @Override
        public void onClick(View v) {
            //增加数据
            if(v.getId() == R.id.btn1)
            {
                ContentResolver cr = MainActivity.this.getContentResolver();
```

```
            Uri uri = Uri.parse("content://com.example.mycontentprovideroffered/books_table");
            ContentValues values = new ContentValues();
            values.put("book_name", "图书检测");
            values.put("book_author", "李煜");
            Uri result = cr.insert(uri, values);

            if (ContentUris.parseId(result)>0) {
                Toast.makeText(MainActivity.this, "增加成功", Toast.LENGTH_SHORT).show();
            }
        }
        //查询数据
        else if(v.getId() == R.id.btn2)
        {
            ContentResolver cr = MainActivity.this.getContentResolver();
            Uri uri = Uri.parse("content://com.example.mycontentprovideroffered/books_table");

            Cursor c = cr.query(uri,null, null, null, null);

            //循环显示
            for(c.moveToFirst();!c.isAfterLast();c.moveToNext()){
                Toast.makeText(MainActivity.this,
                        "第"+c.getInt(0)+"条记录,图书名称是"+c.getString(1)+",作者是"+c.getString(2),
                        Toast.LENGTH_SHORT).show();
            }

            c.close();
        }
        //删除数据
        else if(v.getId() == R.id.btn3)
        {
            ContentResolver cr = MainActivity.this.getContentResolver();
            //这里删除的是表中第一行数据
            Uri uri = Uri.parse("content://com.example.mycontentprovideroffered/books_table/1");

            int result =cr.delete(uri, null, null);

            if (result >= 1) {
                Toast.makeText(MainActivity.this, "删除成功", Toast.LENGTH_LONG).show();
            }else{
                Toast.makeText(MainActivity.this, "这行数据不存在了!", Toast.LENGTH_LONG).show();
            }
        }
        //更新数据
        else if(v.getId() == R.id.btn4)
        {
            ContentResolver cr = MainActivity.this.getContentResolver();
            //这里更改的是表中第二行数据
            Uri uri = Uri.parse("content://com.example.mycontentprovideroffered/books_table/2");

            ContentValues values = new ContentValues();
            values.put("book_name", "程序设计");
            values.put("book_author","清明");
            int result = cr.update(uri, values, null, null);
            if (result >= 1) {
                Toast.makeText(MainActivity.this, "更新成功", Toast.LENGTH_SHORT).show();
            }else{
                Toast.makeText(MainActivity.this, "这行数据不存在了!', Toast.LENGTH_LONG).show();
            }
        }
    }


}
}
```

在 MainActivity 中添加了 4 个 Button，第一个 button 的相应事件是向 books_table 表中添加数据，第二个 button 的相应事件是对 books_table 表中的数据进行查询，第三个 Button 的相应事件是对 books_table 表中第一行数据进行删除，第四个 Button 的相应事件是对 books_table 表中的第二条数据进行更新。运行程序，如图 9.3 所示。

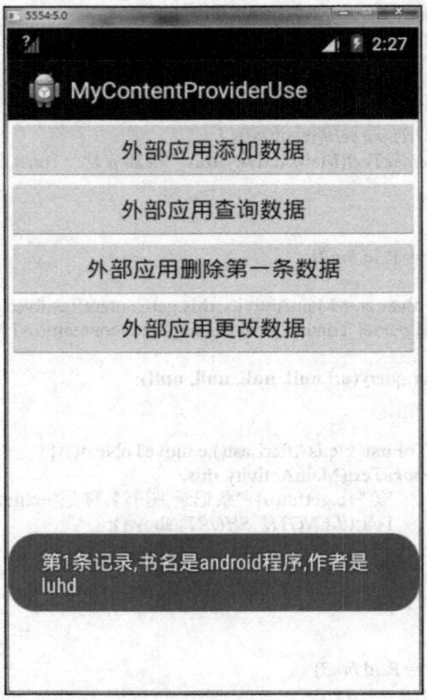

图 9.3　MyContentProviderUse 运行图

9.3　小　　结

本章的内容比较少，而且很多时候都是使用上一章中学习到的数据库的知识，所以理解这部分内容对你来说应该比较轻松吧。本章中，我们主要学习了内容提供器的相关内容，已实现跨程序数据共享的功能，现在你不仅知道了如何去访问其他程序中的数据，还学会了怎样创建自己的内容提供器来共享数据。

第 10 章

美图秀秀——开发 2D 绘图

浪费时间是所有支出中
最奢侈最昂贵的。
——富兰克林

已经讲解了有关布局和各种可用的 Android View 类的知识，可以使屏幕设计变得简洁而高效。现在考虑一些底层的问题，探讨如何在屏幕上绘制对象。本章讨论 Android 内建的二维绘制特性，包括在创建自定义 View 类中使用 Canvas 和 Paint 在屏幕上进行图形和文本的绘制等，还将讨论在屏幕上显示动画的各种方法。

10.1 屏幕绘图基础

Android 可以在屏幕上绘制各种诸如 PNG 和 JPG 等的图像，以及文本和基本图像。可以使用各种颜色、样式和渐变来绘制它们，还可以使用标准的图像变换方法来对它们进行修改。我们甚至还可以让这些可绘制的对象动起来，以制造生动的效果。

在 Android 下进行 2D 绘图需要 Canvas 类的支持，它位于“android.graphics.Canvas”包下，直译过来为画布的意思，用于完成在 View 上的绘图，即使用“android.view.View”类的 onDraw 的方法。在 Android SDK 中支持多种图形效果，例如基本的图形元素（直线、圆形、弧度等），设置位图的透明度，画位图、旋转位图等等。

10.1.1 Canvas 类

绘制图形通常在 android.view.View 或其子类的 onDraw 方法中进行。该方法的定义如下。

```
protected void onDraw(Canvas canvas);
```

其中 Canvas 对象提供了大量绘图方法，这些方法主要包含绘制一条路径、区域、贴图、画点、画线、渲染文本，这些都是绘制图形的基本元素，如果绘制更为复杂的图形，可以采用组合这些元素的方式来完成，下面看看绘制图形的基本方法。

1. 绘制像素

```
public native void drawPoint(float x, float y, Paint paint);                    //画一个像素点
public native void drawPoint(float[] pts, int offset, int count, Paint paint);  //画多个像素点
public void drawPoint(float[] pts, Paint paint);                                //画多个像素点
```

词条解释如下。

- x：像素点的横坐标。
- y：像素点的纵坐标。
- paint：描述像素点属性的 Paint 对象，可以设置坐标点像素的大小、颜色等属性。绘制其他图形元素的 Paint 对象与绘制像素点的 Paint 对象的含义相同。在绘制具体的图形元素时可以根据实际情况设置 Paint 对象。
- pts：drawPoint 方法可一次性画多个像素点，pts 参数表示多个像素点的坐标。该数组元素必须是偶数，两个一组为一个像素点的坐标。
- offset：drawPoint 方法可以取 pts 数组中的一部分连续元素作为像素点的坐标，因此需要通过 offset 参数来指定取得数组中连续元素的第一个元素位置，也就是元素的偏移量，从 0 开始。
- count：获得数组元素的个数。count 必须为偶数（两个元素为一个像素点坐标）。

需要注意的是，offset 可以从任意点取值。

2. 绘制直线

```
public void drawLine(float start_x, float start_y, float stop_x, float stop_y, Paint paint);   //画一条直线
public native void drawLine (float[] pts, int offset, int count, Paint paint);                 //画多条直线
public void drawLine (float[] pts, Paint paint);                                               //画多条直线
```

词条解释如下。

- start_x：直线开始端的横坐标
- start_y：直线开始端的纵坐标
- stop_x：直线结束端的横坐标
- stop_y：直线结束端的纵坐标
- pts：表示绘制多条直线的端点坐标集合，4 个数组元素（两个为开始端点坐标，两个为结束端点坐标）为一组，表述一条直线。

- offset：pts 数组元素的偏移量。
- count：获得 pts 数组元素的个数。count 必须为 4 的倍数。

3. 绘制圆形

```
public void drawCircle (float cx, float cy,float radius, Paint paint);
```

词条解释如下。

- cx：圆心的横坐标。
- cx：圆心的横坐标。
- radius：圆的半径。

4. 绘制弧

```
public void drawArc(RectF oval,float startAngle, float sweepAngle,boolean useCenter, Paint paint);
```

词条解释如下。

- oval：弧的外切矩形坐标。需要设置该矩形的左上角和右下角的坐标，也就是 oval.left、oval.top、oval.right 和 oval.bottom。
- startAngle：弧的起始角度。
- sweepAngle：弧的结束角度。如果 sweepAngle- startAngle 大于等于 360，drawArc 画的就是一个圆或者椭圆（如果 oval 指定的坐标画出来的是一个长方形，则 drawArc 画出来的为椭圆）。
- useCenter：如果该参数值为 true，在画弧度时弧的两个端点会连接圆心；如果该参数值为 false，则只会画弧。

5. 绘制文本

```
public native void drawText(String text,float x, float y, Paint paint);          //画text指定的文本。文本中的每一个字符的起始坐标由pos数组中的值决定。
public void drawPosText (String text, float[] pos, Paint paint);                 //画text指定的文本。文本中的每一个字符的起始坐标由pos数组中的值决定，并且可以选择text中的某一段连续的字符绘制。
public void drawPosText (char[] text,int index,int count,float[] pos, Paint paint);
```

词条解释如下。

- text：drawText 方法中的 text 参数表示要绘制的文本，drawPosText 方法中的 text 参数表示要绘制的文本，但是每个字符的坐标需要单独指定，如果未指定某个字符的坐标系统会抛出异常。
- x：绘制文本的起始点的横坐标。
- y：绘制文本的起始点的纵坐标。
- index：选定的字符集合在 text 数组中的索引。
- count：选定的字符集合中的字符数。

从上面可以看出 Canvas 绘制类比较简单同时很灵活，实现一般的方法通常没有问题，同时可以叠加地处理设计出一些效果，若把 Canvas 当做绘画师来看，那么 Paint 就是绘画的工具，如画笔、画刷、颜料等。

在 Android 设备上处理图形最常用到的就是在一个 View 上画一些图片、形状或者自定义的文本内容，这里都可以使用 Canvas 来实现。你可以获取 View 中的 Canvas 对象，绘制一些自定义形状，然后调用 View.invalidate 方法让 View 重新刷新，再绘制一个新的形状，达到 2D 动画效果。下面就主要来了解下 Canvas 的使用方法。

Canvas 对象的获取方式有两种。

（1）通过重写 View.onDraw 方法，View 中的 Canvas 对象被当做参数传递过来，操作 Canvas 图像效果会直接反应在 View 中。

（2）创建一个 Canvas 对象直接在 View 中使用。

上面说了这么多，现在来实战一下，用点和线画一个优美的网格，创建一个名为 DrawPoints

的项目，修改 MainActivity 中的代码，如下所示。

```
public class MainActivity extends Activity {
@Override
protected void onCreate(Bundle savedInstanceState) {
super.onCreate(savedInstanceState);
        setContentView(new SampleView(this));
    }
private static class SampleView extends View {
private Paint     mPaint = new Paint();
private float[] mPts;
private static final float SIZE = 300;
private static final int SEGS = 32;
private static final int X = 0;
private static final int Y = 1;
private void buildPoints() {
final int ptCount = (SEGS + 1) * 2;
mPts = new float[ptCount * 2];
float value = 0;
final float delta = SIZE / SEGS;
for (int i = 0; i <= SEGS; i++) {
mPts[i*4 + X] = SIZE - value;
mPts[i*4 + Y] = 0;
mPts[i*4 + X + 2] = 0;
mPts[i*4 + Y + 2] = value;
                value += delta;
            }
    }
public SampleView(Context context) {
super(context);
        buildPoints(); //画点
    }
@Override protected void onDraw(Canvas canvas) {
            Paint paint = mPaint;
            canvas.translate(10, 10);
            canvas.drawColor(Color.WHITE);
            paint.setColor(Color.RED);
            paint.setStrokeWidth(0);
            canvas.drawLines(mPts, paint);
            paint.setColor(Color.BLUE);
            paint.setStrokeWidth(3);
            canvas.drawPoints(mPts, paint);
        }
    }
}
```

在 DrawPoints 类的 onCreate()方法中直接加载 SampleView 对象，SampleView 是 view 的派生类，在 SampleView 的 onDraw()方法中直接画点的操作，记得在 AndroidManifest 文件中对 DrawPoints 进行注册，运行程序，如图 10.1 所示。

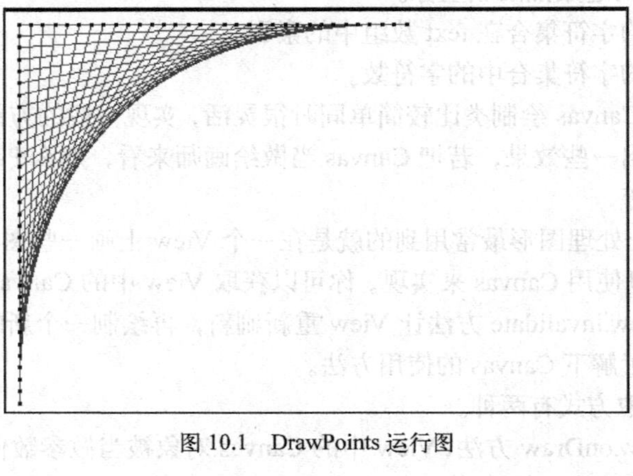

图 10.1　DrawPoints 运行图

10.1.2　Paint 类

Paint 类顾名思义就是画笔类，在绘图过程中画笔主要保存了颜色、样式等绘制信息，指定了如何绘制文本和图形，画笔对象有很多设置方法，大体上可以分为两类，一类与图形绘制相关，另一类与文本绘制相关。Paint 代表了 Canvas 上的画笔、画刷、颜料。下面看看 Paint 类的常用方法。

1. 绘制颜色

```
public void setARGB(int a, int r, int g, int b)//设置绘制的颜色，a代表透明度，r，g，b代表颜色值
public void setAlpha(int a)//设置alpha透明度
```

注意：这里的 a 值范围是 0 ~ 255，不是小数。

2. 使用抗锯齿

```
public void setAntiAlias(boolean aa) //设置是否使用抗锯齿功能，会消耗较大资源，绘制图形速度会变慢。图形设置后会平滑一些
```

3. 图像抖动处理

```
public void setDither(boolean dither); //设定是否使用图像抖动处理，会使绘制出来的图片颜色更加平滑和饱满，图像更加清晰
```

4. 设置 MaskFilter

```
public void setMaskFilter(MaskFilter maskfilter);
```

系统提供了 MaskFilter 类，它可以为 Paint 配置边缘效果。对 MaskFilter 的扩展可以采用对一个 Paint 边缘的 alpha 通道应用进行转换的方法。

Android 系统包含了下面两种 MaskFilter。

- BlurMaskFilter：指定了一个模糊的样式和半径来处理 Paint 的边缘。
- EmbossMaskFilter：指定了光源的方向和环境光强度来添加浮雕效果。

5. 颜色过滤器

```
public void setColorFilter(ColorFilter colorfilter); //设置颜色过滤器，可以在绘制颜色时实现不用颜色的变换效果
```

MaskFilter 是对一个 Paint 的 alpha 通道的转换，而 ColorFilter 则是对每一个 RGB 通道应用的转换。所有由 ColorFilter 所派生的类在执行它们的转换时，都会忽略 Alpha 通道。

6. 绘制路径的效果

```
public void setPathEffect(PathEffect effect); //设置绘制路径的效果，如点画线等
```

PathEffect 是用来控制绘制轮廓(线条)的方式。Android 包含了多种 PathEffect，具体如下。

- CornerPathEffect：可以使用圆角来代替尖锐的角从而对基本图形的形状尖锐的边角进行平滑处理。
- DashPathEffect：可以使用 DashPathEffect 来创建一个虚线的轮廓(短横线/小圆点)，还可以指定任意的虚/实线段的重复模式。
- DiscretePathEffect：与 DashPathEffect 相似，但是添加了随机性。当绘制它的时候，需要指定每一段的长度和与原始路径的偏离度。
- PathDashPathEffect：这种效果可以定义一个新的形状(路径)并将其用作原始路径的轮廓标记。

如果使用下面两种 PathEffect，会在一个 Paint 中组合使用多种 Path Effect 效果，具体如下。

- SumPathEffect：顺序地在一条路径中添加两种效果，这样每一种效果都可以应用到原始路径中。
- ComposePathEffect：将两种效果组合起来应用，先使用第一种效果，然后在这种效果的基础上应用第二种效果。

使用 setPathEffect 方法可以把 PathEffect 效果应用到 Paint 对象中，代码如下。

```
paint.setPathEffect(new CornerPathEffect(10));
```

7. 图像重叠

```
public void setXfermode(Xfermode xfermode); //设置图形重叠时的处理方式，如合并、取交集或并集，经常用来制作橡皮的擦除效果
```

通过修改 Paint 的 Xfermode 来影响在 Canvas 已有的图像上面绘制新的颜色的方式。在正

常情况下，在已有的图像上绘图将会在其上面添加一层新的形状。如果新的 Paint 是完全不透明的，那么它将完全遮挡住下面的 Paint；如果它是部分透明的，那么它将会被染上下面的颜色。Xfermode 类提供了不同的几种模式供选择。

- ❑ AvoidXfermode：指定了一个颜色和容差，强制 Paint 避免在它上面绘图(或者只在它上面绘图)。
- ❑ PixelXorXfermode：当覆盖已有的颜色时，应用一个简单的像素 XOR 操作。
- ❑ PorterDuffXfermode：可以使用图像合成的 16 条 Porter-Duff 规则的任意一条来控制 Paint 如何与已有的 Canvas 图像进行交互。

下面使用 PorterDuffXfermode 来实现橡皮擦功能，代码如下。

```
Xfermode xFermode = new PorterDuffXfermode(PorterDuff.Mode.CLEAR);
paint.setXfermode(xFermode);
```

8. Porter-Duff 规则

计算机的颜色表示，简单来说是 RGB，再加上 Alpha 透明度。计算机颜色以 RGB 三原色来编码（255，255，255）为白色，每种颜色取值范围是 0～255。但对于 porter-duff 而言除了三原色外，还定义了透明度 Alpha，Alpha 表示透明度，范围为 0～255。可以查看 java-doc 的 AlphaComposite 类，其中可以看到（A，R，G，B）表示颜色。下面是 Android 提供的 Xfermode 类图像合成的 16 种规则模式。

```
private static final Xfermode[] sModes = {
        new PorterDuffXfermode(PorterDuff.Mode.CLEAR),
        new PorterDuffXfermode(PorterDuff.Mode.SRC),
        new PorterDuffXfermode(PorterDuff.Mode.DST),
        new PorterDuffXfermode(PorterDuff.Mode.SRC_OVER),
        new PorterDuffXfermode(PorterDuff.Mode.DST_OVER),
        new PorterDuffXfermode(PorterDuff.Mode.SRC_IN),
        new PorterDuffXfermode(PorterDuff.Mode.DST_IN),
        new PorterDuffXfermode(PorterDuff.Mode.SRC_OUT),
        new PorterDuffXfermode(PorterDuff.Mode.DST_OUT),
        new PorterDuffXfermode(PorterDuff.Mode.SRC_ATOP),
        new PorterDuffXfermode(PorterDuff.Mode.DST_ATOP),
        new PorterDuffXfermode(PorterDuff.Mode.XOR),
        new PorterDuffXfermode(PorterDuff.Mode.DARKEN),
        new PorterDuffXfermode(PorterDuff.Mode.LIGHTEN),
        new PorterDuffXfermode(PorterDuff.Mode.MULTIPLY),
        new PorterDuffXfermode(PorterDuff.Mode.SCREEN)
    };
```

Porter-Duff 每个显示的效果具体如图 10.2 所示。

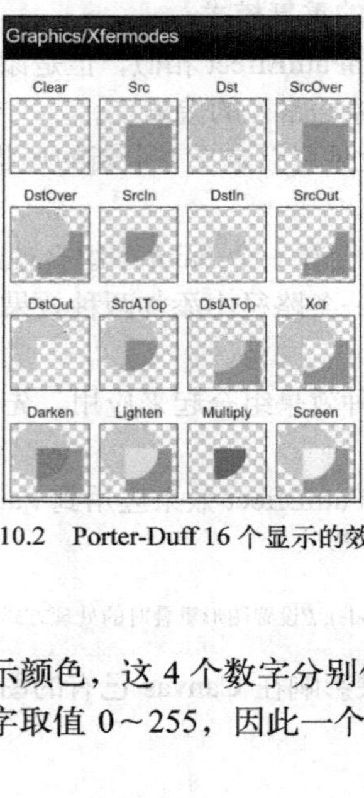

图 10.2 Porter-Duff 16 个显示的效果

10.1.3 Color 类

Android 中使用 4 个数字来表示颜色，这 4 个数字分别代表 alpha、红(red)、绿(green)、蓝(blue)4 个颜色值(ARGB)。每个数字取值 0～255，因此一个颜色可以用一个整数来表示。为了运行效率，Android 编码时用整数 Color 类实例来表示颜色。红、绿、蓝三个值就是代表颜色的取值，而 Alpha 代表的是透明度。最低值为 0，表示颜色完全透明，而此时 RGB 是什么取值都不重要了。Alpha 最高可取值为 255，表示颜色完全不透明。如果需要颜色透明、半透明，那么可以取值 0～255 中间的一些值，这常常用在前端的图层绘制中。

Android 提供了多种创建或表示颜色的方法，下面逐一看一下。

（1）使用 Color 类的常量，代码如下。

```
Int color = Color.BULE; // 创建一个蓝色
```

（2）如果知道 ARGB 的取值，那么可以使用 Color 类的静态方法 argb 创建一个颜色，代码如下。

```
Int color = Color.argb(127,255,0,255); // 半透明的紫色
```

（3）使用 XML 资源文件来表示颜色。这是一个扩展性比较好的方式，便于今后可以方便地修改颜色值。示例代码如下。

```
<?xml version="1.0" encoding="utf-8">
<resources>
<color name="mycolor">#7fff00ff</color>
</resources>
```

定义了一个名为 mycolor 的颜色，在别的地方就可以引用 mycolor 来获取该颜色值。可以使用 ResourceManager 类中的 getColor 来获取该颜色。Java 样例代码如下。

```
Int color = getResources().getColor(R.color.mycolor);
```

这与第二种方法得到的值是一样的。getResources()返回当前类加载器路径上的所有资源以及父类加载器上的所有资源。

10.1.4 Path 类

Android 提供了一个 Path 类，顾名思义这个类可以设置曲线路径轨迹。任何无规则的曲线实际上都是由若干条线段组成，而线段的定义为两点之间最短的一条线。path 类就可以记录这两点之间的轨迹，那么若干个 Path 就是需要绘制的无规则曲线。

path 类设置轨迹路径的方法如下所示。

```
public void quadTo(float x1, float y1, float x2, float y2):
public void MoveTo(float dx, float dy);
public void lineTo(float x, float y) :
```

词条解释如下。

- quadTo：方法是当我们画弧线时会形成平滑的曲线，该曲线又称为“贝塞尔曲线”(Bezier curve)，其中，x1、y1 为控制点的坐标值，x2、y2 为终点的坐标值。
- lineTo：方法是两点连成一线的绘制线路，是和 MoveTo 方法结合起来使用的，起点使用 MoveTo 方法，结束时使用 lineTO 方法。

为了设置一条比较圆滑好看的曲线，需要对游戏画笔进行一些设置。创建一个画笔，代码如下。

```
mPaint = new Paint();                        //创建画笔
mPaint.setColor(Color.BLACK);
mPaint.setAntiAlias(true);                   //设置画笔抗锯齿
mPaint.setStyle(Paint.Style.STROKE);         //画笔的类型
mPaint.setStrokeCap(Paint.Cap.ROUND);        //设置画笔变为圆滑状
mPaint.setStrokeWidth(5);                    //设置线的宽度
```

词条解释如下。

- mPaint.setStyle(Paint.Style.STROKE); 设置画笔的风格 android 提供了三种风格 Paint.Style.STROKE、Paint.Style.FILL、Paint.Style.FILL_AND_STROKE 分别为空心、实心、实心与空心。如果不设置则默认为 Paint.Style.FILL，在这里必须设置成空心，因为如果设置成实心或者实心与空心，画笔会把 path 路径中间包住，这样就不是曲线线段了。

截止到现在我们已经了解了 Canvas 类、Paint 类、Color 类和 Path 类，下面我们就所学过的知识点来看看 Android SDK 提供的例子。ApiDemos 中的 graphics/FingerPaint.java，功能是可以用你的手指在屏幕上绘制图形，学习一下 FingerPaint 的代码，如下所示。

```
public class FingerPaint extends GraphicsActivity
implements ColorPickerDialog.OnColorChangedListener {
    @Override
    protected void onCreate(Bundle savedInstanceState) {
        super.onCreate(savedInstanceState);
        setContentView(new MyView(this));

        mPaint = new Paint();//创建画笔渲染对象
        mPaint.setAntiAlias(true); //设置抗锯齿，让绘画比较平滑
        mPaint.setDither(true); //设置递色
        mPaint.setColor(0xFFFF0000); //设置画笔的颜色
        mPaint.setStyle(Paint.Style.STROKE); //画笔的类型有三种
        mPaint.setStrokeJoin(Paint.Join.ROUND); //默认类型是MITER（1.BEVEL 2.MITER 3.ROUND）
        mPaint.setStrokeCap(Paint.Cap.ROUND); //默认类型是BUTT（1.BUTT 2.ROUND 3.SQUARE）
        mPaint.setStrokeWidth(12);

        mEmboss = new EmbossMaskFilter(new float[] { 1, 1, 1 },
                                       0.4f, 6, 3.5f);

        mBlur = new BlurMaskFilter(8, BlurMaskFilter.Blur.NORMAL);
    }

    private Paint          mPaint;
    private MaskFilter     mEmboss;
    private MaskFilter     mBlur;

    public void colorChanged(int color) {
        mPaint.setColor(color);
    }

    public class MyView extends View {

        private static final float MINP = 0.25f;
        private static final float MAXP = 0.75f;

        private Bitmap    mBitmap;
        private Canvas    mCanvas;
        private Path      mPath;
        private Paint     mBitmapPaint;

        public MyView(Context c) {
        super(c);

        mPath = new Path();//创建画笔路径
        mBitmapPaint = new Paint(Paint.DITHER_FLAG);
        }

        @Override
        protected void onSizeChanged(int w, int h, int oldw, int oldh) {
        super.onSizeChanged(w, h, oldw, oldh);
        mBitmap = Bitmap.createBitmap(w, h, Bitmap.Config.ARGB_8888); //绘制固定大小的bitmap对象
        mCanvas = new Canvas(mBitmap); //将固定的bitmap对象嵌入到canvas对象中
        }

        @Override
        protected void onDraw(Canvas canvas) {
            canvas.drawColor(0xFFAAAAAA);
        canvas.drawBitmap(mBitmap, 0, 0, mBitmapPaint);
            canvas.drawPath(mPath, mPaint);
        }

        private float mX, mY;
        private static final float TOUCH_TOLERANCE = 4;

        private void touch_start(float x, float y) {
        mPath.reset();//将上次的路径保存起来，并重置新的路径
        mPath.moveTo(x, y); //设置新的路径的开始
        mX = x;
```

```
mY = y;
}
private void touch_move(float x, float y) {
float dx = Math.abs(x - mX);
float dy = Math.abs(y - mY);
if (dx >= TOUCH_TOLERANCE || dy >= TOUCH_TOLERANCE) {
mPath.quadTo(mX, mY, (x + mX)/2, (y + mY)/2);
mX = x;
mY = y;
    }
}
private void touch_up() {
mPath.lineTo(mX, mY); //从最后一个指定的xy点绘制一条线，如果没有用moveTo方法，则起始点表示（0，0）点
mCanvas.drawPath(mPath, mPaint); //手指离开屏幕后，绘制创建的“所有”路径
// kill this so we don't double draw
mPath.reset();
}

@Override
public boolean onTouchEvent(MotionEvent event) {
float x = event.getX();
float y = event.getY();

switch (event.getAction()) {
case MotionEvent.ACTION_DOWN: //手指开始按压屏幕，这个动作包含了初始化位置
        touch_start(x, y);
        invalidate();//刷新画布，重新运行onDraw（）方法
 break;
 case MotionEvent.ACTION_MOVE:  //手指按压屏幕时，触发位置的改变，这个方法在ACTION_DOWN]
                                //和ACTION_UP之间
        touch_move(x, y);
        invalidate();
 break;
 case MotionEvent.ACTION_UP: //手指离开屏幕，不再按压屏幕
        touch_up();
        invalidate();
 break;
    }
 return true;
 }
 }
}
```

在 ACTION_DOWN 事件中通过 moveTo()方法设置触摸屏幕点为轨迹的起始点，在 ACTION_MOVE 事件中设置曲线的轨迹，使用 mPath.quadTo()方法记录每次移动产生的一个曲线线段，然后将所有的曲线线段绘制在屏幕中，最后在 ACTION_UP 事件中将调用 mPath.lineTo()方法结束绘制轨迹。绘制中调用 mCanvas.drawPath()方法将 onTouchEvent 中记录的路径曲线绘制在屏幕当中。下面我们在 Activity 中加入 Menu，用于控制整个画笔，代码如下。

```
private static final int COLOR_MENU_ID = Menu.FIRST;
private static final int EMBOSS_MENU_ID = Menu.FIRST + 1;
private static final int BLUR_MENU_ID = Menu.FIRST + 2;
private static final int ERASE_MENU_ID = Menu.FIRST + 3;
private static final int SRCATOP_MENU_ID = Menu.FIRST + 4;

@Override
public boolean onCreateOptionsMenu(Menu menu) {
    super.onCreateOptionsMenu(menu);

    menu.add(0, EMBOSS_MENU_ID, 0, "Emboss").setShortcut('4', 's');
    menu.add(0, BLUR_MENU_ID, 0, "Blur").setShortcut('5', 'z');
    menu.add(0, ERASE_MENU_ID, 0, "Erase").setShortcut('5', 'z');
    menu.add(0, SRCATOP_MENU_ID, 0, "SrcATop").setShortcut('5', 'z');

    return true;
}

@Override
public boolean onPrepareOptionsMenu(Menu menu) {
    super.onPrepareOptionsMenu(menu);
    return true;
}
```

```
@Override
public boolean onOptionsItemSelected(MenuItem item) {
    mPaint.setXfermode(null);
    mPaint.setAlpha(0xFF);

    switch (item.getItemId()) {

    case EMBOSS_MENU_ID:
    if (mPaint.getMaskFilter() != mEmboss) {
    mPaint.setMaskFilter(mEmboss);
        } else {
     mPaint.setMaskFilter(null);
        }
     return true;
     case BLUR_MENU_ID:
     if (mPaint.getMaskFilter() != mBlur) {
     mPaint.setMaskFilter(mBlur);
        } else {
     mPaint.setMaskFilter(null);
        }
     return true;
     case ERASE_MENU_ID:
     mPaint.setXfermode(new PorterDuffXfermode(
                        PorterDuff.Mode.CLEAR));//擦除模式
     return true;
     case SRCATOP_MENU_ID:
     mPaint.setXfermode(new PorterDuffXfermode(
                        PorterDuff.Mode.SRC_ATOP));
     mPaint.setAlpha(0x80);
     return true;
     }
     return super.onOptionsItemSelected(item);
}
```

运行效果如图 10.3 所示。

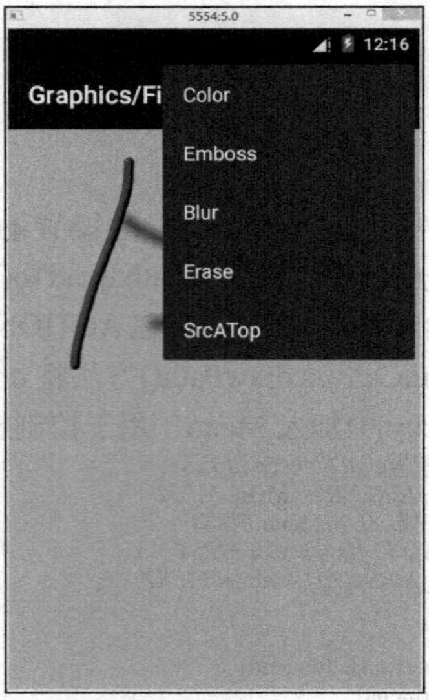

图 10.3 FingerPaint 运行图

10.1.5 Drawable 类

Drawable 通常指可以作画的资源抽象。Android 中 Drawable 类主要针对位图或纯色的可视元素，如按钮、视图背景等。

一般是将资源文件放置在 res/drawable 文件夹下面，然后通过资源文件引用这个文件，支持的文件类型有 PNG、 JPG 和 GIF，例如显示应用程序的图标，也可以用来显示 LOGO 等。Android 中可以有多种方法加载 drawable 中的资源文件，下面以图像（image）为例举例说明加载的两种方法。

（1）下面的代码片段描述的是，使用 drawable 中的资源创建一个 ImageView，然后将它添加到 layout 中，具体代码如下。

```
public LinearLayout mLinearLayout;
protected void onCreate(Bundle savedInstanceState) {
    super.onCreate(savedInstanceState);
// Create a LinearLayout in which to add the ImageView
    mLinearLayout = new LinearLayout(this);
// Instantiate an ImageView and define its properties
    ImageView i = new ImageView(this);
   i.setImageResource(R.drawable.my_image);
    i.setAdjustViewBounds(true); // 设置ImageView与Drawable的宽高比相同
    i.setLayoutParams(new Gallery.LayoutParams(LayoutParams.WRAP_CONTENT,
                    LayoutParams.WRAP_CONTENT));

    // Add the ImageView to the layout and set the layout as the content view
    mLinearLayout.addView(i);
       setContentView(mLinearLayout);
  }
```

词条解释如下。

- R.drawable.my_image：表示引用的资源编号，选择的文件只要去掉后缀就可以（例如 my_image.png 引用它时就是 my_image）。

上述代码也可以直接获取 Drawable 对象，Drawable 对象是 LinearLayout 直接加载的，代码如下。

```
LinearLayout mLinearLayout = new LinearLayout(this);
Resources res = mContext.getResources();
Drawable myImage = res.getDrawable(R.drawable.my_image);
mLinearLayout.setBackgroundDrawable(myImage);
```

（2）或者直接在 layout.xml 文件中添加资源 Drawable 到 ImageView 控件中，代码如下。

```
<LinearLayout xmlns:android="http://schemas.android.com/apk/res/android"
xmlns:tools="http://schemas.android.com/tools"
android:layout_width="match_parent"
android:layout_height="match_parent"
android:orientation="vertical" >
    <ImageView
        android:layout_width="wrap_content"
        android:layout_height="wrap_content"
        android:tint="#55ff0000"
        android:src="@drawable/my_image"/>
</LinearLayout>
```

上面我们讲解了如何使用 Drawable 类加载图像资源，当然绘图资源不仅限于此，比如颜色、形状等绘图相关的资源，都可以使用 Drawable 类去加载。

10.2 使用文字

Android 提供几种默认的字体和样式。应用程序也可以使用自定义的字体，这需要将字体文件作为其一个组件（asset）包含进应用程序，并且像使用资源那样使用 AssetManager 载入字体。

Android 系统默认支持三种字体，分别为“Sans Serif”，“Serif”，“monospace”。这三个字体由 android.graphic.typeface 字体类提供，具体内容如下。

- Serif：有衬线字体，意思是在字的笔画开始、结束的地方有额外的装饰，而且笔画的粗细会有所不同。
- Sans Serif：没有这些额外的装饰，而且笔画的粗细差不多。serif 字体容易识别，它强调了每个字母笔画的开始和结束，因此易读性比较高，Sans Serif 则比较醒目。Sans Serif 强调每一个字母，Serif 更强调每一个单词。
- Monospaced：等宽字体，每个字体宽度是一致的。

创建项目 TypefaceDemo，来展现上面三种字体的区别，对于设置 TextView 的字体可以通过 TextView 的 setTypeface 方法来指定一个 Typeface 对象。下面我们通过两种方式来设置字体，第一种通过在 Java 代码中设置 TextView 的 setTypeface()方法来实现，第二种在 Layout 的 XML 文件中使用 android:typeface 属性来设置。

首先通过在 Java 代码中使用 TextView 的 setTypeface 方法来设置字体，MainActvity 中的 onCreate()方法的具体代码如下。

```
@Override
    protected void onCreate(Bundle savedInstanceState) {
        super.onCreate(savedInstanceState);
      setContentView(R.layout.activity_main);.....
      monospace_TV = (TextView) findViewById(R.id.monospace);
      sans_serif_TV = (TextView) findViewById(R.id.sans);
      serif_TV       = (TextView) findViewById(R.id.serif);
      ...
    monospace_TV.setTextSize(24.0f);
    sans_serif_TV.setTextSize(24.0f);
      serif_TV.setTextSize(24.0f);
      monospace_TV.setText("MONOSPACE");
    sans_serif_TV.setText("SANS_SERIF");
      serif_TV.setText("SERIF");
      ...
      monospace_TV.setTypeface(Typeface.MONOSPACE);
    sans_serif_TV.setTypeface(Typeface.SANS_SERIF);
    serif_TV.setTypeface(Typeface.SERIF);
    ...
    monospace_TV.setTextColor(Color.red);
    serif_TV.setTextColor(Color. GRAY);
}
```

下面我们看看 activity_main.xml 的代码，如下所示。

```
<?xml version="1.0" encoding="utf-8"?>
<TableLayout xmlns:android="http://schemas.android.com/apk/res/android"
android:layout_width="fill_parent"
android:layout_height="fill_parent" >
<TableRow>
...
<!-- 使用sans字体 -->
<TextView
android:id="@+id/sans"
android:text="Hello,World">
/TextView>
</TableRow>
<TableRow>
...
<!-- 使用serifs字体 -->
<TextView
android:id="@+id/serif"
android:text="Hello,World">
</TextView>
</TableRow>
<TableRow>
...
<!-- 使用monospace字体 -->
<TextView
android:id="@+id/monospace"
android:text="Hello,World">
</TextView>
      </TableRow>
      </TableLayout>
```

运行程序，显示如图 10.4 所示。

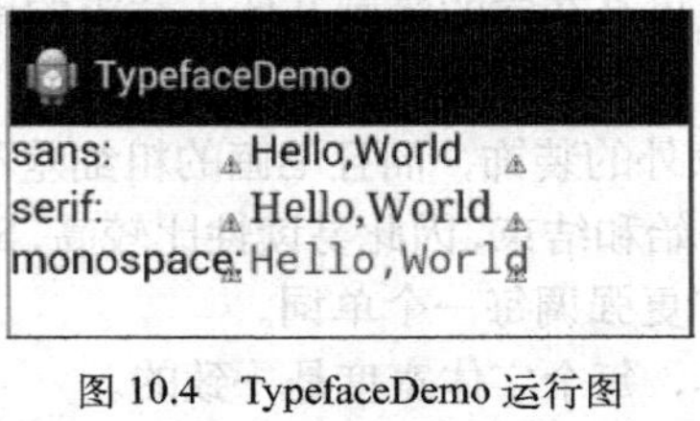

图 10.4　TypefaceDemo 运行图

下面使用第二种方法，通过使用 XML 来设置字体，使用 XML 来实现上面对字体的设置，activity_main.xml 代码修改如下。

```
<?xml version="1.0" encoding="utf-8"?>
<TableLayout xmlns:android="http://schemas.android.com/apk/res/android"
android:layout_width="fill_parent"
android:layout_height="fill_parent" >
<TableRow>
...
<!-- 使用默认的sans字体 -->
<TextView
android:id="@+id/sans"
android:text="Hello,World"
android:textSize="24sp"
android:typeface="sans"
android:textColor="#000" >
</TextView>
</TableRow>
<TableRow>
...
<!-- 使用默认的serifs字体 -->
<TextView
android:id="@+id/serif"
android:text="Hello,World"
android:textSize="24sp"
android:typeface="serif"
android:textColor="#00f" >
</TextView>
</TableRow>
<TableRow>
...
<!-- 使用默认的monospace字体 -->
<TextView
android:id="@+id/monospace"
android:text="Hello,World"
android:textSize="24sp"
android:typeface="monospace"
android:textColor="#f00" >
</TextView>
    </TableRow>
    </TableLayout>
```

我们在 activity_main.xml 中修改了字体，那么在 MainActivity 中就不需要再设置字体，下面是 MainActivity 的代码。

```
@Override
protected void onCreate(Bundle savedInstanceState) {
    super.onCreate(savedInstanceState);
  setContentView(R.layout.activity_main);.....
  monospace_TV = (TextView) findViewById(R.id.monospace);
  sans_serif_TV = (TextView) findViewById(R.id.sans);
  serif_TV      = (TextView) findViewById(R.id.serif);
}
```

运行程序，如图 10.5 所示。

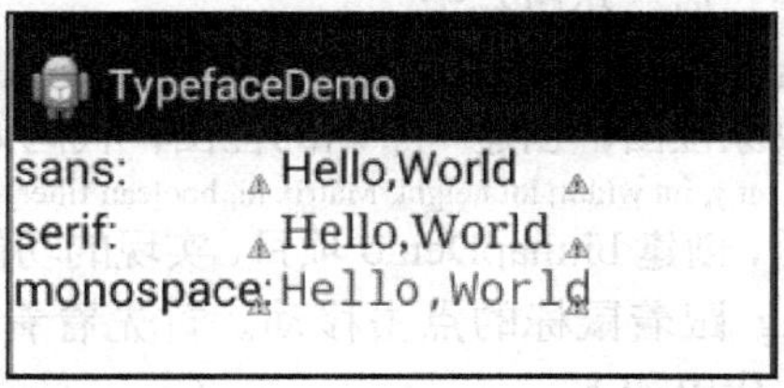

图 10.5　TypefaceDemo 运行图

10.3　使 用 位 图

位图图像（bitmap），也称为点阵图像或绘制图像，是由称作像素的单个点组成的。这些点可以进行不同的排列和染色以构成图样。当放大位图时，可以看见赖以构成整个图像的无数单个方块。扩大位图尺寸的效果是增大单个像素，从而使线条和形状显得参差不齐。然而，如果从稍远的位置观看它，位图图像的颜色和形状又显得是连续的，那么如何在 Android 系统中使用位图呢？下面首先来获取位图。

1. 从资源中获取位图

将位图资源保存在 Resource 中，从中获取位图：

通过资源 ID 获取 Drawable；在 XML 文件中使用位图，代码如下。

```
<ImageView
android:layout_height="wrap_content"
android:layout_width="wrap_content"
android:src="@drawable/myimage" />
```

2. 通过资源 ID 获取资源文件的数据流。通过 Resource 的函数来实现，代码如下。

```
InputStream openRawResource(int id)
```

获取到资源文件的数据流后，通过如下两种方法来获取 Bitmap，如下所示。

（1）通过 BitmapFactory 类来获取资源文件的数据流。下面使用 BitmapFactory 来获取图像对象，代码如下。

```
// 获取资源文件的引用res
Resources res = getResources();
// 获取图形资源文件
Bitmap bmp = BitmapFactory.decodeResource(res, R.drawable. myimage);
```

（2）通过 BitmapDrawable 类来获取资源文件的数据流。下面使用 BitmapDrawable 来获取图像对象，代码如下。

```
//通过openRawResource获取一个inputStream对象
InputStream inputStream = getResources().openRawResource(R.drawable. myimage);
//通过InputStream创建一个BitmapDrawable对象
BitmapDrawable drawable = new BitmapDrawable(inputStream);
//通过BitmapDrawable对象获得Bitmap对象
Bitmap bitmap = drawable.getBitmap();
```

3. 获取位图的信息

要获取位图信息，比如位图大小、是否包含透明度、颜色格式等，这些信息在 Bitmap 的函数中可以获取到。在 Bitmap 中对 RGB 颜色格式使用 Bitmap.Config 定义，仅包括 ALPHA_8、ARGB_4444、ARGB_8888、RGB_565，Bitmap 还提供了 compress()接口来压缩图片，Android SDK 只支持 PNG、JPG 格式的压缩。

4. 显示位图

显示位图需要使用核心类 Canvas，可以直接通过 Canvas 类的 drawBirmap()来显示位图，或者借助于 BitmapDrawable 来将 Bitmap 绘制到 Canvas。

5. 位图缩放

将一个位图按照需求重画一遍，代码如下。

```
drawBitmap(Bitmap source, Rect src, Rect dst, Paint paint)
```

在原有位图的基础上缩放原位图，创建一个新的位图，代码如下。

```
createBitmap(Bitmap source, int x, int y, int width, int height, Matrix m, boolean filter)
```

下面通过项目实战来学习，创建 bitmapDemo 项目，实现的功能是随着鼠标的点击 drawable 文件夹中的图片 myimage.png 跟着鼠标的点击移动。首先看看 MainActivity 的代码，加载 surfaceView，用于显示图像，代码如下。

```
public class MainActivity extends Activity
{

        private surfaceView bitmapView = null;
        @Override
        protected void onCreate(Bundle savedInstanceState)
        {
            super.onCreate(savedInstanceState);
            bitmapView = new surfaceView(this);
            setContentView(bitmapView);
```

```
        }
}
```

创建 surfaceView.java 文件，用于处理资源文件的数据流。代码如下。

```
public class surfaceView extends SurfaceView{
        // 控制surface的接口，提供了控制surface的大小、格式、像素
        private SurfaceHolder surfaceHolder;
        private Canvas canvas = null;
        //x y用户才触摸屏幕的坐标
        private float x=0,y=0;
        private Bitmap bitmap = null;
        public surfaceView(Context context) {
              super(context);
              surfaceHolder = this.getHolder();
              this.setKeepScreenOn(true);
              // 获取资源文件res
              Resources res=getResources();
              // 获取位图资源文件的输入流
              InputStream inputStream=res.openRawResource(R.drawable. myimage);
              // 创建可绘制的位图对象
              BitmapDrawable bitmapDrawable=new BitmapDrawable(inputStream);
              // 通过可绘制位图对象得到位图引用
              bitmap=bitmapDrawable.getBitmap();
              /*
               * // 获取资源文件的引用res
            Resources res = getResources();
            // 获取图形资源文件
            Bitmap bmp = BitmapFactory.decodeResource(res, R.drawable. myimage);
               */
        }
        //绘制位图
        private void onDraw() {
              try {
                    // 锁定Canvas画布
                    canvas = surfaceHolder.lockCanvas();
                  // 设置canvas画布背景为黑色
                    canvas.drawColor(Color.GREEN);
                      // 在画布上绘制位图
                    //让位图的中心正好在触摸点位置上
                  canvas.drawBitmap(bitmap, x-bitmap.getWidth()/2, y-bitmap.getHeight()/2, null);
              } catch (Exception ex) {
              } finally {
                  if (canvas != null)
                        // 解锁画布，并显示绘制图片
                        surfaceHolder.unlockCanvasAndPost(canvas);
              }
        }
        //触摸事件
         public boolean onTouchEvent(MotionEvent event){
              x = event.getX();
              y = event.getY();
              onDraw();
            return true;
        }
}
```

词条解释如下。

- ❑ surfaceHolder = this.getHolder(); 获取 SurfaceHolder 接口
- ❑ this.setKeepScreenOn(true);　　设置屏幕保持开启状态
- ❑ InputStream inputStream=res.openRawResource(R.drawable. myimage); 获取位图资源文件的输入流
- ❑ BitmapDrawable bitmapDrawable=new BitmapDrawable(inputStream); 创建可绘制的位图对象
- ❑ bitmap=bitmapDrawable.getBitmap();通过可绘制的位图对象得到位图引用

运行项目，如图 10.6 所示。

图 10.6　bitmapDemo 项目运行图

10.4　Frame 动画

Frame 动画是一系列图片按照一定的顺序展示的过程，这些图片按照一定的时间间隔进行切换。这和电影的机制很相似，一般电影是每秒 25 帧播放连续的电影静态画面，由于人的视觉暂留在这种频率下播放感觉是连续的。下面我们使用 AnimationDrawable 和静态图片来制作 Frame 动画。

Android 中的帧动画需要在一个动画文件中指定动画中的静态图片和每一张图片需要播放的时间（单位是毫秒）。一般动画文件采用 XML 格式，下面我们使用实例进行讲解。

创建 AnimFrameDemo 工程，先创建 res/anim 目录，并在其中创建 frame.xml 文件，输入以下内容。

```
<?xml version="1.0" encoding="utf-8"?>
<animation-list xmlns:android="http://schemas.android.com/apk/res/android"
    android:oneshot= "false" >
    <item android:drawable="@drawable/anim1" android:duration="50" />
    <item android:drawable="@drawable/anim2" android:duration="50" />
    <item android:drawable="@drawable/anim3" android:duration="50" />
    <item android:drawable="@drawable/anim4" android:duration="50" />
</animation-list>
```

词条解释如下。

- <animation-list>元素是必须的，并且必须要作为根元素，可以包含一个或多个<item>元素；android:onshot 如果定义为 true，此动画只会执行一次，如果为 false 则一直循环。
- <item>元素代表一帧动画，android:drawable 指定此帧动画所对应的图片资源，android:druation 代表此帧持续的时间，该时间为整数，单位为毫秒。

在工程中添加四张连续的图片，分别命名为 anim1.png、anim2.png、anim3.png、anim4.png，并存放在 drawable 目录中 。

编写完动画文件后，就需要装载动画文件，并创建 AnimationDrawable 对象，AnimationDrawable 是 Drawable 的子类，并在继承 Drawable 类后添加了控制动画的功能，创建 AnimationDrawable 对象的代码如下。

```
AnimationDrawable anim = (AnimationDrawable)getResources().getDrawable(R.anim.frame);
```

在创建完 AnimationDrawable 对象后，使用下面的代码将 AnimationDrawable 对象作为 ImageView 控件背景，代码如下。

```
ImageView image = (ImageView) findViewById(R.id.frame_image);
image.setBackgroundResource(anim);
```

当然，也可以使用 image. setBackgroundResource()方法直接加载动画文件，并通过 image.getBackground()方法获得 AnimationDrawable 对象，代码如下。

```
    ImageView image = (ImageView) findViewById(R.id.frame_image);
    image.setBackgroundResource(R.anim.frame); //将动画资源文件设置为ImageView的背景
    AnimationDrawable anim = (AnimationDrawable) image.getBackground();//获取ImageView背景，此时已被编译成
AnimationDrawable对象了
    anim.start();//开始动画
```

如果不在 XML 文件中保存 AnimationDrawable 对象，怎样使用代码直接加载呢？下面我们直接使用代码加载 Drawable 中的图像，代码如下。

```
        AnimationDrawable anim = new AnimationDrawable();
        for (int i = 1; i <= 4; i++) {
                //根据资源名称和目录获取R.java中对应的资源ID
                int id = getResources().getIdentifier("anim" + i, "drawable", getPackageName());
                //根据资源ID获取到Drawable对象
                Drawable drawable = getResources().getDrawable(id);
                //将此帧添加到AnimationDrawable中
                anim.addFrame(drawable, 70);
        }
        anim.setOneShot(false); //设置为loop
        image.setBackgroundDrawable(anim);
        anim.start(); //开始动画
```

运行程序，如图 10.7 所示。

图 10.7　AnimFrameDemo 运行图

上面讲解了 AnimationDrawable 对象的获取过程，那么使用 AnimationDrawable 对象能做哪些事情呢？下面我们看看 AnimationDrawable 提供的部分方法。

AnimationDrawable 的方法	方 法 解 释
int getDuration()	获取动画的时长
int getNumberOfFrames()	获取动画的帧数
boolean isOneShot()	获取 oneshot 属性
Void setOneShot(boolean oneshot)	设置 oneshot 属性
Drawable getFrame(int index)	获取某帧的 Drawable 资源
void addFrame(Drawable frame,int duration)	为当前动画增加帧（资源，持续时长）
void start()	开始动画
void run()	外界不能直接调用，使用 start()替代
boolean isRunning()	当前动画是否在运行
void stop()	停止当前动画

10.5 Tween 动画

Tween 动画是操作某个控件让其展现出旋转、渐变、移动、缩放的转换过程，称为补间动画。可以以 XML 的形式定义动画，也可以编码实现。如果以 XML 形式定义一个动画，按照动画的定义语法完成 XML，并放置于/res/anim 目录下，文件名可以作为资源 ID 被引用；如果由编码实现，需要使用到 Animation 对象。

下面我们使用实例进行讲解，创建项目 AnimTweenDemo，并创建 res/anim 目录，存放动画 XML 语法，实例中使用四个 Button 来控制动画效果，为了使读者能够清晰地了解每个动画的配置信息，将对旋转、渐变、移动、缩放过程分别用四个 XML 来表示，首先创建 alpha.xml(AlphaAnimation)的配置文件内容，代码如下。

```
<?xml version="1.0" encoding="UTF-8"?>
<set xmlns:android="http://schemas.android.com/apk/res/android">
<alpha android:fromAlpha="0.1" android:toAlpha="1.0" android:duration="5000" />
</set>
```

词条解释如下。

- XML 文件中必须有一个根元素，可以是<alpha>、<scale>、<translate>、<rotate>中的任意一个，也可以是<set>来管理一个由前面几个元素组成的动画集合。
- <set>是一个动画容器，管理多个动画的群组，与之相对应的 Java 对象是 AnimationSet。它有两个属性，android:interpolator 代表一个插值器资源，可以引用系统自带的插值器资源，也可以用自定义插值器资源，默认值是匀速插值器；android:shareInterpolator 代表<set>里面的多个动画是否要共享插值器，默认值为 true，即共享插值器，如果设置为 false，那么<set>的插值器就不再起作用，我们要在每个动画中加入插值器。
- <alpha>是渐变动画，可以实现 fadeIn 和 fadeOut 的效果，与之对应的 Java 对象是 AlphaAnimation。android:fromAlpha 属性代表起始 alpha 值，浮点值的范围在 0.0 和 1.0 之间，分别代表透明和完全不透明，android:toAlpha 属性代表结尾 alpha 值，浮点值的范围也在 0.0～1.0。

上面我们使用了 XML 来描述 Alpha 动画，对应编码需 AlphaAnimation 类来操作，AlphaAnimation 是控制透明度变化的动画类，常使用 AlphaAnimation(float fromAlpha, float toAlpha)来构造；参数 fromAlpha 是动画开始时的透明度（取值范围是 0.0～1.0）；参数 toAlpha 是动画结束时的透明度；

接着创建 scale.xml (ScaleAnimation)的配置文件内容，代码如下。

```
<?xml version="1.0" encoding="UTF-8"?>
<set xmlns:android="http://schemas.android.com/apk/res/android">
<scale android:fromXScale="0.0" android:toXScale="1.0" android:fromYScale="0.0" android:toYScale="1.0" android:pivotX="50%"
android:pivotY="50%" android:duration="5000" />
</set>
```

词条解释如下。

- <scale>是缩放动画，可以实现动态调用控件尺寸的效果，与之对应的 Java 对象是 ScaleAnimation。android:fromXScale 属性代表起始的 X 方向上相对自身的缩放比例，该属性为浮点值，比如 1.0 代表自身无变化，0.5 代表起始时缩小一倍，2.0 代表放大一倍；android:toXScale 属性代表结尾的 X 方向上相对自身的缩放比例，该属性为浮点值；android:fromYScale 属性代表起始的 Y 方向上相对自身的缩放比例，该属性为浮点值；android:toYScale 属性代表结尾的 Y 方向上相对自身的缩放比例，该属性为浮点值；android:pivotX 属性代表缩放的中轴点 X 坐标，该属性为浮点值；android:pivotY 属性代表缩放的中轴点 Y 坐标，该属性为浮点值。对于这两个属性，如果表示中轴点为图像的中心，可以把两个属性值定义成 0.5 或者 50%。

上面使用了 XML 来描述 Scale 动画，对应编码需 ScaleAnimation 类来操作，ScaleAnimation 是控制尺度变化的动画类，常使用 ScaleAnimation(float fromX、float toX、float fromY、float toY、int pivotXType、float pivotXValue、int pivotYType、float pivotYValue)来构造；参数 fromX：动画开始 X 坐标上的伸缩尺度；参数 toX：动画结束 X 坐标上的伸缩尺度；参数 fromY：动画开始 Y 坐标上的伸缩尺度；参数 toY：动画结束 Y 坐标上的伸缩尺度；参数 pivotXType：X 坐标上的伸缩模式，取值有 Animation.ABSOLUTE，Animation.RELATIVE_TO_SELF，Animation.RELATIVE_TO_PARENT；参数 pivotXValue：X 坐标上的伸缩值；参数 pivotYType：Y 坐标上的伸缩模式，取值有 Animation.ABSOLUTE，Animation.RELATIVE_TO_SELF，Animation.RELATIVE _TO_PARENT；参数 pivotYValue：Y 坐标上的伸缩值。

下面创建 translate.xml (TranslateAnimation)的配置文件内容，代码如下。

```
<?xml version="1.0" encoding="UTF-8"?>
<set xmlns:android="http://schemas.android.com/apk/res/android">
<translate android:fromXDelta="10" android:toXDelta="100" android:fromYDelta="10" android:toYDelta="100" />
</set>
```

词条解释如下。

- <translate>是位移动画，代表一个水平、垂直的位移。与之对应的 Java 对象是 TranslateAnimation。android:fromXDelta 属性代表起始 X 方向的位置，android:toXDelta 属性代表结尾 X 方向上的位置，android:fromYScale 属性代表起始 Y 方向上的位置，android:toYDelta 属性代表结尾 Y 方向上的位置，以上四个属性支持的三种表示方式为浮点数、num%、num%p；如果以浮点数字表示，代表相对自身原始位置的像素值；如果以 num%表示，代表相对于自己的百分比，比如 toXDelta 定义为 100%就表示在 X 方向上移动自己的 1 倍距离；如果以 num%p 表示，代表相对于父类组件的百分比。

上面我们使用了 XML 来描述 Translate 动画，对应编码需 TranslateAnimation 类来操作，TranslateAnimation 控制位置变换的动画实现类，常使用 TranslateAnimation(float fromXDelta，float toXDelta，float fromYDelta，float toYDelta)来构造；参数 fromXDelta：动画开始的 X 坐标；参数 toXDelta：动画结束的 X 坐标；参数 fromYDelta：动画开始的 Y 坐标；参数 toYDelta：动画结束的 Y 坐标。

最后创建 rotate.xml (RotateAnimation)的配置文件内容，代码如下。

```
<?xml version="1.0" encoding="UTF-8"?>
<set xmlns:android="http://schemas.android.com/apk/res/android">
<rotate android:fromDegrees="0" android:toDegrees="360" android:pivotX="50%" android:pivotY="50%" android:duration="5000" />
</set>
```

词条解释如下。

- <rotate>是旋转动画，与之对应的 Java 对象是 RotateAnimation。android:fromDegrees 属性代表起始角度，是浮点值，单位是度；android:toDegrees 属性代表结尾角度，是浮点值，单位是度；android:pivotX 属性代表旋转中心的 X 坐标值，android:pivotY 属性代表旋转中心的 Y 坐标值，这两个属性也有三种表示方式，数字方式代表相对于自身左边缘的像素值，num%方式代表相对于自身左边缘或顶边缘的百分比，num%p 方式代表相对于父容器的左边缘或顶边缘的百分比。

上面使用了 XML 来描述 Rotate 动画，对应编码需 RotateAnimation 类来操作，RotateAnimation 控制旋转的动画实现类，常使用 RotateAnimation(float fromDegrees、float toDegrees、int pivotXType、float pivotXValue、int pivotYType、float pivotYValue)来构造；参数 fromDegrees：旋转开始角度；参数 toDegrees：旋转结束角度；参数 pivotXType、pivotXValue、pivotYType、pivotYValue 与尺度变化动画 ScaleAnimation 相类似。

下面看看布局文件 activity_main.xml，代码如下。

```
<LinearLayout xmlns:android="http://schemas.android.com/apk/res/android"
android:orientation="vertical"
android:layout_width="match_parent"
android:layout_height="match_parent">
<!-- 动画图片 -->
<ImageView
android:id="@+id/TweenImage"
android:layout_width="match_parent"
android:layout_height="match_parent"
android:layout_weight="1"
android:src="@drawable/tween" />
    ......//省略动画控制按钮
</LinearLayout>
```

装载补间动画文件需要使用 android.view.animation.AnimationUtils.loadAnimation 方法，代码如下。

```
private ImageView            tweenImage;//装载图片的控件
tweenImage = (ImageView) super.findViewById(R.id.TweenImage);
Animation animation = AnimationUtils.loadAnimation(this, R.anim.rotate);
```

加载之后，需要启动这个动画，代码如下。

```
tweenImage.startAnimation(animation);
```

这样，补间动画就会被启动。下面看看补间动画的 3 个状态，动画开始、动画结束、动画循环。要监听这 3 个状态需要实现 android.view.animation.Animation.AnimationListener 接口，该接口定义了 3 个方法，onAnimationStart()、onAnimationRepeat()和 onAnimationEnd()，这 3 个方法分别是在动画开始、动画循环和动画结束时调用。

下面看看 MainActivity 的完整代码，如下所示。

```
public class MainActivity extends Activity implements AnimationListener{

    public static final String TAG = "MainActivity";
    // 动画图片
    private ImageView            tweenImage;
    public void onCreate(Bundle cycle) {
    super.onCreate(cycle);
    super.setContentView(R.layout.activity_main);
    // 取得动画图片
    this.tweenImage = (ImageView) super.findViewById(R.id.TweenImage);
    }

    /**
     * 按钮：尺寸变化动画
     */
    public void onBtnScaleAnimClick(View view) {
    // 动画开始
    this.doStartAnimation(R.anim.scale);
    }

    /**
     * 按钮：渐变动画
     */
    public void onBtnAlphaAnimClick(View view) {
    // 动画开始
    this.doStartAnimation(R.anim.alpha);
    }

    /**
     * 按钮：位置变化动画
     */
    public void onBtnTranslateAnimClick(View view) {
    // 动画开始
    this.doStartAnimation(R.anim.translate);
    }

    /**
     * 按钮：旋转动画
     */
    public void onBtnRotateAnimClick(View view) {
    // 动画开始
```

```
        this.doStartAnimation(R.anim.rotate);
    }

    /**
     * 开始动画
     */
    private void doStartAnimation(int animId) {
        // 加载动画
        Animation animation = AnimationUtils.loadAnimation(this, animId);
        // 动画开始
        this.tweenImage.startAnimation(animation);
    }

    @Override
    public void onAnimationEnd(Animation arg0) {
        // TODO Auto-generated method stub

    }

    @Override
    public void onAnimationRepeat(Animation animation) {
        // TODO Auto-generated method stub

    }

    @Override
    public void onAnimationStart(Animation animation) {
        // TODO Auto-generated method stub

    }
}
```

运行程序，如图 10.8 所示。

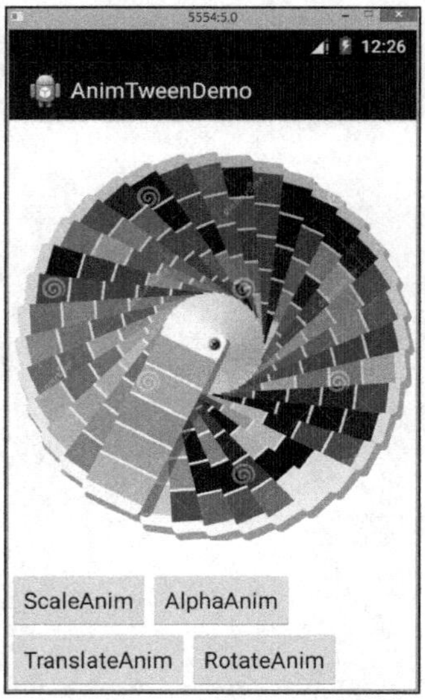

图 10.8　AnimFrameDemo 运行图

10.6　小　　结

本章讲解了如何使用 Android 2D 绘图功能，学习了如何在屏幕上绘制各种图形或者图像，诸如 PNG 和 JPG 的图像、文本等。以及如何使用各种颜色、图形的样式和色彩的渐变来绘制图形，同时使用标准的图像变换方法来对绘图进行修改。还学习了如何让这些可绘制的对象动起来，以制造动态效果，相信在这个过程中你已经对 Android 基本的 2D 绘图功能有了深入的了解。

第 11 章
多媒体开发

时间是一切财富中最宝贵的财富。

——德奥弗拉斯多

智能手机已经不仅限于接听电话、收发短信、浏览网页等简单的功能，在手机上听音乐、看电影将逐渐成为手机的主流应用。在 Android SDK 中提供大量音频和视频的 API 和控件。通过这些 API，可以实现非常强大的音频和视频功能，甚至可以说实现一个移动的家庭影院。

11.1 音频播放

Android 支持的音频格式相当广泛，超过了大多数的硬件播放器。这是智能手机的优势之一，随着音频的不断发展，Android 为不同的、不断变化的技术提供着广泛的支持。

11.1.1 支持的音频格式

Android 支持的多种音频播放格式和编解码器（它也支持几种录音格式，请查看 12.5.2 节）如下。

- AAC（Advanced Audio Coding），中文称为“高级音频编码”，基于 MPEG-2 的音频编码技术。相对于 mp3，AAC 格式的音质更佳，文件更小。AAC 属于有损压缩的格式，与时下流行的 APE、FLAC 等无损格式相比音质存在“本质上”的差距。
- MP3 是一种音频压缩技术，其全称是动态影像专家压缩标准音频层面 3（Moving Picture Experts Group Audio Layer III），简称为 MP3。它被设计用来大幅度地降低音频数据量。利用 MPEG Audio Layer 3 的技术，将音乐以 1:10 甚至 1:12 的压缩率，压缩成容量较小的文件，而对于大多数用户来说重放的音质与最初的不压缩音频相比没有明显的下降。
- Ogg 全称应该是 OGGVobis(oggVorbis)，这是一种新的音频压缩格式，类似于 MP3 等的音乐格式.Ogg 是完全免费、开放和没有专利限制的。OggVorbis 文件的扩展名是.OGG。Ogg 文件格式可以不断地进行大小和音质的改良，而不影响旧有的编码器或播放器。
- AMR 全称是 Adaptive Multi-Rate 和 Adaptive Multi-Rate Wideband，主要用于移动设备的音频，压缩比比较大，但相对其他的压缩格式质量比较差，由于多用于人声、通话，效果还是很不错的，一般不用于处理复杂类型的音频。

Android 播放音乐提供了三种方案，MediaPlayer、AudioTrack 和 SoundPool。MediaPlayer 可以播放多种格式的声音文件，例如 MP3、AAC、WAV、OGG、MIDI 等。而 AudioTrack 只能播放 PCM 数据流。但是这两种方案本质上是没区别的，MediaPlayer 在播放音频时 framework 层还是会创建 AudioTrack，把解码后的 PCM 数据流传递给 AudioTrack，最后由 AudioFlinger 进行混音，传递音频给硬件并播放出来。利用 AudioTrack 播放只是跳过 Mediaplayer 的解码部分而已。

Mediaplayer 的解码核心部分是基于 stagefright 来实现的，支持通用的音视频和图像格式。如果使用 AudioTrack 播放 mp3 文件，要自己加入一个音频解码器。否则只能播放 PCM 数据，如 WAV 格式的音频文件。

MediaPlayer 在底层是基于 stagefright 库实现的，为了构建一个 MediaPlayer 程序，上层还包含了进程间通信等内容，这种进程间通信的基础是 Android 基本库中的 Binder 机制。

Android 根据不同的场景，出于冲突处理策略的考虑，利用不同的接口来进行音频资源的播放。对于音乐类型的音频资源可以通过 MediaPlay 来播放；对于音调可以通过 ToneGenerator 来播放；对于提示音可以通过 Ringtone 来播放；对于游戏中的音频资源可以通过 SoundPool 来播放。

音频资源在播放时会出现冲突的状况，如音乐播放时有电话呼入、有新消息的提示音需要播放等，此类的并发处理就需要有一个统一的处理策略。在 Android 中为不同场景配置不同的播放策略和接口。下面针对 MediaPlayer、AudioTrack、SoundPool 等接口进行讲解。

11.1.2 MediaPlayer 播放 MP3 文件

Android 对于音频、视频的播放均需要使用到 MediaPlayer，它主要用来控制 Android 下播放文件或流的类。MediaPlayer 处于 Android 多媒体包下，引用方式为 android.media.Media Player。

MediaPlayer 播放音乐时会在 framework 层创建对应的音频解码器，所以 MediaPlayer 具有资源占用量较高、延迟时间较长、不支持多个音频同时播放等特点，适合播放时间长且对时间精准度要求不高的音频文件。

下面用 MediaPlayer 播放 MP3 音频资源，这些资源可以包含在 apk 文件中、保存在 SD 卡中或者手机内存中。那么针对上面不同的存储场景，首先创建 MediaPlayerDemo 项目，下面来看看具体的实现过程。

如果音频文件存放在 SD 卡或者手机内存中，需要使用如下代码。

```
MediaPlayer mp = new MediaPlayer();
mp.setDataSource("/sdcard/music.mp3");          //指定mp3文件路径
mp.prepare();                                   //播放音频文件之前需要prepare方法完成一些准备工作
mp.start();
```

如果音频文件存放在 res\raw 目录中，需要使用如下代码。

```
MediaPlayer mp= MediaPlayer.create(context, R.raw.music);   //这时就不用调用setDataSource
mp.start();
```

如果音频文件存放在网络，需要使用如下代码。

```
MediaPlayer mp = new MediaPlayer();
mp.setDataSource("http://www.xxxxx.music/music.mp3");   //网络上的媒体文件
mp.prepare();                                            //播放音频文件之前需要prepare方法完成一些准备工作
mp.start();
```

Android 通过控制播放器的状态的方式来控制媒体文件的播放，控制函数如下。

- prepare()和 prepareAsync()方法提供了同步和异步两种方式来设置播放器进入 prepare 状态，需要注意的是，如果 MediaPlayer 实例是由 create 方法创建的，那么第一次启动播放前不需要再调用 prepare()，因为 create 方法中已经调用过了。
- start()是真正启动文件播放的方法，pause()和 stop()比较简单，起到暂停和停止播放的作用。
- seekTo()是定位方法，可以让播放器从指定的位置开始播放，需要注意的是，该方法是异步方法，也就是说该方法返回时并不意味着定位完成，尤其是播放的网络文件，真正定位完成时会触发 OnSeekComplete.onSeekComplete()，如果需要可以通过调用 setOnSeek CompleteListener(OnSeekCompleteListener)设置监听器来处理。
- release()可以释放播放器占用的资源，一旦确定不再使用播放器时应当尽早调用它释放资源。
- reset()可以使播放器从 Error 状态中恢复过来，重新回到 Idle 状态。

MediaPlayer 使用不同监听器来更好地对播放器的工作状态进行监听，及时处理各种情况，示例代码如下。

```
setOnCompletionListener(MediaPlayer.OnCompletionListener listener);    //用于处理播放事件完成后的事
setOnErrorListener(MediaPlayer.OnErrorListener listener);              //处理播放Error状态
```

设置播放器时需要考虑到播放器可能出现的各种情况，以保持播放器的健壮性。

11.1.3 AudioTrack 播放原始音频文件

AudioTrack 只能播放已经解码的 PCM 流，或者 wav 格式的音频文件。当然我们也可以移植第三方解码器如 JavaLayer、libmad 等，然后将解码后的数据发送给 AudioTrack 来播放。

AudioTrack 有很多优点，在 MODE_STATIC 模式下有很低的延迟，在 MODE_STREAM 模式下能够生成流式音频，并且可以在播放之前访问和修改原始声音数据。其他方面和 MediaPlayer 没有本质区别。

下面创建 AudioTrackDemo 项目，使用第三方解码器将 MP3 音频文件解码后保存到 buffer 中，然后使用 AudioTrack 来播放。代码如下。

```
private void initAudioPlayer() {
        samplerate = samplerate / 2;
        // 声音文件一秒钟buffer的大小
        mAudioMinBufSize = AudioTrack.getMinBufferSize(samplerate,
                AudioFormat.CHANNEL_OUT_STEREO,
                AudioFormat.ENCODING_PCM_16BIT);

        mAudioTrack = new AudioTrack(AudioManager.STREAM_MUSIC,     // 指定流的类型
                // STREAM_ALARM：警告声
                // STREAM_MUSCI：音乐声，例如music等
                // STREAM_RING：铃声
                // STREAM_SYSTEM：系统声音
                // STREAM_VOCIE_CALL：电话声音

                samplerate,// 设置音频数据的采样率
                AudioFormat.CHANNEL_OUT_STEREO,                     // 设置输出声道为双声道立体声
                AudioFormat.ENCODING_PCM_16BIT,                     // 设置音频数据块是8位还是16位
                mAudioMinBufSize, AudioTrack.MODE_STREAM);          // 设置模式类型，在这里设置为流类型
    }
    //就把解码的音频数据放到一个固定的audioBuffer中然后直接传给audiotrack
    audioBuffer = new short[1024 * 1024];
    ……//省略使用三方解码器，解码为PCM格式，存放于audioBuffer中
    mAudioTrack.write(audioBuffer, 0, mAudioMinBufSize);  // AudioTrack会自己播放这个audioBuffer中的数据
```

停止播放音乐的时候需要释放资源

```
    protected void onDestroy() {
        // TODO Auto-generated method stub
        super.onDestroy();
        mAudioTrack.stop();
        mAudioTrack.release();                              // 关闭并释放资源
    }
```

这样就可以使用 AudioTrack 播放 MP3 文件了。

11.1.4 SoundPool 播放音频文件

MediaPlayer 有两个缺陷，资源占用量较高、延迟时间较长。不支持多个音频同时播放。所以如果程序需要播放密集、短促的音效，这时还用 MediaPlayer 就不合适。应该使用 SoundPool 来播放，SoundPool 使用音效池的概念来管理多个短促的音效，可以一开始就加载很多个音效，以后就按音效的 ID 进行播放。SoundPool 的优势在于 CPU 资源占用量低和反应延迟小。还支持自行设置声音的品质、音量、播放比率等参数。

对于低延迟播放，SoundPool 可以管理多个音频流。首先看看 SoundPool 对象构造，代码如下。

```
public SoundPool (int maxStreams, int streamType, int srcQuality)
```

参数解释如下。

- maxStreams：指定支持多少个文件。如果其数量超过流的最大数目，SoundPool 会基于优先级自动停止先前播放的流。限制流的最大数目，有助于减轻 CPU 的负荷，减少音频混合对视觉和 UI 性能的影响
- streamType：指定声音类型
- srcQuality：声音品质

通过构造方法可以得到 SoundPool 对象，然后就可以调用 load()方法加载声音了。

```
int load(Context context ,int resId,int priority)://从resId所对应的资源加载声音。
int load(FileDescriptor fd,long offset,long length,int priority)://加载fd所对应的文件的offset开始、长度为length的声音。
int load(AssetFileDescriptor afd,int priority)://从afd所对应的文件中加载声音。
int load(String path,int priority)://从path对应的文件去加载声音。
```

上面方法中的 priority 参数，目前还没有任何作用，Android 建议设为 1，保持和未来的兼容性。上面四个方法都会返回声音的 ID，以后程序就可以根据 ID 来播放指定声音，方法如下。

```
int play(int soundID,float leftVolume,float rightVolume,int priority,int loop,float rate):
```

第一个参数是声音的 ID，leftVolume、rightVolume 指定左、右的音量；priority 指定声音的优先级，数值越大，优先级越高；loop 指定是否循环，0 为不循环，-1 为循环；rate 指定播放的比率，数值可从 0.5 到 2，1 为正常比率。

下面创建 TestSoundPool 项目，用来演示 SoundPool 的使用。

```
public class TestSoundPoolActivity extends Activity implements OnClickListener {
    private Button soundBtn1;
    private Button soundBtn2;
    private Button soundBtn3;
    // 声明SoundPool对象
    private SoundPool soundPool;
    // 使用HashMap集合管理所加载的声音
    private HashMap<Integer, Integer> soundMap = new HashMap<Integer, Integer>();

    @Override
    protected void onCreate(Bundle savedInstanceState) {
        super.onCreate(savedInstanceState);
        setContentView(R.layout.Activity_main);
        ……//略UI显示
        // 创建对象，第一个参数为最多可容纳的音频流，第二参数为声音类型，第三个参数为声音的品质
        soundPool = new SoundPool(3, AudioManager.STREAM_SYSTEM, 5);
        // load方法加载指定音频文件，并返回所加载的音频的ID
        soundMap.put(1, soundPool.load(this, R.raw.s1, 1));
        soundMap.put(2, soundPool.load(this, R.raw.s2, 1));
        soundMap.put(3, soundPool.load(this, R.raw.s3, 1));
    }

    @Override
    public void onClick(View v) {
        if (v == soundBtn1) {
            // 播放声音
            soundPool.play(soundMap.get(1), 1, 1, 1, -1, 1);
        }
        if (v == soundBtn2) {
            soundPool.play(soundMap.get(2), 1, 1, 1, -1, 1);
        }
        if (v == soundBtn3) {
            soundPool.play(soundMap.get(3), 1, 1, 1, -1, 1);
        }
    }

    @Override
    protected void onDestroy() {
        super.onDestroy();
        // 得到集合中所有音频流的id
        Collection<Integer> col = soundMap.values();
        for (Integer id : col) {
            soundPool.stop(id);
        }
    }
}
```

下面来看看视频的播放。

11.2 视 频 播 放

本节讲解一下如何在 Android 下使用 SurfaceView 播放一个视频流媒体。之前有讲到如何使用 MediaPlayer 播放音频流媒体，其实 MediaPlayer 还可以播放视频，只需 Surface View 的配合，SurfaceView 主要用于显示 MediaPlayer 播放的视频流媒体的画面渲染。

11.2.1 SurfaceView 播放视频

下面介绍如何播放一段视频。首先 MediaPlayer 会去判断视频的格式，不同的格式使用不同编码，然后按照编码格式进行解码得到一帧一帧的图像，并把这些图像快速地显示在 SurfaceView 上，即为播放一段视频。

SurfaceView 是配合 MediaPlayer 使用的，MediaPlayer 也提供了相应的方法，设置 SurfaceView 显示图片的代码如下。

```
void setDisplay(SurfaceHolder sh)
```

它需要传递一个 SurfaceHolder 对象，SurfaceHolder 可以理解为 SurfaceView 装载需要显示的一帧帧图像的容器，它可以通过 SurfaceHolder.getHolder()方法来获得。使用 MediaPlayer 配合 SurfaceView 播放视频的步骤与使用 MediaPlayer 播放 MP3 大体一致，只需要额外设置显示的 SurfaceView 即可。

SurfaceView 把视频流解析成一帧帧的图像进行显示，但是如果视频解析的过程放到一个线程中完成，可能在上一帧图像已经显示过后，下一帧图像还没有来得及解析，这样会导致画面的不流畅或者声音和视频的不同步。所以 SurfaceView 通过双缓冲的机制来显示帧图像。那么什么是双缓冲呢？双缓冲可以理解为有两个线程轮番去解析视频流的帧图像，当一个线程解析完帧图像后，把图像渲染到界面中，同时另一线程开始解析下一啧图像，使得两个线程轮番配合去解析视频流，以达到流畅播放的效果。

图 11.1 演示了双缓冲的过程，线程 A 和线程 B 配合解析渲染视频流的帧图像，如图 11.1 所示。

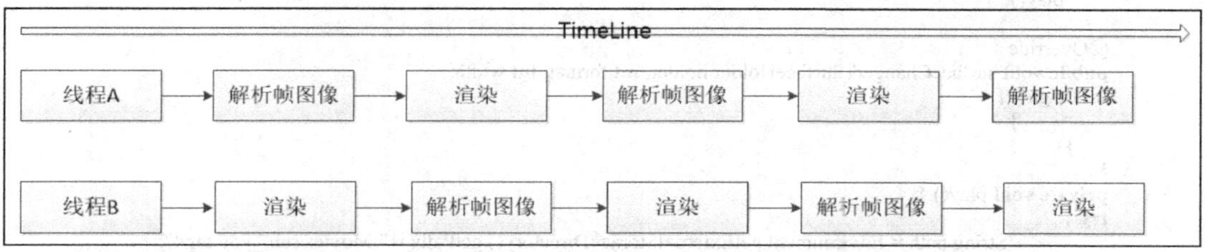

图 11.1 SurfaceView 双缓冲机制

SurfaceView 内部实现了双缓冲的机制，但是实现这个功能是非常消耗系统内存的。因为移动设备具有局限性，Android 在设计的时候规定，SurfaceView 如果为用户可见的时候，创建 SurfaceView 的 SurfaceHolder 用于显示视频流解析的帧图片，如果发现 SurfaceView 变为用户不可见的时候，则立即销毁 SurfaceView 的 SurfaceHolder，以达到节约系统资源的目的。

如果开发人员不对 SurfaceHolder 进行维护，会导致最小化程序后再打开应用的时候，视频的声音在继续播放但不显示画面，这就是因为当 SurfaceView 不被用户可见的时候，之前的 SurfaceHolder 已经被销毁了，再次进入的时候，界面上的 SurfaceHolder 已经是新的 SurfaceHolder 了。所以 SurfaceHolder 需要开发人员去编码维护，维护 SurfaceHolder 需要用到它的一个回调函数 SurfaceHolder.Callback()，它需要实现以下 3 个方法。

```
void surfaceDestroyed(SurfaceHolder holder); //当SurfaceHolder被销毁的时候回调。
void surfaceCreated(SurfaceHolder holder);      //当SurfaceHolder被创建的时候回调。
void surfaceChange(SurfaceHolder holder);       //当SurfaceHolder的尺寸发生变化的时候回调。
```

以下是这 3 个方法的调用过程，在应用中分别为 SurfaceHolder 实现了这 3 个方法，进入应用后首先 SurfaceHolder 被创建，创建好后会改变 SurfaceHolder 的大小，然后按 Home 键回退到桌面销毁 SurfaceHolder，最后再进入应用，重新创建 SurfaceHolder 并改变其大小。

对于 Android4.0 以下的设备，在使用 SurfaceView 播放视频的时候，需要为其设置一个额外的属性。前面提到过，SurfaceView 维护了一个双缓冲的机制，它会自己维护缓冲区，无需我们手动维护，但是对于低版本（4.0 以下）的设备，需要为其制定缓冲区的维护类型，让其不自己维护缓冲区，而是等待界面渲染引擎将内容渲染到界面上。这里仅仅是使用 SurfaceView 播放一个视频，如果使用 SurfaceView 来开发游戏应用，就需要自己维护这个缓冲区了。

```
//为SurfaceHolder添加回调
    sv.getHolder().addCallback(callback);
```

```
//4.0版本之下需要设置的属性
//设置Surface不维护自己的缓冲区，而是等待屏幕的渲染引擎将内容推送到界面
        sv.getHolder().setType(SurfaceHolder.SURFACE_TYPE_PUSH_BUFFERS);
```

上面讲了那么多关于 SurfaceView 的内容，下面通过创建 SurfaceMediaDemo 项目，简单演示 SurfaceView 如何播放视频，SurfaceMediaDemo 的注释比较完整，这里不再累述，视频文件是/sdcard/Movies/run_you.mp4，下面看看 Activity 的代码。

```
public class SurfaceMediaPlayer extends Activity {
    SurfaceView surfaceView;
    MediaPlayer mediaPlayer;
    @Override
    public void onCreate(Bundle savedInstanceState) {
    super.onCreate(savedInstanceState);
            setContentView(R.layout.Activity_main);
    mediaPlayer=new MediaPlayer();
    surfaceView=(SurfaceView) this.findViewById(R.id.surfaceView1);

    surfaceView.getHolder().addCallback(new Callback() {
    @Override
    public void surfaceDestroyed(SurfaceHolder holder) {
                }
    @Override
    public void surfaceCreated(SurfaceHolder holder) {
        //开始播放
        play();
                }
    @Override
    public void surfaceChanged(SurfaceHolder holder, int format, int width,
    int height) {
                }
        });
    }
    private void play() {
    try {
                String path = Environment.getExternalStorageDirectory().getPath()+"/Movies/run _you.mp4";
    mediaPlayer.setDataSource(path);
    //把视频画面输出到SurfaceView
    mediaPlayer.setDisplay(surfaceView.getHolder());
    mediaPlayer.prepare();
    //开始播放
    mediaPlayer.start();
        } catch (Exception e) {
    // TODO: handle exception
        }
    }

    @Override
    public boolean onCreateOptionsMenu(Menu menu) {
            getMenuInflater().inflate(R.menu.Activity_surface_media_player, menu);
    return true;
        }
    }
```

下面看看 Activity_main.xml 文件

```
<RelativeLayout xmlns:android="http://schemas.android.com/apk/res/android"
xmlns:tools="http://schemas.android.com/tools"
android:layout_width="match_parent"
android:layout_height="match_parent" >
<SurfaceView
    android:id="@+id/surfaceView1"
    android:layout_width="wrap_content"
    android:layout_height=" wrap_content "
    android:layout_alignParentLeft="true"
    android:layout_alignParentRight="true"
android:layout_alignParentTop="true" />
</RelativeLayout>
```

这样，一款简单的播放器就完成了。下面使用 VideoView 来播放视频文件。

11.2.2 VideoView 视频播放器

Android 提供了 VideoView 组件用于播放视频，它位于 android.widget 包下。实际上与

VideoView 结合使用的还有一个 MediaController 类，它的作用是提供一个友好的图形控制界面，来控制视频的播放。这样开发者就不需要自己去控制视频的播放、暂停了。下面用一个简单实例来演示 VideoView 的使用，创建 VideoViewDemo 项目。

首先看看 activity_main.xml 文件，直接使用 VideoView 控件，代码如下。

```
<RelativeLayout xmlns:android="http://schemas.android.com/apk/res/android"
xmlns:tools="http://schemas.android.com/tools"
android:layout_width="match_parent"
android:layout_height="match_parent" >

<VideoView
    android:id="@+id/videoView1"
    android:layout_width="wrap_content"
    android:layout_height="wrap_content" />
</RelativeLayout>
```

MainActivity 代码如下，视频文件同样是/sdcard/Movies/run_you.mp4，代码如下。

```
public class VideoTestActivity extends Activity {
    private VideoView video;
    private MediaController controller;

    @Override
    protected void onCreate(Bundle savedInstanceState) {
            super.onCreate(savedInstanceState);
            setContentView(R.layout.Activity_main);
            // 实例化MediaController对象
            controller = new MediaController(this);
            // 获取VideoView组件实例
            video = (VideoView) findViewById(R.id.videoView1);
            // 得到要播放的视频的File对象
            File file = new File(Environment.getExternalStorageDirectory()
                    + "/Movies/run _you.mp4");
            if (file.exists()) {
                // 得到视频的绝对路径
                video.setVideoPath(file.getAbsolutePath());
                // 建立MediaController和VideoView的关联
                controller.setMediaPlayer(video);
                // 建立VideoView和MediaController的关联
                video.setMediaController(controller);
                // 播放视频
                video.start();
                // 让video获取焦点
                video.requestFocus();
            } else {
                Toast.makeText(this, "找不到文件，无法播放", Toast.LENGTH_LONG).show();
            }

    }

    // 如果Android-Manifest文件中的Activity标签加入了android:configChanges="orientation"属性，
    // 那么当屏幕旋转时会调用该方法，而不会调用onCreate方法，这样旋转屏幕时视频就不会又从头播放
    @Override
    public void onConfigurationChanged(Configuration newConfig) {
            super.onConfigurationChanged(newConfig);
    }
}
```

这样就可以使用 VideoView 来播放视频了。

11.3 多媒体存储

Android 系统提供了对多媒体（图片、音乐、视频和文件等）的统一处理机制，通过一套框架实现了对多媒体信息的扫描、存储、读取。用户可以基于这套框架非常方便地对多媒体信息进行处理。这套框架主要包含了三部分，MediaScannerService(多媒体扫描服务)、MediaStore（多媒体存储）、MediaProvider（多媒体内容提供者）。

Android 系统在插入 SD 卡后，MediaScanner 服务会在后台自动扫描 SD 上的文件资源，将

SD上的音乐媒体信息加入到 MediaStore 数据库中。程序可以直接从 MediaStore 中读取相应的媒体信息。通过注册监听 MediaScanner 广播的 Intent，可以获知 MediaScanner 服务是否在进行后台的扫描工作，示例代码如下。

```
Intent.ACTION_MEDIA_SCANNER_STARTED 表示MeidaScanner开始扫描;
Intent.ACTION_MEDIA_SCANNER_FINISHED 表示MediaScanner结束扫描;
```

当文件从网络上下载到本地后，MediaScanner 服务并不会自动扫描刚刚下载的文件，需要程序主动去扫描这些新添加的媒体文件信息到 MediaStore 数据库中。在 Android 系统中有两种方式去主动扫描音乐媒体文件信息到 MediaStore 数据库中。

（1）通过发送 Intent 启动 MediaScanner 服务扫描指定的文件或目录，首先扫描指定文件，代码如下。

```
public void scanFileAsync(Context ctx, String filePath) {
    Intent scanIntent = new Intent(Intent.ACTION_MEDIA_SCANNER_SCAN_FILE);
    scanIntent.setData(Uri.fromFile(new File(filePath)));
    ctx.sendBroadcast(scanIntent);
}
```

下面扫描指定目录，代码如下。

```
    public static final String ACTION_MEDIA_SCANNER_SCAN_DIR = "android.intent.action.MEDIA_SCANNER_
SCAN_DIR";
        public void scanDirAsync(Context ctx, String dir) {
        Intent scanIntent = new Intent(ACTION_MEDIA_SCANNER_SCAN_DIR);
        scanIntent.setData(Uri.fromFile(new File(dir)));
        ctx.sendBroadcast(scanIntent);
    }
```

上面这种扫描方式中，由于扫描工作是在 MediaScanner 服务中进行的，因此不会阻塞当前程序的进程。当扫描大量媒体文件且实时性要求不高时，适合使用该扫描方式。

（2）MediaScanner 提供了扫描媒体文件的 API 接口，这种扫描媒体文件的方式是同步的，扫描工作将会阻塞当前的程序进程。在扫描少量文件、且要求立即获取扫描结果的情况下，适合使用该扫描方式。

在扫描媒体文件前，程序应该根据手机当前的语言环境正确设置 MediaScanner 的语言环境设置，避免产生编解码的错误，示例代码如下。

```
MediaScanner scanner = new MediaScanner(ctx);
Locale locale = ctx.getResources().getConfiguration().locale;
String language = locale.getLanguage();
String country = locale.getCountry();
scanner.setLocale(language + \"_\" + country);                    //设置语言环境
scanner.scanSingleFile(filePath, volumeName, mimeType);          //扫描单个文件
//scanner.scanDirectories(directories, volumeName);              //扫描指定文件夹
```

媒体文件可以存储在手机的内存中，也可以存储在 SD 卡中，手机内存为内部存储空间，SD 卡为外部存储空间。针对内部和外部存储空间中的媒体文件信息是分开管理的，各自有独立的数据库管理。因此，在扫描媒体文件时，要明确指明扫描的媒体文件是位于内部存储空间还是外部存储空间。外部存储空间和内部存储空间对应的卷标为“external”和“internal”。

MediaScanner 将扫描媒体文件获得的信息全部存储在 MediaStore 数据库中。MediaStore 是基于 SQLite 数据库系统的，MediaStore 的数据库文件位于“/data/data/com.android.providers/databases”，通常可以发现两个数据库文件 internal.db：对应内部存储空间的媒体数据库文件；external.db：对应外部存储空间的媒体数据库文件；上面这两个数据库文件除了管理的文件所存储的位置不同外没有其他区别。

MediaStore 以 ContentProvider 的形式向外提供媒体数据库信息，程序可以对 MediaStore 数据库进行增删查改等操作。下面看看 ContentProvider 查询接口，代码如下。

```
public Cursor query(Contex ctx, Uri _uri, String[] prjs, String selections, String[] selectArgs, String order) {
    ContentResolver resolver = ctx.getContentResolver();
    if (resolver == null) {
        return null;
```

```
        }
        return resolver.query(_uri, prjs, selections, selectArgs, order);
}
```

词条解释如下。

- Uri：指明要查询的数据库名称加上表的名称。Uri 可以从 MediaStore 类中获得，如获取所有歌曲的信息利用 MediaStore.Audio.Media. EXTERNAL_CONTENT_URI；专辑信息利用 MediaStore.Audio.Albums.EXTERNAL_CONTENT_URI 来查询等等。下面看一下 MediaStore 类的信息。

  MediaStore.Audio.Media：类定义了媒体数据库中的歌曲信息

  MediaStore.Audio.Artists：类定义了媒体数据库中的歌手信息

  MediaStore.Audio.Albums：类定义了媒体数据库中的专辑信息

  MediaStore.Audio.Playlists：类定义了媒体数据库中的播放列表信息

- prjs: 指定查询数据库表中选择的列，返回的游标中将包括相应的信息。Null 则返回所有信息
- selections: 相当于 SQL 语句中的 where 子句，就是代表你的查询条件
- selectionArgs：参数 selections 里有“？”这个符号时，可以以实际值代替这个问号。如果 selections 里没有“？”时，这个 String 数组可以为 null
- order：指定查询结果的排列顺序

使用上面的 ContentProvider 查询接口，查询手机内存中媒体的详细信息，代码如下。

```
// 用游标查找媒体详细信息
        Cursor cursor = this.getContentResolver().query(
                        MediaStore.Audio.Media.EXTERNAL_CONTENT_URI,
                        new String[] { MediaStore.Audio.Media.TITLE,           // 标题，游标从0读取
                                MediaStore.Audio.Media.DURATION,               // 持续时间,1
                                MediaStore.Audio.Media.ARTIST,                 // 艺术家,2
                                MediaStore.Audio.Media._ID,                    // id,3
                                MediaStore.Audio.Media.DISPLAY_NAME,           // 显示名称,4
                                MediaStore.Audio.Media.DATA,                   // 数据，5
                                MediaStore.Audio.Media.ALBUM_ID,               // 专辑名称ID,6
                                MediaStore.Audio.Media.ALBUM,                  // 专辑,7
MediaStore.Audio.Media.SIZE }, null, null, MediaStore.Audio.Media.ARTIST);// 大小,8
        /*判断游标是否为空，有些地方即使没有音乐也会报异常。而且游标不稳定，稍有不慎就出错了其次，如果用户没有音乐，可以告知用户没有音乐让用户添加进去 */
        }
```

这样就能获取到手机内存中媒体的详细信息。

11.4 小　　结

本章讲解了 Android 手机的多媒体开发，了解了 Android 支持的音频格式，如何使用 MediaPlayer 播放音视频，以及使用 AudioTrack 和 SoudPool 播放音频的方法，并对比了这三者的区别和联系，学习了 SurfaceView 和 VideoView 播放视频的原理，Android 对多媒体的支持不仅仅是提到的这些，笔者只是抛砖引玉，希望读者在以后的工作中不断学习。

第 12 章

Android 手机特色开发

看书和学习是思想的经常营养，
是思想的无穷发展。
——冈察洛夫

Android 手机作为一款智能手机，在手机中提供很多设备给用户使用，那么怎么使用这些设备呢？下面一一进行讲解。

12.1 使用手机 Camera

随着 google glass 的出现，业界对于视觉技术开始了追捧，也随着手机摄像头分辨率的不断提升，用手机照相已经不能满足人们的需求了。下面首先讲解怎样在 Android 系统中使用 camera，在后续的章节来讲解使用手机 camera 进行图像处理的程序。

12.1.1 调用摄像头拍照

Android 在使用 camera 时提供了两种方式，Camera API 和 Camera Intent。通过“Camera Intent”方式能够以快速、方便以及更少的代码来完成 Camera 功能。下面通过实例来看看如何使用 Camera Intent 来使用 Camera。创建项目 CameraIntent，在 MainActivity 中添加 Button 控件，用于启动 Camera，整个过程需以下三步。

（1）通过 Android 的 Intent 调用系统现有的 Camera 应用程序来实现此功能。并且使用“onActivityResult()”来获取和处理拍照返回的结果。通过 startActivityForResult 方法启动 camera。Button 相应事件的代码如下。

```
mBtn.setOnClickListener(new View.OnClickListener() {
  @Override
  public void onClick(View v) {
        Intent cameraIntent = new Intent(MediaStore.ACTION_IMAGE_CAPTURE);
        startActivityForResult(cameraIntent, 0);
     }
});
```

词条解释如下。

- 声明一个 Intent，以 MediaStore.*ACTION_IMAGE_CAPTURE* 实例化该 Intent。Intent intent = new Intent(MediaStore.ACTION_IMAGE_CAPTURE);然后设置 Intent 的 MediaStore.EXTRA_OUTPUT 属性可以将拍摄的图像保存到指定路径 intent.putExtra(MediaStore.EXTRA_OUTPUT, fileUri);最后调用 startActivityForResult 方法来启动系统的 Camera 功能

（2）截获 Activity 返回的图像数据的事件方法是 onActivityResult，代码如下。

```
@Override
protected void onActivityResult(int requestCode, int resultCode, Intent data) {
super.onActivityResult(requestCode, resultCode, data);
    try {
if (requestCode != 0) {
return;
    }
ImageView imag = (ImageView)this.findViewById(R.id.imgv);
      Bitmap cameraBitmap = null;
Bundle extras = data.getExtras();
      cameraBitmap = (Bitmap)extras.get("data");
      imag.setImageBitmap(cameraBitmap);
   } catch (Exception e){
      Log.d(TAG, e.getMessage());
   }
}
```

词条解释如下。

- 重写 onActivityResult()方法，通过 requestCode 参数可以知道 Camera Intent 的 Result，然后再根据 Intent 参数对接收到的图像数据进行处理或者保存。如果通过 MediaStore.EXTRA_OUTPUT 属性自动将图像数据保存到指定的位置，那么在 onActivityResult()得到的 Intent 的数据是 NULL。

（3）在 AndroidManifest.xml 添加访问 SD 权限声明，代码如下。

```
<!-- 在SDCard中创建与删除文件权限 -->
<uses-permission android:name="android.permission.MOUNT_UNMOUNT_FILESYSTEMS" />
<!-- 往SDCard写入数据权限 -->
   <uses-permission android:name="android.permission.WRITE_EXTERNAL_STORAGE" />
```

在默认情况下，系统一般将拍摄的照片保存在 SD 卡的 DCIM\100ANDRO 目录中。但是如果需要对 Intent 中接收到的图像数据另外进行保存，就需要通过 MediaStore.EXTRA_OUTPUT 属性自动将图像数据保存到指定的位置。修改 Button 相应事件的代码如下。

```
mBtn.setOnClickListener(new View.OnClickListener() {
        @Override
        public void onClick(View v) {
          Intent cameraIntent = new Intent(MediaStore.ACTION_IMAGE_CAPTURE);
        fileUri = getOutputMediaFileUri(MEDIA_TYPE_IMAGE);
                cameraIntent.putExtra(MediaStore.EXTRA_OUTPUT, fileUri);
                startActivityForResult(cameraIntent, 1);
            }
        });
```

词条解释如下。

- ❑ MediaStore.ACTION_IMAGE_CAPTURE 请求图像
- ❑ MediaStore.ACTION_VIDEO_CAPTURE 请求视频
- ❑ MediaStore.EXTRA_OUTPUT 设置视频输出位置
- ❑ MediaStore.EXTRA_VIDEO_QUALITY 设置视频质量，0 为最差，1 为最清晰
- ❑ MediaStore.EXTRA_DURATION_LIMIT 设置视频的限制长度
- ❑ MediaStore.EXTRA_SIZE_LIMIT 设置视频的限制大小

下面总结一下，使用 Intent 方式来使用 Camera 的流程主要分为如下几个步骤。

（1）构建一个 Camera Intent 来向 Android 系统请求图片或视频

（2）启动 Camera Intent

（3）使用 startActivityForResult()方法启动 Camera Intent

（4）接收 Camera Intent 返回的结果

（5）创建 onActivityResult()方法接收回调和返回图像数据

12.1.2 使用摄像头拍照

通过 Camera API 来使用 Camera，这种方式可以随意配置 Camera，灵活性很大，同样通过实例来学习，创建项目 CameraAPI，我们的目标是打开 CameraAPI 应用后屏幕就能直接显示 Camera 中获取的图像。

启动 Camera 的核心类是 android.hardware.Camera，通过 Camera 类的静态方法 open 可以获得 Camera 对象。打开 Camera 设备，代码如下。

```
public static Camera getCameraInstance(){
        Camera c = null;
try {
        if(c == null) {
              c = Camera.open();
        }
    }
        catch (Exception e){
              Log.d(TAG, "camera is not available.");
        }
        return c;
}
```

用于显示拍照过程影像的容器通常是 SurfaceHolder 对象。由于影像需要在 SurfaceView 对象中显示，因此可以使用 SurfaceView 类的 getHolder 方法获得 SurfaceHolder 对象。下面在 activity_main.xml 布局文件中添加 SurfaceView 控件用于显示图像，添加 TextView 控件用于显示 camera 的状态。布局文件 activity_main.xml 的代码如下。

```
<?xml version="1.0" encoding="utf-8"?>
<LinearLayout xmlns:android="http://schemas.android.com/apk/res/android"
xmlns:tools="http://schemas.android.com/tools"
android:layout_width="match_parent"
android:layout_height="match_parent"
android:orientation="vertical" >
```

```
<SurfaceView
android:id="@+id/sv"
android:layout_width="match_parent"
android:layout_height="wrap_content"
/>
<TextView
android:id="@+id/tv"
android:layout_width="match_parent"
android:layout_height="10dip"
/>
</LinearLayout>
```

在 MainActivity 的 OnCreate 函数中设置好 SurfaceView，包括设置 SurfaceHolder.Callback 对象和 SurfaceHolder 对象的类型，代码如下。

```
public void onCreate(Bundle savedInstanceState) {
super.onCreate(savedInstanceState);
    Window window = getWindow();
    requestWindowFeature(Window.FEATURE_NO_TITLE);

    window.setFlags(WindowManager.LayoutParams.FLAG_FULLSCREEN,WindowManager.LayoutParams.F
    LAG_FULLSCREEN);
    setContentView(R.layout.Activity_main);
tv = (TextView) findViewById(R.id.tv);
sv = (SurfaceView)findViewById(R.id.sv);
camera = getCameraInstance();
sv.getHolder().addCallback(new SurfaceCallback());
        camera.setPreviewCallback(previewcallback);
if (camera != null) {
        Camera.Parameters params = camera.getParameters();
        List<Camera.Size> sizes = params.getSupportedPreviewSizes();
mFrameWidth = 640;
mFrameHeight = 480;
int height = 480;
        {
int    minDiff = Integer.MAX_VALUE;
for (Camera.Size size : sizes) {
    Log.d(TAG, "width=" + size.width + ",height=" + size.height);
if (Math.abs(size.height - height) < minDiff) {
                    mFrameWidth = size.width;
                    mFrameHeight = size.height;
                    minDiff = Math.abs(size.height - height);
                }
            }
        }
        params.setSceneMode ("sports");
params.setFocusMode ("infinity");
camera.setParameters(params);
        }
mFrameSize = mFrameWidth * mFrameHeight;
    mRGBA = new int[mFrameSize];

}
```

词条解释如下。

- requestWindowFeature()设置窗口属性，一定要在 setContentView() 之前。
- Camera.Parameters params = camera.getParameters() 获取 camera 参数，下面是选择合适的 camera 获取到的图像尺寸。

拍完照后需要处理照片数据。处理这些数据的工作需要在 PictureCallback 接口的 onPictureTaken 方法中完成。当调用 Camera 类的 takePicture 方法后，onPictureTaken 事件方法被调用。代码如下。

```
private class SurfaceCallback implements SurfaceHolder.Callback{
    public void surfaceCreated(SurfaceHolder holder) {
        try {
            Camera.Parameters parameters = camera.getParameters();
            camera.setPreviewDisplay(sv.getHolder());
            camera.startPreview();
            camera.takePicture(null, null, pictureCallback);
```

```
            } catch (IOException e) {
                Log.e(TAG, e.toString());
            }
        }
    public void surfaceChanged(SurfaceHolder holder, int format, int width,
        int height) {
                Log.d(TAG, "surfaceChanged");
            }
            public void surfaceDestroyed(SurfaceHolder holder) {
                Log.d(TAG, "surfaceDestroyed");
            }
}
```

在需要拍照的时候，调用 takePicture(Camera.ShutterCallback, Camera.PictureCallback, Camera.PictureCallback, Camera.PictureCallback)函数来完成拍照，这个函数中可以有四个回调接口，ShutterCallback 是快门按下的回调，在这里可以设置播放"咔嚓"声之类的操作，后面有三个 PictureCallback 接口，分别对应三份图像数据，分别是原始图像、缩放和压缩图像和 JPG 图像，图像数据可以在 PictureCallback 接口的 void onPictureTaken(byte[] data, Camera camera)中获得，三份数据相应的三个回调正好按照参数顺序调用，通常我们只关心 JPG 图像数据，此时前面两个 PictureCallback 接口参数可以直接传 null。

每次调用 takePicture 获取图像后，摄像头会停止预览，假如需要继续拍照，则需要在上面的 PictureCallback 的 onPictureTaken 函数末尾，再次调用 Camera::startPreview 函数。

在不需要拍照的时候，需要主动调用 Camera::stopPreview 函数来停止预览功能，并且调用 Camera::release 函数释放 Camera，以便其他应用程序进行调用。SDK 建议放在 Activity 的 Pause 函数中，但是个人觉得放在 surfaceDestroyed 函数中更好。

在 manifest 内声明使用权限，代码如下。

```
<uses-permission android:name="android.permission.CAMERA"/>
<uses-feature android:name="android.hardware.camera" />
<uses-feature android:name="android.hardware.camera.autofocus" />
<uses-permission android:name="android.permission.WRITE_EXTERNAL_STORAGE" />
<uses-permission android:name="android.permission.INTERNET"/>
```

词条解释如下。

- android.permission.CAMERA：请求访问使用照相设备
- <uses-feature>声明的目的是通知其他外部实体，该应用程序所依赖的硬件和软件功能。这个元素提供的 required 属性会让你确定所需的功能不存在时，应用程序是否能够正常运行。因为功能所支持的 Android 设备不同，所以<uses-feature>元素用于描述应用程序所依赖的、重要的、可用的设备功能
- android 通过 android.hardware.Camera 类来控制摄像头设备
- android.permission.WRITE_EXTERNAL_STORAGE：拍照和摄像的时候需要写到 SD 卡上做摄像功能时，音频录制和视频录制功能需要下面两项权限声明

```
<uses-permission android:name=" android.permission.RECORD_VIDEO "/>
<uses-permission android:name="android.permission.RECORD_AUDIO"/>
```

12.2 使用百度地图

现在手机地图的应用可谓是百家争鸣、应用非常广泛了，使用手机地图能够轻松构建出行路线，使用起来非常方便，但是如何在自己的应用程序中加入地图功能呢？

在手机地图领域做得最好的就数谷歌地图和百度地图了，这两个地图提供了丰富的 API，使得任何开发者都可以轻松地将地图功能引入到自己的应用程序中。但是 Google 地图在中国使用的时候有很多限制，这里就不介绍如何使用 Google 地图了。相比之下，百度地图的使用没有任何限制，而且用法也非常方便，下面来学习百度地图的使用。

12.2.1 申请 API Key

想要在自己的应用中使用百度地图，首先必须申请一个 API Key。你只有拥有一个百度账户才能进行申请。

下面需要注册成为一个百度开发者，使用你的百度账户打开以下网址：http://developer.baidu.com/user/reg，在这里填写一些注册信息即可，如图 12.1 所示。

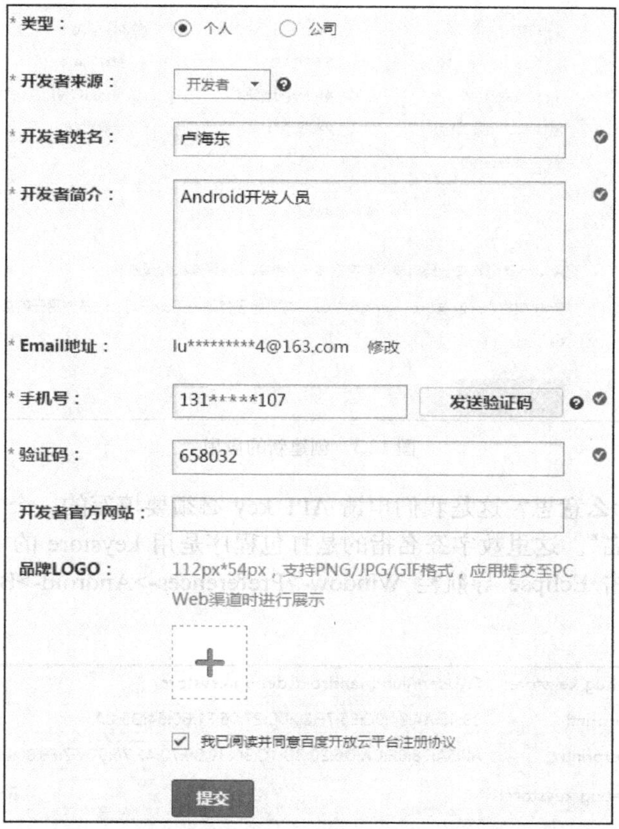

图 12.1　申请百度 API Key

接下来单击提交，会显示如图 12.2 所示的界面。

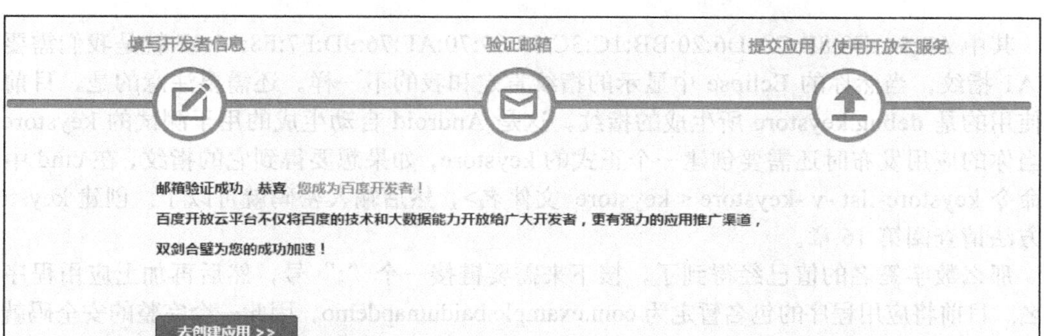

图 12.2　申请百度 API Key

这样你就成为了一名百度开发者，点击下面网址申请百度 API Key：http://lbsyun.baidu.com/

apiconsole/key，同意后就可以使用百度开发包了，接下来创建新的应用，如图 12.3 所示。

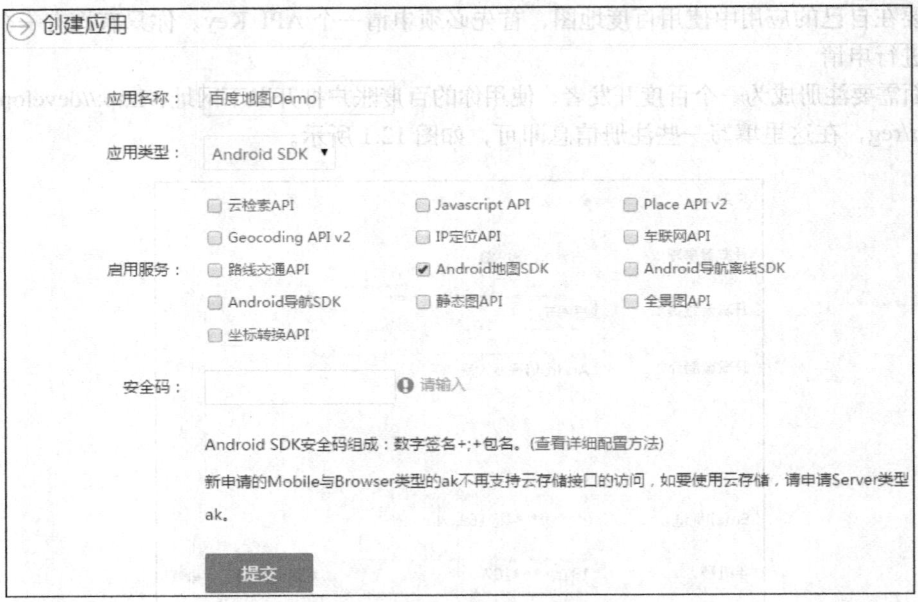

图 12.3　创建新的应用

那么安全码是什么意思？这是我们申请 API key 必须要填写的一个字段，他的组成方式是“数字签名+;+包名”。这里数字签名指的是打包程序是用 keystore 的 SHA1 指纹，可以在 Eclipse 中查到。点击 Eclipse 导航栏 Window->Preferences->Android->Build，界面如图 12.4 所示。

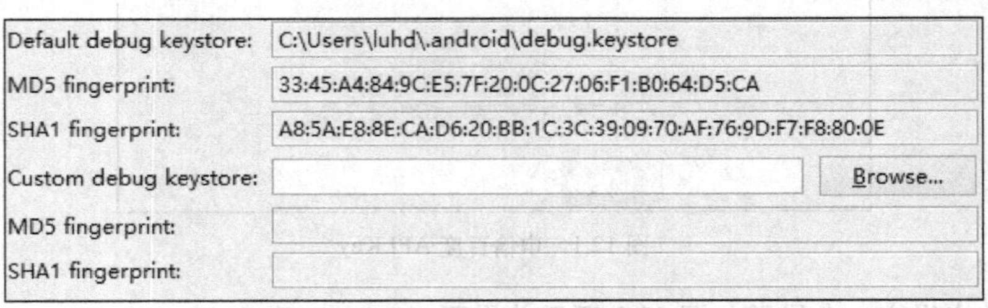

图 12.4　keystore 的 SHA1 指纹

其中 A8:5A:E8:8E:CA:D6:20:BB:1C:3C:39:09:70:AF:76:9D:F7:F8:80:0E 就是我们需要的 SHA1 指纹，当然你的 Eclipse 中显示的指纹肯定和我的不一样。还需要注意的是，目前我们使用的是 debug.keystore 所生成的指纹，这是 Android 自动生成的用于测试的 keystore。而当你的应用发布时还需要创建一个正式的 keystore，如果想要得到它的指纹，在 cmd 中输入命令 keystore-list -v -keystore < keystore 文件名>，然后输入密码就可以了。创建 keystore 的方法请查阅第 16 章。

那么数字签名的值已经得到了，接下来需要链接一个“;”号，然后再加上应用程序的包名。目前将应用程序的包名暂定为 com.example.baidumapdemo，因此一个完整的安全码就是 A8:5A:E8:8E:CA:D6:20:BB:1C:3C:39:09:70:AF:76:9D:F7:F8:80:0E; com.example.baidumapdemo。将这个值填入图 12.3 的安全码输入框中，然后点击提交，这样就申请成功了，如图 12.5 所示。

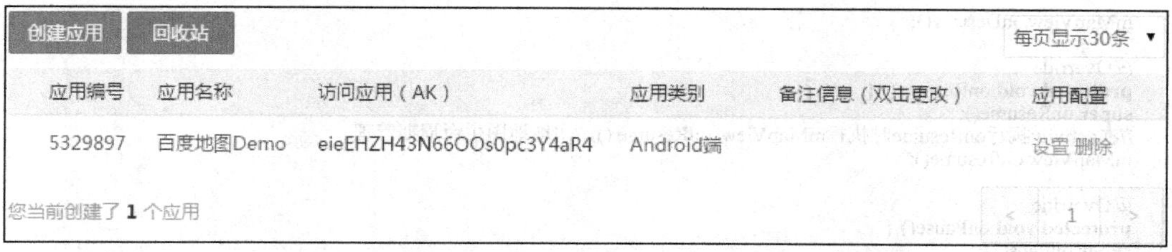

图 12.5 申请成功

其中 eieEHZH43N66OOs0pc3Y4aR4 就是申请到的 API key，有了它就可以进行后续的开发工作了。

12.2.2 显示百度地图

这节使用百度地图，创建 BaiduMapDemo 项目，并将包命名为 com.example.baidumapdemo。在开始编写代码前，需要将百度地图 Android 版的 SDK 下载下来。地址是 http://developer.baidu.com/map/index.php?title=androidsdk/sdkandev-download，然后点击下载按钮就可以了。

下载完后解压，应该可以看到三个压缩包。其中，Docs 包含百度地图的所有文档，Sample 包含一个百度地图的工程样例，Lib 包中含有使用百度地图的所有必须依赖的库文件。

第一步：将开发包里的 baidumapapi_vX_X_X.jar 复制到 libs 根目录下，将 libBaiduMapSDK_vX_X_X.so 复制到 libs\armeabi 目录下，复制完成后的工程目录如图 12.6 所示。

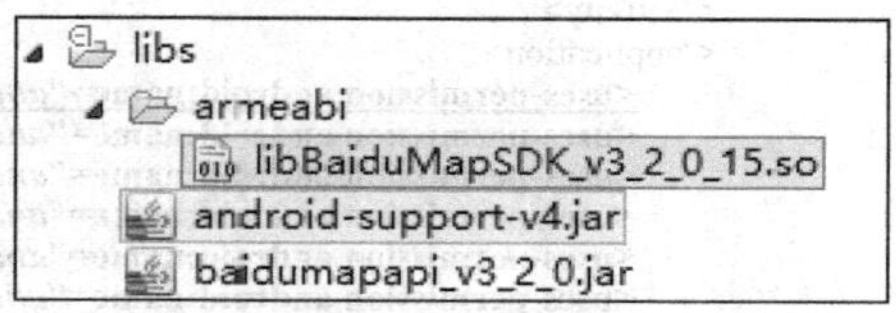

图 12.5 BaiduMapDemo 工程目录

第二步：在工程属性->Java Build Path->Libraries 中选择“Add External JARs”，选定 baidumapapi_vX_X_X.jar，确定后返回。

通过以上两步操作后，就可以正常使用百度地图 SDK 为您提供的全部功能了。

接下来修改 activity_main.xml 中的代码，如下所示。

```
< RelativeLayout xmlns:android="http://schemas.android.com/apk/res/android"
xmlns:tools="http://schemas.android.com/tools"
android:layout_width="fill_parent"
android:layout_height="fill_parent">

<com.baidu.mapapi.map.MapView
android:id="@+id/bmapView"
android:layout_width="fill_parent"
android:layout_height="fill_parent"
android:clickable="true" />
</ RelativeLayout>
```

在布局文件中只放置了一个 MapView，并让它填充整个屏幕。这个 MapView 是由百度提供的自定义控件，所以在使用它的时候需要将完整的包名加上。

然后修改 MainActivity 中的代码，如下所示。

```
public class MainActivity extends Activity {
    MapView mMapView = null;
@Override
protected void onCreate(Bundle savedInstanceState) {
super.onCreate(savedInstanceState);
//在使用SDK各组件之前初始化context信息，传入ApplicationContext
//注意该方法要在setContentView方法之前实现
    SDKInitializer.initialize(getApplicationContext());
        setContentView(R.layout.activity_main);
//获取地图控件引用
mMapView = (MapView) findViewById(R.id.bmapView);
    }
@Override
protected void onDestroy() {
super.onDestroy();
//在activity执行onDestroy时执行mMapView.onDestroy()，实现地图生命周期管理
```

```
mMapView.onDestroy();
        }
@Override
protected void onResume() {
super.onResume();
//在activity执行onResume时执行mMapView. onResume ()，实现地图生命周期管理
mMapView.onResume();
        }
@Override
protected void onPause() {
super.onPause();
//在activity执行onPause时执行mMapView. onPause ()，实现地图生命周期管理
mMapView.onPause();
        }
    }
```

在百度地图功能组件使用之前都需要调用 SDKInitializer.initialize(getApplicationContext());方法，因此将该方法放在 onCreater 回调方法中。另外需要重写 onDestroy()、onResume()和onPause()方法，以保证地图资源能够及时地得到释放。

下面需要在 AndroidManifest 中添加开发密钥、所需权限等信息，代码如下。

```
    <manifest xmlns:android="http://schemas.android.com/apk/res/android"
    ......
    <application
    android:allowBackup="true"
......
<meta-data
android:name="com.baidu.lbsapi.API_KEY"
    android:value="eieEHZH43N66OOs0pc3Y4aR4" />
    <activity
    ......
    </activity>
    </application>
        <uses-permission android:name="android.permission.GET_ACCOUNTS" />
        <uses-permission android:name="android.permission.USE_CREDENTIALS" />
        <uses-permission android:name="android.permission.MANAGE_ACCOUNTS" />
        <uses-permission android:name="android.permission.AUTHENTICATE_ACCOUNTS" />
        <uses-permission android:name="android.permission.ACCESS_NETWORK_STATE" />
        <uses-permission android:name="android.permission.INTERNET" />
        <uses-permission android:name="com.android.launcher.permission.READ_SETTINGS" />
        <uses-permission android:name="android.permission.CHANGE_WIFI_STATE" />
        <uses-permission android:name="android.permission.ACCESS_WIFI_STATE" />
        <uses-permission android:name="android.permission.READ_PHONE_STATE" />
        <uses-permission android:name="android.permission.WRITE_EXTERNAL_STORAGE" />
        <uses-permission android:name="android.permission.BROADCAST_STICKY" />
        <uses-permission android:name="android.permission.WRITE_SETTINGS" />
        <uses-permission android:name="android.permission.READ_PHONE_STATE" />
</manifest>
```

这样就可以使用百度地图了，运行 BaiduMapDemo 项目可以看到效果。

12.2.3 标注覆盖物

百度地图 SDK 提供了两种类型的地图资源（普通矢量地图和卫星图），你可以利用BaiduMap 中的 mapType()方法来设置地图类型。核心代码如下。

```
mBaiduMap = mMapView.getMap();
//普通地图
mBaiduMap.setMapType(BaiduMap.MAP_TYPE_NORMAL);
//卫星地图
mBaiduMap.setMapType(BaiduMap.MAP_TYPE_SATELLITE);
```

除了地图展示以外，百度地图还提供了一种叫作覆盖物的功能，所以叠加和覆盖到地图上的内容都被统称为地图覆盖物，比如标注、矢量图形元素、定位图标等。覆盖物拥有自己的地理坐标，当拖动或者缩放地图时，它们会自动进行相应的移动。

百度地图提供了诸多的覆盖物，开发人员需要根据自己的实际情况来选择使用哪些覆盖物，本节就来学习其中的两种。

在百度地图中利用标注覆盖物在地图指定的位置上添加标注信息，具体实现方法如下。修改 MainActivity 中的 onCreate()方法，代码如下。

```
    private BaiduMap mBaiduMap;
@Override
```

```
protected void onCreate(Bundle savedInstanceState) {
    super.onCreate(savedInstanceState);
    //在使用SDK各组件之前初始化context信息，传入ApplicationContext
    //注意该方法要在setContentView方法之前实现
        SDKInitializer.initialize(getApplicationContext());
        setContentView(R.layout.activity_main);
    //获取地图控件引用
    mMapView = (MapView) findViewById(R.id.bmapView);
    mBaiduMap = mMapView.getMap();
        //普通地图
        mBaiduMap.setMapType(BaiduMap.MAP_TYPE_NORMAL);

    //定义Maker坐标点
        LatLng point = new LatLng(39.963175, 116.400244);
    //构建Marker图标
        BitmapDescriptor bitmap = BitmapDescriptorFactory
            .fromResource(R.drawable.icon_marka);
    //构建MarkerOption，用于在地图上添加Marker
        OverlayOptions option = new MarkerOptions()
            .position(point)
            .icon(bitmap);
    //在地图上添加Marker，并显示
    mBaiduMap.addOverlay(option);
        }
```

运行程序，如图 12.7 所示。

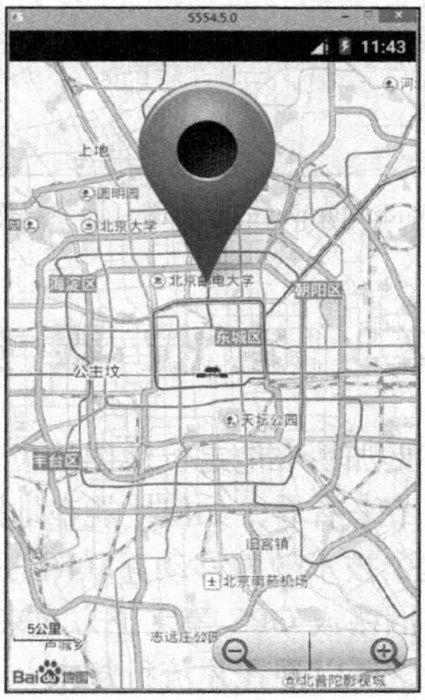

图 12.7 BaiduMapDemo 运行图（地图只作演示用）

文字，在地图中也是一种覆盖物，你可以利用相关的接口，快速实现在地图上书写文字的需求。修改 MainActivity 代码，如下所示。

```
protected void onCreate(Bundle savedInstanceState) {
    super.onCreate(savedInstanceState);
    //在使用SDK各组件之前初始化context信息，传入ApplicationContext
    //注意该方法要在setContentView方法之前实现
        SDKInitializer.initialize(getApplicationContext());
        setContentView(R.layout.activity_main);
    //获取地图控件引用
    mMapView = (MapView) findViewById(R.id.bmapView);
    mBaiduMap = mMapView.getMap();
        //普通地图
        mBaiduMap.setMapType(BaiduMap.MAP_TYPE_NORMAL);
            ......
    //定义文字所显示的坐标点
        LatLng llText = new LatLng(39.86923, 116.397428);
    //构建文字Option对象，用于在地图上添加文字
        OverlayOptions textOption = new TextOptions()
            .bgColor(0xAAFFFF00)
            .fontSize(24)
            .fontColor(0xFFFF00FF)
            .text("百度地图SDK")
```

```
                .rotate(-30)
                .position(llText);
        //在地图上添加该文字对象并显示
        mBaiduMap.addOverlay(textOption);
            }
```

运行程序，如图 12.8 所示。

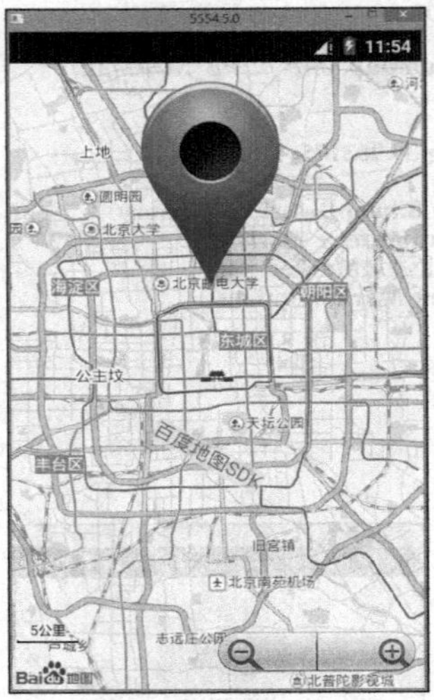

图 12.8　BaiduMapDemo 运行图（地图只作演示用）

12.3　定 位 服 务

地图是显示出来了，但是如何更加精准地定位地图的位置呢？显然，通过缩放的方式慢慢找位置是相当愚蠢的方法。那么这节来看看，如何才能在地图中定位到自己的位置。

基于位置的服务简称 LBS，这个技术随着移动互联网的兴起，在最近的几年里十分火爆，主要的工作原理是利用无线电通信网络或 GPS 等定位方式来确定出移动设备所在的位置，而这种定位技术很多年前已经出现了，之所以现在才流行起来，主要是因为移动设备的兴起。

定位服务所围绕的是确定自己所在的位置，在 Android 中可以借助 LocationManager 这个类来实现。下面首先学习一下 LocationManager 的基本用法。

12.3.1　LocationManager 的基本用法

LocationManager 系统服务是 LBS 的核心组件，它提供了很多方法来处理与位置相关的问题，包括查询上一个已知位置、注册和注销来自某个 LocationProvider 的周期性的位置更新、注册和注销接近某个坐标时对一个已定义的 Intent 的触发等。

LocationManager 获取位置信息的常用的途径有两种，GPS 和 NETWORK。GPS 定位更精确，缺点是只能在户外使用，耗电严重，并且返回用户位置信息的速度远不能满足用户需求。NETWORK 通过基站和 Wifi 信号来获取位置信息，室内室外均可用，速度更快，耗电更少。为了获取用户位置信息，可以使用其中一个，也可以同时使用两个。我们把这两种方法都叫位置提供器。

LocationListener 是位置监听器接口，定义了常见位置提供器状态变化和位置的变化的方法，我们需要实现此接口，完成自己的处理逻辑，然后让 LocationManager 注册此监听器，完成对各种状态的监听。

既然上面讲到位置服务的核心是 LocationManager，那么如何取得一个 LocationManager 呢？像其他系统服务一样，通过以下方式即可得到一个 LocationManager 实例。

```
LocationManager locMgr = (LocationManager)getSystemService(Context.LOCATION_SERVICE);
```

需要注意的是，定位功能必须由用户主动地去启动才行，否则任何应用程序都无法获取到手机当前的位置信息。进入手机的设置->定位服务->模式，第一个选项表示允许使用 GPS 和 WLAN 的方式来对手机进行高精度的定位，第二个选项表示允许使用 WLAN 和移动网络的方式来对手机进行定位，第三个选项表示允许使用 GPS 的方式来对手机进行定位，如图 12.9 所示。

图 12.9　手机设置

将选择好的位置提供器传入到 LocationManger 的 getLastKnownLocation()方法中，就可以得到 Location 对象，参数为选择的位置提供器，系统提供预定义的有 LocationManager.GPS_PROVIDER 、 LocationManager.NETWORK_PROVIDER 以及 PASSIVE_PROVIDER。如果未能获取任何信息，getLastKnownLocation(provider)将返回 null。

Location 对象中包含了经纬度、高度、速度、方位(bearing)、精确度等等，用 getXXX()来获取，对于非常规数据在获取之前可以通过 hasXXX()来判断是否有该数据。获取 Location 的代码如下。

```
Location locate = locMgr.getLastKnownLocation(LocationManager.GPS_PROVIDER);
```

如果这个时候想让定位精度尽量高一些，但又不确定 GPS 定位的功能是否已经启用，这个时候就可以先判断一下有哪些位置提供器可用，代码如下。

```
List<String> providerlist = locMgr.getAllProviders();
```

通过 getAllProviders()获得位置提供器列表的方式，会得到包括目前无法访问的位置提供器，可以通过 getProviders(true)，只返回有效的位置提供器列表，或者用 isProviderEnabled(String providerName)来看看位置提供器是否有效。但是这同样也会有问题，如果关闭手机的 GPS，返回的列表中没有 GPS，或者查询到无效，当开启手机的 GPS 时，有可能并没有搜索到卫星，这时 GPS 仍出现在有效的位置提供器列表中，或者查询是 enabled 的，但 location 仍会返回 null。

希望能获得最适合我们需求的供应商，相关代码如下。

```
private void getMyLocation1(){
        LocationManager locMgr = (LocationManager)getSystemService(Context.LOCATION_SERVICE);
        //设置我们的标准Criteria，可以用setXXX()，例如criteria.setAccuracy(int);提出我具体的要求，例如精度要求等，
如果没有什么特别的要求，也就无需进行设置
        Criteria criteria = new Criteria();
        //通过getBestProvider来获得满足要求的最佳位置提供器，也可以通过getProviders(criteria, true)来获取符合要求的
位置提供器列表。在没有搜索到足够位置时，系统会返回其他方式，如network
        String providerName = locMgr.getBestProvider(criteria, true/*true表示enabledOnly*/);
        showInfo("Best provider is " + providerName);

        if(providerName != null){
            Location locate = locMgr.getLastKnownLocation(providerName);
            showLocation(locate);
        }
    }
```

另外，调用 getLastKnownLocation()方法可以获得设备当前的位置信息，但是用户是完全有可能带着设备移动的，那么怎么样才能在设备位置发生改变的时候获取到最新的位置信息呢？LocationManager 提供了一个 requestLocationUpdates()方法，只要传入一个 LocationListener 的实例，并简单配置几个参数就可以实现上述功能了，代码如下。

```
locMgr.requestLocationUpdates(LocationManager.GPS_PROVIDER, 5000, 10,
            new LocationListener(){

                @Override
```

```
                public void onLocationChanged(Location arg0) {
                    // TODO Auto-generated method stub

                }

                @Override
                public void onProviderDisabled(String arg0) {
                    // TODO Auto-generated method stub

                }

                @Override
                public void onProviderEnabled(String arg0) {
                    // TODO Auto-generated method stub

                }

                @Override
                public void onStatusChanged(String arg0, int arg1,
                        Bundle arg2) {
                    // TODO Auto-generated method stub

                }
        });
```

这里 requestLocationUpdates()方法接收四个参数，第一个参数是位置提供器的类型，第二个参数是舰艇位置变化的时间间隔，以毫秒为单位，第三个参数是监听位置变化的距离间隔，以米为单位，第四个参数则是 LocationListener 监听器，这样 LocationManager 每隔 5 秒就会检测一下位置变化，当移动距离超过 10 米的时候就会调用 LocationListener 的 onLocationChanged()方法，并把新的位置信息作为参数传入进来。

12.3.2 确定自己的位置

下面就通过一个实例来学习。新建 LocationDemo 项目。然后修改/res/layout/activity_main.xml 文件，代码如下。

```
<LinearLayout xmlns:android="http://schemas.android.com/apk/res/android"
xmlns:tools="http://schemas.android.com/tools"
android:layout_width="match_parent"
android:layout_height="match_parent" >

<TextView
android:id ="@+id/position_text"
android:layout_width="wrap_content"
android:layout_height="wrap_content"
/>
</LinearLayout>
```

然后来看以下 MainActivity.java 文件，代码如下。

```
public class MainActivity extends ActionBarActivity {

    private TextView positionText;
    private LocationManager locMgr;
    private String provider;

    @Override
    protected void onCreate(Bundle savedInstanceState) {
        super.onCreate(savedInstanceState);
        setContentView(R.layout.activity_main);
        positionText = (TextView)findViewById(R.id.position_text);
        getMyLocation();
    }

    private void getMyLocation() {
        // 1.获取LocationManager，LocationManager是系统级别的服务
        locMgr = (LocationManager) getSystemService(Context.LOCATION_SERVICE);
        // 2.获取有效的provider，并显示出来
        List<String> providerlist = locMgr.getAllProviders();
        showProvider(providerlist);
        if(providerlist.contains(LocationManager.GPS_PROVIDER)){
            provider =    LocationManager.GPS_PROVIDER;
        }else if(providerlist.contains(LocationManager.NETWORK_PROVIDER)){
```

```
                provider =    LocationManager.NETWORK_PROVIDER;
            }else {
                showInfo("No location provider to use");
            }
            // 3.在LocationManger获取某个provider的位置信息
            /*
             * 获取位置更新使用getLastKnownLocation()，参数为provider的名字，系统提供预定义的有LocationManager
             * .GPS_PROVIDER、LocationManager.NETWORK_PROVIDER以及PASSIVE_PROVIDER。
             * 如果未能获取任何信息
             * ，getLastKnownLocation(provider)将返回null。Location可以获取provider的名字，经纬度，高度，速度，方位（bearing），精确度等，用getXXX()来获取，对于非常规数据在获取之前可以通过hasXXX()来判断有否该信息
             */

            Location locate = locMgr.getLastKnownLocation(provider);
            if(locate != null){
                //显示当前设备的位置信息
                String currentPosition = "latitude is " + locate.getLatitude() + "\n" +"longitude is " + locate.getLongitude();
                positionText.setText(currentPosition);
            }

            locMgr.requestLocationUpdates(LocationManager.GPS_PROVIDER, 5000, 10,locationListener);

        }

        private void showProvider(List<String> list) {
            showInfo("show providers : ");
            for (int i = 0; i < list.size(); i++) {
                showInfo("(" + i + ")" + list.get(i));
            }
        }

        private void showInfo(String info) {
            Log.i("MainActivity", info);
        }
        protected void onDestroy(){
            super.onDestroy();
            if(locMgr != null){
                locMgr.removeUpdates(locationListener);
            }
        }
        LocationListener locationListener = new LocationListener(){
            @Override
            public void onLocationChanged(Location arg0) {
                // TODO Auto-generated method stub
                String currentPosition = "latitude is " + arg0.getLatitude() + "\n" +"longitude is " + arg0.getLongitude();
                positionText.setText(currentPosition);
            }
            @Override
            public void onProviderDisabled(String arg0) {
                // TODO Auto-generated method stub
            }
            @Override
            public void onProviderEnabled(String arg0) {
                // TODO Auto-generated method stub
            }
            @Override
            public void onStatusChanged(String arg0, int arg1,
                    Bundle arg2) {
                // TODO Auto-generated method stub
            }
        };
    }
```

这里的逻辑都挺简单的，下面还要获取设备当前的位置信息需要声明权限，因此还需要修改 AndroidManifest.xml 中的代码，如下所示。

```
<manifest xmlns:android="http://schemas.android.com/apk/res/android"
package="com.example.locationdemo"
android:versionCode="1"
android:versionName="1.0" >
    ......
    <uses-permission android:name ="android.permission.ACCESS_FINE_LOCATION"/>
    </manifest>
```

这样就可以看到手机当前的位置信息了。

12.4 使用手机中的 Sensor

在 Android 中有多种 Sensor，比如将手机横向或纵向放置，屏幕会随着手机位置的不同而改变方向，这就是重力传感器所实现的，除了重力传感器，还有很多其他类型的传感器被应用到手机中，Android 中支持的 Sensor 种类见表 12.1。

表 12.1 **Sensor 分类**

Sensor Type	说 明
Sensor.TYPE_ACCELEROMETER	加速度感应检测
Sensor.TYPE_MAGNETIC_FIELD	磁场感应检测
Sensor.TYPE_ORIENTATION	方位感应检测
Sensor.TYPE_GYROSCOPE	回转仪感应检测
Sensor.TYPE_LIGHT	亮度感应检测
Sensor.TYPE_PRESSURE	压力感应检测
Sensor.TYPE_TEMPERATURE	温度感应检测
Sensor.TYPE_PROXIMITY	接近感应检测

表 12.1 中的 Sensor Type 类型是 Android SensorManager 中控制选择相应的传感器的类型，使用过程如下。

- 获取系统服务（SENSOR_SERVICE)返回一个 SensorManager 对象
  sensormanager = (SensorManager)getSystemSeriver(SENSOR_SERVICE);
- 通过 SensorManager 对象获取相应的 Sensor 类型的对象
  sensorObject = sensormanager.getDefaultSensor(sensor Type);
- 声明一个 SensorEventListener 对象用于侦听 Sensor 事件，并重载 onSensorChanged 方法 SensorEventListener sensorListener = new SensorEventListener(){};
- 注册相应的 SensorService
  sensormanager.registerListener(sensorListener, sensorObject, Sensor TYPE);

第一个参数是监听 Sensor 事件，第二个参数是 Sensor 目标种类的值，第三个参数是延迟时间的精度密度。延迟时间的精密度参数见表 12.2。

表 12.2 **延迟时间参数**

参 数	延 迟 时 间
SensorManager.SENSOR_DELAY_FASTEST	0ms
SensorManager.SENSOR_DELAY_GAME	20ms
SensorManager.SENSOR_DELAY_UI	60ms
SensorManager.SENSOR_DELAY_NORMAL	200ms

- 销毁相应的 SensorService
  sensormanager.unregisterListener(sensorListener, sensorObject);
- SensorListener 接口是传感器应用程序的中心。它包括两个必需方法，onSensorChanged (int sensor,float values[]) 方法在传感器值更改时调用。

该方法只对受此应用程序监视的传感器调用(更多内容见下文)。该方法的参数包括：一个整数，指示更改的传感器;一个浮点值数组，表示传感器数据本身。有些传感器只提供一个数据值，另一些则提供三个浮点值。方向和加速表传感器都提供三个数据值。

当传感器的准确性更改时，将调用 onAccuracyChanged(int sensor,int accuracy) 方法。参数包括两个整数，一个表示传感器，另一个表示该传感器新的准确值。

下面一一讲解 Android 中支持的 Sensor 种类。

1. 使用 G-Sensor

Android 加速度传感器的类型是 Sensor.TYPE_ACCELEROMETER

通过 android.hardware.SensorEvent 返回加速度传感器值。

加速度传感器返回值的单位是加速度的单位 m/s^2(米每二次方秒)，有三个方向的值分别是

values[0]: x-axis 方向加速度

values[1]: y-axis 方向加速度

values[2]: z-axis 方向加速度

其中 x,y,z 方向的定义是以水平放置在手机的右下角为参照系坐标原点

x 方向就是手机的水平方向，右为正

y 方向就是手机的水平垂直方向，前为正

z 方向就是手机的空间垂直方向，天空的方向为正，地球的方向为负

需要注意的是，由于地球固有的重力加速度 g (值为 9.8 m/s^2)，现实中实际加速度值应该是 z 方向返回值 −9.8 m/s^2。比如你以 2 m/s^2 的加速度将手机抛起，这时 z 方向的返回值应该是 11.8 m/s^2。反之若使手机以 2 m/s^2 的加速度坠落，则 z 方向的返回值应该是 7.8 m/s^2。x,y 方向则没有上述限制。

2. 方向传感器

在方向传感器中 values 变量的 3 个值都表示度数，它们的含义如下。

- values[0]：该值表示方位，也就是手机绕着 Z 轴旋转的角度。0 表示北（North）；90 表示东（East）；180 表示南（South）；270 表示西（West）。如果 values[0]的值正好是这 4 个值，并且手机是水平放置，表示手机的正前方就是这 4 个方向。可以利用这个特性来实现电子罗盘，实例 76 将详细介绍电子罗盘的实现过程。
- values[1]：该值表示倾斜度，或手机翘起的程度。当手机绕着 X 轴倾斜时该值发生变化。values[1]的取值范围是−180≤values[1] ≤180。假设将手机屏幕朝上水平放在桌子上，这时如果桌子是完全水平的，values[1]的值应该是 0（由于很少有桌子是绝对水平的，因此，该值很可能不为 0，但一般都是−5 和 5 之间的某个值)。这时从手机顶部开始抬起，直到将手机沿 X 轴旋转 180 度（屏幕向下水平放在桌面上)。在这个旋转过程中，values[1]会在 0 到−180 之间变化，也就是说，从手机顶部抬起时，values[1]的值会逐渐变小，直到等于−180。如果从手机底部开始抬起，直到将手机沿 X 轴旋转 180 度，这时 values[1]会在 0 到 180 之间变化。也就是 values[1]的值会逐渐增大，直到等于 180。可以利用 values[1]和下面要介绍的 values[2]来测量桌子等物体的倾斜度。
- values[2]：表示手机沿着 Y 轴的滚动角度。取值范围是−90≤values[2]≤90。假设将手机屏幕朝上水平放在桌面上，这时如果桌面是平的，values[2]的值应为 0。将手机左侧逐渐抬起时，values[2]的值逐渐变小，直到手机垂直于桌面放置，这时 values[2]的值是−90。将手机右侧逐渐抬起时，values[2]的值逐渐增大，直到手机垂直于桌面放置，这时 values[2]的值是 90。在垂直位置时继续向右或向左滚动，values[2]的值会继续在−90 至 90 之间变化。

3. 线性加速度感应检测——Linear-Acceleration

Accelerometer、Gravity 和 Linear-Acceleration 三者的关系如下所示。

accelerometer = gravity + linear-acceleration

4. *地磁场感应检测*——Magnetic-field

地磁场的单位是 micro-Tesla(uT)，检测的是 *x*、*y*、*z* 轴上的绝对地磁场。

5. *陀螺仪感应检测*——Gyroscope

陀螺仪的单位是弧度/秒，测量的是物体分别围绕 *x*、*y*、*z* 轴旋转的角速度。它的坐标系与加速度传感器的坐标系相同。逆时针方向旋转的角度是正的。也就是说，如果设备逆时针旋转，观察者向 *x*、*y*、*z* 轴的正方向看去，就报告设备是正转的。请注意，这是标准的正旋转的数学定义。

6. *光线感应检测*——Light

values[0]:表示环境光照的水平，单位是 SI lux。

7. *位置逼近感应检测*——Proximity

values[0]:逼近的距离，单位是厘米(cm)。有一些传感器只能支持近和远两种状态，这种情况下，传感器必须报告它在远状态下的 maximum_range 值和在近状态下的小值。

8. *旋转矢量感应检测*——Rotation Vector

旋转向量用来表示设备的方向，它是由角度和轴组成，就是设备围绕 *x*、*y*、*z* 轴之一旋转 θ 角度。旋转向量的三个要素是，这样旋转向量的大小等于 sin(θ/2)，旋转向量的方向等于旋转轴的方向。

values[0]: x*sin(θ/2)

values[1]: y*sin(θ/2)

values[2]: z*sin(θ/2)

values[3]: cos(θ/2) (optional: only if value.length = 4)

9. *方向感应检测*——Orientation

其单位是角度

values[0]: Azimuth(方位)，地磁北方向与 *y* 轴的角度，围绕 *z* 轴旋转(0 到 359)。0=North，90=East，180=South，270=West

values[1]: Pitch(俯仰)，围绕 *x* 轴旋转(-180 to 180)，当 *z* 轴向 *y* 轴运动时是正值

values[2]: Roll(滚)，围绕 *y* 轴旋转(-90 to 90)，当 *x* 轴向 *z* 轴运动时是正值

上面讲解了 Android 手机中存在的 Senser，那么如何在实战中使用这些 Senser 呢？下面实例讲解如何使用上面提到的 Senser，创建实例子程序 sensordemo，并使用 LogCat 查看当前设备 G-Sensor 的数据，然后用收集到的数据建立模型，处理自己的算法。图 12.10 所示的数据是当前设备的 G-Sensor 的数据。

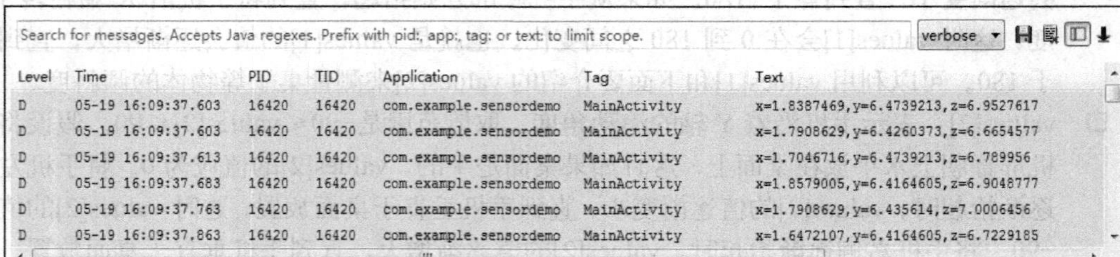

图 12.10　当前设备的 G-Sensor 的数据

首先来看看 MainActivity 文件，代码如下。

```
public class MainActivity extends Activity {
```

```
        private static String TAG = "MainActivity";
        private SensorManager sm;
        private Sensor ligthSensor;
        private StringBuffer sb;
        private TextView tvValue;

    private float x, y, z;

        @Override
    public void onCreate(Bundle savedInstanceState) {
    super.onCreate(savedInstanceState);
            setContentView(R.layout.Activity_main);

    sb = new StringBuffer();
    tvValue = (TextView) findViewById(R.id.tvValue);

    //获取SensorManager对象
    sm = (SensorManager) getSystemService(SENSOR_SERVICE);
    //获取Sensor对象
    ligthSensor = sm.getDefaultSensor(Sensor.TYPE_ACCELEROMETER);
    //设置Sensor监听函数
    sm.registerListener(new MySensorListener(), ligthSensor, SensorManager.SENSOR_DELAY_FASTEST);
        }

    public class MySensorListener implements SensorEventListener {
        public void onAccuracyChanged(Sensor sensor, int accuracy) {

            }
            public void onSensorChanged(SensorEvent e)
            {
                x = e.values[0];
                y = e.values[1];
                z = e.values[2];
                Log.d(TAG, "x="+x+","+"y="+y+","+"z="+z);
            }
        }
    }
```

下节讲解如何使用手机录音的功能。

12.5 使用手机录音

在了解 Android 录音机制之前需要了解一些背景知识，下面学习一下常见的数字音频术语。

- PCM(脉冲调制方式)：实现一个物理音频信号数字化的最简单方法。基本原理就是信号变成了一个数字阵列，而其中每个数字代表的是声音在特定的时间瞬间的电平也可以说是能量（振幅）。你可以使用这种方法表示任何复杂的声音，而且回放出来也非常精准。在这里将只会谈线性 PCM。在线性 PCM 阵列中的每个数字都是原始声音振幅的线性表示。在某些情况下，对数映射能够更好地表示原来的声音幅度比例情况。
- Sampling rate(采样率)：每秒数字声音有多少样本（声音幅度用数字表示）。样本越多，你能得到的声音质量越好。目前在消费类音频系统中使用的采样率通常是 22050，4100 和 48000Hz/s。
- 每个样品分辨率/采样大小/位：定义表示振幅数字的大小和格式。例如，如果使用的是 8 位整数，只能表达出 256 级的幅度，所以原来的物理波形将被简化为 256 个离散电平，与此同时将失去一些声音精度也可以说是质量。如果使用 16 位，那么声音质量变得更好。事实上，大部分时间可能会使用 16 位音频。其他选项包括 24 位、32 位（这些都是 Android 现在不支持的），或是使用浮点数。
- 声道：既可以是单声道，也可以是立体声(2 个声道)，或者更多声道(但是 Android 不支持)。如果想要有立体声需要有立体声音频，就必须要在每个声道都有一个独立的 PCM 数组，相应的信息量也会翻倍。

上述定义也有助于理解特定的格式和长度的音频缓冲区的数据量，以便提前预备缓冲区。也就是需要一个缓冲区，以用于存储 5 秒长度、44100Hz 采样率的立体声、16-bit 线性 PCM 数据。数据计算公式如下所示：

5 sec * 44100 samples per sec * 2 bytes per sample * 2 channels

这一数额所需的内存可能会让初学者感到惊讶，因为当在磁盘上存储音频时，一个 MP3 文件，容量为 880KB 就可以容纳相同的采样率和分辨率的 1 分钟时长的音轨。这是为什么呢？因为采用了先进的格式，比如 MP3 格式。由于人的大脑无法分辨识别出一些音频的内容，所以使用了很多复杂的方式在压缩的过程中去掉了这些内容。然而 Android 提供的大多数是低等级的音频 API。

Android 提供了两个 API 用于实现录音功能，android.media.AudioRecord 和 android.media.MediaRecorder。

12.5.1 AudioManager

AudioManager 类位于 android.Media 包中，该类提供访问控制音量和铃声模式的操作，通过 MediaPlayer、MediaRecorder 等协同即可完成多媒体的播放，AudioManger 是与 UI 层交互的接口。

通过 getSystemService(Context.AUDIO_SERVICE)方法获得 AudioManager 实例对象，代码如下。

```
AudioManager audiomanage = (AudioManager)context.getSystemService(Context.AUDIO_SERVICE);
```

AudioManager 对象就是用来控制系统声音的。

1. *AudioManager 主要方法介绍*

由于 AudioManager 类的方法过多，这里只讲述几个比较常用的方法。

- 方法：adjustVolume(int direction, int flags)
  解释：这个方法用来控制手机音量大小，当传入的第一个参数为 AudioManager.ADJUST_LOWER 时，可将音量调小一个单位，为 AudioManager.AD JUST_RAISE 时，则可以将音量调大一个单位。
- 方法：getMode()
  解释：返回当前音频模式。
- 方法：getRingerMode()
  解释：返回当前的铃声模式。
- 方法：getStreamVolume(int streamType)
  解释：取得当前手机的音量，最大值为 7，最小值为 0。当为 0 时，手机自动将模式调整为“震动模式”。
- 方法：setRingerMode(int ringerMode)
  解释：改变铃声模式

（1）通过系统服务获得声音管理器：

```
AudioManager audioManager=(AudioManager)getSystemService(Service.AUD IO_SERVICE);
```

（2）根据实际需要调用适当的方法：

```
audioManager.adjustStreamVolume(int streamType, int direction, int flags);
```

streamType：声音类型，可取值为 STREAM_VOICE_CALL（打电话时的声音），STREAM_SYSTEM（Android 系统声音），STREAM_RING（电话铃响），STREAM_MUSIC（音乐声音）or STREAM_ALARM（警告声音）。

direction：调整音量的方向，可取为 ADJUST_LOWER（调低音量），ADJUST_RAISE（调高音量），or ADJUST_SAME（保持先前音量）。

flags：可选标志位（如 AudioManager.FLAG_SHOW_UI 值则是显示出音量调节的 UI）。

- 方法：audioManager.setStreamMute(int streamType, boolean state)；
  解释：设置指定声音类型（streamType）是否为静音。如果 state 为 true，则设置为静音；否则，不设置为静音。
- 方法：audioManager.setRingerMode(int ringerMode);
  解释：设置铃音模式，可取值为 RINGER_MODE_NORMAL（铃音正常模式），RINGER_MODE_SILENT（铃音静音模式），or RINGER_MODE_VIBRATE（铃音震动模式，即铃音为静音，启动震动）。
- 方法：audioManager.setMode(int mode)；
  解释：设置声音模式，可取值为 MODE_NORMAL（正常模式，即在没有铃音与电话的情况下），MODE_RINGTONE（铃响模式），MODE_IN_CALL（接通电话模式）or MODE_IN_COMMUNICATION（通话模式）。

```
AudioManager audioManager = (AudioManager) this.getSystemService(Context.AUDIO_SERVICE);

        audioManager.setMicrophoneMute(false);
        audioManager.setSpeakerphoneOn(true);
        audioManager.setMode(AudioManager.MODE_IN_CALL);
            audioManager.adjustStreamVolume(AudioManager.STREAM_VOICE_CALL,
AudioManager.ADJUST_LOWER,AudioManager.FLAG_SHOW_UI);
```

2. 实例讲解

创建项目 AudioManagerDemo 用于播放一段音乐，在项目中可以控制播放音乐声音的大小，界面如图 12.11 所示。

图 12.11　AudioManagerDemo 项目界面

下面讲解 MainActivity 类中初始化播放器、音量数据等的相关代码，如下。

```
public class MainActivity extends Activity implements OnClickListener {
    ......
private void initPlayWork() {
audioMgr = (AudioManager) getSystemService(Context.AUDIO_SERVICE);
// 获取最大音乐音量
maxVolume = audioMgr.getStreamMaxVolume(AudioManager.STREAM_MUSIC);
// 初始化音量大概为最大音量的1/2
curVolume = maxVolume / 2;
// 每次调整的音量大概为最大音量的1/6
stepVolume = maxVolume / 6;
mediaPlayer = new MediaPlayer();
assetMgr = this.getAssets();
}
}
```

词条解释如下。

- 通话音量
  int max = audioMgr.getStreamMaxVolume(AudioManager.STREAM_VOICE_CALL);
  int current = audioMgr.getStreamVolume(AudioManager.STREAM_VOICE_CALL);
- 系统音量
  int max = audioMgr.getStreamMaxVolume(AudioManager.STREAM_SYSTEM);

current = audioMgr.getStreamVolume(AudioManager.STREAM_SYSTEM);

- 铃声音量

max = audioMgr.getStreamMaxVolume(AudioManager.STREAM_RING);

current = audioMgr.getStreamVolume(AudioManager.STREAM_RING);

- 音乐音量

max = audioMgr.getStreamMaxVolume(AudioManager.STREAM_MUSIC);

current = audioMgr.getStreamVolume(AudioManager.STREAM_MUSIC);

- 提示声音音量

max = audioMgr.getStreamMaxVolume(AudioManager.STREAM_ALARM);

current = audioMgr.getStreamVolume(AudioManager.STREAM_ALARM);

下面添加播放音乐、调整音量部分的代码如下。

```
private void prepareAndPlay() {
try {
// 打开指定音乐文件
        AssetFileDescriptor afd = assetMgr.openFd(musicName);
mediaPlayer.reset();
// 使用MediaPlayer加载指定的声音文件
mediaPlayer.setDataSource(afd.getFileDescriptor(),   afd.getStartOffset(), afd.getLength());
// 准备声音
mediaPlayer.prepare();
// 播放
mediaPlayer.start();
        } catch (IOException e) {
            e.printStackTrace();
        }
    }
/**
    * 调整音量
    */
private void adjustVolume() {
audioMgr.setStreamVolume(AudioManager.STREAM_MUSIC, curVolume,
            AudioManager.FLAG_PLAY_SOUND);
    }

@Override
public void onClick(View v) {
int id = v.getId();
switch (id) {
case R.id.play://按下播放按钮
        prepareAndPlay();
break;
case R.id.up://按下增大音量按钮
curVolume += stepVolume;
if (curVolume >= maxVolume) {
curVolume = maxVolume;
            }
pb.setProgress(curVolume);
break;
case R.id.down://按下减小音量按钮
curVolume -= stepVolume;
if (curVolume <= 0) {
curVolume = 0;
            }
pb.setProgress(curVolume);
break;
default:
break;
        }
// 调整音量
        adjustVolume();
    }
```

记得需要在 AndroidManifest.xml 中添加如下权限。

```
<uses-permission android:name="android.permission.MODIFY_AUDIO_SETTINGS" />
```

下节中讲解如何使用 AudioRecord 和 MediaRecorder 进行音频处理。

12.5.2 音频处理

1. AudioRecord

AudioRecord 和 AudioTrack 相对应，用于音频记录。AudioRecord 的可选采样频率为 44100Hz、22050Hz、16000Hz、11025Hz，设置音频的录制声道 CHANNEL_IN_STEREO 为双声道，CHANNEL_CONFIGURATION_MONO 为单声道，支持的音频数据格式为 PCM 16 位和 PCM 8 位。

AudioRecord 的常用方法如下。

```
read()                    //从硬件音频设备中记录数据到缓存中
startRecording()          //开始音频记录
stop()                    //结束音频记录
```

主要是实现边录边播（AudioRecord+AudioTrack）以及对音频的实时处理（如会说话的汤姆猫、语音）。

- 优点：语音的实时处理，可以用代码实现各种音频的封装
- 缺点：输出是 PCM 语音数据，如果保存成音频文件，是不能够被播放器播放的，所以必须先写代码以实现数据编码以及压缩。
- 使用 AudioRecord 类实现录音功能，创建 AudioRecorderDemo 项目，在其中添加三个 button，第一个 button 用于开始录音，第二个 button 用于结束录音，第三个 button 用于播放录音，界面如图 12.12 所示。

图 12.12　AudioRecorderDemo 项目界面

AudioRecorderDemo 中录音部分代码如下。

```
public class AudioRecordCollect{
    // 设置音频硬件获取通道，MIC是从手机麦克中获取
    private int audioSource = MediaRecorder.AudioSource.MIC;
    // 设置音频采样率，44100是目前的标准，但是某些设备仍然支持22050、16000、11025
    private static int sampleRateInHz = 44100;
    // 设置音频的录制的声道CHANNEL_IN_STEREO为双声道，CHANNEL_CONFIGURATION_MONO为单声道
    private static int channelConfig = AudioFormat.CHANNEL_IN_STEREO;
    // 音频数据格式:PCM 16位每个样本。保证设备支持。PCM 8位每个样本。不一定能得到设备支持
    private static int audioFormat = AudioFormat.ENCODING_PCM_16BIT;
    private void creatAudioRecord() {
            // 获得缓冲区字节大小
            bufferSizeInBytes = AudioRecord.getMinBufferSize(sampleRateInHz,
                    channelConfig, audioFormat);
            Log.d(TAG,"bufferSizeInBytes =" +bufferSizeInBytes);
            // 创建AudioRecord对象
            audioRecord = new AudioRecord(audioSource, sampleRateInHz,
                    channelConfig, audioFormat, bufferSizeInBytes);

            }
    ......
            private void startRecord() {
        audioRecord.startRecording();
        // 让录制状态为true
        isRecord = true;
        recordNum = 0;
        // 开启音频文件写入线程
        new Thread(new AudioRecordThread()).start();
    }

    private void stopRecording(){
        if (audioRecord != null) {
            System.out.println("stopRecord");
            isRecord = false;//停止文件写入
            audioRecord.stop();
        }
    }
```

```
}
```

词条解释如下。

- ❑ OutputStream os = **new** FileOutputStream(file);创建一个数据流。
- ❑ **int** bufferSize = AudioRecord.*getMinBufferSize*(frequency, channelConfiguration, audioEncoding);构造一个 AudioRecord 对象，其中需要的最小录音缓存 buffer 的大小可以通过 getMinBufferSize 方法得到。如果 buffer 容量过小，将导致对象构造的失败。
- ❑ **short**[] buffer = **new short**[bufferSize];初始化一个 buffer，该 buffer 大于等于 AudioRecord 对象用于写声音数据的 buffer 大小。
- ❑ **int** bufferReadResult = audioRecord.read(buffer, 0, bufferSize);开始录音。

需要在 AndroidManifest.xml 文件中添加权限设置，代码如下。

```
<uses-permission android:name="android.permission.RECORD_AUDIO" />
 <uses-permission android:name="android.permission.WRITE_EXTERNAL_STORAGE" />
```

使用 AudioRecord 类录音，并实现 WAV 格式封装。录音 20s，输出的音频文件大概为 3.5M 左右。工程的详细代码请查看 AudioRecorderDemo。

2. MediaRecorder

已经集成了录音、编码、压缩等，支持少量的录音音频格式，大概有.aac（API = 16）、amr、3gp。

- ❑ 优点：大部分已经集成，直接调用相关接口即可，代码量小。
- ❑ 缺点：无法实时处理音频，输出的音频格式不是很多，例如没有输出 mp3 格式文件。
- ❑ 代码：使用 MediaRecorder 类实现录音功能，创建 MediaRecorderDemo 项目，在项目中添加三个 button，第一个 button 用于开始录音，第二个 button 用于结束录音，第三个 button 用于播放录音，如图 12.13 所示。

图 12.13　MediaRecorderDemo 项目界面

MediaRecorderDemo 中录音部分代码如下。

```
private void initializeAudio() {
recorder = new MediaRecorder();// new出MediaRecorder对象
recorder.setAudioSource(MediaRecorder.AudioSource.MIC);
// 设置MediaRecorder的音频源为麦克风
recorder.setOutputFormat(MediaRecorder.OutputFormat.RAW_AMR);
// 设置MediaRecorder录制的音频格式
recorder.setAudioEncoder(MediaRecorder.AudioEncoder.AMR_NB);
// 设置MediaRecorder录制音频的编码为amr.貌似android就支持amr编码
recorder.setOutputFile("/sdcard/peipei.amr");
// 设置录制好的音频文件保存路径
try {
recorder.prepare();// 准备录制
recorder.start();// 开始录制
        } catch (IllegalStateException e) {
            e.printStackTrace();
        } catch (IOException e) {
            e.printStackTrace();
        }
  }
```

需要在 AndroidManifest.xml 文件中添加权限设置，代码如下。

```
    <!-- 往SDCard写入数据权限 -->
<uses-permission android:name="android.permission.WRITE_EXTERNAL_STORAGE" />
<!-- 录音权限 -->
<uses-permission android:name="android.permission.RECORD_AUDIO" />
<!-- 在SDCard中创建与删除文件权限 -->
    <uses-permission android:name="android.permission.MOUNT_UNMOUNT_FILESYSTEMS" />
```

使用 MediaRecorder 类录音，输出 amr 格式文件。录音 20s，输出的音频文件大概为 33K。音频格式

- WAV 格式：录音质量高，但是压缩率小，文件大
- AAC 格式：相对于 mp3，AAC 格式的音质更佳，文件更小；有损压缩；一般苹果或者 Android SDK4.1.2（API 16）及以上版本支持播放
- AMR 格式：压缩比比较大，但相对其他的压缩格式质量比较差，多用于人声、通话录音
- mp3 格式：是一种音频压缩技术，其全称是动态影像专家压缩标准音频层面 3

12.6 手机 Wifi 的使用

Wifi 的全称是 Wireless Fidelity，又称 802.11b 标准，是一种高速的无线通信协议，传输速度可以达到 11Mbit/s。实际上，对 Wifi 并不需要过多的控制（当成功连接 Wifi 后，就可以直接通过 IP 在 Wifi 设备之间进行通信了），一般只需要控制打开或关闭 Wifi 以及获得一些与 Wifi 相关的信息。Wifi 功能不能在 Android 模拟器上测试，就算在有 Wifi 功能的真机上也需要先通过 Wifi 和计算机或其他 Wifi 设备连接后，才能获得与 Wifi 相关的信息。

对于 Wifi 的操作需要调用 android.net.wifi 包中的一些类和接口，操作顺序如下。

1. WifiManager

系统中提供了直接操作 Wifi 的 WifiService 需要使用上层接口来调用 Wifi 设备，首先获取 WifiManager 代码如下。

```
WifiManager mWifiManager = (WifiManager) getSystemService(Context.WIFI_SERVICE);
```

2. mWifiManager.isWifiEnabled()

用来检测 Wifi 设备是否开启，如果开启就去扫描当前环境下的接入点。

3. mWifiManager.startScanActive()

用来启动扫描接入点，设备会返回当前扫描到的接入点的名称、身份认证、频率、信号强度等信息。

4. WifiConfiguration

Wifi 网络的配置，包括安全设置等。

5. WifiInfo

Wifi 无线连接的描述，包括接入点、网络连接状态、隐藏的接入点、IP 地址、连接速度、MAC 地址、网络 ID、信号强度等信息。下面简单介绍一下这里的方法。

- getBSSID() 获取 BSSID
- getDetailedStateOf() 获取客户端的连通性
- getHiddenSSID() 获得 SSID 是否被隐藏
- getIpAddress() 获取 IP 地址
- getLinkSpeed() 获得连接的速度
- getMacAddress() 获得 Mac 地址
- getRssi() 获得 802.11n 网络的信号
- getSSID() 获得 SSID
- getSupplicanState() 返回具体客户端状态的信息

6. 监听 Wifi 设备状态

Wifi 网卡的状态是由一系列的整型常量来表示的。

- WIFI_STATE_DISABLED : Wifi 网卡不可用（值为 1）
- WIFI_STATE_DISABLING : Wifi 网卡正在关闭（值为 0）

- ❑ WIFI_STATE_ENABLED : Wifi 网卡可用（值为 3）
- ❑ WIFI_STATE_ENABLING :Wifi 网正在打开（值为 2）（Wifi 启动需要一段时间）
- ❑ WIFI_STATE_UNKNOWN：未知网卡状态

7. 操作 Wifi 所需要的权限

需要在 AndroidManifest.xml 文件中添加权限设置，代码如下。

```
<uses-feature android:name="android.hardware.wifi"/>
<uses-permission android:name="android.permission.CHANGE_NETWORK_STATE"/>
<uses-permission android:name="android.permission.CHANGE_WIFI_STATE" />
<uses-permission android:name="android.permission.ACCESS_NETWORK_STATE"/>
<uses-permission android:name="android.permission.ACCESS_WIFI_STATE"/>
<uses-permission android:name="android.permission.INTERNET" />
```

词条解释如下。

- ❑ *"android.hardware.wifi"*：使用<uses-feature>元素来声明应用程序所需的 Wifi 功能
- ❑ *"android.permission.CHANGE_NETWORK_STATE"*：添加更改 Network State 的权限
- ❑ *"android.permission.CHANGE_WIFI_STATE"*：添加获取 Wifi State 的权限
- ❑ *"android.permission.ACCESS_NETWORK_STATE"*：添加存储 Network State 的权限
- ❑ *"android.permission.ACCESS_WIFI_STATE"*：添加存储 Wifi State 的权限
- ❑ *"android.permission.INTERNET"*：添加应用网络权限

创建 WifiDemo 项目，项目中可以使用类 WifiAdmin 来连接特定的 AP，对于 WifiAdmin 类具备的功能有网络扫描、打开 Wifi 网卡、关闭 Wifi 网卡、检查当前 Wifi 网卡状态、扫描周边网络、配置网络等，WifiAdmin 类的具体代码如下。

```
public class WifiAdmin {
//定义网络加密类型
    public enum WifiCipherType
    {
WIFICIPHER_WEP,WIICIPHER_WPA, WIFICIPHER_NOPASS, WIFICIPHER_INVALID
    }

    private final static String TAG = "WifiAdmin";
    private StringBuffer mStringBuffer = new StringBuffer();
    private List<ScanResult> listResult;
    private ScanResult mScanResult;
    // 定义WifiManager对象
    private WifiManager mWifiManager;
    // 定义WifiInfo对象
    private WifiInfo mWifiInfo;
    // 网络连接列表
    private List<WifiConfiguration> mWifiConfiguration;
    // 定义一个WifiLock
    WifiLock mWifiLock;
    /**
     * 构造方法
     */
    public WifiAdmin(Context context) {
        mWifiManager = (WifiManager) context
            .getSystemService(Context.WIFI_SERVICE);
        mWifiInfo = mWifiManager.getConnectionInfo();
        creatWifiLock();
    }
    /**
     * 打开Wifi网卡
     */
    public void openNetCard() {
        if (!mWifiManager.isWifiEnabled()) {
            mWifiManager.setWifiEnabled(true);
        }
    }
    /**
     * 关闭Wifi网卡
     */
    public void closeNetCard() {
        if (mWifiManager.isWifiEnabled()) {
            mWifiManager.setWifiEnabled(false);
        }
    }
```

```
/**
 * 检查当前Wifi网卡状态
 */
public String checkNetCardState() {
    String state="没有获取到状态";
    if (mWifiManager.getWifiState() == 0) {
        Log.i(TAG, "网卡正在关闭");
        state="网卡正在关闭";
    } else if (mWifiManager.getWifiState() == 1) {
        Log.i(TAG, "网卡已经关闭");
        state="网卡已经关闭";
    } else if (mWifiManager.getWifiState() == 2) {
        Log.i(TAG, "网卡正在打开");
        state="网卡正在打开";
    } else if (mWifiManager.getWifiState() == 3) {
        Log.i(TAG, "网卡已经打开");
        state="网卡已经打开";
    } else {
        Log.i(TAG, "没有获取到状态");
    }
    return state;
}

/**
 * 扫描周边网络
 */
public String scan() {
    String result="";
    mWifiManager.startScan();
    listResult = mWifiManager.getScanResults();
    if (listResult != null) {
        Log.i(TAG, "当前区域存在无线网络，请查看扫描结果");
        result="当前区域存在无线网络，请查看扫描结果";
    } else {
        Log.i(TAG, "当前区域没有无线网络");
        result="当前区域没有无线网络";
    }
    return result;
}

/**
 * 得到扫描结果
 */
public List<ScanResult> getScanResultList()
{
    if(mWifiManager.getWifiState() == 3)
    {
        mWifiManager.startScan();
        return mWifiManager.getScanResults();
    }
    return null;
}

public String getScanResult() {
    // 每次点击扫描之前清空上一次的扫描结果
    if (mStringBuffer != null) {
        mStringBuffer = new StringBuffer();
    }
    // 开始扫描网络
    scan();
    listResult = mWifiManager.getScanResults();
    if (listResult != null) {
        for (int i = 0; i < listResult.size(); i++) {
            mScanResult = listResult.get(i);
            mStringBuffer = mStringBuffer
                    .append("SSID:").append(mScanResult.SSID).append("\n")
                    .append("MAC Address:").append(mScanResult.BSSID).append("\n")
                    .append("Security:").append(mScanResult.capabilities).append("\n")
                    .append("Signal level:").append(mScanResult.level).append(" dBm")
                    .append("\n--------------\n");
        }
    }
    Log.i(TAG, mStringBuffer.toString());
    return mStringBuffer.toString();
}

/**
```

```
     * 连接指定网络
     */
    public void connect() {
        mWifiInfo = mWifiManager.getConnectionInfo();

    }

    /**
     * 断开当前连接的网络
     */
    public void disconnectWifi() {
        mWifiManager.disconnect();
        mWifiInfo = null;
    }


    /**
     * 断线重连网络
     */
    public boolean reconnect()
    {
        return mWifiManager.reconnect();
    }

    /**
     * 检查当前网络状态
     *
     * @return String
     */
    public String checkNetWorkState() {
        String state="";
        if (mWifiInfo != null) {
            Log.i(TAG, "网络正常工作");
            state="网络正常工作";
        } else {
            Log.i(TAG, "网络已断开");
            state="网络已断开";
        }
        return state;

    }
    /**
     * 得到连接的ID
     */
    public int getNetworkId() {
        return (mWifiManager.getConnectionInfo() == null) ? 0 : mWifiManager.getConnectionInfo().getNetworkId();
    }

    /**
     * 得到IP地址
     */
    public int getIPAddress() {
        mWifiInfo = mWifiManager.getConnectionInfo();
        return (mWifiInfo == null) ? 0 : mWifiInfo.getIpAddress();
    }

    //获取IP本机地址
    @SuppressWarnings("unused")
    public String getIpAddressEx()
    {
        try {
            for (Enumeration<NetworkInterface> en = NetworkInterface
                    .getNetworkInterfaces(); en.hasMoreElements();) {
                NetworkInterface intf = en.nextElement();
                for (Enumeration<InetAddress> enumIpAddr = intf
                        .getInetAddresses(); enumIpAddr.hasMoreElements();) {
                    InetAddress inetAddress = enumIpAddr.nextElement();
                    if (!inetAddress.isLoopbackAddress()) {
                        return inetAddress.getHostAddress().toString();
                    }
                }
            }
        } catch (SocketException ex) {
            Log.e("WifiPreference IpAddress", ex.toString());
        }

        return null;
    }
```

```
// 锁定WifiLock
public void acquireWifiLock() {
    mWifiLock.acquire();
}

// 解锁WifiLock
public void releaseWifiLock() {
    // 判断时锁定
    if (mWifiLock.isHeld()) {
        mWifiLock.acquire();
    }
}

// 创建一个WifiLock
public void creatWifiLock() {
    mWifiLock = mWifiManager.createWifiLock("mimiWifiLock");
}

// 得到配置好的网络
public List<WifiConfiguration> getConfiguration() {
    return mWifiConfiguration;
}

// 指定配置好的网络进行连接
public void connectConfiguration(int index) {
    // 索引大于配置好的网络索引返回
    if (index >= mWifiConfiguration.size()) {
        return;
    }
    // 连接配置好的指定ID的网络
    mWifiManager.enableNetwork(mWifiConfiguration.get(index).networkId,
            true);
}

// 得到MAC地址
public String getMacAddress() {
    return (mWifiInfo == null) ? "NULL" : mWifiInfo.getMacAddress();
}

// 得到接入点的BSSID
public String getBSSID() {
    return (mWifiInfo == null) ? "NULL" : mWifiInfo.getBSSID();
}

// 得到WifiInfo的所有信息包
public String getCurrentWifiInfo() {
    String ssid=null;
    try
    {
        mWifiInfo = mWifiManager.getConnectionInfo();
        if(mWifiInfo!=null)
        {
            ssid=mWifiInfo.getSSID();
        }
    }
    catch(Exception ex)
    {
        ssid=null;
    }
    return ssid;
}

public WifiInfo getConnectWifiInfo()
{
    if(mWifiManager.getWifiState() == 3)
    {
        return mWifiManager.getConnectionInfo();
    }
    return null;
}

// 添加一个网络
public int addNetwork(WifiConfiguration wcg) {
    int netID = mWifiManager.addNetwork(wcg);
    return netID;
}
```

```
    public boolean enableNetwork(int netId,boolean disableOthers)
    {
        return mWifiManager.enableNetwork(netId, disableOthers);
    }

    public void removeNetwork(int netId)
    {
        mWifiManager.removeNetwork(netId);
    }

     public WifiConfiguration IsExsits(String SSID)
     {
          List<WifiConfiguration> existingConfigs = mWifiManager.getConfiguredNetworks();
          for (WifiConfiguration existingConfig : existingConfigs)
          {
             if (existingConfig.SSID.equals("\""+SSID+"\""))
             {
                  return existingConfig;
             }
          }
          return null;
     }
    //将网络SSID保存到系统中
    public WifiConfiguration CreateWifiInfo(String SSID,String BSSID, String Password, WifiCipherType Type)
    {
     WifiConfiguration config = new WifiConfiguration();
     config.SSID = "\"" + SSID + "\"";
     config.BSSID=BSSID;
     if(Type == WifiCipherType.WIFICIPHER_NOPASS)
     {
      config.wepKeys[0] = "";
      config.allowedKeyManagement.set(WifiConfiguration.KeyMgmt.NONE);
      config.wepTxKeyIndex = 0;
     }
     if(Type == WifiCipherType.WIFICIPHER_WEP)
     {
      config.preSharedKey = "\""+Password+"\"";
      config.hiddenSSID = true;
          config.allowedAuthAlgorithms.set(WifiConfiguration.AuthAlgorithm.SHARED);
          config.allowedGroupCiphers.set(WifiConfiguration.GroupCipher.CCMP);
          config.allowedGroupCiphers.set(WifiConfiguration.GroupCipher.TKIP);
          config.allowedGroupCiphers.set(WifiConfiguration.GroupCipher.WEP40);
          config.allowedGroupCiphers.set(WifiConfiguration.GroupCipher.WEP104);
          config.allowedKeyManagement.set(WifiConfiguration.KeyMgmt.NONE);
          config.wepTxKeyIndex = 0;
     }
     if(Type == WifiCipherType.WIICIPHER_WPA)
     {
      config.preSharedKey ="\""+Password+"\"";
      config.hiddenSSID = false;
//        config.allowedAuthAlgorithms.set(WifiConfiguration.AuthAlgorithm.OPEN);
      config.allowedGroupCiphers.set(WifiConfiguration.GroupCipher.TKIP,true);
      config.allowedGroupCiphers.set(WifiConfiguration.GroupCipher.CCMP,true);
      config.allowedGroupCiphers.set(WifiConfiguration.GroupCipher.WEP104,true);
      config.allowedGroupCiphers.set(WifiConfiguration.GroupCipher.WEP40,true);
      config.allowedKeyManagement.set(WifiConfiguration.KeyMgmt.WPA_PSK,true);
      config.allowedPairwiseCiphers.set(WifiConfiguration.PairwiseCipher.TKIP,true);
      config.allowedPairwiseCiphers.set(WifiConfiguration.PairwiseCipher.CCMP,true);
      config.allowedProtocols.set(WifiConfiguration.Protocol.WPA,true);
      config.allowedProtocols.set(WifiConfiguration.Protocol.RSN,true);
      config.status = WifiConfiguration.Status.ENABLED;
     }
     else
     {
      return null;
     }
     return config;
    }
}
```

词条解释如下。

- WifiManager 类：提供 wifi 管理的各种主要 API，主要包含 wifi 的扫描，建立连接、配置等
- ScanResult 类：描述开启扫描后的 Wifi 热点的信息，包含 SSID、Capabilities、frequency、level（信号强度）等

- WifiLock 类：用于给 Wifi 加锁，通常用于下载大体积文件的时候。如果应用程序想在屏幕被关掉后继续使用 Wifi 则可以调用 acquireWifiLock 来锁住 Wifi，该操作会阻止 Wifi 进入睡眠状态。当应用程序不再使用 WiFi 时需要调用 releaseWifiLock 来释放 Wifi。然后 Wifi 可以进入睡眠状态以节省电源
- WifiConfiguration 类：描述 Wifi 的连接信息，包含 SSID、SSID 隐藏、Password 等的设置

12.7 小　结

本章讲解了 Android 手机硬件的使用，学习了 Camera 的使用、百度 Map 和 Google GPS 的使用、手机中各个 Sensor 的使用，以及如何使用手机录音，使用 Wifi 设备。在开发中涉及使用手机硬件设备时需要添加相应的权限，这个需要读者注意。

第13章

三维游戏的基础——OpenGL ES 3.0

不登高山，不知天之大；
不临深谷，不知地之厚也。
——荀况

Android 3D 引擎采用的是 OpenGL ES。OpenGL ES 是一套为手持和嵌入式系统设计的 3D 引擎 API，由 Khronos 公司维护。在 PC 领域，一直有两种标准的 3D API 进行竞争，OpenGL 和 DirectX。一般主流的游戏和显卡都支持这两种渲染方式，DirectX 在 Windows 平台上有很大的优势，但是 OpenGL 具有更好的跨平台性。由于嵌入式系统和 PC 相比，一般来说，CPU、内存等都比 PC 差很多，而且对能耗有着特殊的要求，许多嵌入式设备并没有浮点运算协处理器，针对嵌入式系统的以上特点，Khronos 对标准的 OpenGL 系统进行了维护和改动，以期望满足嵌入式设备对 3D 绘图的要求。

OpenGL ES 是从 OpenGL 裁剪定制而来的，去除了 glBegin/glEnd、四边形（GL_QUADS）、多边形（GL_POLYGONS）等复杂图元的许多非绝对必要的特性。经过多年发展，现在主要有三个版本，OpenGL ES 1.x 针对固定管线硬件，OpenGL ES 2.x 针对可编程管线硬件和 OpenGL ES 3.0 针对可编程硬件。OpenGL ES 1.0 是以 OpenGL 1.3 规范为基础的，OpenGL ES 1.1 是以 OpenGL 1.5 规范为基础的，它们分别又支持 common 和 common lite 两种 profile。lite profile 只支持定点实数，而 common profile 既支持定点数又支持浮点数。 OpenGL ES 2.0 则是参照 OpenGL 2.0 规范定义的，common profile 发布于 2005 年 8 月，引入了对可编程管线的支持。OpenGL ES 3.0 于 2012 年公布，加入了大量新特性，如渲染管线多重增强，高质量 ETC2/EAC 纹理压缩格式、新着色语言、一系列广泛的精确尺寸纹理和渲染缓冲格式等等。Android4.3 开始就已经支持 OpenGL ES 3.0。下面给大家介绍一个学习 OpenGL 很好的网站 http://nehe.gamedev.net/。

13.1 OpenGL 常识普及

1. 坐标系

OpenGL 坐标系可分为世界坐标系和屏幕坐标系。世界坐标系即 OpenGL 内部处理时使用的三维坐标系，而屏幕坐标系即为计算机屏幕上绘图时使用的坐标系。

通常，OpenGL 所使用的世界坐标系为右手型，如图 13.1 所示。

世界坐标系以屏幕中心为原点(0, 0, 0)。你面对屏幕，你的右边是 x 正轴，上面是 y 正轴，屏幕指向你的方向为 z 正轴。进行旋转操作是指定的角度按右手法则来决定，即右手握拳，大拇指指向某个坐标的正方向，其余四指的方向即为该坐标轴上旋转的角度正方向。默认情况下，从原点到屏幕边缘为 1.0f，沿各轴增加或减小的数值是以任意刻度进行的——它们不代表任何真实单位，如英尺、像素或米等。你可以选择任何对你的程序有意义的刻度（全局必须保持单位一致，不能一部分使用米，一部分使用像素），OpenGL 只是将它作为一个参照单位来处理，保证它们具有相同的距离。

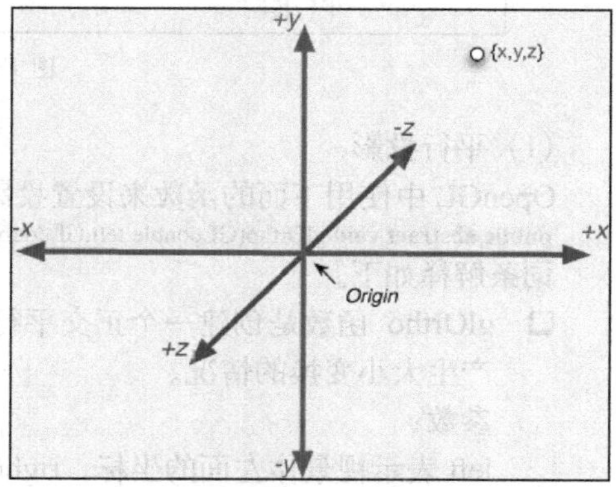

图 13.1 世界坐标系

了解了坐标轴，来看看怎么在坐标系中表示一个点，通常用一组浮点数来表示点。例如，一个正方形的 4 个顶点可表示为：

```
float vertices[] = {
-1.0f, 1.0f, 0.0f,          //左上
-1.0f, -1.0f,0.0f,          //左下
1.0f,-1.0f,0.0f,            //右下
1.0f,1.0f,0.0f,             //右上
};
```

为了提高性能，通常还需要将浮点数组存入一个字节缓冲中。代码如下。

```
ByteBuffer vbb = ByteBuffer.allocateDirect(vertices.length * 4); //申请内存
vbb.order(ByteOrder.nativeOrder());              //设置字节顺序，其中ByteOrder.nativeOrder()是用来获取本机字节顺序
FloatBuffer vertexBuffer = vbb.asFloatBuffer();  //转换为float型
vertexBuffer.put(vertices);                      //添加数据
vertexBuffer.position(0);                        //设置缓冲区起始位置
```

OpenGL 的很多函数功能在使用前需要激活状态，激活这些函数可以用 glEnableClientState、glDisableClientState 来完成，代码如下。

```
//指定需要启用的定点数组
gl.glEnableClientState(GL10.GL_VERTEX_ARRAY);
//说明启用数组的类型和字节缓冲，类型为GL_FLOAT
gl.glVertexPointer(3, GL10.GL_FLOAT, 0,    vertexBuffer);
//不再需要时，关闭顶点数组
gl.glDisableClientState(GL10.GL_VERTEX_ARRAY);
```

2. 投影

将世界坐标系中的物体映射到屏幕坐标系的方法叫投影，投影包括平行投影和透视投影两种。平行投影的投影线互相平行，投影的结果与原物体的大小相等，因此广泛地用于工程制图方面。

透视投影的投影相交于一点，因此投影结果与原物体的实际大小不一致，而是近大远小，因此透视投影更接近于真实世界的投影方式，如图 13.2 所示。

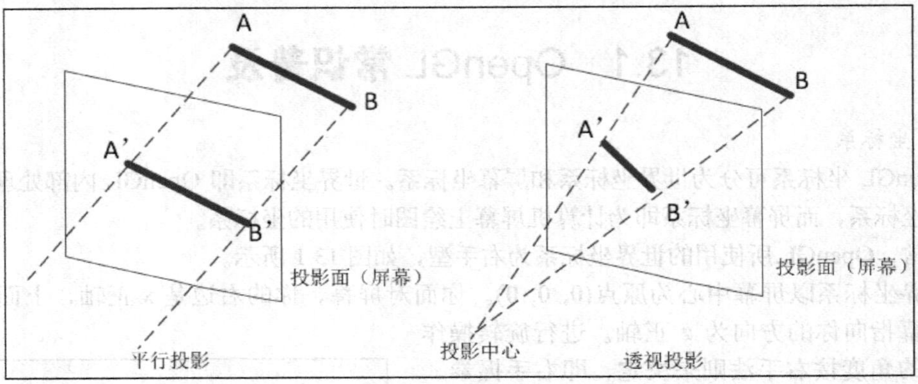

图 13.2　投影类型比较

（1）平行投影

OpenGL 中使用下面的函数来设置投影方式为平行投影

```
public abstract void glOrtho(GLdouble left,GLdouble right,GLdouble bottom,GLdouble top,GLdouble near,GLdouble far);
```

词条解释如下。

- glOrtho 函数是创建一个正交平行的视景体。一般用于物体不会因为离屏幕的远近而产生大小变换的情况。

  参数：

  left 表示视景体左面的坐标，right 表示右面的坐标，bottom 表示下面的，top 表示上面的。函数可以理解为，一个物体摆在那里，怎么去截取他。假设有一个球体，半径为 1，圆心在(0, 0, 0)，那么，设定 glOrtho(-1.5, 1.5, -1.5, 1.5, -10, 10);就表示用一个宽高都是 3 的框框把这个球体整个都装了进来。如果设定 glOrtho(0.0, 1.5, -1.5, 1.5, -10, 10);就表示用一个宽是 1.5，高是 3 的框框把整个球体的右面装进来;如果设定 glOrtho(0.0, 1.5, 0.0, 1.5, -10, 10)；就表示用一个宽和高都是 1.5 的框框把球体的右上角装了进来。

（2）透视投影

OpenGL 中使用下面的函数来设置投影方式为透视投影

```
void gluPerspective (
                    GLdouble fovy, //角度
                    GLdouble aspect,//视景体的宽高比
                    GLdouble zNear,//沿z轴方向的两裁面之间的距离的近处
                    GLdouble zFar //沿z轴方向的两裁面之间的距离的远处
                    )
```

各参数的含义如图 13.3 所示。

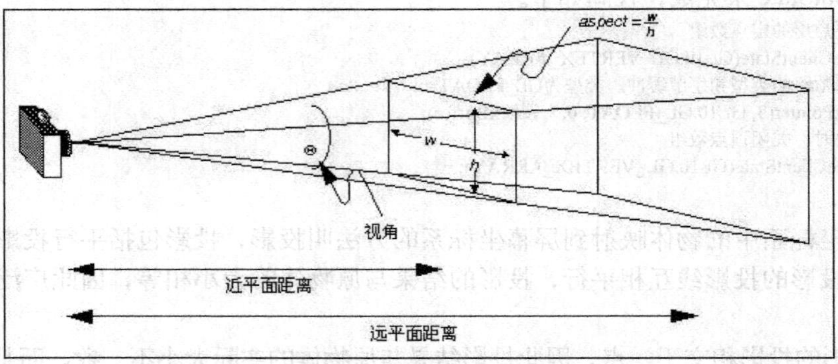

图 13.3　透视投影

3. 几何变换

屏幕坐标系是绘制物体时的坐标系。程序刚初始化时，世界坐标系和当前绘图坐标系是重合的。当用 glTranslatef()，glScalef()，glRotatef()对当前绘图坐标系进行平移、伸缩、旋转变换之后，世界坐标系和当前绘图坐标系不再重合。改变以后，再用 glVertex3f()等绘图函数绘图时，都是在当前绘图坐标系进行绘图，所有的函数参数也都是相 对当前绘图坐标系来讲的。

坐标系变化函数，代码如下。

```
public abstract void glTranslatef (float x, float y, float z)
public abstract void glRotatef(float angle, float x, float y, float z)
public abstract void glScalef (float x, float y, float z)
```

词条解释如下。

- ❑ glTranslatef () 用于坐标平移变换。
- ❑ glRotatef()用来实现选择坐标变换，单位为角度。(x,y,z)定义旋转的参照矢量方向。多次旋转的顺序非常重要。
- ❑ glScalef()方法用于缩放变换。

在进行平移、旋转、缩放变换时，所有的变换都是针对当前的矩阵（与当前矩阵相乘），如果需要将当前矩阵恢复最初的无变换的矩阵，可以使用单位矩阵（无平移、缩放、旋转）。在栈中保存当前矩阵和从栈中恢复所存矩阵，可以使用函数代码如下。

```
public abstract void glPushMatrix()
public abstract void glPopMatrix()。
```

词条解释如下。

- ❑ glPushMatrix():在进行坐标变换前使用 glPushMatrix 保存当前矩阵，完成坐标变换操作后，再调用 glPopMatrix 恢复原先的矩阵设置。

在实际编程中，为了保存几何变换和投影变换的操作，OpenGL 维护两个栈，即投影变换栈和几何变换栈。栈中保存的元素即为投影变换和几何变换的变换矩阵。使用下面的函数可以在两个栈之间进行切换：

切换当前操作的栈为投影变换栈：glMatrixMode(GL_PROJECTION);

切换当前操作的栈为几何变换栈：glMatrixMode(GL_MODELVIEW);

此外，下面的函数可以清除当前操作的栈中的内容，并向栈中压入一个单位矩阵

```
glLoadIdentity();
```

两个栈之间的关系如图 13.4 所示。

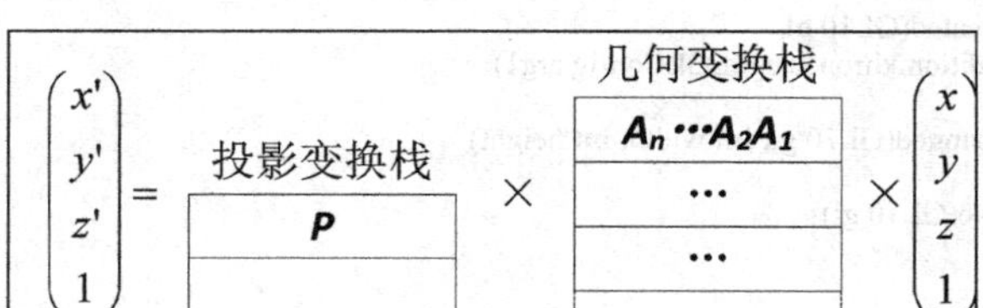

图 13.4　两个栈之间的关系图

一般情况下，在进行 OpenGL 初始化时都要执行下面的代码。

```
glMatrixMode(GL_PROJECTION);         // 切换到投影变换栈
glLoadIdentity();                    // 初始化投影变换栈
gluPrespective(30.0, aspect, 1.0, 50.0);  // 压入透视投影矩阵
glMatrixMode(GL_MODELVIEW);          // 切换到几何变换栈
```

另外，在调用 glMatrixMode(GL_MODELVIEW)时，系统会自动将几何变换栈清空并压入单位矩阵，因此不必再调用 glLoadIdentity()函数。

对于几何变换栈，还有以下两个常用的操作。

```
glPushMatrix();  // 保存当前坐标系
```

```
glPopMatrix();   // 恢复当前坐标系
```

在调用几何变换操作时，OpenGL 将该几何变换操作的变换矩阵与当前栈的栈顶元素相乘，得到一个新的矩阵并将其作为几何变换栈的栈顶。

13.2 GLSurfaceView 的使用

GLSurfaceView 类继承自 SurfaceView，专门用于显示 OpenGL 渲染。来看看 GLSurfaceView 的继承关系，如下所示。

java.lang.Object
↳ android.view.View
　↳ android.view.SurfaceView
　　↳ android.opengl.GLSurfaceView

GLSurfaceView 提供了下列特性。

（1）管理一个 surface，这个 surface 就是一块特殊的内存，能直接排版到 Android 的视图 view 上。

（2）管理一个 EGL display，它能让 OpenGL 把内容渲染到上述的 surface 上。

（3）用户自定义渲染器(render)。

（4）让渲染器在独立的线程里运作，和 UI 线程分离。

（5）支持按需渲染(on-demand)和连续渲染(continuous)。

（6）一些可选工具，如调试。

如何将 GLSurfaceView 显示到 Activity 中呢？下面通过实例来学习，首先创建项目 GLSurfaceViewDemo，修改 MainActivity 中的 OnCreater 方法，代码如下。

```
protected void onCreate(Bundle savedInstanceState) {
    super.onCreate(savedInstanceState);
    GLSurfaceView view = new GLSurfaceView(this);
    view.setRenderer(new MyRender());
    setContentView(view);
}
```

接下来就来一步步构建自己的 MyRender 类。代码所示。

```
import android.opengl.GLSurfaceView;
public class MyRender implements Renderer
{
public void onSurfaceCreated(GL10 gl,
        javax.microedition.khronos.egl.EGLConfig arg1)
{}
public void onSurfaceChanged(GL10 gl, int width, int height)
{}
public void onDrawFrame(GL10 gl)
{}
}
```

词条解释如下。

- 参数 GLSurfaceView.Renderer 定义了统一图形绘制的接口，它定义了三个接口函数，onDrawFrame，onSurfaceChanged，onSurfaceCreated
- 当窗口被创建时需要调用 onSurfaceCreate，可以在这里对 OpenGL 做一些初始化工作，和用来设置一些绘制时不常变化的参数
- 当窗口大小发生改变时系统将调用 onSurfaceChange 方法，可以在该方法中设置 OpenGL 场景大小以及实现场景里面的内容
- 方法 onDrawFrame 用于绘制图操作，在绘图之前，需要将屏幕清除成前面所指定的颜色，清除尝试缓存并且重置场景，然后就可以绘图了

在 onSurfaceCreate 函数中做一些 OpenGL 的初始化工作，代码如下。

```
public void onSurfaceCreated(GL10 gl,
        javax.microedition.khronos.egl.EGLConfig arg1) {
    gl.glClearColor(0.0f, 0.0f, 0.0f, 0.0f);
    gl.glShadeModel(GL10.GL_SMOOTH);
    gl.glClearDepthf(1.0f);
    gl.glEnable(GL10.GL_DEPTH_TEST);
    gl.glDepthFunc(GL10.GL_LEQUAL);
    gl.glHint(GL10.GL_PERSPECTIVE_CORRECTION_HINT,
            GL10.GL_NICEST);
}
```

词条解释如下。

- ❑ gl.glClearColor(); 设置窗口背景色，前三个参数分别是红、绿、蓝所占的比重，最后一个参数表示透明度，参数设置范围在 0.0f～1.0f。
- ❑ gl.glShadeModel();设置着色模式。参数 mode 采用恒定着色时（即 GL_FLAT），使用图元中某个顶点的颜色来渲染整个图元。在使用光滑着色时（即 GL_SMOOTH），独立地处理图元中各个顶点的颜色。对于线段图元，线段上各点的颜色将根据两个顶点的颜色通过插值得到。对于多边形图元，多边形内部区域的颜色将根据所有顶点的颜色插值得到。
- ❑ gl.glClearDepthf();指定一个深度值。该值将被用于 glClear 函数清理深度缓冲区。glClearDepthf()的参数范围在 0.0f～1.0f（小于 0 则置为 0，大于 1 则置为 1）。
- ❑ gl.glEnable();用于启用各种功能。具体功能由参数决定。与 glDisable 相对应。glDisable 用以关闭各项功能。

注意：

使用 glIsEnabled 或者 glGet 来确定当前各项功能的开启情况。

glEnable 不能写在 glBegin 和 glEnd 两个函数中间。

- ❑ gl.glDepthFunc();指定用于深度缓冲比较值。

在 onSurfaceChange 方法中设置 OpenGL 场景大小以及实现场景内容，代码如下。

```
public void onSurfaceChanged(GL10 gl, int width, int height) {
        gl.glViewport(0, 0, width, height);
        gl.glMatrixMode(GL10.GL_PROJECTION);
        gl.glLoadIdentity();
        GLU.gluPerspective(gl, 45.0f, (float) width / (float) height, 0.1f,
                100.0f);
        gl.glMatrixMode(GL10.GL_MODELVIEW);
        gl.glLoadIdentity();
    }
```

词条解释如下。

- ❑ glViewport()设置 OpenGL 场景的大小。前两个参数定义了视口的左下脚(0,0 表示最左下方)，后两个参数分别是宽度和高度。
- ❑ gl.glMatrixMode();指定哪一个矩阵是当前矩阵，参数指定哪一个矩阵堆栈是下一个矩阵操作的目标，与 glLoadIdentity()一同使用，参数如下。

  GL_MODELVIEW，对模型视景矩阵堆栈应用随后的矩阵操作，

  GL_PROJECTION，对投影矩阵应用随后的矩阵操作，

  GL_TEXTURE，对纹理矩阵堆栈应用随后的矩阵操作。
- ❑ gl.glLoadIdentity();它将所选择的矩阵状态恢复成原始状态，调用该函数后场景会设置成透视图。
- ❑ GLU.gluPerspective()函数指定了观察的视景体在世界坐标系中的具体大小

在 onDrawFrame 绘制图操作的代码如下。

```
public void onDrawFrame(GL10 gl) {
    gl.glClear(GL10.GL_COLOR_BUFFER_BIT |
            GL10.GL_DEPTH_BUFFER_BIT);
    gl.glLoadIdentity();
```

```
}
```

词条解释如下。

- gl.glClear()清除屏幕和深度缓存
- gl.glLoadIdentity()重置当前的模型观察矩阵

运行程序，如图 13.5 所示。

图 13.5　GLSurfaceViewDemo 项目运行图

13.3　绘图概念

前面介绍了使用 Android 编写 OpenGL ES 应用的程序框架，本节介绍 3D 绘图的一些基本构成要素。知道几何学中二维和三维之分，像点、直线和多边形为二维图形，在学习 OpenGL 之前需要了解这些图形在计算机中的概念。

数学上的点，只有位置，没有大小。但在计算机中，无论计算精度如何提高，始终不能表示一个无穷小的点。另一方面，无论图形输出设备如何精确，始终不能输出一个无穷小的点。一般情况下，OpenGL ES 中的点将被画成单个的像素，虽然它可能足够小，但并不会是无穷小。同一像素上，OpenGL ES 可以绘制许多坐标只有稍微不同的点，但该像素的具体颜色将取决于 OpenGL ES 的实现。同样的，数学上的直线没有宽度，但 OpenGL ES 的直线则是有宽度的。同时，OpenGL ES 的直线必须是有限长度，它由两个端点来确定。多边形是由多条线段首尾相连而形成的闭合区域。OpenGL ES 规定，一个多边形必须是一个“凸多边形”。多边形可以由其边的端点（这里可称为顶点）来确定。

可以想象，通过点、直线和多边形，就可以组合成各种几何图形。甚至于，你可以把一段弧看成是很多短的直线段相连，这些直线段足够短，以至于其长度小于一个像素的宽度。这样一来弧和圆也可以表示出来了。通过位于不同平面的相连的小多边形，我们还可以组成一个“曲面”。

下面我们创建 HelloOpengl 项目，并在项目中画出一个矩形和三角形，首先在工程中添加类 Square。代码如下。

```
public class Square {
    public Square() {

    }
    public void draw(GL10 gl) {
    }
}
```

词条解释如下。

- ❑ Square() 构造函数用于类的初始化
- ❑ draw()　用于处理本类绘图操作，在 MyReader 类 onDrawFrame 函数中调用

在 Android 系统中使用一个浮点数数组来定义一个矩形，在类中加入如下浮点数组。

```
private float vertices[] = {
                    -1.0f, -1.0f, 0.0f, //Bottom Left
                    1.0f, -1.0f, 0.0f,  //Bottom Right
                    -1.0f, 1.0f, 0.0f,  //Top Left
                    1.0f, 1.0f, 0.0f    //Top Right
                    };
```

如果是三角形，定义浮点数组如下。

```
private float vertices[] = {
                    0.0f, 1.0f, 0.0f,    //Top
                    -1.0f, -1.0f, 0.0f, //Bottom Left
                    1.0f, -1.0f, 0.0f   //Bottom Right
                    };
```

如何使用这个数组呢？下面我们在类 Square()中添加如下代码。

```
private FloatBuffer vertexBuffer;
public Square() {
        ByteBuffer byteBuf = ByteBuffer.allocateDirect(vertices.length * 4);
        byteBuf.order(ByteOrder.nativeOrder());
        vertexBuffer = byteBuf.asFloatBuffer();
        vertexBuffer.put(vertices);
        vertexBuffer.position(0);
}
public void draw(GL10 gl) {
        //Set the face rotation
        gl.glFrontFace(GL10.GL_CW);
        //Point to our vertex buffer
        gl.glVertexPointer(3, GL10.GL_FLOAT, 0, vertexBuffer);
        //Enable vertex buffer
        gl.glEnableClientState(GL10.GL_VERTEX_ARRAY);
        //Draw the vertices as triangle strip
        gl.glDrawArrays(GL10.GL_TRIANGLE_STRIP, 0, vertices.length / 3);
        //Disable the client state before leaving
        gl.glDisableClientState(GL10.GL_VERTEX_ARRAY);
}
```

词条解释如下。

- ❑ ByteBuffer 是最常用的缓冲区，提供了读写其他类型数据的方法。
- ❑ gl.glFrontFace((GLenum mode)作用是控制多边形的正面是如何决定的。在默认情况下，mode 的值是 GL_CCW。

  mode 的值为 GL_CCW 时表示窗口坐标上投影多边形的顶点顺序为逆时针方向的表面为正面。GL_CW 表示顶点顺序为顺时针方向的表面为正面。顶点的方向又称为环绕。
- ❑ gl.glVertexPointer(GLint size,GLenum type,GLsizei stride,const GLvoid * pointer) 作用是用一个数组指定了每个顶点的坐标。

参数解释如下。

(1) size 指定了每个顶点的坐标个数。

(2) type 指定了每个坐标的数据类型(注意：如果选择 GL_FIXED，那么 0x10000 表示单位长度，如果选择 GL_FLOAT 那么 10f 表示单位度)。

(3) stride 指定了一个顶点和下一个顶点间数据的排列方式，是“单一数组”还是“分散数组”，单一数组的存储方式通常是更具效率的。当一个顶点数组被指定以后，size、type、stride、pointer 被存储成 client-side，当 glDrawArrays 或者 glDrawElements 被调用的时候，如果顶点数组处于可用状态，就会被使用：可以使用 glEnableClientState 或者 glDisableClientState 来激活或者禁用一个顶点数组，顶点数组默认是不可用并且是不可被 glDrawArrays、glDrawElements 两个函数使用的。使用 glDrawArrays 函数可以根据顶点数组构建一个原始构图序列，使用 glDrawElements 可以根据序列化的顶点集合来创建相同的序列。

（4）pointer 制订了数组中第一个顶点的首地址，默认值为 0。

- gl.glEnableClientState()和 gl.glDisableClientState()启用或禁用客户端的单个功能。所有客户端功能默认为禁用。两个方法的参数说明如下。

（1）GL_COLOR_ARRAY——如果启用，颜色矩阵可以用来在写入以及调用 glDrawArrays 方法或者 glDrawElements 方法时进行渲染。详见 glColorPointer。

（2）GL_NORMAL_ARRAY——如果启用，法线矩阵可以用来在写入以及调用 glDrawArrays 方法或者 glDrawElements 方法时进行渲染。详见 glNormalPointer。

（3）GL_TEXTURE_COORD_ARRAY——如果启用，纹理坐标矩阵可以用来写入以及在调用 glDrawArrays 方法或者 glDrawElements 方法时进行渲染。详见 glTexCoordPointer。

（4）GL_VERTEX_ARRAY——如果启用，顶点矩阵可以用来写入以及调用 glDrawArrays 方法或者 glDrawElements 方法时进行渲染。详见 glVertexPointer。

（5）GL_POINT_SIZE_ARRAY_OES(OES_point_size_arrayextension)——如果启用，点大小矩阵控制大小以渲染点和点 sprites。这时由 glPointSize 定义的点大小将被忽略，由点大小矩阵提供的大小将被用来渲染点和点 sprites。详见 glPointSize。

- gl.glDrawArrays()使用 VetexBuffer 来绘制，顶点的顺序由 vertexBuffer 中的顺序指定。

下面我们在 MyReader 中调用类 Square，代码如下。

```
private Square square;
  MyRender(){
square = new Square();
   }
public void onDrawFrame(GL10 gl) {
       //Clear Screen And Depth Buffer
       gl.glClear(GL10.GL_COLOR_BUFFER_BIT | GL10.GL_DEPTH_BUFFER_BIT);
       gl.glLoadIdentity();
       gl.glTranslatef(0.0f, -1.2f, -6.0f);
       square.draw(gl);
       }
```

词条解释如下。

- 在 OpenGL 中，函数 glTranslatef 的作用就是移动坐标原点。对应的 3 个参数对应着 3 个坐标轴，此处的坐标系为右手坐标系。例如，如果调用一次 glTranslatef(1.0f,0.0f,0.0f)，然后画一个小球，接着再调用一次 glTranslatef (0.0f,1.0f,0.0f)，再画一个小球。此时，两个小球中，第一个在第二个的正右方。所以，如果要使两个小球分别处于 x、y 轴，则需要在第二次画之前调用 glLoadIdentity()函数，使坐标原点归位。

项目运行如图 13.6 所示。

图 13.6　HelloOpengl 项目运行图

13.4 平 面 图 形

上节中我们在 HelloOpengl 中添加了一个三角形和一个四边形，这在我们数学中叫二维图形，但是在计算机中叫 2D 图形，即平面图，包括用于一般工业制造加工生产的，也就是工程图，还有平面媒体中所涉及的广告及宣传画也属于 2D 图，下面讲解 2D 图形的颜色和运动。

1. 平面图形颜色

首先讲解平面图形的颜色，在前面的例子显示的三角形和正方形都是白色，看起来不是很吸引人，本篇介绍如何给上面的图像添加颜色。OpenGL ES 使用的颜色是我们熟知的 RGBA 模式（红、绿、蓝、透明度）。颜色的定义通常使用 Hex 格式 0xFF00FF 或十进制格式(255,0,255)，在 OpenGL 中却是使用 0～1 之间的浮点数表示。0 为 0，1 相当于 255（0xFF）。最简单的上色方法叫做顶点着色(Vertxt coloring)，可以使用单色，也可以定义颜色渐变或者使用材质（类同于二维图形中的各种 Brush 类型）。

如果使用单一的颜色来渲染，可以通过 glColor4f()方法来实现，若 OpenGL 指定了渲染颜色将一直使用它直到你指定其他的颜色。 glColor4f()方法如下。

```
public abstract void glColor4f(float red, float green, float blue, float alpha)
```

缺省的 red、green、blue 为 1，代表白色。这也是为什么前面显示的正方形都是白色的缘故。下面我们将正方形的颜色设置为单一的浅蓝色，在 Square 类的函数 draw 中添加如下代码。

```
gl.glColor4f(0.5f, 0.5f, 1.0f, 1.0f);
```

如果我们想设置成彩色，怎么设置呢？这就需要使用颜色数组来设置，下面我们将三角形设置为彩色，在 Triangle 类中声明如下颜色数组。

```
/** The buffer holding the colors */
private FloatBuffer colorBuffer;
/** The initial color definition */
private float colors[] = {
        1.0f, 0.0f, 0.0f, 1.0f, //Set The Color To Red, last value 100% luminance
        0.0f, 1.0f, 0.0f, 1.0f, //Set The Color To Green, last value 100% luminance
        0.0f, 0.0f, 1.0f, 1.0f   //Set The Color To Blue, last value 100% luminance
        };
public Triangle() {
    .........
    byteBuf = ByteBuffer.allocateDirect(colors.length * 4);
    byteBuf.order(ByteOrder.nativeOrder());
    colorBuffer = byteBuf.asFloatBuffer();
    colorBuffer.put(colors);
    colorBuffer.position(0);
}
```

并且还需要在 draw()方法中添加如下代码。

```
public void draw(GL10 gl) {
    //Set the face rotation
    gl.glFrontFace(GL10.GL_CW);
    //数组指定了每个顶点的坐标
    gl.glVertexPointer(3, GL10.GL_FLOAT, 0, vertexBuffer);
    gl.glColorPointer(4, GL10.GL_FLOAT, 0, colorBuffer);
    //Enable the vertex and color state
    gl.glEnableClientState(GL10.GL_VERTEX_ARRAY);
    gl.glEnableClientState(GL10.GL_COLOR_ARRAY);
    //Draw the vertices as triangles
    gl.glDrawArrays(GL10.GL_TRIANGLES, 0, vertices.length / 3);
    //Disable the client state before leaving
    gl.glDisableClientState(GL10.GL_VERTEX_ARRAY);
    gl.glDisableClientState(GL10.GL_COLOR_ARRAY);
}
```

词条解释如下。

- gl.glColorPointer(GLint size,GLenum type, GLsizei stride, const GLvoid *pointer); 作用是指定含有顶点颜色数据的数组。

图 13.7 HelloOpengl 程序运行

参数解释如下。

size：每种颜色组件的数量。值必须为 3 或 4。

type：颜色数组中的每个颜色分量的数据类型。使用下列常量指定可接收的数据类型：GL_BYTE GL_UNSIGNED_BYTE，GL_SHORT GL_UNSI GNED_SHORT，GL_INTGL_UNSIGNED_INT，GL_FLOAT 或 GL_DOUBLE。

stride：连续颜色之间的字节偏移量。当迈进为零时，紧紧地包装在颜色的数组中。

pointer：颜色数组中的第一个元素的第一个组件的指针。

程序运行如图 13.7 所示。

2. 平面图形的运动

如何才能让平面图像运动起来呢？带着这个问题我们在代码中修改以下一些部分，在代码 MyRender 类的 onDrawFrame 函数中修改，代码如下。

```
/** Angle For The Pyramid */
private float rtri;
/** Angle For The Cube */
private float rquad;
public void onDrawFrame(GL10 gl) {
    //Clear Screen And Depth Buffer
    gl.glClear(GL10.GL_COLOR_BUFFER_BIT | GL10.GL_DEPTH_BUFFER_BIT);
    gl.glLoadIdentity();                          //Reset The Current Modelview Matrix
    //Drawing
    gl.glTranslatef(0.0f, -1.2f, -6.0f);  //Move down 1.0 Unit And Into The Screen 6.0
    gl.glRotatef(rquad, 1.0f, 0.0f, 0.0f);       //Rotate The Square On The X axis ( NEW )
    square.draw(gl);                              //Draw the square
    //Reset The Current Modelview Matrix
    gl.glLoadIdentity();

    gl.glTranslatef(0.0f, 1.3f, -6.0f);          //Move up 1.3 Units and -6.0 into the Screen
    gl.glRotatef(rtri, 0.0f, 1.0f, 0.0f); //Rotate The Triangle On The Y axis ( NEW )
    triangle.draw(gl);                            //Draw the triangle
    //Rotation
    rtri += 0.2f;                          //Increase The Rotation Variable For The Triangle ( NEW )
    rquad -= 0.15f;                        //Decrease The Rotation Variable For The Quad ( NEW )
}
```

这样程序就能动起来了，图 13.8 为 HelloOpengl 运行效果图。

图 13.8 HelloOpengl 运行图

13.5 三维图形

前面介绍了使用 Android 编写 OpenGL ES 应用的程序框架，本节介绍 3D 绘图的一些基本构成要素，最终将实现一个多边形的绘制。

一个 3D 图形通常是由一些小的基本元素（顶点，边，面，多边形）构成，每个基本元素都可以单独来操作。

1. 顶点

顶点是 3D 建模时用到的最小构成元素，顶点定义为两条或是多条边交会的地方。在 3D 模型中一个顶点可以为多条边、面或是多边形所共享。一个顶点也可以代表一个点光源或是 Camera 的位置。如图 13.9 所示中标识为黑色的点为一个顶点(Vertex)。

在 Android 系统中可以使用一个浮点数数组来定义一个顶点，浮点数数组通常放在一个 Buffer（java.nio）中来提高性能。例如，图 13.10 中定义了 4 个顶点。

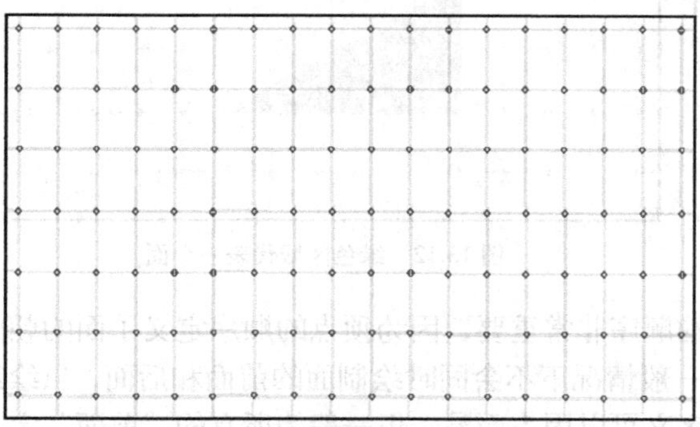

图 13.9 顶点

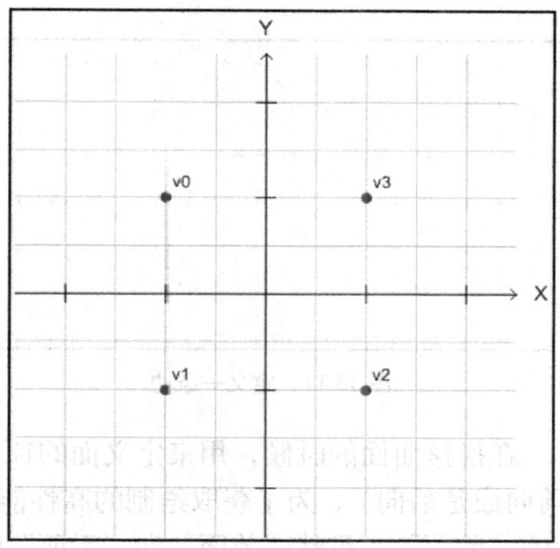

图 13.10 4 个顶点定义

Android 中使用数组定义 4 个顶点，代码如下。

```
private float vertices[] = {
      -1.0f, 1.0f, 0.0f,      // 0, Top Left
-1.0f, -1.0f, 0.0f,      // 1, Bottom Left
1.0f, -1.0f, 0.0f,      // 2, Bottom Right
      1.0f, 1.0f, 0.0f,      // 3, Top Right
};
```

将这些数组存放到 Buffer 类中，代码如下。

```
//a float is 4 bytes, therefore we multiply the
//number if vertices with 4.
ByteBuffer vbb = ByteBuffer.allocateDirect(vertices.length * 4);
vbb.order(ByteOrder.nativeOrder());
FloatBuffer vertexBuffer = vbb.asFloatBuffer();
vertexBuffer.put(vertices);
vertexBuffer.position(0);
```

有了顶点的定义，下面一步就是如何将它们传给 OpenGL ES 库，OpenGL ES 提供了一个成为“管道 Pipeline”的机制，这个管道定义了一些“开关”来控制 OpenGL ES 支持的某些功能，缺省情况下这些功能是关闭的，如果需要使用 OpenGL ES 的这些功能，需要明确告知 OpenGL“管道”打开所需的功能。因此，对于这个示例，需要告诉 OpenGL 库打开 Vertex buffer 以便传入顶点坐标 Buffer。要注意的是使用完某个功能后，要关闭这个功能以免影响后续操作，相关代码如下。

```
//Enabled the vertex buffer for writing and to be used during rendering.
gl.glEnableClientState(GL10.GL_VERTEX_ARRAY);// OpenGL docs.
//Specifies the location and data format of an array of vertex
//coordinates to use when rendering.
gl.glVertexPointer(3, GL10.GL_FLOAT, 0, vertexBuffer); // OpenGL docs.
//When you are done with the buffer don't forget to disable it.
//Disable the vertices buffer.
gl.glDisableClientState(GL10.GL_VERTEX_ARRAY);// OpenGL docs.
```

2. 边

边定义为两个顶点之间的线段。边是面和多边形的边界线。在 3D 模型中，边可以被相邻的两个面或是多边形所共享。对一个边做变换将影响边相接的所有顶点、面或多边形。在 OpenGL 中，通常无需直接定义一个边，而是通过顶点定义一个面，从而由面定义了其所对应的三条边。可以通过修改边的两个顶点来更改一条边，如图 13.11 所示，绿色的线段代表一条边。

3. 面

在 OpenGL ES 中，面特指一个三角形，由三个顶点和三条边构成，对一个面所做的变化影响到连接面的所有顶点和边。如图 13.12 所示，绿色区域代表一个面。

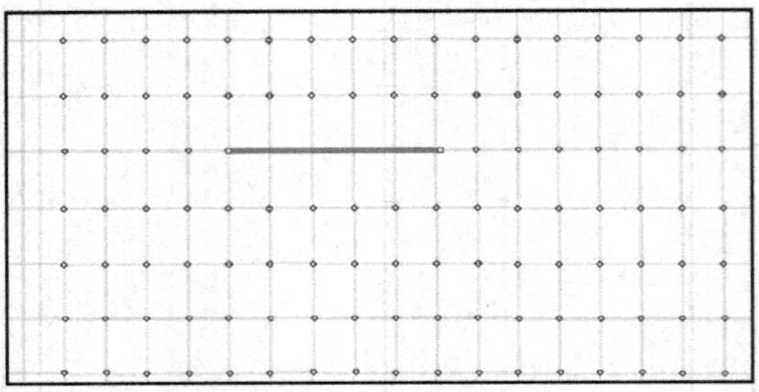

图 13.11　定义一条边

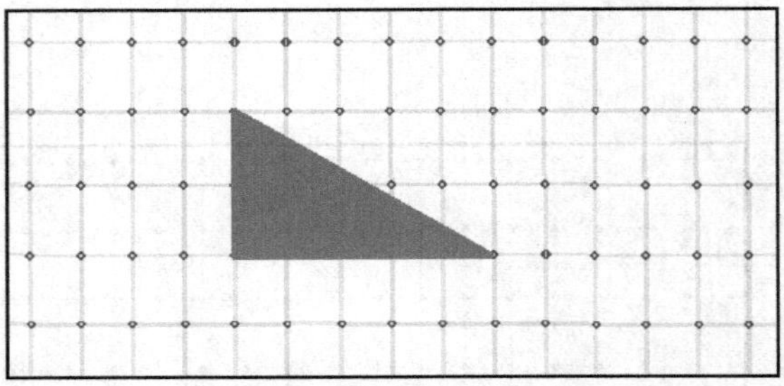

图 13.12　绿色区域代表一个面

在拼接曲面的时候，用来定义面的顶点的顺序非常重要，因为顶点的顺序定义了面的朝向（前向或是后向），为了获取绘制的高性能，一般情况下不会同时绘制面的前面和后面，只绘制面的“前面”。虽然“前面”和“后面”的定义可以因人而易，但一般为所有的“前面”定义统一的顶点顺序(顺时针或是逆时针方向)。

多边形是由点和边构成的单闭合环。绘制多边形时顶点的绘制顺序决定多边形的朝向，绘制顺序分为顺时针和逆时针。通过 glFrontFace 函数来实现绘制顺序，代码如下。

```
glFrontFace(GL_CCW);//CCW即CounterClockWise，表示窗口坐标上投影多边形的顶点顺序为逆时针方向的表面为正面
glFrontFace(GL_CW);//CW即ClockWise，表示顶点顺序为顺时针方向的表面为正面
```

如果以顺时针绘制则是反面，逆时针绘制则是正面，下面代码的功能为设置逆时针方法为面的“前面”。

```
gl.glFrontFace(GL10.GL_CCW);
```

打开忽略“后面”设置。

```
gl.glEnable(GL10.GL_CULL_FACE);
```

明确指明“忽略”哪个面，如忽略后面，代码如下。

```
gl.glCullFace(GL10.GL_BACK);
```

4. 多边形

多边形由多个面（三角形）拼接而成，在三维空间上，多边形不一定表示这个多边形在同一平面上。这里缺省的逆时针方向代表面的“前面”，如图 13.13 所示，红绿色区域为一个多边形。

来看一个多边形的示例，在 Android 系统中如何使用顶点和 buffer 来定义，图 13.14 定义了一个正方形。

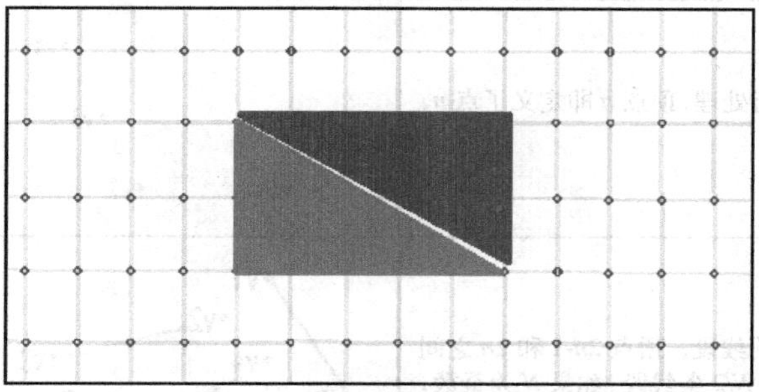

图 13.13　红绿色区域为一个多边形

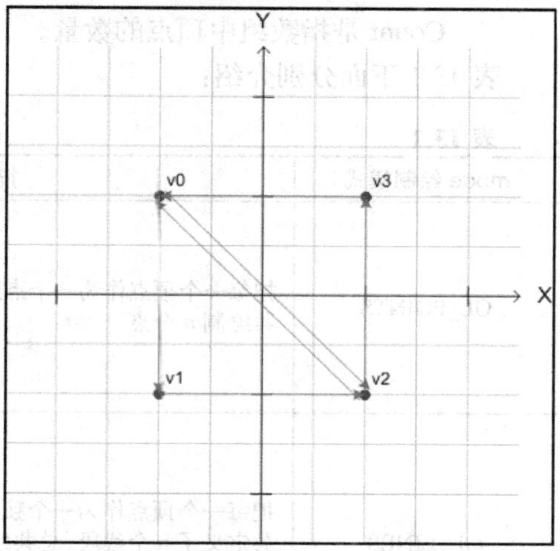

图 13.14　定义了一个正方形

```
private short[] indices = { 0, 1, 2, 0, 2, 3 };
//To gain some performance we also put this ones in a byte buffer.
//short is 2 bytes, therefore we multiply the number if vertices with 2.
ByteBuffer ibb = ByteBuffer.allocateDirect(indices.length * 2);
ibb.order(ByteOrder.nativeOrder());
ShortBuffer indexBuffer = ibb.asShortBuffer();
indexBuffer.put(indices);
indexBuffer.position(0);
```

渲染是把物体坐标所指定的图元转化成帧缓冲区中的图像。图像和顶点坐标有着密切的关系。这个关系通过绘制模式给出。使用函数代码如下。

```
public abstract void glDrawArrays(int mode, int first, int count);
public abstract void glDrawElements(int mode, int count, int type, Buffer indices);
```

词条解释如下。

- glDrawArrays 函数：提供绘制功能。当采用顶点数组方式绘制图形时，使用该函数。该函数根据顶点数组中的坐标数据和指定的模式进行绘制。调用该函数之前需要调用 glEnableVertexAttribArray、glVertexAttribPointer 等设置顶点属性和数据。

  参数说明如下。

  Mode 为绘制方式。OpenGL2.0 以后提供以下参数，GL_POINTS、GL_LINES、GL_LINE_LOOP、GL_LINE_STRIP、GL_TRIANGLES、GL_TRIANGLE_STRIP、GL_TRIANGLE_FAN 详细解释见列表 13.1。

  First 是指从数组缓存中的哪一位开始绘制，一般为 0。

  Count 是指数组中顶点的数量。

- glDrawElements 函数能够通过较少的函数调用绘制多个几何图元，而不是通过 OpenGL 函数调用来传递每一个顶点、法线、颜色信息。你可以事先准备一系列分离的顶点、法线、颜色数组，并且调用一次 glDrawElements 把这些数组定义成一个图元序列。当调用 glDrawElements 函数的时候，它将通过索引使用 count 个成序列的元素来创建一系列的几何图元。

  参数说明如下。

  mode 为绘制方式。OpenGL2.0 以后提供以下参数：GL_POINTS、GL_LINES、GL_LINE_LOOP、GL_LINE_STRIP、GL_TRIANGLES、GL_TRIANGLE_STRIP、GL_TRIANGLE_FAN 详细解释见表 13.1。

  first 是指从数组缓存中的哪一位开始绘制，一般为 0。

Count 是指数组中顶点的数量。

表 13.1 下面分别介绍：

表 13.1　　mode 绘制方式

mode 绘制模式	描　述	图 像 描 述
GL_POINTS	把每一个顶点作为一个点进行处理，顶点 *n* 即定义了点 *n*，共绘制 *n* 个点	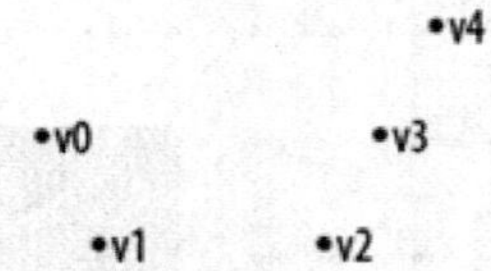
GL_LINES	把每一个顶点作为一个独立的线段，顶点 2*n*-1 和 2*n* 之间共定义了 *n* 个线段，总共绘制 *N*/2 条线段。如果 *N* 为奇数，则忽略最后一个顶点	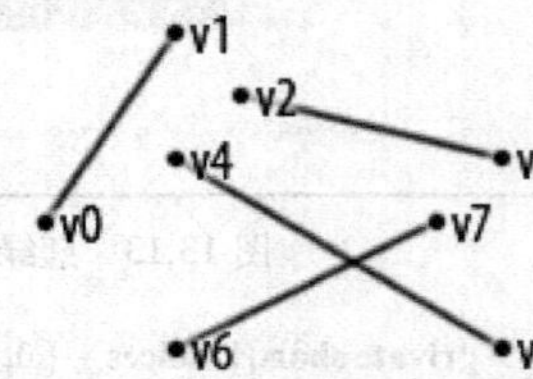
GL_LINE_STRIP	绘制从第一个顶点到最后一个顶点依次相连的一组线段，第 *n* 和 *n*+1 个顶点定义了线段 *n*，总共绘制 *N*-1 条线段	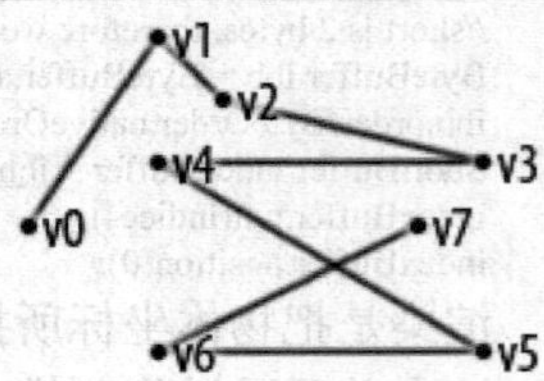
GL_LINE_LOOP	绘制从定义第一个顶点到最后一个顶点依次相连的一组线段，最后一个顶点与第一个顶点相连。第 *n* 和 *n*+1 个顶点定义了线段 *n*，最后一个线段是由顶点N和 1 来定义，总共绘制 *N* 条线段	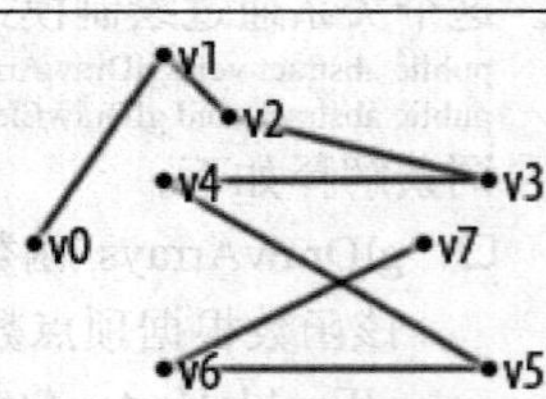
GL_TRIANGLES	把每三个顶点作为一个独立的三角形。顶点 3*n*-2、3*n*-1 和 3*n* 定义了第 *n* 个三角形，总共绘制 *N*/3 个三角形	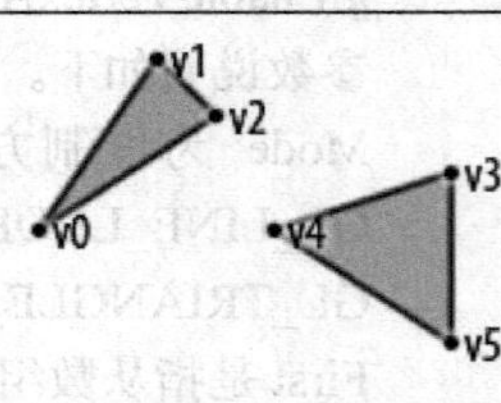
GL_TRIANGLE_STRIP	绘制一组相连的三角形。对于奇数点 *n*、顶点 *n*、*n*+1 和 *n*+2 定义了第 *n* 个三角形；对于偶数 *n*、顶点 *n*+1、*n* 和 *n*+2 定义了第 *n* 个三角形，总共绘制 *N*-2 个三角形。这是最常使用的渲染方式，第一个三角形条是由前三个顶点构成(索引 0,1, 2)。第二个三角形条是由前一个三角形的两个顶点加上数组中的下一个顶点构成，继续绘制直到整个数组结束	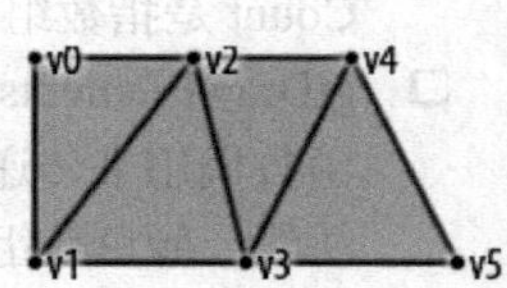
GL_TRIANGLE_FAN	绘制一组相连的三角形。三角形是由第一个顶点及其后给定的顶点所确定。顶点 1、*n*+1 和 *n*+2 定义了第 *n* 个三角形，总共绘制 *N*-2 个三角形	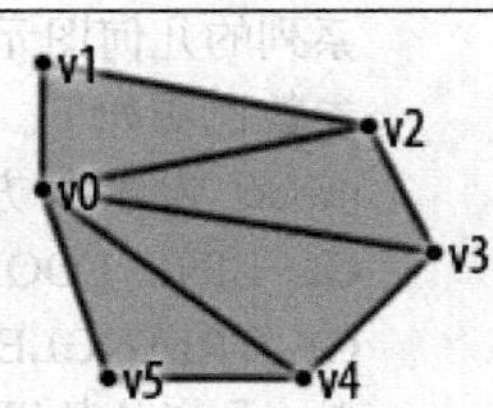

下面创建 Opengl3D 项目，并在项目中画出一个立方体，需要在工程中添加类 Cube。Cube 类定义了一个立方体，要注意的是本例使用 GL_FLOAT，而非 GL_FIXED、GL_FLOAT 表示 16 位定点浮点数，GL_FLOAT 的 1.0 相当于 GL_FIXED 的 0×10000，如图 13.15 所示。

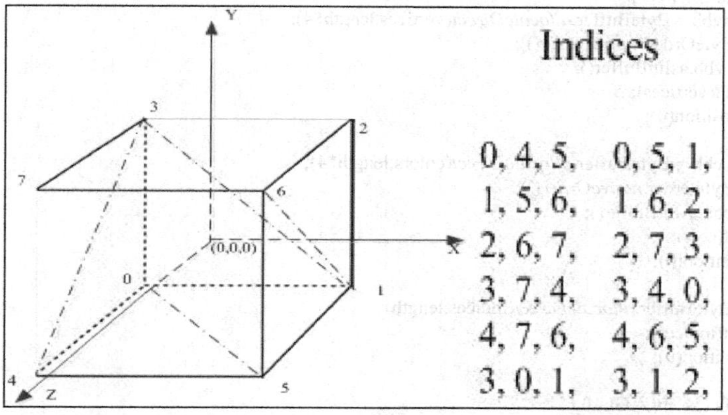

图 13.15　立方体

写一个立方体 Cube 类，用于描述图 13.15，代码如下。

```
public class Cube
{
public Cube()
    {
int one = 0x10000;
//每一个顶点都是由x/y/z三个坐标表示的。对于一个立方体，有8个顶点
//每个顶点的位置是从下到上，在每一层是由里到外逆时针方向标识
private float vertices[] = {
                    -1.0f, -1.0f, -1.0f,        //lower back left (0)
                    1.0f, -1.0f, -1.0f,         //lower back right (1)
                    1.0f,   1.0f, -1.0f,        //upper back right (2)
                    -1.0f, 1.0f, -1.0f,         //upper back left (3)
                    -1.0f, -1.0f,   1.0f,       //lower front left (4)
                    1.0f, -1.0f,   1.0f,        //lower front right (5)
                    1.0f,   1.0f,   1.0f,       //upper front right (6)
                    -1.0f,   1.0f,   1.0f       //upper front left (7)
                                                };
//每个顶点的颜色由4个数字表示：RED/GREEN/BLUE/ALPHA，最后一个透明度是可选的
int colors[] = {
    0.0f,  1.0f,  0.0f,  1.0f,
           0.0f,  1.0f,  0.0f,  1.0f,
           1.0f,  0.5f,  0.0f,  1.0f,
           1.0f,  0.5f,  0.0f,  1.0f,
           1.0f,  0.0f,  0.0f,  1.0f,
           1.0f,  0.0f,  0.0f,  1.0f,
           0.0f,  0.0f,  1.0f,  1.0f,
           1.0f,  0.0f,  1.0f,  1.0f
      };
//这里有点复杂，每个数字对应于正方体中的每个特定的点。例如，0代表立方体原点，就是立方体下面一层中最后面的那个点
//那么，0、4、5对应的就是立方体侧面上的一个三角，每个面都有两个三角组成
//这样，整个立方体有六个面，就有12个三角面了
//注意，点的排列顺序对于显示效果有很大的影响。比如，0、4、5和0、5、4就不一样
//之所以会这样原因是，调用了gl.glFrontFace(gl.GL_CW)
//这样我们需要以顺时针的顺序来指定可视的三角面
byte indices[] = {
            0, 4, 5,      0, 5, 1,
            1, 5, 6,      1, 6, 2,
            2, 6, 7,      2, 7, 3,
            3, 7, 4,      3, 4, 0,
            4, 7, 6,      4, 6, 5,
            3, 0, 1,      3, 1, 2
```

```
        };
//这里使用ByteBuffer来做缓冲处理。必须通过ByteBuffer.allocateDirect()方法来实例化ByteBuffer对象
//这些buffer必须放到本地堆栈中，以使垃圾回收器不能移除它们
//这些缓冲将作为参数传入到gl*Pointer()方法中
//对于不同原数据类型的Buffers需要将byte设置成对应的顺序
//int类型的每个点是4个字节
        ByteBuffer vbb = ByteBuffer.allocateDirect(vertices.length*4);
        vbb.order(ByteOrder.nativeOrder());
mVertexBuffer = vbb.asIntBuffer();
mVertexBuffer.put(vertices);
mVertexBuffer.position(0);

        ByteBuffer cbb = ByteBuffer.allocateDirect(colors.length*4);
        cbb.order(ByteOrder.nativeOrder());
mColorBuffer = cbb.asIntBuffer();
mColorBuffer.put(colors);
mColorBuffer.position(0);

mIndexBuffer = ByteBuffer.allocateDirect(indices.length);
mIndexBuffer.put(indices);
mIndexBuffer.position(0);
        }
//让Cube来绘制自己，传入GL10g
//GL10里包含很多绘制3D图刑的接口
public void draw(GL10 gl)
        {
gl.glFrontFace(GL10.GL_CW);
            //Point to our buffers
        gl.glVertexPointer(3, GL10.GL_FLOAT, 0, vertexBuffer);
        gl.glColorPointer(4, GL10.GL_FLOAT, 0, colorBuffer);
            //Enable the vertex and color state
        gl.glEnableClientState(GL10.GL_VERTEX_ARRAY);
        gl.glEnableClientState(GL10.GL_COLOR_ARRAY);
            //Draw the vertices as triangles, based on the Index Buffer information
        gl.glDrawElements(GL10.GL_TRIANGLES, 36, GL10.GL_UNSIGNED_BYTE, indexBuffer);
            //Disable the client state before leaving
        gl.glDisableClientState(GL10.GL_VERTEX_ARRAY);
        gl.glDisableClientState(GL10.GL_COLOR_ARRAY);
        }

private IntBuffer      mVertexBuffer;
private IntBuffer      mColorBuffer;
private ByteBuffer     mIndexBuffer;
    }
```

如何将 Cube 类显示到屏幕上呢？需要在 JavaRenderer 文件中添加如下代码。

```
public class JavaRenderer implements Renderer {

        /** Cube instance */
        private Cube cube;

        /** Angle For The Pyramid */
        private float rtri;
        /** Angle For The Cube */
        private float rquad;

        public JavaRenderer() {
            cube = new Cube();
        }

        public void onSurfaceCreated(GL10 gl, EGLConfig config) {
            gl.glShadeModel(GL10.GL_SMOOTH);                //Enable Smooth Shading
            gl.glClearColor(0.0f, 0.0f, 0.0f, 0.5f);        //Black Background
            gl.glClearDepthf(1.0f);                         //Depth Buffer Setup
            gl.glEnable(GL10.GL_DEPTH_TEST);                //Enables Depth Testing
            gl.glDepthFunc(GL10.GL_LEQUAL);                 //The Type Of Depth Testing To Do

            //Really Nice Perspective Calculations
            gl.glHint(GL10.GL_PERSPECTIVE_CORRECTION_HINT, GL10.GL_NICEST);
        }
```

```
    public void onDrawFrame(GL10 gl) {
        //Clear Screen And Depth Buffer
        gl.glClear(GL10.GL_COLOR_BUFFER_BIT | GL10.GL_DEPTH_BUFFER_BIT);
        gl.glLoadIdentity();                          //Reset The Current Modelview Matrix

        //Drawing
        gl.glTranslatef(0.0f, 0.0f, z);
        //Minor change: Scale the Cube to 80 percent, otherwise it would be too large for the Emulator screen
        gl.glScalef(0.8f, 0.8f, 0.8f);
        gl.glRotatef(rquad, 1.0f, 1.0f, 1.0f);   //Rotate The Square On The X axis
        cube.draw(gl);                                //Draw the Cube

        //Reset The Current Modelview Matrix
        gl.glLoadIdentity();

        gl.glTranslatef(0.0f, 1.3f, -6.0f);          //Move up 1.3 Units and -6.0 as the origin matrix is loaded before
        gl.glRotatef(rtri, 0.0f, 1.0f, 0.0f);        //Rotate The Triangle On The Y axis

        //Rotation
        rtri += 0.2f;                                 //Increase The Rotation Variable For The Pyramid
        rquad -= 0.15f;                               //Decrease The Rotation Variable For The Cube
    }
    public void onSurfaceChanged(GL10 gl, int width, int height) {
        if(height == 0) {                             //Prevent A Divide By Zero By
            height = 1;                               //Making Height Equal One
        }

        gl.glViewport(0, 0, width, height);      //Reset The Current Viewport
        gl.glMatrixMode(GL10.GL_PROJECTION);   //Select The Projection Matrix
        gl.glLoadIdentity();                          //Reset The Projection Matrix

        //Calculate The Aspect Ratio Of The Window
        GLU.gluPerspective(gl, 45.0f, (float)width / (float)height, 0.1f, 100.0f);

        gl.glMatrixMode(GL10.GL_MODELVIEW);    //Select The Modelview Matrix
        gl.glLoadIdentity();                          //Reset The Modelview Matrix
    }
}
```

运行程序，如图 13.16 所示。

图 13.16　Opengl3D 运行程序

13.6 平面纹理

OpenGL 纹理是一种位图，可以把它粘贴到 OpenGL 物体的表面上。比如可以获取一张邮票的图像粘贴到正方形中，使正方形看起来像一张邮票。要使邮票保持合适的方向，以便图像井然有序地排列，则必须获得形状的每个顶点并在正方形上标记出来，以便邮票和正方形的形状保持一致。在 OpenGL 中引入了纹理坐标。

OpenGL 中使用纹理要先用 glEnable 来启用相关功能，代码如下。

```
gl.glEnable(GL10.GL_TEXTURE_2D);
```

在 Android 平台下 OpenGL 纹理系统坐标是，左下角为原点。假设纹理图为 1×1 的正方形，其原点位于(0.0)处，右下角为(1,0)，如图 13.17 左图所示。

纹理坐标与顶点坐标之间的映射如图 13.17 右图所示。下面讨论怎样使用这些纹理坐标。当指定顶点数组中的顶点时，需要在另一个数组中提供纹理坐标，它称为纹理坐标数组。这里需要注意定义坐标数组的顺序。

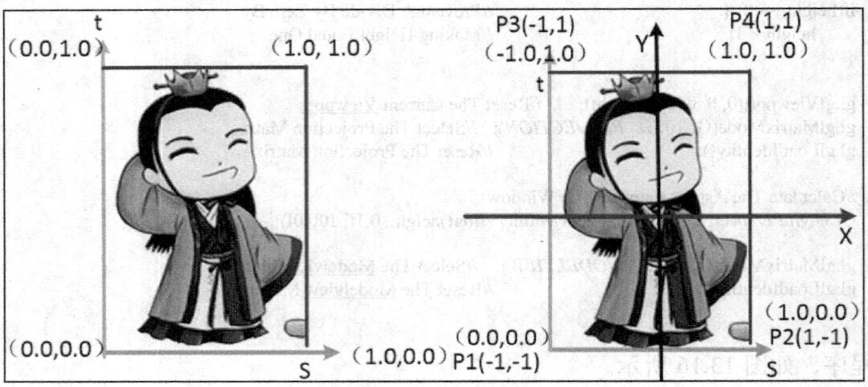

图 13.17 纹理坐标

所以我们用的浮点数组存储 4 个点的位置，代码如下。

```
private float vertices[] = {
            0f, 0f,
            1f, 0f,
            0f,  1f,
            1f,  1f
};
```

有了上面的顶点坐标，但是这样的顶点坐标，咱们看起来太小了，因为它是一个像素值，将它扩大 200 个像素点，代码如下。

```
private float vertices[] = {
    -100f, -100f,
100f,   -100f,
          -100f,   100f,
          100f,   100f};
```

有了顶点坐标，还需要存储纹理坐标值，如图 13.17 右图 P1、P2、P3、P4 所示，代码如下。

```
private float texture[] = {
            -1.0f,-1.0f,
            1.0f,-1.0f,
            -1.0f,1.0f,
            1.0f,1.0f,
             };
```

在 OpenGL 中对一个四方形进行贴图，需要定义纹理贴图坐标，一串数组，当纹理映射启动后绘图时，必须为 OpenGL ES 提供顶点数组中各顶点的纹理坐标。纹理坐标定义了图像的那一部分将被映射到多边形。这样我们还需要绘制顺序，如图 13.18 所示。

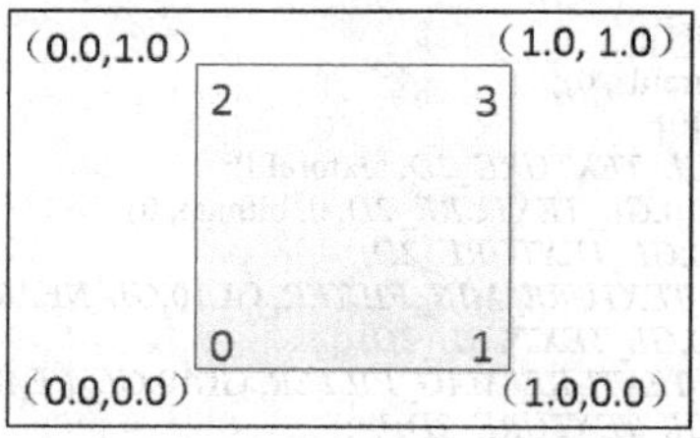

图 13.18　绘制顺序

上图中红色数字 0、1、2、3 表示四个顶点，绘制顺序是 0->1->2 然后是 1->2->3，用数组表示，代码如下。

```
private short indices[] =   {
                0, 1, 2,1,2,3
                };
```

在绘制图元之前，使用 glBindTexture 将纹理绑定到目标顶点中，在接下来的绘制中纹理将会自动贴图。

下面我们创建 OpenGL2DTexture 项目，用于绘制图 13.17 的纹理贴图，看看完整的顶点坐标、纹理坐标和绘制顺序，代码如下。

```
FloatBuffer vertices;
FloatBuffer texture;
ShortBuffer indices;
int textureId;

public SimpleRenderer() {


    ByteBuffer byteBuffer = ByteBuffer.allocateDirect(4 * 2 * 4);
    byteBuffer.order(ByteOrder.nativeOrder());
vertices = byteBuffer.asFloatBuffer();
vertices.put( new float[] {   -100f,      -100f,
            100f,    -100f,
            -100f, 100f,
            100f,    100f});

    ByteBuffer indicesBuffer = ByteBuffer.allocateDirect(6 * 2);
    indicesBuffer.order(ByteOrder.nativeOrder());
indices = indicesBuffer.asShortBuffer();
indices.put(new short[] { 0, 1, 2,1,2,3});

    ByteBuffer textureBuffer = ByteBuffer.allocateDirect(4 * 2 * 4);
    textureBuffer.order(ByteOrder.nativeOrder());
texture = textureBuffer.asFloatBuffer();

texture.put( new float[] {0f, 0f,
        1f, 0f,
        0f,   1f,
        1f,   1f
    });

indices.position(0);
vertices.position(0);
texture.position(0);

    }
```

然后先准备一张图片作为纹理贴图，需要注意的是，有些设备对图片的尺寸有要求，可能的限制还有长宽必须是 2 的 n 次幂，最大尺寸不能超过 256 或 1024 等等。弄好图片之后，把它放到 assets 文件夹中，比如 image.png，然后通过资源加载到纹理，代码如下。

```
public int loadTexture(String fileName,GL10 gl) {

    try {
```

```
            Bitmap bitmap = BitmapFactory.decodeStream(getAssets().open(
                        fileName));

            int textureIds[] = new int[1];
            gl.glGenTextures(1, textureIds, 0);
            int textureId = textureIds[0];
            gl.glBindTexture(GL10.GL_TEXTURE_2D, textureId);
            GLUtils.texImage2D(GL10.GL_TEXTURE_2D, 0, bitmap, 0);
            gl.glTexParameterf(GL10.GL_TEXTURE_2D,
                        GL10.GL_TEXTURE_MIN_FILTER, GL10.GL_NEAREST);
            gl.glTexParameterf(GL10.GL_TEXTURE_2D,
                        GL10.GL_TEXTURE_MAG_FILTER, GL10.GL_NEAREST);
            gl.glBindTexture(GL10.GL_TEXTURE_2D, 0);
            bitmap.recycle();
            return textureId;
        } catch (IOException e) {
            Log.d("TexturedDemo","couldn't load asset ' assets.png'!");
            throw new RuntimeException("couldn't load asset '" + fileName+ "'");
        }
    }
```

下面进行贴图，代码如下。

```
@Override
public void onSurfaceCreated(GL10 gl, EGLConfig config) {
    Log.d("GLSurfaceViewTest", "surface created");
}

@Override
public void onSurfaceChanged(GL10 gl, int width, int height) {
    Log.d("GLSurfaceViewTest", "surface changed: " + width + "x"
            + height);
}

@Override
public void onDrawFrame(GL10 gl) {
    textureId = loadTexture("image.png",gl);
    gl.glViewport(0, 0, getWidth(), getHeight());
    gl.glClear(GL10.GL_COLOR_BUFFER_BIT);
    gl.glMatrixMode(GL10.GL_PROJECTION);
    gl.glLoadIdentity();
    gl.glOrthof(-2, 2, -2, 2, 1, -1);

    gl.glEnable(GL10.GL_TEXTURE_2D);
    //绑定纹理ID
    gl.glBindTexture(GL10.GL_TEXTURE_2D, textureId);

    gl.glEnableClientState(GL10.GL_VERTEX_ARRAY);
    gl.glEnableClientState(GL10.GL_TEXTURE_COORD_ARRAY);

    gl.glVertexPointer(2, GL10.GL_FLOAT, 0, verticesbuffer);

    gl.glTexCoordPointer(2, GL10.GL_FLOAT, 0, texturebuffer);
    //gl.glRotatef(1, 0, 1, 0);
    gl.glDrawElements(GL10.GL_TRIANGLE_STRIP, 6,
            GL10.GL_UNSIGNED_SHORT, indicesbuffer);
}
```

词条解释如下。

- BitmapFactory.decodeStream 从流中加载并解码图片同时生成 Bitmap 对象。令人不解的是，更简单的方法 decodeResource 方法在虚拟机中工作良好，但到我的手机中就不行了，只好退而求其次了。
- glGenTextures 生成一组纹理并把纹理的 ID 存入数组参数中。这里只生成了一个。
- glBindTexture 将指定 ID 的纹理绑定到指定的目标中去，接下来对目录所作的操作将针对该纹理进行。
- glTexParameterf 设置纹理参数，这里设置了 4 个参数：
  GL_TEXTURE_MIN_FILTER 和 GL_TEXTURE_MAG_FILTER 指定纹理在被缩小或放大时使用的过滤方式 ，LINEAR（线性插值）效果要比 NEAREST（最近点）好但也需要更多运算。

GL_TEXTURE_WRAP_S 和 GL_TEXTURE_WRAP_T 表示当贴图坐标不在 0.0-1.0 之间时如何处理，这里使用 REPEAT 即平铺贴图。

- GLUtils.texImage2D 辅助方法用于将 Bitmap 对象设置到纹理中，设置完后 Bitmap 对象即不再需要，可以丢弃。

这样我们就能将程序贴图完成，运行 OpenGL2DTexture 发现图是倒过来的，如图 13.19 左所示，这是因为 Android 坐标系和 OpenGl 的坐标系不一致造成的，如何才能避免这种情况呢，我们将纹理坐标重新写一下，代码如下。

```
        ByteBuffer textureBuffer = ByteBuffer.allocateDirect(4 * 2 * 4);
        textureBuffer.order(ByteOrder.nativeOrder());
    texture = textureBuffer.asFloatBuffer();
    texture.put( new float[] { 0,1f,
                                1f,1f,
                                0f,0f,
                                1f,0f});
```

运行程序，如图 13.19 所示。

图 13.19　OpenGL2DTexture 运行图

13.7　三维纹理

在 13.5 节中我们创建了 Cube 类，用于定义一个立方体，那么如何给这个立方体贴图呢？也就是如何使用三维纹理。上节中讲解了平面纹理，这节学习三维纹理，看看它们的异同。

处理完纹理坐标与顶点坐标之间的映射关系后，剩余工作包括将纹理位图加载到内存，为它分配纹理 ID，以便重用此纹理。这些都和上节中的二维纹理是一样的，只是顶点数组和纹理数组增多了，下面来看下完整代码吧，注意代码中纹理坐标和顶点坐标分开存放，这样使代码更加清晰。创建项目 OpenGL3DTexture，其中 Cube.java 文件代码如下。

```
public class Cube {

    /** The buffer holding the vertices */
    private FloatBuffer vertexBuffer;
    /** The buffer holding the texture coordinates */
    private FloatBuffer textureBuffer;
    /** The buffer holding the indices */
    private ByteBuffer indexBuffer;
    /** The buffer holding the normals */
```

```
private FloatBuffer normalBuffer;

/** Our texture pointer */
private int[] textures = new int[3];

/** The initial vertex definition */
 // 立方体的顶点坐标（一共是36个顶点，组成12个三角形）
private float vertices[] = {
                    //Vertices according to faces
                    //FRONT
                    -1.0f, -1.0f, 1.0f, //v0
                    1.0f, -1.0f, 1.0f,  //v1
                    -1.0f, 1.0f, 1.0f,  //v2
                    1.0f, 1.0f, 1.0f,   //v3
                    //BACK
                    1.0f, -1.0f, 1.0f,  // ...
                    1.0f, -1.0f, -1.0f,
                    1.0f, 1.0f, 1.0f,
                    1.0f, 1.0f, -1.0f,
                    //TOP
                    1.0f, -1.0f, -1.0f,
                    -1.0f, -1.0f, -1.0f,
                    1.0f, 1.0f, -1.0f,
                    -1.0f, 1.0f, -1.0f,
                    //BOTTOM
                    -1.0f, -1.0f, -1.0f,
                    -1.0f, -1.0f, 1.0f,
                    -1.0f, 1.0f, -1.0f,
                    -1.0f, 1.0f, 1.0f,
                    //LEFT
                    -1.0f, -1.0f, -1.0f,
                    1.0f, -1.0f, -1.0f,
                    -1.0f, -1.0f, 1.0f,
                    1.0f, -1.0f, 1.0f,
                    //RIGHT
                    -1.0f, 1.0f, 1.0f,
                    1.0f, 1.0f, 1.0f,
                    -1.0f, 1.0f, -1.0f,
                    1.0f, 1.0f, -1.0f,
                                            };

/**
 * The initial normals for the lighting calculations
 *
 * The normals are not necessarily correct from a
 * real world perspective, as I am too lazy to write
 * these all on my own. But you get the idea and see
 * what I mean if you run the demo.
 */
private float normals[] = {
                    // Normals
                    0.0f, 0.0f, 1.0f,
                    0.0f, 0.0f, -1.0f,
                    0.0f, 1.0f, 0.0f,
                    0.0f, -1.0f, 0.0f,

                    0.0f, 0.0f, 1.0f,
                    0.0f, 0.0f, -1.0f,
                    0.0f, 1.0f, 0.0f,
                    0.0f, -1.0f, 0.0f,

                    0.0f, 0.0f, 1.0f,
                    0.0f, 0.0f, -1.0f,
                    0.0f, 1.0f, 0.0f,
                    0.0f, -1.0f, 0.0f,

                    0.0f, 0.0f, 1.0f,
                    0.0f, 0.0f, -1.0f,
                    0.0f, 1.0f, 0.0f,
                    0.0f, -1.0f, 0.0f,

                    0.0f, 0.0f, 1.0f,
                    0.0f, 0.0f, -1.0f,
```

```
                        0.0f, 1.0f, 0.0f,
                        0.0f, -1.0f, 0.0f,

                        0.0f, 0.0f, 1.0f,
                        0.0f, 0.0f, -1.0f,
                        0.0f, 1.0f, 0.0f,
                        0.0f, -1.0f, 0.0f,
                                        };

/** The initial texture coordinates (u, v) */
// 定义纹理贴图的坐标数据
private float texture[] = {
                        //Mapping coordinates for the vertices
                        0.0f, 0.0f,
                        0.0f, 1.0f,
                        1.0f, 0.0f,
                        1.0f, 1.0f,

                        0.0f, 0.0f,
                        0.0f, 1.0f,
                        1.0f, 0.0f,
                        1.0f, 1.0f,

                        0.0f, 0.0f,
                        0.0f, 1.0f,
                        1.0f, 0.0f,
                        1.0f, 1.0f,

                        0.0f, 0.0f,
                        0.0f, 1.0f,
                        1.0f, 0.0f,
                        1.0f, 1.0f,

                        0.0f, 0.0f,
                        0.0f, 1.0f,
                        1.0f, 0.0f,
                        1.0f, 1.0f,

                        0.0f, 0.0f,
                        0.0f, 1.0f,
                        1.0f, 0.0f,
                        1.0f, 1.0f, };

/** The initial indices definition */
//定义立方体所需要的6个面（一共是12个三角形所需的顶点）
private byte indices[] = {
                        // Faces definition
                        0, 1, 3, 0, 3, 2,           // Face front
                        4, 5, 7, 4, 7, 6,           // Face right
                        8, 9, 11, 8, 11, 10,        // ...
                        12, 13, 15, 12, 15, 14,
                        16, 17, 19, 16, 19, 18,
                        20, 21, 23, 20, 23, 22, };

/**
 * The Cube constructor.
 *
 * Initiate the buffers.
 */
public Cube() {
    // 将立方体的顶点位置数据数组包装成FloatBuffer
    ByteBuffer byteBuf = ByteBuffer.allocateDirect(vertices.length * 4);
    byteBuf.order(ByteOrder.nativeOrder());
    vertexBuffer = byteBuf.asFloatBuffer();
    vertexBuffer.put(vertices);
    vertexBuffer.position(0);

    //
    byteBuf = ByteBuffer.allocateDirect(texture.length * 4);
    byteBuf.order(ByteOrder.nativeOrder());
    textureBuffer = byteBuf.asFloatBuffer();
    textureBuffer.put(texture);
    textureBuffer.position(0);
```

```
        //
        byteBuf = ByteBuffer.allocateDirect(normals.length * 4);
        byteBuf.order(ByteOrder.nativeOrder());
        normalBuffer = byteBuf.asFloatBuffer();
        normalBuffer.put(normals);
        normalBuffer.position(0);

        //
        indexBuffer = ByteBuffer.allocateDirect(indices.length);
        indexBuffer.put(indices);
        indexBuffer.position(0);
    }

    /**
     * The object own drawing function.
     * Called from the renderer to redraw this instance
     * with possible changes in values.
     *
     * @param gl - The GL Context
     * @param filter - Which texture filter to be used
     */
    public void draw(GL10 gl, int filter) {
        //Bind the texture according to the set texture filter
        gl.glBindTexture(GL10.GL_TEXTURE_2D, textures[filter]);

        //Enable the vertex, texture and normal state
        //启用顶点坐标数据
        gl.glEnableClientState(GL10.GL_VERTEX_ARRAY);
        //启用贴图坐标数组数据
        gl.glEnableClientState(GL10.GL_TEXTURE_COORD_ARRAY);
        //设置当前矩阵模式为模型视图。
        gl.glEnableClientState(GL10.GL_NORMAL_ARRAY);

        //Set the face rotation
        gl.glFrontFace(GL10.GL_CCW);

        //Point to our buffers
        //设置顶点的位置数据
        gl.glVertexPointer(3, GL10.GL_FLOAT, 0, vertexBuffer);
        //设置贴图的坐标数据
        gl.glTexCoordPointer(2, GL10.GL_FLOAT, 0, textureBuffer);
        //gl.glNormalPointer(GL10.GL_FLOAT, 0, normalBuffer);

        //Draw the vertices as triangles, based on the Index Buffer information
        //按indexBuffer指定的面绘制三角形
        gl.glDrawElements(GL10.GL_TRIANGLES, indices.length, GL10.GL_UNSIGNED_BYTE, indexBuffer);

        //Disable the client state before leaving
        gl.glDisableClientState(GL10.GL_VERTEX_ARRAY);
        gl.glDisableClientState(GL10.GL_TEXTURE_COORD_ARRAY);
        gl.glDisableClientState(GL10.GL_NORMAL_ARRAY);
    }

    /**
     * Load the textures
     *
     * @param gl - The GL Context
     * @param context - The Activity context
     */
    public void loadGLTexture(GL10 gl, Context context) {
        //Get the texture from the Android resource directory
        InputStream is = context.getResources().openRawResource(R.drawable.crate);
        Bitmap bitmap = null;
        try {
            //BitmapFactory is an Android graphics utility for images
            bitmap = BitmapFactory.decodeStream(is);

        } finally {
            //Always clear and close
            try {
                is.close();
                is = null;
```

```
            } catch (IOException e) {
            }
        }

        //Generate there texture pointer
        gl.glGenTextures(3, textures, 0);

        //Create Nearest Filtered Texture and bind it to texture 0
        gl.glBindTexture(GL10.GL_TEXTURE_2D, textures[0]);
        gl.glTexParameterf(GL10.GL_TEXTURE_2D, GL10.GL_TEXTURE_MAG_FILTER, GL10.GL_NEAREST);
        gl.glTexParameterf(GL10.GL_TEXTURE_2D, GL10.GL_TEXTURE_MIN_FILTER, GL10.GL_NEAREST);
        GLUtils.texImage2D(GL10.GL_TEXTURE_2D, 0, bitmap, 0);

        //Create Linear Filtered Texture and bind it to texture 1
        gl.glBindTexture(GL10.GL_TEXTURE_2D, textures[1]);
        gl.glTexParameterf(GL10.GL_TEXTURE_2D, GL10.GL_TEXTURE_MAG_FILTER, GL10.GL_LINEAR);
        gl.glTexParameterf(GL10.GL_TEXTURE_2D, GL10.GL_TEXTURE_MIN_FILTER, GL10.GL_LINEAR);
        GLUtils.texImage2D(GL10.GL_TEXTURE_2D, 0, bitmap, 0);

        //Create mipmapped textures and bind it to texture 2
        gl.glBindTexture(GL10.GL_TEXTURE_2D, textures[2]);
        gl.glTexParameterf(GL10.GL_TEXTURE_2D, GL10.GL_TEXTURE_MAG_FILTER, GL10.GL_LINEAR);
        gl.glTexParameterf(GL10.GL_TEXTURE_2D, GL10.GL_TEXTURE_MIN_FILTER, GL10.GL_LINEAR_MIPMAP_
        NEAREST);
        /*
         * This is a change to the original tutorial, as buildMipMap does not exist anymore
         * in the Android SDK.
         *
         * We check if the GL context is version 1.1 and generate MipMaps by flag.
         * Otherwise we call our own buildMipMap implementation
         */
        if(gl instanceof GL11) {
            gl.glTexParameterf(GL11.GL_TEXTURE_2D, GL11.GL_GENERATE_MIPMAP, GL11.GL_TRUE);
            GLUtils.texImage2D(GL10.GL_TEXTURE_2D, 0, bitmap, 0);
        } else {
            buildMipmap(gl, bitmap);
        }
        //Clean up
        bitmap.recycle();
    }

    private void buildMipmap(GL10 gl, Bitmap bitmap) {
        //
        int level = 0;
        //
        int height = bitmap.getHeight();
        int width = bitmap.getWidth();

        //
        while(height >= 1 || width >= 1) {
            //First of all, generate the texture from our bitmap and set it to the according level
            GLUtils.texImage2D(GL10.GL_TEXTURE_2D, level, bitmap, 0);

            //
            if(height == 1 || width == 1) {
                break;
            }

            //Increase the mipmap level
            level++;
            height /= 2;
            width /= 2;
            Bitmap bitmap2 = Bitmap.createScaledBitmap(bitmap, width, height, true);

            //Clean up
            bitmap.recycle();
            bitmap = bitmap2;
        }
    }
}
```

运行程序，如图 13.20 所示。

图 13.20　OpenGL3DTexture 运行程序

13.8　小　　结

本章学习了在 Android 应用程序中使用 OpenGL ES 的基本知识，介绍了 Android 平台所支持的不同版本的 OpenGL ES，同时讲解了在 Android 应用程序中使用 OpenGL ES 的几种不同方法，以及如何在独立的线程中初始化 OpenGL ES，然后学习了一系列的 OpenGL 和 Android 的辅助方法来进行物体的绘制、着色，以及 3D 图形的绘制和纹理贴图。

3D 应用程序是一个庞大的话题，远远超出本书所能容纳的范围，不过你已经具备了在 Android 中进行三维绘制的足够知识，并能够使用这些知识将 OpenGL 的一般概念应用在 Android 中。

第 14 章

C++的魅力——Android 本地编程

古之立大事者，不惟有超世之才，
亦必有坚忍不拔之志。
——苏轼

Android 平台从诞生起，就已经支持 C/C++开发，也可以说成支持本地（Native）开发。众所周知，Android 的 SDK 基于 Java 实现，这意味着基于 Android SDK 进行开发的第三方应用都必须使用 Java 语言。但这并不等同于“第三方应用只能使用 Java”。在 Android SDK 首次发布时，Google 就宣称其虚拟机支持 JNI（Java Native Interface）编程方式，也就是第三方应用完全可以通过 JNI 调用自己的 C/C++动态库，即在 Android 平台上，“Java+C”的编程方式是一直都可以实现的。

Google 也表示使用 Native 开发相较于原生 SDK 编程有一些劣势，Android SDK 文档里找不到任何 JNI 方面的帮助。即使第三方应用开发者使用 JNI 完成了自己的 C/C++动态链接库（so）开发，但是 so 如何和应用程序一起打包成 apk 并发布？这里面也存在技术障碍。还有程序更加复杂，兼容性难以保障，无法访问 Framework API，Debug 难度较大等。开发者需要自行斟酌使用，但是 NDK（Native Development Kit）的出现，很好地解决了上面的问题。

NDK 的发布，使“Java+C”的开发方式终于转正，成为官方支持的开发方式。NDK 将是 Android 平台支持 C/C++开发的开端。

NDK 提供了一系列的工具，帮助开发者快速开发 C/C++的动态库，并能自动将 so 和 Java 应用一起打包成 apk。NDK 集成了交叉编译器，并提供了相应的 mk 文件隔离平台、CPU、API 等差异，开发人员只需要简单修改 mk 文件，就可以编译出 so。NDK 可以自动地将 so 和 Java 应用一起打包。

你可能要问为什么使用 NDK？使用它有什么好处？我总结出以下几点。

（1）代码的保护。由于 apk 的 java 层代码很容易被反编译，C/C++库反汇难度较大。

（2）可以方便地使用现存的开源库。大部分现存的开源库都是用 C/C++代码编写的。

（3）提高程序的执行效率。对要求高性能的应用逻辑使用 C 开发，从而提高应用程序的执行效率。

（4）便于移植。用 C/C++写的库可以方便地在其他嵌入式平台上再次使用。

14.1 Android NDK 简介

NDK(Native Development Kit)提供了一份稳定、功能有限的 API 头文件声明，包含有 C 标准库（libc）、标准数学库（libm）、压缩库（libz）、Log 库（liblog）等等。

在 Android 平台编译 C/C++代码必须安装以下两个软件。

(1) Android NDK：在 Android 平台编译 C++代码需要安装 Android Native Development Kit。从 Android 官方网站下载的地址为 http://developer.android.com/tools/sdk/ndk/index.html。然后解压到你需要安装的目录，本书解压到了 D:\android\tools\android-ndk-r10d 下。

(2) Eclipse CDT 插件，CDT 是在 eclipse 中编写 C++程序的插件。它应该已经集成到了 ADT 插件中了，下载的 Eclipse 应该已经有这个插件了。

下面需要将 Android NDK 的路径设置到系统环境变量中，例如“D:\\android\\tools\\android-ndk-r10d”，在 Windows 中设置环境变量可以通过“我的电脑”->属性 ->高级 ->环境变量设置，如图 14.1 所示。

在 Linux 和 MacOS 设置环境变量可以通过在文件~/.bashrc 中添加一行“export VAR_NAME=VAR_VALUE”来设置。

当然也可以在 Eclipse IDE 中定义环境变量 NDKROOT，但需要在每一个新创建的工作区中重新设定。如果你认为这个选项优于设置系统环境变量，请打开 Eclipse 菜单“Window -> Preferences -> C/C++ -> Build -> Environment”点击“Add”按钮和设置变量名 NDKROOT 赋值为 Android NDK 本地路径。

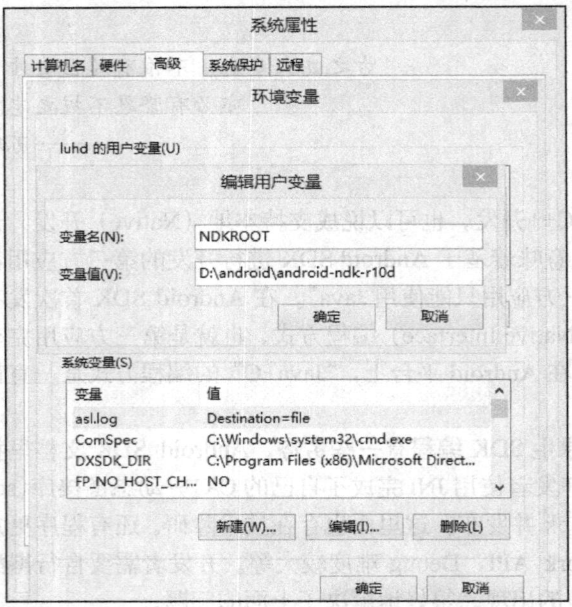

图 14.1　环境变量设置

14.2 使用命令行编译 Native 部分

这样就可以使用 NDK 编译 C++代码了，下面测试一下我们的安装是否正确，就编译 NDK 提供的示例程序，以$NDKROOT/samples/hello-jni 为例，使用 cmd.exe 来（标准 Windows 控制台）编译它。

(1) 打开控制台（cmd.exe）到$NDKROOT/samples/hello-jni 文件夹下。

(2) 执行命令$NDKROOT/ndk-build，如图 14.2 所示。

执行此命令后的 C++部分的源代码就会被编译。然后应用程序的 Java 部分，可以使用 Eclipse 或者 Android Ant 进行编译。NDK 编译时可以设置某些参数如下。

例 1：详细编译

```
<path_where_NDK_is_placed>/ndk-build V=1
```

例 2：重新编译

```
<path_where_NDK_is_placed>/ndk-build -B
```

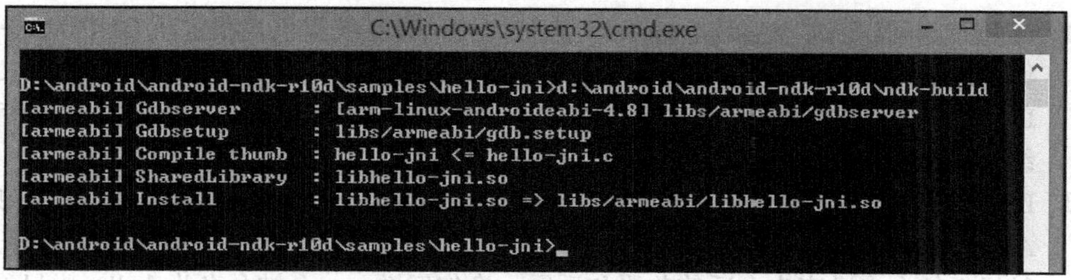

图 14.2　cmd.exe 编译 C/C++代码

14.3　C++（HelloWorld）项目

大家都知道 Android 是 Linux 的一个分支，那么能不能在 Android 上开发传统的 App 呢？这个问题当然是肯定的，下面使用 eclipse 创建 HelloWorld 项目，不创建 Activity，在项目目录下添加 jni 目录，最后项目结构如图 14.3 所示。

图 14.3　HelloWorld 项目结构

在 jni 中添加文件 helloworld.c、Android.mk 和 application.mk 文件，在 Android 下编译 C/C++程序必须要用到两个文件 Android.mk 和 application.mk，后面的几节将对它们进行详细讲解，编写 helloworld.c 文件，代码如下。

```
#include <stdio.h>
int main()
{
    printf("Hello World!\n");
return 0;
}
```

代码很简单，就是在终端输出“Hello World!”，写完 C 程序其实还远远不够，还需要在 jni 文件中添加 Android.mk 和 Application.mk 两个文件，Android.mk 是 Android 系统编译时使用的编译规则文件，Application.mk 描述了应用程序的一些配置需求，下面先编写 Android.mk 文件，具体的语法规则请参考 14.6 节，代码如下。

```
LOCAL_PATH:= $(call my-dir)
include $(CLEAR_VARS)
LOCAL_SRC_FILES:=helloworld.c
LOCAL_MODULE := helloworld
include $(BUILD_EXECUTABLE)
```

词条解释如下。

- LOCAL_PATH := $(call my-dir) ，Android.mk 首先必须定义好 LOCAL_PATH 变量。它用于在开发树中查找源文件。在这个例子中，宏函数‘my-dir’由编译系统提供，用于返回当前路径。

- ❑ include $(CLEAR_VARS)，CLEAR_VARS 由编译系统提供，指定让 GNU Makefile 为你清除除 LOCAL_PATH 外的许多 LOCAL_XXX 变量（例如 LOCAL_MODULE、LOCAL_SRC_FILES、LOCAL_STATIC_LIBRARIES 等等)。这是必要的，因为所有的编译控制文件都在同一个 GNU Make 执行环境中，所有的变量都是全局的。
- ❑ LOCAL_MODULE := helloworld，LOCAL_MODULE 变量必须定义，以标识你在 Android.mk 文件中描述的每个模块。名称必须是唯一的，而且不包含任何空格。注意编译系统会自动产生合适的前缀和后缀，换句话说，一个被命名为 helloworld 的共享库模块，将会生成 libhelloworld.so 文件。
- ❑ LOCAL_SRC_FILES := helloworld.c，LOCAL_SRC_FILES 变量必须包含将要编译打包进模块中的 C 或 C++源代码文件。注意，你不用在这里列出头文件和包含文件，因为编译系统将会自动为你找出依赖型的文件，仅仅列出直接传递给编译器的源代码文件就好。通常路径相对于当前的 LOCAL_PATH。
- ❑ BUILD_SHARED_LIBRARY，表示编译一个动态库（lib*.so）；
  BUILD_STATIC_LIBRARY，表示编译一个静态库（lib *.a)；
  BUILD_EXECUTABLE，表示编译一个可执行程序。

编写 Application.mk 文件代码如下。

```
APP_PLATFORM := android-17
```

APP_PLATFORM 指明编译时的平台是 android-17，下面同样使用 cmd 来编译程序，如图 14.4 所示。

```
D:\android\eclipse\workspace\HelloWorld>d:\android\android-ndk-r10d\ndk-build
[armeabi] Compile thumb  : helloworld <= helloworld.c
[armeabi] Executable     : helloworld
[armeabi] Install        : helloworld => libs/armeabi/helloworld

D:\android\eclipse\workspace\HelloWorld>
```

图 14.4　编译 helloworld.c 程序

怎样才能将编译出来的应用程序安装在手机上呢？使用 adb push，如图 14.5 所示。

```
D:\android\eclipse\workspace\HelloWorld>d:\android\sdk\platform-tools\adb.exe push l
ibs\armeabi\helloworld /data
461 KB/s (9464 bytes in 0.020s)

D:\android\eclipse\workspace\HelloWorld>
```

图 14.5　helloworld.c push 到手机中

使用 adb shell 来运行 HelloWorld 项目，如图 14.6 所示。

```
C:\Windows\system32\cmd.exe - d:\android\sdk\platform-tools\adb.exe shell
D:\android\eclipse\workspace\HelloWorld>d:\android\sdk\platform-tools\adb.exe shell
root@generic:/ # cd /data
cd /data
root@generic:/data # chmod 777 helloworld
chmod 777 helloworld
root@generic:/data # ./helloworld
./helloworld
Hello World!
root@generic:/data #
```

图 14.6　helloworld.c 运行图

14.4 Eclipse 编译 C++（HelloWorld）项目

有人问，能不能使用 Eclipse 编译 HelloWorld 项目呢？回答是肯定的，其实在开发过程中我们都是以这种方式编译 Java 和 C/C++混合代码的。下面需要对 HelloWorld 的项目进行以下设置。

（1）打开 HelloWorld 项目，添加 C/C++配置到项目中，通过 Eclipse 菜单 “New -> Other -> C/C++ -> Convert to a C/C++ Project” 即可。如图 14.7 所示。

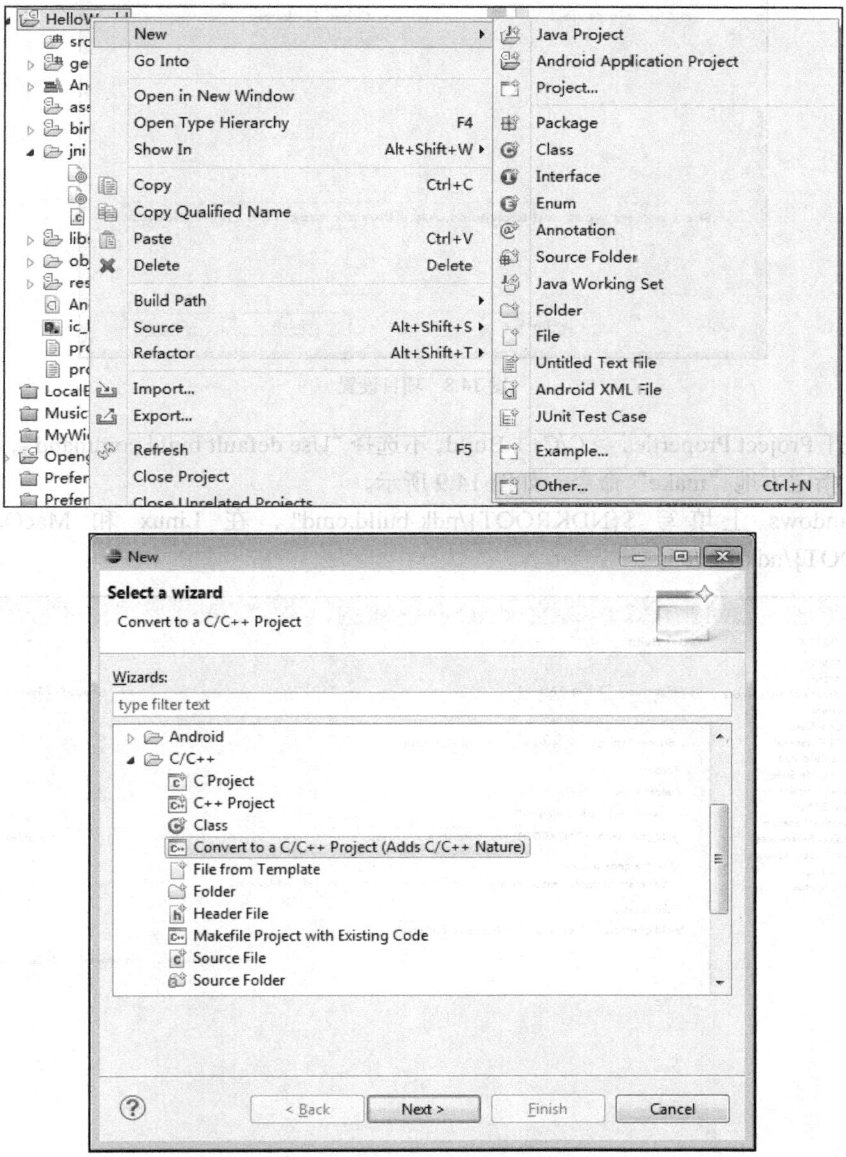

图 14.7 项目设置

（2）选择需要添加 C/C++的项目，Specify 选择“Project type” = Makefile project, “Toolchains”=Other Toolchain。如图 14.8 所示。

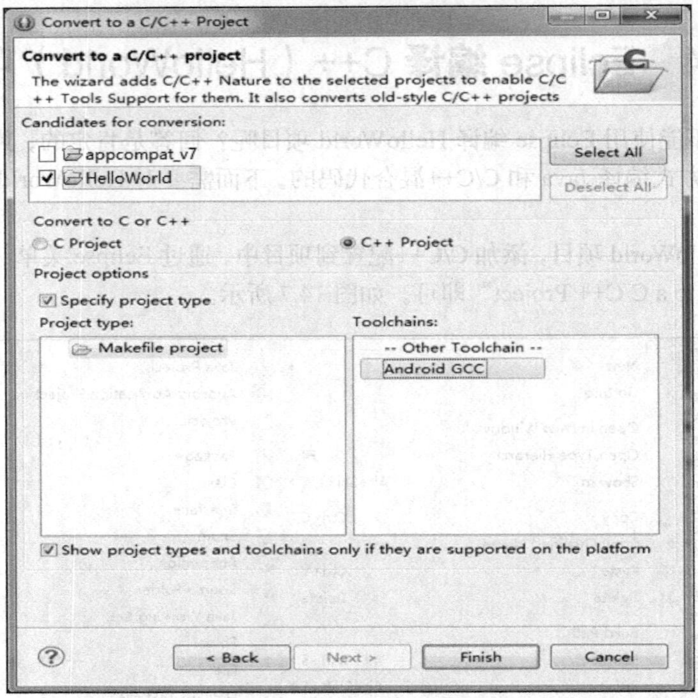

图 14.8　项目设置

（3）打开 Project Properties -> C/C++ Build，不选择“Use default build command”，填写“Build command”指定本地“make”命令，如图 14.9 所示。

在 Windows 上填写"${NDKROOT}/ndk-build.cmd"，在 Linux 和 MacOS 上填写"${NDKROOT}/ndk-build"。

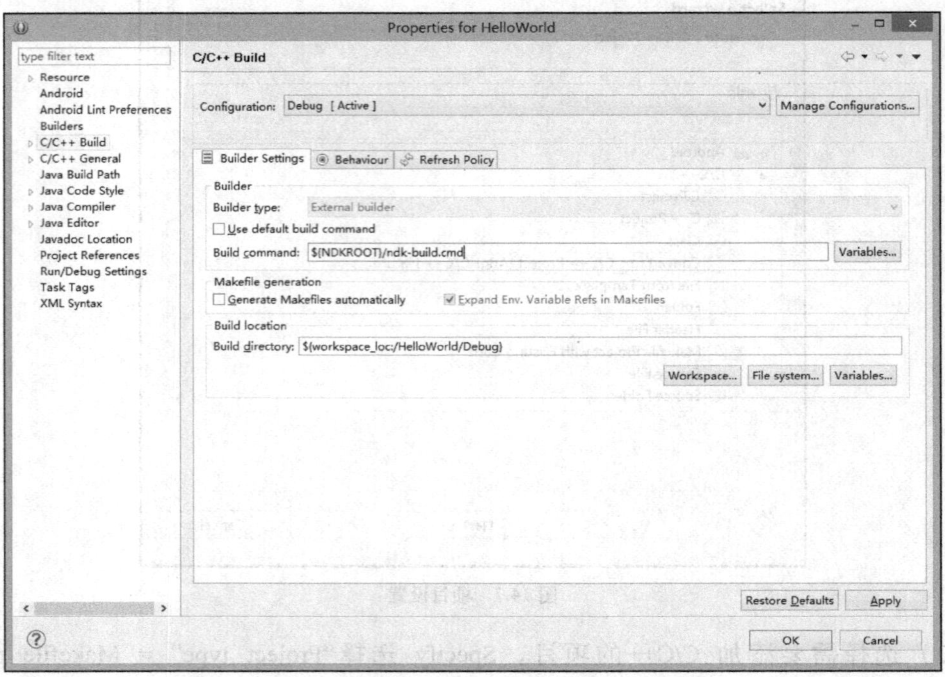

图 14.9　项目设置

（4）选择 Behaviour 页更改配置“Workbench build type”，如图 14.10 所示。

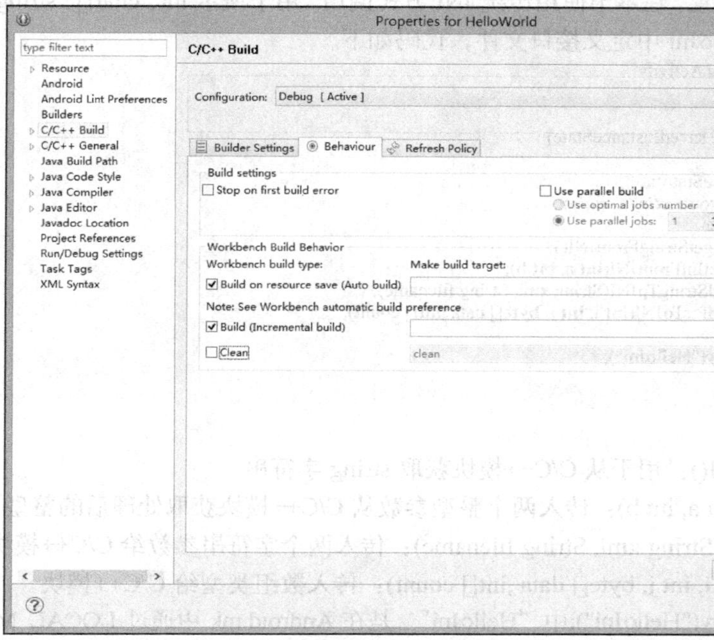

图 14.10　项目设置

（5）单击 OK，编译项目试试是否配置成功，如图 14.11 所示。

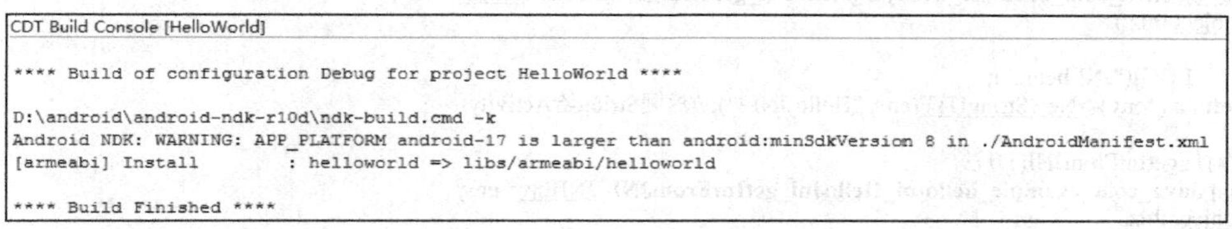

图 14.11　项目编译

这样我们的项目就编译完成了，但是只能 push 到手机中，在命令行中运行，如何才能在手机界面中运行呢？在 Android 中最好的方法是选择 Java 编写节目，逻辑处理部分选择 C/C++来编写，这就需要了解 JNI。

14.5　HelloJNI 实例解析

Java Native Interface (JNI)标准是 Java 平台的一部分，它允许 Java 代码与其他语言写的代码进行交互。JNI 是本地编程接口，它使得在 Java 虚拟机内部运行的 Java 代码能够与用其他编程语言(如 C、C++ 和汇编语言)编写的应用程序和库进行交互操作。

在执行 Java 类的过程中，如果 Java 类需要与 C 组件沟通，虚拟机就会载入 C 模块，然后让 Java 的函数顺利地调用到 C 模块的函数。此时，虚拟机扮演着桥梁的角色，让 Java 与 C 模块能通过标准的 JNI 界面而相互沟通。

应用层的 Java 类是在虚拟机执行的，而 C 组件不是在虚拟机上执行，那么 Java 程序是如何加载(Load)所指定的 C 模块的呢？可使用下述指令。

```
System.loadLibrary(*.so); //*.so:  加载的C/C++库名
```

创建 HelloJni 项目，将 Activity 命名为 HelloJni，将布局文件命名为 activity_main，并按照 14.4 节对 HelloJni 进行设置，在本节使用传统 JNI 方式调用，用于演示 int、char[]、string 和 int[] 的参数传递。首先在 HelloJni 中定义接口文件，代码如下。

```
public class HelloJni extends Activity
{
    @Override
public void onCreate(Bundle savedInstanceState)
{
super.onCreate(savedInstanceState);
        setContentView(R.layout.activity_main);
    }
    public native String   getStringFromJNI();
    public native int          getIntFromJNI(int a, int b);
    public native void     sendStringToJNI(String xml, String filename);
    public native void     sendPtrToJNI(int i, int j, byte[] data ,int[] count);
    static {
        System.loadLibrary("HelloJni");
    }
}
```

词条解释如下。

- getStringFromJNI()：用于从 C/C++模块获取 string 字符串
- getIntFromJNI(int a, int b)：传入两个整型参数从 C/C++模块获取处理后的整型
- sendStringToJNI(String xml, String filename)：传入两个字符串参数给 C/C++模块
- sendPtrToJNI(int i, int j, byte[] data ,int[] count)：传入数组类型给 C/C++模块
- System.loadLibrary("HelloJni");中“HelloJni” 是在 Android.mk 中通过 LOCAL_MODULE 命名的。

在 Jni 文件夹下创建 HelloJni.c 文件，对应 HelloJni.java 的调用方法，编写如下代码。

```
//对应getStringFromJNI()方法
jstring Java_com_example_hellojni_HelloJni_getStringFromJNI( JNIEnv* env,
jobject thiz )
{
    LOGI("JNI begin");
return (*env)->NewStringUTF(env, "Hello JNI !"); //返回String给Activity
}
//对应getIntFromJNI()方法
jint Java_com_example_hellojni_HelloJni_getIntFromJNI( JNIEnv* env,
jobject thiz,
jint a, jint b)
{
return a + b;
}
//对应sendStringToJNI()方法
void Java_com_example_hellojni_HelloJni_sendStringToJNI( JNIEnv* env,
jobject thiz,
jstring str, jstring filename)
{
    const char * m_str = (*env)->GetStringUTFChars(env, str, JNI_FALSE); //获取参数str值
    LOGI("char*=%s,m_str")
    if(m_str == NULL)
    {
    //  LOGI("error in get char*");
        return;
    }
    char * c_file = (*env)-> GetStringUTFChars (env, filename, JNI_FALSE); /获取参数filename值
    if(c_file == NULL)
    {
    //  LOGI("error in get char*");
        return;
    }
    LOGI("char * = %s", c_file);

    //下面将m_str值写入文件中
    FILE* file = NULL;
    file = fopen(buf, "w");
    fprintf(file, " %s", m_str);
```

```
        fclose(file);
        return;
    }
    //对应sendPtrToJNI()方法
    JNIEXPORT void JNICALL Java_com_example_hellojni_HelloJni_sendPtrToJNI(JNIEnv* env,
                                                    jobject thiz,
                                                    jint w, jint h, jbyteArray data, jintArray num)
    {
    char* _data   = (char*)(*env)->GetByteArrayElements(env, data, 0); //获取byte数组data
    int*   _num = (int*)(*env)->GetIntArrayElements(env, num, 0); //获取int数组num

    int i = 0;
        strcpy(_data,"0123456789");
        LOGI("%s", _data);

    for(i = 0; i < 10; i++){
         _num[i] = 10-i;
         LOGI("%d", _num[i]);
         }
         (*env)->ReleaseByteArrayElements(env, data, _data, 0); //返回data数组
         (*env)->ReleaseIntArrayElements(env, num, _num, 0); //返回num数组
    }
```

上面实例中给出了整形、字符串、数组在 JNI 中传递解析的过程。下面看看如何通过 JNI 调用 HelloJni.c 文件中的方法，补全 HelloJni.java 中的代码，HelloJni.java 的完整代码如下。

```
    public class HelloJni extends Activity
    {
    public static String TAG = "HelloJni";
         public    int a, b;
          ......//省略声明
         /** Called when the activity is first created. */
    @Override
    public void onCreate(Bundle savedInstanceState)
        {
    super.onCreate(savedInstanceState);
            setContentView(R.layout.activity_main);

            findViews();
            JNILogicDispose();
            setListeners();
        }

    private void findViews(){
         mTvString = (TextView) findViewById(R.id.tvStr);
         mTvInt = (TextView) findViewById(R.id.tvInt);
         mFileEdit = (EditText) findViewById(R.id.fileName);
         mConEdit = (EditText) findViewById(R.id.fileCont);
         mButtonOk = (Button) findViewById(R.id.btn_ok);
         }

    private void JNILogicDispose(){
         num =    new int [10];
         data = new byte [10];

         for(int i = 0; i < 10; i++){
              num[i] = i;
              data[i] = '0';
         }

         sendPtrToJNI(10, 10, data, num);    //
         for(int i = 0; i < 10; i++){
              Log.d(TAG, "data =" + (data[i]-48));
              Log.d(TAG, "num =" + num[i]);
         }
         mTvString.setText(getStringFromJNI() );
         mTvInt.setText( "1 + 2 = " + getIntFromJNI(1, 2) );
         }

    private void setListeners()
```

```
    {
      mButtonOk.setOnClickListener(okJNI);
    }

private Button.OnClickListener okJNI = new OnClickListener()
    {
        public void onClick(View arg0) {
            mFilename = mFileEdit.getText().toString();
            mContent = mConEdit.getText().toString();
            sendStringToJNI(mContent, mFilename);
        }
    };
public native String   getStringFromJNI();
public native int       getIntFromJNI(int a, int b);
public native void    sendStringToJNI(String xml, String filename);
public native void    sendPtrToJNI(int i, int j, byte[] data ,int[] count);

static {
    System.loadLibrary("HelloJni");
    }
}
```

写完这些其实还不够，我们还需要在 jni 文件中添加 Android.mk 和 Application.mk 两个文件，Android.mk 是 Android 系统编译时使用的编译规则文件，Application.mk 描述了应用程序需要哪些动态库和静态库，下面学习一下 Android.mk 的语法规则吧。

14.6 Android.mk 文件语法规范

Android.mk 文件是 GNU Makefile 的一小部分，会被编译系统解析一次或多次。可以在每个 Android.mk 文件中定义一个或多个模块，也可以在几个模块中使用同一个源代码文件。Android.mk 使用很多宏定义头，可以参考 Android 的源码文件。

（1）build/core/config.mk，定义了大量的编译脚本命令和编译时用到的环境变量。

（2）build/core/envsetup.mk ，定义了编译时用到的大量 OUT 输出目录。

掌握 Android.mk 文件的编写主要是掌握其中一些关键宏，下面使用几个典型的例子逐一进行讲解。

（1）声明一个共享库模块，把这个共享库声明为一个独立的模块。假如已经有一个静态库 libA.a 文件和 Test.c 文件，想把它们合到一起编译出一个动态库 Test，并且 libA.a 文件、Test.c 文件与 Android.mk 位于同一个目录。则 Android.mk 的代码应该这样写：

```
include $(CLEAR_VARS)
LOCAL_MODULE        := libA
LOCAL_SRC_FILES := libA.a
include $(PREBUILT_STATIC_LIBRARY)

include $(CLEAR_VARS)
LOCAL_MODULE        := Test
LOCAL_SRC_FILES := Test.c
LOCAL_STATIC_LIBRARIES := libA
LOCAL_LDLIBS := -llog
include $(BUILD_SHARED_LIBRARY)
```

词条解释如下。

- PREBUILT_STATIC_LIBRARY 表示提供生成的是静态库，如果需要生成一个动态库 PREBUILT_SHARED_LIBRARY。这个共享库将被复制到 $PROJECT/obj/local 和 $PROJECT/libs/<abi> (stripped)
- LOCAL_LDLIBS 用在额外的链接库；
  -l， 前缀传递特定的系统库名；
  liblog.so，提供 Android 记录日志的 API；

libandroid.so，提供 Android 功能访问的 API；

libEGL.so，提供 EGL 的 API；

libGLESv1_CM.so，提供 OpenGL ES 的 API

（2）在使用 NDK 编译的过程中将会先产生一个静态库 libsum-jni.a，这个静态库将被进一步调用一起生成共享库 libhello-jni.so。

```
LOCAL_PATH := $(call my-dir)
include $(CLEAR_VARS)
LOCAL_MODULE      := sum-jni
LOCAL_SRC_FILES := sum-jni.c
include $(BUILD_STATIC_LIBRARY)

include $(CLEAR_VARS)
LOCAL_MODULE      := hello-jni
LOCAL_SRC_FILES := hello-jni.c
LOCAL_EXPORT_C_INCLUDES := $(LOCAL_PATH)
LOCAL_C_INCLUDES:= $(LOCAL_PATH)/include
LOCAL_CFLAGS += -D__AVOR_BSD
LOCAL_EXPORT_LDLIBS := -llog
LOCAL_STATIC_LIBRARIES := sum-jni
include $(BUILD_SHARED_LIBRARY)
```

词条解释如下。

- LOCAL_EXPORT_C_INCLUDES 导出头文件，方便外部头文件包含。
- LOCAL_CFLAGS 在某些时候，编译源码需要定义宏变量，这时可以直接在对应的源码里面去修改，但也有一些情况，我们是没法在别人的源码里定义宏变量的，这个时候，就需要使用到 LOCAL_CFLAGS 。

  LOCAL_CFLAGS += -D__AVOR_BSD 就相当于#define __AVOR_BSD。
- LOCAL_C_INCLUDES 是用来指定在编译时即将使用的 c 头文件的位置，以当前目录为起点。
- LOCAL_EXPORT_LDLIBS 与 LOCAL_EXPORT_CFLAGS 类似，用于连接要用到的注册库，但是只用于链接标志。注意，引入的链接标志将会被追加到模块的 LOCAL_LDLIBS。

在 Android.mk 文件中可以看到 include $(CLEAR_VARS)使用了两次，这使得 NDK 编译过程中前后使用到的全局变量的值不会互相影响。

include $(BUILD_STATIC_LIBRARY) 指明将 sum-jni.c 文件编译成静态库 libsum-jni.a。

LOCAL_STATIC_LIBRARIES := sum-jni 指明在第二步编译过程中调用第一步编译过程中生成的静态库 libsum-jni.a，并结合 hello-jni.c 文件编译成共享库 libhello-jni.so。

（3）编译生成 apk 文件和 Jar 文件，并且源代码中包含 Java 源程序，下面看看如何将 Android 程序编译打包生成 apk 文件。

```
LOCAL_PATH := $(call my-dir)
include $(CLEAR_VARS)
# Build all java files in the java subdirectory
LOCAL_SRC_FILES := $(call all-subdir-java-files)
LOCAL_PACKAGE_NAME := LocalPackage
# Tell it to build an APK
include $(BUILD_PACKAGE)
```

Java 类库编译打包生成 Jar 文件，相关代码如下。

```
LOCAL_PATH := $(call my-dir)
include $(CLEAR_VARS)
LOCAL_STATIC_JAVA_LIBRARIES := static-library
LOCAL_SRC_FILES := $(call all-subdir-java-files)
LOCAL_PACKAGE_NAME := LocalPackage
include $(BUILD_PACKAGE)
```

词条解释如下。

- LOCAL_STATIC_JAVA_LIBRARIES 后面应是你的 APK 程序所需要的 Java 库的 Jar 文

件名。

(4) 实际工程 Android.mk 文件讲解

在编译 android 应用程序时，增加和删除文件都需要维护好 Android.mk 配置，虽然可以通过写个脚本自动生成 Android.mk，但终归不是很理想的解决方案。下面推荐几个方法，可以使 Android.mk 变得十分简洁，减少增加和删减工程文件时对 Android.mk 的修改，工程文件数目较多时会比较实用。首先介绍 Makefile 里面的三个常用命令。

① wildcard：扩展通配符，用于查找一个目录下的所有符合条件的文件

② notdir：去除路径，仅保留文件名

③ patsubst：替换通配符，也可以是任意文本替换

下面讲解一个真实工程中的 Android.mk 文件，代码如下。

```
    LOCAL_PATH := $(call my-dir)
    include $(CLEAR_VARS)
    LOCAL_MODULE := study
    LOCAL_MODULE_FILENAME := libStudy

i.定义查找所有cpp文件的宏
    define all-cpp-files-under
    $(patsubst ./%,%, $(shell find $(LOCAL_PATH) -name "platform" -prune -o -name "*.cpp" -and -not -name ".*"))
    endef

    define all-subdir-cpp-files
    $(call all-cpp-files-under,.)
    endef
ii.通过查找获取所有工程文件列表
    CPP_FILE_LIST := $(call all-subdir-cpp-files) \
            $(wildcard $(LOCAL_PATH)/platform/*.cpp) \
            $(wildcard $(LOCAL_PATH)/platform/android/*.cpp) \
            $(wildcard $(LOCAL_PATH)/platform/android/jni/*.cpp)
        C_FILE_LIST := $(call all-subdir-c-files)
iii.加入工程文件，之所以不直接加是因为需要进行一个LOCAL_PATH的替换
    LOCAL_SRC_FILES := $(CPP_FILE_LIST:$(LOCAL_PATH)/%=%)
    LOCAL_EXPORT_C_INCLUDES := $(LOCAL_PATH) \
                    $(LOCAL_PATH)/include \
                    $(LOCAL_PATH)/kazmath/include \
                    $(LOCAL_PATH)/platform/android
    LOCAL_EXPORT_LDLIBS := -llog\
                    -lz \
                    -lGLESv2
iv. 加入头文件
    LOCAL_C_INCLUDES := $(LOCAL_PATH) \
                    $(LOCAL_PATH)/include \
                    $(LOCAL_PATH)/kazmath/include \
                    $(LOCAL_PATH)/platform/android
v. 需要链接的系统默认库
    LOCAL_LDLIBS := -lGLESv2 \
                -lEGL \
                -llog \
                -lz
vi、 加入静态库，加了LOCAL_WHOLE_STATIC_LIBRARIES代表编译器会将静态库完整链接而不会进行删减优化
    LOCAL_WHOLE_STATIC_LIBRARIES := libpng_static
Vii. 预编译宏
    # define the macro to compile through support/zip_support/ioapi.c
    LOCAL_CFLAGS := -DUSE_FILE32API
    LOCAL_EXPORT_CFLAGS := -DUSE_FILE32API
Viii. 声明生成静态库
    include $(BUILD_STATIC_LIBRARY)
ix. 添加外部导入库目录
    $(call import-add-path,$(LOCAL_PATH))
x. 添加导入库（基于上一行添加的导入库目录）
    $(call import-module,android/native_app_glue)
```

词条解释如下。

- LOCAL_MODULE_FILENAME：代表编译出来的 so 库的名称。

- i.处定义了两个宏，用于遍历整个工程的 cpp 文件。
  $(patsubst ./%,%, $(shell find $(LOCAL_PATH) –name "platform" –prune –o –name "*.cpp" –and –not –name ".*"))
  find 可以查找指定目录下的所有符合条件的文件。Find 后面跟查找目录，这里就是 Android.mk 所在目录。需要特别注意后面的 –name "platform" –prune 这个参数，它可以过滤掉特定文件夹（platform）,使用时要先通过-name 把文件夹名字传递过去，然后添加-prune，如果没 有需要过滤的文件夹，就不需要这个参数了。 -o 可以指定输出，如果使用了-prune 就一定要有这个参数，表示在过滤结果的基础上进行查找。 最后跟查找的判定式，示例中的判定式代表查找所有.c 文件但是忽略以.开头的文件（通常是系统文件或隐藏文件）。 Find 命令是实现文件遍历的基础。
- ii．处定义了一个宏代表文件列表
  CPP_FILE_LIST := $(call all-subdir-cpp-files) \
  $(wildcard $(LOCAL_PATH)/platform/*.cpp) \
  $(wildcard $(LOCAL_PATH)/platform/android/*.cpp) \
  $(wildcard $(LOCAL_PATH)/platform/android/jni/*.cpp)
  C_FILE_LIST := $(call all-subdir-c-files)
  调用 $(call all-subdir-cpp-files) 返回了所有 cpp 文件列表，但是由于有指定忽略 platform 目录的文件，所以需要在后面把这个目录下 Android 平台相关的文件加进来。
- iii．处正式把文件加入到 Android 工程中
  LOCAL_SRC_FILES := $(CPP_FILE_LIST:$(LOCAL_PATH)/%=%)
  LOCAL_SRC_FILES += $(C_FILE_LIST:$(LOCAL_PATH)/%=%)
  $(CPP_FILE_LIST:$(LOCAL_PATH)/%=%) 是 把 CPP_FILE_LIST 里 面 的 所 有 $(LOCAL_PATH)/去掉。
- iv．处添加导入库
  $(call macro-name[, param1, ...])
  call 是内置于 make 的函数，会扩展它的第一个参数并把其余参数依次替换到出现 $1、$2、…的地方，它的第一个参数可以是任何宏或变量的名称。
  $(call import-module,android/native_app_glue)
  $(call import-module,相对路)导入外部模块的.mk 文件，和 include 基本一样概念上的区别是 include 导入的是由自己写的.mk。而 import-module 导入的是外部库、外部模块提供的.mk。include 的路径是.mk 文件的绝对路径，而 import 设置的路径指定到模块的.mk 所在目录，是相对于 NDK_MODULE_PATH 中的路径列表的相对路径。
  import-module 的使用注意以下几点。

（1）设置路径时，注意与 NDK_MODULE_PATH 中的路径相互配合。

（2）导入模块的.mk 中如果也有 import-module，则注意其相对路径也要在 NDK_MODULE_PATH 中。

（3）上面说了 import-module 和 include 一样。如果 import-module 和 Include 包含了同一个.mk，会报重复包含的错误。

学习到这里我们差不多对 Android.mk 的语法规则有了大致的了解，那么是不是就可以自己编写 HelloJni 的 Android.mk 文件了？赶快动手试试吧，下面来看看"HelloJNI"的 Android.mk。代码如下。

```
LOCAL_PATH := $(call my-dir)
include $(CLEAR_VARS)
```

```
LOCAL_MODULE      := HelloJni
LOCAL_SRC_FILES := HelloJni.c   \
                   utile.c
LOCAL_LDLIBS      := -llog
include $(BUILD_SHARED_LIBRARY)
```

下面看看 Application.mk 文件语法规范。

14.7 Application.mk 文件语法规范

Application.mk 描述了应用程序需要哪些动态库和静态库。Application.mk 文件通常放在项目目录的 jni 文件夹下。由于 Application.mk 说到底只是作为 GNU makefile 的一个片段，其中也需要定义一些变量。

还有另外一种存放方式是将 Application.mk 文件放在$NDK/app/<yourapp>/Application.mk 下，其中$NDK 为 NDK 的安装目录，<yourapp>为你的应用程序名。在这种方式下，进入$NDK 安装目录，然后输入 make APP=<name>，即可编译你的 JNI 代码。此种方法是 ndk-r4 之前的方法，虽然出于兼容的原因目录还支持，但是不建议使用此种方法，下面看一个例子。

```
APP_PROJECT_PATH   $(call my-dir)/project
APP_MODULES := helloworld
APP_OPTIM:=release
APP_CFLAGS := -Isources/bar
APP_BUILD_SCRIPT :=test.mk
APP_CPPFLAGS := -frtti –fexceptions
APP_ABI := armeabi armeabi-v7a
APP_STL := stlport_static
APP_PLATFORM := android-10
APP_GNUSTL_FORCE_CPP_FEATURES :=exceptions rtti
```

词条解释如下。

- APP_PROJECT_PATH：此变量应该被赋予项目的根目录地址，此项为可选项。但对于第二种方法却是必须的。
- APP_MODULES：模块名，此项为可选项，当没有此选项时，NDK 会自动编译 Android.mk 文件中定义的所有模块及其包含的子模块。如果在 Application.mk 文件中定义此变量，那么它必须是一串由空格相隔的模块名列表，并且与 Android.mk 文件中的 LOCAL_MODULE 变量定义保持一致。需要注意的是，NDK 会自动计算模块所需要的依赖文件。
- APP_OPTIM：此选项可以被定义为 release 或 debug。这个选项用于变更编译程序模块时的优化级别。默认的选项是 release，此选项下会得到较高级别的优化、提供较少的调试信息。Debug 下便于调试不会进行过多优化。
  需要注意的是，如果你的程序在 manifest 文件中的节点下<application>已经设置了 android:debuggable 属性为 true,则 Apllication.mk 文件此变量的默认值为 debug 而不是 release,可以在 Application.mk 文件中将此变量值设置为 release 即覆盖其值。
- APP_CPPFLAGS：C++代码的编译选项。在 android-ndk-1.5_r1 版本中，此变量只适用于 C++，但是之后是可以同时适用于 C 和 C＋＋。如 APP_CPPFLAGS := -frtti 表示 rtti(runtime type identification)编译器会为每个虚函数类添加信息支持 rtti 特性。
- APP_CFLAGS：编译选项，可以在 Application.mk 文件中修改此编译选项参数，此参数可以覆盖 Android.mk 文件中的相同定义，从而不必去 Android.mk 文件中修改，选项里的路径必须是以顶层 NDK 目录为相对路径。
- APP_BUILD_SCRIPT 默认条件下，NDK 编译系统会到工程目录的 jni 文件夹下查找 Android.mk 文件。如果你想覆盖这个行为就可以定义此变量。如果给定的是一个非绝对路径，那么这个路径总是被认为是相对于 NDK 顶层目录的路径。

- APP_ABI:默认条件是 armeabi，在默认情况下，NDK 会使用'armeabi' ABI 来生成二进制机器码，这是基于 ARMv5TE 的浮点运算 CPU，这可以通过使用此变量来选择不同的 ABI(Application Binary Interface)。
  支持基于 armv7 FPU 指令集的设备: APP_ABI := armeabi-v7a
  支持 IA-32（X86 体系结构的 32 位）指令集：APP_ABI := x86
  持三种：APP_ABI := armeabi armeabi-v7a x86
- APP_STL 默认条件下,NDK 编译系统会使用 Android 系统提供的轻量级 C++运行时库/system/lib /libstdc++.so，NDK 本身为用户提供了可选择的 C++库，用户可以使用或是链接到自己的应用。例如：
  APP_STL := stlport_static -->以静态链接的方式使用 stlport 版本的 STL
  APP_STL := stlport_shared -->以动态链接的方式使用 stlport 版本的 STL
  APP_STL := system -->系统默认的最小支持的 C++运行时库
  APP_STL := gnustl_static -->以静态链接的方式使用 gnu 版本的 STL
  官方提供 stlport 版本不支持 RTTI 和异常，即如果你使用了 stlport 版本的 STL，则不能使用-fexceptions 和-frtti 这两个编译选项。
- APP_GNUSTL_FORCE_CPP_FEATURES：在 NDK r7b 之前的 NDK 版本中，当使用 GNU libstdc++ runtime 运行库(通过设置 APP_STL 变量为 gnustl_static 或 gnustl_shared)时都会强制支持异常和 RTTI，在有些极少情况下可能会出现问题，同时会使生成的机器码包含不必须的内容。但是在 NDK r7b 之后得到解决，如果真的需要支持异常和 RTTI，则必须显式声明。可以通过 APP_CPPFLAGS 来解决。
  APP_GNUSTL_FORCE_CPP_FEATURES：有如下两个赋值选项，可以同时选择。
  exceptions -> 强制所有模块支持异常。
  rtti -> 强制所有模块支持 rtti。

14.8 Android JNI 简介

在上节中我们讲解了在 Android JNI 中使用函数注册的方式调用 C/C++函数，创建项目 AndroidJni，将 Activity 命名为 AndroidJni，并按照 14.4 节对 AndroidJni 进行设置，下面看看在 AndroidJni 类中的部分代码。

```
Public class AndroidJni extends Activity
{
    ......
static {
        System.loadLibrary("AndroidJni");
    }
}
```

当 Android 的虚拟机执行到 System.loadLibrary()函数时，首先会去执行 C/C++模块里的 JNI_OnLoad()函数。JNI_OnLoad()函数有以下两个作用：

（1）告诉虚拟机此 C/C++使用哪一个 JNI 版本。如果你的*.so 档没有提供 JNI_OnLoad()函数，虚拟机会默认该*.so 库中是使用最老的 JNI 1.1 版本。由于新版的 JNI 做了许多扩充，如果需要使用 JNI 的新版功能，例如 JNI 1.4 的 java.nio.ByteBuffer 就必须由 JNI_OnLoad()函数来告知虚拟机。

（2）通过 JNI_OnLoad()来进行 C/C++代码的初始化工作。

JNI_OnUnload()函数与 JNI_OnLoad()相对应。在载入 C/C++模块时会立即调用 JNI_OnLoad()

来进行模块内的初始化；而当 VM 释放该 C/C++模块时，则会调用 JNI_OnUnload()函数来实现。当虚拟机调用 JNI_OnLoad()或 JNI_Unload()函数时，都会将虚拟机的指针传递给它们，其参数如下。

```
Jint JNI_OnLoad(JavaVM* vm, void* reserved);
jint JNI_OnUnload(JavaVM* vm, void* reserved);
```

例如在 libAndroidJni.so 中的 JNI_OnLoad()函数，代码如下。

```
Jint JNI_OnLoad(JavaVM* vm, void *reserved)
  {
JNIEnv* env = NULL;
jint result = -1;
    LOGD("%s: +", __FUNCTION__);
// for c
if ((*vm)->GetEnv(vm, (void**) &env, JNI_VERSION_1_4) != JNI_OK) {
// for c++
//if( vm->GetEnv((void**) &env, JNI_VERSION_1_4) != JNI_OK) {
        LOGE("ERROR: GetEnv failed.\n");
return result;
    }
if( register_location_methods(env) < 0 )
    {
        LOGE("ERROR: register location methods failed.\n");
return result;
    }
return JNI_VERSION_1_4;
    }
}
```

词条解释如下。

- JNIEnv* env = NULL；虚拟机负责从 Java 运行栈转入 C/C++运行栈。当 Java 进入 JNI 调用时，除了函数本身会多出两个参数，JNIEnv 指针和 jobject 指针。JNIEnv 指针是虚拟机创建的，用于 Native 的 c/c++方法操纵 Java 执行栈中的数据，比如 Java Class，Java Method 等。
- LOG：在 C/C++模块引入 LOG 机制的步骤如下。

（1）在 Android.mk 中加入 LOCAL_LDLIBS := -llog

（2）在程序中引入头文件#include <android/Log.h>

（3）在程序中定义宏：

```
#define  LOG_TAG     "android_jni"
#define  LOGV(...) __android_log_print(ANDROID_LOG_VERBOSE, LOG_TAG, __VA_ARGS__)
#define  LOGD(...) __android_log_print(ANDROID_LOG_DEBUG,   LOG_TAG, __VA_ARGS__)
#define  LOGI(...) __android_log_print(ANDROID_LOG_INFO,    LOG_TAG, __VA_ARGS__)
#define  LOGW(...) __android_log_print(ANDROID_LOG_WARN,    LOG_TAG, __VA_ARGS__)
#define  LOGE(...) __android_log_print(ANDROID_LOG_ERROR,   LOG_TAG, __VA_ARGS__)
```

此函数回传 JNI_VERSION_1_4 的值给虚拟机，于是虚拟机知道了其所使用的 JNI 版本了。由于虚拟机通常是多进程（多线程）的执行环境，每一个进程在呼叫 JNI_OnLoad()时，所传递进来的 JNIEnv 指针值都有可能是不同的。为了配合这种多进程的环境，JNI 在调用 C/C++函数时，为避免 JNIEnv 指针值的不同而引起环境变量冲突等问题，所以每次调用函数时都将 JNIEnv 作为参数传递进去。你会看到在 JNI_OnLoad()中调用了函数 register_location_methods()函数，那么下面来看看 register_location_methods()方法实现了什么。

应用层级的 Java 类别透过虚拟机而调用到 Native 函数。Java JNI 是依赖虚拟机去寻找*.so 里的 Native 函数。但是当函数连续被调用多次，每次都需要寻找一遍，会多花许多时间。因此，Android 为了提高效率引入了将 Native 函数向虚拟机进行登记的策略即 register_location_methods()方法。下面看看 libAndroidJni.so 中 register_location_methods()方法的代码，如下所示。

```
Static JNINativeMethod gMethods[] = {
    { "stringFromJNI", "()Ljava/lang/String;", (void *)stringFromJNI },
    { "max", "(II)I", (void *)native_max },
 };
// This function only registers the native methods, and is called from JNI_OnLoad
```

```
int register_location_methods(JNIEnv *env)
 {
jclass clazz;
/* look up the class */
    clazz = (*env)->FindClass(env, className );
//clazz = env->FindClass(env, className);
if (clazz == NULL) {
        LOGE("Can't find class %s\n", className);
return -1;
    }
    LOGD("register native methods");
/* register all the methods */
if((*env)->RegisterNatives(env, clazz, gMethods, NELEM(gMethods)))
//if ((*env)->RegisterNatives(env, clazz, gMethods, sizeof(gMethods) / sizeof(gMethods[0])) != JNI_OK)
    {
        LOGE("Failed registering methods for %s\n", className);
return -1;
    }
/* fill out the rest of the ID cache */
return 0;
 }
```

当虚拟机加载 libAndroidJni.so 库时，会首先调用 JNI_OnLoad()函数。JNI_OnLoad()中我们调用 register_location_methods()函数。此时，就调用到 AndroidRuntime::registerNativeMethods()函数，向虚拟机登记注册一个函数对照表（e.g.上例 gMethods[]），该表中包含本程序的 C/C++函数。RegisterNativeMethods()函数的功能如下。

（1）更有效率地查找调用函数。

（2）可多次调用 registerNativeMethods()函数来注册不同的函数对照表，在程序运行时可以随意更换 C/C++函数指针，从而调用不同的函数。

Andoird 中使用了一种不同于传统 Java JNI 的方式来定义其 native 的函数。其中很重要的区别是 Andorid 使用了一种 Java 和 C 函数的映射表数组，并在其中描述了函数的参数和返回值。这个数组的类型是 JNINativeMethod，定义如下。

```
Typedef struct {
const char* name; /*Java中函数的名字*/
const char* signature; /*描述了函数的参数和返回值*/
void* fnPtr; /*函数指针，指向C函数*/
} JNINativeMethod;
```

其中比较难以理解的是第二个参数，例如"()V"、"(II)V"、"(Ljava/lang/String;Ljava/lang/String;)V"

这些字符是与函数的参数类型一一对应的。

“()”中的字符表示参数，后面的则代表返回值。例如：

"()V" 表示 void Func();

"(II)V" 表示 void Func(jint, jint);

"([I]Z" 表示 jboolean Func(jintArray);

具体的每一个字符的对应关系见表 14.1。

表 14.1　字符的对应关系

字　符	Java 类型	C 类型
V	void	void
Z	jboolean	Boolean
I	jint	int
J	jlong	Long
D	jdouble	double
F	jfloat	float
B	jbyte	byte

续表

字　符	Java 类型	C 类型
C	jchar	char
S	jshort	short
[I	jintArray	int[]
[F	jfloatArray	float[]
[B	jbyteArray	byte[]
[C	jcharArray	char[]
[S	jshortArray	short[]
[D	jdoubleArray	double[]
[J	jlongArray	long[]
[Z	jbooleanArray	boolean[]

数组则以"["开始，用两个字符表示，如果 Java 函数的参数是 class，则以"L"开头，以";"结尾，中间是用"/" 隔开的包及类名。而其对应的 C 函数名的参数则为 jobject."(Ljava/lang/String;Ljava/lang/String;)V" 表示 void Func(jstring, jstring); "(Ljava/lang/ String)Z" 表示 jboolean Func(jstring);如果 JAVA 函数位于一个嵌入类，则用$作为类名间的分隔符。"(Ljava/lang/String;Landroid/os/FileUtils$FileStatus;)Z"表示 jboolean Func(jstring, jobject)；

接着再来看看 libAndroidJni.so 库中 gMethods[]函数的对照表，代码如下。

```
static JNINativeMethod gMethods[] = {
   { "stringFromJNI", "()Ljava/lang/String;", (void *)stringFromJNI },
   { "max", "(II)I", (void *)native_max },
};
```

在对照表中有两个函数，在 C 代码中 stringFromJNI 函数没有传入参数但返回一个 String，native_max 函数传入两个整型变量返回一个整型值，对应的 Java 代码，如下所示。

```
public class AndroidJni extends Activity
{
      ......
      public native String    stringFromJNI();
public native int max(int a,int b);
      static {
      System.loadLibrary("AndroidJni");
      }
}
```

下面来看看相应的 C 文件中的代码。

```
int native_max(JNIEnv* env, jobject this, int a, int b)
{
      return    (a > b ? a:b);
}
jstring stringFromJNI(JNIEnv* env, jobject this)
{
      return (*env)->NewStringUTF(env, "Hello form JNI!");
}
```

JNI 通过函数的形式提供了很多功能，供本地代码通过指向 JNIEnv 结构的指针进行调用；它作为第一个参数传递给每个本地方法。JNI 函数的调用有如下几种格式（这里，假设 env 是指向 JNIEnv 的指针）。

```
//C 格式
(*env)-><jni function>(env, <parameters>)
//C++ 格式
env-><jni function>( < parameters>)
```

14.9　Android Native Activity

Android 从 NDK R5 之后就支持使用纯 C/C++编写 App。本节就将 NDK 的例子进行抽丝剥茧的讲解，希望读者能够从中掌握 NDK 开发的精髓，代码的位置在$NDKROOT/samples\native-activity 目录下，有关文档请参阅 NDK 的$NDKROOT/docs\NATIVE- ACTIVITY.HTML。

14.9.1 NativeActivity

以项目 native-activity 为例，这个项目中使用 NativeActivity 来完成根据用户点击屏幕，来变化屏幕颜色的功能。首先来看看 AndroidManifest.xml 文件中是如何声明 Activity 的，代码如下。

```
<?xml version="1.0" encoding="utf-8"?>
<!-- BEGIN_INCLUDE(manifest) -->
<manifest xmlns:android="http://schemas.android.com/apk/res/android"
package="com.example.native_Activity"
android:versionCode="1"
android:versionName="1.0">
<uses-sdk android:minSdkVersion="9" />

<application android:label="@string/app_name" android:hasCode="false">
<Activity android:name="android.app.NativeActivity"
android:label="@string/app_name"
android:configChanges="orientation|keyboardHidden">
<!-- Tell NativeActivity the name of or .so -->
<meta-data android:name="android.app.lib_name"
android:value="native-Activity" />
<intent-filter>
<action android:name="android.intent.action.MAIN" />
<category android:name="android.intent.category.LAUNCHER" />
</intent-filter>
</Activity>
</application>
</manifest>
```

词条解释如下。

- android:hasCode="false" ：值 false 表示没有 Java 代码，设为 true 表示有 Java 代码。
- android:name="android.app.NativeActivity" ：表示此 Activity 是“android.app.Native Acti vity”，NativeActivity 是 Android 提供的框架类，具体位置在$NDKROOT/sources\android\native_app_glue 下，这个 Activity 提供了一些外部接口让用户调用，如 Native 的入口函数“android_main(struct android_app* state)”。
- meta-data android:name="android.app.lib_name" ：属性必须设成 android.app.lib_name，lib_name 模块的名称，没有 lib 前缀和.so 后缀，和 Android.mk 中的 LOCAL_MODULE 名称一致。

在 AndroidManifest.xml 文件里面指定入口 Activity 为 android.app.NativeActivity，这样应用程序启动时 Java 虚拟机就开启一个主线程，这个主线程就是 NativeActivity，NativeActivity 在创建的过程中就会去应用程序的.so 动态链接库中寻找函数入口，代码如下。

```
__ANativeActivity_onCreate(ANativeActivity, void* size_t),
```

这个函数就是 C++代码中的真正的入口函数，这个函数参数是 ANativeActivity 结构体指针，包含了指向回调函数的函数指针，这些回调函数需要编程实现，代码如下。

```
ANativeActivity->callbacks->onDestroy = onDestroy;
ANativeActivity->callbacks->onStart = onStart;
……..
```

设置完了之后就会调用如下代码。

```
Activity->instance = android_app_create(Activity, savedState, savedStateSize);
```

对于 android_app_create 函数，函数原型如下。

```
static struct android_app* android_app_create(ANativeActivity* Activity,void* savedState, size_t savedStateSize)
```

首先创建一个 android_app 结构体，这个结构体参见 android_native_app_glue.h，下面代码中申请 android_app 结构体的空间并制定 App Activity。代码如下。

```
struct android_app* android_app = (struct android_app*)malloc(sizeof(struct android_app));
    memset(android_app, 0, sizeof(struct android_app));
    android_app->Activity = Activity; //设置app的Activity
```

```
    ...
    pthread_mutex_init(&android_app->mutex, NULL);  //创建一个线程同步对象 mutex互斥体
    pthread_cond_init(&android_app->cond, NULL);  //创建一个线程通信的对象。用于主线程（UI线程）和Native线程通信
    ...
    //创建Native线程，Native的代码就是运行在这个线程里面的
    pthread_attr_t attr;
    pthread_attr_init(&attr);
    pthread_attr_setdetachstate(&attr, PTHREAD_CREATE_DETACHED);
    //这里指定了线程入口函数和一个userdata数据，就是android_app这个结构体
    pthread_create(&android_app->thread, &attr, android_app_entry, android_app);
```

现在来看看 Native 线程的入口函数，也就是 android_app_entry 函数，代码如下。

```
static void* android_app_entry(void* param) {
    ...
    android_main(android_app); //调用Native代码的入口函数
    ...
}
```

这样程序就会走到 android_main 函数中，接下来就是在 android_main 函数中来处理自己的事件循环、接收输入事件和渲染自己的应用等。在此就不再粘贴代码来详细讲解了，具体注释已经写到本书的源代码中了，你可以直接阅读源码。

下面再来学习一下 native-activity/jni/Android.mk 文件，其内容如下。

```
# 用于返回当前目录的路径
LOCAL_PATH := $(call my-dir)
# CLEAR_VARS 变量是由生成系统提供的
include $(CLEAR_VARS)
# LOCAL_MODULE 变量必须是已定义的，用来标识你的 Android.mk 文件中描述的每个模块
LOCAL_MODULE       := native-Activity
# LOCAL_SRC_FILES 变量必须包含将生成且汇编成一个模块的 C 和/或 C++ 源文件的列表
LOCAL_SRC_FILES := main.c

# 使用在生成你的模块时的额外的链接器标志列表
# 对于用 -l 前缀传递特定的系统库名是有用的
# liblog.so           提供 Android 记录日志 API
# libandroid.so       提供 Android 功能访问 API
# libEGL.so           提供 EGL API
# libGLESv1_CM.so 提供 OpenGL ES API
LOCAL_LDLIBS    := -llog -landroid -lEGL -lGLESv1_CM
# 将链接到本模块的静态库模块列表(用 BUILD_STATIC_LIBRARY 生成的)
# 这仅在共享库模块中有意义
LOCAL_STATIC_LIBRARIES := android_native_app_glue
# BUILD_SHARED_LIBRARY 是一个由已生成系统提供的变量
# 表明一个 GNU Makefile 脚本是负责收集你定义的最近的 include $(CLEAR_VARS)
include $(BUILD_SHARED_LIBRARY)
# $(call macro-name[, param1, ...])
# call 是一个内置于 make 的函数
# call 会扩展它的第一个参数并把其余参数依次替换到出现 $1、$2、……的地方
# call 的第一个参数可以是任何宏或变量的名称
$(call import-module,android/native_app_glue)
```

这节学习了 NativeActivity 的运行过程，在应用中启动并添加自己的事件循环、接收输入事件的过程，以及 Android.mk 文件内容，下面我们看看 Native 的生命周期。

14.9.2 Android Native 生命周期

Android 应用程序必须符合 Android 应用程序生命周期的概念。如果应用程序未能遵从 Android 应用程序的生命周期则会出现不响应、不稳定和不兼容的情况。本节讲解 Android Native 程序的生命周期。

越来越多的开发人员开发他们的 Native 应用程序，但是上面讲到的 nativeActivity 和 native_app_glue 等函数，在系统中是不会自动处理任何 Android 系统的生命周期事件。

如 3D 游戏的 Android 应用程序，处理所有用户界面的 3D 引擎往往是单一 Activity 的应用程序。因此“应用程序生命周期(application lifecycle)”和“Activity 生命周期（这里的 Activity 特指 Java 层）”的概念可以被视为同一个。

Android 的生命周期是通过应用程序的 Java 代码回调成员函数提供给应用程序。在 Native

层（C/C++程序）Android 的生命周期回调的基本顺序遵循"栈"，这样就提供了严格序列之外的其他回调。

使用 NativeActivity 或 native_app_glue 的应用程序必须处理和 Activity 一样的生命周期，但是 native constructs 中并没有处理生命周期的具体函数，这样主要来看看 Activity 的生命周期中的函数和 NDK 层 NativeActivity 或 native_app_glue 的消息或回调的对应关系，最好是了解到怎样在 Native 应用中使用 Android 应用生命周期的方法。

下面看看简单的 onStart 函数的对应关系。Activity 的函数方法 onStart、onStop，对应 NativeActivity 的回调函数为 NativeActivityCallbacks.onStart；相应的 native_app_glue 则为消息 APP_CMD_START。

这样读者可以看到都是很直接的 1 对 1 的映射。那么 NativeActivity 和 native_app_glue 在逻辑处理中的区别和联系是什么呢？下面来详细看看。在 Activity 中生命周期函数如下。

（1）Create(): 创建 Activity 调用，用于 Activity 的初始化，还有个 Bundle 类型的参数，可以访问以前存储的状态

（2）onStart(): Activity 在屏幕上对用户可见时调用

（3）onResume(): Activity 开始和用户交互的时候调用，这时该 Activity 是在 Activity 栈的顶部

（4）onPause(): Activity 被暂停时调用，也就是当前 Activity 退出的时候调用，这里可以做一些清理和保存工作

（5）onStop(): Activity 被停止或者 Activity 变成不可见时调用

（6）onDestroy(): Activity 被从内存中移除，一般发生在执行 finish 方法时或者 Android 回收内存的时候

使用 NativeActivity 和 native_app_glue 的应用程序必须处理所有的 Activity 的生命周期。NativeActivity 和 native_app_glue 是不会主动调用和处理 Activity 的生命周期的，这就需要自己去控制，NDK 中的 NativeActivity 和 native_app_glue 具有相互匹配的生命周期回调函数。为了更好地了解 Native 应用程序的 Android 生命周期，下面将 Native 和 Java Activity 生命周期函数进行对比，见表 14.2。

表 14.2　　　　Native 和 Java Activity 生命周期函数进行对比

Java Activity member	NativeActivity callback	native_app_glue message
onCreate	ANativeActivity_onCreate	android_main
onStart	::onStart	APP_CMD_START
onResume	::onResume	APP_CMD_RESUME
onPause	::onPause	APP_CMD_PAUSE
onStop	::onStop	APP_CMD_STOP
onDestroy	::onDestory	APP_CMD_DESTROY
onWindowFocusChanged	::onWindowFocusChanged	APP_CMD_GAINED/LOST_FOCUS
surfaceCreated	::onNativeWindowCreated	APP_CMD_INIT_WINDOW
surfaceChanged	::onNativeWindowResized	APP_CMD_WINDOW_RESIZED
surfaceDestroyed	onNativeWindowDestroyed	APP_CMD_TERM_WINDOW
onConfigurationChanged	::onConfigurationChanged	APP_CMD_CONFIG_CHANGED

14.10　使用 C/C++编写 OpenGL ES 程序入门

上面几节中讲解了 NDK 的基本知识，下面讲解一个实例，用于练习 NDK 的编写，那么就使用第十章中 OpenGL ES 学习到的知识，创建项目 NDKopengl。项目需求是，编写一个 C++

OpenGL ES，在 GLSurfaceView 的背景颜色显示为红色。项目截图如 14.12 所示。

图 14.12　OpenGL ES 项目截图

下面逐一来书写项目代码。

14.10.1　初始化 OpenGL

创建项目 NDKopengl，在 Activity 中初始化 OpenGL。在 MainActivity.java 文件中添加代码如下。

```
public class MainActivity extends Activity {
    /** The OpenGL View */
    private GLSurfaceView glSurface;
    @Override
    protected void onCreate(Bundle savedInstanceState) {
        super.onCreate(savedInstanceState);

        //Create an Instance with this Activity
        glSurface = new GLSurfaceView(this);
        //Set our own Renderer
        glSurface.setRenderer(new JavaRenderer());
        //Set the GLSurface as View to this Activity
        setContentView(glSurface);
    }
}
```

下面来处理 Activity 的生命周期，代码如下。

```
@Override
 protected void onPause() {
     super.onPause();

     if (rendererSet) {
         glSurfaceView.onPause();
     }
 }

   @Override
   protected void onResume() {
       super.onResume();

       if (rendererSet) {
           glSurfaceView.onResume();
       }
   }
```

14.10.2　创建自己的 Renderer

创建 JNIRenderer 类用于图形的绘制，继承自 Renderer 类，代码如下。

```
public class JniRenderer implements Renderer {
    @Override
    public void onSurfaceCreated(GL10 gl, EGLConfig config) {
        on_surface_created();
    }
    @Override
    public void onSurfaceChanged(GL10 gl, int width, int height) {
        on_surface_changed(width, height);
    }
    @Override
    public void onDrawFrame(GL10 gl) {
        on_draw_frame();
    }

    static {
        System.loadLibrary("game");
    }
    public static native void on_surface_created();
    public static native void on_surface_changed(int width, int height);
    public static native void on_draw_frame();
}
```

JniRenderer 类只负责清除颜色缓冲，将这份工作让 Native C++代码来做，代码如下。

```
glClear(GL_COLOR_BUFFER_BIT);
```

当然继承 Renderer 类需要 import 如下 Jar 包，代码如下。

```
import javax.microedition.khronos.egl.EGLConfig;
import javax.microedition.khronos.opengles.GL10;
import android.opengl.GLSurfaceView.Renderer;
```

将工程转换“Convert to a C/C++ Project(Adds C/C++ Nature)”(参考 14.4 节)，jni 文件夹中添加 jni.c、game.c、game.h、Android.mk 和 Application.mk 文件，jni.c 文件用于处理 JNI 的相关函数，game.c 文件用于处理 JNIRenderer 的所有逻辑处理。Jni.c 文件中使用了两种方式去实现 JNI 的相关处理。第一种 Android 加载 JNI 的方式，代码如下。

```
void jni_on_surface_created(JNIEnv* env, jobject this)
{
    on_surface_created();
}
void jni_on_surface_changed(JNIEnv* env, jobject this, jint width, jint height)
{
    on_surface_changed();
}
void jni_on_draw_frame(JNIEnv* env, jobject this)
{
    on_draw_frame();
}
static JNINativeMethod methodTable[] = {
  {"on_surface_created", "()V", (void *) jni_on_surface_created},
  {"on_surface_changed", "(II)V", (void *) jni_on_surface_changed},
  {"on_draw_frame", "()V", (void *) jni_on_draw_frame},
};

jint JNI_OnLoad(JavaVM* vm, void* reserved)
{
    JNIEnv* env;
    if ((*vm)->GetEnv(vm, (void**)&env, JNI_VERSION_1_4) != JNI_OK) {
        return -1;
    }

    (*env)->RegisterNatives(env,
                            (*env)->FindClass(env, "com/example/ndkopengl/JniRenderer"),
                            methodTable,
                            sizeof(methodTable) / sizeof(methodTable[0]));

    return JNI_VERSION_1_4;
}
void JNI_OnUnload(JavaVM* vm, void *reserved)
{
    return;
}
```

第二种使用传统的 JNI 调用方法，代码如下。

```
JNIEXPORT void JNICALL Java_com_example_ndkopengl_JniRenderer_on_1surface_1created(JNIEnv * env, jclass cls) {
    on_surface_created();
}

JNIEXPORT void JNICALL Java_com_example_ndkopengl_JniRenderer_on_1surface_1changed(JNIEnv * env, jclass cls, jint width, jint height) {
    on_surface_changed();
}

JNIEXPORT void JNICALL Java_com_example_ndkopengl_JniRenderer_on_1draw_1frame(JNIEnv * env, jclass cls) {
    on_draw_frame();
}
```

上面两种方法都是可行的，但是建议使用第一种方法 Android 调用 JNI 的方法，这样更有效率和便于代码的移植。

game.c 文件内容如下。

```
#include "game.h"
#include <GLES2/gl2.h>

void on_surface_created() {
    glClearColor(1.0f, 0.0f, 0.0f, 0.0f);
}
void on_surface_changed() {
    // No-op
}
void on_draw_frame() {
    glClear(GL_COLOR_BUFFER_BIT);
}
```

Android.mk 文件代码如下。

```
LOCAL_PATH := $(call my-dir)
include $(CLEAR_VARS)
LOCAL_MODULE        := game
LOCAL_CFLAGS        := -Wall -Wextra
LOCAL_SRC_FILES := game.c jni.c
LOCAL_LDLIBS := -lGLESv2
include $(BUILD_SHARED_LIBRARY)
```

词条解释如下。

- LOCAL_MODULE := game 和 JniRenderer 类中加载的库名保持一致" System. loadLibrary ("game");"

Application.mk 文件代码如下。

```
APP_PLATFORM := android-10
APP_ABI := armeabi-v7a
```

Android.mk 和 Application.mk 文件内容就不多做解释，这样就完成了使用 C++ OpenGL ES 来改变 GLSurfaceView 背景颜色的功能，这个项目只是做到抛砖引玉的作用，希望能对你有所启发，目前很多使用 C++编写的 OpenGL ES 很容易就可以移植到 Android 平台。

14.11 小　　结

Android NDK 提供了在 Android 1.5 及更高版本设备上调用原生 C/C++库的许多有用的工具，安装 Android NDK 工具集是一个相对简单的过程，本章讲解了如何在 Android 应用中进行 Native 编程。虽然 Android NDK 并不适用于每个应用程序，但是在某些情况下使用它会事半功倍的。

第 15 章 Android 网络编程

人类的全部尊严，就在于思想。

——帕思卡尔

随着互联网的不断发展，在 Android 应用中加入网络功能就变得非常重要。Android SDK 提供了大量访问网络的 API，本章来学习一下在 Android 中如何使用这些 API。

15.1 WebView 控件用法

如果要在自己的应用中显示 Internet 上的网页，在 Android 中使用 WebView 是个不错的选择，WebView 相当于一个 MINI 浏览器，采用 Webkit 内核，因此完美支持 html、javascript、css 等。有时候，可以完全把 UI 甚至数据处理都交给 WebView，配合 PHP 等服务端程序，这样 Android 开发就变成了网页开发，可以省很多精力。

WebView 最基本的功能是浏览网页，通过 WebView 类的 loadUrl 方法可以直接加载任何网页，若加载 http://www.baidu.com 网页，代码如下。

```
WebView wv=(WebView)findViewById(R.id.wv);
loadurl(wv,"http://www.baidu.com");
```

WebView 控件不仅可以浏览 Internet 上的网页，也可以浏览保存在本地的网页文件或任何 WebView 支持的任意格式文件，代码如下。

```
WebView wv=(WebView)findViewById(R.id.wv);
loadurl(wv,"file：///sdcard/image.png");
loadurl(wv,"file：///sdcard/htmlText.html");
```

除了浏览网页外，WebView 控件可以缓存浏览过的历史页面，使用如下代码可以向前向后访问浏览过的历史，代码如下。

```
WebView wv=(WebView)findViewById(R.id.wv);
wv.goBack();     //向后浏览历史页面
wv.goForward();     //向前浏览历史页面
```

当然也可以清空浏览的历史缓存，代码如下。

```
wv.clearCache();     //向前浏览历史页面
```

下面我们还是通过一个例子来学习 WebView 控件，创建 WebViewDemo 项目，修改 activity_main.xml 中的代码，如下所示。

```
<RelativeLayout xmlns:android="http://schemas.android.com/apk/res/android"
xmlns:tools="http://schemas.android.com/tools"
android:layout_width="match_parent"
android:layout_height="match_parent" >

<WebView
android:layout_width="wrap_content"
android:layout_height="wrap_content"
android:id="@+id/web_view" />
</RelativeLayout>
```

修改 MainActivity 中的代码，如下所示。

```
public class MainActivity extends ActionBarActivity {
    private WebView mWebView;
    @Override
    protected void onCreate(Bundle savedInstanceState) {
        super.onCreate(savedInstanceState);
        setContentView(R.layout.activity_main);
        mWebView = (WebView)findViewById(R.id.web_view);
        mWebView.getSettings().setJavaScriptEnabled(true);
        mWebView.setWebViewClient(new WebViewClient(){
            @Override
            public boolean shouldOverrideUrlLoading(WebView view, String url){
                //根据参数加载网页
                view.loadUrl(url);
                //表示当前WebView可以处理打开的网页，无需系统浏览器
                return true;
            }
        });
        mWebView.loadUrl("http://www.baidu.com");
    }
}
```

上面的代码中，调用了 WebView 的 setWebViewClient()方法，并传入了 WebViewClient 类作为参数，并重写了 shouldOverrideUrlLoading()方法，这里就表明当需要一个网页跳转到另一个网页时，希望目标网页仍然在当前 WebView 中显示，不打开系统网页。

另外记得要在 AndroidManifest.xml 文件中添加网络权限，代码如下。

```
<manifest xmlns:android="http://schemas.android.com/apk/res/android"
package="com.example.webviewdemo"
android:versionCode="1"
android:versionName="1.0" >

    ......
    <uses-permission android:name="android.permission.INTERNET" />
    </manifest>
```

运行程序，如图 15.1 所示。

图 15.1　运行 WebViewDemo

15.2　使用 HTTP 协议访问资源

HTTP 是 Internet 中广泛使用的协议，所以 Android SDK 也同样拥有强大的 HTTP 访问功能，在 Android SDK 中采用两种方式发送 HTTP 请求，HttpURLConnection 和 HttpClient，本节讲解如何使用这些技术来访问 HTTP 资源。

15.2.1　HttpURLConnection 的使用

HttpURLConnection 是 Java 的标准类，HttpURLConnection 继承自 URLConnection，可用于向指定网站发送 GET 请求、POST 请求。

首先需要获取到 HttpURLConnection 的实例，一般是通过 new 生成一个 URL 对象，并使用 openConnection 方法获取 HttpUrlConnection 实例，代码如下。

```
URL url = new URL("http://www.baidu.com");
HttpURLConnection urlConn = (HttpURLConnection) url.openConnection();
```

得到了 HttpURLConnection 的实例后，就需要设置 HTTP 请求所使用的方法。常用的方法是 GET 和 POST。二者的区别在于，GET 请求是希望从服务器获取数据，而 POST 则是希望提交数据到服务器。设置请求方法，代码如下。

```
// 设定请求的方法为"POST"，默认是GET
urlConn.setRequestMethod("POST");
```

接下来需要进行一些设置，比如设置读取超时的毫秒数、链接超时的毫秒数，以及一些希望从服务器获取的数据等，示例代码如下。

```
urlConn.setReadTimeout(7000);
urlConn.setConnectTimeout(9000);
// 设置是否向httpUrlConnection输出，因为这个是post请求，参数要放在
// http正文内，因此需要设为true, 默认情况下是false;
urlConn.setDoOutput(true);
// 设置是否从httpUrlConnection读入，默认情况下是true;
urlConn.setDoInput(true);
// Post 请求不能使用缓存；
urlConn.setUseCaches(false);
// 设定传送的内容类型是可序列化的Java对象；
// 如果不设此项,在传送序列化对象时,如果Web服务默认的不是这种类型可能抛出异常java.io.EOFException;
urlConn.setRequestProperty("Content-type","UTF-8");
```

然后就是输入输出数据的操作，对 HTTP 资源读写操作是通过 InputStream 和 OutputStream 读取和写入数据的，下面是获取 InputStream 和 OutputStream 对象的方法，代码如下。

```
// 此处getOutputStream会隐含的进行connect (即：如同调用上面的connect()方法，
// 所以在开发中不调用上述的connect()也可以)。
OutputStream outStrm = urlConn.getOutputStream();
// 现在通过输出流对象构建对象输出流对象，以实现输出可序列化的对象。
ObjectOutputStream oos = new ObjectOutputStream(outStrm);
// 向对象输出流写出数据，这些数据将存到内存缓冲区中。
oos.writeObject(new String("测试数据"));
// 刷新对象输出流，将任何字节都写入潜在的流中（些处为ObjectOutputStream）。
oos.flush();
// 关闭流对象。
oos.close();
```

对 InputStream 和 OutputStream 对象进行操作后，需要对读写流进行关闭，此时不能再向对象输出流写入任何数据，先前写入的数据存在内存缓冲区中。

下面通过一个具体的实例来真实地体验一下 HttpURLConnection 类的用法。新建 NetworkDemo 项目，修改 activity_main.xml 布局文件，代码如下。

```
<LinearLayout xmlns:android="http://schemas.android.com/apk/res/android"
android:layout_width="match_parent"
android:layout_height="match_parent"
android:orientation="vertical" >
<Button
android:id="@+id/sendRequest"
android:layout_width="match_parent"
android:layout_height="wrap_content"
android:text="显示163网页" />
<TextView
android:id="@+id/textView"
android:layout_width="match_parent"
android:layout_height="wrap_content" />
    </LinearLayout>
```

在布局中还放置了一个 Button 和一个 TextView，Button 用于发送 HTTP 请求，TextView 用于将服务器返回的数据显示出来，下面修改 MainActivity 中的代码，如下所示。

```
public class MainActivity extends ActionBarActivity implements OnClickListener {

    public static final int HTTP_RESPONSE = 0;
    private Button sendRequest;
    private TextView responseText;
    private Handler handler = new Handler() {
    public void handleMessage(Message msg) {
            switch (msg.what) {
            case HTTP_RESPONSE:
                String response = (String) msg.obj;
                //将结果显示到界面上
                responseText.setText(response);
            }
        }
    };
    @Override
    protected void onCreate(Bundle savedInstanceState) {
        super.onCreate(savedInstanceState);
```

```
        setContentView(R.layout.activity_main);
        sendRequest = (Button) findViewById(R.id.sendRequest);
        responseText = (TextView) findViewById(R.id.textView);
        sendRequest.setOnClickListener(this);
    }
    @Override
    public void onClick(View v) {
        if (v.getId() == R.id.sendRequest) {
            sendRequestWithHttpURLConnection();
        }
    }
    private void sendRequestWithHttpURLConnection() {
        // 线程来发网络请求
        new Thread(new Runnable() {
            @Override
            public void run() {
                HttpURLConnection urlConn = null;
                try {
                    URL url = new URL("http://www.163.com");
                    urlConn = (HttpURLConnection) url.openConnection();
                    urlConn.setRequestMethod("GET");
                    urlConn.setConnectTimeout(8000);
                    urlConn.setReadTimeout(8000);
                    urlConn.setDoInput(true);
                    urlConn.setDoOutput(true);
                    InputStream in = urlConn.getInputStream();
                    // 下面对获取到的输入流进行读取
                    BufferedReader reader = new BufferedReader(
                            new InputStreamReader(in));
                    StringBuilder response = new StringBuilder();
                    String line;
                    while ((line = reader.readLine()) != null) {
                        response.append(line);
                    }
                    Message message = new Message();
                    message.what = HTTP_RESPONSE;
                    // 将服务器返回的结果存放到Message中
                    message.obj = response.toString();
                    handler.sendMessage(message);
                } catch (Exception e) {
                    e.printStackTrace();
                } finally {
                    if (urlConn != null) {
                        urlConn.disconnect();
                    }
                }
            }
        }).start();
    }
}
```

在上面的代码中，在 Send Request 按键的单击事件中调用了 sendRequestWithHttpURLConnection()方法，在这个方法中开启了一个子线程，在子线程中使用 HttpURLConnection 发送了一条 HTTP 请求，接着利用 BufferedReader 对服务器返回的流进行读取，并将返回结果放入 Message 对象中，最终显示到 TextView 中。

同样要在 AndroidManifest.xml 文件添加网络权限，代码如下。

```
<?xml version="1.0" encoding="utf-8"?>
<manifest xmlns:android="http://schemas.android.com/apk/res/android"
package="com.example.networkdemo"
android:versionCode="1"
android:versionName="1.0" >
    ......
    <uses-permission android:name="android.permission.INTERNET" />
</manifest>
```

运行程序，如图 15.2 所示。

图 15.2 运行 NetworkDemo

是不是有些乱？是的，这就是服务器返回给我们的 HTML 代码，不过通常情况下浏览器会将这些代码解析成我们能识别的语言后再展示出来。

15.2.2 HttpClient 的使用

HttpClient 是 Apache 提供的 HTTP 网络访问接口，它提供了对 HTTP 协议的全面支持，可以使用 HttpClient 的对象来执行 HTTP GET 和 HTTP POST 调用，其效果和 HttpURLConnection 的效果几乎一样。

HttpClient 的一般使用步骤如下。

（1）使用 DefaultHttpClient 类实例化 HttpClient 对象，如下所示。

```
HttpClient httpClient = new DefaultHttpClient();
```

（2）创建 HttpGet 或 HttpPost 对象，将要请求的 URL 通过构造方法传入 HttpGet 或 HttpPost 对象，如果发送的是一条 POST 请求，就需要通过 NameValuePair 集合来存放待提交的参数，并将这个参数集合传入到一个 UrlEncodedFormEntity 中，然后调用 HttpPost 的 setEntity()方法将构建好的 UrlEncodedFormEntity 传入，代码如下。

```
HttpGet httpGet= new HttpGet("http://www.163.com")
httpClient.execute(httpGet);
//发送POST请求
HttpPost httpPost= new HttpPost ("http://www.163.com")
List<NameValuePair> params = new ArrayList<NameValuePair>();
params.add(new BasicNameValuePair("name", "luhd"));
params.add(new BasicNameValuePair("password", "123456"));
UrlEncodedFormEntity ent = new UrlEncodedFormEntity(params, "utf-8");
httpClient.setEntity(httpPost);
```

（3）下面调用 HttpClient 的 execute()方法，并将 HttpPost 对象传入即可。

```
HttpClient.execute(httpPost);
```

（4）调用 execute 方法发送 HTTP GET 或 HTTP POST 请求，并返回 HttpResponse 对象。服务器的所有信息都包含在里边。通常情况下我们都会先取出服务器的状态码，如果等于 200 就说明请求和响应都成功了，如下所示。

```
if(HttpResponse.getStatusLine().getStatusCode == 200){
  //请求和响应都成功了
}
```

（5）如果服务器返回的数据中带有中文，直接调用 EntityUtils.toString(HttpEntity, "utf-8")

方法进行转换，HttpEntity 实例需要通过 getEntity()方法获得，代码如下。

```
if(HttpResponse.getStatusLine().getStatusCode == 200){
//请求和响应都成功了
    HttpEntity entity = HttpResponse. getEntity();
    String response = EntityUtils.toString(HttpEntity, "utf-8")
}
```

好吧，基本用法就是这样，下面修改 NetworkTest 项目，改用 HttpClient 的方式再实现一遍。修改 MainActivity 中的代码，如下所示。

```
public class MainActivity extends ActionBarActivity implements OnClickListener {

    public static final int HTTP_RESPONSE = 0;
    ......
    @Override
    public void onClick(View v) {
        if (v.getId() == R.id.sendRequest) {
            sendWithHttpClient();
        }
    }
    private void sendRequestWithHttpClient() {
        new Thread(new Runnable() {
            @Override
            public void run() {
                try {
                    HttpClient httpClient = new DefaultHttpClient();
                    HttpGet httpGet = new HttpGet("http://www.163.com");
                    HttpResponse httpResponse = httpClient.execute(httpGet);
                    if (httpResponse.getStatusLine().getStatusCode() == 200) {
                        // 请求和响应都成功了
                        HttpEntity entity = httpResponse.getEntity();
                        String response = EntityUtils.toString(entity, "utf-8");

                        Message message = new Message();
                        message.what = HTTP_RESPONSE;
                        // 将服务器返回的结果存放到Message中
                        message.obj = response.toString();
                        handler.sendMessage(message);
                    }
                } catch (Exception e) {
                    e.printStackTrace();
                }
            }
        }).start();
    }
}
```

这里并没有做太多改动，只是添加了一个 sendRequestWithHttpClient ()方法，并在 Button 事件中去调用这个方法。过程和上节是一样的。至此我们已经掌握了 HttpURLConnection 和 HttpClient 的使用方法。下一节将学习 Socket 编程。

15.3 Android Socket

Socket 通常称为“套接字”，应用程序通常通过“套接字”向网络发送请求或者应答网络请求。使用 Socket 模型的运作机理是，首先创建一个 SocketServer 的类作为服务端，该服务端实现了多线程机制，可以在特定端口处监听多个客户请求，一旦有客户请求，Server 总是会创建一个服务来处理新来的请求，而自己继续监听。当客户端与服务器端建立连接后，在客户端和服务器端都会建立用于通信的 Socket 实例，接下来就是由各个 Socket 分别打开各自的输入、输出流，完成所需的会话。

客户端和服务器端通过套接字进行通信，主要的 Socket 类型有流套接字（Stream Socket）和数据报套接字（Datagram Socket），可以使用 TCP 或者 UDP，不同的底层协议有不同的 Socket。TCP 使用流套接字进行通信，UDP 使用数据报套接字进行通信。

在 Socket 编程中，Socket 类用于建立客户端程序，ServerSocket 类用于建立服务器端程序。首先来介绍 ServerSocket 类的编程。

1．ServerSocket 类

创建一个 ServerSocket 类，同时在运行该语句的计算机的指定端口处建立一个监听服务，代码如下。

```
ServerSocket serverListener = new ServerSocket(1028);
```

这里参数 1028 为端口号，端口号范围为 0~65535。在创建的时候必须指定一个端口号，一台计算机可以同时提供多个服务，这些不同的服务之间通过端口号来区别，不同的端口号上提供不同的服务。为了随时监听可能的 Client 请求，执行如下的语句。

```
Socket LSocket = serverListener.accept();
```

该语句调用了 ServerSocket 对象的 accept()方法，这个方法的执行将使 Server 端的程序处于等待状态，程序将一直阻塞直到捕捉到一个来自 Client 端的请求，并返回一个用于与该 Client 通信的 Socket 对象 Link-Socket。此后 Server 程序只要向这个 Socket 对象读写数据，就可以实现向远端的 Client 读写数据。结束监听时，关闭 ServerSocket 对象，代码如下。

```
serverListener.close();
```

2．Socket 类

当 Client 程序需要从 Server 端获取信息及其他服务时，应创建一个 Socket 对象，代码如下。

```
Socket ClientSocket=new Socket("ServerName", 1028);
```

Socket 类的构造函数有两个参数，第一个参数是欲连接到 Server 计算机的主机地址，第二个参数是该 Server 机上提供服务的端口号。

Socket 对象建立成功后，就可以在 Client 和 Server 之间建立一个连接，并通过这个连接在两个端点之间传递数据。利用 Socket 类的方法 getOutputStream()和 getInputStream()分别获得向 Socket 读写数据的输入/输出流，最后将从 Server 端读取的数据重新返还到 Server 端。

当 Server 和 Client 端的通信结束时，可以调用 Socket 类的 close()方法关闭 Socket，拆除连接。

ServerSocket 一般仅用于设置端口号和监听，真正进行通信的是服务器端的 Socket 与客户端的 Socket，在 ServerSocket 进行 accept 之后，就将主动权转让了。

网络层的"ip 地址"可以唯一标识网络中的主机，而传输层的"协议+端口"可以唯一标识主机中的应用程序即进程。ip 地址、协议、端口就可以标识网络的进程了，网络中的进程通信就可以利用这个标志与其他进程进行交互。

15.3.1 Android TCP 通信

TCP/IP(Transmission Control Protocol/Internet Protocol) 即传输控制协议/网间协议，是一个工业标准的协议集，它是为广域网（WAN）设计的。它是由 ARPANET 网的研究机构发展起来的。

在因特网协议族（Internet protocol suite）的四层协议中，TCP 层是位于 IP 层之上，应用层之下的传输层。不同主机的应用层之间经常需要可靠的、像管道一样的连接，但是 IP 层不提供这样的流机制，而是提供不可靠的包交换。

应用层向 TCP 层发送用于网间传输的、用 8 位字节表示的数据流，然后 TCP 把数据流分割成适当长度的报文段（通常受该计算机连接的网络的数据链路层的最大传送单元（MTU）的限制）。然后 TCP 把结果包传给 IP 层，由它来通过网络将包传送给接收端实体的 TCP 层。TCP 为了保证不发生丢包，就给每个字节分配一个序号，同时序号也保证了传送到接收端实体的包的按序接收。然后接收端实体对已成功收到的字节发回一个相应的确认（ACK）；如果发送端实体在合理的往返时延（RTT）内未收到确认，那么对应的数据（假设丢失了）将会被重传。TCP 用一个校验和函数来检验数据是否有错误，在发送和接收时都要计算和校验。

TCP 建立连接要进行"三次握手"，即交换三个分组。大致流程如图 15.3 所示。

如图 15.3 所示，当客户端调用 connect 时，触发了连接请求，向服务器发送“SYN J”包，这时 connect 进入阻塞状态；服务器监听到连接请求，即收到“SYN J”包，调用 accept 函数接收请求向客户端发送“SYN K ，ACK J+1”，这时 accept 进入阻塞状态；客户端收到服务器的“SYN K ，ACK J+1”之后，这时 connect 返回，并对“SYN K”进行确认；服务器收到“ACK K+1”时，accept 返回，至此三次握手完毕，连接建立成功。

TCP 建立连接之后，通信双方都同时可以进行数据的传输。其次，它是全双工的。在保证可靠性上，采用超时重传和捎带确认机制。

在流量控制上，采用滑动窗口协议。协议中规定，对于窗口内未经确认的分组需要重传。

在拥塞控制上，采用广受好评的 TCP 拥塞控制算法（也称 AIMD 算法），该算法包括三个主要部分。（1）加性增、乘性减；（2）慢启动；（3）对超时事件做出反应。

上面介绍了 socket 中 TCP 的三次握手建立过程，及其涉及的 socket 函数。现在介绍 socket 中的四次握手释放连接的过程，请看图 15.4 所示。

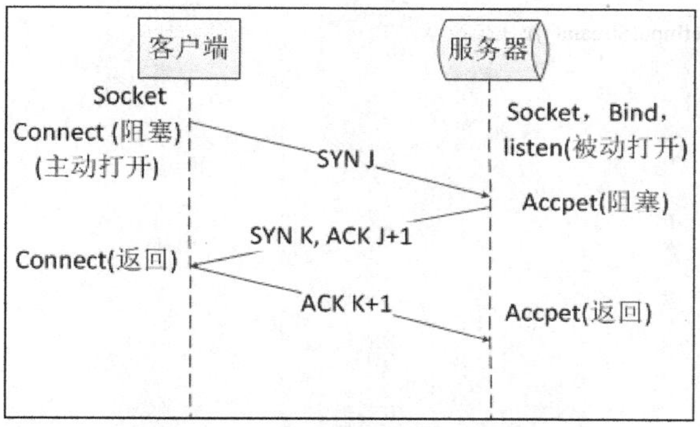

图 15.3　TCP 三次握手

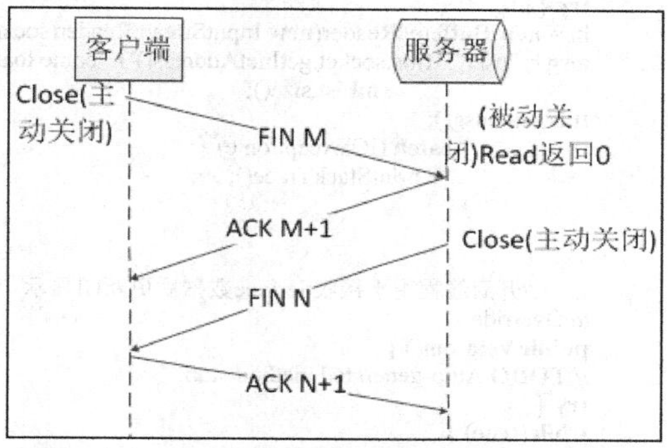

图 15.4　socket 中发送的 TCP 四次握手

图示过程如下。

- 某个应用进程首先调用 close 主动关闭连接，这时 TCP 发送一个 FIN M；
- 另一端接收到 FIN M 后，执行被动关闭，对这个 FIN 进行确认。它的接收也作为文件结束符传递给应用进程，因为 FIN 的接收意味着应用进程在相应的连接上再也接收不到额外数据；
- 一段时间之后，接收到文件结束符的应用进程调用 close 关闭它的 socket。这导致它的 TCP 也发送一个 FIN N；
- 接收到这个 FIN 的源发送端 TCP 对它进行确认。

下面来完成 Android 和 PC 之间的 Socket 通信，为了完成这个工作需要编写两个项目，在 PC 端创建 Socket Service 项目程序，并通过 TCP 协议接收 Android 发送的数据，并负责后台的逻辑处理，将 Service 项目名称定为 SocketSevice。然后就是在 Android 端创建 Client 项目，Client 端比较简单，只是让用户输入一段数据，然后将数据传输到 Service 端，这里 Client 端项目名称命名为 SocketDemo，将 Activity 命名为 SocketClientTCP，首先看看 Service 端的代码，SocketSeviceTCP.java 的代码如下。

```
public class SocketSeviceTCP {
private static final int PORT = 9999;
private List<Socket> mList = new ArrayList<Socket>();
private ServerSocket server = null;
private ExecutorService mExecutorService = null; //thread pool

public static void main(String[] args) {
new SocketSeviceTCP();
    }
```

```java
        public SocketSeviceTCP() {
        try {
        server = new ServerSocket(PORT);
        mExecutorService = Executors.newCachedThreadPool();    //create a thread pool
                    System.out.print("server start ...");
                    Socket client = null;
        while(true) {
                    client = server.accept();
        mList.add(client);
        mExecutorService.execute(new Service(client)); //start a new thread to handle the connection
                    }
              }catch (Exception e) {
                    e.printStackTrace();
              }
          }
        class Service implements Runnable {
        private Socket socket;
        private BufferedReader in = null;
        private String msg = "";

        public Service(Socket socket) {
        this.socket = socket;
        try {
        in = new BufferedReader(new InputStreamReader(socket.getInputStream()));
        msg = "user" +this.socket.getInetAddress() + "come toal:"
                        +mList.size();
        this.sendmsg();
                    } catch (IOException e) {
                        e.printStackTrace();
                    }

              }
              //开启线程用于接收Service数据后更新UI显示
        @Override
        public void run() {
        // TODO Auto-generated method stub
        try {
        while(true) {
        if((msg = in.readLine())!= null) {
        if(msg.equals("exit")) {
                                System.out.println("ssssssss");
        mList.remove(socket);
        in.close();
        msg = "user:" + socket.getInetAddress()
                                        + "exit total:" + mList.size();
        socket.close();
        this.sendmsg();
        break;
                                } else {
        msg = socket.getInetAddress() + ":" + msg;
        this.sendmsg();
                                }
                          }
                    }
                    } catch (Exception e) {
                        e.printStackTrace();
                    }
              }

        public void sendmsg() {
                    System.out.println(msg);
        int num =mList.size();
        for (int index = 0; index < num; index ++) {
                    Socket mSocket = mList.get(index);
                    PrintWriter pout = null;
        try {
                        pout = new PrintWriter(new BufferedWriter(
        new OutputStreamWriter(mSocket.getOutputStream())),true);
                        pout.println(msg);
                    }catch (IOException e) {
                        e.printStackTrace();
                    }
                }
            }
        }
    }
```

词条解释如下。

- server = new ServerSocket(PORT);使用 ServerSocket 函数建立监听端口为 PORT 的 Socket Server
- in = new BufferedReader(new InputStreamReader(socket.getInputStream()))：在缓存中获取 socket 输入 Buffer
- pout = new PrintWriter(new BufferedWriter(new OutputStreamWriter(mSocket.getOutputStream())),true);获得 Socket 输出流在 SocketSeviceTCP 程序中接收 Client 数据，并在 Client 端开启线程用于接收 Service 的信息并更新到 UI 中。下面看看在 Android 中的 Client 端应用程序 SocketDemo，SocketClientTCP.java 的内容如下。

```
public class SocketClientTCP extends Activity implements Runnable {

    private static String tag = "SocketDemo";
    private TextView tv_msg = null;
private EditText ed_msg = null;
private Button btn_send = null;
private static final String HOST = "192.168.1.101";
private static final int PORT = 9999;
private Socket socket = null;
private BufferedReader in = null;
private PrintWriter out = null;
private String content = "";
private String text = null;

/** Called when the activity is first created. */
@Override
public void onCreate(Bundle savedInstanceState) {
super.onCreate(savedInstanceState);
      setContentView(R.layout.activity_main);
      .......
tv_msg = (TextView) findViewById(R.id.TextView);
ed_msg = (EditText) findViewById(R.id.EditText01);
btn_send = (Button) findViewById(R.id.Button02);

try {
socket = new Socket(HOST, PORT);
in = new BufferedReader(new InputStreamReader(socket.getInputStream()));
out = new PrintWriter(new BufferedWriter(new OutputStreamWriter(
socket.getOutputStream())), true);
      } catch (IOException ex) {
         ex.printStackTrace();
         ShowDialog("login exception" + ex.getMessage());
      }
btn_send.setOnClickListener(new Button.OnClickListener() {

@Override
public void onClick(View v) {
// TODO Auto-generated method stub
               String msg = ed_msg.getText().toString();
if (socket.isConnected()) {
   if (!socket.isOutputShutdown()) {
out.println(msg);
               }
            }
         }
      });
   }

public void ShowDialog(String msg) {
new AlertDialog.Builder(this).setTitle("notification").setMessage(msg)
            .setPositiveButton("ok", new DialogInterface.OnClickListener() {

      @Override
      public void onClick(DialogInterface dialog, int which) {
      // TODO Auto-generated method stub

            }
         }).show();
   }
```

```
public void run() {
try {
while (true) {
    String msg = ed_msg.getText().toString();
if (socket.isConnected()) {
if (!socket.isInputShutdown()) {
if ((content = in.readLine()) != null) {
content += "\n";
mHandler.sendMessage(mHandler.obtainMessage());
                        } else {

                        }
                    }

                }else
                {
    Thread.sleep(100);
                }
text = msg;

            }
        } catch (Exception e) {
            .printStackTrace();
        }
    }

public Handler mHandler = new Handler() {
public void handleMessage(Message msg) {
super.handleMessage(msg);
tv_msg.setText(tv_msg.getText().toString() + content);
        }
    };
}
```

上面的代码中，在 SocketClientTCP 程序中启动新线程用于处理 Client 端 UI 显示所发的内容，这样处理是为了避免阻塞。运行结果如图 15.5 所示，右图是 Service 端程序，左图是 Android 端程序。

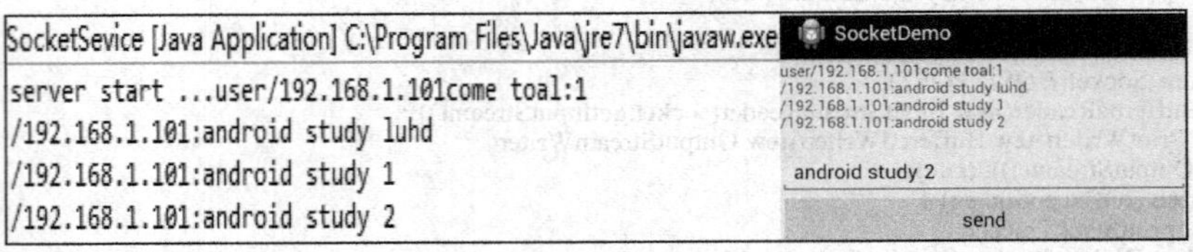

图 15.5　Socket 通信

15.3.2　Android UDP 通信

UDP 协议的全称是用户数据报协议，在网络中它与 TCP 协议一样用于处理数据包，是一种无连接的协议。在 OSI 模型中，在第四层——传输层，处于 IP 协议的上一层。UDP 有不提供数据包分组、组装和不能对数据包进行排序的缺点。也就是说，当报文发送之后，是无法得知其是否安全完整到达的。UDP 用来支持那些需要在计算机之间传输数据的网络应用。包括网络视频会议系统在内的众多的客户/服务器模式的网络应用都需要使用 UDP 协议。

与所熟知的 TCP（传输控制协议）协议一样，UDP 协议直接位于 IP（网际协议）协议的顶层。根据 OSI（开放系统互连）参考模型，UDP 和 TCP 都属于传输层协议。

UDP 协议的主要作用是将网络数据流量压缩成数据包的形式。一个典型的数据包就是一个二进制数据的传输单位。每一个数据包的前 8 个字节用来包含报头信息，剩余字节则用来包含具体的传输数据。

UDP 协议的几个特性

（1）UDP 是一个无连接协议，传输数据之前源端和终端不建立连接，当它想传送时就简单地去抓取来自应用程序的数据，并尽可能快地把它扔到网络上。在发送端，UDP 传送数据的速度仅仅是受应用程序生成数据的速度、计算机的能力和传输带宽的限制；在接收端，UDP 把每个消息段放在队列中，应用程序每次从队列中读一个消息段。

（2）由于传输数据不建立连接，因此也就不需要维护连接状态，包括收发状态等，因此一台服务机可同时向多个客户机传输相同的消息。

（3）UDP 信息包的标题很短，只有 8 个字节，相对于 TCP 的 20 个字节信息包的额外开销很小。

（4）吞吐量不受拥挤控制算法的调节，只受应用软件生成数据的速率、传输带宽、源端和终端主机性能的限制。

（5）UDP 尽最大努力交付，即不保证可靠交付，因此主机不需要维持复杂的链接状态表（这里面有许多参数）。

（6）UDP 是面向报文的。发送方的 UDP 对应用程序交下来的报文，在添加首部后就向下交付给 IP 层。既不拆分，也不合并，而是保留这些报文的边界。因此，应用程序需要选择合适的报文大小。

虽然 UDP 是一个不可靠的协议，但它是分发信息的一个理想协议。例如，在屏幕上报告股票市场、在屏幕上显示航空信息等等。UDP 也用在路由信息协议 RIP(Routing nformation rotocol) 中修改路由表。在这些应用场合下，如果有一个消息丢失，几秒之后另一个新的消息就会替换它。UDP 广泛用在多媒体应用中，例如，Progressive Networks 公司开发的 RealAudio 软件，它是在因特网上把预先录制的或者现场音乐实时传送给客户机的一种软件，该软件使用的 RealAudio audio-on-demand protocol 协议就是运行在 UDP 之上的协议，大多数因特网电话软件产品也都运行在 UDP 之上。经常使用“ping”命令来测试两台主机之间的 TCP/IP 通信是否正常，其实“ping”命令的原理就是向对方主机发送 UDP 数据包，然后对方主机确认收到数据包，如果数据包是否到达的消息及时反馈回来，那么网络就是通的。

上面了解了 UDP 协议，下面是 TCP 协议和 UDP 协议的优缺点。

- ❑ TCP 协议面向连接，UDP 协议面向非连接
- ❑ TCP 协议传输速度慢，UDP 协议传输速度快
- ❑ TCP 协议保证数据顺序，UDP 协议不保证数据顺序
- ❑ TCP 协议保证数据正确性，UDP 协议可能丢包
- ❑ TCP 协议对系统资源要求多，UDP 协议要求少

下面修改上节中的 Sevice 和 Client 端的两个项目，在服务器端创建 ServerSocketUDP.java 用于接收 UDP 协议的服务器，并在 Client 端项目 SocketDemo 中添加 Activity，用于发送 UDP 数据给 Service，命名为 SocketClientUDP,下面看看 Sevice 端程序，ServerSocketUDP.java 的代码如下。

```
public class ServerSocketUDP {
private byte[] buffer = new byte[1024];

private DatagramSocket ds = null;
private DatagramPacket packet = null;
private InetSocketAddress socketAddress = null;
private String orgIp;

/**
    * 构造函数，绑定主机和端口.
    * @param host 主机
    * @param port 端口
    * @throws Exception
    */
public ServerSocketUDP(String host, int port) throws Exception {
socketAddress = new InetSocketAddress(host, port);
ds = new DatagramSocket(socketAddress);
        System.out.println("server start ...");
```

```
    }

    public final String getOrgIp() {
    return orgIp;
    }

    /**
     * 设置超时时间，该方法必须在bind方法之后使用
     * @param timeout 超时时间
     * @throws Exception
     */
    public final void setSoTimeout(int timeout) throws Exception {
    ds.setSoTimeout(timeout);
    }

    /**
     * 获得超时时间
     * @return 返回超时时间
     * @throws Exception
     */
    public final int getSoTimeout() throws Exception {
    return ds.getSoTimeout();
    }
    /**
     * 绑定监听地址和端口
     * @param host 主机IP
     * @param port 端口
     * @throws SocketException
     */
    public final void bind(String host, int port) throws SocketException {
    socketAddress = new InetSocketAddress(host, port);
    ds = new DatagramSocket(socketAddress);
    }

    /**
     * 接收数据包，该方法会造成线程阻塞
     * @return 返回接收的数据串信息
     * @throws IOException
     */
    public final String receive() throws IOException {
    packet = new DatagramPacket(buffer, buffer.length);
    ds.receive(packet);
    orgIp = packet.getAddress().getHostAddress();
        String info = new String(packet.getData(), 0, packet.getLength());

        System.out.println("user: " +orgIp + "/"+ info);
    return info;
    }

    /**
     * 将响应包发送给请求端
     * @param bytes 回应报文
     * @throws IOException
     */
    public final void response(String info) throws IOException {
        System.out.println(" " + packet.getAddress().getHostAddress()
                + ",port: " + packet.getPort());
        DatagramPacket dp = new DatagramPacket(buffer, buffer.length, packet
                .getAddress(), packet.getPort());
        dp.setData(info.getBytes());
    ds.send(dp);
    }

    /**
     * 设置报文的缓冲长度
     * @param bufsize 缓冲长度
     */
    public final void setLength(int bufsize) {
    packet.setLength(bufsize);
    }

    /**
```

```
     * 获得发送回应的IP地址
     * @return 返回回应的IP地址
     */
    public final InetAddress getResponseAddress() {
    return packet.getAddress();
    }

    /**
     * 获得回应的主机的端口
     * @return 返回回应的主机的端口
     */
    public final int getResponsePort() {
    return packet.getPort();
    }

    /**
     * 关闭udp监听口
     */
    public final void close() {
    try {
    ds.close();
        } catch (Exception ex) {
            ex.printStackTrace();
        }
    }

    /**
     * 测试函数
     */
    public static void main(String[] args) throws Exception {
        String serverHost = "192.168.1.101";
    int serverPort = 9999;
        ServerSocketUDP udpServerSocket = new ServerSocketUDP(serverHost, serverPort);
    while (true) {
            udpServerSocket.receive();
            udpServerSocket.response("Hello, Android!");
        }
    }
}
```

上面的代码中接收 Client 端数据，并将其显示出来，下面看看 Android 端程序，SocketClientUDP.java 的代码如下。

```
public class SocketClientUDP extends Activity {

    private static String tag = "SocketDemoUDP";
    private 1TextView tv_msg = null;
private EditText ed_msg = null;
private Button btn_send = null;
//    private Button btn_login = null;
private static final String HOST = "192.168.1.104";
private static final int PORT = 9999;
private DatagramSocket DatagramSocket = null;
private BufferedReader in = null;
private PrintWriter out = null;
private String content = "";
private String text = null;

/** Called when the activity is first created. */
@Override
public void onCreate(Bundle savedInstanceState) {
super.onCreate(savedInstanceState);
        setContentView(R.layout.activity_main);
        ......
tv_msg = (TextView) findViewById(R.id.TextView);
ed_msg = (EditText) findViewById(R.id.EditText01);
btn_send = (Button) findViewById(R.id.Button02);

try {
            DatagramSocket =new DatagramSocket();
    } catch (SocketException e1) {
        // TODO Auto-generated catch block
            e1.printStackTrace();
```

```
        }
    btn_send.setOnClickListener(new Button.OnClickListener() {

    @Override
    public void onClick(View v) {
    // TODO Auto-generated method stub
                String msg = ed_msg.getText().toString();
    try {
                        //发送socket消息
                        send(HOST, PORT, msg.getBytes());
                        //更新UI显示
                mHandler.sendMessage(mHandler.obtainMessage());
                content =HOST +":"+ msg +"\n";
                    } catch (IOException e) {
                        // TODO Auto-generated catch block
                        e.printStackTrace();
                    }
                }
            });
        }
    public final DatagramPacket send(final String host, final int port,
    final byte[] bytes) throws IOException {
        DatagramPacket dp = new DatagramPacket(bytes, bytes.length, InetAddress
                .getByName(host), port);
    DatagramSocket.send(dp);
    return dp;
        }
    public void ShowDialog(String msg) {
    new AlertDialog.Builder(this).setTitle("notification").setMessage(msg)
            .setPositiveButton("ok", new DialogInterface.OnClickListener() {

    Override
    public void onClick(DialogInterface dialog, int which) {
    // TODO Auto-generated method stub

            }
        }).show();
    }

    public Handler mHandler = new Handler() {
    public void handleMessage(Message msg) {
    super.handleMessage(msg);
    tv_msg.setText(tv_msg.getText().toString() + content);
        }
    };
}
```

在上面的代码中负责发送消息给 Service 并将发送的信息显示到 TextView 中，运行程序如图 15.6 所示，右图是 Service 端程序，左图是 Android 端程序。

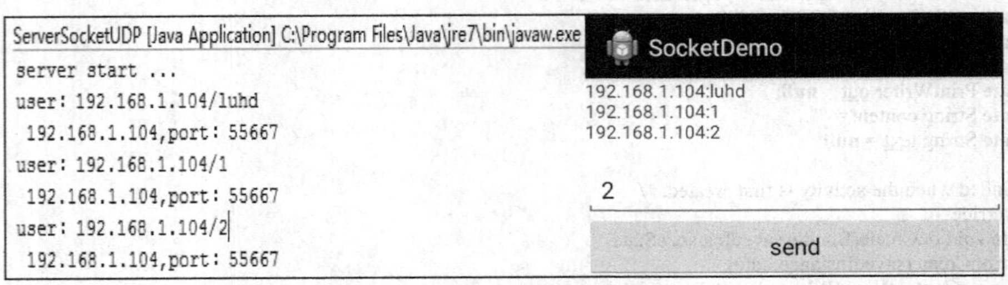

图 15.6　Socket UDP 通信

15.3.3　Native TCP/UDP 通信

如果应用领域是系统底层的硬件管理、图像处理或者游戏开发，这些更加注重实时性和程序效率的应用，将会考虑使用 Native 编程，如果整个程序的逻辑部分是在 Native 层实现的，这时的网络部分就没有必要使用 Java 开发，这样既降低了系统开销又提高了程序运行效率。这一节讲解如何在 native 层使用 TCP/UDP 协议。

讲解示例之前先了解一下 C 程序中 Socket 通信的关键数据结构和函数。首先学习在 Socket 编程中的两个基本结构体，第一个结构体 struct sockaddr。这个结构体为许多类型的套接字储存套接字地址信息，相关代码如下。

```
struct sockaddr {
unsigned short sa_family;     /*  地址家族, AF_xxx */
    char sa_data[14];             /*14字节协议地址*/
};
```

sa_family 可以是各种各样的类型，本节中使用的是 AF_INET 类型。sa_data 包含套接字中的目标地址和端口信息。

struct sockaddr 是一个通用地址结构，这是为了统一地址结构的表示方法，统一接口函数，使不同的地址结构可以被 bind()，connect()等函数所用，struct sockaddr_in 中的 in 表示 internet，就是网络地址。这也是比较常用的地址结构，属于 AF_INET 地址族。相关代码如下。

```
struct sockaddr_in {
  short int sin_family;               /*  通信类型  */
  unsigned short int sin_port;        /*  端口  */
  struct in_addr sin_addr;            /* Internet  地址  */
  unsigned char sin_zero[8];          /*  与sockaddr结构的长度相同*/
};
```

这个数据结构是处理套接字地址的基本元素，下面看看各个成员的具体涵义。

- sin_family 指代协议族，在 socket 编程中只能是 AF_INET 类型
- sin_port 存储端口号（使用网络字节顺序）
- sin_addr 存储 IP 地址，使用 in_addr 这个数据结构
- sin_zero 是为了让 sockaddr 与 sockaddr_in 两个数据结构保持大小相同而保留的空字节，使用前应该使用函数 bzero()或 memset()来全部置零

下面需要了解几个基本的函数 bind()，connect()和 setsockopt()，bind()函数将一本地地址与一套接口捆绑。本函数适用于未连接的数据报或流类套接口，在 connect()或 listen()调用前使用。当用 socket()创建套接口后，它便存在于一个地址族中，但并未赋名。bind()函数通过给一个未命名套接口分配一个本地名字来为套接口建立本地捆绑（主机地址/端口号）。

（1）函数原型

```
int bind( int sockfd , const struct sockaddr * my_addr, socklen_t addrlen);
```

参数说明:

- sockfd 表示已经建立的 socket 编号（描述符）；
- my_addr 是一个指向 sockaddr 结构体类型的指针；
- addrlen 表示 my_addr 结构的长度，可以用 sizeof 函数获得。
- 返回值：成功返回 0，失败返回-1。

（2）函数原型

```
int setsockopt(int s, int level, int optname, const void * optval, ,socklen_t optlen);
```

函数说明：setsockopt()用来设置参数 s 所指定的 socket 状态。参数 level 代表欲设置的网络层，一般设成 SOL_SOCKET 以存取 socket 层，参数 optname 代表欲设置的选项，有下列几种数值。

- SO_DEBUG 打开或关闭排错模式
- SO_REUSEADDR 允许在 bind ()过程中重复使用本地地址
- SO_TYPE 返回 socket 形态
- SO_ERROR 返回 socket 已发生的错误原因
- SO_DONTROUTE 送出的数据包不要利用路由设备来传输
- SO_BROADCAST 使用广播方式传送
- SO_SNDBUF 设置送出的暂存区大小
- SO_RCVBUF 设置接收的暂存区大小

- ❑ SO_KEEPALIVE 定期确定连线是否已终止
- ❑ SO_OOBINLINE 当接收到 OOB 数据时会马上送至标准输入设备
- ❑ SO_LINGER 确保数据安全且可靠地传送出去

参数 optval 代表欲设置的值，参数 optlen 则为 optval 的长度。

返回值：成功则返回 0，若有错误则返回-1，错误原因存于 errno

（3）函数原型

```
int connect(int sockfd, struct sockaddr * serv_addr, int addrlen);
```

函数说明：connect()用来将参数 sockfd 的 socket 连接参数 serv_addr 指定的网络地址，参数 addrlen 为 sockaddr 的结构长度。

返回值：成功则返回 0，失败返回-1，错误原因存于 errno 中。

下面通过实例来讲解，在 SocketDemo 项目中创建 Activity 命名为 SocketClientJNI，通过这个类来调用 C++中的 Socket 函数，并设置 SocketDemo 项目中 Native 的编译环境（参看 14.4 节），在 jni 目录中创建 client.h、client.cpp 和 jni_part.cpp 等文件，client.cpp 用于处理 socket 的通信过程，jni_part.cpp 负责 Native 和 Java 之间的调用，下面看看 client.h 代码，如下所示。

```
#define   LOG_TAG        "SocketDemo"
#define   LOGI(...)   __android_log_print(ANDROID_LOG_INFO, LOG_TAG,__VA_ARGS__)
#define   LOGE(...)   __android_log_print(ANDROID_LOG_ERROR,LOG_TAG,__VA_ARGS__)

class Client{
public:
    Client();
    ~Client();
    void sendBuf(const char* buf);
    char* revBuf(char* buf);
    int getSocket();
private:
    int sock;
    char sendbuf[1024];
    char revbuf[1024];
public:
    int ret;
};
```

代码很简单，就是定义了 Client 类，提供了三个方法，发送数据、接收数据和获取 Socket 对象，下面看看它们三个的实现过程，client.cpp 的代码如下。

```
#include <android/log.h>
#include "client.h"
const char *server= "192.168.1.104";
const int port = 9999;
Client::Client()
{
    ret = -1;
}
Client::~Client()
{
    if(ret != -1)
        close(sock);
}

void Client::sendBuf(const char* buf)
{
    ret = send(sock,buf,strlen(buf),0);
}
char* Client::revBuf(char* buf)
{
    ret = recv(sock,buf,sizeof(buf),0);
}
//#define DEFAULT_PROTO SOCK_STREAM //TCP协议
#define DEFAULT_PROTO SOCK_DGRAM       //UDP协议
int Client::getSocket()
{
    struct sockaddr_in peerAddr;
    int socket_type = DEFAULT_PROTO;
```

```
        peerAddr.sin_family = AF_INET;
        peerAddr.sin_port = htons(port);
        peerAddr.sin_addr.s_addr = inet_addr(server);

        sock = socket(PF_INET, socket_type, 0);
        if(socket_type == SOCK_STREAM)
            {
                int flag_socket = 1;
                int BufLen = 0; //设置为1K
        //      setsockopt( sock,   IPPROTO_TCP, TCP_NODELAY,(char*)flag_socket, sizeof(flag_socket));
                setsockopt( sock, SOL_SOCKET, SO_RCVBUF, ( const char* )&BufLen, sizeof( int ) );
                setsockopt( sock, SOL_SOCKET, SO_SNDBUF, ( const char* )&BufLen, sizeof( int ) );
            }
    ret = connect(sock,(struct sockaddr *)&peerAddr,sizeof(peerAddr));

    if(ret < 0){
            close(sock);
    return -1;
        }
    return 0;
    }
```

是的，在 Client 类中只是建立 Socket 连接，然后通过函数 sendBuf()发送数据，通过函数 revBuf()接收服务器数据，下面看看 jni_part.cpp 的内容，代码如下。

```
    #include <jni.h>
    #include "client.h"

    Client* mClient;

    extern "C" {
    JNIEXPORT jint JNICALL
    Java_com_android_socketdemo_SocketClientJNI_getSocket(JNIEnv* env, jobject thiz)
    {
        mClient = new Client();
        return mClient->getSocket();
    }
    JNIEXPORT void JNICALL Java_com_android_socketdemo_SocketClientJNI_sendBuf(JNIEnv* env, jobject thiz, jstring str)
    {
        //struct C*
        const char * m_str = env->GetStringUTFChars(str, JNI_FALSE);
        LOGI("char * = %s", m_str);
        if(m_str == NULL)
        {
            LOGI("error in get char*");
            return;
        }
        if(mClient->ret != -1){
            LOGI("JNIsendBuf ret != -1");
            mClient->sendBuf(m_str);
        }
    }
    }
```

代码很简单，我在此就不做过多解释，下面看看 SocketClientJNI.java 的代码是如何调用，代码如下。

```
    public class SocketClientJNI extends Activity {

        private static String TAG = "SocketDemo";
        private TextView tv_msg = null;
    private EditText ed_msg = null;
    private Button btn_send = null;

    private static final String HOST = "192.168.1.104";
    private static final int PORT = 9999;
    private Socket socket = null;
    private BufferedReader in = null;
    private PrintWriter out = null;
    private String content = "";
    private String text = null;

    /** Called when the activity is first created. */
    @Override
    public void onCreate(Bundle savedInstanceState) {
```

```
super.onCreate(savedInstanceState);
        setContentView(R.layout.activity_main);

    tv_msg = (TextView) findViewById(R.id.TextView);
    ed_msg = (EditText) findViewById(R.id.EditText01);
    btn_send = (Button) findViewById(R.id.Button02);

        if(getSocket() == -1){
            Log.d(TAG, "getSocket() == -1");
            ShowDialog("c socket exception");
        }
    btn_send.setOnClickListener(new Button.OnClickListener() {

    @Override
    public void onClick(View v) {
    // TODO Auto-generated method stub
     String msg = ed_msg.getText().toString();
                sendBuf(msg);
    mHandler.sendMessage(mHandler.obtainMessage());
        content =HOST +":"+ msg +"\n";
            }
        });
    }

    public void ShowDialog(String msg) {
    new AlertDialog.Builder(this).setTitle("notification").setMessage(msg)
                .setPositiveButton("ok", new DialogInterface.OnClickListener() {

        @Override
        public void onClick(DialogInterface dialog, int which) {
        // TODO Auto-generated method stub

            }
        }).show();
    }

    public Handler mHandler = new Handler() {
    public void handleMessage(Message msg) {
    super.handleMessage(msg);
    tv_msg.setText(tv_msg.getText().toString() + content);
            }
        };
        public native int getSocket();
        public native void sendBuf(String buf);
    static {
        System.loadLibrary("native_socket");
    }
}
```

这样就完成了 Native 的整个流程，服务器还是使用 SocketService 项目，运行程序，如图 15.7 所示。

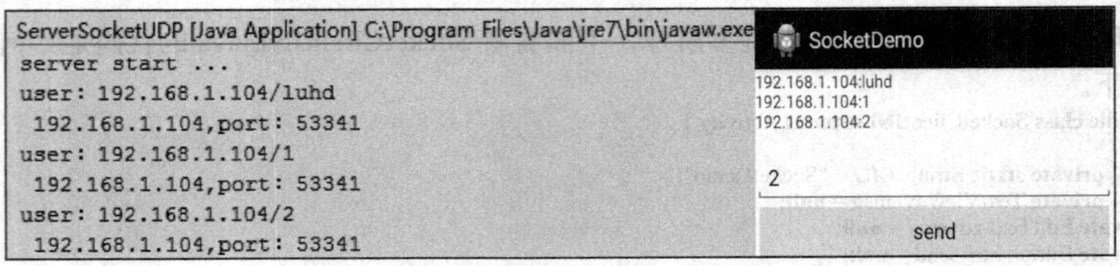

图 15.7 Socket Native 通信

15.4 小 结

本章讲解了 Android 平台下的网络编程，学习了如何使用 WebView 控件、如何使用 HTTP 协议访问网络资源，以及使用 Socket 编程进行网络通信，从 TCP 到 UDP 通信协议使用 Java 和 C++来实现，通过实例逐一分析实现代码，希望读者在学习的过程中掌握这些知识点。

第 16 章
Android 的灵魂——底层服务

寿命的缩短与思想的虚耗成正比。

——达尔文

本章中需要使用 Android 源码进行编译，主要的目的是让你能了解 Android 系统的底层架构，所以不建议你去运行本章的示例程序，旨在理解 Android Native Service 和 Android Binder 的运行原理。希望你能站在系统的高度去开发应用程序。

在 Android 系统中，每一个应用程序都是由 Activity 和 Service 组成的，一般 Service 运行在独立的进程中，而 Activity 有可能和 Service 运行在同一个进程中，这种情况的通信前面已经讲解过了，但是若运行在不同的进程中时，就需要使用 IPC binders 进行通信。

Android Native Service 又称为 Android System Service，是实现在 Native 层的 Service，在实现架构上有两个选择。

（1）实现 Android Java Service，然后通过 JNI 与 Native 层通信。

（2）跳过 Android Java Service，让应用直接与 Native Service 通信。

第一种实现方式前面已经学习过了，下面看看第二种方式即 Native Service 是如何与应用直接通信的。

16.1 Android 进程间通信

在 Android 系统中，进程间的交互随时都在进行，需要一种性能很高的解决方案。Android 是使用 Java 语言作为运行环境的，这样的情况下，通信机制就需要跟 Java 环境相结合，可以提供面向对象的访问方式，并且最好能够与自动化垃圾回收整合到一起。

Android 最终在选择跨进程通信方式时使用了一种叫 Binder 的通信机制，绝大部分系统的运行，以及系统与应用程序的交互，都是通过 Binder 通信机制来完成的。但 Android 系统里并不只有 Binder，实际上 Android 也可能会使用其他的跨进程通信机制，比如进程管理上会使用 Signal，在处理 3G Modem 时会使用 Socket 通信，以及为了使用 BlueZ 这套比较成熟的蓝牙解决方案，也使用 Dbus。

在计算环境中会有部件之间进行交互的需求。如果是统一的地址空间，可以通过读写全局变量等来完成。在多进程的操作系统环境中各部件之间的地址空间是互相独立的，这就需要有在两个进程空间之间传递消息的能力，即跨进程通信。在多进程操作系统中称为进程间通信（Inter-Process Communication，IPC）。

在传统的操作系统环境中，IPC 进程并非必须的选项，只是一种支持多进程环境设计的一种辅助手段。而由于这种非强制性的原因，IPC 机制在长期的操作系统发展历史中被约定俗成地固化下来，包括信号（Signal）、信号量（Semaphore）、管道（PIPE）、共享内存（Share Memory）、消息队列（Message Queue）、套接字（Socket）等。

在 IPC 机制里，对系统唯一的必选项是信号。因为信号不光是进程之间提供简单消息传递的一种机制，同时用于进程管理。如在 Linux 的进程管理框架里，会通过 SIGCHLD 的信号来管理父子进程，通过 SIGKILL 来关闭进程，以及通过 SIGSEGV 来触发段错误。所以对于进程管理而言，信号同时也是一种进程管理机制，像 SIGKILL 在内核进行进程调度时会立即处理，不进入用户态也不会被屏蔽。Android 构建于 Linux 内核之上，所以必然会使用到信号。

常用 IPC 机制构造出一种灵活的支持环境，可以让多进程软件的设计者灵活地选择。每个多进程软件都会设计一套内部通信的方案，并与其他软件有一套通用的交互方案，这样组合出一套操作系统级别的通信机制。如在 Linux 桌面环境中，Firefox 有自己的一套 IPC 机制，Gnome 有自己的一套通过 Gconf 构建的 IPC 机制，OpenOffice 又有另一套。当这些软件开始只关注自己的实现和改进时，这种 IPC 不统一的缺陷还不是那么严重，到后来需要协同工作时，由于 IPC 不统一造成的无法共同协作的问题就进一步严重了，于是又通过一番痛苦的标准化过程，形成了 Linux 环境里统一的 IPC 机制——Dbus。

于是 Android 在权衡了性能、面向对象、以进程为单位、可以自动进行垃圾回收等多方位的需求后选用了一种叫 Binder 的通信机制。

Binder 源自于 Palm 公司开源出来的一套 IPC 机制 OpenBinder，正如名字上所看到的，Binder 比 OpenBinder 拼写简化了一些，也是 OpenBinder 的一种简化版。

OpenBinder 本用于构建传统的操作系统 BeOS 的系统级消息传递机制，在 BeOS 退出历史舞台之后，又被 Palm 收购用于 Palm 的编程环境。但对于 Android 来说，OpenBinder 的设计过于复杂，它本质是非常接近微软的 COM 通信机制全功能级 IPC，在 Binder 体系里，可用于包装系统里的一切对象，同时也具备像 CORBA 那样可以绑定到多种语言支持环境里的功能，甚至它里面还有 shell 环境支持！这对 Android 来讲就有点杀鸡用牛刀了。于是 Android 简化了 OpenBinder，只借用其内核驱动部分，上层则重新进行封装，于是得到我们常说的 Binder。从学习角度而言，我们只需要理解与分析 Binder，不应该因为一些误导性的说明去研究

OpenBinder，OpenBinder 绝大部分功能是在 Android 里碰不到的，而 Android 里的 Binder 实现与应用的完整源代码，总共也没几行，分析起来更容易一些。

Binder 构建于 Linux 内核里的一个叫 binder 的驱动之上，系统里所有涉及 Binder 通信的部分，都通过与/dev/binder 的设备驱动交互来得到信息互通的功能。而 binder 本身只是一种借用内存作后端的“伪驱动”，并不对应到硬件，而只是作用于一段内存区域。通过这个 binder 驱动，最终在 Android 系统里实现了进程间通信所需的要求。

- 高性能：基于 Binder 的通信全都使用 ioctl 来进行，做过实时系统的人都会知道，ioctl 则会绕开文件系统缓冲，达到实时交互的目的。同时，binder 可以灵活地选用不同的机制传递数据，两次复制（用于传递小数据量），一次复制（用于 ServiceManager），零复制（通过 IMemory 对象共享，数据只在内核空间里存一份，用户态进行内存映射），所以效率高，灵活性好。
- 面向对象：与传统的仅提供底层通信能力的 IPC 不同，Android 系统是一种面向对象开发的系统，于是需要更高层的具备面向对象的抽象能力的 IPC 机制。使用底层 IPC 加以封装也可以，像 Mozilla 这种设计也可以解决问题，但 Android 是作为操作系统开发的，没必要产生这样的开销。而使用 Binder 后，得到了面向对象的 IPC，在设计上与实现上都得到了简化。使用 Binder 进行通信异常简单，只需要通过直接或是间接的方式继承 IBinder 基类即可。
- 绑定到 Dalvik 虚拟机：一般的系统设计里使用 IPC，都是先满足底层，再设计面向高层的 IPC 接口。还拿 Mozilla 举例，Mozilla 里的 IPC 先是提供 C/C++编程接口，然后再绑定到其他高级语言，像 Java、JavaScript、Python。而 Android 里的 Binder 则不同，更多的是面向 Java 的，直接通过 JNI 绑定到 Java 层的 Dalvik 虚拟机，先满足 Java 层的编程需求，然后再考虑到 C/C++。使用 C/C++语言来对 Binder 进行编程，更像是在 Java 底层的 hack 层，无论 Binder 怎么扩展，其服务对象都是 Java 层，从这个意义上来说，Android 的 Binder，也是面向 Java 的。
- 自动垃圾回收：在传统的 IPC 机制里，垃圾回收或者称作内存回收，都是 IPC 编程框架之外的，IPC 本身只负责通信，并不管理内存。而 Android 里使用 Binder 也不一样，因为它是面向对象的，于是更容易使用基于对象引用计数的内存管理。在使用 Binder 时，我们可能会经常遇到 sp<>、wp<>这样的模板类，这种模板则是直接服务于垃圾回收的，用 Java 语言的 Soft Reference、Weak Reference 来管理对象的生存周期。
- 简单灵活：与传统 IPC 相比，或是标准 OpenBinder 实现相比，Binder 都具备了实现方式更简单灵活的特点。Binder 在消息传递机制之上，附加了一定的内存管理功能，大大简化了编程，同时在实现上又非常简单，大家可以看到 frameworks/base/libs/binder 下的实现，也没有几行代码，而对于驱动来说，也仅有一个 drivers/stage/android/binder.c 文件而已。这种简单实现也给上层使用提供了更多灵活性。
- 面向进程：除了 Signal 之外，传统的 IPC 机制几乎没有办法获取与访问者（也就是进程）相关的信息，而只以内核态的文件描述符为单位进行通信。但 Binder 在设计里，就是以进程为单位的，所有的信息在传递过程中都以 PID 作为分发的基础，这时也为 Android 的多进程模型提供了便捷性。在维护进程之间为通信状态时，Binder 底层本身可以得到进程是否已经出错挂掉等信息。Binder 这种特性也间接提供了一定的进程调度的能力，处于 Binder 通信过程里的进程，在没有 Binder 通信发生时，一直会处于休眠状态，并不会盲目运行。
- 安全：前面分析过基于进程空间的“沙盒”模型，它是基于 uid/gid 为基础的单进程模型。如果 Binder 提供的传递机制也是以进程为单位进行通信，这种进程间通信的模型也可以得以强化，进程运行时的 uid/gid 也会在 Binder 通信时被用于权限判断。

当然，Android 系统并非依赖 Binder 处理全部逻辑，在特殊情况下也会使用到其他的 IPC 机制，比如前面提到的 RIL 与 BlueZ。在与进程管理模型相适配时，Android 也会使用到信号，关闭应用程序是通过简单的 SIGKILL，还会在某些代码调试部分的实现里使用 SIGUSR1、SIGUSR2 等。对于 Android 整个系统的核心实现而言，都会通过 Binder 来组织系统内部的消息传递与处理。应用程序之间的万能组件 Intent，实际上底层是使用 Binder，而应用程序要访问到系统里的功能，则会使用 Binder 封装出来的 Remote Service。整个系统的基本交互如图 16.1 所示。

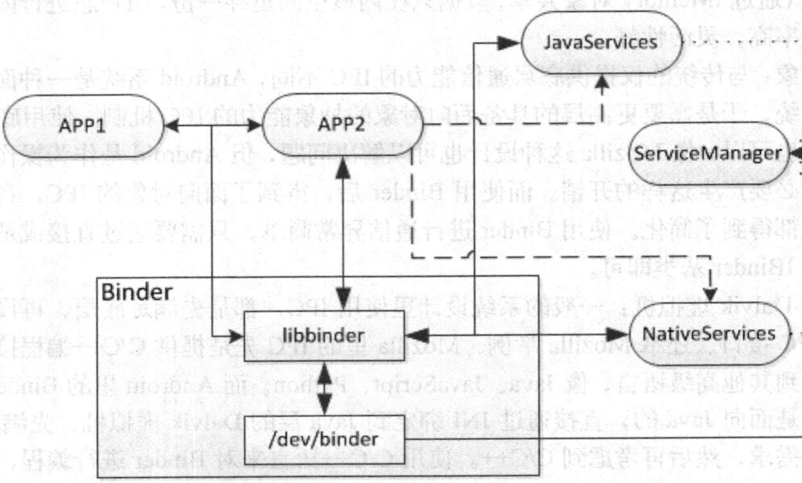

图 16.1　系统的基本交互图

在 Binder 之上，framework 会把 Binder 通信的基本操作封装到 libbinder 库（frameworks/base/libs/binder）中去实现，当然 libbinder 则通过 JNI 绑定到虚拟机的执行环境。应用程序 App1 与 App2 之间进行通信，只会通过 Binder 之上再包装出来的 Intent 来完成具体的交互。同时，Android 系统提供的系统级功能，大部分会是 Java 层的 Remote Service，有一小部分是使用 C/C++ 实现的 Native Service，而所有的这些 Service，会通过一个叫 ServiceManager 的进程来进行管理，不论是 Java 实现的 Service 还是 NativeService，都将使用 addService()注册到 ServiceManager 里。当任何一个应用程序需要访问系统级功能时，都会通过调用 ServiceManager 的 getService 方法取回一个系统级 Service 的实例，然后再与这些 Service 进行交互。

在图 16.1 中可以看到，实线代表交互，虚线代表基于 Binder 的远程交互，系统里基本上都不会有多个功能实现间的直接调用，所有的可执行部分，都只是通过 libbinder 封装库来与 binder 设备进行通信，而通信的结果就是实现了虚线所示的跨进程间的调用。当然在代码中是看得出来的，在代码上可能大部分都貌似是直接调用的，比如 Wifi 访问，其代码如下。

```
mWifiManager = (WifiManager) context.getSystemService(Context.WIFI_SERVICE);
intwifiApState = mWifiManager.getWifiApState();
if (isChecked&& ((wifiApState == WifiManager.WIFI_AP_STATE_ENABLING) ||
(wifiApState == WifiManager.WIFI_AP_STATE_ENABLED))) {
    mWifiManager.setWifiApEnabled(null, false);
}
```

在代码调用上根本看不到有 Binder 存在，就像是在当前进程里调用了某个方法一样。在这代码示例里，只是通过 getSystemService()取回一个 Context.WIFI_SERVICE 的实例，然后就通过这一实例来访问 gitWifiApState()方法，但在底层实现上，getSystemService()与 getWifiApState()

都是运行另一个进程空间里的代码。

NativeService 与应用程序编程 Java Service 基本上是一样的，唯一的区别是它会通过 addService()加载到 ServiceManager 的管理框架中，于是所有的进程都可以共享这种 Service。在 addService()成功之后，应用程序或是系统的其他部分，不需要再通过 Intent 来调用 Service，而是可以直接通过 getService()取回被调用的实例，然后直接进行跨进程调用。当然，Service 概念的引入也给系统设计带来了方便，这些 Service，既可以以独立进程的方式运行，也可以以线程方式被托管到另一个进程。一般情况下系统级的 Service 以线程方式运行在 SystemServer 系统进程中，但如果出于功能上或是稳定性上的考虑，则可以在独立的进程中执行 Service，对于调用它们的上层来说，都是透明的，无论哪种方式都没有区别。

Android Binder 使用了 Proxy 的设计模式。Proxy 设计模式，可以将设计与实现分离开。先定义接口类，调用端会通过一个 Proxy 接口来进行调用，而实现端则只通过接口类的定义向外暴露实现，调用方通过接口找到 Proxy，而 Proxy 会具体地找到合适的 Stub 实现来进行通信。通过这样的抽象，可以使代码在互相合作时的耦合度大大降低，Proxy 实现部分可以根据调用的具体需要来向不同的实现发出调用请求，同时实现接口的部分也会因此而灵活，对同一接口可以有多个实现，也可以对接口之外的调用进行灵活地拓充。对应到 Android 环境中就需要能够将 Binder 的实现，进一步通过 Proxy 设计模式包装起来，从而能够提高实现上的灵活性。于是 Android 中应用程序与系统的交互模型就会变成这样，如图 16.2 所示。

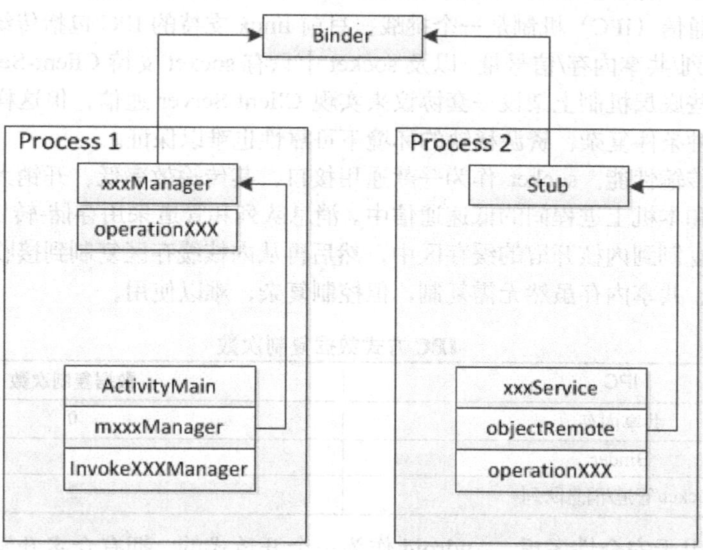

图 16.2　Android 中应用程序与系统的交互模型

首先继承自 Binder 的不再是某一个对象，而是被拆分成 Proxy 与 Stub 的两个部分，Proxy 部分被重命名为 xxxManager，而 Stub 部分则是通过继承 Binder 来得到一个 Stub 对象，这个 Stub 对象会作为 xxxService 的一个属性，对某些功能 xxx 的存在周期通过 Service 的生命周期来进行管理。通过这样的代码重构的 Proxy 访问模式，使 Android 系统的灵活性得以大大提高，这也是为什么在系统里可以见到大量的 xxxManager.java、xxxService.java 的原因，Manager 供应用程序使用，属于 Proxy 运行在应用程序进程空间，Service 提供实现，一般运行在某个系统进程空间里。

通过这种 Proxy 方式简化之后，可能还是会有代码重复的问题，比如 Manager 是如何实现的，Service 是如何实现的，总是会不停地重复写通信过程中的交互的代码，但对于通信过程而言，对于 Manager 和 Service 的交互过程是固定的实现过程。于是 Android 中提供了另一套机制 AIDL，来简化设计，减少需要重复的代码量。AIDL 提供的功能，就是将这些重复性的通信代码（Proxy 与 Stub 的基本实现），固化到 AIDL 工具自动生成的代码中。

16.2 Android IPC binders

Binder 是 Android 系统进程间通信的（IPC）方式之一。Linux 已经拥有管道、system V IPC、socket 等 IPC 手段，却还要倚赖 Binder 来实现进程间通信，说明 Binder 具有无可比拟的优势。深入了解 Binder 并将之与传统 IPC 做对比有助于我们深入领会进程间通信的实现和性能优化。本节将对 Binder 的设计细节做一个简单的阐述，通过介绍 Binder 通信模型来阐述 Binder 在系统不同部分的表述方式中所起的作用。

16.2.1 Binders 概述

基于 Client-Server 的通信方式广泛应用于从互联网和数据库访问到嵌入式手持设备内部通信等各个领域。Android 系统中，为了向应用开发者提供丰富多样的功能，这种通信方式更是无处不在，诸如媒体播放，视音频捕获，各种让手机更智能的传感器（加速度，方位，温度，光亮度等）等都由不同的 Server 负责管理，应用程序只需做为 Client 与这些 Server 建立连接便可以使用这些服务，花很少的时间和精力就能开发出令人眩目的功能。Client-Server 方式的广泛采用对进程间通信（IPC）机制是一个挑战。目前 linux 支持的 IPC 包括传统的管道，System V IPC，即消息队列/共享内存/信号量，以及 socket 中只有 socket 支持 Client-Server 的通信方式。当然也可以在这些底层机制上架设一套协议来实现 Client-Server 通信，但这样增加了系统的复杂性，在手机这种条件复杂、资源稀缺的环境下可靠性也难以保证。

另一方面是传输性能。socket 作为一款通用接口，其传输效率低、开销大，主要用在跨网络的进程间通信和本机上进程间的低速通信中。消息队列和管道采用存储-转发方式，即数据先从发送方缓存区复制到内核开辟的缓存区中，然后再从内核缓存区复制到接收方缓存区，至少有两次复制过程。共享内存虽然无需复制，但控制复杂，难以使用。

表 16.1　　IPC 方式数据复制次数

IPC	数据复制次数
共享内存	0
Binder	1
Socket/管道/消息队列	2

还有一点是出于安全性考虑。Android 作为一个开放式的、拥有众多开发者的平台，应用程序的来源广泛，确保智能终端的安全是非常重要的。终端用户不希望从网上下载的程序在不知情的情况下偷窥隐私数据，连接无线网络，长期操作底层设备导致电池很快耗尽等。传统 IPC 没有任何安全措施，完全依赖上层协议。首先传统 IPC 的接收方无法获得对方进程可靠的 UID/PID（用户 ID/进程 ID），从而无法鉴别对方身份。Android 为每个安装好的应用程序分配了自己的 UID，故进程的 UID 是鉴别进程身份的重要标志。使用传统 IPC 只能由用户在数据包里填入 UID/PID，但这样不可靠，容易被恶意程序利用。可靠的身份标记只能由 IPC 机制本身在内核中添加。其次传统 IPC 访问接入点是开放的，无法建立私有通道。比如命名管道的名称，system V 的键值，socket 的 IP 地址或文件名都是开放的，只要知道这些接入点的程序都可以和对端建立连接，不管怎样都无法阻止恶意程序通过猜测接收方地址获得连接。

基于以上原因，Android 需要建立一套新的 IPC 机制来满足系统对通信方式、传输性能和安全性的要求，这就是 Binder。Binder 是基于 Client-Server 的通信模式，传输过程只需一次复制，为发送方添加 UID/PID 身份，既支持实名 Binder 也支持匿名 Binder，安全性较高。

16.2.2 面向对象的 Binder IPC

Binder 使用 Client-Server 通信方式。一个进程作为 Server 提供诸如视频/音频解码、视频捕获、地址本查询、网络连接等服务；多个进程作为 Client 向 Server 发起服务请求，获得所需要的服务。要想实现 Client-Server 通信必须实现以下两点。

一是 server 必须有确定的访问接入点或者说地址来接收 Client 的请求，并且 Client 可以通过某种途径获知 Server 的地址。

二是制定 Command Reply 协议来传输数据。例如在网络通信中 Server 的访问接入点就是 Server 主机的 IP 地址+端口号，传输协议为 TCP 协议。对 Binder 而言，Binder 可以看成是 Server 提供的实现某个特定服务的访问接入点，Client 通过这个“地址”向 Server 发送请求来使用该服务；对 Client 而言，Binder 可以看成是通向 Server 的管道入口，要想和某个 Server 通信首先必须建立这个管道并获得管道入口。

与其他 IPC 不同，Binder 使用了面向对象的思想来描述作为访问接入点的 Binder 及其在 Client 中的入口。Binder 是一个实体位于 Server 中的对象，该对象提供了一套方法用以实现对服务的请求，就象类的成员函数。遍布于 client 中的入口可以看成指向这个 binder 对象的 “指针”，一旦获得了这个“指针”就可以调用该对象的方法访问 Server。在 Client 看来，通过 Binder “指针”调用其提供的方法和通过指针调用其他任何本地对象的方法并无区别，尽管前者的实体位于远端 Server 中，而后者实体位于本地内存中。“指针”是 C++的术语，而更通常的说法是引用，即 Client 通过 Binder 的引用访问 Server。

面向对象思想的引入将进程间通信转化为通过对某个 Binder 对象的引用调用该对象的方法，而其独特之处在于 Binder 对象是一个可以跨进程引用的对象，它的实体位于一个进程中，而它的引用却遍布于系统的各个进程之中。最诱人的是，这个引用和 Java 里的引用一样既可以是强类型，也可以是弱类型，而且可以从一个进程传给其他进程，让大家都能访问同一 Server，就象将一个对象或引用赋值给另一个引用一样。Binder 模糊了进程边界，淡化了进程间通信过程，整个系统仿佛运行于同一个面向对象的程序之中。

当然面向对象只是针对应用程序而言，对于 Binder 驱动和内核中的其他模块一样使用 C 语言实现，没有类和对象的概念。Binder 驱动为面向对象的进程间通信提供底层支持。

16.2.3 Binder 通信模型

Binder 框架定义了四个角色，Server、Client、ServiceManager（以后简称 SMgr）以及驱动。其中 Server、Client、SMgr 运行于用户空间，驱动运行于内核空间。这四个角色的关系和互联网类似，Server 是服务器，Client 是客户终端，SMgr 是域名服务器（DNS），驱动是路由器。

1. nder 驱动

和路由器一样，Binder 驱动虽然默默无闻，却是通信的核心。尽管名叫“驱动”，实际上和硬件设备没有任何关系，只是实现方式和设备驱动程序是一样的。工作于内核态，提供 open()、mmap()、poll()、ioctl()等标准文件操作，以字符驱动设备中的 misc 设备注册在设备目录 /dev 下，用户通过/dev/binder 访问它。驱动负责进程之间 Binder 通信的建立，Binder 在进程之间的传递，Binder 引用计数管理，数据包在进程之间的传递和交互等一系列底层支持。驱动和应用程序之间定义了一套接口协议，主要功能由 ioctl()接口来实现，不提供 read()、write()接口，因为 ioctl()灵活方便，且能够一次调用实现先写后读满足同步交互，而不必分别调用 write()和 read()。

2. SrviceManager 与实名 Binder

和 DNS 类似，SMgr 的作用是将字符形式的 Binder 名字转化成 Client 中对该 Binder 的引用，使得 Client 能够通过 Binder 名字获得对 Server 中 Binder 实体的引用。注册了名字的 Binder 叫实名 Binder，就象每个网站除了有 IP 地址外都有自己的网址。Server 创建了 Binder 实体，为其取一个字符形式，可读易记的名字，将这个 Binder 连同名字以数据包的形式通过 Binder 驱动发送给 SMgr，通知 SMgr 注册一个名叫张三的 Binder，它位于某个 Server 中。驱动为这个穿过进程边界的 Binder 创建位于内核中的实体节点以及 SMgr 对实体的引用，将名字及新建的引用传递给 SMgr。SMgr 接收数据包后，从中取出名字和引用填入一张查找表中。

细心的读者可能会发现其中的蹊跷，SMgr 是一个进程，Server 是另一个进程，Server 向 SMgr 注册 Binder 必然会涉及进程间的通信。当前实现的是进程间通信却又要用到进程间通信，这就好象蛋可以孵出鸡前提却是要找只鸡来孵蛋。Binder 的实现比较巧妙，预先创造一只鸡来孵蛋。SMgr 和其他进程同样采用 Binder 通信，SMgr 是 Server 端，有自己的 Binder 实体，其他进程都是 Client，需要通过这个 Binder 的引用来实现 Binder 的注册、查询和获取。SMgr 提供的 Binder 比较特殊，它没有名字也不需要注册，当一个进程使用 BINDER_SET_CONTEXT_MGR 命令将自己注册成 SMgr 时 Binder 驱动会自动为它创建 Binder 实体（这就是那只预先造好的鸡）。其次这个 Binder 的引用在所有 Client 中都固定为 0 而无须通过其他手段获得。也就是说，一个 Server 若要向 SMgr 注册自己 Binder 就必需通过 0 这个引用和 SMgr 的 Binder 通信。类比网络通信，0 号引用就好比域名服务器的地址，你必须手工或动态配置好。要注意这里说的 Client 是相对 SMgr 而言的，一个应用程序是个提供服务的 Server，但对 SMgr 来说它仍然是个 Client。

3. Client 获得实名 Binder 的引用

Server 向 SMgr 注册了 Binder 实体及其名字后，Client 就可以通过名字获得该 Binder 的引用了。Client 也利用保留的 0 号引用向 SMgr 请求访问某个 Binder，例如我申请获得名字叫张三的 Binder 的引用。SMgr 收到这个连接请求，从请求数据包里获得 Binder 的名字，在查找表里找到该名字对应的条目，从条目中取出 Binder 的引用，将该引用作为回复发送给发起请求的 Client。从面向对象的角度，这个 Binder 对象现在有了两个引用，一个位于 SMgr 中，一个位于发起请求的 Client 中。如果接下来有更多的 Client 请求该 Binder，系统中就会有更多的引用指向该 Binder，就象 Java 里一个对象存在多个引用一样。而且类似的这些指向 Binder 的引用是强类型，从而确保只要有引用 Binder 实体就不会被释放掉。通过以上过程可以看出，SMgr 象个火车票代售点，收集了所有火车的车票，可以通过它购买到乘坐各趟火车的票，即得到某个 Binder 的引用。

4. 匿名 Binder

并不是所有 Binder 都需要注册给 SMgr 广而告之的。Server 端可以通过已经建立的 Binder 连接将创建的 Binder 实体传给 Client，当然这条已经建立的 Binder 连接必须是通过实名 Binder 来实现。由于这个 Binder 没有向 SMgr 注册名字，所以是个匿名 Binder。Client 将会收到这个匿名 Binder 的引用，通过这个引用向位于 Server 中的实体发送请求。匿名 Binder 为通信双方建立一条私密通道，只要 Server 没有把匿名 Binder 发给别的进程，别的进程就无法通过穷举或猜测等任何方式获得该 Binder 的引用，向该 Binder 发送请求。

如图 16.3 所示，绘图展示了参与 Binder 通信的所有角色，这些角色将在以后章节中一一提到。

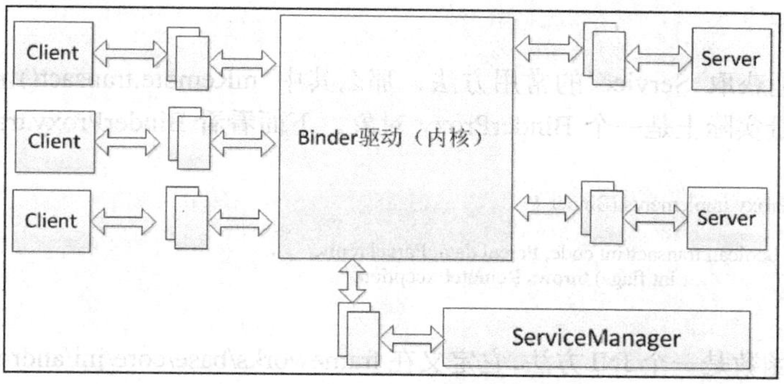

图 16.3 Binder 通信示例

16.3 Binder 的 Native 实现（libbinder）

Binder 机制在应用程序框架层中的 Java 接口，主要就是 Service Manager、Server 和 Client 这三个角色的实现了。通常 Server 实现为 Service 的形式，并通过 IServiceManager.addService 接口来把这个 Service 添加到 Service Manager，Client 也是通过 IServiceManager.getService 接口来获得 Service 接口，接着就可以使用这个 Service 提供的功能了，这个接口与运行时库的 Binder 接口是一致的。

Binder 的通信过程是在 libbinder 库中实现，最终会通过 libbinder.so 提供到 Android 系统中。libbinder 是由 C++编写的，在 Native 环境里以面向对象的方式来使用 Binder，从而可以在多种环境里为进程间通信提供一种机制。Java 直接使用 libbinder 提供的编程接口，也可以编写 Native 环境里的 System Service，由 C++语言直接给 Java 语言提供服务端实现，这就得到了 NativeService。

Java 环境如何访问到 libbinder？Binder 在 Java 环境里的表现形式，除去接口类的 IInterface、IBinder，实际在 Android 系统里会使用一个 Binder 基类来托管一个远程对象。从交互过程来看，使用某个 Binder 上托管的对象，可以通过 Binder 之上搭建的 IPC 消息进行互通信，通过继承 Binder 的对象在发送端产生 Proxy 部分，而在接收端生成 Stub 部分。Binder 通过 IInterface 将对象暴露出来后，发送端就可以使用这一引用找到 Proxy，通过 Proxy 对象的 transact()方法发送，而接收端对应地也使用同一 IInterface，通过其上的 onTransact()回调接收。这样便构成了交互的能力，如图 16.4 所示。

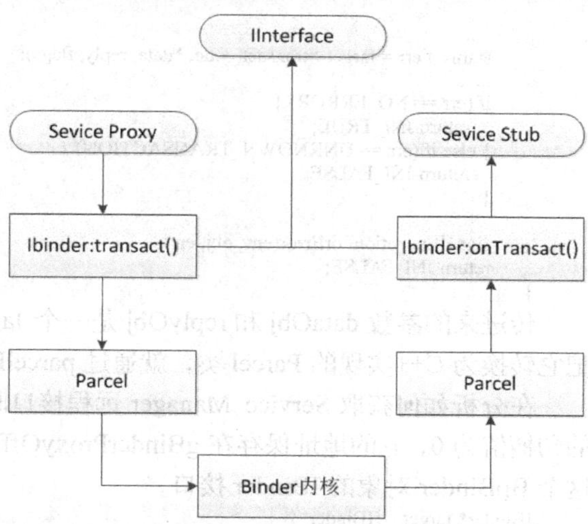

图 16.4 IInterface 交互过程

在 Java 环境中，用户根本不知道是如何处理完成的，下面来跟踪 Binder 的相关 Java 实现，在 Client 端经常会使用如下方法来写 Proxy 端方法，代码如下。

```
public IBinder getService(String name) throws RemoteException {
        Parcel data = Parcel.obtain();
        Parcel reply = Parcel.obtain();
        data.writeInterfaceToken(IServiceManager.descriptor);
        data.writeString(name);
        mRemote.transact(GET_SERVICE_TRANSACTION, data, reply, 0);
        IBinder binder = reply.readStrongBinder();
        reply.recycle();
        data.recycle();
```

```
    return binder;
}
```

上面的代码是获取 Service 的常用方法，那么其中 mRemote.transact()函数是什么意思？mRemote 成员变量实际上是一个 BinderProxy 对象，下面看看 BinderProxy.transact 函数的具体实现。

```
final class BinderProxy implements IBinder {
    ......
    public native boolean transact(int code, Parcel data, Parcel reply,
                        int flags) throws RemoteException;
    ......
}
```

transact 成员函数是一个 JNI 方法，它定义在 frameworks/base/core/jni/android_util_Binder.cpp 文件中，相关代码如下。

```
static jboolean android_os_BinderProxy_transact(JNIEnv* env, jobject obj,
                jint code, jobject dataObj,
                jobject replyObj, jint flags)
{
    ......
    Parcel* data = parcelForJavaObject(env, dataObj);
    if (data == NULL) {
        return JNI_FALSE;
    }
    Parcel* reply = parcelForJavaObject(env, replyObj);
    if (reply == NULL && replyObj != NULL) {
        return JNI_FALSE;
    }

    IBinder* target = (IBinder*)
        env->GetIntField(obj, gBinderProxyOffsets.mObject);
    if (target == NULL) {
        jniThrowException(env, "java/lang/IllegalStateException", "Binder has been finalized!");
        return JNI_FALSE;
    }

    ......
    status_t err = target->transact(code, *data, reply, flags);
    ......
    if (err == NO_ERROR) {
        return JNI_TRUE;
    } else if (err == UNKNOWN_TRANSACTION) {
        return JNI_FALSE;
    }

    signalExceptionForError(env, obj, err);
    return JNI_FALSE;
}
```

传进来的参数 dataObj 和 replyObj 是一个 Java 接口实现的 Parcel 类，由于是 JNI 层，需要把它转换为 C++实现的 Parcel 类，就通过 parcelForJavaObject()函数进行转换。

在分析如何获取 Service Manager 远程接口时，在 JNI 层中创建了一个 BpBinder 对象，它的句柄值为 0，它的地址保存在 gBinderProxyOffsets.mObject 中，因此，这里通过下面语句得到这个 BpBinder 对象的 IBinder 接口。

```
IBinder* target = (IBinder*)
    env->GetIntField(obj, gBinderProxyOffsets.mObject);
```

有了这个 IBinder 接口后，就和 Binder 机制的 C/C++实现一致了。

最后，通过 BpBinder::transact 函数进入到 Binder 驱动程序，然后 Binder 驱动程序唤醒 Service Manager 响应这个 ADD_SERVICE_TRANSACTION 请求，代码如下。

```
status_t err = target->transact(code, *data, reply, flags);
```

这里 reply 变量里面就包括了一个 XXXService 的引用。注意，这里的 reply 变量就是上面在 ServiceManagerProxy.getService 函数里面传进来的参数 reply，它是一个 Parcel 对象。回到 ServiceManagerProxy.getService 函数中，从下面语句返回。

```
mRemote.transact(GET_SERVICE_TRANSACTION, data, reply, 0);
```

接着，就通过下面语句将这个 XXXService 的引用读出来，代码如下。

```
IBinder binder = reply.readStrongBinder();
```

上面讲解了 Java 环境里的 Binder 工作流程，得到如下所示的 Java Binder 以及 C++ Binder 代码的复杂关系，如图 16.5 所示。

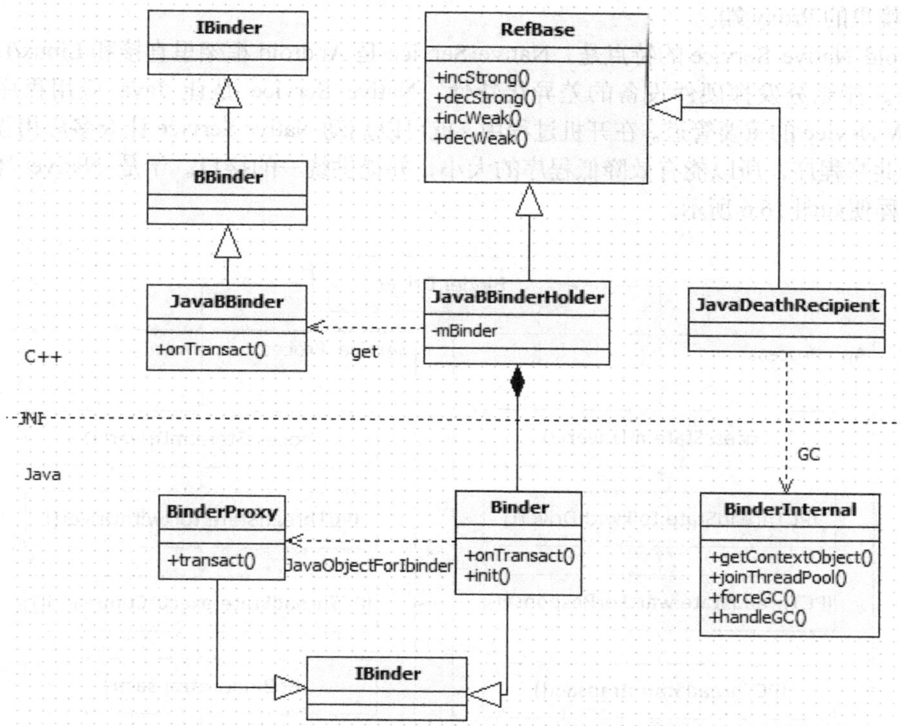

图 16.5 Java Binder 以及 C++ Binder 代码

在 Java 环境里，Binder 对象是 Ibinder 的引用，它可以通过 javaObjectForIBinder()来创建或是取得某个已有的 BinderProxy 对象，BinderProxy 对象的 transact()是以 JNI 的方式实现的，于是有可能进一步通过它来构建底层的 Binder 交互。同时，Java 环境里的 Binder 对象，会通过 init()方法来为该对象创建 JavaBBinderHolder，从而使自己映射到 C/C++环境里的 Binder（在 C/C++环境里叫 BBinder），最终将两个环境里的 Binder 对象映射到一起。

16.4 Android Native Service

Native Service 是 Android 系统里的一种特色，就是通过 C++或是 C 代码写出来的、供 Java 进行远程调用的 Service，因为 C/C++代码生成的是 Native 代码，于是叫 Native Service。随着 Android 系统的性能需求越来越高，Native Service 需求将越来越高。

NativeService 相当于 6.4 节讲解过的 RemoteService 的又一版本，是将 Remote Service 里在 Java 层通过 JNI 调用修改为直接通过 Java 层的 BinderProxy 对象的 transact()方法直接进入到 Native 实现 BBinder 对象，然后通过 IPCThreadState 对象发送 Binder 消息，在 Client 端实现对应的 IBinder 接口，进程空间里的 IPCThreadState 对象会接收到这一 Binder 消息，再通过 JNI 回调 Java 环境里的 Binder 对象所实现的 onTransact()方法，于是就得到 Remote Service。

通过 Native 代码来提供 Remote Service，从 IBinder 接口的 Stub 端的原理可以看出，如果在回调 Java 的 JNI 之前将代码调用截断，直接通过 Native 代码来实现 onTransact()方法，则可以完成 Service 的 Stub 端实现。同时，出于实现角度的考虑，RemoteService 接口不只可以服务于 Java 环境，也可以服务于 Native 环境，于是也可以提供 Native 环境里的 BinderProxy 代码，可以直接通过 BpBinder 对象的 transact()方法来发送 Binder 消息，此时就可以将信息发送到 Native 环境里的 Proxy 端。

Android Native Service 的特点是，Native Service 是 Android 框架里直接和 Linux/Driver 交互的部分。能充分发挥硬件设备的差异化特性，Native Service 是让 Java 应用程序来使用 Driver/HW Device 的重要管道。在开机过程中，就可以启动 Native Service 让众多应用程序来共享。因为共享程序，所以能有效降低程序的大小，并提供统一的接口。于是 Native 环境下的 Binder 编程便如图 16.6 所示。

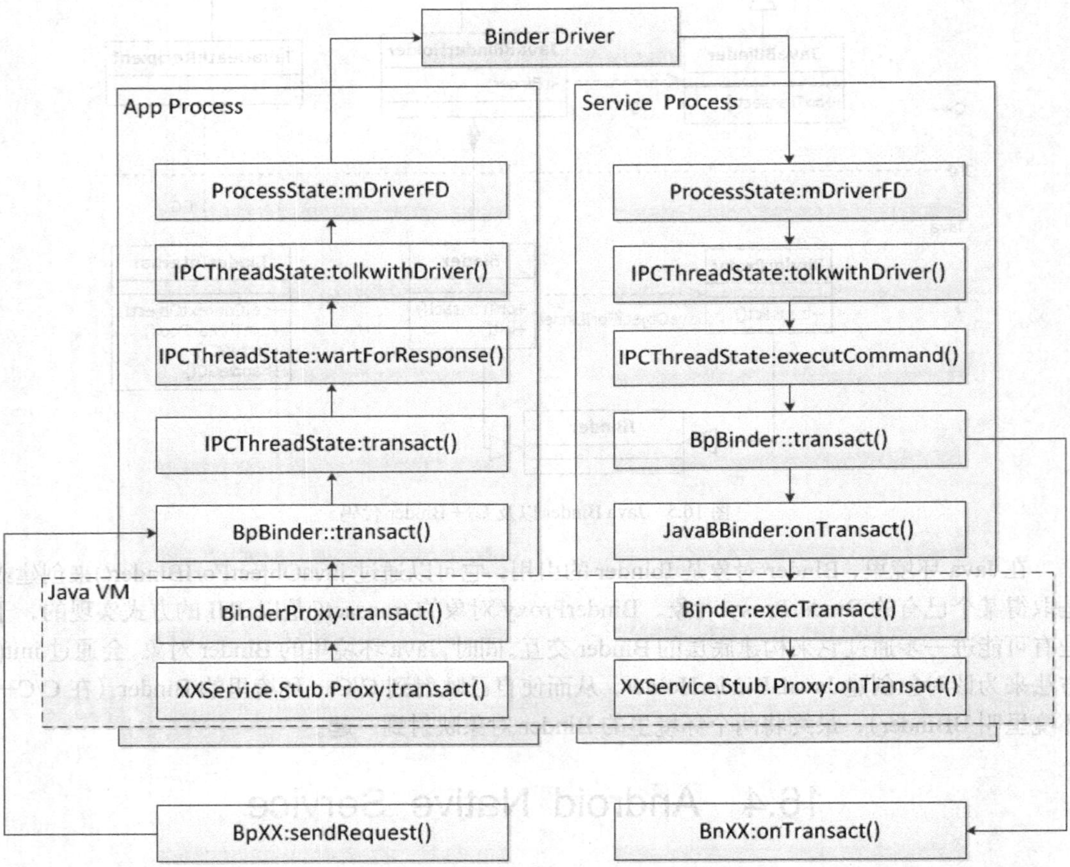

图 16.6　Native 环境下的 Binder 编程

如图 16.6 所示，与 Java 环境里的 Stub.Proxy 对象的实现相对应，在 Native 态也会定义 BpXXX 对象，其中 B 代表 Binder，p 代码 Proxy，所需要的接口名为 XX。因为所需发送的 Binder 通信都是经由 BpBinder::transact()方法发送，于是 Java 环境与 Native 环境的 Proxy 在本质上是一回事，只是提供不同编程语言环境里的不同实现而已。同时，在接收与处理端，IPCThreadState 对象回调 BBinder 引用的 onTransact()时，BBinder 引用的不再是一个 JavaBBinder 对象，而是拓展出来的 BnXX 对象，n 代表 Native。于是 BBinder::transact()就会直接调用 BnXX 里实现的 onTransact()，在这一 onTransact()方法里就可以处理 Binder 消息，并将结果返回。

Remote Service 的访问者，也就是应用程序进程，会使用 Stub.Proxy 对象来调用 transact()方法，而 Proxy 对象本身会在使用里创建一个 BinderProxy 对象，并调用这一 BinderProxy 对象的 transact()方法。而 Java 环境里的 BinderProxy 对象的使用，会在 libbinder 里创建 BpBinder 与之对应，BinderProxy 的 transact()本身是使用 JNI 实现的，它会调用 BpBinder 的 transact()来实现。这时，在 BpBinder 的 transact()方法里，Binder 命令便会经由 IPCThreadState 对象的 transact()、waiteForResponse()、talkWithDriver()写入当前进程维护的 mDriverFD 中，也就是 Binder 驱动里。

Remote Service 则是 Binder 命令的接收与处理者，会一直在自己的 ProcessState 对象维护的 mDriverFD 上监听，Remote Service 则都使用 joinThreadPool()来创建监听 Binder 的线程。当 Binder 命令过来之后，监听的 IPCThreadState 对象会从 talkWithDriver()方法里返回，读回相应的命令，然后调用 executeCommand()方法来处理这一命令。在 executeCommand()方法里，当接收到交互请求（命令是 BR_TRANSACTION）时，会调用 Binder 命令里指定 BBinder 对象的 transact()方法。此时，因为 Java 环境里的 Binder 对象在 JNI 实现里会自动创建 JavaBBinder 类，于是 BBinder 对象的 transact()方法，会通过 JavaBBinder 的 onTransact()回调 Java 环境里 Binder 对象的 execTransact()方法，然后再调用最终的 RemoteService 里实现的 onTransact()方法。

当然，前面通过 aidl 编程也可以看出，虽然底层实现如此复杂，九转十八弯才得到了这样的远程调用，但对于编程使用却异常简单，只是需要简单地使用一个 Stub 对象即可，所有的底层操作都将系统封装了，在 AIDL 编程时甚至都不知道有 Proxy 对象，全由 AIDL 自动生成。这便是 Android 的优点之一，无论底层多么复杂，但上层都是很简单的接口。而对于系统设计的一个可借鉴之处是，当我们把这套逻辑封装得非常易于编程时，对于底层的改进也将更加平滑，因为用户并不知道底层发生了怎样的变动，仍使用同样的编程方式进行调用。

在整个 Binder 概念的实现上，大量使用面向对象技巧，即便是在 C++实现的部分，也会通过虚拟继承来实现访问上的灵活性，在嵌入式环境里使用虚拟继承来进行动态访问，本身就是低效之源。但是，因为有了 Java 语言的需求，这样设计就很合理了。通过 Binder，不但完成了 Binder 在 Java 环境与 Native 环境的成功映射，在 Java 环境的 Binder 概念之下通过机器代码实现了高效安全的 Binder 通信，更进一步的好处是，Binder 被托管到了 Java 虚拟机的自动化垃圾回收机制里。假设 Android 并没有选择 Java 语言，而是选择了另一种支持垃圾回收的编程语言，我们只需要简单地将 Java 态进行绑定，也就是 Binder 概念相关的 Java 类、JNI 实现一次即可。

至此，libbinder 的基本功能便已经完备了，可以支持上层的基于 Binder 传递对象、使用 IBinder 引用来进行调用远程进程中的方法、以及通过 Parcel 来传递复杂对象的功能。

除了基本功能外，libbinder 里还会实现一些 C++环境里的辅助类。

- ❑ 实现在 C++环境里的 ServiceManager 类，从而在 C++环境里可以直接调用 getService()方法取得其他 System Service
- ❑ 实现 IMemory 接口方法，从而可以灵活实现多种内存共享的方式

16.4.1 Native Service 接口介绍

在 Native Service 机制的实现上，会像 Java 环境里的 AIDL 编程那样，尽可能使用重用来进行。Native 层提供了用于调用的 libbinder，libbinder 在 C++/C 环境对 Java 环境里的 IInterface、Binder、IBinder 进行了映射。Java 编写的 RemoteService，是通过 IInterface 的 asBinder()返回 IBinder 引用，通过 IBinder 引用在 Proxy 与 Stub 的功能不同而返回的不同对象来实现。在 C++环境里的 libbinder 为了保持跟 Java 环境兼容，Binder 会通过 IInterface 来完成远程访问，通过 IInterface 的 asBinder()来返回 IBinder，对于客户端返回的是 Proxy 对象，对于 Stub 端会返回 Stub

对象。但因为C++语言是基于指针，而并非像Java那样基于对象的引用来访问，在具体的实现上会稍微有点区别。与Binder的远程调用相关的头文件定义全部来自IInterface.h文件，代码如下。

```
namespace android {
class IInterface : public virtual RefBase      1
{
public:
        IInterface();
        sp<IBinder>             asBinder();
        sp<const IBinder>       asBinder() const;
protected:
    virtual                         ~IInterface();
    virtual IBinder*            onAsBinder() =0;
};

template<typename INTERFACE>
inline sp<INTERFACE> interface_cast(const sp<IBinder>& obj)     2
{
    returnINTERFACE::asInterface(obj);
}

template<typename INTERFACE>            3
class BnInterface : public INTERFACE, public BBinder
{
public:
    virtualsp<IInterface>       queryLocalInterface(const String16& _descriptor);
    virtual constString16&      getInterfaceDescriptor()const;
protected:
    virtual IBinder*            onAsBinder();
};

template<typename INTERFACE>            4
class BpInterface : public INTERFACE, public BpRefBase
{
public:
                            BpInterface(constsp<IBinder>& remote);

protected:
    virtual IBinder*        onAsBinder();
};
}
```

词条解释如下。

- ❑ IInterface，接口类。跟Java环境一下，用于提供asBinder()方法，返回一个IBinder引用。但与Java环境不同之处在于，Java是一种强类型语言，必须通过引用来访问到对象，可以安全地使用，而在C++环境里，对象则是直接通过指针来进行访问，有可能会因为IInterface这个接口类所依托的对象不存在而出现错误。于是IInterface的asBinder()接口被拆分成两部分，外部接口asBinder()和内部接口onAsBinder()。asBinder()会通过判断this指针是否有空来决定调用onAsBinder()返回IBinder引用，或是返回空指针NULL。具体实现IInterface接口类时，则是通过实现onAsBinder()来完成，C++没有接口类的概念，于是onAsBinder()作为纯虚函数则使用IInterface成为接口类。
- ❑ interface_cast()方法。Java环境里的IBinder会有asInterface()接口方法，在libbinder里通过C++实现的IBinder则不能提供这一接口，于是需要通过一个全局有效的interface_cast()宏来完成这一功能。interface_cast()是调用一个尚未定义的INTERFACE::asInterface()宏，于是只会在有明确定义asInterface()的地方，interface_cast()才会有效。
- ❑ BnInterface，实现Stub功能的模板。它使用的模板参数INTERFACE是用于继承之用，每个通过BnInterface模板生成的类都会继承自IINTERFACE，从而获得该INTERFACE的定义。同时，BnInterface还会继承BBinder类，这决定了通过BnInterface得到的对象必然是完成Stub功能，通过拓展onTransact()方法来实现Binder命令的解析与执行。
- ❑ BpInterface，实现Proxy功能的模板。同BnInterface一样，BpInterface模板也是使用

INTERFACE 作模板参数，并继承它，于是 BpInterface 与 BnInterface 必然需要实现 INTERFACE 所需要的接口方法。同时 BpInterface 又会继承 BpRefBase，于是决定了基于 BpInterface 会得到 Proxy 功能，实现 INTERFACE 里声明的接口方法，并将最终的调用映射到对应 IBinder 的 transact()里完成 Binder 命令的发送，并处理通过 Binder 返回的结果。

IInterface 接口类是通过纯虚函数实现，BnInterface 模板和 BpInterface 模板构成与 Java 环境几乎一致的 Binder 支持环境。这三者本身貌似并不直接关联到一起，若创建一个继承自 IInterface 的接口类，把所需要实现的接口方法在这个类进行定义，然后把这个类作为模板参数分别传入 BnInterface 和 BpInterface 模板，就会得到跟 Java 环境里类似的接口类定义的效果。因为 AIDL 不支持 C++环境，于是这种模板技巧可以减少对 Binder 操作上的代码重复。现在我们得到的 Native Service 相关的类关系如图 16.7 所示。

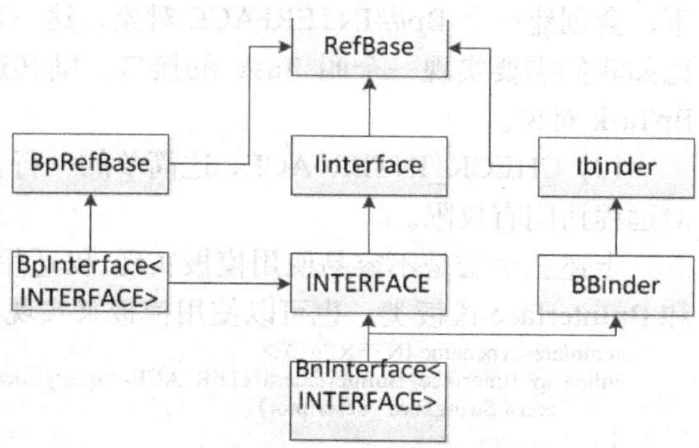

图 16.7 Native Service 相关的类关系图

这并非全部，在 Java 环境里实现 Iinterface 接口类，一般会指定一个 final 限定的 descriptor，这个 descriptor 字符串将限定当前远程接口在 Binder 环境里的唯一性，C++环境里也需要这样的 Binder 标识。同时，还有一些固定代码，在 C++环境里也可以通过宏来减少代码重复。在这里需要通过一个未知对象来得到一些具体的代码，通过模板实现会过于复杂，通过宏来完成则只需要简单的字符拼接。所以，在 IInterface.h 里还定义如下三个宏。

```
//#i
#define DECLARE_META_INTERFACE(INTERFACE)                                   \
    static constandroid::String16 descriptor;                               \
    staticandroid::sp<I##INTERFACE> asInterface(                            \
        constandroid::sp<android::IBinder>& obj);                           \
    virtual constandroid::String16& getInterfaceDescriptor() const;         \
    I##INTERFACE();                                                         \
virtual ~I##INTERFACE();                                                    \
 //#2
#define IMPLEMENT_META_INTERFACE(INTERFACE, NAME)                           \
    const android::String16I##INTERFACE::descriptor(NAME);                  \
    constandroid::String16&                                                 \
            I##INTERFACE::getInterfaceDescriptor() const {                  \
        returnI##INTERFACE::descriptor;                                     \
    }                                                                       \
    android::sp<I##INTERFACE> I##INTERFACE::asInterface(                    \
            const android::sp<android::IBinder>&obj)                        \
    {                                                                       \
        android::sp<I##INTERFACE> intr;                                     \
        if (obj != NULL) {                                                  \
            intr =static_cast<I##INTERFACE*>(                               \
              obj->queryLocalInterface(                                     \
                    I##INTERFACE::descriptor).get());                       \
            if (intr == NULL){                                              \
                intr = newBp##INTERFACE(obj);                               \
            }                                                               \
        }                                                                   \
        return intr;                                                        \
    }                                                                       \
    I##INTERFACE::I##INTERFACE(){ }                                         \
    I##INTERFACE::~I##INTERFACE(){ }                                        \
//#3
#define CHECK_INTERFACE(interface, data, reply)                             \
    if(!data.checkInterface(this)) { return PERMISSION_DENIED; }
```

(1) DECLARE_META_INTERFACE，用于定义通用方法，像 descriptor 的成员变量、asInterface()等。与 Java 环境不同，C++将头文件与实现的 C++文件分开存放，于是这些方法必须拆分成定义与实现两部分。

(2) IMPLEMENT_META_INTERFACE，用于实现 DECLARE_META_INTERFACE 里定义的通用方法。于是 descriptor 会作为参数被传入，同时通用方法也会被实现，像构造方法、析构方法。唯一特殊的部分是 asInterface()方法的实现，跟 Java 环境里一样，这一方法必须根据传入的 IBinder 引用来创建 IBinder 所对应的 Proxy 对象。但这里的通用代码并不知道所需要的 Proxy 对象会是什么，所以会限定死代码。asInterface()方法在 IBinder 的本地引用不存在的情况下，会创建一个 Bp##INTERFACE 对象，这一对象会通过传入的宏参数 INTERFACE 来指定，比如我们需要实现一个叫 Task 的接口，则其通过 asInterface()方法返回的 Proxy 对象只能是 BpTask 对象。

(3) CHECK_INTERFACE，这简单的一行，是通过参数的 data 这一 parcel 来验证当前是否对远程访问有权限。

上述三个宏是不容易使用模板实现、仅适用于IInterface接口类的通用方法。针对BnInterface 和 BpInterface 模板类，也可以使用模板来实现各自的通用方法，示例代码如下。

```
template<typename INTERFACE>
inline sp<IInterface>BnInterface<INTERFACE>::queryLocalInterface(
        const String16& _descriptor)
{
    if(_descriptor == INTERFACE::descriptor) return this;
   return NULL;
}
template<typename INTERFACE>
inline const String16&BnInterface<INTERFACE>::getInterfaceDescriptor() const
{
    return INTERFACE::getInterfaceDescriptor();
}
template<typename INTERFACE>
IBinder*BnInterface<INTERFACE>::onAsBinder()
{
    return this;
}
template<typename INTERFACE>
inlineBpInterface<INTERFACE>::BpInterface(const sp<IBinder>& remote)
    :BpRefBase(remote)
{
}
template<typename INTERFACE>
inline IBinder*BpInterface<INTERFACE>::onAsBinder()
{
    return remote();
}
```

上面的模板方法，都可以通过一个 INTERFACE 模板参数得到。比如通过 INTERFACE 来得到 descriptor。另外，onAsBinder()是 IInterface 类里定义的纯虚函数，需要具体实现。BnInterface 里提供的 onAsBinder()实现很简单，直接返回当前对象指针即可，而 BpInterface 提供的 onAsBinder()实现要复杂一些，会调用 remote()取回 BpRefBase 对象，而这一 BpRefBase 是根据自己的构造方法来得到的。最终，BnInterface 和 BpInterface 的引用会通过同一 onAsBinder()接口方法的不同实现关联到一起。这些通用模板方法，虽然用户不需要改动，也并不关心，但会自动填充到对应的实现里，有效减少了编写 Native Service 时的工作量。

16.4.2 简单的 Native Service 项目

通过 IInterface 定义不好理解的模板方法，编写一个 Native Service 的工作量也并不大。如何实现一个 Native Service，需要执行以下步骤。

(1) Service 通常在独立的进程中执行。

（2）必须提供 IBinder 接口，让其他程序可以进行跨进程的绑定(Binding)和调用。

（3）必须确保多线程安全 (Thread-safe)。

（4）以 C++类别定义，诞生其对象，透过 Service Manager 协助，将该对象参考值传给 IServiceManager::addService()函数，就加入到 BinderDriver 里。

（5）应用程序可透过 Service Manager 协助而远距离绑定该 Service，此时 Service Manager 会回传 IBinder 接口给应用程序。

（6）应用程序可透过 IBinder::transact()函数来与核心服务互传数据。

下面以具体实例讲解一下 binder 的通信过程，实例由两部分组成，第一部分是 service 部分，第二部分是 client 部分，这个项目名为 binderDemo，实现的功能很简单，作者在此只是抛砖引玉，希望读者能够有所收获，这个实例必须使用 Android 源码编译，下面看看具体实现。

1．binder service 端的开发

这个 service 我们起名为 OperationService，顾名思义它的主要功能是用于数学计算，在下面的讲解中只实现他的部分功能，希望读者能够继续完成其他功能，OperationService 的主要功能是实现三个函数。

（1）push()函数：接收 client 端的一个整形数据；

（2）add()函数：将 client 传进来的两个数相加并返回值；

（3）alert()函数，打印一句话，用于判断 client 是否和 service 建立了连接。

实现两个整数相加返回和。首先定义接口 IOperation.h 文件，代码如下。

```
#ifndef _IOPERATION_H_
#define _IOPERATION_H_
......
using namespace android;
namespace android {

class IOperation : public IInterface {
public:
enum {
ALERT = IBinder::FIRST_CALL_TRANSACTION,
PUSH,
ADD
        };
// Sends a user-provided value to the service
virtual void            push(int32_t data)              = 0;
// Sends a fixed alert string to the service
virtual void            alert()                         = 0;
// Requests the service to perform an addition and return the result
virtual int32_t         add(int32_t v1, int32_t v2) = 0;

        DECLARE_META_INTERFACE(Operation);
};
}
#endif
```

词条解释如下。

- DECLARE_META_INTERFACE(Operation); 就表示下面的代码：

```
static const android::String16 descriptor;
static android::sp<IOperation> asInterface(const android::sp<android::IBinder>& obj);
virtual const android::String16& getInterfaceDescriptor() const;
IOperation(); // { ALOGD("IOperation::IOperation()"); }
virtual ~IOperation();// { ALOGD("IOperation::~IOperation()"); }
```

可以看到，在这个接口类中定义了 operationService 需要提供的三个函数接口，因为是接口类，所以定义为纯虚函数。需要注意这个接口类的名称有严格要求，必须是以大写字母 I 开始。

重点关注宏定义 DECLARE_META_INTERFACE(Operation)。这个宏定义必须要有，其中封装了实现 binder 所需要的一些类成员变量和成员函数，通过这些成员函数可以为一个 binder 实现创建 proxy。这个宏定义在 frameworks\base\include\utils\IInterface.h 里。这个宏定义的参数

必须是接口类的名称去除字母 I 后剩下的部分。

binder 类包括两个，一个是接口实现类，一个是接口代理类。接口代理类继承自 BpInterface，接口实现类继承自 BnInterface。这两个基类都是模板类，封装了 binder 的进程间通信机制，这样使用者无需关注底层通信的实现细节。

对于 IOperation 接口，其 binder 接口实现类为 BnOperationService，接口代理类为 BnOperationService。需注意这两个类的名称有严格要求，必须以 Bn 和 Bp 开头，并且后面的部分必须是前面所定义的接口类的名称去除字母'I'。比如前面所定义的接口类为 IOperation，去除字母 I 后是 Operation，所以两个 binder 类的名称分别是 BnOperation*和 BpOperation*（*代表任意字符）。为什么有这样的要求？原因就在前面提到的宏定义 DECLARE_META_INTERFACE()和另一个宏定义 IMPLEMENT_META_INTERFACE()里面。

BnOperationService 是一个最终实现类。在看 BnOperationService 的代码之前，先看一下在 IOperation.h 文件的开始部分的一个枚举定义。

```
enum {
ALERT = IBinder::FIRST_CALL_TRANSACTION,
PUSH,
ADD
};
```

这 3 个枚举定义对应于 IOperation 接口所提供的 3 个功能函数，可以称为这些功能函数的功能代码，用于在进程之间进行标识，需要调用哪个函数。如果不想定义这些枚举值，在后面需要用到这些值的地方直接写上 1、2、3 也是可以的。

接口实现文件 IOperation.cpp，用于 IOperation.h 接口文件类的实现，代码如下。

```
#include   "IOperation.h"
using namespace android;
const String16 IOperation::descriptor("OperationService");//DESCRIPTOR("OperationService");
const String16& IOperation::getInterfaceDescriptor() const {
return descriptor;
}
IOperation::IOperation() { ALOGD("IOperation::IOperation()"); }
IOperation::~IOperation() { ALOGD("IOperation::~IOperation()"); }
```

撰写 operationService.h 文件，Service 的头文件，实现接口文件中的三个函数，其完整程序代码如下。

```
#ifndef _OPERATIONSERVICE_H_
#define _OPERATIONSERVICE_H_

#include <stdlib.h>
......
#include "IOperation.h"

namespace android {

class BnOperationService : public BnInterface<IOperation> {
virtual status_t onTransact(uint32_t code, const Parcel& data, Parcel* reply, uint32_t flags = 0);
};

class OperationService : public BnOperationService {
virtual void push(int32_t data);
virtual void alert();
virtual int32_t add(int32_t v1, int32_t v2);
};
}
#endif
```

词条解释如下。

- BnInterface<IOperation>类：BnInterface 实现 Stub 功能的模板。通过 BnInterface 模板生成的类继承 IOperation 接口类，从而获得该 IOperation 接口类的定义。BnInterface 需要实现 Ioperation 的所有接口函数。同时，BnInterface 还会继承自 BBinder 类，这决定了通过 BnInterface 得到的对象必然是完成 Stub 功能，通过拓展 onTransact()方法来实现

Binder 命令的解析与执行。

BnOperationService 类继承自 BnInterface 模板类，约束类型为 IOperation。看一下 BnInterface 模板类的定义（IInterface.h）就可以知道，BnOperationService 间接继承了 IOperation 接口类。不过 BnInterface 类并没有实现 IOperation 所定义的 3 个接口函数，因此 BnInterface 还是一个纯虚类。这些接口需要在 BnOperationService 的子类中真正实现，这个子类就是 OperationService.cpp。在 BnOperationService 的成员函数 onTransact()中，需要调用这 3 个接口函数。BnOperationService 中主要就是定义并实现了 onTransact()函数。当在 Client 端调用了 transact()函数后，这边的 onTransact()函数就会被调用。

BnOperationService 的实现代码如下。

```
#include "operationService.h"
#include "IOperation.h"

#define LOG_TAG "operationService"
using namespace android;
#define INFO(...) \
do { \
     printf(__VA_ARGS__); \
     printf("\n"); \
     ALOGD(__VA_ARGS__); \
   } while(0)
voidassert_fail(const char *file, int line, const char *func, const char *expr) {
    INFO("assertion failed at file %s, line %d, function %s:",
            file, line, func);
    INFO("%s", expr);
    abort();
}
#define ASSERT(e) \
do { \
if (!(e)) \
      assert_fail(__FILE__, __LINE__, __func__, #e); \
   } while(0)

// Where to print the parcel contents: aout, alog, aerr. alog doesn't seem to work.
#define PLOG aout
// Server
status_t BnOperationService::onTransact(uint32_t code, const Parcel& data, Parcel* reply, uint32_t flags) {
    ALOGD("BnOperationService::onTransact(%i) %i", code, flags);
    data.checkInterface(this);
    data.print(PLOG);
    endl(PLOG);
switch(code) {
case ALERT: {
           alert();    // Ignoring the fixed alert string
return NO_ERROR;
         } break;
case PUSH: {
           int32_t inData = data.readInt32();
           ALOGD("BnOperationService::onTransact got %i", inData);
           push(inData);
           ASSERT(reply != 0);
           reply->print(PLOG);
           endl(PLOG);
return NO_ERROR;
        } break;
case ADD: {
          int32_t inV1 = data.readInt32();
          int32_t inV2 = data.readInt32();
          int32_t sum = add(inV1, inV2);
          ALOGD("BnOperationService::onTransact add(%i, %i) = %i", inV1, inV2, sum);
          ASSERT(reply != 0);
          reply->print(PLOG); endl(PLOG);
          reply->writeInt32(sum);
return NO_ERROR;
        } break;
default:
return BBinder::onTransact(code, data, reply, flags);
    }
```

```
}

void OperationService::push(int32_t data) {
    INFO("OperationService::push(%i)", data);
}
void OperationService::alert() {
    INFO("OperationService::alert()");
}
int32_t OperationService::add(int32_t v1, int32_t v2) {
    INFO("OperationService::add(%i, %i)", v1, v2);
return v1 + v2;
}
```

onTrasact()函数的实现。根据参数 code 的值分别执行不同的功能函数。code 的取值就是前面提到过的接口功能函数。另外 Parcel 类的两个对象 data 和 reply 分别用于传送输入参数和返回数据，与 transact()函数的参数相对应，下面还会详细讲解。另一个参数 flag 在这里用不上，不讨论。下面以 add(int32_t v1, int32_t v2)函数为例，看看它的传输过程。

```
case ADD: {
        int32_t inV1 = data.readInt32();
        int32_t inV2 = data.readInt32();
        int32_t sum = add(inV1, inV2);
        ALOGD("BnOperationService::onTransact add(%i, %i) = %i", inV1, inV2, sum);
        ASSERT(reply != 0);
        reply->print(PLOG); endl(PLOG);
        reply->writeInt32(sum);
return NO_ERROR;
   } break;
```

首先是从 data 对象中依次取出各项输入参数，然后调用接口函数 add(inV1, inV2)，最后向 reply 中写入返回数据。这个函数返回后 Client 端的 transact()就会紧接着返回。

那么 onTransact()函数是怎么被调用的呢？通过查看 BnInterface 模板类的定义可以看到，这个类也是一个多重继承类，另一个父类是 BBinder（frameworks\base\include\utils\Binder.h，frameworks\base\libs\utils\Binder.cpp）。BBinder 类继承自 IBinder，也实现了 transact()函数，在这个函数中调用 onTransact()函数。而 BBinder 对象的 transact()函数则是在 IPCThreadState 类的 executeCommand()成员函数中调用的。

上面这部分代码还与后面提到的 BpBinder 对象的创建有关系。通过 Add()函数调用会创建一个 IOperation 接口类的子类的对象，这个对象其实是 OperationService 类的对象实例，而 OperationService 类是继承自 BnOperationService 类的，BnOperationService 类是一个 binder 实现类（是 BBinder 的子类，进而也是 IBinder 的子类）。在上述代码中，通过 Parcel 的 writeInt32()函数将这个对象写入 reply，而在 Client 端，通过 Parcel 的 readInt32()函数读取则可以得到一个 BpBinder 的对象。至于类的具体创建过程已经封装在 Parcel 类的定义中。

用 C++撰写一个可独立执行的 service_main.cpp 程序，它的用途是，诞生一个 OperationService 实例对象，然后将该对象存入 Binder Driver 里供其他应用调用。其内容为 service_main.cpp，文件代码如下。

```
using namespace android;

intmain(int argc, char **argv) {
    ALOGD("We're the service");
    defaultServiceManager()->addService(String16("OperationService"), new OperationService());
    android::ProcessState::self()->startThreadPool();
    ALOGD("Demo service is now ready");
    IPCThreadState::self()->joinThreadPool();
    ALOGD("Demo service thread joined");
return 0;
}
```

词条解释如下。

- defaultServiceManager()->addService(String16("OperationService"),new OperationService ());当执行到 new OperationService()，就诞生一个 OperationService 类别对象，接着调用

defaultServiceManager()函数取得 SM 的 IServiceManager 接口；然后调用 Iservice Manager ::addServer()将该对象放入 Binder Driver 中。

OperationService 类继承自 BnOperationService，也间接地继承了 IOperation 接口类定义的 3 个功能函数，只需要按照正常方式实现这 3 个功能函数即可。在 OperationService 类中定义了一个静态函数 instantiate()，在这个函数中创建 OperationService 的对象实例，并将这个对象注册到服务管理器中。这样需要使用的时候就可以从服务管理器获取 IOperation 的代理对象。

上面的 Service 代码已经书写完毕，那么下面来编写 Android.mk 文件，文件内容如下。

```
include $(CLEAR_VARS)
LOCAL_MODULE_TAGS := eng

LOCAL_MODULE := binderService
LOCAL_MODULE_TAGS := optional
LOCAL_SRC_FILES := IOperation.cpp    operationService.cpp service_main.cpp
LOCAL_SHARED_LIBRARIES := libutils libcutils libbinder
LOCAL_C_INCLUDES += frameworks/base/include system/core/include \
                    frameworks/native/include
LOCAL_LDLIBS += -lbinder -llog -lutils -lui
include $(BUILD_EXECUTABLE)
```

2. binder Client 端的开发

Service 已经加载到了 binder 驱动中了，那么如何从系统中获取这些 Service 呢？下面书写 Client 端代码，client 端完成了以下功能。

（1）通过 push 函数给 service 传输一个整数 v；

（2）通过 Add 函数得到 service 返回一个和值。

Binder Client 入口文件为 client_main.cpp，代码如下。

```
intmain(int argc, char **argv) {

    ALOGD("We're the client");
int v = 234;
    sp<IServiceManager> sm = defaultServiceManager();
    sp<IBinder> binder = sm->getService(String16("OperationService"));
// TODO: If the "Demo" service is not running, getService times out and binder == 0.
    sp<IOperation> demo = interface_cast<IOperation>(binder);
    demo->alert();
    demo->push(v);
const int32_t adder = 5;
    int32_t sum = demo->add(v, adder);
    ALOGD("Addition result: %i + %i = %i", v, adder, sum);

return 0;
}
```

词条解释如下。

- sp<IBinder> binder = sm->getService(String16("OperationService")):获取对 OperationService 能进行远程操作的 IBinder 对象。
- sp<IOperation> demo = interface_cast<IOperation>(binder); 通过 IBinder 对象获取 OperationService 对象接口。

  sp 是 Android 中定义的一个模板类，用于实现智能指针功能。sp< IBinder >就是 IBinder 的智能指针，可以简单地把它看成是标准 C++中的指针定义即 IBinder *。

那么如何使用这些函数呢？可以参见 OperationClient.h 中 Service 的功能实现，代码如下。

```
#ifndef _OPERATIONCLIENT_H_
#define _OPERATIONCLIENT_H_

#include <stdlib.h>
......
#include "IOperation.h"
```

```
namespace android {
class BpOperationClient : public BpInterface<IOperation>
{
public:
BpOperationClient(const sp<IBinder>& impl) ;
virtual void push(int32_t push_data) ;
virtual void alert() ;
virtual int32_t add(int32_t v1, int32_t v2) ;

};
}
#endif
```

词条解释如下。

- BpInterface<IOperation>实现 Proxy 功能的模板。同 BnInterface 一样，BpInterface 使用 IOperation 作模板参数，并继承自 IOperation 接口类， BpInterface 需要实现 Ioperation 的所有接口函数。同时 BpInterface 又会继承 BpRefBase，于是决定了基于 BpInterface 会得到 Proxy 功能，实现 IOperation 里声明的接口方法，并将最终的调用映射到对应 IBinder 的 transact()里完成 Binder 命令的发送，并处理通过 Binder 返回的结果。

上面是头文件，下面是 operationClient.cpp，具体实现代码如下。

```
#include "IOperation.h"
#include "operationClient.h"

#define PLOG aout
using namespace android;
BpOperationClient::BpOperationClient(const sp<IBinder>& impl):
BpInterface<IOperation>(impl)   {
    ALOGD("BpOperationClient::BpOperationClient()");
}
void BpOperationClient::push(int32_t push_data) {
    Parcel data, reply;
    data.writeInterfaceToken(IOperation::getInterfaceDescriptor());
    data.writeInt32(push_data);

    aout << "BpOperationClient::push parcel to be sent:\n";
    data.print(PLOG);
    endl(PLOG);

    remote()->transact(PUSH, data, &reply);

    aout << "BpOperationClient::push parcel reply:\n";
    reply.print(PLOG);
    endl(PLOG);

    ALOGD("BpOperationClient::push(%i)", push_data);
}

void BpOperationClient::alert() {
    Parcel data, reply;
    data.writeInterfaceToken(IOperation::getInterfaceDescriptor());
    data.writeString16(String16("The alert string"));
    remote()->transact(ALERT, data, &reply, IBinder::FLAG_ONEWAY);        // asynchronous call
    ALOGD("BpOperationClient::alert()");
}

int32_t BpOperationClient::add(int32_t v1, int32_t v2) {
    Parcel data, reply;
    data.writeInterfaceToken(IOperation::getInterfaceDescriptor());
    data.writeInt32(v1);
    data.writeInt32(v2);
    aout << "BpOperationClient::add parcel to be sent:\n";
    data.print(PLOG); endl(PLOG);
    remote()->transact(ADD, data, &reply);
    ALOGD("BpOperationClient::add transact reply");
    reply.print(PLOG); endl(PLOG);
```

```
        int32_t res;
        status_t status = reply.readInt32(&res);
        ALOGD("BpOperationClient::add(%i, %i) = %i (status: %i)", v1, v2, res, status);
    return res;
    }

    //IMPLEMENT_META_INTERFACE(Operation, "OperationService");//宏展开就是下面的代码

    android::sp<IOperation> IOperation::asInterface(const android::sp<android::IBinder>& obj) {
        android::sp<IOperation> intr;
    if (obj != NULL) {
            intr = static_cast<IOperation*>(obj->queryLocalInterface(IOperation::descriptor).get());
    if (intr == NULL) {
                intr = new BpOperationClient(obj);
            }
        }
    return intr;
    }
```

词条解释如下。

- Parcel 是存放读取数据的容器，Android 系统中的 binder 进程间通信(IPC)就使用了 Parcel 类来进行客户端与服务端数据的交互。
- remote()->transact：当 binder 通信从进程 Client 端发到进程 Service 端，Client 端调用 transact()函数后线程就阻塞在 transact()中。进程 Sevice 中的交互线程池中的一个线程接收了这个调用，它调用 Binder.onTransact()，完成后用一个 Parcel 来做为结果返回。然后进程 Client 中的那个等待的线程在收到返回的 Parcel 后得以继续执行这个类继承自模板类 BpInterface，指定类型为接口类 IOperation。间接继承了 IOperation，从而可以提供 IOperation 接口所定义的接口函数。BpOperationClient 需要实现这些接口函数。所有的接口函数的实现方法都是一致的，都是通过 binder 所提供的机制将参数传给 binder 的实现类，并获取返回值。这也就是这个类之所以成为代理类的原因。

下面接着前面 Service 所选择的接口函数 add(int32_t v1, int32_t v2)，具体看看实现过程。

这个接口函数的参数是两个 int32_t 的整数，函数首先定义了两个局部变量 data 和 reply，变量的类型都是 Parcel。Parcel（下节详细讲解）是一个专为 binder 通信的数据传送而定义的类，该类提供了对多种类型的数据的封装功能，同时提供多个数据读取和写入函数，用于多种类型的数据的写入和读取，支持的数据类型既包括简单数据类型，也包括对象。这里定义的变量 data 是用于封装 add()函数调用所需要的输入参数，而 reply 则是用于封装调用的返回数据（包括输出参数的值和函数返回值）。

函数首先向 data 中写入各种数据。第一个写入的是接口的描述字符串，binder 的实现类中会用这个字符串来对接口做验证，防止调用错误。这个字符串也可以不写，如果不写，在 binder 实现类中相应地也就不要做验证。跟在描述字符串后面写入的是该接口函数所需要的各种输入参数。注意，Pacel 提供一种先入先出的数据存储方式，即数据的写入顺序和读取顺序必须严格一致，否则将会出错。

完成数据写入后，函数调用 remote()->transact()用于完成 binder 通信。transact()函数的第一个参数就是前面提到过的功能代码。transact()的功能是将 data 中的数据传给 binder 的实现类，函数调用结束后，reply 中将包含返回数据。首先来看看 remote()成员函数。前面讲到过 BpOperationClient 通过继承 BpInterface 模板类间接继承了 IOperation 接口类，其实 BpInterface 类是一个有两个父类的多重继承子类，另一个父类是 BpRefbase（frameworks\base\include\utils\Binder.h）。remote()就是继承自 BpRefBase 类的一个成员函数，该函数返回 BpRefBase 类中定义的一个私有属性 mRemote。mRemote 是对 IBinder 接口类的子类 BpBinder 的一个对象的引用（参考前面的类关系图）。transact()函数在 IBinder 接口类中定义（frameworks\base\include\utils\

Binder.h），并在 BpBinder 类中实现（frameworks\base\include\utils\BpBinder.h、frameworks\base\libs\utils\BpBinder.cpp）。在 transact()函数中将调用 IPCThreadState 类的 transact()函数，进而通过 Lniux 内核中的 Android 共享内存驱动来实现进程间通信。在这里 BpBinder 类对象是一个关键，是实现 Binder 代理的核心之一。BpBinder 类可以看成是一个通信 handle（类似于网络编程中的 socket），用于实现进程间通信。接下来需要研究的是这个 BpBinder 类对象（即 mRemote 成员变量的值）是从哪里来的。

回过头来看 BpOperationClient 的构造函数。该构造函数的参数是一个 IBinder 对象的引用。mRemote 的值就是在这里传进来的这个对象。那么这个对象又是怎么来的呢？要搞清楚这一点就需要找到创建 BpOperationClient 类的实例的代码，这个代码就跟在该类的定义代码的下面。继续看 IOperation.cpp 文件，在 BpOperationClient 类定义的后面，是下面这样一行代码。

```
IMPLEMENT_META_INTERFACE(Operation, "OperationService");
```

这行代码调用了一个宏定义 IMPLEMENT_META_INTERFACE()。这个宏定义与前面提到过的 DECLARE_META_INTERFACE() 相呼应。看名字就知道，IMPLEMENT_META_INTERFACE()宏是对 DECLARE_META_INTERFACE()所定义的成员函数的具体实现。这个宏的第一个参数与 DECLARE_META_INTERFACE()的参数需完全一样，第二参数是接口的描述字符串。描述字符串不重要，重要的是宏里面定义的一个静态成员函数 asInterface()。

读者注意，本实例中将这行代码注释掉了，将宏展开就是宏下面的代码，我们看到 BpOperationClient 的类实例是在 IOperation 的静态成员函数 asInterface()中创建的，在 IInterface.h 中定义了一个内联函数 interface_cast()，对这个成员函数进行了封装。BpOperationClient 的构造函数的参数是通过 interface_cast()的参数传进来的。

上面讲解了 Add 接口函数的调用过程，那么下面来编写 Android.mk 文件，文件内容如下。

```
include $(CLEAR_VARS)
LOCAL_MODULE_TAGS := eng

LOCAL_MODULE := binderClient
LOCAL_MODULE_TAGS := optional
LOCAL_SRC_FILES := IOperation.cpp operationClient.cpp client_main.cpp
LOCAL_SHARED_LIBRARIES := libutils libcutils libbinder
LOCAL_C_INCLUDES += frameworks/base/include system/core/include \
                    frameworks/native/include
LOCAL_LDLIBS += -lbinder -llog -lutils -lui

include $(BUILD_EXECUTABLE)
```

请在 Android 源码中编译上述代码，将代码放置在 development 目录下，编写 Android.mk 文件，代码如下。

```
LOCAL_PATH:= $(call my-dir)
include $(CLEAR_VARS)
LOCAL_MODULE_TAGS := eng
LOCAL_PACKAGE_NAME := operation
LOCAL_SDK_VERSION := current
LOCAL_SRC_FILES := $(call all-java-files-under,src) \
        src/com/example/binderdemo/IOperation.aidl
include $(BUILD_PACKAGE)
# Use the following include to make our test apk.
include $(call all-makefiles-under,$(LOCAL_PATH))
```

下面就具体说一下如何编译刚才创建的 binderDemo 程序。

1．将工程文件夹 binderDemo 复制到$(YOUR_ANDROID)/development 目录下，其中$(YOUR_ANDROID) 指 Android 源代码所在的目录。

2．回到 Android 源代码顶层目录进行编译：

```
# cd $(YOUR_ANDROID) && make binderDemo
```

注意，make binderDemo 中的目标名 binderDemo 就是上面 Android.mk 文件中由

LOCAL_MODULE 指定的模块名。

3．编译后的可执行文件通过“adb push”传送到模拟器上，再通过“adb shell”登录到模拟器终端，就可以执行了。

编译上述两个文件分别产出了 binderService 和 binderClient 两个可执行程序，运行以下三个命令，执行效果如图 16.8、图 16.9、图 16.10 所示。

（1）adb logcat -v time operationService:* *:S

```
luhd@luhd-Lenovo-Product:~/work/android/androidSource/out/host/linux-x86/bin$ ./adb logcat -v time operationService:* *:S
11-18 10:40:55.216 D/operationService(  431): BnOperationService::onTransact(1) 17
11-18 10:40:55.216 D/operationService(  431): OperationService::alert()
11-18 10:40:55.227 D/operationService(  431): BnOperationService::onTransact(2) 16
11-18 10:40:55.227 D/operationService(  431): BnOperationService::onTransact got 234
11-18 10:40:55.227 D/operationService(  431): OperationService::push(234)
11-18 10:40:55.227 D/operationService(  431): BnOperationService::onTransact(3) 16
11-18 10:40:55.227 D/operationService(  431): OperationService::add(234, 5)
11-18 10:40:55.227 D/operationService(  431): BnOperationService::onTransact add(234, 5) = 239
```

图 16.8　binderService Log 信息

（2）adb shell binderService

```
luhd@luhd-Lenovo-Product:~/work/android/androidSource/out/host/linux-x86/bin$ ./adb shell binderService
Parcel(
  0x00000000: 00000100 00000010 0070004f 00720065 '........O.p.e.r.'
  0x00000010: 00740061 006f0069 0053006e 00720065 'a.t.i.o.n.S.e.r.'
  0x00000020: 00690076 00650063 00000000 00000010 'v.i.c.e.........'
  0x00000030: 00680054 00200065 006c0061 00720065 'T.h.e. .a.l.e.r.'
  0x00000040: 00200074 00740073 00690072 0067006e 't. .s.t.r.i.n.g.'
  0x00000050: 00000000                            '....            ')
OperationService::alert()
Parcel(
  0x00000000: 00000100 00000010 0070004f 00720065 '........O.p.e.r.'
  0x00000010: 00740061 006f0069 0053006e 00720065 'a.t.i.o.n.S.e.r.'
  0x00000020: 00690076 00650063 00000000 000000ea 'v.i.c.e.........')
OperationService::push(234)
Parcel(NULL)
Parcel(
  0x00000000: 00000100 00000010 0070004f 00720065 '........O.p.e.r.'
  0x00000010: 00740061 006f0069 0053006e 00720065 'a.t.i.o.n.S.e.r.'
  0x00000020: 00690076 00650063 00000000 000000ea 'v.i.c.e.........'
  0x00000030: 00000005                            '....            ')
OperationService::add(234, 5)
Parcel(NULL)
```

图 16.9　binderService 运行

（3）adb shell binderClient 470

```
luhd@luhd-Lenovo-Product:~/work/android/androidSource/out/host/linux-x86/bin$ ./adb shell binderClient 470
BpOperationClient::push parcel to be sent:
Parcel(
  0x00000000: 00000100 00000010 0070004f 00720065 '........O.p.e.r.'
  0x00000010: 00740061 006f0069 0053006e 00720065 'a.t.i.o.n.S.e.r.'
  0x00000020: 00690076 00650063 00000000 000000ea 'v.i.c.e.........')
BpOperationClient::push parcel reply:
Parcel(NULL)
BpOperationClient::add parcel to be sent:
Parcel(
  0x00000000: 00000100 00000010 0070004f 00720065 '........O.p.e.r.'
  0x00000010: 00740061 006f0069 0053006e 00720065 'a.t.i.o.n.S.e.r.'
  0x00000020: 00690076 00650063 00000000 000000ea 'v.i.c.e.........'
  0x00000030: 00000005                            '....            ')
Parcel(000000ef    '....')
luhd@luhd-Lenovo-Product:~/work/android/androidSource/out/host/linux-x86/bin$
```

图 16.10　binderClient 发送数据

总结一下，图 16.11 是 binder 机制的层次模型。如果一个服务需要通过 binder 机制对外提供跨进程的接口，需要做下面这些事情。

(1) 定义一个继承自 IInterface 的接口类，假设叫做 IService。

(2) 定义两个 binder 类，一个代理类 BpService 继承自 BpInterface；另一个是实现类 BnService 继承自 BnInterface。

(3) 定义 BnService 的子类，这个子类可以是任何名字如 Service，在其中真正实现接口所提供的各个函数。

(4) 创建 Service 的实例，注册到服务管理器。

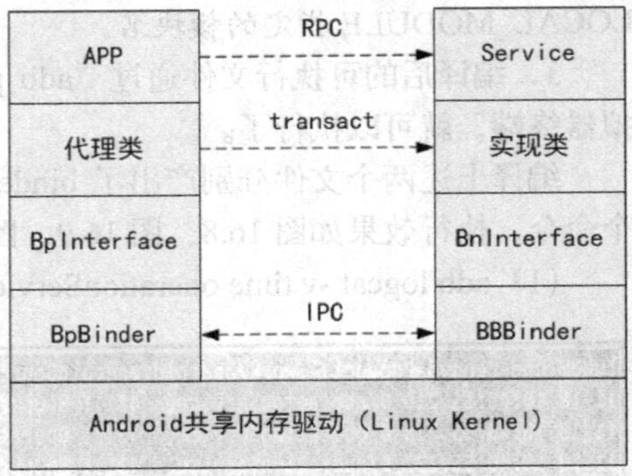

图 16.11　binder 机制的层次模型

16.5　Android Parcel

如果在进程之间传递一个整数，可以直接传；若要传一个字符串，需先分配一块字符串的内存，然后将字符串复制到内存中再传递；再若要传递一个类的实例呢？下面我们来解答这个问题。

Android 开发中，经常在 Activity 之间传递数据，根据 Android 的设计架构，即使同一个程序中的 Activity 都不一定运行在同一个进程中，所以处理数据传递时最好按进程间传递数据来处理，这样使应用程序有更高的健壮性。

如何在进程之间传递类的对象呢？首先在进程 A 中把类的成员变量值、函数及唯一标识打成包，即序列化，再将这个包传递到进程 B，进程 B 接收到包后，根据类的唯一标识把类创建出来，然后把传来的成员变量值和函数更新到类对象中，这样进程 A 和进程 B 中就包含了两个完全一样的类对象。我们把上面这个过程叫做序列化（Serialize）。

在 Android 系统中，针对内存受限且性能要求更高的问题，采用了新的 IPC 机制，必然要求使用性能更出色的对象传输方式。在这样的环境下，Parcel 被设计出来，其定位就是轻量级的高效的对象序列化和反序列化机制。

在上面的 16.4 节中，BinderDemo 实例中的客户端与服务器端进行实际操作 onTransact()（BnOperationService::onTransact）函数就用到了 Parcel，事实上 Android 系统中的 binder 进程间通信就是使用 Parcel 类来进行客户端与服务端数据的交互，当然 AIDL 数据也是通过 Parcel 实现交互的。在 Android 应用中最常见的使用 Parcel 类的场景是在 Activity 间传递数据。在 Activity 间使用 Intent 传递数据的时候，通过 Parcelable 机制传递复杂的对象。

上面看到 Parcel 和 Parcelable 单词，有人问它们之间有联系和区别吗？下面来解答一下。

(1) Parcel 在英文中有两个意思，一是名词，为包裹，小包的意思；二为动词，意为打包，扎包。Android 采用这个词来表示封装消息数据。这个是通过 IBinder 通信的消息的载体。需要明确的是 Parcel 用来存放数据的是内存。

(2) Parcelable 定义了将数据写入 Parcel 和从 Parcel 中读出的接口。类如果需要封装到消息中去，就必须实现这一接口，实现了这一接口，该实体就成为 Parcelable。

下面看看 Parcelable 接口的定义，代码如下。

```
public interface Parcelable {
    //内容描述接口
    public int describeContents();
    //写入接口函数，进行打包
```

```
    public void writeToParcel(Parcel dest, int flags);
    //读取接口，目的是要从Parcel中构造一个实现了Parcelable的类的实例处理。因为实现类在这里还是不可知的，所以
    //需要用到模板的方式，继承类名通过模板参数传入
    //为了能够实现模板参数的传入，这里定义Creator嵌入接口,内含两个接口函数分别返回单个和多个继承类实例
    public interface Creator<T> {
        public T createFromParcel(Parcel source);
        public T[] newArray(int size);
    }
```

在 Parcelable 的实现中，规定了必须定义一个静态成员，初始化为嵌入接口的实现类。相关代码如下。

```
    public static Parcel.Creator<DrievedClassName>   CREATOR =
        new Parcel.Creator<DrievedClassName>();
```

下面通过一个实例来讲解，如何使用 Parcel 创建项目 ParcelDemo，使用两个 Activity。通过 MainActivity 给 NActivity 传输一个类 ColorParcel，用于在 NActivity 中设置其控件颜色，那么颜色类 ColorParcel 需要实现的 Parcelable 接口，功能是用于在两个 Activity 中携带颜色数据。ColorParcel 代码如下。

```
    public class ColorParcel implements Parcelable {
    private int color=Color.BLACK;

    ColorParcel(){
        color=Color.BLACK;
    }
    ColorParcel(Parcel in){
        color=in.readInt();
    }
    public int getColor(){
        return color;
    }
    public void setColor(int color){
        this.color=color;
    }
    @Override
    public int describeContents() {
        return 0;
    }
    @Override
    public void writeToParcel(Parcel dest, int flags) {
        dest.writeInt(color);
    }
public static final Parcelable.Creator<ColorParcel> CREATOR
        = new Parcelable.Creator<ColorParcel>() {
        public ColorParcel createFromParcel(Parcel in) {
        return new ColorParcel(in);
        }

        public ColorParcel[] newArray(int size) {
        return new ColorParcel[size];
        }
    };
}
```

词条解释如下。

- writeToParcel 该方法将类的数据写入外部提供的 Parcel 中，接口类必须实现。
- describeContents 返回类的描述信息，接口类必须实现。
- 静态的 Parcelable.Creator 接口，接口类必须实现，有以下两个方法。

  createFromParcel(Parcel in) 实现从 Parcel 中创建出类的实例

  newArray(int size) 创建一个类型为 T、长度为 size 的数组，是供外部类反序列化使用。

ColorParcel 类实现了 Parcelable 接口，提供了默认的构造函数。下面看看 MainActivity 的代码。

```
    public class MainActivity extends Activity {
    private final int SUB_ACTIVITY=0;
    private ColorParcel color=new ColorParcel();
@Override
public void onCreate(Bundle savedInstanceState) {
```

```
super.onCreate(savedInstanceState);
        setContentView(R.layout.Activity_main);
    }
    @Override
    protected void onActivityResult(int requestCode, int resultCode, Intent data) {
        super.onActivityResult(requestCode, resultCode, data);
        if (requestCode==SUB_ACTIVITY){
            if (resultCode==RESULT_OK){
        if (data.hasExtra("ColorParcel")){
            color=data.getParcelableExtra("ColorParcel");    //Notice
            findViewById(R.id.text).setBackgroundColor(color.getColor());
        }
            }
        }
    }
    publicvoid btnClick(View view){
            Intent intent=new Intent();
            intent.setClass(this, SubActivity.class);
            color.setColor(Color.RED);
            intent.putExtra("ColorParcel", color);
            startActivityForResult(intent,SUB_ACTIVITY);
    }
}
```

代码挺简单，就是通过 ColorParcel 类来封装一个颜色信息，传给 NActivity 后单击屏幕会返回给 MainActivity 一个颜色，下面是 NActivity 的代码。

```
publicclass NActivity extends Activity {
        private ColorParcel color;

@Override
public void onCreate(Bundle savedInstanceState) {
super.onCreate(savedInstanceState);
        setContentView(R.layout.sub_main);
        ((TextView)findViewById(R.id.text)).setText("NActivity");
        Intent intent=getIntent();
if (intent!=null){
    if (intent.hasExtra("ColorParcel")){
        color=intent.getParcelableExtra("ColorParcel");
        findViewById(R.id.text).setBackgroundColor(color.getColor());
    }
        }
    }
    @Override
    publicboolean onTouchEvent(MotionEvent event){
            if (event.getAction()==MotionEvent.ACTION_UP){
                Intent intent=new Intent();
                if (color!=null){
                    color.setColor(Color.GREEN);
                    intent.putExtra("ColorParcel", color);
                }
                setResult(RESULT_OK,intent);
                finish();
            }
            return super.onTouchEvent(event);
    }
}
```

需要注意的是，在 MainActivity 的 onActivityResult()中，有一句 color=data.getParcelable Extra("ColorParcel ")，这说明的是反序列化后得到一个新的 ColorParcel 对象。

以上就是 Parcel 在应用程序中的使用方法，与 Java Serialize 很相似。有人问，为什么不使用 java Serialize 呢？因为 Parcel 的效率更高，Parcel 使用 C++实现，直接使用了内存来读取数据。

运行 ParcelDemo 项目，如图 16.12 所示。

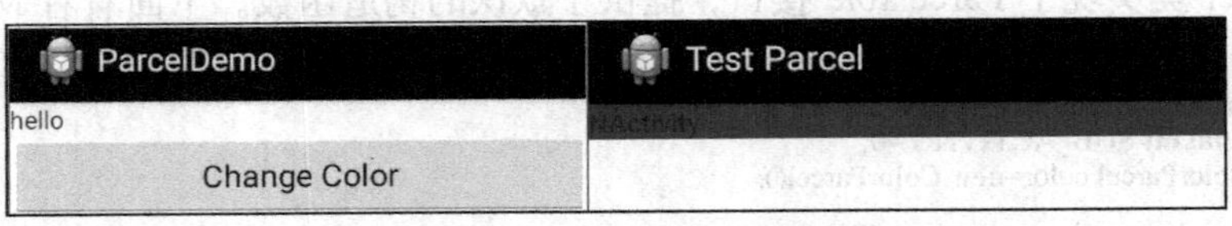

图 16.12　ParcelDemo 项目运行图

16.6 小　　结

本章主要讲解了 Native Service，我们从 Android 的进程间通信入手，学习了 libbinder 的原理和通信过程，并通过实例学习了应用程序如何通过 Binders 和 Service 进行通信，如何进行数据交换，还学习了存放读取数据的容器 Parcel，这个学习的过程虽然比较晦涩，但是相信现在的读者应该对 Android 编程有了新的认识。

第 17 章

综合实例解析——音乐播放器

学而不思则罔，思而不学则殆

——孔子

我们将要在本章中编写一个功能较完善的音乐播放器程序，学习 Android 的最好方法就是动手实践，因此我们需要一个好的实例。那么这个实例应该足以涵盖 Android 应用框架中的诸多特性，同时也把相应的特性用在点子上，而不仅仅是为了展示特性而使用特性。下面给这个项目起一个名字吧，就叫 MusicPlayer 吧。

17.1 音乐播放器

在开始编码之前，需要先对程序进行需求分析，想一想我们的音乐播放器应该具备哪些功能，将这些功能全部整理出来之后，才好动手去实现，这里的任务播放器至少应该具备以下功能。

（1）检索本地音乐并在列表中显示。

（2）播放选中的本地音乐。

（3）保存喜欢的音乐列表。

（4）使用网络播放音乐。

虽然看上去只有四个功能点，但是想要全部实现这些功能需要用到 UI、网络、数据库、服务、音乐播放等技术，因此还是非常考验你的综合能力，好在这些技术我们在前面的章节中全部学习过了，只要你学得用心，相信这些功能对你来说并不难。

分析完需求之后，接下来就要进行技术可行性分析了，首先需要考虑的一个问题就是，如何才能组织展现上面这些功能，需要使用 FragmentActivity 和 FragmentTabHost 来实现 Tab 页，这个可能以前没有讲过，但是应该问题不大。剩下一个问题就是使用网络播放音乐，播放网络音乐需要自己的服务器，但是服务器不是本书的重点，在此我们不做阐述，假设已经有一个音乐服务器，用于推送在线的音乐，可以让用户去下载，下面主要来讲解 Android 端的用于播放音乐的整体代码，成品图如图 17.1 所示。

图 17.1 （成品图）

17.2 设 计 原 则

需要引入一个设计原则，作为指导项目行进的指南针，并贯彻于项目的始终。在遇到问题时，它也可以给我们一定的帮助。

1. 渐进式开发

先从一个小程序做起，随后慢慢给它添加功能。一开始程序的结构会很简单，但是我们会在更新中不断为它添血加肉，让它慢慢成长。行进途中我会及时讲解这些变化，读者可以留意。

2. 保持完整，保持可用

程序必须保证一直都是可用的。或者说，在每次修改中所添加的功能应尽量地小并且完备。一旦将其加入原先的代码库，就依然是一个整体，并保证在每一轮更新之后，程序都是可以正常运行的。

3. 代码重构

每过一段时间就回头重构一下我们的程序，及时消除重复代码，优化设计，增加代码重用，避免重复造轮子。但也没有必要纠结于一次性解决所有的问题，毕竟还有未来的重构。在这一流程中，读者也可以体会一下软件开发过程中的最佳实践。

17.3 框架分析

我们的音乐播放器 MusicPlayer 从本地音乐、我的收藏、在线音乐，这 3 个方面对音乐进行整合，整体架构如图 17.2 所示。

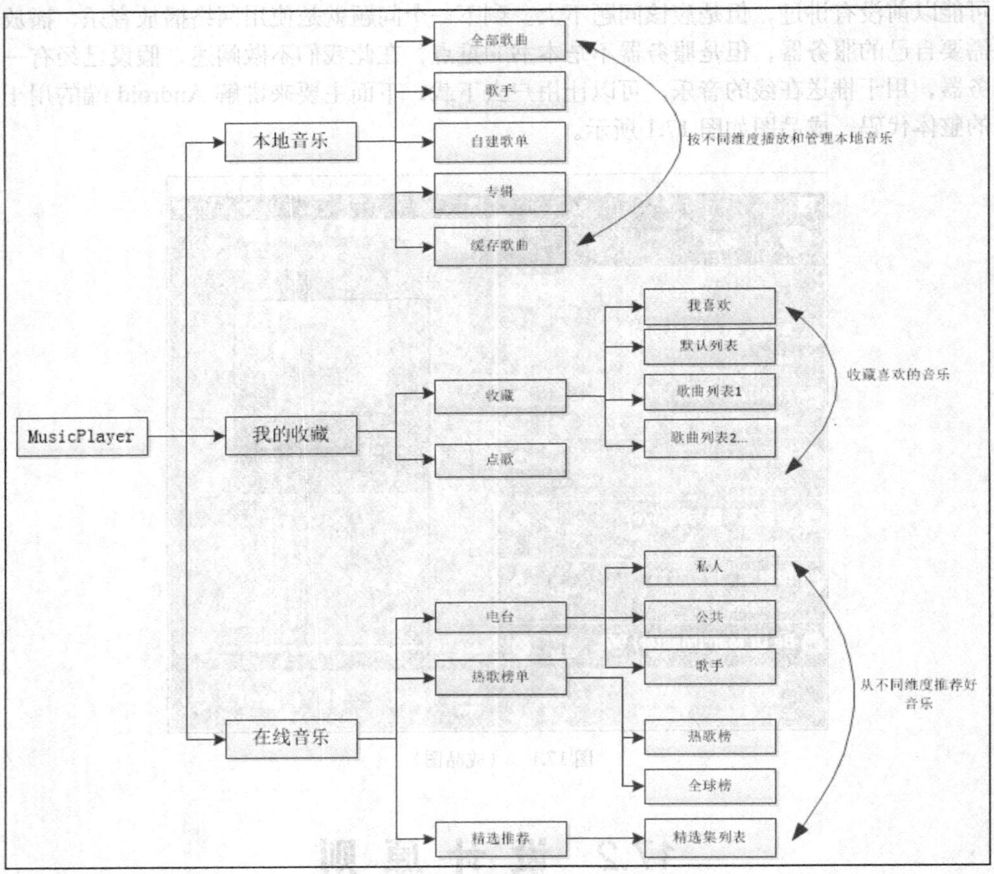

图 17.2 播放器架构

如图 17.2 所示，“本地音乐”可以从歌手和专辑的选项中对本地音乐进行播放，也可以自建本地音乐的歌单，还可以从这里查找已经下载过的歌曲。

“我的收藏”收藏了该设备上用户常听的歌曲和建立的歌单，这种服务可以提高用户的粘度，用户常听的歌曲就会出现在这里。

“在线音乐”是发现好音乐的地方。其中的“电台”类似于“豆瓣 FM”，可以随机收听不同主题的音乐，系统还可以根据用户的收藏和收听习惯来猜你喜欢。这里同时提供了新歌和热播歌曲的榜单，帮助用户最快地了解流行音乐趋势。这里还有类似于虾米音乐的精选集，为用户精选出具有主题的好音乐。

17.4 Application

上一节中我们了解了 MusicPlayer 的架构，下面从程序的入口讲起 Android 系统会为每个程序运行时创建一个 Application 类的对象且仅创建一个，Application 是单例 (singleton)模式类，且 Application 对象的生命周期是整个程序中最长的，它的生命周期就等于这个程序的生命周期。因为它是全局的单例的，所以对于不同的 Activity 来说，Service 中获得的 Application 对象都是同一个对象。所以我们可以通过 Application 来进行一些数据传递、数据共享、数据缓存等操作。

假如 Activity1 跳转到 Activity 2，并需要传输一些数据，通常的作法是利用 Intent.putExtra()方法或者把信息保存在 Bundle 中让 Intent 传输。但是 Intent 和 Bundle 所能传输的数据类型都是一些基本的数据类型，如果想实现复杂的数据传递就比较麻烦，通常需要实现 Serializable 接口或者 Parcellable 接口。这其实是 Android 的一种 IPC 数据传递的方法。既然两个 Activity 在同一个进程当中为什么还要这么麻烦呢，我们可以使用 Application 来处理。在 Application 中创建一个 HashMap，以字符串为索引，以 Object 为 value，这样的 HashMap 就可以存储任何类型的对象。在 Activity 1 中把需要传递的对象放入这个 HashMap，然后通过 Intent 或者其他途经再把这索引的字符串传递给 Activity 2 ，Activity 2 就可以根据这个字符串在 HashMap 中取出这个对象了。只要再转换一个类型就实现了对象的传递。

通常，我们会在 Application 中建立两个 HashMap，一个用于数据的传递，一个用于缓存一些数据。例如音乐播放器播放一首歌的时候，后台需要从网站获取其他音乐数据，获取完后就可以把这些数据保存到 cache 中，当播放下一首歌时就可以直接使用缓存好的音乐文件了。但如果保存的数据量比较大，最好是将数据直接保存到 SD 卡中。

下面看看音乐播放器的 MusicPlayerApplication.java 文件，代码如下。

```
public class MusicPlayerApplication extends Application {

    public static String TAG = "MusicPlayerApplication";
    //应用实例
    private static MusicPlayerApplication instance;
    //用于图像缓存
    private ImageCache mImageCache;
    //Web缓存
    private RequestCache mRequestCache;

    public static MusicPlayerApplication getInstance() {
        return instance;
    }
    @Override
public void onCreate() {
super.onCreate();
mImageCache = new ImageCache();
    mRequestCache = new RequestCache();

        Caller.setRequestCache(mRequestCache);
instance = this;
    }
}
```

其中图片缓存 ImageCache 类和 Web 缓存 RequestCache 类中暂时不实现具体方法，在以后使用的过程中，需要使用这两个类时，我们再进行添加，在此仅向读者介绍在 Application 中是如何实现 APP 内部数据共享的。

17.5 程序主界面

音乐播放器界面中，主界面有三个标签页，本地音乐、在线音乐和喜欢的音乐。我们需要了解如何使用 Fragment 来实现标签（Tab）布局。在 Android 4.0 之前的版本可以用 TabActivity 来实现标签（Tab）布局，但在 Android 4.0 之后的版本 TabActivity 已经作废，需要使用 Fragment 来实现标签布局。

这节使用 FragmentActivity 和 FragmentTabHost 来实现 Tab 显示，首先看看主界面的布局文件 activity_main.xml，代码如下。

```
<LinearLayout xmlns:android="http://schemas.android.com/apk/res/android"
    ......//省略
<RadioGroup
android:id="@+id/tab_group"
android:layout_width="fill_parent"
android:layout_height="60dip"
android:background="@drawable/bg_media_library_topbar"
android:gravity="bottom|center_horizontal"
android:orientation="horizontal" >
<RadioButton
android:id="@+id/local"
android:layout_width="105dip"
android:layout_height="wrap_content"
android:layout_alignParentLeft="true"
android:background="@drawable/local_bottom"
android:button="@null"
android:clickable="true"
android:focusable="true" >
</RadioButton>
<RadioButton
android:id="@+id/fav"
android:layout_width="105dip"
android:layout_height="wrap_content"
android:layout_gravity="center_horizontal"
android:background="@drawable/fav"
android:button="@null"
android:clickable="true"
android:focusable="true" >
</RadioButton>
<RadioButton
android:id="@+id/online"
android:layout_width="105dip"
android:layout_height="wrap_content"
android:layout_alignParentRight="true"
android:background="@drawable/net_buttom"
android:button="@null" />
</RadioGroup>
    </RelativeLayout>
    <android.support.v4.app.FragmentTabHost
    android:id="@android:id/tabhost"
    android:layout_width="match_parent"
    android:layout_height="wrap_content"
    android:visibility="gone" >
    <FrameLayout
    android:id="@android:id/tabcontent"
    android:layout_width="0dp"
    android:layout_height="0dp"
    android:layout_weight="0" />
    </android.support.v4.app.FragmentTabHost>
</LinearLayout>
```

MainActivity.java 文件主要用来控制 Tab 显示，代码如下。

```
public class MainActivity extends FragmentActivity implements OnBackListener {
    private FragmentTabHost mTabHost;
    private RadioGroup mTabRg;
    private final Class[] fragments = { MusicListActivity.class,
            FavroiteActivity.class,
            MusicOnlineActivity.class };
```

```
        @Override
        protected void onCreate(Bundle savedInstanceState) {
            super.onCreate(savedInstanceState);
            setContentView(R.layout.activity_main);
            initView();
        }
        private void initView() {
            mTabHost = (FragmentTabHost) findViewById(android.R.id.tabhost);
            mTabHost.setup(this, getSupportFragmentManager(), R.id.realtabcontent);
            int count = fragments.length;
            for (int i = 0; i < count; i++) {
                TabSpec tabSpec = mTabHost.newTabSpec(i + "").setIndicator(i + "");
                mTabHost.addTab(tabSpec, fragments[i], null);
            }
            mTabRg = (RadioGroup) findViewById(R.id.tab_group);
            mTabRg.setOnCheckedChangeListener(new OnCheckedChangeListener() {
                    @Override
                    public void onCheckedChanged(RadioGroup group, int checkedId) {
                    switch (checkedId) {
                    case R.id.local:
                        mTabHost.setCurrentTab(0);
                        break;
                    case R.id.fav:
                        mTabHost.setCurrentTab(1);
                        break;
                    case R.id.online:
                        mTabHost.setCurrentTab(2);
                        break;
                    default:
                        break;
                    }
                }
            });
            mTabHost.setCurrentTab(0);
        }
        @Override
        public void onBackPressed() {
        }
            @Override
        public void backEvent() {
            Toast.makeText(this, "back", Toast.LENGTH_SHORT).show();
        }
}
```

词条解释如下。

```
❑ private final Class[] fragments = { MusicListActivity.class,
                FavroiteActivity.class,
                MusicOnlineActivity.class };
```

这个数组用于加载三个 fragments，MusicListActivity 类用于管理本地音乐，FavroiteActivity 类用于管理个人喜欢的音乐，MusicOnlineActivity 类用于显示在线音乐。

MusicListActivity 类的主要功能是使用 MediaStore 类扫描本地音乐并进行加载和显示，主要代码如下。

```
    private void ShowMp3List() {
            // 用游标查找媒体详细信息
            Cursor cursor = getActivity().getContentResolver().query(
                    MediaStore.Audio.Media.EXTERNAL_CONTENT_URI,
                    new String[] { MediaColumns.TITLE,// 标题，游标从0读取
                            AudioColumns.DURATION,// 持续时间,1
                            AudioColumns.ARTIST,// 艺术家,2
                            BaseColumns._ID,// id,3
                            MediaColumns.DISPLAY_NAME,// 显示名称,4
                            MediaColumns.DATA,// 数据，5
                            AudioColumns.ALBUM_ID,// 专辑名称ID,6
                            AudioColumns.ALBUM,// 专辑,7
                            MediaColumns.SIZE }, null, null, AudioColumns.ARTIST);// 大小,8
        /** 判断游标是否为空，有些地方即使没有音乐也会报异常。而且游标不稳定，稍有不慎就出错了。其次，如果
用户没有音乐，不妨可以告知用户没有音乐让用户添加进去 */
        if (cursor!= null && cursor.getCount() == 0) {
            final XfDialog xfdialog = new XfDialog.Builder(getActivity()).setTitle("提示:").setMessage("你的手机未找到音
乐，请添加音乐").setPositiveButton("确定", null).create();
            xfdialog.show();
```

```
            return;

        }
        /** 将游标移到第一位 **/
        cursor.moveToFirst();
        /** 分别将各个标题数组实例化 **/
        _ids = new int[cursor.getCount()];//
        _titles = new String[cursor.getCount()];
        _artists = new String[cursor.getCount()];
        _path = new String[cursor.getCount()];
        _album = new String[cursor.getCount()];
        _times = new String[cursor.getCount()];
        _displayname = new String[cursor.getCount()];
        _sizes = new int[cursor.getCount()];
        /**
         * 这里获取路径的格式是_path[i]=c.geString,为什么这么写？是因为MediaStore.Audio.Media.DATA的关系
         * 得到的内容格式为/mnt/sdcard/[子文件夹名/]音乐文件名，而我们想要得到的是/sdcard/[子文件夹名]音乐文件名
         */
        for (int i = 0; i < cursor.getCount(); i++) {
            _ids[i] = cursor.getInt(3);
            _titles[i] = cursor.getString(0);
            _artists[i] = cursor.getString(2);
            _path[i] = cursor.getString(5).substring(4);
/***************** 以下是为提供音乐详细信息而生成的 ***************************/
            _album[i] = cursor.getString(7);
            _times[i] = toTime(cursor.getInt(1));
            _sizes[i] = cursor.getInt(8);
            _displayname[i] = cursor.getString(4);
            cursor.moveToNext();
          /*** 一直将游标往下走 **/
        }
        listview.setAdapter(new MusicListAdapter(getActivity(), cursor));

        }
```

将本地音乐加载到 ListView 中后，单击 ListView 播放列表，播放音乐，代码如下。

```
/** 音乐列表添加监听器，单击之后播放音乐 */
    public class MusicListOnClickListener implements OnItemClickListener {

        @Override
        public void onItemClick(AdapterView<?> arg0, View view, int position,
                long id) {
            playMusic(position);
        }
}
/**
 * 根据Position播放音乐
 */
public void playMusic(int position) {
        Intent intent = new Intent(getActivity(), PlayMusicActivity.class);
        intent.putExtra("_ids", _ids);
        intent.putExtra("_titles", _titles);
        intent.putExtra("_artists", _artists);
        intent.putExtra("position", position);
        startActivity(intent);
        getActivity().finish();
}
```

如上代码所示，启动 PlayMusicActivity 类，主要用于显示播放页面，下一节将详细讲解。

17.6 音乐播放界面

在主界面选中需要播放的音乐后，跳转到音乐播放界面，在这个界面需要接收播放的音乐名、歌手，所以需要在主界面定义三个变量(id、title、artits)分别代表歌的 id、歌的标题、歌手，使用 intent 传输给音乐播放界面。此外，还需要有一个播放进度条来显示播放进度。

真正播放音乐的功能，我们采用 service 去播放，这样在播放音乐的时候就不会受到界面生命周期的影响。对于进度条 service 之间的同步可以使用 Handler 来同步。

还有就是需要显示歌词，歌词的编码格式是 UTF-8。读歌词采用 IO 流形式。将歌名和歌词放在同一目录下方以便于执行。

另外在播放界面增加专辑图片倒影，滑动一下可以显示歌词。下面看看 PlayMusicActivity.java 文件，代码如下。

```
public class PlayMusicActivity extends Activity  {
    private RelativeLayout ll_player_voice;
    private RelativeLayout music_all;
    //省略显示控件定义
    public static int randomNum = 0;
    private int flag;// 标记
    private Cursor cursor;// 游标
    private TreeMap<Integer, LRCbean> lrc_map = new TreeMap<Integer, LRCbean>();// Treemap对象
    private AudioManager am;
    private int maxVolume;// 最大音量
    private int currentVolume;// 当前音量
    private ImageButton ibtn_player_voice;//右上角的音量图标
    private Toast toast;//提示消息
    private Context context;//上下文。这个重要
//音量面板显示和隐藏动画
    private Animation showVoicePanelAnimation;
    private Animation hiddenVoicePanelAnimation;
    @Override
    public void onCreate(Bundle savedInstanceState) {
        super.onCreate(savedInstanceState);
        setContentView(R.layout.player_music);

        findViews();//用于View显示
        setListensers(); //监听函数
        setSystemVolume()；//系统声音控制
        context=this;
    }
    //省略findViews()、setListensers()和setSystemVolume()三个函数实现
    @Override
    protected void onResume() {
        super.onResume();
            // 设置皮肤背景
            Setting setting = new Setting(this, false);
            music_all.setBackgroundResource(setting.getCurrentSkinResId());
            Intent intent = this.getIntent();//接收来自列表的数据
            Bundle bundle = intent.getExtras();
            _ids = bundle.getIntArray("_ids");
            randomIDs = new int[_ids.length];
            position = bundle.getInt("position");
            _titles = bundle.getStringArray("_titles");
            _artists = bundle.getStringArray("_artists");
            setup();
            play();
            ShowLoop();
            ShowRandom();
        }
        /**
         * 当界面不可见时，反注册的广播
         */
        @Override
        public void onStop() {
            super.onStop();
            unregisterReceiver(musicReceiver);
        }
        /**
         * 初始化
         */
        private void setup() {
            loadclip();
            init();
            ReadSDLrc();
        }
        /**
         * 停止播放音乐
         */
        private void stop() {
```

```
            Intent isplay = new Intent("notifi.update");
            sendBroadcast(isplay);// 发起后台支持
            unregisterReceiver(musicReceiver);
            Intent intent = new Intent();
            intent.setAction("com.app.media.MUSIC_SERVICE");
            intent.putExtra("op", STOP);
            startService(intent);
        }
        /**
     * 在播放布局里先把播放按钮删除并用background设置为透明，然后在代码中添加按钮
     */
    public void play() {
        flag = PLAY;
        play_btn.setImageResource(R.drawable.player_btn_player_pause);
        Intent intent = new Intent();
        intent.setAction("com.app.media.MUSIC_SERVICE");
        intent.putExtra("op", PLAY);// 向服务传递数据
        startService(intent);

    }
    /**
     * 暂停
     */
    public void pause() {
        flag = PAUSE;
        play_btn.setImageResource(R.drawable.player_btn_player_play);
        Intent intent = new Intent();
        intent.setAction("com.app.media.MUSIC_SERVICE");
        intent.putExtra("op", PAUSE);
        startService(intent);

    }
    /**
     * 上一首
     */
    private void lastOne() {
        if (_ids.length == 1 || loop_flag == LOOP_ONE) {
            position = position;
            Intent intent = new Intent();
            intent.setAction("com.app.media.MUSIC_SERVICE");
            intent.putExtra("length", 1);
            startService(intent);
            play();
            return;
        }
        if (random_flag == true) {
            if (randomNum < _ids.length - 1) {
                randomIDs[randomNum] = position;
                position = findRandomSound(_ids.length);
                randomNum++;

            } else {
                randomNum = 0;
                for (int i = 0; i < _ids.length; i++) {
                    randomIDs[i] = -1;
                }
                randomIDs[randomNum] = position;
                position = findRandomSound(_ids.length);
                randomNum++;
            }
        } else {
            if (position == 0) {
                position = _ids.length - 1;
            } else if (position > 0) {
                position--;
            }
        }
        stop();
        setup();
        play();

    }
```

PlayMusicActivity 启动的时候需要启动 MusicService，MusicService 继承自 Service 用于处

理播放音乐的整个流程，MusicService 里使用 Handler 消息机制，不停地向 PlayMusicActivity 发送广播，所以 PlayMusicActivity 在 init()函数里实现了注册广播的功能，它用于监听 MusicService 发送的消息，其数据是当前音乐播放的时间点，PlayMusicActivity 接收到 MusicService 的广播后获得播放时间点来更新进度条。下面看看进度条的编写，代码如下。

```
//进度条编写
private void ShowSeekBar() {
    seekbar.setOnSeekBarChangeListener(new OnSeekBarChangeListener() {
        @Override
        public void onStopTrackingTouch(SeekBar seekBar) {
        }
        @Override
        public void onStartTrackingTouch(SeekBar seekBar) {
        }
        @Override
        public void onProgressChanged(SeekBar seekBar, int progress,
                boolean fromUser) {
            if (fromUser) {
                seekbar_change(progress);
            }else if (seekBar.getId() == R.id.sb_player_voice) {
                // 设置音量
                am.setStreamVolume(AudioManager.STREAM_MUSIC,
                        progress, 0);
            }
        }
    });
}

/**
* 进度条改变事件
*/
private void seekbar_change(int progress) {
    Intent intent = new Intent();
    intent.setAction("com.app.media.MUSIC_SERVICE");
    intent.putExtra("op", PROGRESS_CHANGE);
    intent.putExtra("progress", progress);
    startService(intent);

}
```

上面是进度条的更新，除了进度条还需要在 PlayMusicActivity 界面上添加一些控制按键，代码如下。

```
/**
 * 显示播放按钮并做监听
 */
private OnClickListener ShowPlayBtn = new OnClickListener() {
    @Override
    public void onClick(View v) {
        switch (flag) {
        case STATE_PLAY:
            pause();
            break;

        case STATE_PAUSE:
            play();
            break;
        }
    }
};
private OnClickListener ShowLastBtn = new OnClickListener() {
    @Override
    public void onClick(View v) {
        lastOne();
    }
};

private OnClickListener ShowNextBtn = new OnClickListener() {
    @Override
    public void onClick(View v) {
            nextOne();
```

```
        }
    };
    /**
     * 顺序播放
     */
    private void ShowLoop() {
        LoopBtn=(ImageButton)findViewById(R.id.ibtn_player_control_mode);
        LoopBtn.setOnClickListener(new OnClickListener() {
            @Override
            public void onClick(View v) {
                switch (loop_flag) {
                case LOOP_NONE:
                    loop_flag = LOOP_ONE;
LoopBtn.setBackgroundResource(R.drawable.player_btn_player_mode_circleone);
                    toast=Contsant.showMessage(toast, PlayMusicActivity.this,"你选择按顺序来播放");
                    break;
                case LOOP_ALL:
                    loop_flag = LOOP_NONE;
LoopBtn.setBackgroundResource(R.drawable.player_btn_player_mode_circlelist);
                    toast=Contsant.showMessage(toast, PlayMusicActivity.this, "你选择全部循环播放");
                    break;
                case LOOP_ONE:
                    loop_flag = LOOP_ALL;
LoopBtn.setBackgroundResource(R.drawable.player_btn_player_mode_sequence);
                    break;
                }
            }
        });
    }
    /**
     * 按随机播放
     */
    private void ShowRandom() {
        RandomBtm=(ImageButton)findViewById(R.id.ibtn_player_control_mode);
        RandomBtm.setOnClickListener(new OnClickListener() {

            @Override
            public void onClick(View v) {
            if (random_flag==false) {
                for (int i = 0; i < _ids.length; i++) {
                    randomIDs[i] = -1;
                }
                random_flag=true;
RandomBtm.setBackgroundResource(R.drawable.player_btn_player_mode_random);
                toast=Contsant.showMessage(toast, PlayMusicActivity.this, "你选择的是随机播放");
            }else {
                random_flag=false;
RandomBtm.setBackgroundResource(R.drawable.player_btn_player_mode_circleone);
                toast=Contsant.showMessage(toast, PlayMusicActivity.this, "你选择的是按顺序播放");
            }

            }
        });

    }

    /**
    * 下一首
    */
    public   void nextOne() {
        if (_ids.length == 1 || loop_flag == LOOP_ONE) {
            position = position;
            Intent intent = new Intent();
            intent.setAction("com.app.media.MUSIC_SERVICE");
            intent.putExtra("length", 1);
            startService(intent);
            play();
            return;

        }
        if (random_flag == true) {
            if (randomNum < _ids.length - 1) {
```

```
                randomIDs[randomNum] = position;
                position = findRandomSound(_ids.length);
                randomNum++;
            } else {
                randomNum = 0;
                for (int i = 0; i < _ids.length; i++) {
                    randomIDs[i] = -1;
                }
                randomIDs[randomNum] = position;
                position = findRandomSound(_ids.length);
                randomNum++;
            }
        } else {
            if (position == _ids.length - 1) {
                position = 0;
            } else if (position < _ids.length - 1) {
                position++;
            }
        }
        stop();
        setup();
        play();

    }
    /**找到随机位置**/
    public static int findRandomSound(int end) {
        int ret = -1;
        ret = (int) (Math.random() * end);
        while (havePlayed(ret, end)) {
            ret = (int) (Math.random() * end);
        }
        return ret;
    }
    /**是否在播放**/
    public static boolean havePlayed(int position, int num) {
        boolean ret = false;

        for (int i = 0; i < num; i++) {
            if (position == randomIDs[i]) {
                ret = true;
                break;
            }
        }

        return ret;
    }
    /**
     * 在顶部显示歌手、歌名。这两个变量是通过服务那边接收过来的
     */
    private void loadclip() {
        seekbar.setProgress(0);
        /**设置歌曲名**/
        if (_titles[position].length() > 15)
            musicnames.setText(_titles[position].substring(0, 12) + "...");// 设置歌曲名
        else
            musicnames.setText(_titles[position]);

        /**设置艺术家名**/
        if (_artists[position].equals("<unknown>"))
            artisting.setText("未知艺术家");
        else
            artisting.setText(_artists[position]);
        Intent intent = new Intent();
        intent.putExtra("_ids", _ids);
        intent.putExtra("_titles", _titles);
        intent.putExtra("_artists", _artists);
        intent.putExtra("position", position);
        intent.setAction("com.app.media.MUSIC_SERVICE");// 给这个action发送服务
        startService(intent);

    }

    /**
```

```
     * 为音乐读取歌词，歌词一行一行地输出
     */
    private void ReadSDLrc() {
        /**我们现在的歌词就是要String数组的第4个参数——显示文件名字**/
        cursor = getContentResolver().query(MediaStore.Audio.Media.EXTERNAL_CONTENT_URI,
                new String[] { MediaStore.Audio.Media.TITLE,
                        MediaStore.Audio.Media.DURATION,
                        MediaStore.Audio.Media.ARTIST,
                        MediaStore.Audio.Media.ALBUM,
                        MediaStore.Audio.Media.DISPLAY_NAME,
                        MediaStore.Audio.Media.ALBUM_ID }, "_id=?",new String[] { _ids[position] + "" }, null);
        cursor.moveToFirst();// 将游标移至第一位
        Bitmap bm = getArtwork(this, _ids[position], cursor.getInt(5), true);
        /**切换播放时专辑图片出现透明效果**/
        Animation albumanim=AnimationUtils.loadAnimation(context, R.anim.album_replace);
        /**开始播放动画效果**/
        album.startAnimation(albumanim);
        album.setImageBitmap(bm);
        /**为专辑图片添加倒影,这样有种立体感**/
        iv_player_ablum_reflection.setImageBitmap(ImageUtil.createReflectionBitmapForSingle(bm));
        /**游标定位到DISPLAY_NAME**/
        String name = cursor.getString(4);
        /**sd卡的音乐名字截取字符串并找到它的位置，这一步重要，没有写表示歌词文件无法显示，另外，不同手
        机型号的SD卡有不同的路径**/
        read("/sdcard/music/" + name.substring(0, name.indexOf(".")) + ".lrc");
        /** 在调试时我先把音乐名字写死，运行时在控制台打印出音乐名字，那么由此判断歌名没问题，只是没有
        获取位置**/
        System.out.println(cursor.getString(4));

    }
```

上面的代码实现了音乐播放过程的控制按键，它们分别是播放按键、暂停按键、播放上一首歌曲和播放下一首歌曲，以及控制播放顺序的按键，如循环播放、顺序播放、随机播放等，因为后台 MusicService 中使用 Handler 消息不停地向 PlayMusicActivity 界面发送广播，广播里面的数据是当前音乐播放的时间。

PlayMusicActivity 接收到广播后获得播放时间点来更新进度条，代码如下。

```
protected BroadcastReceiver musicReceiver = new BroadcastReceiver() {

    public void onReceive(Context context, Intent intent) {
        String action = intent.getAction();
        if (action.equals(MUSIC_CURRENT)) {
            currentPosition = intent.getExtras().getInt("currentTime");// 获得当前播放位置
            playtimes.setText(toTime(currentPosition));
            seekbar.setProgress(currentPosition);// 设置进度条
            Iterator<Integer> iterator = lrc_map.keySet().iterator();
            while (iterator.hasNext()) {
                Object o = iterator.next();
                LRCbean val = lrc_map.get(o);
                if (val != null) {

                    if (currentPosition > val.getBeginTime()&& currentPosition < val.getBeginTime()+ val.getLineTime()) {
                        lrcTextview.setText(val.getLrcBody());
                        break;
                    }
                }
            }
        } else if (action.equals(MUSIC_DURATION)) {
            duration = intent.getExtras().getInt("duration");
            seekbar.setMax(duration);
            durationTime.setText(toTime(duration));

        } else if (action.equals(MUSIC_NEXT)) {
            nextOne();
        } else if (action.equals(MUSIC_UPDATE)) {
            position = intent.getExtras().getInt("position");

            setup();
        }
    }
};
/**
```

```
 * 播放时间转换
 */
public String toTime(int time) {

    time /= 1000;
    int minute = time / 60;
    int second = time % 60;
    minute %= 60;
    return String.format("%02d:%02d", minute, second);
}
```

完成了上面的工作，下面看看歌词的读写，这里采用 IO 方法一行一行地将歌词显示到界面上，代码如下。

```
private void read(String path) {
        lrc_map.clear();
        TreeMap<Integer, LRCbean> lrc_read = new TreeMap<Integer, LRCbean>();
        String data = "";
        BufferedReader br = null;
        File file = new File(path);
        System.out.println(path);
        /**如果没有歌词，则用没有歌词显示**/
        if (!file.exists()) {
            Animation lrcanim=AnimationUtils.loadAnimation(context, R.anim.album_replace);
            lrcTextview.setText(R.string.no_lrc_messenge);
            lrcTextview.startAnimation(lrcanim);
            return;
        }
        FileInputStream stream = null;
        try {
            stream = new FileInputStream(file);
            br = new BufferedReader(new InputStreamReader(stream, "UTF-8"));//记得歌词一定要设置UTF-8，否则歌词编
            //码直接乱码
        } catch (FileNotFoundException e) {
            e.printStackTrace();
        } catch (UnsupportedEncodingException e) {
            e.printStackTrace();
        }
        try {
            while ((data = br.readLine()) != null) {
                if (data.length() > 6) {
                    if (data.charAt(3) == ':' && data.charAt(6) == '.') {// 从歌词正文开始
                        data = data.replace("[", "");
                        data = data.replace("]", "@");
                        data = data.replace(".", ":");
                        String lrc[] = data.split("@");
                        String lrcContent = null;
                        if (lrc.length == 2) {
                            lrcContent = lrc[lrc.length - 1];// 歌词
                        } else {
                            lrcContent = "";
                        }

                        for (int i = 0; i < lrc.length - 1; i++) {
                            String lrcTime[] = lrc[0].split(":");
                            int m = Integer.parseInt(lrcTime[0]);// 分
                            int s = Integer.parseInt(lrcTime[1]);// 秒
                            int ms = Integer.parseInt(lrcTime[2]);// 毫秒

                            int begintime = (m * 60 + s) * 1000 + ms;// 转换成毫秒
                            LRCbean lrcbean = new LRCbean();
                            lrcbean.setBeginTime(begintime);// 设置歌词开始时间
                            lrcbean.setLrcBody(lrcContent);// 设置歌词的主体
                            lrc_read.put(begintime, lrcbean);

                        }

                    }
                }
            }
            stream.close();
        } catch (IOException e) {
            e.printStackTrace();
        }
```

```
        // 计算每句歌词需要的时间
        lrc_map.clear();
        data = "";
        Iterator<Integer> iterator = lrc_read.keySet().iterator();
        LRCbean oldval = null;
        int i = 0;

        while (iterator.hasNext()) {
            Object ob = iterator.next();
            LRCbean val = lrc_read.get(ob);
            if (oldval == null) {
                oldval = val;
            } else {
                LRCbean item1 = new LRCbean();
                item1 = oldval;
                item1.setLineTime(val.getBeginTime() - oldval.getBeginTime());
                lrc_map.put(new Integer(i), item1);
                i++;
                oldval = val;
            }
        }
    }
```

上面的代码展示了如何显示歌词，那么在歌曲插放的时候如何显示专辑图片呢？不同的专辑图片大小是不一样的，这样就需要调整图片的大小，对于图片的路径下面采用 Uri 来获取，具体代码如下。

```
public static Bitmap getArtwork(Context context, long song_id,
        long album_id, boolean allowdefault) {
    if (album_id < 0) {

        if (song_id >= 0) {
            Bitmap bm = getArtworkFromFile(context, song_id, -1);
            if (bm != null) {
                return bm;
            }
        }
        if (allowdefault) {
            return getDefaultArtwork(context);
        }
        return null;
    }
    ContentResolver res = context.getContentResolver();
    Uri uri = ContentUris.withAppendedId(sArtworkUri, album_id);
    if (uri != null) {
        InputStream in = null;
        try {
            in = res.openInputStream(uri);
            BitmapFactory.Options options = new BitmapFactory.Options();
            /**先指定原始大小**/
            options.inSampleSize = 1;
            /**  只进行大小判断**/
            options.inJustDecodeBounds = true;
            /**调用此方法得到options和图片的大小**/
            BitmapFactory.decodeStream(in, null, options);
            /**我们的目标是在N pixel的画面上显示。 所以需要调用computeSampleSize得到图片缩放的比例**/
            /**这里的target为800是根据默认专辑图片大小决定的，800只是测试数字，但是试验后发800是最理想的数值**/
            options.inSampleSize = computeSampleSize(options, 600);
            /**我们得到了缩放的比例，现在开始正式读入BitMap数据**/
            options.inJustDecodeBounds = false;
            options.inDither = false;
            options.inPreferredConfig = Bitmap.Config.ARGB_8888;
            in = res.openInputStream(uri);
            return BitmapFactory.decodeStream(in, null, options);
        } catch (FileNotFoundException ex) {

            Bitmap bm = getArtworkFromFile(context, song_id, album_id);
            if (bm != null) {
                if (bm.getConfig() == null) {
                    bm = bm.copy(Bitmap.Config.RGB_565, false);
                    if (bm == null && allowdefault) {
                        return getDefaultArtwork(context);
                    }
```

```
                }
            } else if (allowdefault) {
                bm = getDefaultArtwork(context);
            }
            return bm;
        } finally {
            try {
                if (in != null) {
                    in.close();
                }
            } catch (IOException ex) {
            }
        }
    }

    return null;
}

private static Bitmap getArtworkFromFile(Context context, long songid,
        long albumid) {
    Bitmap bm = null;
    if (albumid < 0 && songid < 0) {
        throw new IllegalArgumentException(
                "Must specify an album or a song id");
    }
    try {

        BitmapFactory.Options options = new BitmapFactory.Options();

        FileDescriptor fd = null;
        if (albumid < 0) {
            Uri uri = Uri.parse("content://media/external/audio/media/"
                    + songid + "/albumart");
            ParcelFileDescriptor pfd = context.getContentResolver()
                    .openFileDescriptor(uri, "r");
            if (pfd != null) {
                fd = pfd.getFileDescriptor();
            }
        } else {
            Uri uri = ContentUris.withAppendedId(sArtworkUri, albumid);
            ParcelFileDescriptor pfd = context.getContentResolver()
                    .openFileDescriptor(uri, "r");
            if (pfd != null) {
                fd = pfd.getFileDescriptor();
            }
        }
        options.inSampleSize = 1;
        // 只进行大小判断
        options.inJustDecodeBounds = true;
        // 调用此方法得到options和图片的大小
        BitmapFactory.decodeFileDescriptor(fd, null, options);
        // 我们的目标是在800pixel的画面上显示
        // 所以需要调用computeSampleSize得到图片缩放的比例
        options.inSampleSize = 100;
        // OK，我们得到了缩放的比例，现在开始正式读入BitMap数据
        options.inJustDecodeBounds = false;
        options.inDither = false;
        options.inPreferredConfig = Bitmap.Config.ARGB_8888;

        // 根据options参数，减少所需要的内存
        bm = BitmapFactory.decodeFileDescriptor(fd, null, options);
    } catch (FileNotFoundException ex) {

    }

    return bm;
}

/**这个函数会对图片的大小进行判断，并得到合适的缩放比例，比如2即1/2，3即1/3**/
static int computeSampleSize(BitmapFactory.Options options, int target) {
    int w = options.outWidth;
    int h = options.outHeight;
    int candidateW = w / target;
```

```
        int candidateH = h / target;
        int candidate = Math.max(candidateW, candidateH);
        if (candidate == 0)
            return 1;
        if (candidate > 1) {
            if ((w > target) && (w / candidate) < target)
                candidate -= 1;
        }
        if (candidate > 1) {
            if ((h > target) && (h / candidate) < target)
                candidate -= 1;
        }
        return candidate;
    }

    private static Bitmap getDefaultArtwork(Context context) {
        BitmapFactory.Options opts = new BitmapFactory.Options();
        opts.inPreferredConfig = Bitmap.Config.RGB_565;
        return BitmapFactory.decodeStream(context.getResources()
                .openRawResource(R.drawable.default_album), null, opts);
    }
```

播放界面还需要有一个调节播放器的音量的按键，调整音量的具体代码如下。

```
    /**
     * 暂时为音量调整大小
     */
    private OnSeekBarChangeListener seekBarChangeListener = new OnSeekBarChangeListener() {

        @Override
        public void onProgressChanged(SeekBar seekBar, int progress,
                boolean fromUser) {
            if (seekBar.getId() == R.id.sb_player_voice) {
                // 设置音量
                am.setStreamVolume(AudioManager.STREAM_MUSIC,
                        progress, 0);
            }

        }

        @Override
        public void onStartTrackingTouch(SeekBar arg0) {

        }

        @Override
        public void onStopTrackingTouch(SeekBar arg0) {

        }

    };
    /**
     * 小图标的监听事件
     */
    private OnClickListener listener = new OnClickListener() {

        @Override
        public void onClick(View v) {
            switch (v.getId()) {
            case R.id.ibtn_player_voice:
                voicePanelAnimation();
                break;
            case R.id.ibtn_player_list:
                finish();
                break;
            }

        }

    };
    // 音量面板的显示和隐藏
    private void voicePanelAnimation() {
        if (ll_player_voice.getVisibility() == View.GONE) {
            ll_player_voice.startAnimation(showVoicePanelAnimation);
            ll_player_voice.setVisibility(View.VISIBLE);
```

```
            } else {
                ll_player_voice.startAnimation(hiddenVoicePanelAnimation);
                ll_player_voice.setVisibility(View.GONE);
            }
        }
        /**
         * 回调音量大小的函数
         */
        @Override
        public boolean dispatchKeyEvent(KeyEvent event) {
            int action = event.getAction();
            int keyCode = event.getKeyCode();
            switch (keyCode) {
            case KeyEvent.KEYCODE_VOLUME_UP:
                if (action == KeyEvent.ACTION_UP) {
                    if (currentVolume < maxVolume) {
                        currentVolume = currentVolume + 1;
                        am.setStreamVolume(AudioManager.STREAM_MUSIC,
                                currentVolume, 0);
                    } else {
                        am.setStreamVolume(AudioManager.STREAM_MUSIC,
                                currentVolume, 0);
                    }
                }
                return false;
        case KeyEvent.KEYCODE_VOLUME_DOWN:
            if (action == KeyEvent.ACTION_UP) {
                if (currentVolume > 0) {
                    currentVolume = currentVolume - 1;
                    am.setStreamVolume(AudioManager.STREAM_MUSIC,
                            currentVolume, 0);
                } else {
                    am.setStreamVolume(AudioManager.STREAM_MUSIC,
                            currentVolume, 0);
                }
            }
            return false;
        default:
            return super.dispatchKeyEvent(event);
        }
    }
```

最后需要处理的是，当用户按下返回键时，需要退出音乐播放界面，并返回主界面，代码如下。

```
/**
     * 按下返回键事件
     */
    @Override
    public boolean onKeyDown(int keyCode, KeyEvent event) {
        if (keyCode == KeyEvent.KEYCODE_BACK) {
            Intent intent = new Intent(PlayMusicActivity.this,MainActivity.class);
            startActivity(intent);
            finish();
            finish();
        }
        return true;
    }
```

这样我们就完成了整个音乐播放界面，内容比较多，但都是以前学习过的东西，应该不是很难，那么下节就来看看 Music Service 的具体代码。

17.7 Music Service 的编写

使用 Music Service 来实现真正的播放功能，有人要问为什么要使用 Service 来实现播放功能？上节中我们也提到了具体的原因，为了不受界面生命周期的影响，还有为了提高界面程序操作的流畅性，所有播放操作都交给服务，如果不用服务，那么一个界面关闭后，音乐也随之消失了。这节来看看 MusicService 的具体实现过程，代码如下。

```
public class MusicService extends Service implements MediaPlayer.OnCompletionListener
{
    /** 发送给服务一些Action */
    private static final String MUSIC_CURRENT = "com.app.currentTime";
    private static final String MUSIC_DURATION = "com.app.duration";
    private static final String MUSIC_UPDATE = "com.app.update";
    private static final String MUSIC_LIST = "com.app.list";
    private static final int MUSIC_PLAY = 1;
    private static final int MUSIC_PAUSE = 2;
    private static final int MUSIC_STOP = 3;
    private static final int PROGRESS_CHANGE = 4;
    private MediaPlayer mp = null;// Mediaplayer对象
    private Uri uri = null;
    private int id = 10000;
    private Handler handler = null;
    private int currentTime;// 播放时间
    private int duration;// 总时间
    private DatabaseHelper dbHelper = null;// 数据库对象
    private int flag;// 标识
    private int position;// 位置
    private int _ids[];// 数组id
    private String _titles[];// 标题
    private String _artists[];// 艺术家
    private int _id;
    private String _title;
    private String _artist;
    public static Notification notification;// 通知栏显示当前播放音乐
    public static NotificationManager nm;
    @Override
    public void onCreate() {
        super.onCreate();
        if (mp != null) {
            mp.reset();
            mp.release();
            mp = null;
        }
        mp = new MediaPlayer();// 实例化mediaplayer
        mp.setOnCompletionListener(this);// 设置下一首播放监听
        ShowNotifcation();
        IntentFilter filter = new IntentFilter();
        filter.addAction("android.intent.action.ANSWER");
        registerReceiver(PhoneListener, filter);

        IntentFilter filter1 = new IntentFilter();
        filter1.addAction("com.app.playmusic");
        filter1.addAction("com.app.nextone");
        filter1.addAction("com.app.lastone");
        filter1.addAction("com.app.startapp");
        registerReceiver(appWidgetReceiver, filter1);
    }

    /**
     * 当开始播放时，通知栏显示当前播放信息
     */
    private void ShowNotifcation() {
        nm = (NotificationManager) getApplicationContext().getSystemService(Context.NOTIFICATION_SERVICE);//获取通
        //知栏系统服务对象
        notification = new Notification();// 实例化通知栏
        notification.icon = R.drawable.music;// 为通知栏增加图标
        notification.defaults = Notification.DEFAULT_LIGHTS;// 默认灯
        notification.flags |= Notification.FLAG_AUTO_CANCEL;// 永远驻留
        notification.when = System.currentTimeMillis();// 获得系统时间
        notification.tickerText = _title;//在通知栏显示有关的信息
        notification.tickerText = _artist;
        Intent intent2 = new Intent(getApplicationContext(),PlayMusicActivity.class);
        intent2.putExtra("_ids", _ids);
        intent2.putExtra("_titles", _titles);
        intent2.putExtra("_artists", _artists);
        intent2.putExtra("position", position);
        PendingIntent contentIntent = PendingIntent.getActivity(getApplicationContext(), 0, intent2,PendingIntent.FLAG_UPDATE_
        CURRENT);
        notification.setLatestEventInfo(getApplicationContext(), _title, _artist,contentIntent);
        nm.notify(0, notification);
```

```
}

@Override
public void onDestroy() {
    super.onDestroy();
    Log.e("Service:-------->", "服务已经关闭");
    nm.cancelAll();// 清除掉通知栏的信息
    if (mp != null) {
        mp.stop();// 停止播放
        mp = null;
    }
    if (dbHelper != null) {
        dbHelper.close();// 关闭数据库
        dbHelper = null;
    }
    if (handler != null) {
        handler.removeMessages(1);//移除消息
        handler = null;
    }
}

@Override
public void onStart(Intent intent, int startId) {
    super.onStart(intent, startId);
    if ((flag == 0) && (intent.getExtras().getInt("list") == 1)) {
        System.out.println("Service flag=0");
        return;
    }
    if (intent.getIntArrayExtra("_ids") != null) {
        _ids = intent.getIntArrayExtra("_ids");
        _titles = intent.getStringArrayExtra("_titles");
        _artists = intent.getStringArrayExtra("_artists");
    }
    int position1 = intent.getIntExtra("position", -1);
    if (position1 != -1) {
        position = position1;
        _id = _ids[position];
        _title = _titles[position];
        _artist = _artists[position];
    }
    // 发送的长度
    int length = intent.getIntExtra("length", -1);
    if (_id != -1) {
        if (id != _id) {
            id = _id;
            uri = Uri.withAppendedPath(MediaStore.Audio.Media.EXTERNAL_CONTENT_URI, "" + _id);
            DBOperate(_id);
            try {
                mp.reset();
                mp.setDataSource(this, uri);

            } catch (Exception e) {
                e.printStackTrace();
            }
        } else if (length == 1) {

            try {
                mp.reset();
                mp.setDataSource(this, uri);
            } catch (Exception e) {
                e.printStackTrace();
            }
        }
    }
    setup();
    init();
    if (position != -1) {
        Intent intent1 = new Intent();
        intent1.setAction(MUSIC_LIST);
        intent1.putExtra("position", position);
        sendBroadcast(intent1);
        Intent intent2 = new Intent("com.app.musictitle");
        intent2.putExtra("title", _title);
```

```
            sendBroadcast(intent2);
            Intent playIntent = new Intent("com.app.play");
            sendBroadcast(playIntent);
        }
        /**
         * 初始化数据
         */
        int op = intent.getIntExtra("op", -1);
        if (op != -1) {
            switch (op) {
            case MUSIC_PLAY:// 播放
                if (!mp.isPlaying()) {
                    play();
                }
                break;
            case MUSIC_PAUSE:// 暂停
                if (mp.isPlaying()) {
                    pause();
                }
                break;
            case MUSIC_STOP:// 停止椄
                stop();
                break;
            case PROGRESS_CHANGE:// 进度条改变
                currentTime = intent.getExtras().getInt("progress");
                mp.seekTo(currentTime);
                break;
            }
        }
        ShowNotifcation();

    }

    @Override
    public IBinder onBind(Intent intent) {
        return null;
    }

    /***播放*/
    private void play() {
        if (mp != null) {
            mp.start();
        }
        flag = 1;

    }

    /**暂停*/
    private void pause() {
        if (mp != null) {
            mp.pause();
        }
        flag = 1;
    }

    /** 停止*/
    private void stop() {
        if (mp != null) {
            mp.stop();
            try {
                mp.prepare();
                mp.seekTo(0);
            } catch (IllegalStateException e) {
                e.printStackTrace();
            } catch (IOException e) {
                e.printStackTrace();
            }
            handler.removeMessages(1);

        }
    }

    /** 初始化数据*/
```

```
private void init() {
    final Intent intent = new Intent();
    intent.setAction(MUSIC_CURRENT);
    if (handler == null) {
        handler = new Handler() {
            @Override
            public void handleMessage(Message msg) {
                super.handleMessage(msg);
                if (msg.what == 1) {
                    if (flag == 1) {
                        currentTime = mp.getCurrentPosition();
                        intent.putExtra("currentTime", currentTime);
                        sendBroadcast(intent);
                    }
                    handler.sendEmptyMessageDelayed(1, 600);
                }
            }
        };
    }
}

/** 初始化1*/
private void setup() {
    final Intent intent = new Intent();
    intent.setAction(MUSIC_DURATION);
    try {
        if (!mp.isPlaying()) {
            mp.prepare();
        }
        mp.setOnPreparedListener(new OnPreparedListener() {
            @Override
            public void onPrepared(MediaPlayer mp) {
                handler.sendEmptyMessage(1);
            }
        });
    } catch (IllegalStateException e) {
        e.printStackTrace();
    } catch (IOException e) {
        e.printStackTrace();
    }
    duration = mp.getDuration();
    intent.putExtra("duration", duration);
    sendBroadcast(intent);
}

/** 获得随机位置*/
private int getRandomPostion(boolean loopAll) {
    int ret = -1;

    if (PlayMusicActivity.randomNum < _ids.length - 1) {
        PlayMusicActivity.randomIDs[PlayMusicActivity.randomNum] = position;
        ret = PlayMusicActivity.findRandomSound(_ids.length);
        PlayMusicActivity.randomNum++;

    } else if (loopAll == true) {
        PlayMusicActivity.randomNum = 0;
        for (int i = 0; i < _ids.length; i++) {
            PlayMusicActivity.randomIDs[i] = -1;
        }
        PlayMusicActivity.randomIDs[PlayMusicActivity.randomNum] = position;
        ret = PlayMusicActivity.findRandomSound(_ids.length);
        PlayMusicActivity.randomNum++;
    }

    return ret;
}

/**
 * 下一首
 */
private void nextOne() {
    ShowNotifcation();
    if (_ids.length == 1|| PlayMusicActivity.loop_flag == PlayMusicActivity.LOOP_ONE) {
```

```
            position = position;

    } else if (PlayMusicActivity.loop_flag == PlayMusicActivity.LOOP_ALL) {
        if (PlayMusicActivity.random_flag == true) {// 获得随机位置
            int i = getRandomPostion(true);
            if (i == -1) {
                stop();
                return;
            } else {
                position = i;
            }
        } else {
            if (position == _ids.length - 1) {
                position = 0;
            } else if (position < _ids.length - 1) {
                position++;
            }
        }

    } else if (PlayMusicActivity.loop_flag == PlayMusicActivity.LOOP_NONE) {
        if (PlayMusicActivity.random_flag == true) {//
            int i = getRandomPostion(false);
            if (i == -1) {
                stop();
                return;
            } else {
                position = i;
            }
        } else {
            if (position == _ids.length - 1) {
                stop();
                return;
            } else if (position < _ids.length - 1) {
                position++;
            }
        }
    }
    uri = Uri.withAppendedPath(MediaStore.Audio.Media.EXTERNAL_CONTENT_URI,
            "" + _ids[position]);
    DBOperate(_ids[position]);
    id = _ids[position];
    _title = _titles[position];
    _id = id;
    try {
        mp.reset();
        mp.setDataSource(this, uri);

    } catch (Exception e) {
        e.printStackTrace();
    }
    handler.removeMessages(1);

    setup();
    init();
    play();

    Intent intent = new Intent();
    intent.setAction(MUSIC_LIST);
    intent.putExtra("position", position);
    sendBroadcast(intent);

    Intent intent1 = new Intent();
    intent1.setAction(MUSIC_UPDATE);
    intent1.putExtra("position", position);
    sendBroadcast(intent1);

    Intent intent2 = new Intent("com.app.musictitle");
    intent2.putExtra("title", _title);
    sendBroadcast(intent2);

}

/** 上一首*/
```

```
    private void lastOne() {
        ShowNotifcation();
        if (_ids.length == 1) {
            position = position;

        } else if (position == 0) {
            position = _ids.length - 1;
        } else if (position > 0) {
            position--;
        }
        uri = Uri.withAppendedPath(MediaStore.Audio.Media.EXTERNAL_CONTENT_URI,
                "" + _ids[position]);
        DBOperate(_ids[position]);
        id = _ids[position];
        _title = _titles[position];
        _id = id;
        try {
            mp.reset();
            mp.setDataSource(this, uri);
        } catch (Exception e) {
            e.printStackTrace();
        }
        handler.removeMessages(1);
        setup();
        init();
        play();

        Intent intent = new Intent();
        intent.setAction(MUSIC_LIST);
        intent.putExtra("position", position);
        sendBroadcast(intent);

        Intent intent1 = new Intent();
        intent1.setAction(MUSIC_UPDATE);
        intent1.putExtra("position", position);
        sendBroadcast(intent1);

        Intent intent2 = new Intent("com.app.musictitle");
        intent2.putExtra("title", _title);
        sendBroadcast(intent2);
    }

    @Override
    public void onCompletion(MediaPlayer mp) {
        nextOne();
    }

    /** 操作数据库*/
    private void DBOperate(int pos) {
        dbHelper = new DatabaseHelper(this, "music.db", null, 2);
        Cursor c = dbHelper.query(pos);
        Date currentTime = new Date();
        SimpleDateFormat formatter = new SimpleDateFormat("yyyy-MM-dd HH:mm:ss");
        String dateString = formatter.format(currentTime);
        try {
            if (c==null||c.getCount()==0){
                ContentValues values = new ContentValues();
                values.put("music_id", pos);
                values.put("clicks", 1);
                values.put("latest", dateString);
                dbHelper.insert(values);
            } else {
                c.moveToNext();
                int clicks = c.getInt(2);
                clicks++;
                ContentValues values = new ContentValues();
                values.put("clicks", clicks);
                values.put("latest", dateString);
                dbHelper.update(values, pos);
            }
        } catch (Exception e) {
            e.printStackTrace();
        }
```

```
            if (c != null) {
                c.close();
                c = null;
            }
            if (dbHelper!=null){
                dbHelper.close();
                dbHelper = null;
            }
        }

        /*** 来电时监听播放状态*/
        protected BroadcastReceiver PhoneListener = new BroadcastReceiver() {
            @Override
            public void onReceive(Context context, Intent intent) {
                if (intent.getAction().equals(Intent.ACTION_ANSWER)) {
                    TelephonyManager telephonymanager = (TelephonyManager) context.getSystemService(Context.TELEPHONY_SERVICE);
                    switch (telephonymanager.getCallState()) {
                    case TelephonyManager.CALL_STATE_RINGING:// 当有来电时，暂停音乐，可我试了试，只是把声音降低而已
                        pause();
                        break;
                    case TelephonyManager.CALL_STATE_OFFHOOK:
                        play();
                        break;
                    default:
                        break;
                    }
                }
            }
        };
        /** 桌面小插件*/
        protected BroadcastReceiver appWidgetReceiver = new BroadcastReceiver() {

            @Override
            public void onReceive(Context context, Intent intent) {
                if (intent.getAction().equals("com.app.playmusic")) {
                    if (mp.isPlaying()) {
                        pause();
                        Intent pauseIntent = new Intent("com.app.pause");
                        sendBroadcast(pauseIntent);
                    } else {
                        play();
                        Intent playIntent = new Intent("com.app.play");
                        sendBroadcast(playIntent);
                    }
                } else if (intent.getAction().equals("com.app.nextone")) {
                    nextOne();
                    Intent playIntent = new Intent("com.app.play");
                    sendBroadcast(playIntent);
                } else if (intent.getAction().equals("com.app.lastone")) {
                    lastOne();
                    Intent playIntent = new Intent("com.app.play");
                    sendBroadcast(playIntent);
                } else if (intent.getAction().equals("com.app.startapp")) {
                    Intent intent1 = new Intent("com.app.musictitle");
                    intent1.putExtra("title", _title);
                    sendBroadcast(intent1);
                }
            }
        };

}
```

MusicService 播放音乐时使用数据库来记录当前用户对歌曲的喜好，记录歌曲的点击次数和播放时间。创建 DatabaseHelper 类继承自 SQLiteOpenHelper，DatabaseHelper 类中创建 music.db 数据库，创建 music 表，表中包含音乐 id、用户按点次数和用户选择歌曲的时间，具体代码如下。

```
public class DatabaseHelper extends SQLiteOpenHelper {
    /**游标***/
    private Cursor c = null;
    /**建立表的语句**/
    private static final String CREATE_TAB = "create table "+ "music(_id integer primary key autoincrement,music_id integer,
    clicks integer," +"latest text)";
    /**列名***/
```

```
    private static final String TAB_NAME = "music";
    /**数据库***/
    private SQLiteDatabase db = null;
    /***构造函数**/
    public DatabaseHelper(Context context, String name, CursorFactory factory,
            int version) {
        super(context, name, factory, version);
    }
/***构造一个数据库，如果没有就创建一个数据库***/
    @Override
    public void onCreate(SQLiteDatabase db) {
        this.db = db;
        db.execSQL(CREATE_TAB);
    }
    /**插入数据**/
    public void insert(ContentValues values){
        SQLiteDatabase db = getWritableDatabase();
        db.insert(TAB_NAME, null, values);
        db.close();
    }
/***  更新数据*/
    public void update(ContentValues values,int id){
        SQLiteDatabase db = getWritableDatabase();
        db.update(TAB_NAME, values, "music_id="+id, null);
        db.close();
    }
    /**删除数据*/
    public void delete(int id){
        if (db == null){
            db = getWritableDatabase();
        }
        db.delete(TAB_NAME, "music_id=?", new String[]{String.valueOf(id)});
    }
    /***查找数据*/
    public Cursor query(int id){
        SQLiteDatabase db = getReadableDatabase();
        c = db.query(TAB_NAME, null, "music_id=?", new String[]{String.valueOf(id)}, null, null, null);
        db.close();
        return c;
    }
    /***按点击量查询**/
    public Cursor queryByClicks(){
        SQLiteDatabase db = getReadableDatabase();
        c = db.query(TAB_NAME, null, null, null, null, null, "clicks desc");
        return c;
    }
    /***按时间降序查询**/
    public Cursor queryRecently(){
        SQLiteDatabase db = getReadableDatabase();
        c = db.query(TAB_NAME, null, null, null, null, null, "latest desc");
        return c;
    }
    /***关闭数据库***/
    public void close(){
        if (db != null){
            db.close();
            db=null;
        }
        if (c!=null){
            c.close();
            c=null;
        }
    }

    @Override
    public void onUpgrade(SQLiteDatabase db, int arg1, int arg2) {

    }

}
```

数据库类中可以进行插入数据、删除数据、按点击量查询、按时间降序查询和关闭数据库等操作，有了点击量就能够知道用户对哪一首歌曲比较感兴趣，这样就可以将该首歌曲直接添加到用户喜欢音乐的界面中，下面看看 FavroiteActivity，用于记录用户喜欢的音乐。

17.8 FavroiteActivity 的编写

前面的章节中提到过，需要有一个界面用于保存用户喜欢的音乐，用户喜欢听哪几首歌曲，就把这些歌曲加载到 FavroiteActivity 界面中，可以使用上节中数据库提供的按点击量查询的函数来加载用户喜欢的音乐，点击量高的就是喜欢的，需要设置一个阈值来判断，这里为了简单，在此只是使用 WebView 打开音乐网站的网页，用户可以在 WebView 浏览自己喜欢的音乐，具体代码如下。

```
public class FavroiteActivity extends Fragment {
    WebView webview;
    @Override
    public void onCreate(Bundle savedInstanceState) {
        // TODO Auto-generated method stub
        super.onCreate(savedInstanceState);
    }

    @Override
    public View onCreateView(LayoutInflater inflater, ViewGroup container,
            Bundle savedInstanceState) {
        View parentView =    inflater.inflate(R.layout.favorite, container, false);

        webview=(WebView) parentView.findViewById(R.id.music_webview);
        webview.loadUrl("http://y.qq.com/#type=index");
        webview.getSettings().setJavaScriptEnabled(true);

        return parentView;
    }
}
```

当然功能还不是很完善，如果你感兴趣可以来完善这个类，将用户喜欢的音乐加载到这个界面。

17.9 MusicOnlineActivity 的编写

这节我们来完善 MusicOnlineActivity 类，这个类的功能是从服务器端获取在线音乐，因为客户端和服务器通信不是本书的重点，在此假设已经有一个音乐服务器，用于推送在线的音乐，可以让用户去下载，下面主要讲解如何在 Android 端实现对服务器音乐的浏览和播放，下面一起来看看 MusicOnlineActivity 具体的工作流程。

假设音乐客户端和服务器之间通信，其中的数据采用 XML 格式进行保存，假设从服务端获取到了一个 xml 音乐列表，具体内容如下。

```
<?xml version="1.0" encoding="UTF-8"?>
<list>
    <song id="1">
        <name>倩女幽魂</name>
        <artist>张国荣</artist>
        <album>丰盛的一生之国语精选</album>
        <displayName>倩女幽魂.mp3</displayName>
        <mimeType>audio/mpeg</mimeType>
        <netUrl>http://www.zihou.me/music/danqu/qiannvyouhun.mp3</netUrl>
        <durationTime>217000</durationTime>
        <size>3484569</size>
    </song>
    <song id="2">
        <name>白月光</name>
        <artist>张信哲</artist>
        <album>下一个永远</album>
        <displayName>白月光.mp3</displayName>
        <mimeType>audio/mpeg</mimeType>
        <netUrl>http://vietnamese.cri.cn/mmsource/audio/2009/09/16/baiyueguang.mp3</netUrl>
        <durationTime>267000</durationTime>
```

```
            <size>4283836</size>
        </song>
        <song id="3">
            <name>不分手的恋爱</name>
            <artist>汪苏泷</artist>
        //省略
        </song>
    </list>
```

这个列表是服务器端推送给客户端的，这样需要解析这个 xml 列表，解析代码如下。

```
    public static List<Song> parseWebSongList(Context context){
            List<Song> data=null;
            Song song=null;
            XmlResourceParser parser = context.getResources().getXml(R.xml.web_list);
            try {
                int eventType=parser.getEventType();
                //直到读取文档结束
                while(eventType!=XmlResourceParser.END_DOCUMENT){
                    switch (eventType) {
                        //开始读取文档
                        case XmlResourceParser.START_DOCUMENT:
                            data=new ArrayList<Song>();
                            break;
                        //开始读取文档标签
                        case XmlResourceParser.START_TAG:
                            if(parser.getName().equals("song")){
                                song=new Song();
                                song.setId(parser.getAttributeIntValue(0, 0));
                            }else if(parser.getName().equals("name")){
                                song.setName(parser.nextText());
                            }else if(parser.getName().equals("artist")){
                                song.setArtist(new Artist(0, parser.nextText(), null));
                            }else if(parser.getName().equals("album")){
                                song.setAlbum(new Album(0, parser.nextText(), null));
                            }else if(parser.getName().equals("displayName")){
                                song.setDisplayName(parser.nextText());
                            }else if(parser.getName().equals("mimeType")){
                                song.setMimeType(parser.nextText());
                            }else if(parser.getName().equals("netUrl")){
                                song.setNetUrl(parser.nextText());
                            }else if(parser.getName().equals("durationTime")){
                                song.setDurationTime(Integer.valueOf(parser.nextText()));
                            }else if(parser.getName().equals("size")){
                                song.setSize(Integer.valueOf(parser.nextText()));
                            }
                            break;
                        //读取文档标签结束
                        case XmlResourceParser.END_TAG:
                            if(parser.getName().equals("song")){
                                data.add(song);
                                song=null;
                            }
                            break;
                        default:
                            break;
                    }
                    //读取下一个元素
                    eventType=parser.next();
                }
            } catch (XmlPullParserException e) {
                e.printStackTrace();
            } catch (IOException e) {
                e.printStackTrace();
            }
            return data;
        }
```

有了网络推送的音乐列表，就可以将列表加载到 ListView 控件中，在 ListVew 中展示给用户必要的信息有歌名、歌手和下载按键等，创建 NetMusicAdapter 类继承自 BaseAdapter 类，用来控制整个列表数据，具体代码如下。

```
    public class NetMusicAdapter extends BaseAdapter {
        private List<Song> data;
        private Context context;
```

```
    private int[] playerInfo=new int[2];//0:playerId,1:playerstate
    private ItemListener mItemListener;

    public NetMusicAdapter(Context context,List<Song> data){
        this.context=context;
        this.data=data;
        playerInfo[0]=-1;
        playerInfo[1]=-1;
    }

    public NetMusicAdapter setItemListener(ItemListener mItemListener){
        this.mItemListener=mItemListener;
        return this;
    }

    public void setPlayerInfo(int[] playerInfo){
        this.playerInfo=playerInfo;
        notifyDataSetChanged();
    }

    public void setPlayerState(int playerState){
        this.playerInfo[1]=playerState;
        notifyDataSetChanged();
    }

    public int getCount() {
        return data.size();
    }

    public Object getItem(int position) {
        return data.get(position);
    }

    public long getItemId(int position) {
        return position;
    }
    public View getView(int position, View convertView, ViewGroup parent) {
        ViewHolder viewHolder=null;
        if(convertView==null){
            viewHolder=new ViewHolder();
    convertView=LayoutInflater.from(context).inflate(R.layout.song_list_item_web, null);
    viewHolder.tv_web_list_item_number=(TextView)convertView.findViewById(R.id.tv_web_list_item_number);
    viewHolder.tv_web_list_item_top=(TextView)convertView.findViewById(R.id.tv_web_list_item_top);
    viewHolder.tv_web_list_item_bottom=(TextView)convertView.findViewById(R.id.tv_web_list_item_bottom);
    viewHolder.ibtn_web_list_item_download=(Button)convertView.findViewById(R.id.ibtn_web_list_item_download);
            convertView.setTag(viewHolder);
        }else{
            viewHolder=(ViewHolder)convertView.getTag();
        }
        final Song song=data.get(position);
        viewHolder.tv_web_list_item_number.setText((position+1)+"");
        viewHolder.tv_web_list_item_number.setBackgroundResource(0);

        viewHolder.tv_web_list_item_top.setText(song.getName());
        viewHolder.tv_web_list_item_top.setTag(song.getId());
        viewHolder.tv_web_list_item_bottom.setText(song.getArtist().getName());
        viewHolder.ibtn_web_list_item_download.setTag(song.getNetUrl());//文件路径
        viewHolder.ibtn_web_list_item_download.setOnClickListener(new OnClickListener() {
            public void onClick(View v) {
                if(mItemListener!=null){
                    mItemListener.onDownLoad(song);
                }
            }
        });

        viewHolder.ibtn_web_list_item_download.setFocusable(false);
        viewHolder.ibtn_web_list_item_download.setFocusableInTouchMode(false);
        return convertView;
    }
    public class ViewHolder{
        public TextView tv_web_list_item_number;
        public TextView tv_web_list_item_top;
        public TextView tv_web_list_item_bottom;
```

```
            public Button ibtn_web_list_item_download;
        }
        public interface ItemListener{
            void onDownLoad(Song song);
        }
    }
```

这样就可以将 NetMusicAdapter 直接加载到 MusicOnlineActivity 类的 ListView 中，具体代码如下。

```
public class MusicOnlineActivity extends Fragment {
    private ListView listview;
private Toast toast;
    @Override
    public void onCreate(Bundle savedInstanceState) {
        // TODO Auto-generated method stub
        super.onCreate(savedInstanceState);
    }

    @Override
    public View onCreateView(LayoutInflater inflater, ViewGroup container,
            Bundle savedInstanceState) {
        // TODO Auto-generated method stub
        View parentView = inflater.inflate(R.layout.net_music, container, false);


        listview = (ListView) parentView.findViewById(R.id.net_list);

        if (!Contsant.getNetIsAvailable(getActivity())) {
        toast=Contsant.showMessage(toast, getActivity(), "网络连接超时..请检查");
        }
        listview.setAdapter(new NetMusicAdapter(getActivity(), XmlParse.parseWebSongList(getActivity())));
        return parentView;

    }
}
```

上面完成了一个简单的音乐播放器的 App，它有着一个完整的功能即播放本地音乐，查阅在线音乐和下载音乐的功能，那么下节我们讲解如何才能将开发的 App 放到 Google Play 上。

17.10 发布 App

我们已经将音乐播放器 App 编写完成了，那么到底该如何打包、发布自己开发的 App，怎样将 App 放到网上供别人下载，怎样保证 App 安全及版权问题呢？接下来解答上面的问题。

说到应用商店，在 Android 领域可谓是百家争鸣，除了谷歌官方推出的 Google Play 之外，在中国还有豌豆荚、机锋、360、乐商店等知名的应用商店，当然，这些商店的功能都是类似的，发布应用的方法也是大同小异，因此我们在此只学习如何将应用发布到 Google Play。

本节将通过几个简单的步骤完成发布应用到 Android 市场。虽然步骤很简单，但也有相当多的地方需要读者注意。你可能需要一位非常优秀的平面设计师，帮你创建一个引人注目的图标，并显示在市场的网站和应用程序上。

17.10.1 生成正是签名的 APK 文件

之前我们都是使用 Eclipse 将应用安装到手机上，而它背后实际的工作流程是，Eclipse 将程序打包成 APK 文件，然后将这个程序传输到手机上，最后执行安装操作。Android 系统会将所有的 APK 文件识别为应用程序的安装包，类似于 Window 系统的 EXE 文件。

但不是所有的 APK 文件都能成功地安装在手机上，Andorid 系统要求只有签名后的 APK 文件才可以安装在手机上，因此我们需要对生成的 APK 文件进行签名才行，那么之前的 APK 是如何安装到手机上的呢？Eclipse 使用了一个默认的 keystore 文件帮我们自动进行了签名，点击 Eclipse 导航栏 Window->Preferences->Android->Build 可以查看这个默认 keystore 文件的位置，如图 17.3 所示。

图 17.3　默认 keystore 文件的位置

通过 Eclipse 来安装程序都是通过这个 debug.keystore 文件来进行签名的，不过这仅仅适用于开发阶段，现在的音乐播放器快要发布了，要使用一个正式的 keystore 文件来进行签名才行，下面就来看看如何才能生成一个带有正式签名的 APK 文件。

首先单击 MusicPlayer 项目->Android Tools->Export Signed Application Package，会弹出对话框如图 17.4 所示。

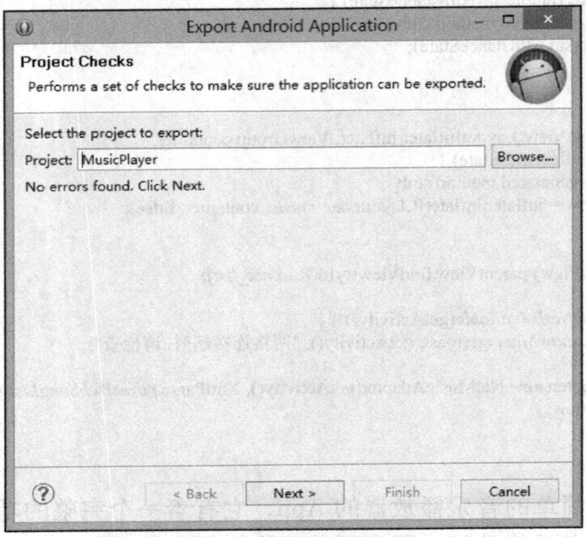

图 17.4　MusicPlayer 项目

这里默认的就是 MusicPlayer 项目，所以直接单击 Next，然后弹出一个选择 keystore 文件的对话框。由于目前我们还没有一个正式的 keystore 文件，所以应该选择 new keystore。接着指定一下 keystore 的文件名和路径，并输入密码，如图 17.5 所示。

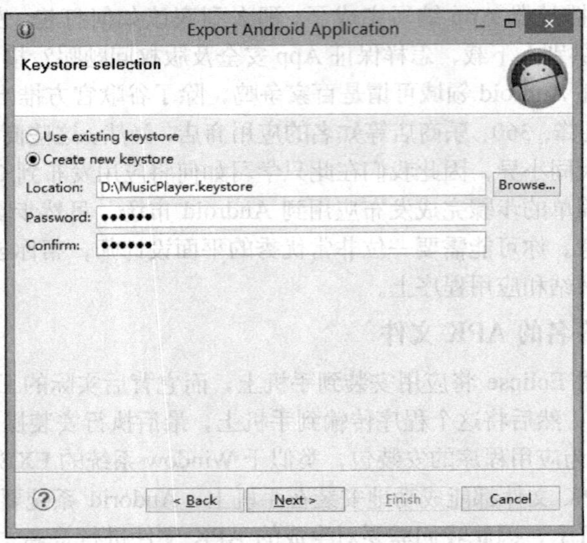

图 17.5　MusicPlayer 项目

继续单击 Next，这是会提示输入一系列创建 keystore 文件的必要信息，如图 17.6 所示。

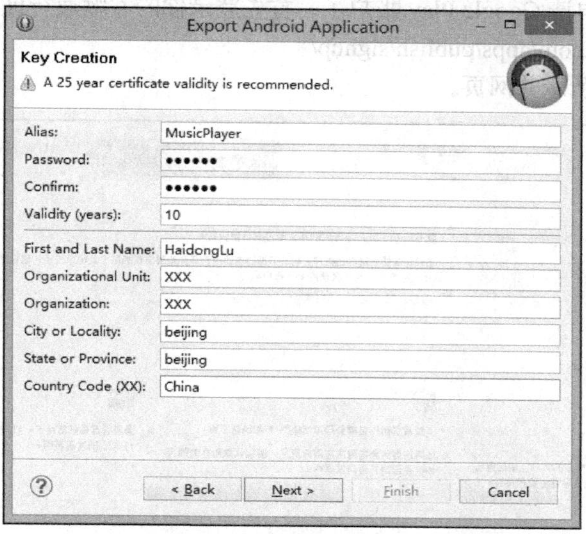

图 17.6　MusicPlayer 项目

在 Validity 那一栏填写的是 keystore 文件的有效时长，单位是年，一般建议填的长一些。继续单击 Next，这时就需要选择 APK 文件的输出地址了，如图 17.7 所示。

现在单击 Finish，keystore 文件和 APK 文件就会生成了，并且这个 APK 是签过名的。这样我们以后就可以用 MusicPlayer.keystore 文件为 MusicPlayer 重新打包了。

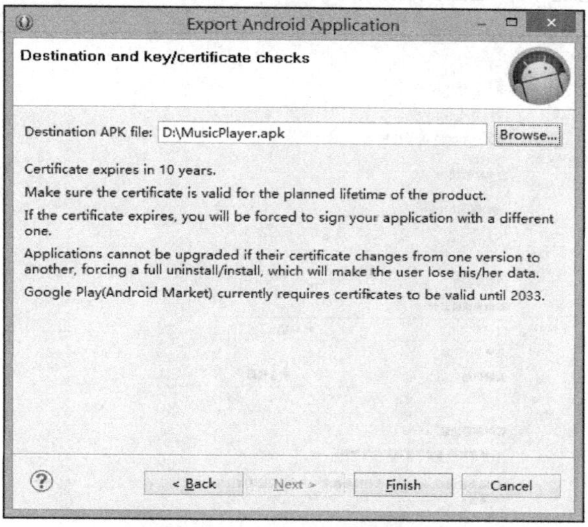

图 17.7　MusicPlayer 项目

17.10.2　申请 Google Play 账号

MusicPlayer 项目的 APK 已经生成了，如果想把它发布到 Google Play 上，还需要去申请一个 Google Play 账号。

在开始申请之前需要准备两样东西，谷歌通行证账号和一张支持外币支付的信用卡。谷歌通行证账户可以使用谷歌提供的所有服务，如果还没有该账号请到下面的网址进行注册：

https://accounts.google.com

另外申请 Google Play 账户需要支付 25 美元。因此你需要一张支持外币支付的信用卡。这些都准备好了就可以申请 Google Play 账户了。首先登录你的谷歌通行证，然后打开以下网址：

https://play.google.com/apps/publish/signup/

会看到如图 17.8 所示的网页。

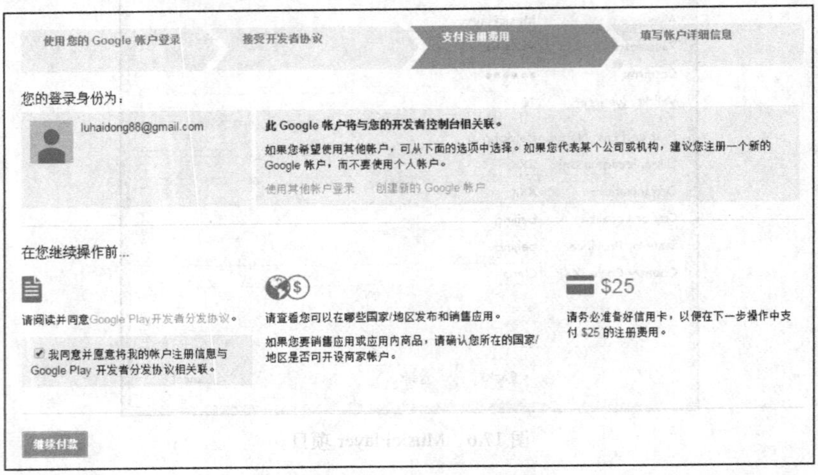

图 17.8　Google Play 网站

勾选上 Google Play 开发者发布协议后就可以单击“继续付款”按钮了，这时弹出一个页面让你来输入信用卡相关信息。注意由于 Google Wallet 服务还没有在中国开放，这里只需要添一个其他地区的地址，地址不一定要真实，随便写一个就可以。如图 17.9 所示。

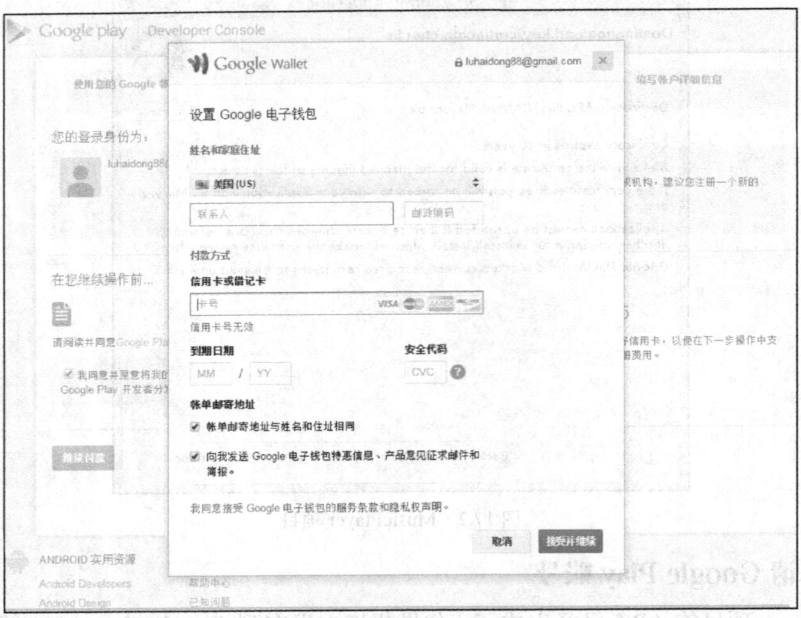

图 17.9　Google Play 网站

接着单击“接收并继续”按键就注册完成了，然后就是漫长的审核流程了，审核时间一般是不固定，需要经常去查看一下。如果审核没有通过，就需要根据谷歌提供的反馈意见来寻求解决方案。

17.10.3 上传和发布应用程序

如果你已经申请到 Google Play 账号了，那么接下来就要发布 MusicPlayer 这款应用了，打开网址 https://play.google.com/apps/publish/，这时会打开 Google Play 的应用管理界面，如图 17.10 所示。

图 17.10 应用管理界面

在 Google Play 上发布的所有应用都会在这个页面显示，单击“在 Google Play 中发布 Android 应用”按钮会弹出一个界面，把标题填写为 MusicPlayer，如图 17.11 所示。

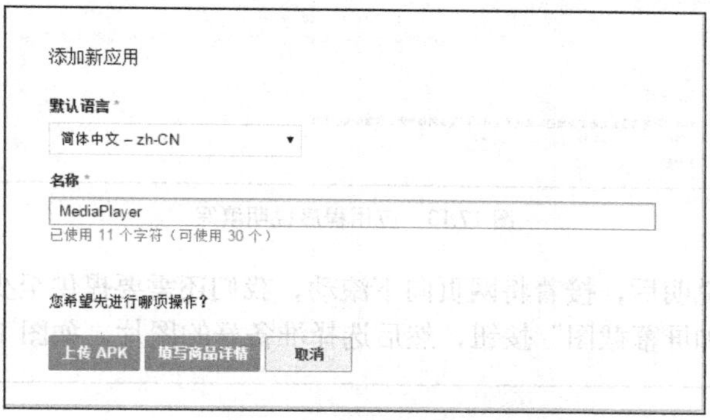

图 17.11 应用发布界面

下面先上传 APK 然后再填写商品详情，单击按钮跳转到如图 17.12 所示的界面。

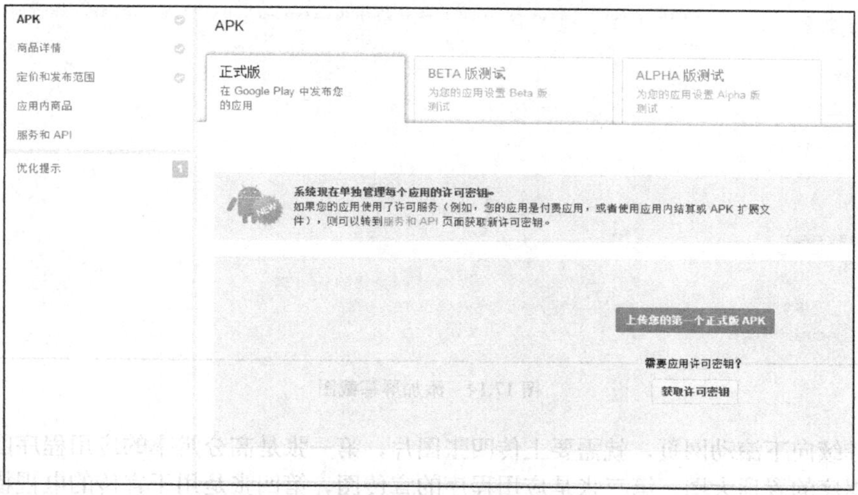

图 17.12 APK 上传界面

如图 17.12 所示，发布 APK 有三个版本可供选择，正式版、BETA 版和 ALPHA 版，其中 BETA 版和 ALPHA 版主要用于测试，因此这里就直接选择正式版，单击“上传您的第一个正式版 APK”按钮，会打开一个用于选择 APK 的窗口。选择我们之前生成好的 MusicPlayer.apk，然后单击“上传”。

上传完成后，就可以填写一些必要的内容，首先从应用程序的说明开始，在 4000 个字符以内，如图 17.13 所示。

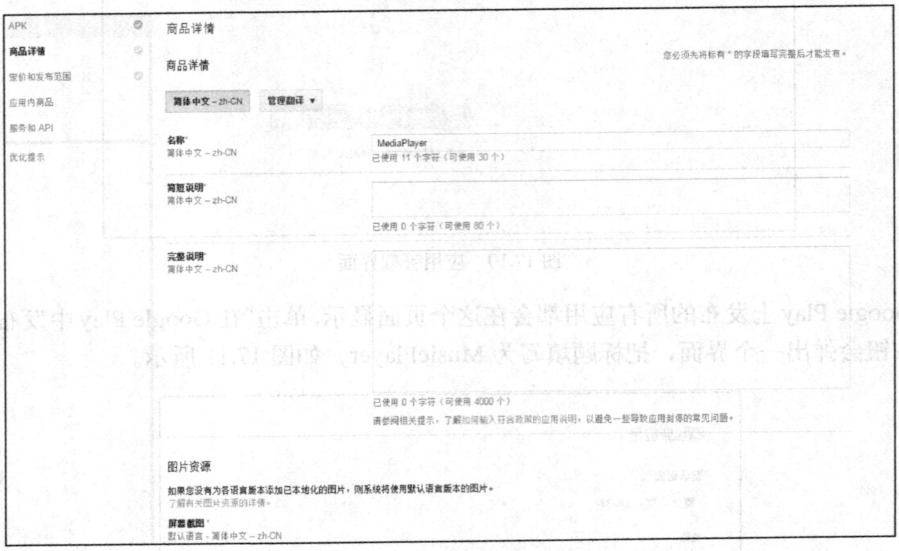

图 17.13　应用程序说明填写

填写好应用程序说明后，接着将网页向下滚动，我们还需要提供至少两张 MediaPlayer 的屏幕截图，单击“添加屏幕截图”按钮，然后选择准备好的图片，如图 17.14 所示。

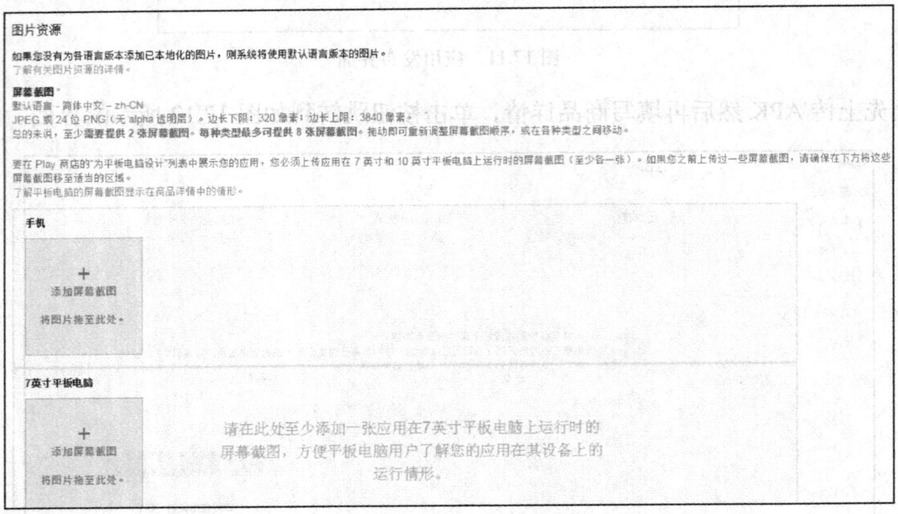

图 17.14　添加屏幕截图

接着继续向下滚动网页，就需要上传四张图片，第一张是高分辨率的应用程序图标，第二张是应用程序的置顶大图，第三张是应用程序的宣传图，第四张是用于宣传的电视横幅，如图 17.15 所示。

继续向下滚动网页，最后我们需要为应用程序选择分类，并且留下网站和邮箱地址，如图 17.16 所示。

最下面的一项是隐私权政策，直接勾选“暂不提交隐私权政策网址”，单击“保存”按钮，这样就把 MediaPlayer 的商品详细信息填写完成了。

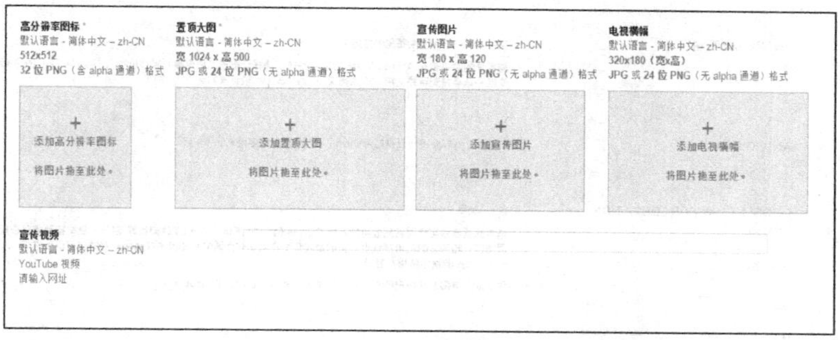

图 17.15　上传宣传图

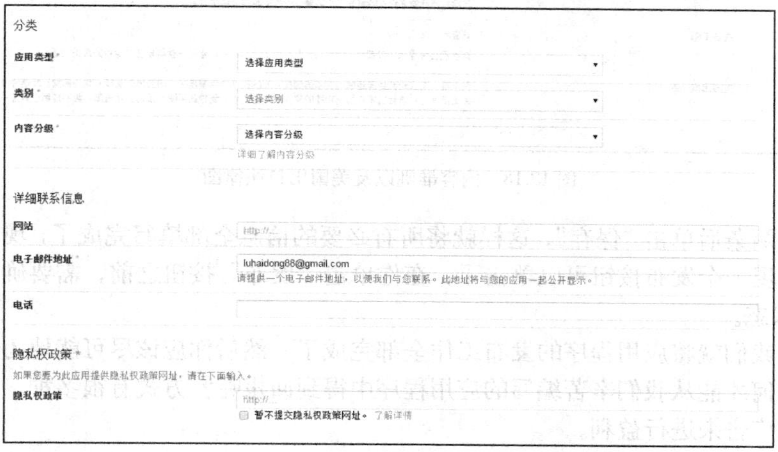

图 17.16　应用程序分类图

下面我们还需要单击“定价和发布范围”来完成最后一部分内容的填写，MediaPlayer 是一个免费应用，因此单击“免费”选项，对于选择的国家和地区，根据自己的情况选择即可，如图 17.17 所示。

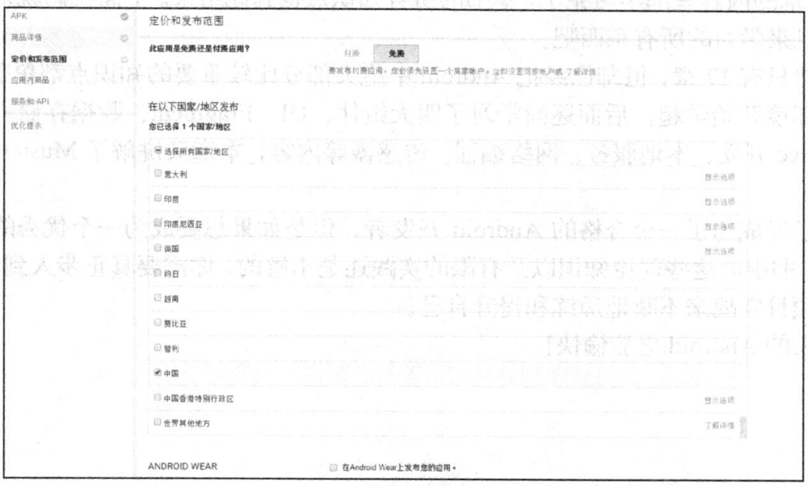

图 17.17　定价和发布范围图

最后向下滚动网页，我们还需要同意 Android 的内容准则以及美国出口法律，如图 17.18 所示。

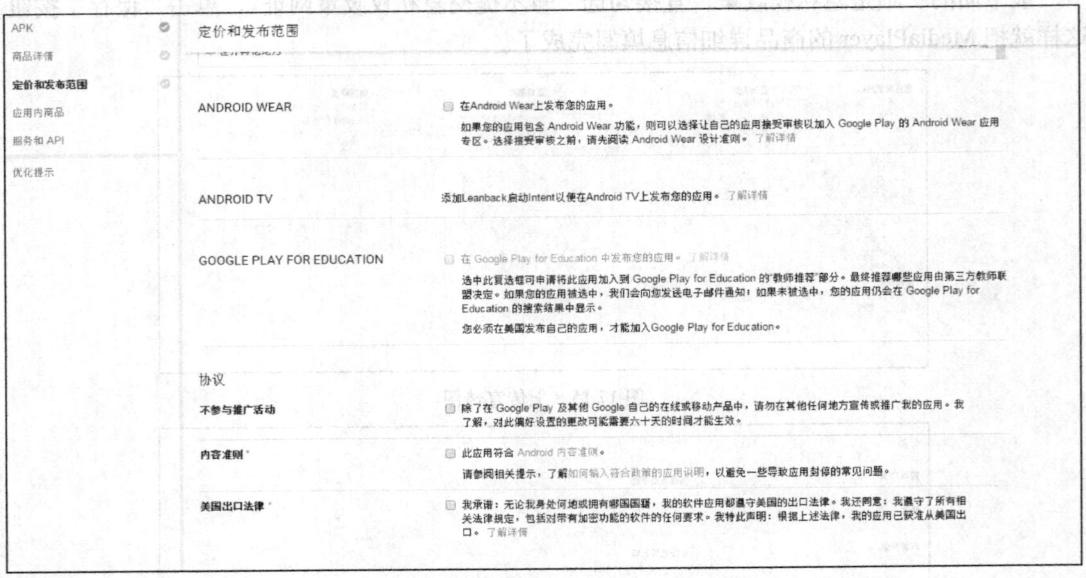

图 17.18　内容准则以及美国出口法律图

勾选上面两条后单击“保存”，这样就将所有必要的信息全部填写完成了，现在观察网页的头部，你会发现一个发布按钮可以单击了，在你单击“发布”按钮之前，需要确保至少有一个 APK 是激活状态。

到这里，我们就将应用程序的发布工作全部完成了，然后你应该尽可能地为你的应用进行宣传，那么如何才能从我们辛苦编写的应用程序中得到回报呢？方式有很多种，其中较为常见的方法是通过广告来进行盈利。

17.11 小　结

整整 17 章的内容全部学习完了，本书的所有知识点也到此结束。下面我们就来回顾和总结一下这么久以来学习的所有东西吧。

本书虽然只有 17 章，但却已经把 Android 中绝大部分比较重要的知识点都覆盖到了，我们从搭建开发环境开始学起，后面逐渐学习了四大组件、UI、Fragment、数据存储、多媒体、定位服务、Native 开发、本地服务、网络编程、传感器等内容，本章又讲解了 MusicPlayer 综合应用程序。

目前你已经成为了一个合格的 Android 开发者，但是如果想要成为一个优秀的 Android 开发者，光靠本书中的这些理论知识以及有限的实践还是不够的，你需要真正步入到工作岗位中，通过更多的项目实战来不断地历练和提升自己。

祝你未来的 Android 之旅愉快！